与"一带一路"欧洲650年名校匈牙利（国立）佩奇大学共同探索教授治学

Exploring the Education Teaching with the European 650-Year-old University of Pecs of Hungary (National) Under the One Belt and One Road

智慧转折

TURN TO INTELLIGENT

2021创基金·四校四导师·实验教学课题
中外知名院校建筑与环境设计专业实践教学

主　编　　　Chief Editor
王　铁　　　Wang Tie

中国建筑工业出版社

图书在版编目（CIP）数据

智慧转折：2021创基金·四校四导师·实验教学课题中外知名院校建筑与环境设计专业实践教学 / 王铁主编. —北京：中国建筑工业出版社，2022.9

ISBN 978-7-112-27869-5

Ⅰ.①智… Ⅱ.①王… Ⅲ.①建筑设计—作品集—中国—现代②环境设计—作品集—中国—现代 Ⅳ.①TU206②TU-856

中国版本图书馆CIP数据核字（2022）第165396号

本书是第十三届"四校四导师"实验教学课题的过程记录及成果总结，内含中国高等院校环境设计学科带头人关于设计教育的学术论文。全书对学生和教师来说具有较强的可参考性和实用性，适于高等院校环境艺术设计专业学生、教师参考阅读。

副 主 编：张　月　巴林特　高　比　金　鑫　段邦毅
　　　　　李荣智　尚　伟　郑革委　韩　军　贺德坤
　　　　　刘　岩　江　波　王双全　赵　宇　赵大鹏
　　　　　刘　伟　焦　健　葛　丹　杨　峰
责任编辑：杨　晓　唐　旭
责任校对：王　烨

智慧转折
TURN TO INTELLIGENT

2021创基金·四校四导师·实验教学课题
中外知名院校建筑与环境设计专业实践教学
主　编　王　铁
*
中国建筑工业出版社出版、发行（北京海淀三里河路9号）
各地新华书店、建筑书店经销
北京锋尚制版有限公司制版
北京富诚彩色印刷有限公司印刷
*
开本：880毫米×1230毫米　1/16　印张：32½　字数：1142千字
2022年9月第一版　2022年9月第一次印刷
定价：**428.00元**
ISBN 978-7-112-27869-5
（39876）

版权所有　翻印必究
如有印装质量问题，可寄本社图书出版中心退换
（邮政编码　100037）

感谢深圳市创想公益基金会
对 2021 创基金·四校四导师·实验教学课题的公益支持

　　深圳市创想公益基金会,简称"创基金",成立于2014年,是中国第一家由来自海峡两岸暨香港地区的室内设计师自发成立的公益基金会。
　　自成立以来,创基金共资助31个项目,助力中国设计教育和设计行业发展。2019年,创基金被深圳市民政局评为AAAA级非公募基金,并持续保持中国基金会透明指数满分评级。

课题院校学术委员会
4&4 Workshop Project Committee

中央美术学院 建筑设计研究院
王铁 教授 院长
Architectural Design and Research Institute, Central Academy of Fine Arts
Prof. Wang Tie, Dean

清华大学 美术学院
张月 教授
Academy of Arts & Design, Tsinghua University
Prof. Zhang Yue

天津美术学院 环境与建筑设计学院
彭军 教授
School of Environment and Architectural Design, Tianjin Academy of Fine Arts
Prof. Peng Jun

佩奇大学 工程与信息学院
金鑫 助理教授
Faculty of Engineer and Information Technology, University of Pecs
A./Prof. Jin xin

四川美术学院 设计艺术学院
赵宇 教授
Academy of Arts & Design, Sichuan Fine Arts Institute
Prof. Zhao Yu

湖北工业大学 艺术设计学院
郑革委 教授
Academy of Arts & Design, Hubei Industry University
Prof. Zheng Gewei

广西艺术学院 建筑艺术学院
江波 教授
Academy of Arts & Architecture, Guangxi Arts Institute of China
A. /Prof. Jiang Bo

武汉理工大学 艺术设计学院
王双全 教授
College of Art and Design, Wuhan University of Technology
Prof. Wang Shuangquan

吉林艺术学院 设计学院
刘岩 副教授
Academy of Design, Jilin Arts Institute of China
A./Prof. Liu Yan

山东师范大学 美术学院
葛丹 副教授
School of Fine Arts, Shandong Normal University
A./Prof. Ge Dan

内蒙古科技大学 建筑学院
韩军 副教授
College of Architecture, Inner Mongolia University of Science and Technology
A./Prof. Han Jun

青岛理工大学 艺术与设计学院艺术研究所
贺德坤 所长
College of Art and Design Institute of Art, Qingdao University of Science and Technology
He Dekun, Director

湖南师范大学 美术学院
刘伟 教授
Academy of Fine Arts, Hunan Normal University
Prof. Liu Wei

北京林业大学 艺术设计学院
赵大鹏 讲师
School of Art and Design, Beijing Forestry University
Lecturer Zhao Dapeng

齐齐哈尔大学 美术与艺术设计学院
焦健 副教授
Academy of Fine Arts and Art Design, Qiqihar University
A./Prof. Jiao Jian

湖北工业大学 建筑学院
尚伟 教授
Academy of Architecture, Hubei Industry University
Prof. Shang Wei

山东师范大学 美术学院
李荣智 副教授
School of Fine Arts, Shandong Normal University
A./Prof．Li Rongzhi

德国斯图加特大学 建筑学院
杨峰 博士
University of Stuttgart
Ph. D Candidates Yang Feng

西安美术学院
周维娜 教授
Xi'an Academy of Fine Arts
Prof. Zhou Weina

佩奇大学工程与信息学院
University of Pecs
Faculty of Engineering and Information Technology

"四校四导师"毕业设计实验课题已经纳入佩奇大学建筑教学体系，并正式成为教学日程中的重要部分。课题中获得优秀成绩的同学成功考入佩奇大学工程与信息学院攻读硕士学位。

The 4&4 workshop program is a highlighted event in our educational calendar. Outstanding students get the admission to study for Master's degree Faculty of Engineering and Information Technology, in University of Pecs.

佩奇大学工程与信息学院简介

佩奇大学是匈牙利国立高等教育机构之一，在校生约26000名。早在1367年，匈牙利国王路易斯创建了匈牙利的第一大学——佩奇大学。佩奇大学设有10个学院，在匈牙利高等教育领域起着重要的作用。大学提供多种国际认可的学位教育和科研项目。目前，每年我们接收来自60多个国家的近2000名国际学生。30多年来，我们一直为国际学生提供完整的本科、硕士、博士学位的英语教学课程。

佩奇大学的工程和信息学院是匈牙利最大、最活跃的科技高等教育机构之一，拥有成千上万的学生和40多年的教学经验。此外，我们作为国家科技工程领域的技术堡垒，是匈牙利南部地区最具影响力的教育和科研中心。我们的培养目标是：使我们的毕业生始终处于他们职业领域的领先地位。学院提供与行业接轨的各类课程，并努力让我们的学生掌握将来参加工作所必备的各项技能。在校期间，学生们参与大量的实践活动。我们旨在培养具有综合能力的复合型专业人才，他们充分了解自己的长处和弱点，并能够行之有效地表达自己。通过在校的学习，学生们更加具有批判性思维能力、广阔的视野，并且宽容和善解人意，在他们的职业领域内担当重任并不断创新。

作为匈牙利最大、最活跃的科技领域的高等教育机构之一，我们始终使用得到国际普遍认可的当代教育方式。我们的目标是提供一个灵活的、高质量的专家教育体系结构，从而可以很好地满足学生在技术、文化、艺术方面的要求，同时也顺应了自21世纪以来社会发生巨大转型的欧洲社会。我们理解当代建筑；我们知道过去的建筑教育架构；我们和未来的建筑工程师们一起学习和工作；我们坚持可持续发展；我们重视自然环境；我们专长于建筑教育！我们的教授普遍拥有国际教育或国际工作经验；我们提供语言课程；我们提供国内和国际认可的学位。我们的课程与国际建筑协会有密切的联系与合作，目的是为学生提供灵活且高质量的研究环境。我们与国际多个合作院校彼此提供交换生项目或留学计划，并定期参加国际研讨会和展览。我们大学的硬件设施达到欧洲高校的普遍标准。我们通过实际项目一步一步地引导学生。我们鼓励学生发展个性化、创造性的技能。

博士院的首要任务是：为已经拥有建筑专业硕士学位的人才和建筑师提供与博洛尼亚相一致的高标准培养项目。博士院是最重要的综合学科研究中心，同时也是研究生的科研研究机构，提供各级学位课程的高等教育。学生通过参加脱产或在职学习形式的博士课程项目达到要求后可拿到建筑博士学位。学院的核心理论方向是经过精心挑选的，并能够体现当代问题的体系结构。我们学院最近的一个项目就是为佩奇市的地标性建筑——古基督教墓群进行遗产保护，并负责再设计（包括施工实施）。该建筑被联合国教科文组织命名为世界遗产，博士院为此做出了杰出的贡献并起到关键性的作用。参与该项目的学生们根据自己在此项目中参与的不同工作，将博士论文的题目分别选择了不同的研究方向：古建筑的开发和保护领域、环保、城市发展和建筑设计，等等。学生的论文取得了有价值的研究成果，学院鼓励学生们参与研讨会、申请国际奖学金并发展自己的项目。

我们是遗产保护的研究小组。在过去的近40年里，佩奇的历史为我们的研究提供了大量的课题。在过去的30年里，这些研究取得了巨大成功。2010年，佩奇市被授予"欧洲文化之都"的称号。与此同时，早期基督教墓地极其复杂的修复和新馆的建设工作也完成了。我们是空间制造者。第13届威尼斯建筑双年展，匈牙利馆于2012年由我们的博士生设计完成。此事所取得的成功轰动全国，展览期间，我们近500名学生展示了作品模型。我们是国际创新型科研小组。我们为学生们提供接触行业内活跃的领军人物的机会，从而提高他们的实践能力，同时也为行业不断增加具有创新能力的新生代。除此之外，我们还是创造国际最先进的研究成果的主力军，我们将不断更新、发展我们的教育。专业分类：建筑工程设计系、建筑施工系、建筑设计系、城市规划设计系、室内与环境设计系、建筑和视觉研究系。

佩奇大学工程与信息学院
院长 高比
Faculty of Engineering and Information Technology
University of Pecs
Prof. Gabriella Medvegy, Dean
匈牙利布达佩斯城市大学
校长 巴林特
Prof. Balint Bachmann, Rector

布达佩斯城市大学
Budapest Metropolitan University

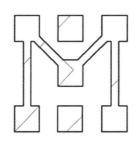

布达佩斯城市大学简介

布达佩斯城市大学是匈牙利和中欧地区具有规模的私立大学之一，下设3个学院和校区，学历被匈牙利和欧盟认可，同时得到中国教育部的认可（学校原名是BKF，在中国教育部教育涉外监管网排名第六位），该校成立于2001年。在校学生约8000人，其中有国际学生500名左右，分别来自6个大洲70多个国家，大学下辖5个学院，采用ECTS学分制教学。英语授课项目主要集中在主教学楼授课，环境优美，并伴有现代化建筑。由欧盟共同投资的新落成的多功能教学楼是第一座投资近10亿福林的教学楼，学生们可以使用覆盖整个大学的WiFi网络及电脑室。

艺术学院坐落在市中心7区Rózsa大街上，该校区在2014年进行过维修和重建。学院提供艺术课程所需的工作室与教室，包括摄影工作室和实验室、摄影师工作室、（电影）剪接室、动漫教室等。布达佩斯城市大学同时还是世界上极少数具有Leonar 3 Do 实验室及交互3D软件的大学之一，给予学生在真实的空间中学习的机会。

2016年开始，布达佩斯城市大学开始和中国国际教育研究院（CIIE）沟通，积极来华访问，并在2017年在CIIE的协助下，和中国国内多所大学开展了合作。

2017年2月27日，第89届奥斯卡金像奖颁奖礼在美国举行，该校教授Kristóf Deák指导的《校合唱团的秘密》获得奥斯卡最佳真人短片奖。

前言·智慧转折
Preface · Construct Future

  定位新事物需要多维评价。创基金4×4中外高等院校实验教学课题在世界性新冠疫情中走过艰难但可点赞的两年多时间，公益性课题的导师组能够一直坚持工作，为这个集体点赞就是对他们工作的肯定。面对百年之大变局，2021年课题适应疫情常态化是前提，更是当务之急，综合分析总结提出中外共同开拓的公益课题，锁定阶段目标，理性探索，严把质量关，设定创新目标是新4×4实验教学发展的前瞻规划。

  回顾实验教学走过的13年公益之路，坚持始终是不变的初心。在按计划完成第13届创基金4×4公益实验教学课题全过程工作中，选题如何对位现实社会关注的核心主题，理性对接始终伴随课题管理可控的每一个阶段。高等教育设计学科是一个特殊的群体，在万物互联时代如何科学面对人类共同的主题，是挑战，也是机遇。只有不怕辛苦地攀登新高度，寻找艺术与科技的对接点才能够前行，如何调整群体知识结构已成为一个值得思考的、回避不掉的大问题。如何对接、用什么方法对接，国家发展需求已向艺术设计群体提出了时代大考，转折当头无法回避。传统高等教育艺术设计板块学子从入大学本科开始，到硕士研究生学习，再到攻读博士研究生学位，一路下来没有见过数学老师，没有做过一道数学题，有人调侃这是"没数学院"的产品，不懂量化。对此，在一切需要用到量化的数字时代，尤其显得被动而无法前行。人类资源有限，环保理念不断加深，有责任的大国正在不断探索科技创新，保护资源合理开发，同时更加注重在产能中严把空气质量关，从交通工具生产看，中国已经公布2025年将停止生产汽油车。要深刻理解艺术设计教育是传统专业，如何在新智能科技时代中体现自身价值，理性转折将是不可逾越的关口，4×4实验教学课题组此次决定修定教学大纲正恰逢契机。

  选择用写实手法回顾4×4实验教学课题有助于深度了解课题的由来，同时深刻理解中国环境设计学科的现况。课题组在十三年的实验教学里尝试过多种方法，并针对国内师生知识结构进行研究，其结果不十分令人满意，也达不到预先设定的教学结果。过去12年里，课题组出版18本成果，推送15名本科学生和17名硕士研究生到佩奇大学留学，2022年将迎来10位博士毕业。本次课题选择新乡村规划设计研究，学生在拿到任务书后，按课题要求在各校导师的指导下进行答辩，从提交架构看，章节理念高度一致，是纯粹的艺考生群体具有的特色。参加课题的20多所学校师生几乎脱离不开中国当下高等教育环境设计学科的模板套路，对于科技与环保谈的都是无法落地的"飘飘然"。功能空间分区、结构与形态、材料选择更是不合理，完全无视设计规范，落到研究内容和业态规划都是种植蔬菜和养老主题，由于综合基础知识的短板，致使研究深度和研究方法产生问题。分析其原因，绝对一致的理念和相同表达方法的问题源于中国高等院校评估。一所学校通过评估将迎来无数同类高校的拜访和取经，把索取到的评估通过的资料文件奉为"宝贝"，回去照搬复制，为迎评所用。纵观评估标准，都是一样的标准条件"视觉化"，根本没有量化和数字化内容，人类已进入工业4.0时代，现实是艺术设计创新一直无法出现，凸显的是艺考生问题（特长生）——知识结构短板。4×4实验教学公益课题的理念是打破艺术设计教育壁垒，实现教学互通，走出国门，探索实验教学，改变现况，在创基金捐助下逐年提高课题质量，实践坚定了4×4课题组全体导师沿着初心向前的信心。

  环境设计教育不同于纯艺术教育，环境设计涉及工学等多学科专业。至今依然存在的艺术生考试问题、师资教育背景问题等都是高等院校环境设计专业办学中凸显出来的问题，换句话讲，目前的国内设计教育的核心问题是老艺考生教新艺考生，这是当下环境设计教育无法突破的最大障碍。从师资教育背景到学科架构，由于各种原因复杂而多元，知识结构单一化是共同的问题。从学苗源头看环境设计专业、景观设计方向以特长生群体为主的设计教育人才培养模式，忽视了其综合能力，在智能科技万物互联的当下已经出现无法创新的问题。现实是必须建立新的招生录取标准，为融入智慧城市领域科技智能主题培养人才，调整高等院校环境设计教育结构，唤起有责任心的职业教育工作者的时代使命。本届4×4实验教学大纲强调转折，提出中外师资组团架构，知识结构合理化、目标多样化，目的是探索培养社会需要的优质人才和建设优质的师资团队，以前瞻性的视野迈向广义设计教育的全学科目标。

现实大环境：为满足国家和社会需求，促进高等教育向科技靠近，人才培养已成为当今世界各国家头等战略。传统审美伴随科技脚步逐步退出历史，新的智能科技审美体系已经开启，高等教育学科换代的信息已经悄声地促进环境设计教育发生质变。4×4实验教学课题要结束"自然醒"，认清当今变化，课题已经完成第一阶段起步并得到业界认可。第二阶段是探索阶段，转折就在眼前，目前已到了思想不换就换人的决策阶段。伴随疫情常态化，4×4实验教学将进入第三阶段，智慧转折是今后五年的探索期，标准已摆在环境艺术教育板块师资面前。本届选题锁定发展中的中国新乡村建设规划，课题组综合思考后将关注点放在新乡村综合规划设计研究。主题锁定在新乡村，可绝大多数学生都是生长在城市里，对于乡村他们只是去旅游观光或者在教科书、电视剧中看过，对真正的乡村生活，既不了解，也不熟悉，如何解决这些问题？需要详细的教学大纲，量身定制任务书，细则指导管理计划更是重中之重。课题开始后，"自由放飞"的学生把构思、原则以及法规不知道甩到何处去了，对国家相关乡村政策、地方特色、法规的理解出现很多偏差，一厢情愿的高校模板化成为学生高度一致的设计构思手法，每一位学生的答辩都如同"无法翻越的大山"，创新基本上等于不存在。没学过数学的学生，为什么在设计构思当中却放不开手脚，是什么束缚了他们？这值得研究。课题近一年时间里，20所高校的硕士研究生实验教学活动在不温不火中落下帷幕，终期课题答辩又回到了原点，没有走出习惯的模板，即中国高等教育环境设计学科牢不可破的评估模板模式。现实催促课题组必须加快转折，探索智慧城市万物互联所需要的人才培养方法，逐步引导参加课题的学生进入创新佳境。

课题：确定海口市郊道郡古村为研究对象。全国乡村脱贫工作已经完成，广大乡村已经消灭了绝对贫困，国家宏观政策和体制优越，让乡村分步融入国家发展大目标。2021年国家提出"新乡村建设"的宏伟规划，脱贫后防止返贫政策将彻底改变乡村全貌，机遇带来乡村环境与居住建设质量不断提高，同时给村民带来更多的幸福感。脱贫中的乡村在居住建筑设计方面基本还是仿造和自由发展，相比过去改变最大的就是环境得到大大改善，乡村民居建筑风格几乎没有特色，与综合国力不匹配，广大乡村到处都是相貌平平、创新无几的建筑。究其原因，是宅基地管理不完善，农民拿不出设计费，无法委托设计师，只能自建房。建筑样式基本上是看到乡里好看的房子就照搬兴建，家里无论几口人，建筑面积都是夸张地大，材料和造价不成比例，建筑质量堪忧，特别是没有建筑法规概念，事故也是时有发生。4×4实验教学抓住机遇，与海南大学合作，选择海口市郊乡村古镇作为课题，目的在于探索新乡村规划设计与高等院校环境设计学科实验教学结合，研究新乡村课题。

课题组根据乡村建设的实际情况，提前组织课题组到海南大学进行实地考察，在海南大学的协助下，选择海口市郊道郡古村作为2021年创基金4×4实验教学课题。道郡古村，是一个几乎无人居住的古村落，村子建筑破败不堪，村民基本上都是在村的外围自建房，原有古村就成为逐年破败的空心村。作为课题研究，如何改？怎么规划？要求学生达到什么样的课题深度？这样的乡村在各地区都有，现象基本相同。分析实地情况后，课题组制定出任务书和与之配套的相关要求，规定条件是可以重建，也可以修建，前提是必须参考国家相关规范和个人宅基地产权利益，学生要摆脱乡村建设的仿古风格，提出规划方案和论文题目。按计划2021年4月24日20所国内知名高校相聚海口，第二天8：00，70名师生集体乘坐大巴到达海口市郊道郡古村现场进行调研，第一阶段实地勘踏工作就此展开。测量拍照，现场绘制草图，在导师的指导下顺利完成，傍晚课题组召开全体导师工作会，提出开题答辩的框架要求。到此可以说前期从调研到开题架构按计划高质量完成，来自20所高校师生一致认为这次开题具有全国环境设计学科没有的特色，师生对于本年度课题胸有成竹。之后师生们带着相关资料返回各校。问题出现在第二阶段的课题答辩，模板化凸显本科作业现象，几乎所有学生的答辩都是一样的思路，基本上把业态锁定在养老主题、种植水果和蔬菜。建筑概念设计如同是惯性的本科专业设计必修课作业，学生的表现显现出导师指导的效果不明显。第三阶段中期答辩比前一次图多、字多，但亮点不多。课题组根据学生的课题情况及时进行分析，发现艺术类院校学生对于设计涉及的工学知识体系相对缺欠，分析理解问题停留在视觉上，在相关学科知识上几乎没有掌握，看来探索创新设计对于艺考生群体是难以突破的壁垒。为了对症下药，发挥艺术类院校师生的优势，课题组决定根据实际情况调整任务书和重新设定课题要求，保障高质量成为第四阶段的攻坚战。10月9日是4×4第四阶段终期结题答辩，经过8小时的答辩，全体学生提出的论文和设计作品相比第三阶段提高幅度较大，部分学生成绩大大提高，全体学生满足了任务书设定的要求。在总结会上课题组长概括提出三点：师生要自我评估"照镜子"；加强知识结构综合能力；前进路上有问题，要一起去面对。

惯性思维：知识结构是决定能否进行研究的条件，研究者的价值在于将发现创新转变为成果。环境设计专业教学体系中没有数学课程，长期如此自然造成对于数学逻辑的思考缺乏，为此学生不能及时量化，显现出对于数字的不敏感，影响设计理念逻辑的质量，设计和论文常常流露出惯性的思维习惯。艺考生在小升初时就放弃了数学课，认为数学不强，只能考入艺术设计专业，在本科和硕士研究生期间又没有接触数学课，作品中缺少科学性，因此视觉就成为判断事物的依据，致使其在研究方面始终存在致命硬伤，这就是问题的源头。改变思维习惯需要从基础做起，4×4实验教学课题的目的就是消除惯性思维，启发学生加强基础理论知识，立体看问题，引导学生向综合发展，确定整体方向。

导师结构：导师结构和源头比较复杂，这是近40年办学带来的痛，大多数学校为了开辟新学科，在上级管理要求下（师生比是红线），招进非专业教师从事专业设计教学是普遍问题，长此以往虽然课程能够正常满足教学要求，可是教学质量不高。甚至在国内举办的一些学术专业会议上这些教师毫无话语权，更别说是能够发表论文，无法满足专业教师学理知识结构要求与之受教育背景相对应的要求，一系列问题伴随国家高等教育专业评估现象而出，至今这样背景的教师在很多学校中依然存在，且量还不少。如何通过现象研究本质，解决历史留下的问题，让学科建设质量更高，加强课题导师结构，邀请优秀专业学者型教师融入课题组是下一步的核心大事。4×4实验教学克服种种困难坚持13年，确实值得点赞，课题质量每一年都有不同程度的提高，相信再经过五到十年的探索实践，无论是师资结构质量，还是课题质量，都将取得辉煌成果。

理性分析：4×4实验教学头三脚踢出可圈可点的成绩，重要的是通过课题免推30多位学生到匈牙利佩奇大学攻读硕博学位，突破了以往国内高校大赛只是在各自校内做设计，然后拿到平台进行评审，各校学生直到活动结束也无法见导师一面，更不用说按要求常态交叉指导学生。4×4实验教学课题是师生全过程见面推进式指导模式，设定的四个阶段都是导师面对学生进行指导，这是过去中国高校环境设计专业没有的先例。十三年以来在如何解决导师和学生存在的问题方面积累了很多经验，同时限于知识结构问题，还需要分步解决。面对近几年来教学与专业评估带来的主要问题，区分学科架构和知识点，解决环境设计与工科存在的问题，需要不断地探索与实践，逐渐建立完善能够培养环境艺术专业学生立体思考的方案。

对症下药始终是课题组理性分析的核心价值观，培养高质量人才离不开科学冷静的思考，坚持实事求是是解决存在问题的法宝和原则。2021年课题师生克服疫情困难、取得高质量成果是探索实验教学最重要的一步，反思十三年艰辛努力，无论遇到什么样的困难，坚持探索的决心都是不会改变的，这就是创基金4×4课题的精髓。我们承认不完美，但是在追求完美的道路上课题组有勇气探索，向值得骄傲的方向迈进。

在2021年终期答辩、颁奖典礼、作品展览活动上，学校校长讲话：你们课题的师生都是好样的，中国高等院校公益教学将记住创基金的捐助和关心课题的人们，祝4×4实验教学课题今后继续取得更好的成果。

前言不是简单写几句话，找问题、寻求高质量学术价值才是内核。解决问题需要时间和实力。回顾十三年4×4实验教学课题的成长道路，全体师生对自创基金捐助以来取得的成果感到非常自豪，师生共同说：我们没有虚度时光。相信每一位参加课题的师生在心底都埋藏对创基金的真诚感谢！在我教学职业生涯里始终会感谢创基金全体理事和项目管理者，他们对课题的无私和慷慨为课题组树立了榜样。再一次感谢课题组导师的辛勤工作，在2021创基金4×4实验教学课题成果《智慧转折》即将出版之际，向付出辛苦工作的全体师生表示感谢，不忘初心将永远是全体责任导师的信念，我们的集体是值得信赖的集体，我们的路还很长，努力探索、爱护课题、不断创新是共同的目标。

王铁 教授
2022年4月6日于北京

目 录
Contents

课题院校学术委员会	004
佩奇大学工程与信息学院	007
布达佩斯城市大学	010
前言·智慧转折	011
2021创基金（四校四导师）4×4实验教学课题"高校图书馆建筑与校园景观更新设计"主题设计教案	015
责任导师	023
课题督导	025
实践导师	025
特邀导师	025
传统村落环境更新设计的思考2021创基金4×4课题/张月	026
有限条件与无限设计——2021年4×4课题设计创新教学实践总结/赵宇	029
对标"十四五"课程教学建设，启动新时代"4×4"新航程/段邦毅	033
4×4环境设计实验教学中的虚拟现实技术应用/贺德坤	037
博物洽闻、情境育人 智能科技时代下的环境设计专业硕士（MFA）培养探讨/郑革委	042
发现问题也是成果—— 4×4实验教学对应"后喻文化"引发的思考/韩军	046
新乡土主义在传统村落传承中的设计应用研究/江波	051
工业5.0时代的设计教育变革/黄志杰	056
以本次"乡村振兴"课题为例浅谈科学研究与设计实践的结合/杨峰	060
环境设计专业工作室教学模式改革与实践探究/王双全	063
"新文科"理念的联合教学中环境设计学科建设方法探索：以北京林业大学为例/赵大鹏	068
数新文科建设背景下环境设计方向艺术硕士实践能力的培养/葛丹	073
文化自信在中外高等院校4×4实验教学的培养实践/尚伟	079
乡村振兴背景下乡村环境设计与教学的探讨/刘伟	083
"新文科"环境下多学科交叉融合发展研究/刘岩	087
乡村振兴背景下的环境设计专业实践教学探究——以4×4实验教学为例/陈淑飞	090
正心明道、合众共赢——"4×4"实践教学课题对山东师范大学环境设计专业建设的促进/李荣智	095
4×4国际合作新篇章/金鑫	100
平行实践课程在环境设计专业课程体系中的研究/周维娜	104
环境设计专业教学中关于素质教育的实践性探索/南振宇	108
"城乡共建新范式"下乡村景观设计初探——以海口市道郡古村为例/焦健	111
平行实践课程在环境设计专业课程体系中的研究/胡月文	116
"新文科"背景下环境设计专业4×4实验教学思考/公伟	119
海南自由贸易港江东新区乡村规划思考/谭晓东	122
"实践"与"概念"下的教学思考/刘博	127
参与课题学生（部分）	129
学生获奖名单	131
一等奖学生论文与设计	133
二等奖学生论文与设计	161
三等奖学生论文与设计	293
佳作奖名单	516

2021创基金（四校四导师）4×4实验教学课题
"高校图书馆建筑与校园景观更新设计"主题设计教案

课题性质：公益自发、中外高校联合、中国建筑装饰协会牵头
实践平台：中国建筑装饰协会、高等院校设计联盟
课题经费：深圳市创想公益基金会、鲁班学院、企业捐赠
教学管理：4×4（四校四导师）课题组
教学监管：创想公益基金会、中国建筑装饰协会
导师资格：相关学科副教授以上职称，讲师不能作为责任导师
学生条件：硕士研究生二年级学生、部分本科四年级学生
指导方式：打通指导，学生不分学校界限，共享师资
选题方式：统一课题，按教学大纲要求，在责任导师指导下分阶段进行
调研方式：集体调研，导师指导与集体指导，邀请项目规划负责人讲解和互动
教案编制：王铁教授
课题组长：王铁教授（中国）、巴林教授（匈牙利）
课题副组长：张月教授、彭军教授、高比教授（匈牙利）、江波教授
实践导师：刘原、吴晞、裴文杰、林学明
课题顾问：石赟
创想公益基金会秘书长：刘晓丹
创想公益基金会副秘书长：冯苏
教学计划制定：王铁教授
行业协会督导：刘原
媒体顾问：赵虎
助理协调：金鑫
教学秘书：胡天宇
国内学生活动：
1. 海南省海南大学
2. 山东省山东师范大学
3. 陕西省西安美术学院
4. 山西省山西传媒学院
山西传媒学院学术交流活动内容如下：
1. 第十三届2021创基金4×4验教学课题终期答辩
2. 获奖师生颁奖典礼
3. 2021创基金4×4实验教学课题答谢晚宴
特邀导师（共计15人）：
刘原（中国建筑装饰协会秘书长）、李飒（清华大学美术学院副教授）、唐晔（吉林艺术学院副教授）、曹莉梅（黑龙江建筑职业技术学院副教授）、杨晗（昆明知名设计师）、高颖（天津美术学院教授）、裴文杰（青岛德才建筑装饰设计研究院院长）、石赟（金螳螂建筑装饰设计院院长）、陈华新（山东建筑大学艺术学院教授）、段邦毅（山东师范大学美术学院教授）、韩军（内蒙古理工大学艺术学院副教授）、朱力（中南大学教授）、赵宇（四川美术学院教授）、谭大珂（青岛理工大学艺术与设计学院教授）、齐伟民（吉林建筑大学教授）

课题院校导师学生	人居环境与乡村建筑设计研究教学大纲 课题计划2020年5月开始，2020年12月结束。 课题说明 1. 课题计划内师生采取以往要求，在课题结束后按要求提交成果，在课题组通知的时间内报销，过时视为放弃。 2. 山西传媒学院教学活动内容：（1）终期答辩，（2）颁奖典礼，（3）成果展览。 3. 关于课题调研和中期答辩详见以下规定。参加课题的人员必须保证三次国内出席。 4. 特邀导师可根据自己的实际情况自愿选择不少于一场出席答辩，否则无法了解课题的信息。 课题规划流程（国内为三次答辩） 1. 第一阶段：海南大学承办。海口市道郡村现场勘察调研开题及新闻发布会 　　（2021年4月23日～2021年4月25） 　　地点：海南，海口 2. 第二阶段：山东师范大学承办，济南市。第一次中期答辩 　　（2021年5月21日～2021年5月23日） 3. 第三阶段：西安美术学院承办。第二次中期答辩 　　（2021年6月11日～2021年6月13日） 4. 第四阶段：终期答辩，山西传媒学院承办（原定匈牙利国立佩奇大学承办，因为疫情无法出国） 　　（2021年10月9日～2021年10月11日） 课题组架构 主任：王铁教授，中央美术学院建筑学院景观建筑艺术研究方向博士研究生导师、匈牙利（国立）佩奇大学博士院建筑学方向导师、中国建筑装饰协会设计委员会会长 常务副主任：张月教授，清华大学美术学院博士研究生导师、匈牙利（国立）佩奇大学信息工程学院客座教授、中国建筑装饰协会材料应用委员会副会长 学术副主任（排名不分前后）： 副主任：巴林特教授，匈牙利国立佩奇大学博士院院长、匈牙利布达佩斯城市大学校长、中国建筑装饰协会设计委员会外籍副会长 副主任：高比教授，匈牙利国立佩奇大学信息工程学院院长博士研究生导师 副主任：黄悦主任，美国丹佛大都会大学国际交流处 副主任：郑革委教授，湖北工业大学艺术设计学院、匈牙利布达佩斯城市大学客座教授	责任导师	院校责任导师： 王　铁、 张　月、 彭　军、 巴　林、 高　比、 金　鑫、 段邦毅、 谭大珂、 郑革委、 韩　军、 贺德坤、 刘　岩、 王双全、 刘　伟、 尚　伟、 石　赟、 赵　宇、 裴文杰、 江　波、 焦　健、 葛　丹、 李荣智、 赵大鹏

| 课题院校导师学生 | 副主任：段邦毅教授，泉州信息工程学院创意设计学院院长、匈牙利布达佩斯城市大学客座教授、中国建筑装饰协会材料应用委员会副会长
学术委员（排名不分前后）：
赵宇教授，四川美术学院学科带头人
周维娜教授，西安美术学院环境艺术设计系主任
江波教授，广西艺术学院建筑艺术学院、匈牙利布达佩斯城市大学客座教授
范迎春教授，湖南第一师范学院美术与设计学院书记
刘伟教授，湖南师范大学美术学院、学科带头人
刘岩副教授，吉林艺术学院设计学院环境艺术设计系副主任
李荣智副教授，山东师范大学美术学院、环境艺术设计系主任
葛丹副教授，山东师范大学美术学院
焦健副教授，齐齐哈尔大学美术与艺术设计学院、系主任
韩军副教授，内蒙古科技大学建筑学院、学科带头人
王双全教授，武汉理工大学艺术设计学院副院长
谭晓东教授，海南大学环境艺术系主任
公伟副教授，北京林业大学艺术设计学院、系主任
贺德坤副教授，青岛理工大学艺术与设计学院、学科带头人
南振宇讲师，延边大学美术学院
赵大鹏讲师，北京林业大学艺术设计学院、学科带头人
郭龙讲师，四川美术学院建筑与环境艺术学院
刘博导师，山东师范大学美术学院
杨峰导师，德国斯图加特大学建筑与城市规划学院博士
孟繁星导师，中央美术学院建筑学院在读博士
黄志杰导师，泉州信息工程学院创意设计学院
徐彬教授，北京电子科技职业学院艺术设计学院
教学秘书（国外）：金鑫助理教授，匈牙利国立佩奇大学工程与信息学院

课题院校学生配比名单（请各校导师认真核实填写学生信息）
1. 中央美术学院：责任导师1名，学生：2名
   导师：王铁，性别：男
   学生：颜婷，性别：女，学号：12190500043
   学生：陈殷瑞，性别：男，学号：12190500036

2. 清华大学美术学院：责任导师1名，学生：2名
   导师：张月，性别：男
   学生：吕雨轩，性别：男，学号：2019214209
   学生：刘赋霖，性别：女，学号：2019214210

3. 四川美术学院：责任导师1名，学生：4名（其中2名自费）
   导师：赵宇，性别：男
   学生：蒋贞瑶，性别：女，学号：2019110086
   学生：柳国荣，性别：女，学号：2019120228
   学生：张弛，性别：男，学号：2019120229
   学生：黄林涛，性别：男，学号：2019120227 | 实践导师 | |

课题院校 导师学生	4. 湖北工业大学艺术设计学院：责任导师1名，学生：2名 　　导师：郑革委，性别：男 　　学生：郑晗，性别：女，学号：101910864 　　学生：徐旸，性别：男，学号：101900795 　　湖北工业大学建筑规划系：责任导师1名，学生1名 　　导师：尚伟，性别：男 　　学生：雷珊珊，性别：女，学号：102000683 5. 山东师范大学美术学院：责任导师1名，学生：2名 　　导师：李荣智，性别：男 　　学生：张鹤，性别：男，学号：2019306111 　　学生：李志，性别：女，学号：2019306105 6. 北京林业大学：责任导师1名，学生：2名 　　导师：公伟，性别：男 　　学生：姚敬怡，性别：女，学号：7190899 　　学生：刘雅静，性别：女，学号：3190832 7. 武汉理工大学艺术设计学院：责任导师1名，学生：2名 　　导师：王双全，性别：男 　　学生：张铸，性别：女，学号：1049721904462 　　学生：屈航，性别：女，学号：1049731904542 8. 齐齐哈尔大学美术与艺术设计学院：责任导师1名，学生：2名 　　导师：焦健，性别：男 　　学生：孙文俊，性别：男，学号：2019920297 　　学生：孙卓琳，性别：女，学号：2019920298 9. 湖南师范大学美术学院：责任导师1名，学生：2名 　　导师：刘伟，性别：男 　　学生：王阳，性别：女，学号：201970172754 　　学生：刘秋吟，性别：女，学号：201970172765 10. 青岛理工工大学：责任导师1名，学生：2名 　　导师：贺德坤，性别：男 　　学生：刘雯雯，性别：女，学号：191085237745 　　学生：陈晓艺，性别：女，学号：191130500767 11. 山东建筑大学：责任导师1名，学生：3名（其中1名自费） 　　导师：陈淑飞，性别：男 　　学生：范斌斌，性别：女，学号：2019065102 　　学生：赵明，性别：女，学号：2019065111（自费） 　　学生：贺虎成，性别：男，学号：2019065104		

	12. 广西艺术学院：责任导师1名，学生：2名 　　导师：江波，性别：男 　　学生：韦礼礼，性别：女，学号：20191411461 　　学生：薛瑞，性别：女，学号：20191111440 13. 海南大学：责任导师1名，学生：2名 　　导师：谭晓东，性别：男 　　学生：朱懿，性别：女，学号：19135108210030 　　学生：齐凤，性别：女，学号：19135108210014 14. 吉林艺术学院：责任导师1名，学生：3名（其中1名自费） 　　导师：刘岩，性别：女 　　学生：王秋月，性别：女，学号：190307118 　　学生：徐莹，性别：女，学号：190307142 　　学生：回毅，性别：男，学号：190305103 15. 西安美术学院：责任导师1名，学生：2名 　　导师：周维娜，性别：女 　　学生：刘浩然，性别：男，学号：122019239 　　学生：杨卓颖，性别：女，学号：122019213 16. 内蒙古科技大学：责任导师1名 　　导师：韩军，性别：男 17. 延边大学：责任导师1名，学生：1名 　　导师：南振宇，性别：男 　　学生：刘长昕，性别：男，学号：2019050640 本科院校板块： 18. 湖南第一师范学院：责任导师1名，学生：2名 　　导师：范迎春，性别：男 　　学生：黄佳妮，性别：女，学号：18403080309 　　学生：汤伟民，性别：男，学号：18403080121 19. 泉州信息工程学院：责任导师1名，学生：2名 　　导师：段邦毅，性别：男 　　学生：叶雨昕，性别：女，学号：1806160137 　　学生：陈海萍，性别：女，学号：1806160245 境外院校板块： 20. 佩奇大学信息与工程学院：责任导师1名 　　导师：高比，性别：女（本次线下不参会） 　　导师：金鑫，性别：女		

课题院校
导师学生

课题院校 导师学生	21. 布达佩斯城市大学：责任导师1名，学生： 　　导师：巴林特，性别：男（本次线下不参会） 　　学生：Dora SZURDUK，性别：女，学号：BS1110390 　　学生：Ingrid MANHERTZ，性别：女，学号：BA6597011 22. 美国丹佛州立大学：责任导师1名 　　导师：黄悦，性别：女（本次线下不参会） 注：由于疫情管控，参加的院校导师有所变动，最终参与院校总计21名学生，特此说明。 课题人员总数架构 导师总数：22人 学生总数：21人 总计：43人 特别提醒： 1. 以上为本年度参加课题人员，请各位责任人确认学校信息，以及导师与学生姓名，截至2021年5月15日不再增加人员，未确认的学校视为放弃。 2. 课题成果必须在2021年12月30日前提交。			相关专业	
课程类别	高等学校硕士研究生教学实践课题	课题程序 （分四次）	调研开题：海南省海口市 中一期答辩：山东省济南市 中二期答辩：陕西省西安市 终期答辩：山西省晋中市	结题	1. 颁奖典礼 2. 按计划提交成果 3. 推荐留学（博士）
教学 目标	1. 课题目标 　　课题设定：为保护传统村落人文景观和格局，保持风貌的完整性，做到在发展中传承历史文脉、在传承文脉中谋取新发展，完善基础设施和旅游服务设施，开发以观光旅游和文化旅游为主的多类型旅游产品体系，实现村庄的可持续发展，达到振兴新乡村的目标。 2. 设计要求 　　根据参加课题院校的实际情况，设计课题选择道郡古村包含吴元猷故居、布政司故居等民居共计143个建筑，设计分为两个方向： （1）景观设计专业：村落综合景观设计、建筑外立面修缮改造； （2）室内设计专业：吴元猷故居、布政司故居，同时再选择村域内任意一个民居进行室内设计。 3. 能力目标 　　注重培养学生思考的综合应用能力、团队的协调工作能力、独立的工作能力，同时还要培养学生在工作过程中的执行能力及其知识的获取能力。建立在立体思考理论框架下，鼓励学生拓展思维，学会对项目进行研究与实践，用数据、图文说话，重视用理论指导解决相关问题，培养学生具有研究能力和立体思考思维意识。				

教学方法	1. 设计实践 　　指导教师把控课题的研究过程，指导学生细化研究课题计划，展开实验与研究，要针对学生的研究方向提供参考书目，引导和鼓励学生基于项目基础开展研究模式，重视培养学生梳理前期调研资料、分析场地数据的能力。 2. 教学方法 　　研究课题围绕共同的主题项目进行展开。过程包括：解读任务书、调研咨询、计划、实施、检查与评价等环节，强调项目开展的前期调研及数据分析，详细计划是开题过程中的重中之重，是研究方法与设计实施的可行性基础，是问题的解决方式的验证与改进条件，是评价研究课题成果的重要标准，遵守可持续发展性、可实施性、生态发展性的原则，有助于提出有价值的问题和未来深化研究的方向。 　　每位学生在开课题前要完成综合梳理，向责任导师汇报调研计划，通过后才能参加下一阶段课题汇报。
教学内容	课题教学要求（四个阶段） 　　第一阶段：海南大学承办。海口市道郡村现场勘察调研开题及新闻发布会 （2021年4月23日~2021年4月25） 　　结合现场勘察测绘、课题组提供的资料及网络可查的综合信息把握道郡村场地属性，并进行初步的方案构思。构思过程包括分析历史文脉、地形气候、交通可达性、功能空间布局、植物植被等分析及现状问题探究，参考案例分析，可进行初步村庄建筑景观空间、室内空间草模推敲，手绘草图或软件建模均可。 　　第二阶段：山东师范大学承办，济南市。 （2021年5月21日~2021年5月23日） 　　第一次中期答辩成果要求制作A3横排版PPT文件，要求逻辑清晰，图文并茂。 　　第三阶段：西安美术学院承办。 （2021年6月11日~2021年6月13日） 　　第二次中期答辩成果要求制作A3横排版PPT文件，要求逻辑清晰，图文并茂。 　　第四阶段：终期答辩匈牙利国立佩奇大学承办 （2021年8月28日~2021年9月7日） 　　备注：如因疫情不能前往匈牙利进行终期答辩，将调整时间，在国内进行终期答辩及汇报展，地点于第三阶段课题完成后通知。 　　终期答辩要求版面尺寸：900mm×1800mm（竖排版），3张图纸，并打印布展（到达匈牙利之后）。
项目成果	1. 完整论文电子版不少于2万字。每位参与课题的学生在最终提交论文成果时要达到：论文框架逻辑清晰，主题观点鲜明，论文研究与设计方案一致，数据与图表完整。 2. 设计方案完整电子版。设计内容完整，提出问题和具有可行性的解决方案，设计要能够反映思路及其过程，论证分析演变规律，综合反映对技术与艺术能力的应用，设计深度为概念表达阶段，要求掌握具有立体思维的研究能力。
参考书目	1. （日）进士五十八，（日）铃木诚，（日）一场博幸. 乡土景观设计手法[M]. 李树华，杨秀娟，董建军，译. 北京：中国林业出版社，2008. 2. 彭一刚. 传统村镇聚落景观分析[M]. 北京：中国建筑工业出版社，1992. 3. 陈威. 景观新农村[M]. 北京：中国电力出版社，2007. 4. 王铁等. 踏实积累——中国高等院校学科带头人设计教育学术论文[M]. 中国建筑工业出版社，2016. 5. （日）芦原义信. 外部空间设计[M]. 尹培桐，译. 北京：中国建筑工业出版社，1985. 6. 孙筱祥. 园林设计和园林艺术[M]. 北京：中国建筑工业出版社，2011. 7. （美）克莱尔·库珀·马库斯，（美）卡罗琳·弗朗西斯. 人性场所：城市开放空间设计导则[M]. 俞孔坚，译. 北京：中国建筑工业出版社，2001. 8. 周维权. 中国古典园林史[M]. 北京：清华大学出版社，2010.

备注	1. 课题导师选择高等学校相关学科带头人，具备副教授以上职称（课题组特聘除外），具有指导硕士研究生三年以上的教学经历。学生标注学号，限定研二第二学期学生。 2. 研究课题统一题目"乡村振兴背景下海南省海口市道郡村综合环境设计"。4月开题，5月下旬第一次中期答辩，6月第二次中期答辩，10月8日完成研究课题。 3. 境外国立高等院校建筑学专业硕士按本教学大纲要求执行，在课题规定时间内同步进行，集体在指定地点报到。 4. 课题奖项：一等奖3名，二等奖6名，三等奖6名。获奖同学在2021年12月中旬报名参加推免考试，通过后按相关要求办理2022年秋季入学手续，进入匈牙利佩奇大学工程与信息学院攻读博士学位。 5. 参加课题的院校责任导师要认真阅读本课题的要求，承诺遵守课题管理，确认遵守教学大纲后将被视为不能缺席的成员参加教学。按规定完成研究课题四个阶段的教学要求，严格指导监督自己学校学生的汇报质量。 6. 课题组强调责任导师必须严格管理，确认本学校学生名单，不能中途换人，课题前期发生的直接费用先由导师垫付，课题结束达到标准方能报销，违反协议的院校，一切费用需由责任导师承担。 注： 望责任导师严格按教学大纲（即协议）执行规定报销范围，交通费用即高铁二等座价位为上限，不得突破，公交车、住宿费用每人限定240元（每天），佩奇大学期间的交通及住宿费按统一标准执行。其他计划之外的事宜不在报销范围内，请自行决定。2021年12月8日为结题时间，请将票据按人名统计清晰，确认是否提交完整的课题成果最终排版电子文件一份，答辩用ppt电子文件一份，设计作品标明"课题名"、学校、姓名、指导教师，确认后发送到wtgzs@sina.com，过期视为放弃。 重点强调： 1. 导师在课题期间必须注意课题组信息平台的信息。 2. 相关院校如有其他研究生参加，均为自费，不再说明。 3. 接到教学大纲的导师一周内确认人选。 4. 参加佩奇大学活动人员请发护照首页扫描文件到课题组邮箱（sixiaosidaoshi@163.com）办理邀请函。 最终报销日期定在2022年1月4日截止。 如有信息不准确的部分请修改。各位责任导师收到请确认！

说明：本教案为最终版，责任导师确认学生姓名、学号，并返回课题组秘书处。

2021创基金·四校四导师·实验教学课题
2021 Chuang Foundation · 4&4 Workshop · Experiment Project

责任导师

中央美术学院
王铁 教授

清华大学美术学院
张月 教授

德国斯图加特大学
杨峰 博士

四川美术学院
赵宇 教授

泉州信息工程学院
段邦毅 教授

湖南师范大学
刘伟 教授

齐齐哈尔大学
焦健 副教授

佩奇大学
巴林特 教授

佩奇大学
高比 教授

山东师范大学大学
李荣智 副教授

北京林业大学
赵大鹏 讲师

内蒙古科技大学
韩军 副教授

吉林艺术学院
刘岩 教授

广西艺术学院
江波 教授

湖北工业大学
郑革委 教授

青岛理工大学
贺德坤 副教授

湖北工业大学
尚伟 教授

山东师范大学
葛丹 副教授

武汉理工大学
王双全 教授

西安美术学院
周维娜 教授

北京林业大学
公伟 副教授

2021创基金·四校四导师·实验教学课题
2021 Chuang Foundation · 4&4 Workshop · Experiment Project

山东建筑学院
陈淑飞 教授

海南大学
谭晓东 教授

延边大学
南振宇 讲师

山西传媒学院
高宇宏 书记

西安美术学院
胡月文 讲师

山东师范大学
刘博 讲师

泉州信息工程学院
黄志杰 主任

2021创基金·四校四导师·实验教学课题
2021 Chuang Foundation · 4&4 Workshop · Experiment Project

课题督导

刘原

实践导师

吴晞

林学明

裴文杰

特邀导师

石赟

传统村落环境更新设计的思考
2021创基金4×4课题

Thinking of Traditional Village Environment Renewal Design
2021 Chuang Foundation 4×4 project

清华大学美术学院 / 张月 教授
Academy of Fine Arts, Tsinghua University
Prof. Zhang Yue

摘要： 农村是中国社会的根基，在社会发展与变革的大背景下，传统村落环境的改变是无法回避的。原有的常规的城镇化模式、旅游开发模式有其好的一面，也有局限性。重要的是传统村落资源的发展模式创新，从社会运作的复杂体系来厘清村落生活的模式，并据以创造与当下社会相契合的村落空间环境，而不是一味地创造设计师自娱自乐的虚假形式。

关键词： 传统更新；自组织；技术进步

Abstract: Rural areas are the foundation of Chinese society. Under the background of social development and reform, the change of traditional village environment is inevitable. The original conventional urbanization model and tourism development model have their advantages and limitations. It is important to innovate the development mode of traditional village resources. From the complex system of social operation to clarify the pattern of village life. And create a village space environment corresponding to the current society. Instead of blindly creating the false form of the designer's own entertainment.

Keywords: Traditional Renewal, Self-organization, Technological Advancement

近几年通过不断地对乡村的各类课题进行研究和探究，我们发现，在社会发展与变革的大背景下，乡村环境的改变是无法回避的。无论是着眼于文化遗产的保护抑或是对自然乡野的留恋，都不可能阻止乡村环境的变化，我们唯一能做的是通过自己的努力使它从社会生活到村镇环境都变得更和谐美好。

一、传统更新

社会就像一部精巧的机器，在一定的时代，其资源的配置方式可能决定了特定的等级与结构，每个个体或群落都在自己的位置上按照一定的规则运行。农业文明有农业文明的等级与结构，也有它的规则。社会的变革正是由于技术的进步带来资源的重新配置，因此结构与规则也就会改变，每个事物因此要重新找到自己的位置。这和自然的变化一样，环境变化令每个生物种群都要面对新的挑战，或者消失，或者找的适应自己的新位置。建筑也一样有适应性问题，新的时代、新的技术带来新的资源配置与规则，传统的建筑或者是找到在新体系下的适用域，或者淘汰。传统村落的更新正是面对着这样的困局。

今人与古人对待环境与生活的方式不同，我们所谓传统村落，不论是空间格局抑或是建筑的技术细节，其实就是传统社会的日常模式，包括建造与生活方式。与今日殊为不同且大相径庭。因为，那个时代的建筑无论是建造方式还是空间的布局，在传统社会的自然经济模式下，与自然山水结合得很紧密。所以，它散在、随性、闲适，呈现了与自然相融的状态。这当然也是当代人因之稀缺而向往的原因。另一方面，这样的环境也低效。而现在，在工业化社会追求效率和精确的底色上，空间环境的建造与使用从效率和经济学的角度考虑更多，无论是空间布局还是材料结构都更功利。技术的进步为人们提供了更多新的可能，使人们有了新的资源利用方式，建立了一套新的规则，摆脱了自然的限制，但同时也更远离了自然。所以除非刻意，今人的生活空间只剩拮据的"容器"，印证了当初现代主义大师对建筑的定义——建筑是居住的机器。这种不同的资源利用方式与规则，才是传统村落最核心的更新命题，否则也只是给一个传统的脸画了一个现代的妆。

所谓传统村落的更新保护需要客观和科学。传统村落的很多特质都是传统社会物质与精神世界的体现。如传统建筑的顺应环境（所谓生态）其实是传统农耕社会人类能力不足的妥协，一旦人类获得了技术增长的能力，就会采取逆自然而行的方式。中外都有很多这方面的例证，很多古代社会的崩塌都是源于生态灾难。所以说，生态并非是传统建筑的特色和标签，它是人类在面对自然时摇摆不定的两种策略——"改变"和"顺应"之一，人类一直不断调整自己的策略。所以，传统不等于生态，现代也不等于反生态。我们不能以一种僵化固定的观念来界定和对待传统和现代。古人那些所谓的生态原则以现在的技术体系来看都不是问题，我们不用在传统里找灵感。有问题的只是选择取向，在研究总结了古人的很多技艺和精神世界后有什么用呢？新的生活模式和资源、规则不能套用或者不用套用，装腔作势地沿袭旧的习惯吗？总结古人的东西并不能解决当下的问题，因为资源、规则、建造体系和标准都不同了，所以这样的研究意义何在？

传统乡村环境的建构模式与现代设计与工业体系存在差异。所以，不应把设计师自己幻想出来的所谓模式真当作什么范式。现代设计所依托的无论是技术还是审美趣味，都与多数乡村的自然生存状态都有着巨大的落差，指望着用现代艺术去给乡村"裱糊"和"粉刷"出一个美好的景象是虚幻的、不可持续的无源之水。现在都在谈艺术生活化、生活艺术化，但不能指望艺术给生活镶金边。生活的美源自生活自身，乡村环境的美好首先应该是乡村的生活过程自身美好，否则生活的艺术就成了出门前擦嘴的猪皮！

二、设计与自组织

设计也应该是从当代科学发展中发现规则。现有的设计都是有中心、有控制的思维方式，追求一切尽在掌握，穷尽所有的事物背后的规则，然后以一种预设的、可控的模式应对问题，认知、预设（设计）、执行。但这不是自然的运行方式！自然是靠简单规则联系起来的集群稳定态，规则会有轻微的摆动飘移（变异），而外部的环境作为选择会决定这种飘移的走向。设计似乎不应该是给用户一个确定的结果，也不应该期望有一个固定的模式，设计可能仅仅是对可能出现的问题预设应对。

当代科学新的发现使人们对事物发展的模式有了新的认知。传统经典科学很多规则在现代复杂科学新的观点下发生了转化。复杂科学认为自然的发展演化并非是有目的、预先设计好的复杂体系，它是一系列由简单规则累加的、自组织的集群。相对于有目的、复杂的设计和构建起来的城市文明，乡村就是自发的、非预设、非控制的产物。它更接近自然的演化规律，与工业文明及传统经典科学构建的城市文明不同。设计其实是传统经典科学的思维方式，试图通过预设规则和控制而建立的体系解决所有问题，复杂、效率低、成本高昂。

在自然中，万物虽然繁杂但规则简单，而且是自组织的。如果乡村的人居环境也是一种自组织的进化系统，那他应该遵从一切自然进化的规律，是一种无中心、非理性、自组织的自下而上的累加式系统。它不需要逻辑和推理，只是调整和适应。它与有中心的集中控制的金字塔式结构不同，后者需要复杂的规则和有效的管理。但其系统的弹性和抵抗力很弱，就像高度集中的管理模式，需要有高度智慧的人来管理。

在传统的乡村社会网状、自组织的体系机制下，设计不应是给出一个固定的一劳永逸的模式，而是建立好秩序和有可变机制的体系，因为传统乡村社会是不断流变的。

三、技术、设计

在此次乡村更新课题中，强调了对于当代技术的关注和引入，这是很有挑战的尝试。社会的进步更多的是靠技术的进步，不仅免除了很多人们生活的艰辛，也给人与人之间提供了更多的免于冲突与压力的空间。现代社会是靠技术进步来解决需求与资源之间的矛盾、缓和社会人与人之间的冲突，而传统社会是靠规制来控制人对资源的需求，以平衡冲突。这是完全不同的路径。

某种程度上，我们的设计界至今还没有建立起基于现代社会的、以技术为基点和视角的艺术与设计的思考、方法体系。常常还是基于所谓的文化尊严，而非当代理性的强调和拥抱过去的传统（基于手工业和农业文明）。所以，我们的当代环境设计更多关注的是文化，而不是科技对未来的影响，设计更多关注的是所谓"生活艺术",而不是各类挑战性问题的解决。

另一方面,对技术的使用需要审慎,不能滥用。技术的每一次进步都意味着人类要做价值观判断和抉择,因为这意味着人类又把自己的一部分移交给了技术。人类自己做事时总会先有个判断而后执行,而一旦移交给技术,技术只会按照预设执行,而这种预设是否符合人类长远或者整体的利益,必须要做价值判断,"能做"与"该做"是不同的,否则就会后患无穷。所以,技术越多,需要我们做判断的事也越多。科技的发展必须与人文学科的发展并驾齐驱。科技的发展使人掌握了更多的主动权,但随之而来的就是我们如何决定!科技进步带来的更大挑战不是技术本身,而是更多的选择如何做出!所以,很多时候人文科学的发展、如何应对技术发展带来的挑战可能是大大地滞后了。没有人文精神的"技术"是"瘸子"。

而当下的社会,一方面对科技的发展唯利是图,只看眼前或某些群体获得的利益,很少对技术发展的问题进行认真的讨论;另一方面在人文科学发展上也不能与时俱进,死抱着老朽过时的所谓传统和僵化的道德。我认为环境设计应该是不断地跟随科学更新的脚步,关注新技术在环境设计领域带来的影响,以及人工环境发展对环境的影响。用最新的科学来理解人与自然,并提出空间的解决方案。

四、有形的设计(控制),还是"无"设计?

对技术的焦虑,其实是对学习的焦虑。过去时代的技术发展很慢,一代人甚至几代人都在使用相同的技术,不需要太多的学习和思考,只需要一次性的学习,就可以按照过往的经验来简单重复。所以,对于每一代人来说,思考和学习的压力很小,不会焦虑,因此很重视经验。而现代的技术发展脚步太快,给人思考和适应的时间很少,甚至没有时间。就要仓促地面对新的事物,才会产生焦虑。但普遍存在的人居环境却从来都是大量存在而又有效的,它们构成了人类聚居环境历史的主体。所以,有控制的"设计"是人类应对自然最好的途径吗?

有限条件与无限设计
——2021年4×4课题设计创新教学实践总结
Finite Conditions and Infinite Design
— 2021 4×4 Project Design Innovation Teaching Practice Summary

四川美术学院 / 赵宇 教授
Sichuan Fine Arts Institute
Prof. Zhao Yu

摘要：环境设计等空间设计专业所具有的边沿性、开放性、公共性、视觉性等特点，使其承担着时代形象代言者的角色，需要有靓丽的展现。设计创新能够准确反映专业的特点，也是专业的生命。对应的专业设计教育，对创新能力的培育有着更高的要求与期望。专业知识系统的建立过程，也正是创新思维形成的契机，学校教育应该抓住这个过程特征，开展有效的设计创新培育，为社会的持续发展提供不断的人才支持。

关键词：设计创新；4×4课题；教学实践

Abstract: Environmental design and other space design professional has the characteristics of edge, openness, publicity, visual, so that it assumes the role of the image of The Times, need to have beautiful show. Design innovation can accurately reflect the characteristics of the profession, but also the life of the profession. Corresponding professional design education has higher requirements and expectations for the cultivation of innovative ability. The establishment process of professional knowledge system is also an opportunity for the formation of innovative thinking. School education should grasp the characteristics of this process, carry out effective design innovation cultivation, and provide continuous talent support for the sustainable development of the society.

Keywords: Design Innovation, 4×4 Project, Teaching Practice

一、课题的解析

设计是一项有目标、有计划进行的创造性活动。根据美国设计理论家维克多·帕帕纳克（Victor Papanek 1927-1998）的定义，设计是为构建有意义的秩序而付出的有意识的直觉上的努力。设计包含了两个关键环节：一是理解用户的期望、需要、动机，理解经济、技术和行规方面的要求，即设计的条件与限制；二是将限制性条件转化为对事件的规划，使得事件的形式、内容和行为变得有用、能用、令人向往，并且在经济和技术上可行，即设计的创造性特征。

随着现代科技的发展、知识社会的到来，常规设计正由专业设计师的工作向更广泛的大众参与演变，设计不再是专业设计师的专利，以用户参与、以用户为中心成为设计的关键词。室内设计软件"酷家乐设计师"将专业设计表现简化到犹如儿童玩拼图游戏一般简单容易，应对普通市场的需要已经绰绰有余。在这种情况下，作为大学设计专业的培养目标，设计的本质意义——设计创新的强化教育，就成为关键的核心要求，只有充分发挥设计的无限可能，创造出区别于常规的新理念、新功能、新形式，设计才能够成为"设计"，也才能够在新时代背景下成为社会发展的动力。

2021年创基金4×4课题确定的教学任务是"乡村振兴背景下海南省海口市道郡村综合环境设计"，课题条件选点在海口市郊区的一个传统村落，强调"充分挖掘道郡村的潜在资源，结合村庄特色，融入区域产业和江东组团的发展，找准村庄定位，以生活居住为主要职能，以特色种养殖业和旅游服务业为产业主导，注入琼北地区特色民间文化展示功能，体现琼北传统村落文化内涵"。课题过程中，对设计创新给予了充分的重视和强化要求，从时代发展背景出发，启发参加课题的学生面对传统村落的现实状态和条件限制，发挥设计的无限可能，为乡村的振兴和未来发展提出全新的设想。

2021年4月25日～26日，在海南大学美术与设计学院举行了4×4实验教学暨中外高等院校教学课题开题及新闻发布会，课题任务正式拉开序幕，第一阶段任务——现场调研也在道郡村正式展开。

2021年4月22日，在济南市山东师范大学校园举办了课题的开题论证；2021年6月12日，在西安美术学院成功举办中期汇报；2021年10月9日，在太原市山西传媒学院举办了"2021创基金4×4中外高等院校实验教学课题"终期结题仪式及答辩会。参加课题学生经历一个学期的研究设计，针对道郡村的环境条件，按照课题教学的要求，完成了对课题的理解和方案设计，向道郡古村提出了当代的复兴设想。

二、教学中的守成与创新

知识的传承作为一项不可缺少的环节在教学中至关重要。参加本次课题的学生基本来自空间设计类型的专业，包括环境艺术设计、建筑设计、风景园林设计三大板块，国内院校16所、国外学校2所，共计18所院校的研究生参加课题。对空间设计类型专业的学生来说，构成其基本知识结构的课程板块为设计基础理论与技能、专业设计基础理论与技能、专业设计基础理论与技能，从课题进展过程看，这三大板块的知识基础与表达能力对实现设计意图的合理建立与有效呈现起着关键的作用，学校教育对基本知识结构教育的重视程度和教学水平导致了学生面对问题时解决能力的差异。在基本知识结构体系的搭建过程，也就是设计创新理念在学生设计意识中的导入过程。在教学实践中，专门针对设计创新开设的课程，普遍从空洞的说教开始，以无效的空想作业结束，难以带来对设计可能性无限拓展的想象发挥。设计创新是一种观念，在基本知识结构的所有课程中，都蕴含着守成与创新的辩证关系。这种辩证关系，应该在基本知识结构板块的教学中得到贯彻，并体现出下面四个原则：

第一，通用性原则。环境中随处可见的建筑物、道路、路灯、告示牌、座位等，无不体现着设计的通用性原则。公共环境的设计，无须特别考虑性别、年龄、文化背景及教育程度，只需仔细观察不同人群的诉求，放开手脚大胆设计。恰恰是通用性标准，构建了环境基底的基础，在这一点上，学生们容易忽略。

第二，独特性原则。公共环境的要求日益凸显人性化，早期的相互模仿被逐渐淘汰成局部的借鉴学习，独特性原则逐步成为判断设计优劣的尺度。独特性原则是通用性原则之上对设计的更高要求，需要明晰设计的文化定位、地理环境定位和使用者对象定位，根据实际因素的不同设计相对应的方案。

第三，审美性原则。人居环境应具有审美作用，美的事物可以引起受众的共鸣，激发受众对环境的认同与欣赏，构成区域环境的美好图景，增强使用者的归属感，从而营造更加友爱的公共环境。审美的不确定性，导致认知的差异，需要在基本知识结构的所有环节中强调其价值与作用。

第四，适度性原则。适度原则分为功能适度和材料适度。如一个座椅的设计，在功能适度方面，座椅设计得舒适到位，就会避免功能浪费；在材料适度方面，座椅应该选用坚固耐耗的材料，能够支持座椅的功能，不浪费过多的资源。

大学不仅堆积着前人的知识，更是一个能够创造新知识的智慧工厂。创新作为必不可少的教学宗旨应该贯穿基本知识结构建构的全过程。要关注新兴的发展方向，努力构建立足国情、面向世界，理论与实践相结合的学科体系。在基础方面塑造学生的审美观念，提高学生的审美感知能力；在技能培养方面引入概念式的教学，提高学生的直观把握能力；在实际教学操作方面，注重提高学生解决问题的动手能力，由植入式教学转变为思考式教学；在理论、历史的培养方面，注重内在素养的提升，培养学生的综合素质。

三、过程教学与交流途径

四川美术学院有4位同学参加本次课题，分别是柳国荣、张驰、黄林涛和蒋贞瑶。四位学生的选题，分别从村落农房的利用与空间衍生、村落的多视角多空间生存、村落传统的研学传译和村落公共空间的戏剧性演绎等不同的角度，解读了学生们个人理解的乡村图景和未来呈现，对于道郡村，可以是一个有价值的建设与发展启发，对于设计，则有效展现了条件限制下设计的多元可能和无限空间。

1. 干预式教学

进入课题设计后，面对项目的现实条件限制，同学们表现出各自不同的设计理解和切入角度，一些选题方向目标比较清晰，按照预定的设计流程和发展轨迹，可以预测成果的逐步显现。但一些选题方向却处于漂浮游移的状态，这个时候，就需要指导教师对学生设计提出干预，给出明确的设计引导和具体的设计建议，指导学生发现设计的主要矛盾和解决问题的核心策略，形成对问题的有效解决。

2. 被动式辅导

教学的过程，实际上是师生相互表达意见并达成一致的交流过程，学生以作业过程的文字与图示表现其对课题的理解、对设计限制条件的认识、对问题的集中提炼和使用的设计策略，教师则根据学生展示的过程作业，及时发现学生理解认知和处理问题办法中的缺陷不足，在这个过程中，学生常常呈现出特别优秀的创造力和想象力，教师应该及时发现学生设计过程中的亮点特色，引导其向显性方向发展，将辅导变成听取式的、被动式的，多支持学生的创造，少干预具体的设计做法，让设计的创新成为学生自主追求和主动追求的目标。

3. 包容式激励

当遇到学生与教师对设计理解不同或产生矛盾的时候，容易出现学生的赌气式服从，一切按教师的意见办，不主动去理解问题和解决问题，此时，教师需要包容学生的构想和方法，激励学生面对问题，鼓励学生保持自己的设计路径，但要针对意见进行适度修正方向与策略，把设计调整到理想的状态。

四、创新教学要素分析

1. 设计创新需要融合式教学

一方面，学校所设课程要全面、知识面广，加强个同专业间的交流，为培养具有综合素质的人才奠定基础。教学中强调对关键性命题的分析和全方位的研究，鼓励不同专业学生之间的互动与交流，学生可以选择学习综合性的设计课程。另一方面，学校与学校之间、学校与社会之间，需要建立开放的教学平台，为学生提供交流学习的机会和融入社会实验的舞台，杜绝"假大空"的教学现象。四校课题为18所国内外院校的空间设计专业学生提供了相互展示和学习的空间，对培养设计创新人才起到了极大的推进作用。

2. 注重传统知识与创新思维的同步培育

设计教学应该特别强调传统历史与现代潮流的融合。传统知识与创新思维在设计教学中完全有条件相得益彰。优良的环境，是包容了古朴的古典风格和现代时尚等多种要素的复杂体，传统的设计方法在建构专业知识框架方面具有明显的合理逻辑，在建构这种逻辑框架的过程中，就是学校、教师和同学植入创新思维，建立创新设计理念的空间舞台，利用知识的建构过程，鼓励学生在合理分配各个元素及统筹把握的情况下，形成独特的设计创新追求。

3. 艺术与技术融合提升创新设计品质

艺术与技术，它貌似独立，却大有交集。而它们的交集点，就是人类创造奇迹的潜伏地。环境设计、建筑设计、风景园林等空间类型的设计，虽然具有工程建设的性质，但最为核心的是它与人的密切相关而使其具有强烈的艺术外像，技术与艺术相互融合的事实和优势在空间设计专业具有明显的契合。正如冯骥才先生在与诺贝尔化学奖得主斯托达特对话时所说，"随着科学的高度发展，科学与艺术会越来越专业化，它们似乎会越来越远，但最后还要落在人身上。我们会享受更多科学与艺术的成果。我想引用福楼拜的一句话，科学与艺术总是在山顶重逢，所谓的山顶就是在人的身上，发展到最高的阶段，最后在人的身上还是重逢，只有科学和艺术双翼齐飞，社会才会更进步"。设计创新需要借助科学技术的翅膀，让理想飞得更加高远。

五、结语

2021年创基金4×4实验教学课题面对新时代背景，提出了与国家发展战略相一致的研究主题：设计的创新，面对乡村环境千年不变的状态，课题鼓励学生以时代的眼光和当代的理念，为海口道郡村描绘面向未来生存的蓝图。在科技进步、大众生活生产方式不断革新、多元化审美趣味不断出现的今天，人们已经不再满足常见的模式化环境，而更希望获得具有视觉满足的个性化环境空间。空间设计专业所具有的边沿性、开放性、公共性、视觉性特点，使其承担着时代形象代言者的角色，需要有靓丽的展现。设计创新既能准确反映专业的特点，也是专业的生命。相应的专业设计教育，必然对设计创新能力的培育有着更高的要求与期望，专业知识系统的建立过程，也正是创新思维建立的契机，学校教育应该抓住这个过程的特征，开展有效的设计创新培育，为社会的持续发展提供不断的人才支持。

参考文献

[1] （美）维克多·帕帕奈克. 为真实的世界设计[M]. 周博, 译. 北京: 中信出版社, 2012.
[2] 大师对话: 科学与艺术总是在山顶重逢——诺贝尔化学奖得主斯托达特对话艺术家冯骥才. 人民网. 2017年2月27日. http://kpzg.people.com.cn/n1/2017/0227/c404389-29109229.html.

对标"十四五"课程教学建设，启动新时代"4×4"新航程
The Construction of "Fourteen-five" Curriculum Starts a New Voyage of "4×4" in the New Era

泉州信息工程学院 / 段邦毅 教授
Formation Engineering of Quanzhou University
Prof. Duan Bangyi

摘要：通过对举办了十三载的"创基金4×4实验教学课题"活动的总结思考，论述了这一具有历史性、创新性的当代高等教育人才培养课程教学模式及成果，对被已打破了的原封闭的、单一知识型的教学状态和对标新时代课程教学建设及4×4新的航程有着积极的理论效应。

关键词：4×4实验教学；总结思考；新时代航程；理论效应

Abstract: Through the summary and thinking of the 13th "4×4 workshop", this article discusses this historical and innovative educational model and innovative achievements for the contemporary higher education talent training course. It breaks the original closed and single teaching state, and its development and existence have a positive theoretical effect on the construction of curriculum teaching in the new era and the future development of "4×4 workshop".

Keywords: 4×4 Workshop, Summary, New Era Development, Theoretical Effect

引子

2021年是国家高等教育领域"十四五"规划发展新一轮一流学科建设、课程（课题）教学建设的开局之年，教育部高教司吴岩司长多次论述："我们面对奔腾而至的新技术革命和产业变革的时代浪潮，如果不应变、不求变，将错失发展机遇，甚至错过整个时代"；"新科技革命和产业变革是一次全方位变革，将对人类生产模式、生活方式、价值观念产生深刻影响，因此要超前识变、积极应变、主动求变"。作为人才培养的核心要素，课程（课题）教学，是教育教学要解决好的最根本问题。创基金"4×4"实验教学课题的践行正是与时俱进，早已进行了十三年（十三届）的实践教学实验了。今天，值得认真总结，以做出新的思考和新的启动。

一、初心

时光倒回至十四年前，时任中央美术学院建筑学院副院长、风景园林学科带头人王铁教授和清华大学美术学院环境设计系带头人、环境设计系主任张月教授，与时任天津美术学院设计学院副院长的彭军教授，面对当时高校在专业教育教学中存在的诸如单一知识型教学模式和种种不利于卓越人才培养的壁垒和弊端，深感要打破院校壁垒，构建名校与名校、名校与名企结合的实践实验课题教学团队，贯彻教授治学，最大化地利用能集聚培养卓越人才的各种资源和新理念成就之。接下来各自带着自己的学生，踏上了历时十三年（十三届）的"4×4"实践实验教学的征程。

二、"传奇式"地走向了成熟和卓越

"4×4"实践实验教学课题组是在中国高等教育教学的特定历史背景下应运而生的，是时代的召唤，尤其是在团队构建方面，由国家层面的相关名校名师担任每届课题责任导师团队，由国家行业最前头的名企名家组成课题实践导师团队，可谓强强联合。课题的问题教学从一开始就切中了当下高等教育和行业需求的要害和弊端，因此，课题教学的理念和作业路经及各项教学改革一直在不断创新，每年教学硕果累累，经课题组打造出来的人才相对专业、高端、卓越，也因此整体提升了参加院校及所在省市环境设计专业的教学质量。也由此带来了参加院校的分

管校长、教务处长、二级学院院长在每年课题结项时，百忙中都要踊跃亲自去北京参加课题结项的典礼活动。

在每年课题组人才可持续性培养方面，还与参加院校匈牙利佩奇大学建立了输送硕博研究生的绿色通道，近七年来输送了攻读博士学位的课题组学生22位；攻读硕士学位的学生25位。近10年来取得硕士、博士学位的学生均顺利进入了国内著名大学和国内名企担任教学科研和设计工程工作。参加前几届活动的本科生也均在许多设计企业中做出了令人瞩目的成果。"4×4"实践实验教学课题组在特定的历史时期为人才培养和高校课题教学改革提供了宝贵的教学经验和做出了历史性贡献，今天的发展规模和成果超越了创办初期教授们的预期，也由此创造了国家环境设计专业课题教学的"美丽传说"。

三、新时代的挑战：除了创新我们没有退路

当下随着科技领域的迅猛发展，人们从几十年前的科普时代进入到了科技智能时代，这将改变甚至迅速颠覆人类所有学科空间和行业领域的认知。面对自然界因人类各种污染导致的恶劣天气和疫情等破坏和威胁，面对世界霸权主义的威逼和侵略，挑战咄咄逼人。在这错综复杂的时代矛盾和严峻挑战中，人才是解决这些严峻问题的重中之重，担负人才培养的大学课程（课题）教学，又是人才培养质量中的"牛鼻子"。国家教育部高教司吴岩司长近期代表国家教育部多次发声，呼吁大学课程教学虽然是教育教学中最"微观"的环节，但确实是培养人才的最核心要素，是人才培养的最根本抓手。吴岩司长又进一步提出课程（课题）教学要达到二性一度标准；即实现高阶性、创新性，具有挑战度。"4×4"实验教学课题组改革十三年来，始终是靠向这个标准践行的。当然在持续性贯彻的深度和创新挑战度方面，还须进一步深入探究和科学化践行，以更彻底、更深入地解决课题的复杂问题，以实现更深刻意义上的创新性和挑战度。也只有这样，"4×4"实验教学课题活动才能呈现不断创新和进取，也有望能到达时代的"光辉顶点"。

四、"4×4"实验教学承前启后的思考

已形成的几点教学效应如下。

1. 不同院校特色互补，相互超越

打破校与校的交流壁垒，以每年真题真做的课题切入，从而对一个专业的教学理念、专业基础的知识系统及学生完成作业的技术路径进行深度研究和创新，其教学效应是多维和多能的，尤其是十几所院校的师生能近距离和面对面体验不同院校的教学特点，从而发现各自差别，同时碰撞出发现问题和解决问题的火花与激情，这是令各校学生心动的。诸如来自不同院校的责任导师（教授们和年轻的指导老师们），带着不同的学校文化背景和专业教学特点，共同指导学生完成课题过程，应是各有长短，譬如来自理科院校的责任导师，以理性见长，更强调建造设计的构造性及对课题设计方案的原理性，对建造空间结构的科学性和材料的物理分析及施工工艺都分析细致到位，从而弥补了来自艺术院校和文科院校学生的短板，但在空间创意的形式和语言的多样性、独特性方面来自艺术院校的师生又给来自理科院校的师生以启发和激活。在实际过程中，指导教师均在思考本身的不足和互补，但学生们之间对这种互补性反应得更迅速，个个争先恐后地相互取长补短，相互借鉴，很快就融会贯通，从而收到了超乎寻常的学习效果，但谁要是照抄和复制别人成果，那是不许可的。

2. 展开校企协同，共创实践教学新模式

创基金"4×4"实践实验教学课题组搭建的"名校、名师、名企、名家"这一高端、专业、创新协同治学的团队平台，为贯彻实践性教学奠定了雄厚的基础。由全国资深教授为代表的课题导师组，充分利用其特有的学术地位、专业高度指出课题组学生作业设计和研究过程中的问题。在每次的中期汇报中，尖锐适时指出其要害和不足，各位名企中设计大牌名师，以解决实际问题的实质性经验为依据，点点入骨地指出学生们那些不合实际的理解和设计追求。两个教学团队在这种协同教学系统中，充分利用自身的系统信息、智慧和业绩，精诚合作、默契配合，共同对学生在不同的设计阶段出现的系列问题提出和解决，起到了问题实质性修正作用，两个教学团队导师们的前沿理论和先进经验，也最大化地激活了学习主体的能动性，从而实现了知识、能力"由单一接受向系统设计探究的转变，由一般性知识获取向高端能力提升转变"的质的飞跃。

3. 课题教学的"模式化"效应

一项好的教学模式是教学理论的具体化体现，是教学实践成熟化的形式和系统，具有多样性和稳定性、可控性。"4×4"推行的系统性实践教学模式，紧紧围绕实践教学目标形成了特定课题逻辑、步骤和操作路径，以至能

顺利保障各阶段中应当完成的任务。参加课题组的学生要遵循甚而敬畏在学习中的这种研学"模式",显然这个"模式"具有易操作性、完整性和稳定性。这个"模式"是由以"教"为主向"学"为主转换和推进。实践证明,每届都呈现了一批在此模式基础上创造的独特新颖的设计方案和成果。当然,在推行这一教学模式时,有些学生也易形成设计步骤机械化现象,诸如在课题的调研与梳理、推导具体设计时常常看到的是,统一的地理位置和统一的日照、降雨量、风力气流等内容陈述,这一类学生的思维表现,不是为发现问题、解决问题而展开对解决"这一个"问题的调研、分析。用的方法也趋同,如对一个空间形态的造型判断也是千篇一律地采用削减、旋转、扭曲、拉升等在立体构成课中的一般性作业方式,拿来推导空间设计的各种形体,如此近似的方法广为泛滥,这种机械的造型推导,显然不是"4×4"教学模式倡导的。

4. 从跨校到跨国的超越,拓展了教学多样性

从打破国内院校交流壁垒到超越跨国界壁垒,是"4×4"实验教学的另一个创举:一是两国教育同行和学生互相观察、借鉴、融合,从而形成了学生课题研习效应的多样性。从匈牙利佩奇大学学生过程中的汇报和作品中可以看到,他们始终遵循发现问题、分析问题、解决问题的设计理念,更切入实际地解决基地空间中存在的问题,并不追求复杂和不切合实际的新奇造型,还有他们的图纸均不复杂,但空间表现模型则制作精巧和细致。他们重分析很务实,不像我们国内的有些同学是为了设计而研究,为了表达而设计的"怪"学风。

全球化的国际交流和视野:一是能够快速形成文化的多元性和多样性,在了解其他民族和国家文化的同时,更加深对自身文化特色的理解和定位;二是我们这几年充分利用与名校佩奇大学构建的国际化平台,输送了近50位硕博研究生深造,回国后均在相关高校和行业名企中,发挥了重要作用。

五、未来要深入和优化的几点思考

1. 如前所述,"4×4"实践实验教学经过十三年的努力践行,构建了一套成熟先进的教学模式,取得了卓越人才培养的多维效应。十年来在国内外高等院校的课程(课题)教学中,也产生了历史性课题教学经验推广热潮,从而出现了数十所高校的"4×4"模式教学现象,尤其是参加过的约30所高校,更是在进一步贯彻和不断优化践行中。

2. 坚持三个学位层次的学生参与,意义重大

近几年"4×4"实践实验教学,吸收了三个层次的学生参加,即本科生、硕士研究生、博士研究生,这个组合是很高端、很多维的。首先本科是不可或缺的,因实践应用性教学是本科教育最重要的环节,本科是一个专业掌握和研究的根基,其意义之重要如前任教育部陈宝生部长所强调的:"本科教育是人才培养的核心""本科不牢,地动山摇"。本科教育的成败关系到国家各项建设质量的根本。就本科环境设计专业,则要依据各项空间功能需求,做出高端合理和艺术化的空间设计方案;硕士研究生阶段是带着问题意识在具体实践中调研以实现解决问题的论证材料,包括具体数据等提出解决问题的可行性方案,或理论层面的问题论证;博士研究生阶段主要是建立理论论证,从而形成新的理论研究成果。因之,"4×4"实验教学涵盖了从应用到理论的学理层面上的完整构成。近几届三个层次的学生成果,即每届出版的作品和论文集已证明这三个层次在同一平台上实践实验教学的科学性和重要性。三个层次学生的同台实践是在完成不同学位层次的责任和使命,应贯彻践行到底。

3. 多学科交叉融合,形成高科技与高创意的效应

环境设计学科本身就是多学科融合的专业领域。当一个功能空间设计完成后,其空间关系构成(建筑学)、材料(材料学)、工艺(工艺技能)、声光电(声学、光学、物理学)、空间生态(生态学)等相关学科,均要协调共融,尤其在当代智慧空间的时代旗帜下,充分利用各种新的理念和方法,用设计和理论实现当代人需要的高端、专业的空间需求和理论高度,因之,所有参加"4×4"实验教学活动的师生均要在这个专业知识系统中不断探索和前行,以实现"4×4"实验教学的高端性、专业性和当代课题教学的巅峰性效应。

4. 下一盘跨国合作大棋——担当"人类命运共同体"建设的责任和使命

面对新的世界格局和挑战,国家在迅速构建"人类命运共同体"这一战略性目标,可喜的是"4×4"实验教学课题组已践行8个年头了,其中与匈牙利、德国、美国等名校交流协作培养了卓越人才,还应迅速拓展与更多先进国家的连接,这一环节将有着更深远的现实意义,也是能支撑"4×4"实验教学平台的魅力所在之一。师生在人类命运共同体的教育、教学、交往中,进行多领域的高科技智能和不同文化的碰撞、激活,将有力推进追求新的观念和目标。

六、未来展望

"4×4"实验教学课题是在国家高校教育教学改革重要转型期应运而生的,取得的课题教学经验和成果及卓越人才培养模式,本文虽挂一漏万地做了浅层的总结和论述,但其概况和规模已彰显,接下来还是面对未来,如何做得更实际、更高端、更卓越。

在面对国家进入"十四五"发展规划的迅速落实和奔向新的历史进程,"4×4"必将用新的思维、新的观念、新的行为,激扬起新的意志、新的智慧,向着新的目标。但同时也产生新的疑惑和迷茫、新的矛盾与冲突,正是在这种新与旧和各种问题的碰撞冲突中,"4×4"实验教学探索才能越来越趋向深刻化。面对未来,我们的志向和自信要更远大、更坚定,我们的步伐要更加豪迈,我们永远对自己说,我们一直在路上。

4×4环境设计实验教学中的虚拟现实技术应用
Application of Virtual Reality Technology in 4×4 Environment Design Experiment Project

青岛理工大学艺术与设计研究所 / 贺德坤 所长
Research Institute of Art and Design, Qingdao University of Technology
Director, He Dekun

摘要：教育是一个知识、技术的传承过程，也可以说是一种经验的传承过程。环境设计专业是人居环境设计的重要组成部分，涵盖建筑工程技术与人文艺术科学，以及城市景观等领域，主要是一种进行室内外人居环境设计研究与环境营造实践活动，具有多维复杂性特征，其设计阶段成果与其实际现实呈现存在时空滞后性。而目前传统的环境设计专业教学形式又过于封闭单一，缺乏多维性，难以满足设计教学的全方位呈现，所思所想仅停留在纸面的单一逻辑线段中，得不到系统性的科学验证。在这种情况下，环境设计实验教学迫切需要一种与时俱进的技术工具，可以为受教育者直观地展示他们所要学习的经验场景，让他们设身处地地在这种场景下接受良好的经验传承，教学成果也可以通过新技术工具的全方位呈现得到有效反馈。由于实验教学资源的有限性，如何得到更多的工具提供给受教育者，是环境设计实验教学面临的客观难题。传统的课堂教学模式已经不能满足学生获取知识的需要，且在一定程度上制约了学生的创造性思维。随着数字信息时代的到来，现代信息技术不断改变着人们的生产和生活方式，同时也对人们的思维方式、学习方式等产生了重要影响，创新的教学媒体与教学方式也不断更新，虚拟现实技术（VR）的产生，涵盖了信息技术、图像处理技术、传感器技术等，也为这一教学趋势提供了技术支撑。4×4环境设计实验教学越来越注重建立智慧教学新模式，探索多维度、多环节、多层次、多途径的专业交流学习，尝试利用BIM+VR/AR等虚拟现实新技术、新工具、新方法等打破4×4环境设计实验与实践教学瓶颈。

关键词：4×4环境设计实验教学；虚拟现实技术；BIM+VR/AR应用；打破瓶颈

Abstract: Education is a process of inheritance of knowledge and technology, as well as of experience. Environment design is an important part of residential environment design, covering construction engineering technology and the humanities arts and sciences, as well as the urban landscape, and other fields, main is a kind of indoor and outdoor environment design research and environmental construction practice, with the complexity of multidimensional characteristics, its design stage results rather than the actual reality show has time lag. However, the current traditional teaching form of environmental design specialty is too closed and single, lacking of multi-dimension, which is difficult to meet the comprehensive presentation of design teaching. Thoughts and thoughts only stay in a single logical line segment on paper, without systematic scientific verification. In this case, the environmental design experiment teaching is an urgent need to a technical tool of keeping pace with The Times, can for educatees intuitively show that they have to learn the experience of the scene, they put themselves in received a good experience in this scenario, the full range of teaching achievement by means of new technology can also be present to get effective feedback. As the experimental teaching resources are limited, how to get more tools to provide the educatees is an objective problem faced by the experimental teaching of environmental design. The traditional classroom teaching mode can not meet the needs of students to acquire knowledge, and to some extent restricts students' creative thinking. With the advent of the digital information age, modern information technology constantly changing people's production and life style, but also on people's way of thinking and the way of learning had a significant influence, the innovation of teaching media and teaching methods are constantly updated, virtual reality (VR), covering the information technology, image processing technology, sensor technology, etc., It also provides technical support for this teaching trend. 4×4 environmental design experiment and practice teaching more and more attention is paid to the establishment of a new model of intelligent teaching, explore multi-dimensional, multi-link, multi-level and multi-channel professional exchange and learning, try to explore the use of BIM+VR/AR and other virtual reality new technology, new tools, new methods to break the bottleneck of 4×4 environmental design experiment and practice teaching.

Keywords: 4×4 Environment Design Experiment Teaching, Virtual Reality Technology, BIM + VR/AR Applications, To Break the Bottleneck

在计算机应用技术日益发展的今天，虚拟现实技术是伴随多媒体技术发展起来的计算机新技术。虚拟现实技术利用三维图形生成技术、多传感交互技术以及高分辨率显示技术，生成三维逼真的虚拟环境，用户需要通过特殊的交互设备才能进入虚拟环境中。这是一门崭新的综合性信息技术，它融合了数字图像处理、计算机图形学、多媒体技术、传感器技术等多个信息技术分支。虚拟现实的主要特征包括多感知性（Multi-Sensory）、浸没感（Immersion）、交互性（Interactivity）、构想性（Imagination）等。当今社会的各个角落，都有虚拟现实的影子：如商品的模型设计、包装设计、广告设计等；企业的VI设计、网站设计、宣传设计等；影视中的情景设计、动画设计、特效设计等；摄影中的相片处理、图像合成等，建筑行业中建筑BIM图纸的绘制、VR效果图的制作、家居设计及室内外装潢等；机械工业中零部件的模型设计，教学中的课件设计与教学素材设计制作等，无处不使用着虚拟现实技术，无处不流露出虚拟现实技术的魅力所在。从以上所涉及的社会各个领域不难看出：虚拟现实技术的应用能力在数字化社会的今天越来越重要，同时基于设计学背景下的数字虚拟现实技术具有精度高、再现性好、通用性和灵活性强等特点。因此探索环境设计的虚拟现实技术应用成为艺术学院设计学专业对内教育教学、对外社会服务以及科研创新的必经之路。

一、4×4环境设计实验教学具备虚拟现实技术的应用条件

环境设计专业是一门相互渗透与支持的学科，是一门理论性和实践性极强的学科。4×4环境设计实验与实践教学建立无界限交叉指导学生完成设计实践项目：探索从知识型人才入手，与社会紧密实践相结合的多维教学模式，打造三位一体的导师团队，即"责任导师、实践导师、青年教师"的实验教学指导团队。以"打破壁垒、无界限交叉"为人才培养导向，其课题教学也应以与课题主旨对应的专业人才的知识、能力和素质要求为依据，坚持"探索培养全学科优秀高端知识型人才服务于'一带一路'"的原则，注重综合知识的学习与应用，强化学术型实践能力的培养与提高。因此，4×4环境设计实验与实践教学不只是简单地提高学习者的专业水平和基本技能，更应加强学习者在多元场合中沟通交流、相互合作、高效工作的实战训练。以虚拟现实技术为代表的新兴计算机技术正在向教育领域快速渗透和拓展，4×4环境设计实验与实践教学也应由基于文本、图形的二维虚拟环境向更为逼真、直观的三维虚拟环境方向发展。由此可见，4×4环境设计实验与实践教学将虚拟现实技术结合在一起，有利于促进虚拟学习环境下4×4环境设计实验与实践教学实践新模式的形成。

二、4×4环境设计实验教学中的虚拟现实技术建构

虚拟现实技术的交互性、沉浸性、多感知性、寓教于乐、学习的过程性、时空多样性、建模的利用性等特性所带来的三维空间学习环境，不仅能激发学生学习的热情，而且对客观环境进行模拟，与实际学习情境高度融合，从视、听、触等感官上给学生前所未有的学习体验，即真正地沉浸在目标虚拟环境之中去学习设计。虚拟现实技术满足通过野外观察或运用视频图像、结合实例学习的教育要求，让学生通过学习，使设计实践力在设计地块上得到淋漓尽致的发挥，突破空间限制，实现虚拟环境下的野外考察。

1. 探索4×4环境设计实验与实践教学沉浸式教学

与一定的社会文化背景，即"情境"（Context）相联系，将新知识技能与先前已有的知识技能建立关联，有效地掌握新知识技能。通过采用虚拟现实技术，就可以创设仿真模拟环境，向学生提供"沉浸式"的情境学习，提

高学生学习的参与度，还能通过仿真模拟场景的刺激，唤醒已有的相关知识经验，激发学生主动意义的建构。此外，学生通过逼真的人机交互，也能更好地感知在4×4环境设计实验与实践教学活动中出现的多种可能性体验。将虚拟现实环境融入4×4环境设计实验与实践教学，结合VR技术的沉浸性、交互性和构想性，创设逼真的场景及教学情境，给学生带来交互性和沉浸性的体验，使教学课题更加多元化，培养学生的创新思维能力，提高教学质量及教学效果。

2. 构建4×4环境设计实验与实践教学协作交互教学

与周围环境的交互作用，对于理解学习内容和知识的意义建构起着关键性的作用。对于4×4环境设计实验与实践教学而言，我们可以利用虚拟现实技术，构建一个基于网络环境的4×4环境设计实验与实践教学环境，将课堂活动无限延伸至课外。通过建立网络课堂、虚拟替身实时或非实时的在线讨论，以及组织虚拟社区活动等，保证协作学习贯穿在学生学习过程的始终。学生通过协作完成对学习资料的搜集与分析，通过会话商讨如何完成规定的小组任务，师生通过讨论了解学习进度、存在问题以及改进方法等。而所有这些虚拟教学的过程，都将通过虚拟现实技术及时反映在网络平台之上，成为整个学习群体共同分享的思维成果。虚拟现实技术为基于协作的4×4环境设计实验与实践教学提供了良好的交互平台，使学生在与其他学习者进行对话、讨论等活动的过程中，互相对当前掌握的知识进行评价、补充和拓展，从而实现了知识意义的主动建构。

3. 实现4×4环境设计实验与实践远程自主教学

随着科学技术的不断发展和进步，网络技术、计算机技术愈加成熟，远程教育不管是在教学手段上，还是在教学模式上都发生了巨大变化。但是，在开展远程教学时，师生无法面对面交流的情况始终未得到解决，而在虚拟现实技术的帮助下，这一问题得到了很好的改善。比如，目前很多远程教育学院应用虚拟现实技术，构建虚拟教室，组织教学活动，学生可以通过网络进入虚拟教室学习，通过这样的方式实现师生面对面的交流。

远程教学强调以学生为中心，强调学生对知识的主动探索、主动发现和对所学知识的自主学习。在传统的4×4环境设计实验与实践教学中，学习活动无外乎基础调研设计与汇报，而引进了虚拟现实技术的新型4×4环境设计实验教学则具有更多种可能。例如，通过虚拟学习平台的搭建，虚拟现实技术为学习者提供了诸如问题讨论、案例分析等多形式的互动活动。在这些学习活动中，学生不再是被动的接收者，事实上，他们通过完成一系列的学习活动，已然成为知识信息的提供者、问题分析的提出者和成果评价的参与者。通过虚拟现实技术搭建的4×4环境设计实验教学平台，学生可根据自身实际情况，不受时空限制地参与到各项学习活动中来。学生既可以在虚拟学习环境中独立尝试解决问题，也可以与其他学习者协作探讨，还可以向教师请求帮助。这种从学习活动的被动参与者到成为学习主体的角色转换，正是通过虚拟现实技术在4×4环境设计实验教学中的应用才得以实现的。

三、4×4环境设计实验与实践教学中的BIM+VR/AR应用

1. BIM+VR/AR应用基础介绍

BIM+VR/AR应用技术融合为环境设计专业带来新机遇，同时也是必然方向。BIM全称是Building Information Modeling，通过数字信息仿真模拟建筑物所具有的真实信息，在这里信息不仅是三维几何形状信息，还包含大量的非几何形状信息，如建筑构件的材料、重量、价格和进度等。与本专业相关领域的应用包含：方案与造型设计Scket up、vasari、Rhino，建筑设计Revit CAD、Bentley、ArchiCAD，结构分析Robot、PKPM、JYK、Catia，管道设计MagiCAD、Revit MEP，施工模拟Bentley、Navisworks，能耗分析Ecotec、Energy Plus，负荷分析鸿业，模型检查 Solibri，成本核算Vico、广联达、鲁班，三维可视化与动画渲染3DS MAX、Navisworks，四维施工模拟 Bentley、Navisworks，GIS定点监测Tremble，工程基础信息平台ProjectWise、Buzzsaw、Vault。其中设计阶段的包括三个方面，方案设计：使用BIM技术能进行造型、体量和空间分析外，还可以同时进行能耗分析和建造成本分析等，使得初期方案决策更具有科学性；扩初设计：建筑、结构、机电各专业建立BIM模型，利用模型信息进行能耗、结构、声学、热工、日照等分析，进行各种干涉检查和规范检查，以及进行工程量统计；施工图：各种平面、立面、剖面图和统计报表都从BIM模型中得到；管线综合：各个专业进行碰撞检查并进行管线综合排布。

2. BIM+VR/AR应用下的4×4环境设计实验与实践教学

在BIM+VR/AR应用之中，指导教师应当把控课题的研究过程，引领学生细化研究课题计划，展开实践与研究，针对学生的研究方向提供参考书目，引导和鼓励学生基于项目基础开展研究模式，重视培养学生对前期调研

资料梳理、场地数据的分析及获取能力，以及学生思考的综合应用能力、团队的协调工作能力。建立在理论框架下，鼓励学生拓展思维，学会项目研究与实践，重视用理论指导解决相关问题，培养学生立体思考思维意识。

探索与研究4×4环境设计实验教学新模式，即多维教学模式。以创新实践课程教学为主体，传授创业的理论知识，激发学生的创业意识和创业精神；以实施"创新实践活动"和"创新实践教学环境平台"为支撑，广泛发动学生，通过课外活动直接参与BIM+VR/AR应用创新实践，进行BIM+VR/AR应用创业初步训练，储备BIM+VR/AR应用创新创业型的人才。

3．BIM+VR/AR应用教学生态链

（1）BIM+VR/AR应用项目驱动教学

将工程背景的环境设计实际项目导入课题设计当中，开展有效的BIM+VR/AR应用实践考察与设计参与，按照实际工作的要求进行BIM+VR/AR应用项目制实践教学活动，培养社会意识和合作精神，提高学生的综合素质和科学的价值观。形成强大的科研、开发、生产一体化的先进系统，创建以"以产养研，以研促产"的良性循环。从而达到理论与实践互相渗透与补充，把以课堂传授知识为主的学校教育与直接获取实际经验、实践能力为主的生产科研有机结合。

（2）BIM+VR/AR应用

BIM+VR/AR应用导师：本专业的学生在完成学科基础课程之后，进入专业课程学习之前，按照各自兴趣爱好选择专业方向以及各专业方向导师。引入BIM+VR/AR应用导师制后，BIM+VR/AR应用导师可根据自己的研究方向，分类梳理实际项目库，结合项目运行规律，调整课程教学体系和教学形式，将学生的实践环节进行一个整体规划，在实践中传授知识，让学生能够将理论与实际很好地结合。

外聘BIM+VR/AR应用导师：邀请一些相关专业方面的优秀人才或专家，以讲座、交流会等形式，让同学参与其中，以此来获取设计经验，为设计创作取得新的信息和宝贵经验。

与国际接轨：加强国际交流，学习先进的国内外技术，做到中西合璧。

（3）BIM+VR/AR应用平台教学

环境设计作为一门实践性极强的学科，采用BIM+VR/AR应用平台教学等具有针对性的教学形式，有助于帮助师生共同学习与实践。通过BIM+VR/AR情境导入，创设虚拟沉浸式学习环境，引导学生思考探索，提升学生独立思考能力；师生互动及生生互动，导入课堂教学中的知识点；学生佩戴VR设备探索感受，交流总结、融会贯通，在充分条件下进行动手实践，对比总结；课后学生通过拓展项目自我提高，教师进行教学的评价与反思，根据实际情况调整教学方案及模式。整个课堂教学过程以学生为主体，利用项目化任务驱动，结合虚拟现实技术，实现教学一体，提升学生的学习积极性、动手能力及创造力。

（4）BIM+VR/AR应用互动教学

在实验教学中，导师共同交叉分段指导。以研究生的毕业论文研究课题和本科生的毕业设计课题为项目教学主线，并将各年级优秀学生导入项目课题中，分阶段、分环节、分步骤地实行多极联动教学，完成课题。

（5）BIM+VR/AR应用隐性教学

在虚拟现实技术的支撑下，突破传统课堂的限制，将虚拟现实技术变成创设沉浸式教学环境的有力武器，创设逼真的虚拟场景，让学生真实地体验情境导入。相比于被动性灌输，利用虚拟现实技术来进行自主学习更容易让学生接受，这种方式更容易激发学生的学习兴趣，从而提升学生的学习积极性。通过对课堂教学知识、能力、素质三维目标及学生学情等情况分析，设计基于虚拟现实技术的沉浸式教学模式和过程，将教学内容组织成标准的结构化的活动，让学生享受自主探索知识的乐趣，提高学生解决问题的能力及创新思维水平。

（6）BIM+VR/AR应用校外联合校际、校企联动

校际联动：为广大师生搭建与外校的合作交流平台，加强与其他高校之间的交流与合作，有利于人力、物力资源的进一步优化，促进均衡发展。

校企联动：利用学校和企业两种不同的教育环境和教育资源，将课堂教学与参加实践工作有机结合。既能充分有效地利用高等学校的教育资源，又能为企业做好职工的继续教育工作，为企业获得更大的发展打下坚实的人才基础。

4．重要意义

"环境设计BIM+VR/AR应用"模式，采用多学科交叉的形式，聘请具有工学背景的实践导师参与平台实践教

学，鼓励平台师生接触实际工程项目，培养学生环境设计理化思维，对于扩大环境设计专业的深度和广度、打造课程体系新生态、环境设计课程体系的改革具有里程碑意义。

四、结语

随着科学技术的不断提升和进步，虚拟现实技术在教育教学中得到了越来越广泛的应用。4×4环境设计实验教学应转变思想，认真研究和探索虚拟现实技术的实现途径和应用方法，以此为基础，拓展教学方式，更好地开展教学活动，最大化实现教学效果。

博物洽闻、情境育人
智能科技时代下的环境设计专业硕士（MFA）培养探讨
Discussion on the Cultivation of MFA in the Era of Intelligent Technology

湖北工业大学艺术设计学院 / 郑革委 教授
School of Art and Design, Hubei University of Technology
Prof. Zheng Gewei

摘要：当下是技术、思想、文化多元更迭的时代，环境艺术设计教育本身具有鲜明的时代特征，强调实践性与创新性，而且在智能科技高速发展的今天，环境设计需要解决的问题变得日益复杂，设计实践发展的同时设计理论研究也获得了快速发展。环境设计专业艺术硕士学位（Master of Fine Arts，简称MFA）旨在培养具有研究能力的高层次、应用型专门人才。但是由于扩招、教育理念等多方面原因，缺乏问题意识、逻辑思维能力薄弱、学科融合视野狭窄、思维方式单一、理论与设计实践脱节等问题成为在环境设计专业艺术硕士培养过程中的突出问题。因此博物洽闻、情境育人，以问题为导向，运用适宜的设计实践与理论研究方法，才能更好地把握环境设计专业艺术硕士的本质属性，培养时代需求的前沿性专业人才。

关键词：智能科技；设计实践；设计研究；设计方法

Abstract: Now is the age of technology, ideas, cultures, change, environmental art design education itself has distinct era characteristic, emphasizes the practicality and innovation, and the intelligent technology rapid development today, the environment design needs to solve the problems are becoming increasingly complex, the design practice of the development of design theory research has gained rapid development at the same time. The Master of Fine Arts in Environmental Design (MFA) aims to cultivate high-level, applied professionals with research ability. However, due to the expansion of enrollment, education concept and other reasons, the lack of problem awareness, weak logical thinking ability, narrow field of vision of discipline integration, single mode of thinking, theory and design practice disconnection have become prominent problems in the training process of environmental design master of Art. Therefore, we can better grasp the essential attributes of the master of Arts in environmental design and cultivate cutting-edge professionals in the demand of The Times by engaging in extensive knowledge, educating people in situations, and taking problems as orientation and using appropriate design practice and theoretical research methods.

Keywords: Intelligent Technology, Design Practice, Design Research, Design Method

一、环境设计专业艺术硕士培养的目标以及现状思考

中国艺术硕士专业学位（Master of Fine Arts，简称MFA）自2005年招生以来，已经培养了大批具有较强设计实践能力的专门人才。全国艺术专业学位研究生教育指导委员会阐述的MFA培养目的在于贯彻落实党的教育方针和立德树人的根本任务，培养具有良好职业道德、系统专业知识、高水平专业技能及良好综合素质的高层次应用型专业人才。该领域毕业生应能够胜任艺术设计实践、教育、管理与策划等工作，并具备跨专业实践及自主创业的能力。基于此目标，其培养的过程更注重设计实践情境中的实践能力训练，通过实训实操的过程使学生更好地提升专业能力。环境艺术设计专业作为其中的一个专业类别，无论从广义或狭义的层面来看，其专业特征与专业艺术硕士培养目标是高度契合的。

当下，由于教学资源、培养手段、实训方式、学生状况等综合条件的影响，使艺术硕士专业学生的培养呈现出种种问题。由于环境设计专业学生多为艺考生背景，其思维的局限性使学生遗忘了环境设计课题的本质是消除现实状况和力求实现的预期状况之间的矛盾，而审美要求只是众多需要解决的矛盾之一，学生在设计实践课题中，只专注于设计形态等形式内容而弱化或缺乏消除矛盾和解决问题意识。例如设计为了追求形式的新奇而不顾道路流线等的便利性等；大量学生设计内容突兀，与地域、文化、周边环境、受众等多要素断裂，缺乏逻辑思维意识与科学分析的能力；此外，交叉学科设计（Interdisciplinary Design）、多学科设计（Multidisciplinary Design）、超学科设计（Transdisciplinary Design）背景下，同学们依旧习惯单一、线性的思考方式，缺乏多维度、跨学科的研究视角；尤其针对某一设计研究课题，成果结论模糊，可见在设计研究展开的初衷就尚未清晰研究的目的；还有些设计研究展开的过程缺乏合理性，对多种研究方法的运用不恰当；最突出的一个普遍问题是采用的设计理论依据与设计实践课题的脱节，并没有以问题作为导向，有针对性地采用成熟的本学科或跨学科理论作为基础或相关理论依据，指导自己解决设计实践课题所提出的问题，或者通过设计实践的深化与探索，促进理论的提升与发展，从而梳理出新的或者完善的理论体系。这种相互结合与促进的关系常常被同学们误解和忽视。而多是先入为主地运用一个个当下流行的热门理论或设计理念，与自己的研究选题没有任何关联性，在设计实践中也看不到丝毫的理论指导作用。

二、智能科技、艺术与环境设计的关系

重大颠覆性技术创新正在创造新产业、新业态，信息技术、生物技术、制造技术、新材料技术、新能源技术广泛渗透至几乎所有领域。以智能化、数字化、信息化智能科技为基础的力量推动了时代的变革。环境设计专业艺术硕士的培养更应基于时代的背景之下思考其方式与方向。环境艺术设计学科是应用科技，例如运用地理信息系统（GIS, Geographical Information System）、Depthmap软件及Axwoman空间句法平台对原始场地展开分析，通过虚拟现实技术（Virtual Reality）对环境的模拟，以NURBS为理论基础的Rhinoceros建模软件或Grasshopper插件进行设计语言形态的表达等。因此，环境设计对智能科技的关注，本质上是要关注时代背景下智能科技对人的环境需求、人的行为方式、人对环境空间的认知方式的改变，从而思考环境设计的改变以及环境设计专业艺术硕士培养下学生能力的塑造。智能科技时代下学生是否能广知新事物，具有广阔的视野，并洞悉人行为、需求、心理等多重要素与设计的关系，最后能在情境案例之中以设计科学地解决问题。

设计从起源与现实发展来看，都与艺术存在着紧密的关联。设计既从艺术中获取灵感，又增添了造型艺术语言的丰富性。设计活动承前启后，以丰富的"砖瓦"浇筑着人类的文化大厦，在"人化的自然"烙下人类艺术创作与审美的印记。艺术设计作为一门特殊的艺术，用专门的设计语言展开实践与创造，新的艺术形式诱发新的设计理念。特别是在设计课题的初始阶段更需要设计的灵感与艺术的直觉，科学技术的工具及学理化的思维主要用在详细设计阶段，通过演绎法、归纳法或回归法等科学研究方法对灵感与直觉进行评估、优化，提出解决问题的目标和思路，再分析、评估，提出问题的最优解。随着社会的进步与时代的发展，新的社会土壤构成人类时代的需求，环境艺术设计与专业艺术硕士教育也随之更新发展，而人从始至终是贯穿其中的重要媒介。

三、环境设计实践与环境设计研究

艺术硕士专业学位的硕士培养，强调通过设计实践提升专业技能，并需要以理论予以指导与验证。环境设计理论研究反映的是设计的本质与规律，是设计对象的共性问题，具体的设计过程与实践千差万别，是共性与个性的统一。因此，必须借助设计理论对设计实践课题加以具体分析，将设计实践与设计理论研究有机融合。设计理论研究不等同于设计实践，虽然都是创造性的活动，但目标、方法、标准都不尽相同。环境艺术设计理论研究是在设计实践的基础上产生的，并经过设计实践检验和证明的科学理论，设计理论研究应是设计本质与发展规律的正确反映。因此，若要设计理论研究有创造性的发展，就必须使设计理论研究根植于设计实践，使研究立足于现实，面向现实，做到两者的融合。从科学等其他领域的研究中已经充分证明，只有源于实践的理论研究才能产生价值与实用意义。空洞的理论研究是苍白无力且难以延续的。设计理论研究来源于不同领域、不同设计师的不同实践，来源于不同领域的设计过程，来源于不同的设计对象。由此必须认识到，设计理论研究的目的不是为了发表论文或学位毕业，不是为了研究而研究，而是为环境艺术设计实践与发展提供理论支撑，使环境艺术设计专业向新的广度与深度发展延续。

当下设计理论研究快速发展的原因在于需要解决的设计问题变得日益复杂。设计研究旨在构建或获取可能、可用和可靠的知识。智能科技全面渗透入人们当下的生活，新产业、新业态，信息技术、生物技术、制造技术、新材料技术、新能源技术等都成为重塑人们时代生活的要素，环境设计实践与理论研究与时代背景紧密相关。因此，环境设计实践与环境设计理论研究除了两者相互融合支撑外，还必须以博物洽闻、融会贯通的态度将环境设计实践与环境设计理论研究与智能科技时代相连，环境设计专业艺术硕士人才培养更亦如此。

四、环境设计专业硕士研究方法

1. 博物洽闻——寻求问题来源并展开文献综述

当处于环境艺术设计专业研究的初始阶段，大量学生面临方向与选题的困难，在庞杂的专业体系之中难以寻求到自我匹配的研究关键词，因此导致专业研究无法推进。实际上在初始阶段并不需要马上确立精准的命题，而是通过学科、领域、方向、研究分支、问题启示等逐层推进。以博物洽闻的状态，广泛地汲取当下的国际热点、社会热点、研究热点、宏观方向等，广泛阅读相关前沿的信息，从而对选题形成启发；此外，个人差异性的研究专长与个人兴趣点都不相同，因此结合自身兴趣点，选准可以深度挖掘的选题，能更好地激发研究动能；导师的科研与实践项目，也是选题来源的重要启发点。通过对实际场地的观察调研、设计过程的跟踪记录、设计图纸的表达与施工等，都能在过程中形成直观的体会，是选题很好的素材来源；常规的方式还有通过对本专业的核心期刊、重要会议、学者讲座等形式，对相关文献展开梳理，寻找突破点，也是一种有效的选题来源。

通过多种方式锁定自身选题大方向后，可着手开展更细致的文献综述。文献综述是对相关研究问题现有的知识进行全面的梳理和综合评述。文献研究作为研究的基础，能够起到陈述知识状况的协助作用。随着文献的推进，研究问题将不断地缩小并清晰化，它也成为我们拟定设计实践与理论研究框架的基础。但是重要注意的是，在文献综述的协助下，也可以对研究对象的明确性、范围大小的合适性、研究条件的可行性等做一个综合判断。

2. 问题导向——理论构建与假设

环境艺术设计学科本身具有综合性、创造性、科学性和适应性的特点。因此，设计实践本身也是在解决环境中存在的问题，因此以问题为导向，以科学地解决问题为宗旨，构建与实践研究的路径才能够保证研究本身的意义和价值。文字化的章节与框架设计，如同建筑师在建造建筑前，有一套完备的图纸一样，它就像建筑的大体框架。布局逻辑等需要以问题为导向展开，章与章之间要能够层层递进，将问题研究层层推进。要防止盲目堆砌，忽视以问题为导向的主题，因此框架的建构是至关重要的。

3. 情境实践——以适宜方法展开设计研究过程

设计学研究与人文社会科学一样，思辨研究与实证研究构成了研究方法的两大范畴。其中实证研究又以定性研究与定量研究为展开。依据特定的情境实践问题与理论研究选题，通常选取一种主要的研究方式，再以几种其他方式为辅助。定性研究是一种解释性的研究方法，基于多种类型的主观数据和对处于自然中特定情境下的个体进行的调查。定性研究例如通过现场调研、访谈等形式展开，能对设计定位提供巨大辅助。定性研究是通过言语、图片、文件、服装或其他非数值类信息构成，是解释性的。以自述、讲述、访谈、群体观察、查阅书面文件、照片等方式为展开，并且是在现场、人们生活的环境，因此在特定的设计案例的研究初期和设计定位具有重要意义。

此外，历史性研究、比较研究、相关性研究、个案研究都是可选取的研究方法。历史性研究（Historical Study）是通过对已存在的事件与信息，借助现存资料展开分析的一种研究方式，人们可以在研究过程中对过去状况与未来发展做全面了解。例如，对某一场所空间的演变进行溯源，探索形态、功能、文化等多要素与场地的相互关联性，因此对这一空间的设计有更深刻的认识。比较研究（Comparative Research）是寻求相关对象的差异性比较。比较研究除了支持理论建构外，还有一个目标是弄清既定概念或方法能否作为通用性方法来使用。例如，某一特定地域设计的研究方法能否适用于另一目标区域等。设计个案研究（Case Study）是通过对某一案例展开深入的研究分析，梳理可借鉴的研究要点。这一方法在环境艺术设计研究中使用频率较高，通过对相似案例的研究，为目标课题研究提供参考。研究方式的选取应遵循设计案例或设计研究的特点与属性，以适宜的方法展开设计研究过程是达成研究目标的必备条件。

环境设计专业艺术硕士的培养已走过十余年，时代语境在更新，青年学生的状态在变化，智能科技时代重塑了人们生活的方方面面。环境艺术设计专业具有鲜明的时代特征，因此专业艺术硕士的培养需充分汲取时代的养分，探究当下人们多层面的时代需求。在艺术硕士的培养过程中激发学生博物洽闻的状态，以问题为导向树立清晰的研究目标，并以情境设计实践为基础，选取适宜的研究方法，做好实践与理论研究的融合，培养出适应智能科技时代的专业设计力量。

参考文献
[1] 甄巍，张少倩．穿越分界：跨文化视角下的国际美术教育思辨与对话[M]．北京：中国轻工业出版社，2015．
[2] 胡雯．人工智能时代的全球人才流动与治理模式创新[M]．上海：上海社会科学院出版社，2020：1．
[3]（美）劳伦斯·马奇，布兰达·麦克伊沃．怎样做文献综述[M]．上海：上海教育出版社，2020：3．
[4]（美）拉里·克里斯滕森，伯克·约翰逊，莉萨·特纳．研究方法设计与分析（第11版）[M]．赵迎春，译．北京：商务印书馆，2018：48．

发现问题也是成果
——4×4实验教学对应"后喻文化"引发的思考

Finding the Problem is Also the Result
—Thinking about 4×4 Experimental Teaching Corresponding to "Post-figurative Culture"

内蒙古科技大学建筑学院 / 韩军 副教授
College of Architecture, Inner Mongolia University of Science and Technology
A./Prof. Han Jun

摘要： 4×4实验教学开创建筑与环境设计专业理想的"多对一"教学模式，以社会需求的专业热门方向的真题为研究对象，注重"产出为导向"的培养原则、强调智慧城市建设与时代性的引导；13年来每届都有成果集出版，在国内外高校中产生了一定的影响，被中国教育网称为中国设计教育的白皮书。实验教学活动实际上也是一面可以折射各个参与院校教学状况的镜子：真实地反映出其优秀的一面，和有潜在问题的一面。因此，它的更大意义在于对存在问题的发现与认识，及如何去解决所带来的思考。这些问题的凸显，应验了"后喻文化"时代对教学中出现的新现象、新问题的论断，引发新时代下对教学新要求的认识与想法，借此来探讨在教学成果中的启示。

关键词： 4×4实验教学；新时代；发现问题；后喻文化；成果启示

Abstract: 4×4 experimental teaching creates the ideal "many-to-one" teaching mode for architecture and environmental design major. It takes the real questions in the popular direction of the major in social demand as the research object, pays attention to the cultivation principle of "output-oriented", and emphasizes the construction of smart city and the guidance of The Times. In the past 13 years, a collection of achievements has been published, which has exerted a certain influence on universities at home and abroad. It is called the White Paper of Chinese Design Education by China Education Net. In fact, experimental teaching activity is also a mirror that can reflect the teaching situation of each participating institution: it truly reflects its excellent side, but also has potential problems. Therefore, its greater significance lies in the discovery and understanding of existing problems and the thinking on how to solve them. The prominence of these problems fulfilled the judgment of new phenomena and new problems in teaching in the era of "post-figurative culture", and triggered the understanding and ideas of new requirements for teaching in the new era, so as to discuss the enlightenment in teaching results.

Keywords: 4×4 Experimental Teaching, The New Era, Find the Problem, Post-figurative Cultural, Achievement Enlightenment

一、4×4实验教学的模式与特点

2021年度创基金·中国高等院校4×4环境设计专业实验教学课题活动在山西传媒大学完成了结题汇报及学生作品展览，标志着中国建筑装饰卓越人才计划奖活动已经走过了13年。该实验教学活动由最初的"四校四导师"，即由中央美术学院建筑学院的王铁教授（课题组组长）、清华大学美术学院的张月教授（课题组副组长）和天津美术学院环境设计学院的彭军教授（课题组秘书长）3名教授共同发起，以3所院校师生为核心，每年另加1名教授及所在院校师生参与，即3+1的模式，是打破了院校间壁垒的实验教学模式，也是打破了传统"一对一"或"一对多"的教学培养模式，变为"多对一"的教学培养模式。随着影响力的迅速扩大，越来越多的院校师生参与其中，

7年前有着650年历史的欧洲名校匈牙利佩奇大学也加入此教学活动中，目前实验教学名称也由原来的"四校四导师"改为"4×4"，不难看出参加院校数量的壮大，教学区域也由国内高校间的活动发展成国内外院校间的培养与交流，教学资源的成倍数放大，创造了奇迹般的学习提升机会，这种机会不只是让学生获益，同时也是教师间的学习与提升。中外十几所院校在一起进行教学活动，各院校的成长背景不同、师生的培养背景也不同，可以说参差不齐；首先，每个参与教学活动的学生都可以看到其他院校同学的阶段汇报，无论汇报的语言组织，还是图示表达方式，能力高低清晰可见，这恰恰创造了大家相互学习提升的好机会，确实见效很快，加上来自多所院校的责任导师和专业机构的实践导师给予的"多对一"的教学辅导，学生接受的信息量远远大于校内课堂教学所得，4×4实验教学活动具有非常明显的"前喻文化"和"并喻文化"特征；其次，每个导师都有自己的知识储备与认识想法，看待问题认识的方向、角度不同，对问题的认识高低、深度不同，这样在指导学生的教学过程中，导师间往往会获得相互感悟与消化学习，甚至有时从学生的"火花点"中也能产生新的认识，表现出"并喻文化"和"后喻文化"时代的特点现象。

二、4×4实验教学现存的问题

面对新时代的要求，建筑与环境设计专业的师生要具备高度的视野、扎实的基本功，对专业理论的认识掌握透彻，有丰富的审美情趣，有灵活的头脑去认识转变，有信息化、数字化、智能化储备与应用意识以及高水准的沟通表达技能等。实验教学的意义其实就是对课堂教学起到"探路石"的作用，从而发现问题、认识问题，进而修正课堂教学中的问题。通过13年坚持不懈的努力探索，完成了13届实验教学课题并由中国建筑工业出版社出版了每届的成果集（包括学生作品集、论文集及导师教学思考论文集），在全国高校中产生了很大影响。成果集既是对每个师生工作成果的总结，也是对课题完成过程的记录，它的呈现不代表全是优良之作，也包括对那些在完成过程中积极进行修正改进者的认可，当然，不理想的作品也是存在的。

近几届的实验教学课题有了新的转变，均以统一真题项目为背景，以时代专业热点为研究方向，这也正是对师生能力水准的现实性考量，是实验教学的意义体现。本届实验教学课题的任务是以海口市道郡古村为研究对象，围绕清代皇封正一品建威将军吴元猷的故居（故居已列为海口市重点文物保护）为主体中心，展开建筑及内外环境方面保护与利用的设计及研究，是由海南大学提供的一个当地政府意向咨询项目，很有现实意义和研究价值。新的转变也带来新的问题，从现场调研到开题汇报、两次中期汇报和最后的结题汇报都暴露出各种各样的问题，正是本文所要探讨的重要内容。

1. 开题调研与第一次中期汇报所反映出的问题

现场勘察测绘结合课题组提供的资料，加上各自网络查询的综合信息，看得出较为详细、问题不大；之所以说问题不大，只是说该有的差不多都有了：历史文脉、地形气候、植物植被、风土人情、地域地块、国家政策等，但这种类似规定性动作的前奏汇报显得过于流程化，人人几乎一致，大而空、缺少针对性。于是发现不少学生在对场地分析时就缺少了主次性，甚至有些显得根本没有关联性；在设计构思过程中对概念产生的导出导入非常缺少逻辑性，没有明确清晰的支撑力。

另外，缺少高度的视野。对于设计内容指导与要求解读得不够充分，对国家振兴"美丽乡村"建设政策理解不透、不全面。不少学生的认识过于表面化，只是片面地理解为对历史文化名村的修缮改造，对以生活居住为主要职能，以特色种养殖业和旅游服务业为产业主导，注入琼北地区特色民间文化展示功能，体现琼北传统村落文化内涵的指导要求缺少全面、深入的体会与综合思考，这样对于前期的设计与研究的开展自然存在狭隘的局限或模糊不清的问题，导致大量学生开题不顺利，需要重新认识并整改。

2. 第二次中期汇报暴露出来的问题

整改不达标现象依然存在。学生们对前次汇报中出现的问题做了理解性的修改，大部分学生有了不同程度的改变与提高，让导师们有所欣慰；但也有些学生存在将错就错的学习状态，所以这部分学生出现了新老问题并存的现象；认识上的制约导致初步方案合理性的欠缺，直接体现在功能分区图、交通流线图、平面初稿、空间构成、空间形态等的不成立，所以第一步通过不了，后面的全是徒劳，让导师们又感到很大的遗憾。

在这次汇报中呈现出新的问题主要体现在：缺少高度的视野、丰富的审美情趣和扎实的基本功。在这个阶段同样存在不具备高度视野的问题，对"保护为主，协调发展；因地制宜，注重特色；符合实际，持续造血"的设计原则认识不透，所以有的学生对历史建筑的保护与利用认识不确定，只片面地强调修旧如旧的保守思路投入设计；

有的学生只想大胆求新意而忽略了地域特色，显得孤立突兀；还有的学生缺乏规范性常识或策划、规划能力，不切实际地按照自己的意图想法安排设计，没有考虑其可行性与可延续性；这些现象在室内设计方向和景观设计方向均有存在，也暴露出学生理论知识没吃透、综合获取信息量不足、研究能力差的问题。另外，在对方案的呈现中能明显地感觉到不少学生缺少审美情趣，对建筑形态、空间感受、空间尺度、材料运用及空间秩序的营造与编排，不同程度地表现出与艺术设计专业素质不相符的缺陷问题；还有一个是基本功问题，这本来应该是在本科阶段就解决的问题，属于不该出现的问题，或即便有，也是个别存在的小问题，但在学生的汇报中发现这竟是一个普遍问题；学生对制图执行的规范不严谨，对cad平面图及建筑立面图、剖面图的正确绘制为数不多；对分析图图示语言的表达方式老旧而无新意，既无快捷明了的清新，又无视觉愉悦的冲击；SU模搭建与草图演示直接反映出对计算机软件掌握水平的薄弱，这些基础技术表达能力的不足，也反映出艺术类院校在相关专业方面显露出的自身短板。

3. 结题汇报中仍然存在的问题

结题汇报是对课题全过程的总结呈现，既包括论文汇报，又包括设计成果的最终表达。在经过了第二次中期汇报后，每个学生都收到了来自不同导师的指导意见，另外，也观看、听取了其他同学的汇报讲述，可以说，了解到每一个学生的优劣之处，同时也能听到导师们对每一个学生的指导意见，因此，对于参与实验教学课题的每一个学生，都享受到了"多对一"的教学辅导，信息量很大，但需要自己判断与梳理；因此，最终获得理想成果最重要的因素，还得靠自身的悟性和努力的付出，更离不开责任导师的正确引导。

结题汇报总的来说进步还是很大的，有些学生的最后一搏实现突破性的进步，确实让课题组的老师们感到欣慰；也有一些学生虽有进步，但依然存在不少问题：前两次汇报中存在的问题依然存在，更有甚者是第一次汇报中的问题依然没有解决，这里面除了基础能力差的问题、学习态度和认识理解的问题，应该还有新时代下教学新要求反映出的新问题。

三、"后喻文化"时代对教学的启示

1. "后喻文化"时代

美国著名人类学家玛格丽特·米德在《文化与承诺》一书中，从文化传递的方式出发，将人类的文化划分为三种基本类型："前喻文化""并喻文化"和"后喻文化"三个时代。在"前喻文化"时代中，知识主要是以传统共识的由上至下的方式，即在家庭、社会中，由长辈向晚辈传授知识；在教学中，由老师向学生教授知识，是教与学的关系；在"并喻文化"时代中，知识主要以平面交叉渗透的方式，在晚辈和长辈的同辈人之间相互学习；随着时代的进步发展，知识的获取方式变得快捷多样，信息化、数字化、智能化的新学习资源、新技术手段成为时代主流，晚辈的创新概念转化意识与能力开始彰显其优势，这种状态下往往出现了长辈需要反过来向晚辈学习的现象，对其称之为"后喻文化"时代。

2. "后喻文化"时代对教学的启示

东南大学首届"教学成就奖"获得者王建国院士，在《教学探索永远在路上》一文中呼吁建筑学界关注学科前沿：要重视数字技术的发展，增加数据素养。在移动互联网、大数据、云计算、人工智能、万物互联等数字技术快速发展的背景下，教育正在面临全新的挑战和机遇。数字化时代逐渐走向一个教育主客体之间平等互动的"微粒社会"，同学从过去的"跟老师学""跟课堂"的"一对一"到与智库平台和搜索引擎多通道、全方位、即时性的"多对一"，学习方式和知识获取途径发生了重大变化。他认为，一个"前喻—后喻—互喻"的转变正在到来。过去，上课主要是以教师的传授为主，也就是"前喻"。在某些特定时刻，从学生向老师学习也会转变为老师向学生学习，这是"后喻"。在他看来，今天应该是一个"互喻"的时代，师生形成学习共同体，教师是学习中的首席，把握经验、引领方向，同时也会向学生学习，一个"互喻"为特征的建筑教学的新模式正在到来。笔者认为这里的"互喻"是"并喻"向"后喻"过渡的一个阶段。

正如王建国院士所说，数字化时代呈现移动互联网的蓬勃发展，重塑了知识生产、信息传播与文化传播全过程，师生互学的"互喻文化"正在兴起，"后喻文化"特征已有显现。在以人才培养为使命的大学校园，教什么、怎么教和谁来教构成了高等教育核心元素的内在冲突，"后喻文化"为今天的教师提出了全新的要求，如何使"后喻文化"时代的师生关系避免空洞化、符号化，这一问题需要展开深入探索。

四、4×4实验教学成果之启示

1. 实验教学课题与新时代

新时代下，行业、市场和世界的高速变化所带来的需求波动，造成市场动荡，反应时间短，显现出易变性（Volatility）；不同情境都有可能很难做出预测产生的不确定性（Uncertainty）；需要考虑的因素众多、种类繁多，相互关系复杂造成的复杂性（Complexity），需要处理不完整的、相互矛盾的或导致无法得出的结论的过于不准确的信息引起的模糊性（Ambiguity），这就是《国际工程教育》中"前沿与进展"一文所提到的对VUCA时代到来的描述。

4×4实验教学课题以社会需求的专业热门方向的真题为研究对象，注重"产出为导向"的培养原则、强调智慧城市建设与时代性的引导，体现了课题与新时代的紧密结合性，也正是因为体现时代性的这种转变，让这些带着不确定性、复杂性、模糊性新思考到来得太快，需要有充分的准备来面对，反之，就是出现课题完成过程中所暴露的各种问题另一面的原因所在。

2. 实验教学的新要求

通过对4×4实验教学课题现存问题的综述，以及结合"后喻文化"对教学的启示，引发笔者的思考：首先是对课题命题的反思。课题坚持原则下的命题的定位不合适吗？是不是要紧扣时代、不断探索专业的前沿动向？自己给自己找难题对吗？答案其实就是要不要做实验教学，只要做就不会是否定的回答。因为实验教学的意义其实就是对课堂教学起到"探路石"的作用，从而发现问题、认识问题，进而修正课堂教学中的问题；注重"以产出为导向"的教学培养原则没有错，如果实验教学不把好风向标，那它就失去了存在价值，在继续坚持发展探索的同时，将成果信息及时地反馈到课堂教学中，吸收、消化、提升，进而实现共同进步。

另外是对师生的思考，先谈一下旧伤问题。对于建筑与环境设计专业的实验课题来讲，大多数艺术类背景的院校师生存在长期传统教学培养计划下形成的短板，这种培养计划中缺少工科类课程的支撑，造成学生在专业规范要求、制图、场地认识、构筑结构等方面的知识能力欠缺，使学生在这些方面的认识与表达问题较多，而作为责任导师的老师也存在同样的不足，因为大家的成长路径是一样的，只是从经验积累的角度、认识面较为全面的角度，往往只能给予概念和方向方面的指导，并不能给予具体确切的明示，这一点在课题完成过程中有明显体现；所以要改变这一硬伤，在教学培养计划上一定要加入一些必要的工科类课程，否则要掌握过硬的基本功将是难以实现的一部分，对应用型人才的培养目标也是缺陷，同时，对将来教师队伍新生力量的血液更新也是关键性的制约。

这就要求课题组面对新时代，不断提升自我、完善自我，老师应当首先在其中成为领军者，扮演引导性、启发性的角色，而非说教性的"先知先觉者"，实际上也很难再做到"先知先觉"，由于种种条件的限制，教师的思想、知识往往会停留在一定的基础上，"后喻文化"时代教师观念的转变更是教学观的转变。老师不仅传授技能，更多的是依据经验和判断力筛选信息，分析凝练、把握方向，把不断学习和紧迫感当成常态；构建新型师生关系，更新观念，不断完善自我，是"后喻文化"时代当好教师不可回避的问题。智慧城市创新发展已是时代赋予的主旋律，智慧城市建设的目标，最终愿望要运用大数据、云计算、人工智能、万物互联等数字技术的发挥与应用，教师要做好正确的引导者，要求学生树立全方位、立体思维方式，多渠道、多种类地接受信息知识与技术，以适应新时代下复杂、多变的未来专业市场，掌握循序更新的认识问题、分析问题和解决问题的能力和持续学习的动力与活力。

五、总结

面对即将到来的"后喻文化"时代，将会出现教师的信息量和信息提前量偏少，与学生获得信息的手段先进和信息超前的反差，构成了一对新矛盾。在教学中如何构建理想的师生间的新关系，并保证教学效果持续的良性发展，这将是一个需要不断探索研究的新课题，在教学的新征程中，一定会发现又有新老问题的不断出现，如何认识，如何解决？目前，专业学者们对国内新建建筑项目的审批积极倡导：先策划、后评估。那么，教学培养计划的制定、实验教学的课题设计任务书的制定同样要有先策划、后评估的闭环程序，借助数据依据、总结问题缘由、避免老问题重犯，预测新问题出现，以实现教学持续的科学合理性，路漫漫，4×4实验教学的探索永远在路上。

4×4实验教学课题活动担负着多种使命，它既是设计教育前行路上的探索者、先头兵，积极发现教学中存在的问题，及时发出提醒、告诫信息；它又是日常课堂教学的监督官，总结问题之后总要拿出一些提升、整改意见，来监督以后的教学工作有没有改进；它还是学生与社会、企业和晋升学习院校之间的联络官，每年都为学生与社会各界及中外院校间建立便捷通道，以满足双方的各自所需；这个使命中不单纯是对学生的培养，还肩负着对年轻教师的提升培养、各导师间、院校间的学习交流与提升作用。所以说，实验教学课题一直的坚持不懈，本身的意义就是对研究能力不断提升的持续努力！

新乡土主义在传统村落传承中的设计应用研究
Research on the Design and Application of New Provincialism in the Inheritance of Traditional Villages

广西艺术学院 / 江波 教授
Guangxi Arts University
Prof. Jiang Bo

摘要：本文是对传统村落在乡村振兴背景下的传承改造设计，以新乡土主义理念为指导进行的应用性研究，也就是对道郡村传统村落的传承改造是基于原有的基础上进行的，但其实施并不是一味地"修旧如旧"的完全复原，而是要有所取舍和嵌入表达，也就是考虑在现代乡村环境空间的主角——人的行为活动的相关对应上的取向；同时注重发挥乡村原有的优势及传统文化，注入旅游文创项目来改善、提高当地村民的物质生活水平，在不断丰富物质文明的同时提升文化层面的精神文明，实现真正的乡村振兴，建设共同富裕的美丽新农村。

关键词：传统村落；新乡土主义；传承开发；旅游文创；共同富裕

Abstract: This thesis is about the inheritance of traditional villages under the background of rural revitalization of the retrofit design, guided by the new rural socialist concept of applied research, which is the tao county of traditional village village reconstruction was conducted based on the basis of the original, but its implementation is not blindly "repair the old as sweet" fully recovered, but to be discriminating and embedded expressions, That is to consider the orientation of the relevant activities of the protagonist in the modern rural environment space; At the same time, focus on the original advantages and traditional culture of rural areas, inject tourism cultural and creative projects to improve and improve the material living standards of local villagers, constantly enrich the material civilization and enhance the cultural level of spiritual civilization, to achieve the real rural revitalization of common prosperity of the beautiful new countryside.

Keywords: Traditional Village, New Provincialism, Inheritance and Development, Tourism Cultural Innovation, Common Prosperity

本文是关于中国建筑装饰协会卓越人才计划2021创基金4×4实验教学课题项目内容，该项目任务书主题为乡村振兴背景下海南省海口市道郡村综合环境设计。广西艺术学院为参与的高校单位，本人为课题高校学术委员会导师，同时带领两位二年级硕士研究生参加了以王铁教授为课题组长的实验教学项目。首先是赴海南省海口市道郡村吴元猷故居及村落环境建筑进行现场测量、调研、采访考察等课程内容，同时为了更加全面了解海南省的地域文化民俗风情，还对道郡村附近的火山口村落进行田野调查，以及对海南省博物馆、三亚市槟榔谷、东方市黎锦非遗传承基地进行了考察，收集体验感受。

通过丰富的实地考察及各方面的资料收集，针对课题项目的论文论述设计了三个路径进行展开：一是关注当下的乡村振兴，针对传统村落的传承改造；二是挖掘历史文脉，弘扬民族传统精神；三是融合前两项内容，发掘打造乡土民俗旅游文创项目。具体实施内容是对道郡村这个具有深厚历史传统的村落进行传承改造设计，设计的指导原则是基于道郡村的历史传统文化的基础上结合新乡土主义理念，以具体的人本关怀、自然关怀、生态关怀来应用实施，激励诠释人居环境可持续发展的绿色生态内涵，实现乡村振兴，建设共同富裕的新农村，从而更加激发和增强民族自信心和自豪感。

一、道郡村的空间形态与人文形态

道郡村居民都是从内地迁徙过来的汉人，他们在带来先进的汉文化的同时，也较好地融入当地乡土文化，与当地人打成一片，也取得他们的信赖和拥护。道郡村村民都姓吴，祖先是唐代户部尚书吴贤秀于公元805年从福建莆田迁徙到海口，因此吴贤秀便是道郡村吴氏的始祖。

关于道郡村的名称来源：道郡村落是倚山坡而建，在村后有块宽敞的坡地，每年农历六月初十都这里举办军坡节，军坡节当天车水马龙、人声鼎沸，聚集的军兵、车马浩荡，因此人们就把该村叫作"多军"村，因为当地的语言中"多军"的谐音为"道郡"，随着时间的推移，"多军村"也就顺理成章变为"道郡村"了。

道郡村吴氏家族历代人才辈出，获朝廷授封的有清嘉庆年间进士吴天授，清道光年间正一品建威将军吴元猷，清道光年间正二品武显将军吴世恩，清光绪年间户部主事吴汉征，清光绪年间布政司吴必育。还有近代民国爱国将军吴振寰、中共烈士吴开佑。现代有中共十六大代表吴素秋（原海口市第九小学校长），教授吴元钊、吴元祐，以及多位定居泰国、美国等地的爱国华侨乡贤。

吴元猷生于嘉庆三年（1798年），1849年吴元猷因剿灭广东海南沿海海盗，抗击外寇侵略有功，官封两广水师提督，朝廷封为正一品建威将军，海口得胜沙路因吴元猷"海口外沙一战"得胜而命名。在第一次鸦片战争中吴元猷极力支持林则徐禁烟抗英，在第二次鸦片战争中是禁烟主战派，1854年调任广东虎门水师提督，驻守祖国南大门，朝廷授予"海疆镇将""左臂将军"称号，是海南历史上最高级别的武官。

作为海南历史最高级别的武官，一品建威将军吴元猷在村中建造了故居豪宅，建筑面积约5000平方米，整个建筑极具特色。即故居主要由七间红墙朱门的大屋组合成"丁"字形格局，中央为纵列三进正室及后楼，左右两列各有两间大屋、一间小楼，一字横列。故居建筑迄今有150多年的历史。旁边还有吴元猷孙子清朝广东布政司吴必育的故居建筑。

吴世恩是吴元猷独子，生于1837年，自幼随父成长于军旅之中，对兵器军事耳濡目染并练就一身武功，且谋略智计集于一身，显示出较强的军事素质才能。他历经多年的带兵打仗成长为海南著名将领，官任海口水师参将，皇封正二品武显将军。光绪十一年其代理琼州总兵，并且与冯子材协同抗法，在海口建筑秀英炮台及镇海炮台，秀英炮台始与天津大沽炮台、上海吴淞炮台、广东虎门炮台齐名，为清代晚期的四大海岸炮台，是我国近代史上重要的海防屏障。1939年抗日战争期间，秀英古炮再次发挥作用，痛击来犯日寇，谱写了不屈不挠、勇敢斗争的壮烈一页。吴世恩将军当年英勇捍卫祖国领土，深得朝廷赏识。同时，吴世恩将军为海南的保卫、民众的安居、海南商业的发展、海南历史文化做出了贡献，留下深远的影响。从这些方面充分体现了吴氏家族的爱国情怀和出色的军事才能，以及家风的优良。

海口市今存秀英炮台，被海南省政府列为文物保护单位，被海口市政府列为青少年德育基地、国防教育基地。

道郡村文物形态除了两处故居，还有吴氏宗祠、古井将军泉；传统民俗文化：每年农历六月十二在这里举办军坡节，表现形式有拜神、舞龙、舞狮。这些都是很好的可以挖掘和弘扬的素材和题材。

二、传统村落的传承设计理念与措施

当前在乡村城镇化的进程中，一些古村落、古镇和历史街区被确定为旅游开发项目时，就会掀起一场大规模的建设，这其中必定有道路的修建、宾馆的新建以及老建筑的改造，在此大兴土木中就很难保证原有风貌不会被改变，本来这是发展的一种需求，但却变成急功近利、便捷省事或者追求不切实际的时尚之错误定位和实施。人们远道而来，奔着旅游项目景点，却领略不到原有的特色风光。比如，我们日常中经常听到："传说某地有一传统古镇，老村落现在尚未开发，赶紧过去看看。万一开发了，原来的风貌风情就消失见不到了。"这种状况似乎成了一种普遍现象。鉴于此，我们不得不认真考虑如何把控传统村落传承改造的策略与路径。

1. 传统村落建筑保护改造建设

道郡村的历史文物有清代嘉庆年间进士吴天授故居及进士牌，光绪年间广东五品布政司吴必育故居，慈禧太后赐建的吴氏宗祠、吴元猷将军故居、古井将军泉、大林壹官市以及民国爱国将领吴振寰将军故居等历史建筑，这些都可以定位为传统名人博物馆来建设，作为"民族自信"方面的教育基地。

在传统村落保护方面，成功的经验固然应学习和借鉴，但一味地照搬那些所谓的成功模式，未必就能成功，传统村落中的古建筑修复如何保持旧有风貌，在盲目跟风修葺过程中，村落之间难免出现趋同现象，不对具体的保护对象深入研究调查，片面地采用留下的历史痕迹或模式，或者是对某种构件的涂料进行做旧。其实有些老物件没有必要去重新掩饰，以使其更多地保留历史信息，有时候过多的"如旧"反而是有悖于保护传承的初衷。

我们在对吴元猷将军故居建筑群的改造中，就要注意以上的问题，有些该恢复就恢复，有些还得根据当下现代意识、取向进行适应性的改造设计。当年琼州知府林鸿年为吴元猷所题的门前"军门第"三字，以及"海疆镇将""左臂将军"等牌匾必须原样保留，同时恢复当年可谓别出心裁也别具一格的建筑形态的"丁"字形格局，因为毕竟其有"人丁兴旺"的中华传统家族文化寓意。故居建筑室内墙上雕刻有麒麟献瑞、纳福迎祥、如虎添翼、雄狮猛虎、百鸟朝凤、奇花异草等丰富图案，这些也是重点保留文物。

2. 村落环境空间塑造设计

乡村环境空间在村落建设中担当起了人与自然、社会沟通的作用，乡村环境空间与人们的实际生活就是不可分割的息息相关的唇齿关系。因此，在乡村环境设计的主要特征中，环境既要满足功能，也要具有艺术特征：既满足使用功能，也具有符合人们审美的观赏功能，给人带来自然舒适的感受。在审美功能方面，使乡村环境空间焕发出蓬勃向上的美感韵律，增加人们对美的享受与追求，提升乡村文明程度。

（1）空间塑造的行为

在人们生活的空间里更多的是室外空间的活动类型，空间本身的性质是多样性和充满活力的。因而，在各种空间中人们的活动行为主要还是以外部空间展开行为活动。丹麦学者扬·盖尔关于交往与空间的理论中提到了在外部空间中人的活动行为可以有三种类型，即自发活动、必要活动以及社会活动。道郡村居民在外部空间的活动行为都可以用这些方式概括。当然，这三种类型的活动都是相互交叉进行的，不是"你方唱罢我登场"的交替形式出现的，它们之间的关系彼此依托，又有自己的属性，多样性的活动交集行为使得道郡村的空间呈现丰富又多变的有趣场面。

那么，必要性活动的主要体现是日常工作和平常生活的现象，在道郡村中这些活动主要有衣服晾晒、挑水买菜、生火煮饭等生活起居类的必要行为活动，日常用品的交换贸易等商业活动，以及搬运、户外空间的一些商业经营等行为。自发性活动也是随着人的主观意志自发的行为，当然这个行为活动受限于场所环境、自然条件等因素。村民休闲驻足、眺望欣赏开阔的稻田及山坡风景的行为，都是发自内心的下意识的自发性活动行为。此行为具有自发的随意性，行为的地点、时间也没有固定，当然行为的目标及环境条件之间有着密切关系。同一种自发性活动通常是在多种空间类型中发生。以道郡村居民的日常活动为例，可能发生在村落的村头古树下、水塘岸边、檐廊等灰空间，也可能发生在住宅的入口、祠堂边。社会性活动是必要性与自发性活动的衍生。由于道郡村空间态十分丰富灵活，因而在村落中社会性活动的类型十分多样，寒暄聊天、看戏观演、聚集喝茶、孩童们结伴嬉戏玩耍等都属此类。

但是，纵观现实生活发现人们对空间的利用是多变的，随着对空间意义的理解和对空间不断的挖掘拓展，对空间的需求就会发生转变与更新。在道郡村的有机生态方式赋予传统村落空间以可塑性与丰富性，体现于灵活、高效而又极富创造性的动态发展中。

（2）行为活动与空间关联性

人们在空间中的行为活动丰富了空间的内涵与厚度，同时空间形态的特点也会影响人的行为活动。因此，人的主观行为活动与空间的客观环境之间是相互反应的综合结果。空间形态特性影响了人的心理感知，也就引发了人的行为活动。具体来说，空间的形式、形态、色彩、材质、尺度、构成等要素都会影响空间中人的心理，进而影响人的行为活动。另外，空间环境对人的影响也会因人而异，因为个人的学识、个人的信仰等因素都会引导出不同的行为方式。

这些就是空间环境与人的行为活动之间所形成的相互作用的辩证关系。其实环境空间就是由人创造出来的，它是因人而成的。空间的主宰者是人，空间的功能、尺度等基本属性是人的行为活动形成的。空间也会随着人的思维方式、时代和习俗的变化，相应地被改造和变化，这样也会使空间焕发新的活力。而在空间中人的活动就是空间的灵魂，否则空间将会空洞而毫无无生机。当然，另一方面空间形态也会对人的心理产生影响，现实中空间的不同形态、色彩、构造等都会不断地影响人的行为活动方式。由此可见，人在空间中的行为活动就是一个人内心需求的展现，所以人与空间的关系就是一种相辅相成的交互作用的结果。对传统村落的空间形态与人的行为活动进行研究，能够帮助我们更好地理解空间的形成过程和其中所蕴含的人文传统、生活方式、价值观念等精神文化内涵。

在实施过程中的原则：

①以人为本原则

对于具有深厚历史传统文化的道郡村的空间环境设计一定要秉持以人为本的设计原则,具体体现在尊重生活方式、尊重老建筑现状特点、尊重老村落的人文关怀和情感需求上。根据村庄原有的公共空间,增加公共场所的数量并进行功能多样化处理,增强居民的舒适度、安全感和归属意识。这就是以人为本的目的和实质性所在。

②综合性原则

历史村落的价值应该是综合性的,是多方面的:历史、艺术、社会、功能、科学等缺一不可。形成良性的社会、经济、环境、文化等效益最大化的综合体,充分地相互协调聚力,释放最大的综合效益。

历史与时代:尊重历史,不落时代,与时俱进。作为一座具有历史意义的古村落,如何做到既现代又不失其历史价值,既要人烟旺盛又能与时俱进,这始终是乡村提升建设的根本着眼点。所以在本次的课题中,在尊重历史不破坏其原有历史痕迹的前提下,对古村落的各个方面应既尊重历史又做到与时俱进。

文化与发展:海口的道郡村以及周边乡村百亩荷塘波光粼粼,千亩稻田一望无际。在这绿色生态的大自然中可观望数以千计的鹭鸟飞翔,可在绿树成荫下的水边垂钓,农家果园里硕果飘香,生态大棚菜园中新鲜瓜菜琳琅满目,尤其是具有地域特色的椰子树、槟榔树硕果累累,形成了一种特有的地域景观文化。除了这些,道郡村还另有自己独特的文化,比如军坡节、换花节、三月三等为代表的海南本土民俗文化,富有地域特色,具有很大的感召力,通过深入广泛的搜集整合,努力将村落的传统民俗文化发展、弘扬就是很重要的提升。

科学与生态:尊重当地地域本土文化的前提下,将自然环境和生态环境更好地、更科学地保护传承,也是对村落可持续性发展的重要原则。一个科学的生态系统对于一处地域能助人事兴旺,家庭兴旺发达,人丁安康,有着至关重要的影响。

保护与传承:历史传统古村落改造中,在基本保持传统建筑格局的基础上,本着"修旧如旧,补新以新"的原则,以保护原真性、完整性以及生活的延续性为前提,对历史村落内文物保护单位和风貌典型、质量较好的民居进行保护性修缮,对于历史风貌村落中影响比较严重的加建、搭建房屋进行拆除。这些也是属于科学的生态系统性项目内涵。

(3)公共设施

作为重要的公共设施和设备之一的公共卫生间也是公厕改造的一项重要举措。国家旅游局的副局长曾经针对旅游业发展过程中的公共卫生间使用短板问题提出过很高的要求,所以对道郡村公厕的改造也是为了更好地符合我国现代旅游业的需求。以展示道郡村悠久历史的文化建筑和美丽乡村的风貌为设计基调,公厕的建设将道郡村的民俗文化元素融入其中,屋顶采用坡屋顶的形式,在屋顶上开设通风窗,起到隔热保温、通风散味的效果。外立面采用火山岩石与竹子格栅的造型,虚实结合,公厕建筑材料与其整体的设计风格尽显道郡村的风貌和海南民俗文化的特色,地面采用青石铺装,周围建筑搭配槟榔树景观的配置,成为提升道郡村形象的一个重要代表。停车场主要是为外来游客服务,整个空间采用开放的形式,在设计中主要规划了三处停车场,都位于人流交通最密集的地方,满足人们的服务设施需求,对于道郡村的生存和发展都意义重大。

3. 乡村文旅综合体

当前乡村振兴就是要挖掘和激发农村的各种机能和潜力,比如为多种经济农作物的发展寻找到适合的品种,同时充分调动农村剩劳动力,增加农民收入。最为普遍有效的举措就是乡村特色旅游,组织建立乡村旅游经济共同体,这些举措将会对农村地区经济与社会面貌的改善起到促进作用。

脱贫致富、共同富裕策略的实施,为乡村旅游的大力发展注入了新的精力,在很大层面上为进一步发展指明了方向,明确了农村地区发展旅游业的最终目标是要在尊重当地农民意愿的前提下,促进农村基础设施建设,科学地改变农村的落后面貌,促进农村物质文明和精神文明双丰收。

道郡村的旅游项目首先基于吴元猷故居进行开发,以其知名度和老建筑以及各种文物形成第一层次项目内容;其次进行乡土民俗文化表演、民俗传统艺术文创产品销售;第三,结合农家乐休闲种养项目;第四,针对当前康养需求,开发民宿餐食项目。

在故居前面的水塘边上,搭起平台作为观景台,晚上也可以作为休闲茶座,春天听着田野的蛙声,夏天闻着稻田稻花香,秋天看着金灿灿的稻子,不同的季节,有着不同的景象。晚上可以喝着茶观赏投影,就是在故居前面的影壁、围墙上用投影设备播放吴元猷将军的英勇事迹和安民经商等相关影片,以这些斑驳的墙面为幕布更加显示出历史的厚度与沧桑感。同时,还可以表演原生态的黎族、苗族民俗节目。这些影像与表演,有着与城市里的影剧院完全不一样的视觉效果和艺术含量。

在实施的方式可以多渠道展开，发展农村旅游尤其是发展大中城市周边的农村旅游，可以实现城市自愿支持农村发展，吸引城市的资金及人才向农村流动，且符合市场规律，真正地体现农村经济发展产业结构和产品结构的调整，通过乡村旅游民俗文创产品形成高附加值的经济产业。通过发展农村特色旅游，靠自身力量得到发展，形成良性的造血功能，可实现高支配收入，实现"脱贫致富奔小康"的目标。

当然，农村乡土旅游产业，其根本的实质就是一种服务产业，也是文化产业，这就要提升服务意识与服务质量来获得更大的经济收益，培养乡土农村农民的旅游经济意识和服务顾客意识。

进入新时期以来，通过解决农村剩余劳动力来增加农民收入，也就是经营多种非农产业，在改善农村产业结构等方面发挥了重大作用，最为重要就是乡村旅游产业。在发展休闲旅游观光业的同时，还可以带动当地的民俗文化表演，非遗文化文创产品以及土特产的销售。

三、可持续的特色传统村落

村落的古建筑、现代民宿、池塘观景台、开阔的稻田以及山坡树林，灵活多样的边界形式丰富了空间的意义，促进了人与人的交流。在道郡村空间我们常常可以看到一些乡村元素，例如古井、古树、池塘、小河、祠堂、桥、白鹭等，它们能与整体空间很好地融合，又往往具有鲜明的特征，能使人在具有相似性的整体空间中感到眼前一亮。它们能引导视线，界定并统领一定领域范围的空间，丰富空间层次，提高空间吸引力与可识别性，并有效地聚敛人气。百年前的道郡村兵马、官商云集，集聚了四面八方的绅士名流，有着丰厚的底蕴，应在改造中对道郡村曾经有的历史文化、建筑元素、建筑结构以及建筑型式进行整理、提炼、融合，再运用到设计中并体现出来。

在设计的过程中遵循整体保护，统一规划。因海南多雨，且建筑也多以木材为主要的建筑材料，就要注重排水防潮方面的重点研究设计。通过对当地的气候、地形地势、降雨量进行分析，使之在改造时做到漏光不漏雨，排水不见沟。道郡村古村落的建筑特色元素也极为丰富，正是这些特色元素构成了道郡村与其他古村落的差异性，如门头、窗、山墙、柱基、飞檐、抬梁式梁柱、瓦骨等，所以在设计时这些元素的研究使用也是体现地域文化的重点。其实在社会方面，建筑的首要功能是给人们提供适宜的居住条件，在以保护为主的前提下，深入了解当地人们的生活方式及当地建筑的特色元素，再结合现在人们的生活需求对古村落建筑进行改造。当然，村落建筑的改造不仅要符合现代人们生活的方式，还要针对可持续性发展原则做出规划性设计。最后也是最主要的前提，就是在文化传承和保护方面，传统的建筑是传统文化的体现，在日新月异的时代，它需要得到更好的保护与改造，使之能够一代一代的传承，而不是任其斑驳荒芜，乃至于消失，传统建筑的改造本身就是在设计更好的传承方法。

所以，在对现存的古建筑进行改造的同时，必须主要关注人文背景环境，即人为因素造成的、社会性的、非自然形成的社会大环境。它在人类活动的变迁，人的态度、观念、信仰、认知等因素影响下表现出某种整体特征，并反过来影响区域内的物质空间和社会文化形态。

四、结语

目前我国乡村振兴战略的实施，带来了新的机遇，明确了农村地区的发展方向，以此改变农村的落后面貌。本方案依托国情，凸显地域特色，结合绿色生态思想，探索地域文化环境设计的原则和方法，力求保护地域建筑村落文化景观的独特性，具有一定的借鉴价值。它是地理、建筑、规划、设计、美学、社会、文化等多学科的综合艺术，对海南传统村落环境艺术做出合理规划与设计，是自然环境与人工环境的综合体现，既要满足人们生活的需求，又必须满足人与自然和谐发展的需求，从而推动文明环境的可持续发展。

工业5.0时代的设计教育变革
Revolution of Design Education in Industry 5.0 Era

泉州信息工程学院 / 黄志杰 讲师
Quanzhou University of Information Engineering
Lecturer Huang Zhijie

摘要：2021年1月，欧盟委员会发布《工业5.0：迈向持续、以人为本且富有韧性的欧洲工业》，正式提出欧洲工业发展的未来愿景及战略，即工业5.0。相较于工业4.0，工业5.0并非简单延续及升级，而是更加注重社会和生态价值，我们从中可以获悉，工业5.0时代的到来带来的是对社会属性、生态价值的更多关注。特别涉及媒介形式、途径的一些变革，所呈现出的万物互联、人工智能融合下的新媒介传播方式，更是进一步展望了这个时代的先进性。在工业5.0时代背景下，设计教育版块所展现出的诉求已偏向于如何借助智能科技元素提升设计教育的品质，进而达到高质量发展的目标。当设计教育遇到智能科技，在新的工业革命时代该如何找寻自身新的突破口成为亟待思考的重要问题。

关键词：工业5.0；设计教育；智能科技；创新融合

Abstract: In January 2021, the European Commission released Industry 5.0: Towards Sustainable, people-oriented and resilient European Industry, formally proposing the future vision and strategy of European industrial development, namely Industry 5.0. Compared with industry 4.0, industry 5.0 is not a simple continuation and upgrade, but pays more attention to social and ecological values, from which we can learn that the advent of industry 5.0 brings more attention to social attributes and ecological values. In particular, it involves some changes in media forms and ways, and the new media communication mode presented under the combination of Internet of everything and artificial intelligence further looks forward to the advancement of this era. In the era of industry 5.0, the appeal of design education section has been biased towards how to improve the quality of design education with the help of intelligent science and technology elements, so as to achieve the goal of high-quality development. When design education meets intelligent technology, how to find a new breakthrough in the era of the new industrial revolution has become an important problem to be considered.

Keywords: Industry 5.0, Design Education, Intelligent Technology, Innovation Fusion

纵观科教领域的发展，其表现出的循环模式多呈现为基于社会科技的发展而塑造更多的有用人才，借人才贡献推进科技的发展。在此模式下，为能更好地孕育出优质人才，社会不断在向高校提出诉求，或借助于学校的"教"来优化现状，因此学生的"学"也受到影响，从而发生了一些创新性变革，教育模式由此开始转型升级。工业经济发展大背景下，设计教育版块，科技所赋予的力量显而易见，其对教育变革赋予的动力支撑也有所呈现，但同时也显露出了缺陷，即科技革命的加速与教育变革内生动力之间未能构建起充分的发展协同性，这一问题已成为设计教育进一步发展的困境。

工业5.0时代来临，智能科技在教育领域的应用不可被忽视，它为教育的实施创造了更先进的条件及可用价值。如今在诸多高校，都建设起了与科技相关的教学模式，很多新的人才培养理念也应运而生，在科技进步的加持下得以应用。面向设计教育，顺应工业5.0时代发展趋势，以吻合科技发展进程、展现设计教育创新表现、为社会输出高质量设计人才为目的，从技术重塑、要素提炼、智能加持和模型构建四个方面施以建设，或许是设计教育在改革创新教育模式进程中可探讨的一种有效方式。

一、转变设计教育理念，借技术重塑设计教育创新模式

关注技术的发展，无论从纵向深度还是横向范围均呈现出了发展的优势性，以5G通信、人工智能、生物科技、纳米技术为代表，其在各领域中的应用，诠释了技术革新对各产业发展带来的无限潜能。以人工智能为例，智能产品的应用一度改变了许多行业的运行模式，对于设计教育而言，无论教育环境还是教育模式均朝着智慧化方向升级。数字技术融入设计教育中，一方面改善的是教育环境，另一方面是在教育实施上涉及了一些理念性的转变。

融合人工智能，如今的设计教育已从传统的内循环模式向科技与教育双向赋能的模式转变。其提及的是对科技赋能的最大化诠释，传达的是科技如何为设计赋能、设计又如何将成果转移到科技中，继而促成二者间的良性循环、共生相促的发展模式。当下的设计教育必须进行教育观念的转变，遵循的是一种吻合工业5.0时代特色的"新技术重塑教育生态"的发展模式。以人工智能为代表的先进技术，在这场技术升级带来的设计教育改革进程中，充当着源动力的角色。最大化完善着对教育目标达成、教育改革质量提升的目的，最终带领设计教育走向智慧教育的终极目标。

技术赋能设计教育创新模式，不仅对设计教育理念、教育模式等增加了创新变革的动力，更将赋能学生、老师。采用智能科技元素或可打造未来先进的教育新形态，呈现出教育的现代化模式，融合时代发展诉求而展现科技与教育的完美融合。在教育这一实践场，未来我们将会感知并体会到科技赋能的存在，也能感受到一种新的跨界融合。可以说，在这场关乎科技转变教育理念，技术扭转教育创新模式的过程中，未来将会呈现出一个全新的设计教育概念，涉及平台、资源、数据、媒体等各个领域，其将共同为设计教育发展提供助力，以满足时代背景下社会与大众不断增长的诉求，而呈现出高智慧、科技化的教育服务新模式。

二、关注培养要素提炼，锻造优秀设计人才培训体系

为提升设计人才的培养质量，首先需把握设计人才培养的关键因素，并对其进行提炼。只有正确地分析并掌握了关于设计人才的培养要点，才能找到优质的培养目标，继而锤炼出正确的培养改革路径。工业5.0时代大背景下，先进的科技已逐渐深入各个行业、领域，如何锤炼设计人才培养关键要素，也可从技术应用层面探索出新途径，如结合深度学习技术，可在网络算法的支撑下挖掘人才培养要素。加持新技术之后，我们或可进行人才培养要素的确定性分析，继而精准地解读出人才培养的关键要素，从而提炼出良好的设计人才培养方式，最终构建出科学、合理、智慧化的人才培养系统模式。

在人才培养要素的提炼及分析工作中，大数据技术可以提供一臂之力。它是一项可实施精准数据提炼、繁杂类型划分、要素快速提取的先进技术，从低密度角度而言，其价值性表现更佳。为此，将大数据技术带入人才培养要素提炼及分析的应用中，或可起到积极的作用。细分大数据技术的范围，包含数据挖掘、学习分析、数据可视化以及决策支持等技术类型，这些技术都可应用到具体的教育实践中，运用大数据技术的精准性，来达到对教学的精准化评测，继而推进教育改革创新目标的达成。

1. 调查和分析设计人才市场的需求动向

为培养优质的设计人才，首先需要了解市场对设计人才的需求。设计人才，被视为一种应用型的人才，从其专业性角度而言，面向市场即对整个行业诉求的一种需求性分析，从行业供需结构角度着手进行判定及预测。引入大数据技术，我们在分析中或可提炼出关于此行业中各岗位的需求情况、人才配置情况，以及就业去向的分析等。这些数据的采集及分析都可以为各大高校提供信息，使其掌握相关行业、相关岗位的社会需求量，据此以合理设定专业人才的培养计划，在对未来人才需求的预测中优化当下的人才培养模式。借助于大数据技术的设计人才市场进需求性分析，既充分展现了大数据技术的优势，又达到了良好的分析成效。

如何借大数据技术进行搜索及分析，其途径包括基于位置服务的搜索，以及通过搜索引擎进行的搜索分析等方式。关于搜索引擎搜索，可重点关注设计专业相关行业和岗位的关键词频度，以及结合定位技术获取用户的求职意向或就业取向，就此即可较为精准地获得关于当下企事业单位在设计人才需求上的一些信息，同时得到相关区域内行业人才竞争情况的描述。

2. 挖掘和归纳设计人才培养的关键因素

为准确构建优质的设计人才培养体系，需要关注设计人才的培养模式，从关键要素出发进行挖掘，除了社会需求外，还需要提取的是过往的经验要素，即探索以往优质人才的培养情况，对优秀的人才进行档案建设，从中总结分析出关于人才培养的成功关键因素。这一实施过程，可针对既有的优质人才的培养案例进行大数据探析，

运用追踪技术和分析、评价技术，对过往毕业生升学、求职、就业等重要数据信息进行采集，并对这些数据进行聚类性总结及分析，从中找到与毕业生优质性紧密相关的核心要素。关于培养方面的优化，可借上述分析数据结果，进行反向数据挖掘，找到这些毕业生在校期间的一些行为习惯，如作息时间、行为特点等，进而总结出影响一个人优良品格形成的关键因素，将其纳入培养计划，即可为人才培养体系建设提供坚实的基础依据，培养出优秀的设计人才。

3. 分析和提炼设计人才培养的核心要素

培养优秀的设计人才，以上述基础要素为依据进行培养体系的建设，同时还需融入的是培养过程中的一些核心要素。如何分析及提炼出人才这些要素，需要从培养的方式上加以探索。目前设计人才的培养已不再是对知识的单方向传授，更多需要关注的是学生设计思维的形成、实践能力的提升等，同时包括对学生文化素养、设计品位进行全面化、优质化的艺术熏陶等。一方面，工业5.0时代背景下，针对设计人才可更多地将科技与艺术相结合，打造"技艺结合"的全面性人才培养计划，借此既能够提高学生设计的可行性，同时可培养创新的设计思维，并从艺术性的表现得到充分的提升。另一方面，为提炼出打造优质设计人才的核心要素，要以探索如何培养具备积极性、主动性、探索性及创新性精神的人才为出发点，挖掘人才培养的关键项，并将其融入实践中，鼓励学生积极参与实践。培养的过程亦是一个实践的过程，人才优质性的表现不仅在于具备多种能力，更需拥有宝贵的人文素养。为此，在培养要素挖掘中，可将传统文化融入其中，形成关键要素项之一，成为衡量设计优秀人才的标准，纳入培养体系中一同成为设计人才培养的核心要素。

三、提升教学科技力，打造设计人才智慧教育模式

从理念形成到培养体系的设定，关于优秀设计人才培养，借助于科技支持，或可打造出一种设计人才的智慧教育模式。以智能手机APP为例，搭建学生学习智慧交流的应用平台，即一种给学生提供便捷教学服务的智慧教育应用模式，这种模式的科技化、信息化的优势逐一凸显，更加凸显了当今科技应用的价值及人才培养的创新表现。

1. 制定人才培养计划

在人才智慧创新模式应用之前，需要进行的是对人才培养计划方案的设定，以此为指导性文件，可引导人才培养的顺利推进。关于培养计划，从科学性角度出发，需以敏锐的商业观察力及前瞻性为出发点，探索工业5.0时代对设计人才的需求，并挖掘市场发展趋势所设定的人才需求类型，基于此来分析在教学中该设定何种课程、设置哪些教学实践以及通过何种考核机制来评定学生的学习成效。可以说，人才培养计划的设定与当下市场需求、大环境发展趋势息息相关，通过掌握实时的信息即可有针对性地对培养方案进行调整，以便精准地为社会培养可用之才。

2. 构建设计人才用户画像

为能打造出最高价值的智慧教学模式，以设计人才培养计划为依据而实施的教学过程中，还需关注的是对设计人才用户的精准画像，借此即可完善智慧教学，使其更具有效性及实用价值。关于设计人才用户画像，提及的是对学生的充分了解，以分析出他们的学习兴趣、学习特点、学习行为、知识结构等，进而合理地调整教学策略。结合大数据技术及所使用的智能APP，或可完成学生特点、信息数据等多方的信息采集及分析，进行用户画像。相关画像要素项或可包括学习时间、社交习惯、学习成绩、行为特点、知识结构等，关注用户画像维度即可展现画像的精确性，为最终的智慧教学模式优化提供数据支撑。

3. 借人工智能为智慧教育注入动力

科技在教育中的应用极大地推动了其创新性的提升，将人工智能带入智慧教育中，它的应用不仅大大提升了用户体验，更为智慧学习创造了更好的学习条件。比如，借深度学习技术挖掘学生学习的行为习惯，继而在智慧教育中对教育模式施以优化，即可提升教育的效果。分析的要素项包括了学生的情感、学生的学习习惯等方面，而完善的方面则包括对教学形式的改善、教学内容的丰富、教学方法的创新等。同时，还可设定混合式教学方式，以协作式教学方式提升教学效果。运用科学技术结合翻转课堂的理念，最大程度提升学生学习的主动性，增加互动交流，提高教学效果，取得较为突出的改革成效。人工智能的应用，可以说是为智慧教育注入了新活力，能更好地基于学生心理及认知习惯的特点而恰当地施以教学的优化。

四、明确培养目标，构建设计人才创新培养模型

人才培养是一项与社会、与时代发展息息相关的教育任务，关于设计人才的培养，更要从社会角度出发，从时代趋势上探索其目标，以规范培养方向，进而构建最具时代性特征的培养模型，培养出时代、社会所需的优秀设计人才。当前，面对设计人才的社会需求，常被提及的是一种具备创新精神、创业能力以及实践效率的培养方向，希望学生能从人文及科学素养方面都有所提升。因此，构建设计人才创新培养模型，需要将知识、素质及能力等多方融合起来，明确培养战略、优化培养结构、创新培养方法，继而借此引领设计人才培养的改革。

1. 明确设计人才培养战略

明确人才培养战略是模型构建的基础，也是依据，它的制定与时代发展、社会需求有着紧密的联系。通过挖掘当下时代文化、教育理念，可确定培养目标、选择培养途径及方式方法等。面向设计人才，将现代教育理念与新技术进行融合，以培养出具备良好身心素养、专业技能，能为社会提供优质服务的专业性高素质设计人才，且需要满足学生远景与培养计划相一致，高校培养计划与人才培养的创新逻辑相一致。

2. 优化设计人才培养结构

培养结构的优化直接关系到模型的优化成效，关于人才培养结构的设计，对于高校而言可借助于加勒特的用户体验要素模型进行构建，将战略、思维、方案等诸多要素融为一体，并针对技术、实践及表现设定创新可行的培养结构体系。人才培养结构的设定需要从实际出发，基于创新思维、运用高科技技术赋予动力、注重实践操作，以培养具备较强实践力的设计人才为主要目的，并具备一定的层次性及清晰的具体的培养目标，从实施的逻辑性上呈现出优势，并能为目标达成提供有效可行的培养实施途径。

3. 创新设计人才培养方法

基于所构建出的培养结构，对设计人才的培养过程，则需要结合具体的教育教学方法推进执行。面对诸多教学模式，这里提出了从学生、学校、教师等多用户角度进行的培养方法的创新。工业5.0时代背景下，科技力可赋予这种培养方法更多的支撑力，如从教师角度，可借助于大数据技术、人工智能技术、智慧软件等对学生的学习行为进行分析及评估，可基于学习情境进行设置更新、学习策略优化，以及在学习方法上施以迭代。在学校角度，大数据技术可对学生的学习行为、教师的教学行为进行分析，同时通过数据可视化进行教学管理及评价，继而挖掘出教学问题，解决并提升。关于科技力的应用，还可从人工智能角度进行，借助于人工智能技术对教学平台进行优化，打造智慧化教学模式以弥补传统教学的弊端。同时，还可进行线上、线下共融的混合教学培养方式，通过多途径的人才培养方法的创新改进，即可较好地提升教学效果和人才培养的质量。

五、结语

时代在发展，科技在进步，一代又一代的设计人才承载着整个国家的创新力，对国家发展具有重要的贡献。因此，社会对于优秀设计人才的需求在不断提升和改变，高校毕业生的素养和能力是否能满足职业需要，成为社会关注的重点问题。因此，在工业5.0时代，对于设计人才的培养及教育，可借助于科技力为其注入动力，结合智能技术重塑智慧学习环境，实现物理环境和虚拟环境的高度融合；创新教学模式，实现大规模教育与个性化教学的融合发展；建构现代化的教育制度、人才培养体系，以促进教育的均衡发展。对于设计人才的培养，需要的不仅是培养思维观念上的转变，更需从培养模式、培养体系等方面抓紧创新改革，把握核心要素、优化教学管理、提升教学效果，最终实现设计人才综合素养的提升，为社会输出高质量的设计人才。

工业5.0时代设计教育变革的核心，即从智慧、智能、未来角度对设计人才提出"慧"从师出、"能"在环境、"变"在型态的培养诉求。在迎来政策鼓励、开放、融合、创新发展机遇的同时，如何达成科技与教育的双向赋能已成为探讨的重要话题，它的落实终将推动设计教育与科技智慧互联，在践行科技赋能教育、教育赋值科技的过程中，最终达成科技与教育共塑未来的历史使命。

参考文献

[1] European Commission. Industry 5.0: Towards a sustainable, human-centric and resilient European industry[R/OL]. 2021.
[2] 新华社. 中共中央国务院印发《中国教育现代化2035》[J]. 人民教育，2019.
[3] 黄荣怀. 人工智能变革教育已成全球共识[J]. 中国教育网络，2019.

以本次"乡村振兴"课题为例浅谈科学研究与设计实践的结合
The Combination of Scientific Research and Design Practice, as Exemplified by this Project on "Rural Revitalisation"

德国斯图加特大学建筑与城市规划学院 / 杨峰 博士
School of Architecture and Urban Planning, University of Stuttgart
Dr. Yang Feng

摘要：科学研究与设计实践不仅是4×4课题的组成部分，也是大学教学中的重要内容。对于设计学科而言，二者互为关联又基于不同的思维模式。面对学生在课题中出现的诸多问题，如何保持研究的科学性，使其不只是一篇孤立的文字并可以引导设计实践，是值得讨论并具有现实意义的。

关键词：4×4实验教学课题；科学研究；设计实践；乡村振兴

Abstract: Scientific research and design practice are not only part of the 4×4 subject, but also an important part of university teaching. For the design discipline, the two are interrelated and based on different modes of thinking. In the face of the many problems that students encounter in their projects, it is worth discussing how to maintain the scientific nature of the research, so that it is not just an isolated text and can lead to design practice.

Keywords: 4×4 Experimental Teaching Topics, Scientific Research, Design Practice, Rural Revitalisation

一、科学研究与设计实践

在4×4实验教学课题的架构中，包含了论文与设计两部分，或者说是科学研究与设计实践两部分内容的结合。随着本届4×4课题的结束，总结并浅析一下课题进行过程中学生较多出现的问题，希望能对学生有所帮助。

1. 二者的特点与差异

科学研究与设计实践是一个承前启后，又互为补充的过程。科研的结论用以指导实践，实践的结果又反过来验证研究结论并进一步影响科研在下一阶段的进程。对于设计学科而言，二者所基于的思维模式及实现方式又有着较大的差异。

在设计实践中，无论是学生还是从业者，创造性思维模式占据了主导的位置，这也是大学教学中的重点培养内容。一个好的创意是设计作品的核心，发散的、拓展的、跳跃的、与众不同的思维是该模式的主要特点。相对而言，研究的思维模式则以科学性为主，科学逻辑的研究目的、研究结构与研究方法等保证了研究结果的客观与理性。

与纯粹的艺术创作不同，设计类学科有着基于功能性的诉求。尽管科学性思维模式与创造性思维的天马行空有着显著的区别，但二者之间并不矛盾。在一个理想的结合中，通过科学的分析与论证，研究为设计提供了理论依据与基础支撑；设计则建构在研究的分析与结论之上，并提出创造性的解决方案。

2. 中欧学制中科研与设计的侧重点

从建筑学专业看，相较于国内本科及硕士阶段的毕业要求中既包含了论文又包含了设计，欧洲部分的国家则有所不同。从德国斯图加特大学当前的学制情况看，其本科（Bachelor）阶段约三分之二的课程以城市规划、建筑学的基础课程为主，涵盖了宏观层面的艺术表达、史论、城市规划、居住社会学、生态学以及中观层面的建筑物理、构造、结构、材料、建筑经济、设计理论等内容。其设计课程的比重在本科阶段后期只占约三分之一。在硕士（Master）阶段教学重点则会向不同的专业方向倾斜。在设计方向上课程的设置主要以设计与讨论课为主，讨论课是各具体专业方向在原基础课程深度上的延伸。只有在部分非设计方向，比如建筑理论、建筑经济等，完成了讨论课所需要的学分后，毕业作品以达到教授要求的论文为主。在博士（Doktor）阶段，重点则主要在科学研究上。

由此在本科及硕士阶段，设计方向的学生在毕业设计中与科学研究相关联的内容主要体现在对设计方案的前期分析上，而这一分析是设计方案形成的依据与基础。该分析依据课题的需求以及学生的能力，少则几张图板，多则为一本书册。这一特点从匈牙利佩奇大学的学生汇报中多少也可以看到。

3. 二者的结合

由上述特点也可以看出，能在研究与设计之间达到理想的结合，对学生的要求其实是较高的。研究（论文）可以对相应课题并提出问题，通过科学的方法进行分析、评价，并进一步得出结论以作为设计的依据或指导；而设计则基于此提出并探讨解决的可能。

二、本次课题中学生较多出现的问题

"乡村振兴"是本次4×4课题方向上的侧重点。本次课题立足于室内与景观设计领域，依托于建筑并延申至城市与社会层面，极富社会及现实意义。在城市化的进程中，伴随着人与资源向城市聚集，乡村的衰败不仅是在中国，也是在欧洲及其他地区广泛出现的一个世界性课题。从学生历次汇报的情况看，较多出现的问题主要体现在两点上。

1. 论文空泛与程式化

如果最简单地表述一个科学研究，德语中可以概括为三个词，即"是什么（was）""为什么（warum）"和"怎样做（wie）"，我就简称其为"WWW"原则吧。该原则最简明地体现了一个科研课题中最重要的研究对象、研究目的以及研究方法。

这里就出现了第一个问题，即很多学生将"乡村振兴"这个大的概念直接作为研究对象，用了大量的文字来描述其原因"乡村的经济及文化的没落"，以及解决方法"发展旅游、发展经济等"。这更像是一个对众所周知的内容的综述，而不是学术论文中具体的研究内容。研究对象应该是通过对现状的调研与分析，比如村落的历史发展、气候、社会结构、人口结构、居住和就业情况、建筑物使用情况、土地及建筑物发展潜力等，找到更为具体的问题及研究对象的切入点。举个例子，如果研究对象定位为乡村的功能重构，往往会涉及由于人口外迁、新村及外围区域的兴建而导致的传统村落中心的萎缩，以及房屋的空置、乡村公共服务匮乏等问题。由此可以进一步更具体地切入研究对象，比如对于传统村落中心的萎缩，景观专业可以探讨如何结合景观重构村落中心以及传统的公共交流空间、增加村落中心的活动密度等；建筑、室内设计专业可以进一步探讨如何重新利用空置房屋、激活用地潜力等。找到自己具体的、与众不同的研究课题会让研究摆脱空泛与程式化，使论文言之有物，也会让随后的建立在论文分析及结论基础上的设计方案与众不同，在第一步的选题上就已达到了独创性。

所以说，"WWW"原则中第一个W是最重要的，之后才是第二个和第三个W。举例而言，比如我们的一个学生的论文课题是基于"村民自发的建造行为"，或者说"违章构筑物"，就是找到了一个比较具体的研究对象。对于该研究对象，第二个W，即研究目的如果是建构在"自发建造的行为"上，那作为自下而上的没有建筑师的构建行为，就会与村落的发展历史、政策影响、未来的发展可能等产生关联。比如城中村，就是一个由传统村落在特定土地政策及城市化进程中，在各方利益的博弈下，村民自发建造的一个结果。如果第二个W是建构在"自发建造的构筑物"上，那建造者对不同类型构筑物的使用方式对公共空间、邻里关系以及村落或社区的影响就会从中凸显出来。结合第三个W，即用科学的研究方法深入下去，这个课题就会变得越来越有意思。

2. 论文与设计的脱节

这是第二个较多出现的问题：论文归论文，设计归设计，二者互无关联；或者二者间难以科学地结合在一起，论文的分析结论不能指导设计，设计也无法基于论文的研究结论去解决问题。尽管这不是不可以，但对于硕士阶段而言，二者的脱节会影响到作品的深度及完整性。

仍以上面所述的研究对象"自发建造"举例，假如通过大量分析，研究最后得出一个结论：不同类型违章构筑物所导致的住户使用行为会对社区公共空间和居住品质有着显著不同的影响，那在后续的设计阶段，基于论文中对于不同类型的分析及结论，或者对村落中现有违章构筑物按类型进行归纳整合，或者由此设计出新的构筑物形态，都可以作为重构村落公共空间与活力的一种解决方案。当然，这种由此而设计出的构筑物形态并不应是无序且随意的，它应遵从与人的行为互动而产生的内生秩序。它不以自身形态的迥异炫目为目的，而是应再回归到论文的研究目的中，即其设计与形态是服务于重构村落公共空间与活力这个目的，并不脱离村落的历史与文脉。这样，从科学的研究到设计实践，才构成了一个有意义的完整闭环。

三、给学生的建议

首先，脱虚就实，让论文回归清晰的"WWW"原则很重要。有的学生在论文中罗列了多个看似深奥晦涩的理论，其却与论文的研究对象与研究目的没有必然的关联。科学研究应是在看似混杂的现象中找出事物的本质规律，使其清晰易见。或者说，是把看似复杂的东西变得更简洁清晰，而不是把很简单的逻辑变得更加混杂。

其次，与博士阶段的研究领域窄、深度深的特点不同，硕士阶段的论文可以在科学的框架下，更多地偏重于为设计提供科学的前期分析与支持。在有限的课题时间内，根据自身选题的特点，将论文和设计作为一个整体，在二者之间合理地分配侧重点也将会有所帮助。整体偏理论分析的课题，可以以论文为主，设计为辅，设计主要用来解释论文；偏设计实践的课题，可以设计为主并深入到细部大样，论文就可以更多偏重于前期的科学分析。有限的时间内，一边的出彩总胜过于两边平均的平庸。

最后，无论是室内设计、建筑，还是景观专业，尝试跳出自身专业的范畴，站在城市、社会等更宏观的层面去理解本专业，将会获得更加广阔并更为多样化的视角。

环境设计专业工作室教学模式改革与实践探究
The Teaching Mode Reform and Practice Research on Professional Studio of Environmental Design

武汉理工大学/王双全 教授
Wuhan University of Technology
Prof. Wang Shuangquan

摘要： 本文从理论和实践的角度入手，以"新工科"工程教育建设为背景，参考国内外环境设计专业工作室教学模式，并结合我校环境设计专业教育的实际情况，探讨现阶段环境设计专业新型工作室教学模式及教学体系，为构建高校环境设计专业工作室模式的探索提供切实有效的改革建议。

关键词： 新工科；项目导向；工作室；双师制

Abstract: This article starts from the perspective of theory and practice, with the construction of "new engineering" education as the background, referring to the teaching mode of professional studio of Domestic and Foreign Environmental Design, and combining the actual situation of Environmental Design professional education of WHUT, to discuss the new professional studio teaching model and teaching system of Environmental Design, attempting to provide practical and effective reform suggestions for the exploration of the construction of professional studio teaching model of Environmental Design in colleges and universities.

Keyword: New Engineering, Project-oriented, Studio, Dual-teacher System

"新工科"背景下的工程教育建设，是近年推动学科发展的一股新动力，作为艺术设计类专业代表的环境设计因其自身的专业特征，寻求面向学科发展与社会需求的新变化，进行积极的实践改革与理论探索，以抓住行业转型与社会发展的新契机。传统设计学科的专业定位、培养模式及其课程体系中的理论与实践的二元模式，难以应变当下行业对于环境设计人才日益增强的专业技能、职业素养和综合竞争力的要求，当下环境设计专业教育与工程设计领域对设计实践能力培养的需求之间存在着明显的落差，如何填补这种落差，提升实践教学的成效，已经成为时下环境设计专业人才培养的关键课题。

基于这样的教学改革背景，在现代设计教育中曾占有一席之地的工作室教学模式作为一种行之有效的教学形式，重回设计界的视野。作为培养学生设计实践能力的一种重要途径，工作室制教学模式将课堂设计教学与工程项目实践融为一体，围绕专业导师与设计项目，通过开放式教学，引导学生在串联工程设计项目的流程中，实现综合专业技能的培养。当前，国外诸多高校通过设置系列教授工作室，来引导教学进程与专业课程设置，如德国卡塞尔美术学院。而从国内部分已实行工作室制的设计院校来看，也取得了一定的教学改革成果，如具有较高影响力的中央美术学院建筑学院，就是国内较早实行工作室制教学模式的院校之一。

一、新型工作室教学模式探索和推行的意义

近年来，我校设计类专业开始新型工作室教学模式的探索，建立了少量教授工作室，但从规模、影响力、教学内容、教学模式、管理方法等方面还远远不能满足设计类专业人才培养的需要。环境设计专业在培养计划的调整和课程体系的改革中抓住了这一问题，开始尝试大力推行工作室，推行中所出现的问题和获取的经验，成为研究重要的参考资料。工作室教学模式的探索和推行，对以环境设计为代表的艺术设计类专业教育，具有十分重要的教学促进与质量提升作用。

（1）有助于进一步明确环境设计专业人才在艺术设计领域应用复合型工程人才培养目标的科学定位。

（2）工作室教学模式强调学生的主体地位，实现从教到学的转变，促进了学生的自主学习和个性的发挥，丰富更新教学模式。

（3）有利于促进产学研的融合，通过引入项目导向式教学的工作室实践教学体系研究，有助于学生实操能力的全面提升，提升职场竞争力，提高就业率。

（4）为培养适应社会发展需求的高层次复合型人才提供有益的尝试，并将成果的经验和模式推广应用到同类型高校相关设计专业之中。

二、当前环境设计专业工作室教学模式存在的问题

1. 工作室模式单一

通过近些年的摸索与发展，虽然工作室教育取得了一定的成果，但当前工作室的发展模式偏于趋同，缺乏特色。当前工作室的教学内容多为空间设计方案，并侧重于设计图与效果图的制作，即使设有多个实践环节，其最终教学目标与教学效果仍主要在一个层面上，形成了固定的模式，缺乏改革和创新。工作室形式的多样化探索迫在眉睫，环境设计的教师在研究方向、专业技能方面都有自己的特色，应当充分发挥特点，成立不同主题的工作室，为学生提供更多的选择，根据学生自己的意愿和特长来进行选择，这不仅能在一定程度上提高教学质量，还有助于学生专业特长的培养。

2. 行业参与度不足

目前，虽然已在培养方案中加大实践学时比例，并设置相应的实践环节，但由于高校办学经费等原因，配套的校内实践平台和校外实践基地的建设相对滞后，单纯的教师工作室难以为实践教学提供与理论教学相匹配的保障系统，为了更好地强化学生实践技能、拓宽知识结构、提高实操能力，需要大力加强行业参与。尽管近年产学研教一体化、协同育人的教学理念已经渗入教学，但在实操中往往存在着形式化的问题，企业专家在学生培养过程中的重要性仍未完全体现出来，校内教师工作室与校外联合培养基地的建设、运行机制难以实现所有学生足量足项地完成设计实践环节，同时配套的评价体系和管理制度也亟须改革和完善，只有切实加大行业参与度，才能更好地发挥工作室制度的优势和作用。

3. 软硬件资源欠缺

在软硬件资源上，环境设计由于设计三维建模、渲染、制图、剪辑、工程管理等复杂系统的项目过程，对硬件和软件的要求较高。目前，不少高校在硬件配置和台套数上都存在滞后的现象，软件平台的更新与版本也存在欠缺或过低的现象，导致学生无法掌握最新的设计平台和软件，与市场、与行业脱节。如BIM系统与参数化设计、GIS与地理信息系统等，近年已经在建筑学领域展开应用，而在环境设计专业还未正式引入，面向一流专业建设和当代环境设计的发展趋势，必须把握前沿设计与工程技术，在教师的专业能力更新、软硬件平台配套上进行提升，将有助于培养学生面向行业的专业能力，更好地与职业接轨。

三、环境设计专业工作室教学模式改革策略

1. "项目导向式"的工作室教学模式

作为CDIO、OBE教学理念与模式重要的一环，"项目导向式"以实际设计与工程项目为核，展开全过程教学。一般情况下，依据项目规模成立项目组，多由教师担任项目负责人，独立或与学生共同与甲方进行沟通接洽，安排设计进度，学生则以组为单位，进行分工协作，负责现场勘测调研、方案设计、效果图制作、施工图制作、标书制作等。学生原则上需要参与所有的项目环节，通过分工协作完成各阶段任务。导师需根据项目进度和设计与工程的一般规律，来制定不同设计阶段的基本要求与监督机制，指导学生对应完成相应的环节。

项目导向式的工作室教学模式，有利于学生设计与工程项目实践能力的培养，通过与行业与市场的无缝对接，更有效地提升学生的职业素养和职场竞争力。

2. "以赛促学"的工作室教学模式

"以赛促学"的教学模式，就是工作室"概念化+前沿化"的教学思路。与工程设计实际项目不同的是，专业设计竞赛项目往往更注重学生设计概念、设计表现、设计研究、设计创新、设计创业能力的培养，对高层次专业核心能力的提升有很大助益。

工作室通过在核心课程和实践环节中引入设计竞赛项目，依照赛制赛程的具体要求来展开教学，对学生的设

计理念、设计方法与设计表现是一次综合的考验和训练，同时能培养学生的竞争力、领导力和协作力，与工程项目实际相辅相成，全面提升学生的专业素质和综合职业竞争力。

3．"校企合作"的工作室教学模式

校企共建、协同育人是艺术设计人才培养的重要教学方式，是产学研教一体化的一种有效实现机制。为改善行业参与度不足的问题，大力推进多元化的校企合作形式势在必行。深度的"校企合作"方式有以下几个方面：

（1）"双工作室制/双师制"中，校内教师工作室与校外企业联合培养基地的结合、校内专任教师与校外导师企业专家的结合。

（2）企业专家与参与人才培养方案的制定，尤其是实践教学体系的建构。

（3）企业专家深度参与学生专业课程、实践环节、毕业设计等教学环节，并以讲座、课堂串讲、实践指导、参与毕设开题与答辩等多元方式展开教学。

（4）企业联合培养基地提供学生实习岗位与潜在就业岗位，提供实际设计项目，指导学生参与完整项目流程，培养职业竞争力。

（5）企业专家与校内教师共同对学生成果进行评定，企业评定以工程实践部分为主，教师评定以理论与设计思维部分为主。

4．"双工作室制/双师制"的工作室教学模式

"双工作室制/双师制"的教学模式是校企合作、协同育人教学形式的具体化，这一教学模式打破了对传统工作室教学方式的借鉴，整合学院教学资源与优势，并基于环境设计专业自身的跨学科、综合性特征予以推行。"双工作室制/双师制"是对单一工作室模式的补充，将教学各环节按照校内教师工作室与校外企业联合培养基地各自优势与特征的不同，进行教学任务和重心不同的配置。学生一般以校内导师"工作室"为单位，侧重完成设计专业基础课程、设计竞赛、专项设计研究等内容的学习，培养学生在设计基础、创意思维与设计表达等方面的专业素养。校外企业"工作室"则以毕业实习等实践环节为侧重，强化设计项目管理、项目流程、工程制图、施工技术、材料与工艺等实操内容的学习，从而改变过去"纸上谈兵"式的单一工作室教学模式。同时，校内外工作室又需在教学各环节相互渗透，如将企业导师引入课堂、以企业模式运行校内工作室、将设计理论和研究课题带入企业、校内校外联合指导毕业设计等。

"双工作室制/双师制"有利于全面培养学生在设计理论、创意思维、设计方法和工程实践等全方位的专业能力。

5．"复合考评"的工作室教育模式

对应教学体系的改革，需要从学生和教师两个方面对考核体系进行革新。

（1）对学生的考评，改变以往由任课教师单一考核的方式，引入工作室导师与行业专家的评价，按照双工作室/双师制设置的相应教学环节配置评分比重，对学生的专业能力和职业素养进行综合考评。其中，专业能力考评占一半比重，重点考查学生在学习主动性、设计理论基础、创意思维与表达、设计制图与制作等方面的表现；职业素养考评占一半比重，重点考查学生在职业态度、工程制图、沟通协作、设计管理等方面的表现。新的考评标准能体现对学生设计能力与工程实践技能的全面要求。

（2）对教学的考评，以OBE教育理念与CDIO工程教育模式为依据，在传统课程与实践环节教学内容完成度的基础上，将项目设计、工程实践、竞赛指导作为评价标准的重要内容，将指导学生完成项目的数量、参赛作品及获奖作品数量、学生满意度明确纳入教学评价体系，在"定量定性结合"的综合考评原则基础上，对教学成效进行系统全面的评价。

四、我校环境设计专业工作室教学模式实践

1．强化工作室教学模式改革在人才培养体系中的作用，全面推行工作室制

通过深入探讨工作室教学模式改革研究及其与实践教学体系改革、课程改革、人才培养方案改革之间互相作用的关系，我校环境设计专业自2017年开始，全面推行工作室制度，要求所有本科生自第四学期末开始进入相应工作室完成相关课程和实践教学环节，并设置相应学时学分。

（1）以导师为单位建立特色工作室：环境设计专业所有教师依据其研究领域、方向与特点建立不同主题的个人工作室或联合工作室，学生根据个人意愿和专业特长自主选择进入相应的工作室。

（2）设置依托工作室展开的教学环节：包含专业特色课程、工作室设计实践1-4、创新创业实践、设计国际工

坊、认识实习、写生实习与专业考察、毕业（企业）实习、毕业设计。

（3）制定《艺术与设计学院环境设计系工作室管理条例》与工作室设计实践环节教学大纲与评分标准。

2．比照行业需求全面设置工作室教学内容，探索多元化的联合教学模式

比照行业需求，环境设计专业工作室教学模式和内容涵盖课程型、思政美育型、基础训练型、项目型（包括研究型和工程实践型）、竞赛型、毕设型等多种混合式教学模式，具体包含：

（1）思政与美育训练，培养思想素养与人文素质；

（2）设计规范与专业制图训练，培养专业基础能力；

（3）参加专业竞赛，培养设计思维与表现能力；

（4）参与科研项目，培养设计研究能力；

（5）承接工程项目，培养工程实践实操能力。

同时，探索多元化的运行和组织模式，在校内以导师为单位设立个人工作室和联合工作室的基础上，加强校外实习实训联合培养基地的建设和利用，建立系统的双工作室体系。邀请相关企事业单位的专家或工程师、设计师以不同形式，深度参与工作室教学模式相应的教学环节，推动产学研一体化。

3．联动培养方案与课程体系设置，以工作室教学模式推动专业教学过程

"新工科"工程教育模式对环境设计专业教学的推动，主要通过课程学习、专业实习实训、企业实习和毕业设计等重要实践性教学环节来实现，我校环境设计专业当前推行的基本专业教学进程见图1。

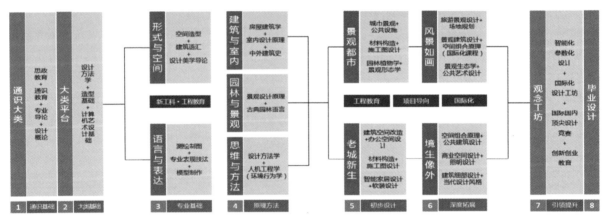

图1　基本专业教学进程

（1）第一学期～第二学期为艺术设计综合大类阶段，设置通识基础课程群，学生主要掌握基本艺术设计理论，掌握基础工具技能；

（2）第三学期～第四学期为环境设计专业基础阶段，设置专业基础课程群，强调前沿产业、科技理念的植入和基础设计理论、原理、方法、能力及表达手法的学习，完成基础的认识实习与专业实习，学期末开始选择进入相应的校内导师工作室；

（3）第五学期～第八学期均以工作室为主要单位进行教学和实践，包括工作室设计实践、创新创业实践、毕业（企业）实习和毕业设计环节，通过专业训练、学科竞赛、实地调研、实际项目、国际工坊等多元方式，着重培养学生专业知识的应用能力，以及在真实设计、工程项目中综合运用相关知识解决综合性的工程和设计问题的能力。

4．实行双选制与流动制，形成动态反馈、调整及管理的工作室机制

环境设计专业工作室采取师生之间的双向选择和流动机制，基本流程如下：

（1）学生在第四学期末根据导师及其研究方向首次选择进入工作室，其流程为学生首先选择导师，在学生初选基础上，导师可以对学生进行筛选，未入选的学生均进入第二轮选择。第五学期原则上实行工作室人员固定制，学生以工作室为单位完成相应的实践环节内容。

（2）学生在第五学期末成果汇报展后，进行第一次工作室流动，自由选择进入其他工作室，原则上只要导师同意接收即可。第六学期原则上实行工作室人员固定制，学生以工作室为单位完成相应的实践环节内容。

（3）第六学期末成果汇报展后，进行第二次工作室流动，此次流动与毕业设计选导合一，学生以选择工作室和导师来确定毕业设计，第七、八学期学生完成企业实习环节，同时导师以工作室为单位全程指导学生毕业设计。

双向选择和流动机制，有利于实现教学资源更灵活、合理的配置，在实现研究、实践复合能力提升的基础上，推动对学生专业特长的发掘和培养。同时，通过动态反馈、调整机制，以学期为单位总结和分析工作室教学模式在推行过程中所取得的经验和出现的问题，精准定位、适时调整，在探索中不断检验和完善工作室教学模式的改革。

五、结语

作为人文与科学、艺术设计与工程实践相结合的一门综合性学科，环境设计对人才培养的要求呈现出明显的跨学科与工程教育的特征。基于"新工科"背景下工程教育理念的新型工作室教学模式，作为实现这一要求的一种有效方式，逐渐显示出其具有可行性的一面，其教学模式的深入研究与实践探索，对于提升环境设计专业人才培养成效，具有十分重要的意义。

参考文献

[1] 邰杰. 国外环境设计专业"工作室制"教学模式建构与启示[J]. 实验室研究与探索，2016，35（12）：224-229.
[2] 陈炜炫，陈伟钡. 设计工作室在环境艺术设计教学中的作用[J]. 美术教育研究，2018（08）：74-75.
[3] 王刚. 环艺专业"工作室制"教学模式与监控体系研究[J]. 艺术教育，2012（09）：157.
[4] 陈湘. 环境艺术设计工作室发展策略研究[J]. 美术观察，2014（01）：127.
[5] 薛彬彬，吕从娜. 工作室教学模式在高校环境设计专业的应用研究[J]. 设计，2018（20）：118-119.
[6] 王晴晴. 环境设计专业工作室"项目化."教学模式研究[J]. 教育教学论坛，2018（48）：166-167.
[7] 郭文萍. 环艺专业双工作室教学模式下课程改革的探析[J]. 才智，2014（07）：182.

"新文科"理念的联合教学中环境设计学科建设方法探索：以北京林业大学为例

Exploration on the Construction Proposals of Environmental Design in the Joint Teaching under the Concept of "New Liberal Arts": A Case Study of Beijing Forestry University

北京林业大学 / 赵大鹏 讲师
Beijing Forestry University
Lecturer Zhao Dapeng

摘要：以全球新科技革命、新经济发展、中国特色社会主义进入新时代为背景，"新文科"理念应运而生。4×4联合教学课题组根据其促进多学科交叉融合、推动学科升级跟新的愿景，结合环境设计专业的自身特色和发展中遇到的瓶颈，逐年对选题进行与时俱进的调整。北京林业大学在参与课题的活动中，遇到了挑战，也收获了硕果。本文通过北京林业大学团队在活动结束后的自省，来寻找学科建设的思路与方法，为环境设计教育实现高质量、内涵式发展，切实提升设计教育服务经济社会发展的能力和水平而努力。

关键词：新文科；4×4联合教学；环境设计；学科建设；北京林业大学

Abstract: With the global new scientific and technological revolution, new economic development and socialism with Chinese characteristics entering a new era, the concept of "new liberal arts" emerged at the historic moment. The 4×4 Joint Teaching Research group has adjusted the topic selection year by year according to its new vision of promoting interdisciplinary integration and upgrading of disciplines, combined with its own characteristics and bottlenecks in the development of environmental design. In participating in the activities of the project, Beijing Forestry University has met challenges and gained fruitful results. Through the introspection of the team of Beijing Forestry University after the activity, this paper seeks for the ideas and methods of discipline construction, and makes efforts to achieve high-quality and convolution development of environmental design education and effectively improve the ability and level of design education to serve economic and social development.

Keywords: New Liberal Arts, 4×4 Combined Teaching, Environmental Design, Discipline Construction, Beijing Forestry University

一、"新文科"理念下的4×4联合教学活动

1. 新文科与环境设计学科建设

新文科是相对于传统文科而言的，是以全球新科技革命、新经济发展、中国特色社会主义进入新时代为背景，突破传统文科的思维模式，以继承与创新、交叉与融合、协同与共享为主要途径，促进多学科交叉与深度融合，推动传统文科的更新升级，从学科导向转向以需求为导向，从专业分割转向交叉融合，从适应服务转向支撑引领[1]。2021年3月，中华人民共和国教育部发布"落实新文科建设工作会议要求，全面推进新文科建设，构建世界水平、中国特色的文科人才培养体系"的通知精神[2]。就环境设计学科的"新文科"建设而言，应以适应新时代社会科学发展的新要求，研究探索现代信息技术与文科专业、文科与文科专业、文科与理工农医科专业深度交叉融合的新方向。进而提出新兴设计学专业的增长点和发展方向，科学确定"新文科"背景下艺术设计学新兴专业人才培养目标和培养标准。推进艺术设计学科与新一轮科技革命和产业变革交叉融合[3]。

2．四校四导师联合教学活动

（1）初衷

"4×4环境设计实验教学课题"是2008年由中央美术学院王铁教授发起，联合清华大学美术学院张月教授和天津美术学院彭军教授创立的"3+1"名校教授实验教学模式发展而来，核心价值是通过沟通与融合的手段，让参加活动的师生受益。课题组邀请社会名企名人组成实践导师与各高校责任导师构成教学共同体，学生在导师组的共同指导下完成设计作品及研究论文。课题组鼓励参加课题院校共同拟题、选题，自由组合，无界限交叉指导学生完成设计实践项目；探索从知识型人才入手，紧密与社会实践相结合的多维教学模式，通过联合教学平台整合校际、校企资源，打破壁垒，为师生提供自由交流的渠道[4]。

（2）与新文科理念的结合

随着世界科技爆发式的发展及中国教育界"新文科"理念的提出，课题组根据时代的需求，对沟通与融合的广度与深度均进行了新的思考与定义。由最初关注学科、行业内的资源整合，扩展到了学科间的交叉融合，尤其强调艺术、设计与自然科学、现代技术的结合。近两年来课题组的命题，对于科学技术的关注不断升级，5G、物联网、区块链等信息技术名词高频出现在方案研讨过程中，全体师生对于现代科技与专业设计的结合表现出了极大的热情，思考的广度、深度逐年有新的进展。

二、北京林业大学团队在联合教学过程中的反思

1．在课题中取得的成果

（1）实践了跨学科的思维方式

在北京林业大学（简称"北林"）日常的教学活动中，设计方法主要在环境设计专业的范畴内，探讨空间、造型、材质等设计元素，对于其他领域的关注较为有限。但是在4×4联合教学活动中，课题组通过外部的强制性力量，督促各校的师生主动学习、探索平时较少接触的学科、专业。在这一过程中，师生需要阅读大量的相关文献并搜集有效素材，进而形成对于跨学科知识的基本认知，发现其与环境设计专业的联系。这是一个不断验证与重复的过程，只有经过大量的分析、总结，才能筛选出最为适宜的切入点为设计服务，提升成果的深度及价值。得益于课题组在"新文科"理念下提出的设计要求，北京林业大学师生初步实践了跨学科设计的方法，为日后设计手段的多样化和提升打下了坚实的基础。

（2）落实了多维度的交流手段

4×4联合教学活动是一个广阔的交流平台，为北林师生提供了与国内外20余所院校交流的机会。无论北京林业大学的教师还是学生，均需要接触其他高校、企业、政府的参与者。活动推进的过程，就是各个团队相互交流、探讨、合作的过程。在这个过程中，变化是不变的定律，每个参与者都会不断感受到多样的设计理念、思维方式、高校文化、地域特色，并在交流中对自身的状态做出合理的调整。在较短的时间、范围内，面对较之往常大得多的交流对象，只有快速补充知识点才能加强交流能力，适应活动要求的"融合、交流"主题。

4×4联合教学活动是相对独立于北林日常教学的。为了呼应课题组日益严格的设计要求，取得满意的课题成果，北林师生之间如何加强交流合作同样是需要解决的难题。尤其是在本校事务繁多且新冠疫情不断反复的情况下，更是需要平衡好各方的需求，采用适宜的手段。面对种种困难，北林团队根据实际情况制定了定期辅导的日程，确保学生的工作进度和深度符合课题组要求；采用线上、线下结合的手段，减少疫情对于交流造成的不利影响。

4×4联合教学活动为北林团队提供了良好的契机，让师生去面对、去适应不同的环境和要求。通过多维度的交流手段来跟上课题组的步伐，提高自身的整体能力。

（3）形成了丰硕的课题成果

在4×4课题组的严格要求下，参加活动的北林师生努力转换思维方式，以"新文科"所强调的跨学科融合为出发点，克服了一系列阻碍，完成了与校内日常教学内容不尽相同的成果。因此，两名学生最终提交的成果相较于课程练习，所展现出来的深度和广度都有很大的升华，与其他院校的作品横向对比展现出了一定的特色和闪光点，初步体现了硕士研究生应具备的研究能力和探索精神。

除了专业成果，北林师生在4×4联合教学活动的体系中，更收获了先进的设计理念、优越的发展平台和校际间深厚的友谊。总的来说，北林团队在今年的活动中再次得到了成长，提升了自身的综合能力，了解到今后需要继续完善和加强的方向，收获颇丰。

2. 在课题中暴露出的问题

(1) 对于"新文科"理念的理解不足

受限于环境设计专业传统的思维模式，北林团队在较长的一段时间内未根据本年度"乡村振兴"的主题主动突破创新。没有在第一时间就对相关的经济学、管理学、文化学、农学以及自然科学等领域展开梳理和筛选，局限了设计思路。在意识到需要展开学科交叉融合进行设计任务后，对于相关领域知识的学习和理解不够深入，仅从较为表层的程度进行了整合，显得较为生硬。且在多学科整合过程中，缺乏科学性和系统性的手段，造成设计过程出现生涩卡顿，不够流畅。虽取得了些许成果，但仍有较大提升空间。

(2) 对于课题组任务书的解读不透

随着4×4联合教学活动对于"新文科"理念贯彻深度的加强，近两年的任务书对于学科融合、设计创新的要求越发强烈。对于课题组初衷和大的学科背景，北林团队最初没有形成较为透彻的认识，耗费了大量的时间、精力在环境设计单一专业内探讨、研究，偏离了规定路线。经过多轮的汇报讨论后，才意识到任务书的本意。如果在第一时间就能充分解读任务书，工作效率将得到极大提升，对于整个联合教学团队的贡献也会更大。回顾本届活动的全过程，这种缘木求鱼的工作方式是一个极大的教训。

(3) 对变革的执行力不够

在意识到设计方向的偏差后，应该进行强力的调整，全力贯彻"新文科"理念要求下的设计方向。但是，在时间限制、校内任务、个人事务等多方面因素的制约下，北林团队未能将方案的调整做到尽善尽美，留下了诸多遗憾。比如在活动缺乏强制约束力及受新冠疫情影响的情况下，教师对学生工作进度和设计方向的指导监督就出现了力不从心的窘境，影响了最终成果的质量。

三、"新文科"理念下北京林业大学环境设计学科建设方法

1. 深化纵向研究

(1) 加强学院间的交流合作

北京林业大学是教育部直属、教育部与国家林业和草原局共建的全国重点大学，是国家首批"211工程"重点建设高校和国家"优势学科创新平台"建设项目试点高校，是世界一流学科建设高校。大学由17个独立学院组成，其中包含了林学和风景园林学两个一流学科，以生物学、生态学为基础，以林学、风景园林学、林业工程、草学和农林经济管理为特色，是农、理、工、管、经、文、法、哲、教、艺等多门类协调发展的全国重点大学。

参加四校活动的院校都有鲜明的办学特色（表1），但在各校的设计作品中并未展现出明显的差异，绝大多数作品依旧局限在本专业的层面解决问题，没能很好地融合所在高校的优势专业特点，造成了最终成果趋于雷同的现象。面对问题，在"新文科"理念的要求下，北林的环境设计专业要想取得进步，不仅要依托4×4联合教学活动与兄弟院校展开专业内的交流学习，还要在同其他学科专业的交叉合作中打开窗口。打开窗口的前提，是要端正心态，正视自身的优势与不足，不能志得自满、唯我独尊；亦不能妄自菲薄、迷失自我。具体措施有以下几点：①紧跟学校的办学特色，在环境设计教学中强化生态、绿色、可持续的设计理念，彰显自身特点；②积极邀请其他学院，尤其是林学院、园林学院、水土保持学院等优势学院的教师开设选修课，分享其专业的基本知识、发展动态、最新成果等方面的信息，增强对环境设计专业师生的学校特色层面的通识教育；③主动向其他学院介绍本专业信息以及特色，让本校的同事了解到环境设计专业的真实情况，提高相互了解水平；④大力构建交流平台，动员各个学院在信息公开平台发布近期的研究项目、课题，并配以简介，不同学科的师生在平台上有机会发现跨领域合作的可能性，为融合、创新提供便捷；⑤定期举办校内论坛、沙龙等交流活动，各领域及时分享、更新科研、行业动态，加强内部交流，为构建校内跨专业团队打下人员基础。

(2) 扩展知识储备

北京林业大学的环境设计专业只有形成自身的特色，才能更好地生存发展。形成特色的捷径，即立足于本校生物学、生态学的基础定位，潜心学习理解相关的理论和知识，扩展知识库。具体方法包含自学、开设跨学科选修课等。在掌握了一定的跨学科信息后，便能水到渠成地与环境设计要素相整合。这是一个长期且困难的过程，但是一旦取得突破，所取得的成果肯定是极具价值的，在整个环境设计领域将是一种独特且宝贵的存在。

立足于环境设计专业本身，需要加强专业内的基础知识储备。笔者在辅导学生的过程中，经常会发现学生对于制图规范、建筑结构、建筑构造、建筑物理及建筑、设计历史的掌握较为薄弱，制约了其设计成果的质量和深

2021年4×4联合教学参赛高校及专业信息一览　　表1

序号	参与高校名称	高校英文名	参与教师	教师职称
1	中央美术学院	Central Academy of Fine Arts	王铁	教授
2	清华大学	Tsinghua University	张月	教授
3	匈牙利佩奇大学	University of Pecs	高比	教授
4	匈牙利布达佩斯大都会大学	Budapest Metropolitan University	巴林特	教授
5	美国丹佛大都会州立大学	Metropolitan State University of Denver	黄悦	
6	四川美术学院	Sichuan Fine Arts Institute	赵宇	教授
7	湖北工业大学	Hubei University of Technology	郑革委，尚伟	教授
8	吉林艺术学院	Jilin University of the Arts	刘岩	副教授
9	广西艺术学院	Guangxi Arts Institute	江波	教授
10	山东师范大学	Shandong Normal University	李荣智	副教授
11	北京林业大学	Beijing Forestry University	公伟、赵大鹏	副教授、讲师
12	武汉理工大学	Wuhan University of Technology	王双全	教授
13	齐齐哈尔大学	Qiqihaer University	焦健	副教授
14	湖南师范大学	Hunan Normal University	刘伟	教授
15	青岛理工大学	Qingdao University of Technology	贺德坤	副教授
16	内蒙古科技大学	Inner Mongolia University of Science&Technology	韩军	副教授
17	泉州信息工程学院	Quanzhou Institute of Information Engineering	段邦毅	教授

度。诚然，这些不足与日常的课程安排不无关联，但是作为学科的基本常识，是需要通过各种途径加以弥补和加强的。

(3) 更新思维习惯

环境设计专业作为艺术设计学院的一员，在设计过程中大部分时候秉承了艺术家对于美的定义方法，即从主观的内心出发，重点以自身的视角来审视作品的优劣，带有强烈的个人主义倾向。然而设计不同于艺术，设计要服务于社会、服务于被服务的对象，是一门高度社会化的学科。在设计过程中，需要从客观实际出发、从他人的需求出发，利用自己的专业知识来解决问题，优化现状。在"新文科"理念的指导下，四校课题组的要求下，环境设计还需要跟现代的科学技术相融合。科学研究强调科学性、逻辑性、客观性，通过严谨的推理和实验数据来论证，进而得到以理服人的成果。环境设计若要与时俱进，唯有更新传统的思维习惯，学习适应科学的研究方法，学会用数据讲道理。

2．加强横向实践

(1) 加强实践教学参与实际项目

环境设计本质上是一门强调实践的专业，只有将课堂上的内容付诸实施，才能验证其合理性和适用性，否则方案做得再漂亮也只是纸上谈兵。同时，通过参与实践项目能让学生更直观地了解到所学知识如何解决实际问题，加深对专业知识的认知。因此，鼓励学生参与实际项目，是一种非常有效的教学方法。能够让学生快速地了解行业生态，掌握设计常识，减少设计成果不切实际、缺少合理性的情况。在实际项目中，学生有机会接触到设计同行、施工方、材料商、甲方、政府机构等多层次的人员，在与不同身份的人群的交流博弈中快速地成长历练。在实践中，学生还能及时发现自身的不足，回到课堂上查漏补缺，完善自身能力，提高学习的积极性和主动性。总而言之，在校学生参与实践本身就是课堂与社会的交互。

(2) 社会导师介入教学

受教学大纲和历史因素的制约，北京林业大学环境设计系的教师需要按照规定好的任务和方向展开教学，重点在于完成规定动作，在教学中能够发挥和扩展的空间较为有限。在日常教学过程中，学生接触到的设计题目以竞赛、虚拟项目等假题为主，专任教师授课时较少提及实际工作中的情况。聘请社会导师介入教学体系，即以学术讲座的形式开展，能在课堂上扩展学生的视野，让学生了解行业的真实情况，提高学生的学习兴趣。有条件的情况下，邀请社会导师指导学生的设计项目，能够通过不同于学院派的视角让学生得到更全面的指导，对设计成果形成多维的认知[5]。

3. 扩展国际交流合作

国际交流合作是对"新文科"理念的重要补充。孙子有云："知己知彼，百战不殆"。北林团队在4×4联合教学活动中通过与中国兄弟院校的交流切磋，初步分析总结了自身的优势与不足。但是这还远远不够，当今的时代是全球交融的时代，世界是全球化的世界。要想在今后的竞争中处于优势，需要通过国际化的视野来审视、定义自身。近几届活动中，匈牙利佩奇大学（PTE）团队及布达佩斯大都会大学（METU）团队的加入，提高了活动的国际化水平，让中国各高校感受到了西方文化和设计方法的独到之处。反映在联合教学活动中，虽然中匈两国学生的成果各有千秋，但最明显的一点区别在于，当北京林业大学的学生在工作量展示和细部表现环节陷入过分内卷时，匈牙利学生往往能通过四两拨千斤的手法自然流畅地表达设计思路，从而将更多的精力集中到设计的内核上。经过几年的成果对比，可以感受到中国学生的心中带有沉重的包袱，负重前行；匈牙利学生则专注于项目，享受设计。这种现象或多或少地折射出整个中国环境设计教育界对于指引学生存在的偏颇，也暴露了学生对于优秀设计理解的局限。当某些共同的行为和习惯在同一个圈子内部存在时，所有人都习以为常，但在与国外同行"过招"时，其中的优缺点便会显露。因此，把握国际交流的机会，通过校际、校企、竞赛、论坛、短期培训等方式扩大国际交流的广度和深度[6]，是北林团队乃至中国环境设计教育界检验专业能力、定位改革方向、制定发展目标的重要途径。

四、总结及愿景

4×4联合教学活动已经历了13年的风雨，是当之无愧的环境设计联合教学的领军者。在融入"新文科"理念后，学科影响力又有了升华。北京林业大学的师生能够在这个高品质的平台上与各优秀院校交流学习，是一个难得的提高自身能力的机会。在活动中，经历过失败的沮丧，获得过成功的喜悦，团队得到了历练，整个过程获益良多。伴随着结题汇报在山西传媒学院的成功举办，2021年的4×4联合教学活动完美地落下了帷幕。对于北京林业大学团队来说，年度活动的结束不代表可以停下来放松，而是要及时自省，深刻学习、分析"新文科"理念的要求，提高学科融合意识、提升专业综合能力，整备行囊为下一段征途做好准备。

参考文献

[1] 学科重组文理交叉一场新文科的尝试[N]．北京日报，2018．
[2] 教育部办公厅．教育部办公厅关于推荐新文科研究与改革实践项目的通知．教高厅函2021年3月，第10号．
[3] 林春水．"新文科"背景下多学科交叉融合的环境设计专业建设策略研究[J]．艺术工作，2021，（4）：112-114．
[4] 王铁．建构未来[M]．北京：中国建筑工业出版社，2021．
[5] 童昕，张积林．地方应用型本科高校新文科建设研究与实践[J]．国家教育行政学院学报，2021，（3）：42-47+57．
[6] 唐建．"新文科"理念下的环境设计实践教学研究[J]．设计，2021，34（12）：97-99．

数新文科建设背景下环境设计方向艺术硕士实践能力的培养
Cultivation of Practical Ability of Master of Arts in Environmental Design under the Background of New Liberal Arts Construction

山东师范大学美术学院 / 葛丹 副教授
School of Fine Arts, Shandong Normal University
A./Prof. Ge Dan

摘要：随着人工智能、元宇宙等新一代电子信息技术的发展与大数据时代的到来，设计艺术与科学技术的融合已成为艺术设计专业发展的新趋势。在新文科建设背景下，环境设计方向艺术硕士专业教育的理念和方法应随之转型，在遵循学科特色方向、注重对学生专业知识和专业技能培养的基础上，重视艺术与科学的结合、教学与市场的契合，以社会实际问题为导向，培养学生运用多种专业知识与技能解决实际问题的能力。

关键词：新文科建设；环境设计；艺术硕士；实践能力培养；产学研融合

Abstract: With the development of new-generation electronic information technologies such as artificial intelligence and meta-universe and the becoming the era of big data, the integration of design art and science and technology has become a new trend in the development of art design. Under the background of the construction of new liberal arts, the educational concepts and methods for the Master of Arts in Environmental Design should also be changed accordingly. On the basis of following the direction of discipline characteristics and focusing on the cultivation of students' professional knowledge and professional skills, the combination of art and science, and the fit of teaching and the market need to be emphasized, and guided by practical social problems, students will be trained to use a variety of professional knowledge and skills to solve practical problems.

Keywords: New liberal Arts Construction, Environmental Design, Master of Art, Practical Ability Training, Integration of Industry, University and Research

2018年8月，中国中央在全国教育大会召开之前的文件里提出"高等教育要努力发展新工科、新医科、新农科、新文科"，正式提出了"新文科"的概念。2019年4月，教育部、中央政法委、科技部等13个部门联合启动"六卓越一拔尖"计划2.0，又更明确地提出要"全面推进新工科、新医科、新农科、新文科建设，提高高校服务经济社会发展能力"。新文科作为"四新"建设重要内容之一，也从理论层面正式进入高等教育的实践。

一、新文科建设战略解读

新文科战略的启动，是我国为适应新时期文科发展所面临的新环境、新挑战以及新机遇而做出的调整与完善，是对传统学科建设和人才培养模式的一种反思。《新文科建设宣言》从提升综合国力、坚定文化自信、培养时代新人、建设高等教育强国、文科教育融合发展等方面明确了新文科建设的方向。

新文科建设首先意味着学科的深度交叉和融合，尤其是文科和理科、人文与科技的融合，学科交叉融合的目的是解决教育和研究中由于专业分工导致的知识生产与社会需求之间的脱节，"提高高校服务经济社会发展能力"，更好地解决生活世界中的复杂问题，以让人类更好地共同生活、共同生存下去。

新文科的建设不是要设立一个新学科，而是立足并服务现实需要，将新的科技成果融入文科专业的培养，创新培养机制，改变科学与社会、知识与实践分裂，专业化、学科化导致的知识碎片化等现状问题。在人才培养上，打破文科与理工农医科、文科与文科、文科和社会生活之间的传统界限，建立人文科学与社会科学的互动，

图1 课题组师生在调研现场合影

培养具有较高专业素质、学术能力和创新眼光的新型人才。实现"以学科导向转向以需求为导向,从专业分割转向交叉融合,从适应服务转向支撑引领"的理念转变。

二、艺术硕士教学现状

艺术硕士专业学位教育简称MFA,涵盖了"音乐、美术、艺术设计、舞蹈、戏剧、戏曲、电影、电视广播八大艺术领域的所有实践类专业"。其设置目的是"培养具有系统专业知识和高水平创作技能的高层次、应用型艺术专门人才","能够胜任设计单位、院校、研究以及政府等部门所需要的艺术设计实践、管理、教学、艺术设计活动策划和组织等工作的高层次专门人才,并具备自主创业的能力",要求培养的研究生必须"具备一定的马克思主义基本理论、良好的专业素质和职业道德,积极为社会主义现代化建设服务,为促进艺术文化事业的发展做出贡献;具有系统的专业知识、高水平的艺术创作能力和较强的艺术理解力与表现力;能够运用一门外语,在本专业领域进行对外交流"。

随着我国经济、文化艺术事业的蓬勃发展,社会各行各业都需要大量知识结构全面、专业技能较强的应用型、高层次人才,这从艺术硕士人才培养规模的快速增加可以看出,艺术硕士培养单位由2008年的32个增加到2016年的200多个。然而在规模急剧膨胀的同时,培养质量的问题也日渐显著。2016年在对武汉市五所重要大学艺术设计专业艺术硕士的问卷调查中,有约54%的受访者认为自己所接受的艺术硕士教育不符合自己的预期。

艺术设计专业是艺术硕士办学院校中开设最多的专业领域,超过200所大学有艺术设计专业硕士培养建设点。艺术设计专业与其他艺术专业领域有较大的差异,旨在培养具有较高艺术素养,并能将艺术思维融入设计实践与创作的全过程,以高级艺术附加值的设计成果服务于社会文化、经济、城市与环境发展的人才,具有典型的应用性特征,且与国家文化、经济制造业发展以及人们对生活品质的需求息息相关。艺术设计专业领域具有跨学科知识面广、设计创作方法多样等特点。如何在培养过程中提高研究生的专业能力和综合素质成为环境设计方向艺术硕士教育教学改革的工作重点。

三、环境设计艺术硕士教育的改革路径

环境设计专业具有交叉学科的特征,其研究领域人居环境与建筑学、城市设计、景观设计、风景园林等多学科交叉融合。在人才培养的过程中,面对复杂的知识系统,存在着教学重点不突出、知识模块缺乏关联性,课程之间、理论与实践之间、艺术与技术之间不能相互促进等问题。"新文科"建设的理念主要体现为学科交叉、全人教育和面向社会发展三个方面,相应地,艺术硕士的人才培养也可以从知识交叉融合、学生的综合能力培养和教育的实践面向三个方面展开,对多学科知识进行重组和创新,将科技、人文等领域的成果融入教学,促进学生认知素质、创造能力的发展,培养面向未来、掌握先进理念和思维方法的设计师。

1. 知识体系融合多元学科

随着技术的进步和社会的发展,人类生活条件和人居环境得到了极大改善,同时面临的新问题也层出不穷。

图2　2021课题启动仪式合影

图3　课题组师生参加山东济南开题报告活动

资源匮乏、气候变暖、能源危机、人口老龄化、食品安全、贫富差距等问题都已超过了传统单一专业的研究能力，多学科交叉融合是必然的发展趋势。环境设计是研究人居环境的学科，其学科边界也在日趋模糊，不仅生态保护、环境修复、乡村振兴、城市更新、遗产保护等宏观课题需要掌握多学科知识的设计人才，人民生活方式改变带来的多元化微观需求也需要更为丰富多样的设计。

此外，随着信息技术、人工智能与虚拟现实等技术的飞速发展与广泛应用，以及元宇宙概念的提出，与现实世界映射、交互的虚拟世界，具备新型社会体系的数字生活空间将成为未来人类社会生活必不可少的空间类型，环境设计的研究领域也需要从物理空间拓展到数字虚拟空间，未来人与数字空间、虚拟环境之间的共生关系是环境设计专业新的研究对象和研究方向。

因此，从艺术硕士应用型人才培养的角度，仍然按照工业化时期专业分工的模式，用固化的单一学科知识进行人才培养已不合适，应当围绕专业定位、结合社会实际需求进行课程体系建设，融合建筑学、心理学、社会学、信息技术等相关多元学科的知识体系，引入新技术、新概念和新方法，从知识架构上补足综合型设计人才所需要的跨学科、跨专业的知识与技能。

2. 实践教学培养综合能力

在传统研究生人才培养过程中，课堂教学注重的是专业体系内知识与技能的培养，而面向未来的应用型艺术硕士，需要的不仅是理论思辨能力，而是掌握前沿技术、能够利用设计思维与手段、综合运用各种技术和方法、创新地解决实际问题的综合能力。因此以应用型实践能力培养为导向的环境设计方向艺术硕士专业教学需要在课堂教学以外，加强实践、实训、实习等实践类课程的建设。

在"新文科"建设背景下，实验、实践类课程的教学模式和课程内容需要更多创新。虚拟仿真实验课程中，通过运用参数化建模、AR虚拟现实、AI人工智能、VR增强现实、人机交互设计、GIS地理信息系统、云计算等实验教学数字技术手段，能够为学生提供更真实的空间感受和实践体验，可以显著提升学生的实验、实践能力和课程教学效果。

开放性实践课程中，可以通过赛教融合、以赛促教的模式，提升学生的学习能力、创新能力和钻研精神，也可以通过实际项目的科研与设计实践，结合教学过程性评价，培养学生的创新创业思维和职业素养，还可以围绕着纵、横向科研课题的立项、结项组织教学，培养学生的实践能力、科研能力及学科创新综合能力。

此外，通过开设研究生工作坊，邀请国内外的专家学者就学科的前沿问题开展讲学，提高学生的学术视野，通过跨校的小组合作，培养学生的沟通表达能力和团队合作能力等综合素养。

图4　课题组组长王铁老师在中期汇报活动上总结发言

3. 平台建设助力实践教育

"新文科"的发展理念提到要提高高校服务经济社会发展能力。基于此，"新文科"建设工作中，高校应主动适应国家及地方的社会发展需求，整合校内外优质教育资源，建构更加多元的教学与实践平台，实现专业育人目标与社会人才以及产业需求的资源共享、合作共赢。与社会生活密切相关的环境设计学科，更应具有产业变革与学科交叉融合的全局观。借助校地、校企、校际的多元合作模式，构建"三平台一基地"（校内实验教学平台+校级科研平台+协会交流平台+企业实践基地）的教学与实践平台，以多元化、弹性化、动态化教学改革方式来实现学生、教师、企业三方的互通性的培养与对接。

在产教融合背景下，校内基础课程教学，以教师为主，以企业为辅，教授学生相关的行业规范与法则；实验教学课程，主要依托校内实验室，引入企业项目案例让学生实践和借鉴，训练学生的实际操作能力；实践教学课程，教师与企业导师共同指导学生完成项目，教学内容与实践课题跟随行业、企业的发展而实时更新，保证学生对行业认知的应用性及先进性；开放性实践课程，以企业为主，以教师为辅，学生在企业或导师工作室中参与实际项目，提高就业、创业能力，合作企业可以提前选择拟录用的学生，并对其进行针对性的培养与引导。

四、以实践能力培养为核心的4&4实验教学课题

"4×4环境设计实验教学课题"自2008年底创立以来,历经13年的发展,逐步建立了由中央美术学院、清华大学美术学院、匈牙利佩奇大学等二十余所国内外高等院校为教学、科研机构,社会企业和运营服务机构为技术和管理平台,政府、基金会、媒体等为保障系统的多元化运作机制。课题每年结合社会热点和学科前沿问题设立不同的课题项目,并邀请相关的行业专家作为实践导师,与各高校的指导教师组成"双导师"教学组织,共同指导参赛学生完成设计作品。这种校际合作、校企联合、校地结合的多元合作交流模式,为参与课题的师生提供了多方位、无界限的交流机会。

2021年,虽然疫情的影响还在,参与"4×4环境设计实验教学课题"的70余名师生,仍坚持线上线下相结合的交流方式,先后组织了海口课题实地调研、济南开题答辩、西安中期汇报、太原结题展览等多个教学活动,圆满完成了本年度的教学课题任务。

图5　课题学术交流活动现场

图6　课题教学成果展览现场

以实际项目为研究对象，建筑、景观、环艺多学科师生共同参与，企业导师全程辅导，参考、调研、讲座、汇报、展览多种教学方式，开题、中期、结题多环节的过程性评价，教学、科研、实践相结合的开放式教学方式……课题组所应用的教学方法和教学模式，正是"新文科"建设理念所倡导的，以社会实际问题为导向，多学科交叉融合的人才培养模式，是环境设计方向艺术硕士实践能力培养的案例范本。

参考文献
[1] 全国艺术专业学位研究生教育指导委员会．艺术硕士专业学位研究生指导性培养方案．2015年修订版．
[2] 彭茹娜．中国艺术硕士人才培养问题初探——基于武汉市数所重要大学艺术设计专业的问卷调查．艺术设计研究，2016.6.
[3] 潘长学．综合性大学艺术设计专业学位研究生教育的思考．艺术教育，2020，7.

文化自信在中外高等院校4×4实验教学的培养实践
The Cultivation Practice of Cultural Confidence in 4×4 Experimental Teaching in Chinese and Foreign Universities

湖北工业大学 / 尚伟 教授
Hubei University of Technology
Prof. Shang Wei

摘要：随着经济全球化和信息化时代的到来，日益繁重的学术交流和信息碰撞给各国人民带来了新的机遇和挑战。教育国际化热潮也逐渐成为推动社会经济发展、加深理解与合作的重要途径。创基金4×4（四校四导师）课题是以中外高等院校合作教学探索为目标，国内重点高等院校环境设计学科与建筑学科为对象，十三年来不断促使教学研究向更高质量方向迈进的实验教学平台。2021年创基金4×4实验教学课题组，将中外建筑文化融合共生，体现文化自信培养，完成了体现地域性、文化性、时代性和谐统一的，有中国特色的国际化教学实践。

关键词：文化自信；中外高等院校；实验教学；培养实践

Abstract: With the advent of economic globalization and information age, increasingly heavy academic exchanges and information collisions have brought new opportunities and challenges to people of all countries. The wave of education internationalization is also becoming an important way to promote social and economic development and deepen understanding and cooperation. Chuang-Foundation 4×4 (Four University Four Mentor) workshop is an experimental teaching platform based on the cooperative teaching exploration of Chinese and foreign universities and colleges, and the environmental design disciplines and architecture disciplines of domestic key universities and colleges. Over the past 13 years, it has continuously promoted teaching research to a higher quality direction. In 2021, the 4×4 Experimental Teaching Research Group of Chinese and foreign colleges and universities integrate Chinese and foreign architectural cultures, embody the cultivation of cultural confidence, and complete the international teaching practice with Chinese characteristics that reflects the harmony and unity of regional, cultural and contemporary characteristics.

Keywords: Cultural Confidence, Chinese and Foreign Colleges and Universities, Experimental Teaching, Practice of Cultivation

高校是交流思想、传承文明、培养人才的主阵地，而文化自信是高等教育国际化应有的精神立场，将中国文化自信与环艺设计、建筑设计教学有机融合，确立主流意识形态在高校教学中的主导地位，大力弘扬以爱国主义为核心的民族精神和以改革创新为核心的时代精神，教育引导学生深刻理解中华优秀传统文化中讲仁爱、重民本、守诚信、崇正义、尚和合、求大同的思想精华和时代价值，教育引导学生传承中华文脉，富有中国心、饱含中国情、充满中国味。

中国高等学校环境设计专业4×4实验教学课题是自2008年始，由国内重点高等院校环境设计学科共同创立的名校名企名人实验教学平台。2015年课题成功对接匈牙利国立佩奇大学，建立起中外高等院校战略合作平台。从此，"4×4实践教学课题"打破了地域、文化、国家、学科之间的壁垒，为学生搭建起国际化的交流平台以及多元化的互动机会。来自中央美术学院、清华大学美术学院、四川美术学院、西安美术学院、北京林业大学、吉林艺术学院、广西艺术学院、佩奇大学、布达佩斯城市大学、斯图加特大学等24所院校40余名研究生同台竞技，在34位中外高校专家学者的指导下，共同探索以建筑、环境、空间与地缘人文、现代经济、科技、文化、艺术等发展相关联的设计实践。

为加强中华优秀传统文化教育，围绕国家和区域发展需求，结合课题组中各学校发展定位和人才培养目标，2021创基金4×4实验教学课题组以"乡村振兴背景下海南江东新区道郡村综合环境设计"为课题，选取具有地域建筑特色的传统村落，在保护人文景观、格局及风貌完整性的前提下，开展完善基础设施和旅游服务设施，开发以观光旅游和文化旅游为主的多类型旅游产品体系，实现村庄的可持续发展、振兴新乡村为目标的设计实践及学术多方面的实践探索。在教学过程中，课题组积极教育引导学生立足时代、扎根人民、深入生活，树立正确的艺术观和创作观，坚持以美育人、以美化人，积极弘扬中华美育精神，引导学生自觉传承和弘扬中华优秀传统文化，全面提高学生的审美和人文素养，增强文化自信。

一、文化自信是中华民族的精神脊梁

每一个人都是独特的个体，其思想意识各不相同，而将其无数的思想汇合到一起，就形成了民族的文化自信。文化是塑造国家形象的核心和灵魂，文化自信是展现国家形象的前提和基础。中华民族从5000年绵延不断的悠久历史中走来，创造了博大精深的中华文化，孕育出世界上唯一没有断流的中华文明。悠久的历史孕育了伟大的中华文明，坚定的文化自信彰显伟大的中华文明，文化自信是中华文明连绵发展的价值根基。在当代中国，文化自信是具有科学性的时代命题，是中华民族生生不息、走向复兴的精神源泉，是中国特色社会主义破浪前行、繁荣发展的精神武器，是中华民族屹立世界、面向未来的精神脊梁。

"文化自信"是中国特色社会主义四个自信（道路自信、理论自信、制度自信、文化自信）之一。2016年7月1日，习近平总书记在庆祝中国国产党成95周年大会上发表讲话，即"七一"重要讲话中强调，"要坚持中国特色社会主义道路自信、理论自信、文化自信、坚持党的基本路线不动摇，不断把中国特色社会主义向前推进"。习近平总书记在十九大报告中指出，要培育和践行社会主义核心价值观。要以培养担当民族复兴大任的时代新人为着眼点，强化教育引导、实践养成、制度保障，发挥社会主义核心价值观对国民教育、精神文明创建、精神文化产品创作的引领作用。

二、高等教育自信是文化自信的有机组成

一个国家高等教育的发展和这个国家在世界上的发展以及它的地位是相称的。高等教育自信作为一个国家文化自信的一部分，与这个国家的道路自信、理论自信、制度自信、文化自信是一个有机的整体。改革开放43年，我国的社会主义建设事业取得了举世瞩目的成就，应当说这背后有自然科学和社会科学的支撑，也有高等教育培养的大量人才的支撑。

作为思想政治教育的主要阵地，高校在传统文化教育和传统文化育人方面发挥了重要作用，对于作为国家未来中流砥柱的大学生们尤为重要。文化自信是一种意识形态，而培养这种意识形态必须要考虑到大学生的接受意愿与对其的认同感。在接受与认同的基础上，进一步开展深层次的文化自信教育，做到让中国学生培养文化自信，让外国学生感受到中国人民的文化自信。

三、结合国际教育与文化自信的4×4实验教学的实践

自2008年北京奥运会以来，中国一直大力发展国际教育事业，比如在全球广泛建立孔子学院，传授中华文化并教授汉语，从国际化的双语幼儿园到高等中学的国际部学部，中国的国际化教育正在全面发展。但在全球化背景下，文化从经济强区流向弱势地区，文化信息在发达国家与发展中国家间的流动处于一种严重的失衡状态，而中华文化正是处于弱势的一方。一方面，外国对中华文化缺乏兴趣；另一方面，很多国家对中华文化有着不正确的解读甚至恶意歪曲的解读。西方的媒体以自己的价值观念来评价中华文化，对中华文化持偏见态度。即使中国在国际教育中向外国传输中华文化，但总难免存在或多或少的民族偏见。中国文化各界以及中国政府都希望将中华的优秀传统文化和现代文明传播到海外。然而所面临的困难重重，中国文化的传播现状仍不容乐观。

在设计学与建筑学的国际教学中，目前的高校国际教育同样以"实用教育"为主，目的停留在让留学生具备独立的建筑设计能力与建筑相关专业知识的层面上，而与中国文化有关的古建筑课程则往往因为其本身构造的复杂性、语言翻译上的障碍性、学生理解的困难性等种种原因难以得到有效展开，致使建筑学与设计学国际教育苦难重重。

本届4×4实验教学中，设计地点选为中国琼北古村落典型代表的海口市道郡村，作为海口市"美丽乡村"建设示范亮点、中国传统村落，历代人才辈出，历史文化悠久。村中的海口市重点文物保护单位吴元猷将军故居，为"丁"字形格局，故居外墙正中有正一品武官图腾"麒麟献瑞"，威武生动。室内建筑典雅古朴，雕刻图案有雄狮猛虎、百鸟朝凤、奇花异草，寓意深刻，令人叹为观止。故居每个大门均绘有门神公守卫，显得威严可畏。第二、第三进左右及后方有配套的厢房、书房、账房、伙房和马房等，包括各正室房间，整个故居约有30间房。

中国和世界各国在历史文化名镇名村、文物保护有着各自的法律、方法和理论。但在本次教学实践中，中国学生和国际学生必须共同考虑保护中国传统村落的人文景观和格局，对道郡村调研情况进行全方位分析，并针对课题阐述相关的论文框架和初步设计构思，各院校导师对答辩学生方案进行认真点评与指导。课题组根据我国学科专业的特色和优势，深入研究育人目标，深度挖掘提炼专业知识体系中所蕴含的思想价值和精神内涵，科学合理拓展专业课程的广度、深度和温度，从实践教学中所涉专业、行业、国家、国际、文化、历史等角度，增加课程的知识性、人文性，提升引领性、时代性和开放性。

四、中外高等院校4×4实验教学的文化自信培养策略

1．注重传统文化的培养

传统文化教育需从历史、哲学、宗教等多方面入手，在设计实践过程中，课题组对中国传统文化开展更加系统、全面、深入的教育，加深中外学生对传统文化内涵的理解与掌握，并提升外国学生对中华传统文化的兴趣。培养学生的传统文化自信，有助于拓展他们的文化视野，提升其思想深度。当面对不同文化的冲突时，学生会更具包容之心。

2．注重传统文化的认同

对本民族传统文化有强烈的认同感与使命感，才有动力在实践设计中融入传统文化元素，将其思想理念渗透于教学内外；此外，只有拥有深厚的传统文化底蕴，才有能力将中华优秀传统文化的精髓娓娓道来，并将优秀传统文化"内化于心、外化于行"。字里行间洋溢的民族文化自豪感，是对中华民族优秀文化认同的催化剂。

3．注重中外文化的融合共生

正视中外学生的文化差异，在向学生普及中华传统文化的同时提升文化"情商"，拓宽对异质文化的理解范畴，并用包容、开放的眼光看待不同文化的交互融合。4×4实验教学通过现场调研及实地勘测、开题答辩、中期答辩、终期答辩等多次交流活动，营造出良好的文化交流氛围；设计将我国传统村落的实情分别与中、西方历史遗产保护方式相结合，深度开展交流；学生分别在线上线下活动体验传统文化"走出去"、异国文化"走进来"。多方位、多渠道交流活动的开展与延伸，有助于不同文化的交流互鉴、包容共通。

4．注重文化内涵与设计的融合

中国传统文化中包含着各种思想文化和意识形态，具有与众不同的表现形式和艺术特征，环境艺术设计、建筑设计不仅仅是经济社会的主要内容，还引领着社会文化发展的方向，现代艺术设计将传统文化进行有机融合，设计是对传统文化的继承和发展，使传统文化具有明显的时代特征。环境艺术设计、建筑设计的专业教育与中华优秀传统文化相融合，将专业理论知识与优秀传统文化所体现的政治、经济、哲学等思想融会贯通，注重对中外学生专业硬实力与文化软实力的双重培养。

五、4×4实验教学创新文化自信建设实践

基于中华优秀传统文化丰富的思想内涵及多彩的表现形式，4×4实验教学通过"传统+现代""东方+西方""文化+项目"模式，创新传统文化自信的内容建设，开发新内容、演绎新形式，培养学生的文化自信。

1．"传统+现代"模式，传统文化与现代建筑

随着我国建设步伐的加快、综合实力的增强、农村现代化建设的崛起、交通网络的逐步扩大完善，各类大中小型城镇亦在规划建设之中。中国的建筑随着历史的前进也在不断创新，体现着一定的时代感，各种建筑理念、建筑流派、建筑样式春笋般涌现。而中国是一个具有悠远历史的国家，流传下来很多有特色的传统文化。中国古典文化有许多内涵的东西需要去挖掘、体会，并把其神韵通过各种手段展现并发扬。将现代建筑艺术与中国传统文化结合，不仅能够弘扬优秀传统文化的精髓，也将赋予其独具的中国气质，从而拥有更鲜活的生命力。

2．"东方+西方"模式，中国文化与西方文化

古代世界的建筑因为文化背景的不同，中国建筑、欧洲建筑、伊斯兰建筑被认为是世界三大建筑体系，又以中国建筑和欧洲建筑延续时代最长，流域最广，成就也就更为辉煌。

西方建筑文化作为一种人本化文化形态，在与中国传统建筑文化的冲突、碰撞、交汇和融合中，自觉不自觉地对近代以来的中国建筑产生了重大影响。进入近代，西方建筑文化以锐不可当之势，打破了中国传统建筑文化独撑天下的局面。中西建筑文化在此消彼长中改变着中国传统建筑的理念、结构、空间和手法，在交织重叠中塑造着崭新的中国建筑风貌和体系，在互动包容中构建着中国建筑新的命题和语系。在经济全球化狂飙突进和文化多元化迅猛发展的今天，将中西方建筑文化融合，对于正处于城镇化时代语境中的当代中国无疑具有非常重大的现实意义。

3．"文化+项目"模式，传统文化与项目化运作

4×4实验教学以极具地域特色的建筑创作项目让中外学生共同参与，让外国学生在项目中感受中国的古建筑文化，学习中华传统文化；让中国学生在项目中感受西方的文物保护意识，学习西方文物保护理念。在此教学实践过程中，利用互联网搭建建筑艺术展示与交流平台，对我国优秀的传统建筑与现代建筑设计方法进行展示，使中国传统建筑文化和艺术走向世界大舞台。

六、总结

中国优秀传统文化是中华民族发展和复兴的内在动力，是现代文化的来源。从优秀传统文化中汲取营养，是民族发展的需要，也是提升青年学生民族自信心和民族自豪感的重要途径。中国传统村落要面向未来，既研究传统建筑的"形"，更传承传统建筑的"神"，妥善处理城市建筑形与神、点与面、取与舍的关系，在建筑文化泛西方化和同质化的裹挟面前清醒地保持中国建筑文化的独立与自尊。

2021创基金4×4实验教学课题组带领80余名中外师生，通过中国传统村落的设计实践，注重传统文化的培养、传统文化的认同、中外文化的融合共生、文化内涵与设计的融合。采取"东方+西方""传统+现代""文化+项目"的培养模式，针对学生进行分阶段、分层次的文化自信体系培养，在继承民族优秀传统的过程中吸收西方优秀的建筑理念，在与西方建筑技艺交融的对话中不断发展中国建筑文化，完成了体现地域性、文化性、时代性和谐统一的，有中国特色的国际化教学实践。

乡村振兴背景下乡村环境设计与教学的探讨
Discussion on Rural Environment Design and Teaching under the Background of Rural Revitalization

湖南师范大学美术学院 / 刘伟 教授
Fine Arts College of Hunan Normal University
Prof. Liu Wei

摘要： 乡村振兴的火热进行，让更多的专业人才积极投身于乡村建设当中，因此如何精准与乡村建设相适应，培育相应的专业人才是值得我们探讨的问题。文章通过对乡村环境设计现状以及此专业的教学实际情况进行调查与分析，进一步探讨乡村环境设计之路，阐述具体的乡村环境设计方向与教学实践的途径。旨在基于新时代、新发展中，关注乡村振兴下的环境设计专业的发展方向与培养路径，以期提升学生的创新意识与综合能力，为实现乡村建设而助力。

关键词： 乡村振兴；乡村环境设计；活化开发；教学途径

Abstract: With the fervor of rural revitalization, more professionals have been actively engaged in rural construction. Therefore, how to accurately adapt to rural construction and cultivate corresponding professionals is worth our discussion. Based on the investigation and analysis of the current situation of rural environmental design and the actual teaching situation of this specialty, this paper further discusses the way of rural environmental design, expounds the specific direction of rural environmental design and the way of teaching practice. It aims to focus on the development direction and training path of environmental design major under rural revitalization in the new era and new development, in order to improve students' innovation consciousness and comprehensive ability, and help realize rural construction.

Keywords: Rural Revitalization, Rural Environment Design, Activated Development, The Teaching Way

2021年，中央一号文件《中共中央国务院关于全面推进乡村振兴加快农业农村现代化的意见》发布，这是21世纪以来第18个指导"三农"工作的中央一号文件。文件指出，"民族要复兴，乡村必振兴"。振兴乡村国家战略要求建筑与环境设计专业作为技术与艺术共同衍生的相伴学科走进乡村，通过设计为振兴乡村助力。中国可持续性且有质的发展，离不开乡村环境的大力建设。乡村环境建设主要包含自然、人文以及人工三个部分。因此，环境设计相关的教学与培养模式也应该在我们考虑的重要因素之内。

美丽乡村建设不仅仅是向外展示一个窗口，同时良好的环境建设对于生态治理有着重要的作用。乡村环境设计包含内容众多，如生态设计、景观规划、建筑改造、故居改造等，这些能够反映一处乡村的内在品质与品位。现今，我国乡村建设中的基础有待完善，其建筑缺乏地方特色，环境亦有待改善，真正落实具有品质的乡村建设更是少之又少，乡村环境建设的任务困难重重。环境设计专业是新兴学科，是从艺术学科中分离出来的艺术性实践学科，包含了景观规划、设计学、艺术学、美学以及工程学等多门学科的知识内容，综合性强。因此，在对本专业学生的培养中如何与实际需要精准对接是值得我们去进行思考与探讨的。

一、乡村振兴背景下的乡村环境建设

1. 乡村环境设计的必要性

国家对于新农村建设与发展不遗余力地大力支持，成为当下最为热门和受关注的城乡建设问题，因此将国家背景"乡村振兴"融入环境设计专业课程具有一定的时代价值。当代乡村环境设计发展方向进一步走生态可持续发展道路，是人类发展的永久话题，是一个逐渐多元化、深层次且漫长的演变过程。而如今，我国乡村正在面临这个过程中所迸发出的各种干扰因素。与城市相比，乡村拥有更多且丰富的自然资源，但由于不平衡发展、不合理开发建设等问题造成乡村环境的严重破坏，乃至生态平衡遭到破坏，同时，统一标准的快速建造导致大量古建筑损毁，失去其地方文化特色。在乡村环境设计中充分挖掘传统村落的文化内涵，不仅能够传承与发扬地域文化，延续当地的文化脉络，同时能够促进当地经济实现转变与发展，从而提升村民的生活质量，在精神与物质上提高他们的幸福感。乡村文化发展历史悠久，积累了丰富而具有极高价值的文化内涵，古村落更是同时具有经济价值、文化价值与艺术价值。因此，古村落的活化开发建设无论是从国家的全局发展来看，还是从乡村的环境建设本身来看，都极具现实意义。

2．乡村环境设计的现存问题

一个好的乡村环境建设不仅能够带动当地经济、文化、环境协同发展，也能够大大提升当地居民的幸福指数。然而，目前我国乡村环境建设仍存在诸多问题，与乡村社会发展目标具有一定的距离：

（1）缺少地域文化特色。自乡村振兴战略提出以来，各乡村都积极响应国家号召，开始规划建设美丽乡村，但许多村落在开发建设的过程中过于追求商业价值，忽略其本身真正的文化价值，对不同的乡村环境进行统一标准的建造，造成了大量古建筑的损毁，原有风貌被破坏。这种没有明确认识与目标的快速建造，仅停留在形式表面，并未深入挖掘其真正价值，使得乡村环境缺少地域文化特色，最终导致千乡一面，游客也会对乡村旅游产生审美疲劳，无法感受地方文化与风土人情，无法长期吸引游客，从而导致更多的经济与文化资源浪费。

（2）规划不清晰，缺乏完善的相关体制机制。在活化乡村的规划建设中，对于古建筑的改造修建并未有清晰的明文规定，在开发建设的过程中往往对保护程度以及细节不够明确，出现过度开发的现象。在开发建设中，完善的相关体制机制会使得建设目标更加清晰，能够更好地把握整体规划，但由于目前的相关体制机制不完善，实施细则与标准不明确，经常出现盲目开发的现象。

（3）生态环境的破坏，文物保护力度不足。乡村环境的开发建设，可持续性发展不可忽视，乡村旅游吸引很多的外来游客，虽然对当地居民的收入有所改善，但对乡村内的环境造成了严重破坏。大量的游客到来，由于乡村基础设施不够完善，加之一些游客的不文明行为，产生的大量垃圾无法及时得到处理，对周围的土地、水资源等造成污染，当地的生态环境面临着巨大考验；与此同时，乡村存在许多珍贵的文物需要保护，村民的法律意识淡薄、文化意识不足，面对文物时进行不恰当的处理，有的被胡乱丢弃，有的则被私自收藏。由于文物保护力度不足，导致很多珍贵的文物无法得到很好的保护与传承。

二、乡村振兴背景下有关环境设计的教学

"乡村振兴战略是党的'十九大'报告作出的重大战略部署，是决胜全面建设小康社会与全面建设社会主义现代化国家的重大历史任务。"将环境设计专业课程融入乡村振兴战略要素，是国家乡村振兴战略实施的客观要求，有利于推动乡村振兴战略的实施，主要表现在可以满足乡村振兴战略实施的人才需求。在党的十九大报告中，习近平总书记指出，"乡村振兴，关键在人才。人才振兴是实施乡村振兴战略的重要推力，是落实产业兴旺、生态宜居、乡风文明、治理有效、生活富裕总要求的有力保障"。

在乡村振兴战略影响下，对于农村土地规划、居住环境、生态环境等进行全面改造建设，具体实施需要大量专业人才的支持。新时代社会经济的发展、乡村振兴战略的提出及实施给乡村建设带来了绝佳的时机，同时高校对于相关专业人才的培养方向也有了更加深刻的认识。然而，目前高校中环境设计专业的相关课程设置仍存在诸多不足，无法适应当下的实践要求，与乡村环境设计实际所需存在着一定的差距：（1）培养方向与社会需要脱轨。国内的环境设计是2012年才独立出来的新专业，不少高校是直接以美术为基础的设计定位，更加倾向于审美方面的培养，学生大多感性思维居上，脱离了乡村建设的真正需求，但在乡村环境设计建设中，更多的需要是各个方面的综合能力，如对科技手段的了解与运用、理性思维、对乡村的调研能力、对于资料的整理手法等。但高校在总体培养上比较模式化，缺乏与现代社会相适应的课程设置。环境设计学科与科学技术息息相关，课程设置如何与社会需要精准对接是现今亟待解决的问题。（2）缺乏一定的实践经验。对于综合性较强的环境设计专业学习，除了要有扎实的理论基础外，更要有丰富的实践经验，要与社会的实际项目接触，培养其具有创新性的实践能力。但由于学校资源有限，大多学生没有接触实际项目的机会与平台，导致学生的设计过于理想化，与真正的社会需求脱轨。（3）缺少合作交流学习的机会。如今的科学研究课题内容庞杂，需要各个领域的研究人员通力合作才能

完成，这同时也要求学生需要有较强的沟通以及交流合作的能力。(4) 教学方式古板，评价机制不合理。教学上只注重对学生知识上的传授，忽略了培养学生的创新与创作能力，课外活动较少，课堂教学内容单一。(5) 课程设置不合理。环境设计是满足人们生理与心理需求的一门技术与艺术。它不仅仅涵盖了感性的造型艺术，同时也侧重于理性的工程学科。比如面对乡村环境设计，更加侧重的是乡村的排水排污等一系列工科类的知识能力。但目前高校的设计专业还并未有与此相关且适度的课程设置，能够让非工科类艺术生介入并展开学习，这是目前高校所缺失的部分。对于环境设计这门学科，促进学科交叉与融合创新，在乡村振兴背景下为乡村建设培养相关的专业人才是必然要求。

中国环境设计教育想要走得更长远、更加持久，则需要更强大的综合设计理论体系去支撑。对于设计的创新、文化的创新，不能仅停留在形式上，否则只会出现只具有一定视觉冲击的表面文化，并不能长久。因此，在教学中应该与社会接轨，与社会发展建设精准对接，在实际项目中对学生的理论知识进行更深层次的巩固，搭建具有高价值、文化内涵的学术交流平台，并非仅局限于课堂上的理论教学。产学研深度融合，培养出真正具有研究能力的学者型设计师，为新农村建设朝着良性的方向发展而助力。

三、乡村环境设计与教学的途径

1. 乡村环境设计

针对以上乡村环境建设现存问题，相应地提出以下意见：

(1) 深度挖掘地域文化，传承发展。对于古村落的环境开发建设，不应以统一标准进行快速建造，而应对地域文化进行深度研究，将能够体现当地特色与风土人情的文化元素，充分运用到设计当中去，将古村落的文化价值发挥到最大。同时打造当地的特色文化品牌，带动当地的经济发展的同时，传承与发扬地方的传统文化脉络，并对其进行创新创作，使其符合现代人的审美与需求。

(2) 建立健全古村落活化开发制度。在古村落规划开发方面，要根据实际情况，不仅要从宏观上对整体规划制定相关的策略与规定，同时对于细节的要求也应更加明确，如对古建筑的开放程度、保护细则与策略等进行制定，与当地的实际情况相结合，使其更具有实操性。

(3) 保护与宣传齐头并进。面对村庄的生态环境，应对其尊重，以修护为主，保护村庄原有的水资源以及树木植物等自然环境，从对自然环境的保护关系到乡村环境的可持续发展，营造良好的生态景观，打造具有特色的人与自然环境和谐相处的美好乡村居住环境。同时，对于古村落的文化应进行大力宣传，向大众普及相关知识，吸引游客，增强人们的民族文化自信心与文物保护的观念。

2. 关于教学实践

环境设计专业是一门综合性较强的学科，其教学同样并非单纯的艺术或美学方面的培养，而是更加综合的、多方向、深层次的实践性教学。环境设计专业的人才培养，其特殊性在于，不仅要有深厚的文学、美学修养，同时更要有强大的逻辑思维与结构意识，如对乡村老建筑改造中的结构处理、在乡村建设中排水工程实施、在设计中的创新思维如何与乡村生活相适应等问题。因此，在对乡村建设下有关教学实践方面应有多维度的思考与研究。

(1) 理论与实践。对于环境设计专业的教学，一方面，要培养学生扎实的理论基础，同时给予学生相关专业的灵感启发，引导学生自主思考。给学生布置相应的作业，从平时的学习中进行考察，根据其自主学习能力、创新能力、思考能力等不同的情况给出一定的指导意见。另一方面，教师要强调理论与实践的关系，在实践过程中，进行系统教学，对涉及的各个学科要进行融合，给学生提供一定的思路，逐步引导。最终，实践还是要转化为理论，因此，教师还要对实践进行分析与总结，通过师生讨论得出有用的观点。

(2) 以前沿问题为导向。将当下乡村环境的建设问题与教学方式相结合。通过设计课程教学内容、展览竞赛、设计创作等实践环节，使学生更加熟练地掌握专业知识技能，提升学生应对实际问题的解决能力，同时培养学生多元文化素质和创新文化服务意识，为实现乡村环境优化建设培养专业的实践型人才。

(3) 构建多元化实践交流平台。环境设计专业还应注重构建乡村振兴下的多元交流实践平台，激发学生对相关问题进行深入研究，积极参与到相关项目中去，与各学科的专业人士进行深度的交流合作，提高学生的综合能力。构建多元化实践交流平台，能够为国内外专业人士的合作与交流提供一个很好的机会，在实践过程中不但能够激发学生的创作热情，同时这种多元化的教学方式使国内外学生之间能够长短互补。跨国、跨校、跨专业的学术交流能更加有效地提高学生的短板，从而提升整体教学水平和质量。

四、总结

　　乡村振兴是推动我国新农村建设与发展的重要战略，作为环境设计专业应该积极响应国家号召，投入到乡村建设当中去。环境设计专业的发展应该在乡村振兴的大背景下找准方向，在这过程中不断地探索研究，巩固其专业特色，完善课程设置的同时对教学实践进行创新。教学的改善为乡村环境的开发建设提供更加鲜活的动力，从而更好地服务于乡村建设，提升乡村的环境质量、带动当地经济发展、传承发扬传统文化脉络、促进乡村融合发展。在中国快速发展的今天，乡村也紧跟发展的脚步，相应的教学实践开始重点关注与培养具有理论研究能力的一线设计师，从而更好地服务乡村建设，投入到乡村振兴当中去。

"新文科"环境下多学科交叉融合发展研究
Research on the Development of Interdisciplinary Integration under the "New Liberal Arts" Environment

吉林艺术学院 / 刘岩 副教授
Jilin University of the Arts
A./Prof. Liu Yan

摘要：面对数字产业革命对教育系统的挑战，构建"新文科"背景下的教育新模式尤为重要。因此，本文将重点分析环境设计专业在多学科交叉融合下的发展趋势，从课程体系内涵、建设实践、改革更新等方面，探索环境设计学科的人才培养方案。通过结合产学研融合协同发展的人才培养机制，探索构建新型环境设计专业多学科交叉融合的课程体系策略。

关键词：新文科；4×4环境设计实验教学；学科交叉融合

Abstract: Facing the challenge of digital industrial revolution to education system, it is particularly important to construct a new education model under the background of "new liberal arts". Therefore, this paper will focus on the analysis of the development trend of environmental design under the cross-disciplinary integration, from the connotation of the curriculum system, construction practice, reform and renewal, explore the talent training scheme of environmental design discipline. By combining the talent training mechanism of industry-university-research integration and collaborative development, the strategy of building a new interdisciplinary curriculum system for environmental design major was explored.

Keywords: New Liberal Arts, 4×4 Environmental Design Experimental Teaching, Interdisciplinary Integration

中国建筑装饰卓越人才计划、创基金四校四导师实验教学课题从2008年举办至今，伴随我们课题组的老师与各届不同院校的同学走过了13余载，从一开始只针对环境艺术专业本科生的实验教学活动发展成如今既有本科生又有研究生共同参加的大型课题。从起始的四所国内院校，发展成为如今的中外十几所艺术、工科类院校共同参与，各学院的研究领域和研究方向不尽相同。4×4实验教学采用责任导师组模式，打破了大学之间的教育界限，在同一题目下采取一种统一的教学模式。这种形式可以很容易发现各学校的强项与弱点，而后学习强项、补足弱点，促进校与校之间的交流。在今年交流中我们还需探讨如何科学确定"新文科"背景下艺术设计学新兴专业人才的培养目标和培养标准。怎样推进艺术设计学科与新一轮科技革命和产业变革交叉融合。这两种都是一个值得议论的话题。

一、"新文科"背景下环境设计专业课程体系内涵与特征

在"新文科"背景下，优化环境设计专业现有的课程结构、研究体系以及人才培养方式，继而分析多学科交叉下的课程设置、教育模式的内涵与特征。

1. 学科领域的交叉性

现今的环境设计专业研究领域和学术界限具有模糊性，因此，存在交叉学科的特征。在"新文科"的背景下，环境设计学科通过对课程体系的科学设置以及对交叉学科的重组，克服了学科分割所形成的学术结构障碍，补充了单一学科研究的短板，建设全局观下具有多学科交叉的变革型学科。

2. 学科体系的开放性

"新文科"具有多学科交叉的需求，因此与不同领域的学科有多角度的融合，同时在知识结构、研究方法等方

面有整合的倾向。这就要求"新文科"背景下的环境设计学科具有开放性，在理论与实践多方面接纳跨学科的专业人员的参与，并且结合多学科的教学特色，形成环境设计学科独特的新模式。

3．培养模式的融合性

在"新文科"的指导下，环境设计与建筑、园林、规划、生态等学科逐渐融合，形成以环境设计为主导的多学科交叉的发展模式，并且对前沿学科进行探索，同时对工科CDIO教育模式下产学研协同育人方式进行有效整合与运用，在环境设计领域加强多学科交叉的教育实践，以期培养学科下的复合型人才。

二、多学科交叉融合的环境设计专业课程体系建设与实践

基于环境设计学科具有交叉性、开放性、融合性的内涵特征，其课程体系需要系统性、多元性的创新实践支持。

1．课程的系统性

多学科交叉融合的环境设计专业课程体系建设分为基础、核心、跨学科三部分。对于课程体系可以分别理解为：基础以理论课程为主，核心以专业课程为主，跨学科则以交叉系列课程为主。环境设计学科人才培养模式要求学生具有整合所学知识的能力，而课程体系"三部曲"契合了培养模式的需求，体现了学科交叉融合下环境设计专业课程体系建设的科学性。

2．学科的多元性

环境设计学科在保证教委规定的教学大纲要求的同时，注重交叉学科设定的多元化整合。既需要建设基础、核心、跨学科的课程体系，也要侧重实践类的课程设置，以此探索"新文科"背景下的环境设计学科对于多元性的实践，以及专业通识课程和教研一体化课程教育的创新模式。

三、学科交叉融合的环境设计专业课程体系的改革与更新

1．多学科交叉融合型的教学改革实践

针对"新文科"的发展背景，环境设计学科需要形成跨学科、跨院系的学术研究交叉关系网，以多学科教育和研究资源的深层挖掘为基础，对环境设计学科进行改革。

（1）基础教学

环境设计基础教学要求培养学生的设计技能与方法，在教育教学中注重核心课程的培养，例如：建筑、景观、空间设计、表现技法、社会调研等。并且探索复合型的课程结构，其中包括风景园林和建筑学等学科。

（2）实践教学

环境设计专业设置实践课程的重点是将虚拟与现实真正地结合，形成线上线下共通的完整化实训环节。通过结合产学研专设的创新创业实践课，培养能够独立完成项目的综合型人才，通过设计、实践、合作、创新等就业能力，完成与相关企业的对接，提升学生的核心竞争力。在此基础上，对相关项目及公司的设计流程、管理方式进行了解，是一种知识与能力的提升深化。在合作方面，以环境设计学科为基础的"工程实践"的实施，依托国内外优质企业和相关设计院，建立制度化、规范化的长期合作的实践教学基地。

2．推进产学研融合协同发展的人才培养机制

符合国家和区域经济新标准要求的，具有艺术院校特色的产学研协同人才培养模式，需要推动产学研协同育人的发展，将创新创业教育与专业教学、产业发展深度融合。同时，整合优质教育资源，通过理论指导实践，培养出创新型产学研协同人才。

四、学科交叉融合的环境设计专业课程体系的探索与实验

1．建构专业教学体系的开放性

在多学科交叉融合的语境下，各学科需要统筹安排，科学的课程设置能够打破多学科之间的专业壁垒，以达到跨学科资源共享。在环境设计课程的教学中，培养模式需根据内容和教学方向，科学地将交叉学科的最新教学成果搭建到教学体系中。探索整合创新教学方法和改革措施，构建专业理论与创新创业竞赛开放式教学体系，以此促进环境设计学科产学研紧密结合。

2．推动教学实验课程的交互性

为推动教学实验课程的交互性，深入研究虚拟仿真融入课程的教学方法，搭建线上线下结合教学的课程体

系，运用多种技术试验教学工具，如人工智能、虚拟现实、数字化等，提高环境设计领域教学的有效性，形成开放式在线虚拟仿真互动课程培训模式。通过虚拟仿真交互教学模式，构建环境设计领域的实验教学机制，以培养学生的实践能力和创新能力。

3. 促进专业课程与教学科研深度融合

基于"新文科"的指导要求，环境设计专业需要着重关注艺术设计学科本身的发展、各学科的交叉性以及学科边缘性特征。为此，专业课程的实验改革要与教学科研高度相关，而申报教研的条件必须包括项目组中有多名本科生或研究生的参与，培养学生综合的专业视角与科研兴趣，以构建多角度、跨学科的融合。其最终目标是培养学生的实践技能、科研能力和综合能力，以及在环境设计领域深入研究和创新的能力。

"新文科"成为多种学科课程内容、知识、技术交叉的纽带，在"新文科"理念下，整合跨学科知识，将新技能和新思维融入设计教育，为环境设计专业人才培养模式提供了必要条件和有力支撑。

五、结语

2021年以接近尾声，我们即将迎来新的一年，今年四校课题始于海南大学，始于海南省海口市道郡古村，辗转于山东师范大学与西安美术学院，最后结题于山西传媒学院。课题在这半年中聚集国内外十余所高等院校师生，通过实地调研与虚拟场景、教室课堂与线上课堂、学生与教师间的跨越时间、空间的交叉互动。从最开始海南的"热风吹、雨洒江天"，到最后结题回到吉林后的"梅花欢喜漫天雪"，感慨终于完成了又一届独特的跨越式教学。作为亲历者和见证人，我为这次课题感到骄傲，故此写下了一些关于此次课题的感想。构思逻辑不严谨、文字功底不成熟，感谢各位批评指正，愿2022年改观！

乡村振兴背景下的环境设计专业实践教学探究
——以4×4实验教学为例

Research on Environmental Design Practice Teaching under the Background of Rural Revitalization
—Taking 4×4 Practice Teaching as an Example

山东建筑大学艺术学院 / 陈淑飞 副院长
Academy of Arts, Shandong Jianzhu University
Associate Dean, Chen Shufei

摘要：在全面实施乡村振兴战略背景下，基于高校环境设计专业实践教学的现状，梳理总结环境设计专业介入乡村振兴的积极意义以及存在的问题，以4×4实验教学为切入点，探讨环境设计专业实践教学改革与模式创新，总结4×4实验教学的优势及其重要意义，以期为高校环境设计专业实践教学的开展提供理论及实践参考，从而提升人才培养质量，助力乡村全面振兴。

关键词：乡村振兴；环境设计；4×4实践教学；教学模式

Abstract: Under the background of the overall implementation of the rural revitalization strategy, based on the current situation of the practical teaching of environmental design in colleges and universities, summarize the positive significance and existing problems of environmental design in rural revitalization, and discuss the practical teaching reform of environmental design with 4×4 experimental teaching as the starting point. And model innovation, summarize the advantages and important significance of 4×4 experimental teaching, in order to provide theoretical and practical reference for the development of practical teaching of environmental design in colleges and universities, so as to improve the quality of talent training and help the overall revitalization of the countryside.

Keywords: Rural Construction, Environmental Design, 4×4 Experiment Teaching, Teaching Mode

一、乡村振兴战略

为实现中国乡村的复兴发展，党的十九大明确提出实施乡村振兴战略，以期推动乡村更加科学合理的发展，为乡村、经济、文化、生态、环境等方面的稳定、健康、可持续发展提供战略支持。乡村振兴战略基于中国国情，以构建新时代乡村产业、人才、文化、生态和组织全面振兴为落脚点，开展了一系列的重要举措，不仅涉及乡村规划、产业发展、生态环境等方面，更是在社会主义新农村建设、美丽乡村建设之后更加全面、系统、科学的顶层设计，必将推动我国乡村的全面振兴和可持续发展，这也使得乡村振兴发展这项战略决策相较以往更加系统、宏观、科学。

二、高校环境设计专业介入乡村振兴战略

乡村振兴战略不能脱离乡村实际现状，坚持基于发展实情制定科学、合理的发展计划，在战略推进的过程中，高校环境设计专业与其联系紧密并且在乡村规划建设、乡村生态环境改造等众多方面存在耦合点。但从当前情况来看，我国多数乡村地区在进行改造复兴时往往存在建设性破坏、过度开发等问题，使得乡村改造工作改造工作偏离正确轨道，乡村振兴的活动开展与研究视角方面均不能够达到理想预期。针对这些问题，如果乡村工作能够与高校的社会职能与学科优势进行结合，将"高校"与"乡村"进行联动，引导高校师生投入到乡村振兴战略工作中来，充分发挥高校之间的协同作业优势，使高校以一种更加科学合理的途径促进乡村振兴战略，破解二

者在独立发展过程中所遇到的困境，优势相加，达到"1+1＞2"的效果。

1. 环境设计专业促进乡村振兴

高校环境设计专业介入乡村振兴工作，从不同的视角对乡村内涵进行挖掘，创造出一批具有创新性的研究成果，使乡村不断焕发新的活力与生机，更好地展示了乡村的魅力，促进了乡村永续地发展。与此同时，高校环境设计专业的介入使乡村的环境、经济、文化等资源得到了更深层次的挖掘，延续了乡村地域文化特色，拓展了乡村田园景观的内涵，同时也有效地遏制了"千村一面"的同质化现象发生，更有利于塑造别具一格的乡村文化形态和良好的自然生态环境，对乡村文化内涵的提升和乡村可持续发展具有重要意义。

2. 乡村振兴反哺环境设计专业

高校对于环境设计专业学生的培养，其目的是使其具备较强的创新实践能力。以环境艺术设计专业介入乡村振兴战略，可以促使学生从艺术视角出发，发挥高校专业课程的优势，以乡村振兴为抓手，挖掘乡村的内在底蕴，探讨乡村的文化内涵。同时，乡村振兴也为环境设计专业学生创造了一个展示专业技能的舞台，可以使得学生在学校学习的理论知识和专业能力在此得到很好的展示，强化了专业技能和实践能力，同时也培养了社会责任感。并且，高校在深入乡村内部进行实践的过程中，可以帮助学生更好地认识乡村、了解乡村，有利于学生树立正确积极的价值观念以及更加宽广的职业取向，为乡村振兴战略顺利高效地开展培养大量专业的人才资源。

三、乡村振兴背景下的环境艺术设计专业教学模式探讨

1. 传统教学模式存在的问题

（1）课程体系针对性不强

高校在培养学生时通常会对学生所修的课程提出要求，在以往教学过程中，学生需要通过专业基础课程、专业核心课程以及相关实践课程的考核达到毕业标准。其中，专业基础课程主要围绕基础技能开设相关课程，通常以素描课、色彩基础课和基础构成课等形式教授学生基础技能，但实际情况多是未能与自身专业密切结合，也未能从整体层面聚焦课程体系。此外，在核心专业课领域，课程在设计之初对专业各个方向的关注与考量少之又少。正如本次课题的设计主旨是助力乡村振兴，针对乡村方面的设计方向也在环境设计专业中占据一定的地位，但学生们在学校中很少能够系统地学习该方面的知识，这背离了全社会推动乡村振兴战略的大环境。同时在专业实践环节，学生在实习阶段受到诸多客观以及主观因素的影响，通常不会选择进入乡村开展实习活动，这也造成了现阶段很多学生不能对乡村有清晰的认知。

（2）教学内容综合性不够

环境设计专业在对乡村空间进行设计时，除了要考虑空间功能、布局、流线等因素，乡村的自然环境、人文环境以及当地经济、社会的发展等都需要被列在考虑范围之内。但在实际教学过程中，情况通常与这有所出入，由于将教学重点集中在对物质功能与空间形态方面，因此学生在设计时往往会存在过于依靠理论知识和主观意向的现象，不能对环境本身以及社会、经济、环境、人文等诸多方面进行综合考量，缺乏全面的分析，设计思维无法向外发散，进而进入设计误区并被困于其中。

（3）师资队伍专业性不足

当前很多地方高校在师资方面格外重视，投入大量物力、财力以及时间用以引进高水平的师资力量，提升学校教育质量，但在改革过程中仍存在诸多难点，地理位置、发展前景的局限使得现阶段师资力量仍未达到理想状态。地方高校通常通过博士招聘扩充师资力量，而这些达到要求的招聘者作为高层次人才，从毕业到入职基本从未离开过"学校"，工作经验以及乡村实践建设经验相对来说都比较欠缺。除此之外，一些已经工作的教师在传统教育的影响之下也多活动在城市区域，真正投身于乡村建设的教师仍是少数，对乡村各方面的了解也多是略知一二，不能真正扎根其中。这也就使得许多地方高校乡村专业教师出现缺口，师资结构失衡。教育专业环环相扣，上一环的缺失也导致下一阶段专业人才培养方面受到影响。

（4）实践内容关联性不大

我国综合国力得到提升以后，农业发展问题逐渐受到更多的关注，党中央明确提出"三农问题是重中之重"，然而随着科技、经济的飞速提升，互联网等新技术加速涌现，农业生产走向智慧时代，智慧农业发展前景大好，因此需要更多专业人才支持并推动乡村建设，为乡村发展走向智能化夯实基础。然而作为设计类专业，我们并未走在社会发展之前，引领作用更是发挥不足，实践内容偏离甚至落后于乡村发展实际，造成乡村在人居环境、生

态环境以及农业生产发展过程中处于窘境。若仍延续传统培养体系，学生走出校门以后仅凭所学知识难以真正把握乡村建设的相关知识，为乡村建设提供服务更是难以实现。因此，更加需要加强专业实践内容与乡村建设之间的关联性，使学生在乡村建设方面能够专业能力与实践能力并重，为乡村发展源源不断地输入真正可用的人才。

2. 4×4实验教学模式创新

（1）坚持问题导向

4×4实验教学始终坚持以问题为导向，选取乡村战略推进过程中真正遇到的问题，并将其作为课题选题，让学生真正走进田野开展现状调研，进而针对实际问题提出解决方案。这种教学模式真正将课程学习与乡村实践紧密结合，使学生在课题学习过程中主动发现问题，自主解决问题，以此提升学生综合实践能力。与传统教学模式相比，4×4实验教学不仅能够使学生更加直观地感受各地方高校教师的教导与鼓舞，更能够加深学生对国内乡村建设发展的认识，使其能够更加精准、深入地了解乡村发展所面临的实际困境，也有助于推动学生更加积极、主动地为我国乡村振兴发展提供设计方面的策略参考。

（2）引导自主学习

4×4实验教学对标传统教学模式，面对一些常常存在于传统环境设计教学过程中的问题，例如"忽略实践性和过程性""忽略普通用户需求"等问题，采取针对性优化措施。4×4实验教学在课题开题之初就先向同学发布课题任务书，使同学有足够的时间进行前期资料查阅与收集，真正了解场地背景，并对场地现状有初步认识。同时在面对疑点、难点时，能够预留出充足的时间向导师寻求答案，教师在这个过程中并非是单纯地向学生输出知识，而是学生自己掌握前进的方向标，教师在这个过程中只作为一个"传递者"的形象存在。这种角色的转换，使教师从传统教学模式中跳脱出来，将单向、片面、静态的被动教学模式转化成学生主动式的学习模式，使学生掌握学习自主权，更为完整地体验多条件下整合设计的过程，有利于学生理论与实践更好地结合。

（3）注重能力培养

伴随4×4实验教学的不断推进，学生在4×4实验教学中掌握学习的主动权，在课题之初运用自己所掌握的知识综合分析课题题目，实地调研过程中以实际问题为前进导向，寻找设计突破口，打破固有思维，综合运用设计策略，解决设计中所遇到的问题，最终对设计成果进行总结展示。通过课题的学习与实践，为学生营造了开放的学习环境，使其能够充分发挥主观能动性，主动接受信息和知识，提升系统分析能力，在学习过程中深入研究，勇于探索，同时提升合作意识和组织、沟通能力。

（4）强化实践效果

与传统教学模式相比，4×4实验教学有了很大的突破，更加注重学生思维模式的培养。通多实践教学，在掌握规范的设计技能基础之上，使学生打破原有的思维束缚，在培养艺术创意思维的同时构建更加完善的思维模式。这种新型的教学模式对环境设计教学而言，缓解了学生在原有教学模式下学习产生的思想禁锢，为其设计创作开辟了更为广阔的发展空间。就具体教学环节而言，在4×4实验教学课题的影响之下，对乡村建设以及城镇建设项目加以引入，使具有典型地域文化以及传统文化的乡村建设项目走进"学校"，依托行业企业资源的支持，通过实践课题等形式将新知识、新技术、新工艺、新方法更好地带入实践课堂，进而达到强化实践效果的目标。

四、4×4实验教学案例探讨

1. 4×4实验教学参与主体

4×4实验教学课题起源于2008年底，由中央美术学院王铁教授与清华大学美术学院张月教授发起，邀请天津美术学院彭军教授共同研究中国高等教育建筑与人居环境设计，并且由中国建筑装饰协会、高等院校设计联盟等单位主办，旨在打破院校间壁垒，坚持实验教学方针、落实培养人才的落地计划，改变单一的教学模式，迈向知识与实践并存型人才培养战略。

4×4实验教学课题已成功举办了十二届，今年是第十三届。此次课题由来自中央美术学院、清华大学美术学院、匈牙利（国立）佩奇大学、布达佩斯城市大学、山东建筑大学、四川美术学院、吉林艺术学院、西安美术学院、广西艺术学院、湖北工业大学、山东师范大学等中外高校组成。为环境设计学科提供一种新的教学模式，成为当前国内知名度较高的联合教学模式的典型代表，同时也反映了不同地方院校的教学水平和特点。

2. 4×4实验教学组织架构

4×4实验教学课题主要由设计选题（调研）、开题、中期汇报以及最终答辩四个核心阶段构成（表1）。

4×4实验教学课题的教学组织情况　　表1

	选题（调研）	开题	中期汇报	终期汇报
时间	3天	3天	3天	5天
指导教师	全程参与指导	分为室内、景观两组分别指导	分为室内、景观两组分别指导	室内、景观不分组
学生	室内、景观共同进行现场调研、测绘	分为室内、景观两组单独进行开题PPT汇报	分为室内、景观两组单独进行中期PPT汇报	室内、景观共同进行终期PPT汇报
教学方式	田野调查	分开指导、分组点评	分开指导、分组点评	学生汇报、导师组打分
教学成果	调研和测绘数据	确定设计及论文选题方向、论文大纲	初步设计、设计策略提出、论文框架完成	终期成果展板、汇报文件、出版文件

（1）选题调研

4×4实验教学课题的选题是经过课题组现场调研和讨论后而确定下来的，并在开题发布会前，对其进行可行性分析，明确开题阶段的工作内容，以及每一阶段的推进方式和教学目标。此次开题发布会是在海南大学举行，项目选址在海口市的道郡古村，在开题发布会上，课题组师生全部到场，由课题组组长王铁教授向全体师生介绍课题背景、选题概况和场地特征。会后，由课题组统一带领全体师生前往场地进行调研。调研结束后，各个院校将调研成果统一整理好，汇总到一起，通过云盘与课题组师生进行网上共享，极大地促进了不同学校和不同选题方向学生间的交流，提高了完成课题的效率。

（2）开题汇报

开题汇报通常在开题发布会后一个月举行，为期3天，此次开题是在山东师范大学进行，室内景观组学生分开轮流进行选题汇报，各院校导师交错指导，点评其开题方向及其存在的问题，师生共同探讨，指导学生。开题阶段前后经历了3天，汇报结束之后，综合各位导师的意见，由各校老师回校后分别指导学生进行毕业设计。本阶段的组织方式包括：学生汇报、导师点评、分组讨论和交流总结。

（3）中期汇报

中期汇报是在开题后的一个月进行，此次汇报的地点为西安美术学院，学生分组汇报，院校导师交错指导，中期汇报阶段主要是学生的方案生成阶段，学生在设计过程中遇到的问题，在此均可请教，与不同院校导师共同探讨，相互碰撞。同时，此次中期答辩的时间节点恰逢西安美术学院的毕业设计作品展，这也为前来参加4×4实验教学课题的师生提供了一次院校间相互学习交流的机会，使4×4实验教学的内涵更为深入人心。同时为了更好地为终期答辩做准备，在中期答辩之后又进行了一次线上的进度汇报，其组织方式同线下的基本一致：学生汇报、导师点评、交流总结，其主要目的还是督促学生，使其作品能够更好地达到课题组的要求。

（4）终期答辩

终期汇报是此次课题中最为重要的一个环节，在山西传媒学院进行，相较于前几次，终期答辩多了学术论坛、成果作品展、颁奖典礼、民居调研等学术活动。在学生成果汇报环节，室内与景观合成一组进行成果汇报，每人10分钟，导师只打分，不做指导点评。同时为了激发学生的学习热情和加强联合教学的示范交流，在终期答辩会后，根据导师的评分，评出一、二、三等奖，以此来激励学生，同时对4×4实验教学课题成果进行出版，促进学习交流。

3. 4×4实验教学的优势

环境设计教育在发展的过程中越来越强调学科及其专业之间的交叉融合、院校之间的交流合作，4×4实验教学课题则为院校间创造了这样一个平台，课题组师生彼此学习、共同提高，院校与导师在教学模式和教学方法上相互交流与借鉴，相互渗透、彼此结合。

（1）激发学生学习热情

4×4实验教学以促进学生间交流为主旨，从最初的集体调研，就有目的性地将不同院校景观、室内组的同学安排在一起，通过共同协作，高质量、高效率地完成了调研资料的汇总，加强了不同院校间学生的交流与合作，激发了学生学习的热情。并且今年尤为特殊，受到新冠疫情的影响，4×4实验教学采取了线上和线下两种交流模式，不让任何一位同学因为疫情原因而掉队，这也在一定程度上推动了互联网教学的发展。最终的学生成果展以及论文集作为信息反馈的最直观的环节，不仅提高了课题的广度和深度，也增强了对自己所学专业的信心，大大激励了学生今后的学习热情。

（2）拓宽教师学术视野

4×4实验教学由国内外各高校中具有良好教学、科研和实践能力基础的导师队伍组成，由于各个导师专业方向与研究内容不同，在对学生团队进行点拨、点评与引导时能够从各自的学科背景出发，将各自的教学、科研水平，理论、实践能力反映到对学生的指导过程中，在4×4实验教学课题这个平台上，各校教师能够充分交流，从多视角、多层次中获得课题不同的创意实践，全面分析课题实践的可实现程度，拓宽教师的学术视野。每年一换的课题任务对于教师来说既是机遇，也是挑战，这就要求教师充分完善相关的知识储备，不断增强自身的专业技能的广度和深度。

（3）提升实践教学质量

传统教学往往具有重理论、轻实践，重教师、轻学生的现象，在4×4实验教学课题中，学生以基地为起点，通过教师的指导和辅助，不断将自己的设想和创新思维通过辩证的论证过程付诸实践，在实践的过程中发现问题、解决问题。这样的实践过程很好地弥补了高等教育实践教学体系存在的不足，为现有教学体系的改革与发展奠定了基础，也为今后各高校之间开展更为广泛的交流打下了良好的基础。

五、结语

4×4实验教学经历了十三年的积极探索，在教学思想以及组织方法方面不断完善，使本专业相关人才的培养得到了提升，同时大力推动了环境设计教学的发展，对学生质量提高、师资水平提升、教学模式创新起到了积极的促进作用，是一次有益的尝试，同时也在全国范围内为高校环境设计专业教学提供了参考与借鉴。从另一种层面讲，4×4实验教学也作为一场优质、高效的教学活动，为参与课题的学生提供了一个更好实现自身价值、履行社会责任的平台。

4×4实验教学在介入乡村振兴战略的过程中，更好地发挥了国内不同高校环境设计专业的课程优势，有助于在乡村建设时尽可能达到更高质量、更低成本的设计目标，同时使更多村民参与进来，加强村民对乡村的认同感，加大媒体宣传力度，从而更进一步提升了乡村在社会上的关注度，起到促进乡村振兴的作用。但是在全面实施乡村振兴战略的背景下，各高校如何充分发挥专业优势，助力乡村全面振兴和可持续发展，仍需要不断地探索与实践，需要学界同仁在我国国情的基础之上协同合作，整合、优化环境设计专业教学体系，以便为我国乡村振兴战略背景下的乡村发展提供更优选择和更强动力。

正心明道、合众共赢
——"4×4"实践教学课题对山东师范大学环境设计专业建设的促进

Correct Attitude, Understand the Trend and Unite for Win-Win Results
—The "4×4" Workshop Promotes the Construction of Environmental Design Discipline in Shandong Normal University

山东师范大学美术学院 / 设计系主任
山东师范大学城市设计研究院 / 院长　李荣智

Director, Department of Design, Academy of Fine Arts, Shandong Normal University
Dean of Urban Design and Research Institute of Shandong Normal University
Li Rongzhi

摘要：作为中国环境设计专业教育史上的奇迹和典范，"4×4"实践教学课题已经深耕了13年，成长为一个国际化、现象级的环境设计专业实践教学课题，在课题组负责人王铁教授的领导下形成了鲜明的核心理念和价值，归纳起来可以概括为"正心明道、合众共赢"，即秉承初心探索环境设计教育规律、聚拢英才团结一心，最终打造了一个国家、社会、院校、企业、教师、学生多方共赢的学术平台。"四校"平台长期以来行稳致远，取得了丰硕的成果，不仅促进了参与院校的学科建设和专业教育水平稳步提升，而且对中国乃至世界高等院校的环境设计教育产生了长远而深刻的影响。山东师范大学环境设计专业参与课题10年以来，在专业建设方面得到了全方位提升与进步。

关键词："4×4"实践教学课题；核心理念；正心明道、合众共赢；设计专业建设

Abstract: The "4×4" workshop which is a miracle and model in the history of environmental design education in China has been deeply cultivated for 13 years, and has grown into an international and phenomenal practical teaching project of environmental design. Under the leadership of Professor Wang tie who is the head of the research group, the "4×4" workshop has formed distinct core concepts and values, which can be summarized as "Correct attitude, understand the trend and unite for win-win results", That is, adhering to the original intention to explore the law of environmental design education, gathering talents and unite as one, and finally build a win-win academic platform for the country, society, colleges, enterprises, teachers and students. The "4×4" workshop has been stable and far-reaching for a long time, and has achieved fruitful results. It has not only promoted the discipline construction and professional education level of participating colleges and universities, but also had a long-term and profound impact on the environmental design education of colleges and universities in China and even the world. The environmental design major of Shandong Normal University has participated in "4×4" workshop for 10 years, and has achieved comprehensive improvement and progress in the discipline construction.

Keywords: "4×4" workshop, Core Concept, Correct Attitude, Understand the Trend and Unite for Win-Win Results, Construction of Design Discipline

一、"四校四导师"的核心理念与价值

1. 正心——秉承初心，为中国环境设计教育的发展而倾注心血

2008年初冬，王铁教授、张月教授、彭军教授等课题组核心带头人认识到中国环境设计学科教育现状与发达国家之间的差距，基于环境设计作为一门新兴学科，其教学体系和人才培养模式呈现出创新实践能力不能与社会发展和行业人才需求相匹配的痛点，在共同的教学核心理念下达成共识，创建了"四校四导师"实验教学基础框架。经过不断地探索和实践，打破院校壁垒，选择国内知名大学学科带头人和优秀企业实践导师搭建课题组，尝试制定统一的教学计划，在规定的时间内完成本科和硕士毕业生实践教学课题。13年来导师组团结一心，众志成城，利用课余时间组织教学、指导点评、检查进度、答疑解惑，足迹遍布我国大江南北和欧亚大陆，用生命和热情谱写设计教育的壮丽篇章，充分体现了师者的仁爱之心、师德的忘我无私、师风的坚韧厚重，达到了为教育立心、为学生立术、为专业立本、为后辈立榜样的宏大格局。

2. 明道——认清环境设计教育本质，立足国家战略探索课题教学与实践规律

"4×4"实验教学课题组自立项以来始终以服务国家战略为己任，选题围绕政策热点，从新旧动能转换到城市更新，从"一带一路"到乡村振兴，历年来通过参加各类重大实题项目拓展学生的学识水平，打破院校之间的教学壁垒，以空间美学的意境意象美为设计的目标，推动学生创新能力和审美素养的提升，为学生全方位发展奠定了基础，为社会培养了经济发展所急需的设计人才。始终秉承"开放拓展、交流共享""创新的价值在于实践"的教学理念，不断探索学理化教学模式，研究实践教学规律，在培养学生的同时对课题组青年教师起到了"传、帮、带"的作用，不但为课题组打造了传承有序的人才梯队，同时以点带面，将课题组的治学经验和教育理念传播到全国的专业院校。

3. 合众——聚拢英才团结一心打造课题平台

"4×4"实验教学课题组搭建了高校之间、高校与企业之间的交流平台，从多角度不断探索与实践研究型与应用型设计人才的教学模式，形成了高质量的教学联盟体系，迄今为止已有中央美术学院、清华大学美术学院、四川美术学院、西安美术学院、武汉理工大学、匈牙利佩奇大学、美国丹佛州立大学等国内外二十多所知名院校加入课题组，国外院校的加盟为国家"一带一路"战略增加了新的切入点，搭建了国际学术深入紧密交流的平台，一方面为课题组师生增加了全球视野，另一方面也让更多国家更好地了解中国发展，对树立大国形象起到积极作用。导师团队是"4×4"实验教学课题的另一大特色，历年来引入一线设计精英深度参与教学实践活动，像吴晞、姜峰、梁建国、戴昆、石赟、琚宾、曹莉梅等业内著名的设计大咖长期深入介入课题教学活动，对激发学生的学习兴趣、提升学生的专业能力起到了偶像级的示范引导作用。

4. 共赢——国家、社会、院校、企业、教师、学生全面受益

"4×4"实验教学课题之所以成为现象级的高等教育实践教学典范，很重要的一方面就是真正实现了"共赢"。这种共赢是多维度的，于国家来讲是真正把国家"新旧动能转换""城市更新""一带一路"的国家战略落到实处；于社会来讲是弘扬了师德师风，以真诚的社会责任感投入高等教育事业，历时13年兢兢业业的无私奉献，树立起高等教育的丰碑；于院校来讲是打破了院校之间的壁垒，深入合作交流，共同进步，形成合力，加强专业建设；于企业来讲是源源不断地输送最优秀的环境设计人才到设计一线，成为企业发展壮大的主力军；于参与教师来讲是通过实践教学活动取长补短、教学相长，向王铁、张月等前辈教授学习他们的优良品质和严谨学风、深厚的学养；于学生来讲是获得了人生中最宝贵的经历，提升了专业眼界和设计能力，甚至通过参加"4×4"实验教学课题改变了他们的人生。

二、"4×4"实践教学课题对山东师范大学环境设计专业建设的促进和提升

山东师范大学环境设计专业自2012年来，已参加了10届创基金"4×4"实验教学课题，逐步从参与院校成长为核心院校，受益于"4×4"实验教学课题的核心理念和价值的深刻影响，师生通过参加课题教学，丰富了学术视野，提升了专业境界，人才培养质量和水平持续提高，依托中国建筑装饰协会、山东省装饰协会、山东省室内设计行业协会积极参与各项论坛、专业竞赛、社会服务、行业标准制定等学术活动，逐步扩大山东师范大学环境设计专业在国家和省域的影响力。

图1　2021年5月21日山师美术学院设计系主任李荣智主持开题报告会开幕式

图2　课题组师生与山师校领导在文化楼前合影

1. 服务国家和区域发展战略、探索人才培养模式

山东师范大学环境设计专业发展在服务国家和区域发展战略、探索人才培养模式方面取得了显著成绩。环境设计专业领域契合国家新旧动能转换、美丽乡村建设、老龄化趋势下适老性空间设计、文旅融合区域经济和山东省城乡发展一体化战略,山东师范大学环境设计专业历年来牢记使命,不忘初心,致力于服务社会,取得了丰硕成果。近年来,教学团队在社会服务方面勇于担当,承担了社会各界交予的设计任务,2016年11月与山东省互联网集团合作完成山东省委宣传部、中国孔子基金会的重点项目"儒家文化数字展馆";2017年3月为济南药谷产业园提供设计服务;2017年12月受山东省人民政府办公厅委托为菏泽市曹县朱庄寨村进行设计扶贫工作;2019年7月为平邑县流峪镇苗泉村提供美丽乡村建设设计服务;2020年4月为临沂平邑县流峪镇邵家岭村提供美丽乡村建设设计服务。2020年与山东省黄氏集团合作为济南市天桥区政府提供"五柳岛红色主题公园"设计服务;2021年4月为潍坊市寒亭区政府提供《潍坊市寒亭区地域文化符号提炼及应用策略研究》研究报告。

图3 山东师范大学课题组师生与王铁教授合影

2. 教学团队建设

在课题组带头人王铁教授、张月教授、彭军教授的无私帮助和大力支持下,山东师范大学环境设计学科带头人担任了国家行业协会、省级行业协会会长、副会长、智库专家等职务,定期与协会开展学术活动,为企业提供学术及技术支持,深化产教融合。教师科研团队在科研项目方面,共荣获国家级、省部级项目六项:国家社科基金艺术学项目"城市地标——城市历史遗存空间文化价值和复兴策略研究"(2016年);国家艺术基金艺术人才培养项目"设计助力美丽乡村建设的创新设计人才培养"(2019年);教育部人文社会科学研究项目"基于景观感知分析的城市滨水慢行空间景观设计与评价研究"(2019年);山东省实验教学研究重点项目"基于虚拟仿真实验的环境设计专业实验教学改革与实践"(2020);山东省专业学位研究生教学案例库建设项目"艺术振兴乡村创新实践"(2020);山东省本科教学改革项目"智慧教学环境下基于大数据分析的精准教学实践研究"(2021)。在高层次著作出版、论文发表及科研成果获奖方面获得丰硕成果,在国内外产生了重要影响。

加强规章制度建设,完善学校、学院、专业三级监督机制,建立教学监督、考核与评估度等系列规章制度,健全教学规范和教学管理流程,注重"教师教学质量"和"学生学习质量"的量化评价,采用学生评教、领导听

课、同行听课、督导员听课等课堂教学评价，实施教学有效监督。根据学科发展和社会需要，及时调整和完善培养方案，强化专业实践教学环节，加强专业基础教学和创新能力培养，并邀请同行专家参与培养方案的制订和审核。完善教学管理，建立教师帮扶引导机制，定期召开集体备课、说课、听课督导等教研活动，加强教师之间的经验交流与学习。

充分利用学科优势、平台优势和社会资源优势，探索打造创新型环境设计人才培养模式，多位教师获得中国建筑装饰卓越人才计划奖优秀指导教师，教学论文被收录发表于课题论文集，葛丹、刘博二位老师依托"4×4"实验教学课题平台获得匈牙利佩奇大学博士学位，为山东师范大学环境设计教师团队建设提供了巨大支持。

3．人才培养方面

学生参与的社会实践项目，以大学生科研计划、大学生创新创业项目等方式延续到课程之外，近年来共有11个国家级大创项目、16个省级项目、22个校级项目获批，其中师美文创设计扶贫项目获得山东省"互联网+"大学生创新创业大赛中国获得省级金奖、银奖。先后有多位同学获得省级、校级优秀学士学位论文，获得省级以上的学科竞赛奖项，亓文瑜和赵璇、付子强同学获得中国建筑装饰卓越人才计划奖一等奖荣誉并获得赴匈牙利佩奇大学攻读硕士、博士研究生的资格。2020年，米怀源、张琦月等学生参加第六届中国国际"互联网+"大学生创新创业竞赛，荣获金奖，获得了历史性突破。

2019～2021年山东师范大学环境设计专业毕业生就业率达到92%以上，2018年就业率100%。产学融合的人才培养模式下，学生的实践能力培养与社会就业市场需求实现对接，学生通过实验室和工作室的实践教学提高了对基本问题的认知能力，通过假期的社会实践活动和调研活动提高了对实际问题的解决能力，通过到企业实践基地的实习提升了综合的工作能力。

三、结语

回首过去收获满满，遥望未来信心百倍。山东师范大学环境设计专业将坚定地围绕以王铁教授、张月教授为核心的"4×4"实践教学课题活动，继续承担作为核心院校应该起到的积极作用，夯实现有的"4×4"高校环境设计联盟学术交流平台，作为山东环境设计专业高等教育与全国、全世界高等院校交流的基石，推动山东省环境设计专业发展。开拓师生学术视野和实践能力，为"一带一路"、打造乡村振兴齐鲁样板、城市更新等国家战略和省域经济建设发展贡献力量。

4×4国际合作新篇章
The New Chapter in International Cooperation of 4×4 Workshop

佩奇大学工程与信息学院 / 金鑫 助理教授
University of Pecs, Faculty of Engineering and Information Technology
Dr. JIN Xin

摘要：4×4课题国际学术合作与交流是高等教育全球化的重要体现。近年来，随着全球化的不断推进，在各个层面的国际学术交流活动十分活跃。中外联合课题是高校国际学术流动的一种重要形式，4×4课题不仅打破了国内院校间的壁垒，更是邀请了来自匈牙利、美国、德国的4所高校，从不同视野交流学术观点，共同完成一个题目。在半年多的课题过程中，不同国家、不同院校的学生，对于同一个题目，提出了各自的观点和方案，得到了不同知识背景、不同国家教授的指导建议，这对于学生的课题成果是一次巨大的提高，对于学生本人也是一次宝贵的经验。在特殊的新冠疫情期间，我们采用了线上线下结合指导、交流的方式完成了本届的课题。本文将研究视角聚焦于课题的国际化合作模式，从课题合作经验及未来合作探索两个方面来探讨课题组师生在中外联合课题中获益的情况，为中外联合课题国际合作的成效研究提供一个新的视角和模式框架，为当前及未来以课题为依托的国际学术交流合作提供依据。本文通过深入思考，对课题现状进行了总结并对未来的国际合作做出了规划。

关键词：国际学术交流；课题现状；学位教育合作；挑战

Abstract: International academic cooperation and exchange on 4×4 workshop is an important embodiment of the globalization of higher education. In recent years, with the continuous development of globalization, international academic exchanges at all levels are very active. Sino-foreign joint topic is an important form of international academic flow of colleges and universities, 4×4 workshop not only broke down the barriers between domestic institutions, but also invited four universities from Hungary, the United States, Germany, from different perspectives to exchange academic views, and jointly complete a topic. In the course of more than half a year, students from different countries and different institutions, for the same topic, put forward their own views and programs, with different knowledge background, professors in different countries guidance and suggestions, which is a huge improvement for students' subject results, for students themselves is also a valuable experience. During the special outbreak, we used the online and offline combination of guidance, communication to complete this session of the project. This paper focuses on the international cooperation model of the subject, from the experience of the subject cooperation and the exploration of future cooperation to explore the situation of the students and teachers of the subject group to benefit from the joint topic between China and foreign countries, to provide a new perspective and model framework for the effective research of sino-foreign joint research, and to provide a basis for international academic exchanges and cooperation based on the subject at present and in the future. Through the author's in-depth thinking, this paper summarizes the current situation of the subject and make plan for future international cooperation.

Keywords: International Academic Exchange, Status of the Workshop, Degree Education Cooperation, Challenges

一、国际学术合作探索

自2014年起，4×4课题开启了与匈牙利佩奇大学工程与信息学院的学术合作。由我牵头引荐当时的佩奇大学工程学院院长巴赫曼·巴林特教授参观课题组长王铁教授的工作室，两人在建筑设计、教育理念等方面进行了深入探讨，共同的经历和对教育的理想使两人一见如故，成了终身的挚友。受王铁教授邀请，同年春天，佩奇大学工程与信息学院副院长迈德维奇·高比·瑞拉女士、建筑系主任阿高士·胡特先生携4名学生首次参加了2014年第六届"四校四导师"实验教学课题。到2021年为止，佩奇大学已经参加4×4课题八年了，在此期间，有十多位教授参与了课题并到中国参加了课题活动；参与到四校课题的匈牙利学生近40人。而因为这样的国际交流，课题组也往佩奇大学输送了大量的硕士、博士和青年教师，成为以课题组为依托的国际交流合作的成功典范。

在与佩奇大学成功合作之后，四校课题组又相继与美国州立丹佛大学、布达佩斯城市学院、德国斯图加特大学建筑与城市规划学院密切合作，不断地为课题组注入新鲜血液。这些学校所擅长的领域涵盖了工程、建筑、艺术设计等不同领域，学科之间的碰撞，为课题组带来了更加丰富的教学维度。

经过了长期的合作，最大的成果就是人才的培养、输出、回归的一个正能量循环。早期参加课题组的优秀学生，通过课题，到欧洲深造学习，取得硕士或博士学位，如今他们已经成长为新一代的年轻教师，并带领学生又参加到4×4课题当中。作为国际合作的推动者，每当看到学生们的成长，心中的感动和幸福感便会化为一种更强劲的力量，促使我更加努力地做好这份工作。

二、4×4课题面临的挑战

经过了十多年的实践，4×4课题不断自我完善，追求卓越，始终保持鲜活的生命力，在后疫情时代，我们也面临着新的挑战。

由于信息技术社会和行业的快速变化，技术进步和创新，工程学领域发生了根本性的变化。建筑专业的高等教育面临着变革的压力：（1）应对日益减少的资源（项目）和学生人数增加；（2）满足不断发展的建筑业需求；（3）帮助学生做好适应社会变革的准备，并且准确找到自己的职业定位。简而言之，是要培养新的具有良好职业素养的人才。

1. 生源和师资的变化对于原有课题的模式已经产生了一些不兼容的情况，课题组的生源比原来更加多元，有应用类的本科生，有硕士研究生，有理工科类的学生，也有艺术类的学生，而教师团队也随着王铁教授多年的努力，呈现出日益年轻化、国际化、高学历化的特点，这对4×4课题组来说是团队的优化，但由于年轻教师团队还尚未成熟，缺乏经验和综合能力，所以对于整个课题组来说也是十分大的挑战。

2. 新的历史时期对于已经进行了十多年的课题有了新的要求，我们更应该深刻去思考自然、环境、生态、能源等问题，作为建筑专业的高等院校团队，如何培养能够为未来人类命运共同体解决问题的新一代建筑师和设计师将是我们的主要思考方向。

3. 工科学生需要为行业和专业快速变化的需求做好准备，以使其在职业生涯中更具适应性、灵活性和多功能性。近年来已经进行了研究，如今的工程专业毕业生需要具有较强的沟通能力、团队合作能力以及对涉及其职业的各种问题（例如社会、环境和经济问题）有更广泛的了解。4×4课题基于学生个人的建筑专业技能，定期进行现场讨论和汇报演讲，为学生们以四至五个月为一个周期全面解决设计问题，让学生进行有关结构（形式/力/材料）和建筑表面（分层/表达/性能）的学科讨论，为未来进行正式的设计项目打下踏实的基础。

三、疫情期间的课题现状

2020年因为新冠疫情的关系，4×4课题从线下课题汇报改为以线上汇报为主，以各校小范围线下指导、讨论为辅的方式，进行了线上教学会议与线下辅导相结合的教学模式的初步尝试。2021年，国内疫情得到了整体上较为乐观的控制，但欧洲疫情仍处于病例不断增长的阶段。为了配合国家的防控要求，境外院校的师生仍然不能到中国参与课题，而中国院校的师生也无法去匈牙利，两年来，国内外课题组的师生无法面对面交流。加上各地区偶发疫情，今年我们只能采取国外和国内个别院校线上、国内大部分院校线下会议结合的方式完成了今年的课题。

科技的发展为我们的课题创造了奇迹，多平台的网络教学软件为我们的教学提供了有力的支持，避免了很多教授和学生在这个"特殊时期"因疫情原因不能参加课题的遗憾，同时，我们也在不断地摸索和适应"互联网+"教育的新的模式，能够发挥其最大优势，同时也在摸索如何弥补现场教学活动的缺失。令人感动的是，课题组的教授们积极学习网络教学的新软件，在很短的时间内掌握了多个线上软件，虽然他们有的已经年过花甲，可是丝毫不输00后和90后的学生们。

当然，经过两年的境外院校的线下缺席，我们也实实在在感受到很多痛点。

1．第一个痛点，因为课题的题目选址都在中国，境外学生无法进行现场调研。在进行课题初期的调研和资料收集过程中，对于境外院校的学生第一个痛点就是无法亲身体验当地的人文、气候等因素。即便我们通过无人机、相机等设备对现场进行了无死角拍摄，运用实地测量、调查问卷等多种调研方法，并把全部资料整理分享给匈牙利的学生们，但由于没有切身直观的感受，学生们在设计过程中，始终会忽略很多实际因素。

2．第二个痛点，是大文件的传输。由于国外大部分国家使用的网络体系以谷歌为主，无论是邮件、网络教学平台还是网盘，都是基于谷歌体系的，而这个体系在中国是无法打开的，所以在沟通、传输资料的环节，总是会出现不畅的沟通体验。而我们国内常用的腾讯、百度等网络平台，境外用起来也并不顺利，有时无法下载，或是有流量限制，等等。

3．第三个痛点，相比于线下的面对面交流，线上的课题过程中，除了通过设计作品的互相观摩和学习，国外的学生和中国的学生几乎没有语言上的交流，即使在同一个"群里"，但仍然零交往。这就对国际交流的初衷大打折扣。

4．受到疫情的影响，课题组不能像以前那样到匈牙利亲身体验和考察，学生对于出国继续深造多了顾虑和困难，所以留学人数大幅度降低。而国外的教授也无法参加中国的短期课题活动和设计项目当中。国际合作深度受到前所未有的影响。

在疫情期间的课题过程中，我们通过积极的沟通和多方面的努力，部分问题已经得到有效的解决，有些还没有解决的问题也会在未来或是随着疫情的结束而消失，又或是通过更加有效的方法进行优化。

图1　双博士项目线上会议

图2　王铁教授与巴林特教授签署中匈高等院校学术合作协议

四、开启新的4×4国际合作

经过7年的国际合作积累经验，在探索中不断积累、不断磨合，打造出共赢的国际交流与合作平台，通过课题储备能量，教师间沟通往来，培养模式已经进入常态化，七年里先后输送优质生源留学佩奇大学攻读博士研究生学位。从中国建筑工业出版社出版的成果中，七年里课题组完成50多篇论文和设计课题，从多角度验证了中外高等院校合作的高质量和学术价值，为深度合作架起广域平台，下一步将着重以下几个方面：

1．计划在2022年启动佩奇大学工程与信息学院中国博士工作站。工作站运行由佩奇大学博士院院长巴林特教授，佩奇大学博士院导师、中国中央美术学院博士生导师王铁教授共同管理，佩奇大学教师金鑫助理博导协调全面工作。在常态招生的同时，拓展平台建设，为中国在校的在读博士生提供双博士学位培养模式。考核方式：中国高校的在校博士生，完成前两年博士阶段所有公共课程并取得全部学分，博士毕业论文开题通过了的学生，经学生的中国博士生导师向课题组推荐，可参加双博士项目的考核。通过国内和国外的学习，可以同时获得到中国和欧洲教授们开设的课程，进一步说可以根据自己的研究方向到欧洲实地考察，搜集研究资料，与欧洲相关领域的教授和学者深入交流，探索研究他们博士阶段的课题。完成学业并取得优秀成绩的学生可获取中国博士学位和匈牙利的博士学位，即双博士学位。中国博士工作站为国内高校教师提供访问学者、短期教育项目和博士学位攻读的长期教育项目，通过深造，为中国高等学校引进欧洲的优质课程资源和教学方法全方位架桥。

2．提供与国内高校开展本硕士学位的连贯性教育项目。目前，佩奇与中国高校在本硕层面的合作有3+3、2+4和4+2不同类型，经过5年的实践和经验总结，4×4课题组和佩奇大学共同计划开展3+1+2的合作项目。具体内容为参加国际班的中国高校学生前三年完成本校的所有课程学习并取得学分，第四年要同时完成本科毕业设计和论文，还要完成佩奇大学的预科班部分课程，在预科班通过一年英文授课，适应欧洲的教学体系，了解掌握学习方法，通过外教的长时间授课与交流，提前适应英文授课。预科班为学生提供了中国和欧洲、本科和硕士阶段学习的无缝连接。本项目通过引进国外教授和优质教学资源与中国高校在学科建设和课程体系上合作更加紧密，今后将不断为中国本科学生提供本硕连读学位和教育项目，学生在本科阶段后期可以同时完成部分由佩奇大学教授亲自授课、拿到欧盟认可的学分，无须额外的雅思考试就可以进入佩奇大学完成硕士阶段的学习，毕业后学生取得中国的本科学士学位和匈牙利佩奇大学的硕士学位。弥补了国内部分高校没有硕士点的遗憾，中国博士工作站同时鼓励参加课题院校的年轻教师到佩奇大学访学，攻读博士学位。为学生和教师提供服务，双管齐下，是博士工作站的价值；提高青年教师学术水平和学习机会是佩奇大学中国博士工作站的初心。

3．组建匈牙利佩奇大学工程与信息学院在中国的人才库，并且和中国国家级行业协会、企业进行深度合作，为中匈两国学生和教师提供实践项目平台，为提高人才的就业提供机遇。回顾七年来的中匈两国高等院校合作，高质量学术交流和积累是共同的财富，课题组先后与佩奇大学培养了40多名硕士和博士，目前已有半数完成学业，获得毕业取得学位，有的留在欧洲继续深造或者工作，有的选择回国工作在高等院校。最典型的是从本科开始到硕士研究生，再到博士研究生，最终成为到高校教师，这就是4×4课题的价值。合作共赢是工作站的初心使命，今后将为更多的学生们提供更加宽广的实践平台和服务新项目，架起中匈两国不断探索高等教育新未来，让中匈两国学生们参与更多的国际学术项目当中，为中匈两国教育和企业提供优质的高校专业团队和优秀的实践者，不停止地探索双赢合作模式。

平行实践课程在环境设计专业课程体系中的研究
The Study of Parallel Practice Courses in the Curriculum System of Environmental Design Specialty

西安美术学院 / 周维娜 教授
Xi'an Academy of Fine Arts
Prof. Zhou Weina

摘要：通过传统材料建构课堂教学新模式，以实践为核心进行实验性教学改革。展现传统建筑材料在地方物质文化传承中文化物态的空间设计，挖掘流转文化载体中空间设计所能表现的本体物态语汇，在课堂教学中拓展社会秩序内里文化生长基因的设计及文化传承，将激发学生的空间设计创作意识和培养学生的创业精神作为教学目标。

关键词：环境设计；课程体系；创新；实践

Abstract: The new model of classroom teaching is constructed through traditional materials, and experimental teaching reform is carried out with practice as the core. Show the traditional building materials in the local material culture heritage culture of state space design, mining circulation space design in cultural carrier and the ontology of state of vocabulary in the classroom instruction to expand the gene design of cultural growth and cultural heritage, in social order, will stimulate the students' space design creation consciousness and cultivate the students' entrepreneurial spirit as the teaching goal.

Keywords: Environmental Design, Curriculum System, Innovation, Practice

平行实践课程在环境设计专业课程体系中的研究，是相关高校课程体系整体优化与教学内容改革的研究与实践。目的是响应国家战略"创新创业融入人才培养，切实增强学生的创业意识、创新精神和创造能力，厚植大众创业、万众创新土壤，为建设创新型国家提供源源不断的人才智力支撑"。以专业知识和技能传授为载体，以行业发展、产业升级为引领，促进学生从自身知识和技能出发，发挥专业的智慧和优势，激发学生设计创作的激情，进行高校课程体系整体优化与教学内容改革的研究与实践。

提出平行教学概念是以环境设计专业系统教学为主体，在其外部生成一组贯通人才培养全过程的实践课程群，构成两条内容联动、形式互补、目的一致的并行培养通道，进一步优化环境设计专业课程体系。

西安美术学院环境设计专业多年来将目光聚焦于传统文化保护工作，致力于推动西部地区环境设计文化的可持续性发展，倡导传统营建文化与人居环境研究的成果转化，积极开展材料学科研究，促进传统文化在学科纵深层次的研究，探索传统文化历史传承和发展的学术研究方法与提取手段，进一步推行双创教学模式。将激发学生的设计创作意识和培养学生的创业精神作为教学工作的重点和落脚点，践行真正意义上的创新创业型人才培养，努力实现创新型国家建设目标。西安美术学院环境设计专业在艺术设计类院校实践教学模式及运行机制的创新研究中，构建了一套集价值观、技术观、方法论等为一体的，能够体现学院特色的新体系，论证了实践教学模式的方法性和科学性，完善了管理运行机制的职责分工及规范界定。

一、平行实践课程在环境设计专业课程体系中的研究情况与过程

1. 研究的方式

初始课题组对实验材料进行实地考察——走出去；邀请四川宜宾当地的工艺美术大师进课堂，外邀了日本丸山新也教授进行教学指导，与环境设计专业授课教师共同设计和优化课程设置及教学内容，并在后续教学中融入了不同的研讨方式，以吸收、融合不同的教学声音——请进来。整体课程设置在"动态教学"中实现了知行合一，总结和优化了环境设计专业课程体系。

2. 研究的作用

平行实践课程的内容与现有环境设计专业课程体系并行设定，以同期课程介入或工作坊等方式开展教学活动，对标环境设计专业课程体系中建筑空间构成与创意、公共建筑设计原理、声光环境设计、家具设计与制作、建筑结构与造型设计、材料与工艺、空间环境陈设设计、城市公共艺术设计、场地规划与设计、建筑设计等专业基础课程，是对现有教学研究的一个推进及对整体课程体系的运行优化。学院在教学改革中以系列材料设计研究为切入点，采用新材料、新实践、新实验课堂教学新模式，提高了学生的空间形态表现能力与设计创新能力，推动了平行实践课程在环境设计专业课程体系整体优化中的作用。

3. 研究的内容

研究的内容主要分为基础编织方法探析、竹编材料空间设计和竹材料空间搭建。将传统竹编非遗技艺引进课堂，目的在于让学生学习和掌握传统工艺技术，以及从平面编织到三维立体空间的转换技能。竹编立体微空间探究成为该项目研究实验的一个关键点，教师可以结合空间设计方法和学生掌握的空间理论知识，指导学生顺利完成艺术空间实体的搭建设计。针对基础研究材料对象方法的探析，教师应将材料形态空间的设计与相关课程体系相结合，把传统非遗技艺引进课堂，这样不仅能够帮助学生学习并掌握传统技艺，还能够使教师在实施创新教学和创业实践的同时，实现从材料的平面特性到三维立体空间的转换，达到环境设计专业课程体系中立体空间设计探求课程升级的目的，这也将成为该课题实验研究的一个关键点。笔者结合自身多年的教学经验，对环境设计专业课程的开展进行了积极的探索。

4. 研究的特色

（1）传统为因。传统竹文化中所蕴含的自然之美、和谐之美和艺术之美属于东方传统美学范畴，"因"也是对传统文化"基因"的承载，在"物态"基础上重视"意象"的文化表达，还包括对东方审美文化气质、思维、观念及生活行为方式的传承，这些因素都是设计中不可或缺的文化因素。

（2）物化为果。环境设计专业课程以传统平面编制为生发点，根据竹材料的特性，与设计语言相交汇，一方面是对竹材料空间形态的设计生成，另一方面是对竹材料装饰界面的直观应用，提升了竹材料本身的多层级效用。

（3）场域美学。空间形态作为场域的观念更甚于以平面材料为单体的对象，即形体作为美学对象转向空间形态的社会空间关系，从"因"到"果"是在材料属性嫁接传统文化的基础上生成的，是以材料单体为研究对象的启发式教学介入。

（4）问题意识。问题意识是对材料起始的发端与终极的思考，是以材料为切入点思考"识""知""思""行"四部分的衔接，使学生明白读什么、知什么、怎么做、如何做，通过问题意识引导学生生成设计方案，挖掘学生潜在的设计能力。

研究环境设计专业课程有助于优化当前已推行的课堂教学新模式，以及创新创业实践教学中联合教学导师的培养、创新创业实践导师制度的完善、协同育人与社会需求之间再优化的课程设置结构调整问题。

二、平行实践课程在环境设计专业课程体系中以竹材料为切入点的研究

1. 研究思路

学院根据创新创业改革要求，协同实践单位构建了合作育人新机制，通过校企合作，以期建立更加完善的教学、科研及实践体系，通过双创教育，增强对学生精神层面的引领作用。通过创新机制改革，学院在环境设计专业课程体系建设中的创新实践能力得到明显优化，多项实践项目成功落地，双创教育平台资源进一步得到丰富，毕业生创业和就业情况得到明显改善，进一步实现了高校为国家提供创新型人才的培养目标。

2. 传统竹编文化解读

（1）未知（待知领域）。竹制农用物品遍布人们生活的各个方面，民间工艺的造物对象并不是脱离审美特征的独立存在，更多的还是存在于农耕、养殖、竹纸、竹瓦等现实生活，"竹"作为器物美学的体现，是将生活与美学完美结合的产物。

（2）初知（传统器具）。竹编工艺与人们的衣、食、住、行关系紧密，对人们的生活方式有重要影响，从传统文化角度来说，竹编工艺实现了人们对实用美学的追求。如竹制建筑、竹制家具、竹制饰品、竹制器皿、竹制农具等，都在人们的生活中扮演了十分重要的角色。因此，竹编成为设计应用与现代设计美学紧密结合的一个实践课题。

(3) 熟知（掌握属性）。"宁可食无肉，不可居无竹"是文人雅士的一种追求，其定义了精神层面所赋予竹的"人格化"的文化内涵。竹具备自然之美、和谐之美和艺术之美，属于东方传统美学范畴，具有刚直端庄、高风劲节、骨气坚挺、人品无瑕、屹然傲立的文化品性。

(4) 相知（变通应用）。竹编工艺大体可以分为起底、编织、锁口三道工序，以经纬法为主，穿插各种编织技法形成三角孔、圆形及十字经纬法为基础的扩展纹样。

3. 研究方法

(1) 材料与认知。从本体思维与设计方法的角度来研判材料的空间塑造关系，注重实验性探索，强调实验操作中所得体会与最终设计物化的联系。了解设计的创作路径、工匠技艺和开拓意识，这也是实践实验课堂的核心所在。

(2) 体感与触觉。从材料设计本体入手，构建具有材料肌理特性的艺术化处理方式，其核心是将空间进行再次创作的设计过程，从人们的感知中呈现其对物的体会和感悟，使其成为一个能承载设计灵魂的载体。

(3) 场域与语境。解读材料与所涉主题的语境关系是空间物化后的设计思维的延续。场域是对材料设计空间的进一步梳理和对空间文化主题的定位，要赋予场域一定的语境，使材料释放物质以外的人文价值，赋予空间设计饱满的生命力。

(4) 偶然与相遇。聚焦实验创作过程，转化惯性的设计思维模式，尊重材料本身的特殊属性。细致研读材料与技艺的变化原理，挖掘材料在设计空间中的无限可能性，使材料与设计碰撞出"化学效应"，激发创作灵感，从而达到活化教学环节的目的。

三、平行实践课程在环境设计专业课程体系中的研究成果

1. 优化了环境设计专业课程体系

物尽其用、就地取材是传统建筑或装饰材料在地方物质文化传承中文化物态的表现，在历史的文化载体中随着时间的流转和扩展，形成了本体的物态语汇，成为社会秩序内里文化的生长基因。因此，认知传统成为当代解读设计的钥匙，也成为平行实践课程在环境设计专业课程体系中创新实践研究的目标。通过传统文化和建筑材料的融合，实现了课堂教学的目的，此时，民族文化的属性不再仅仅局限并停留在非遗工匠技艺的层面，而是透过社会生活文化更迭和不同传统材料空间艺术属性进行了升华，利用传统技艺手法转换立体微空间，成为平行实践课程在环境设计专业课程体系整体优化中的创新实践研究课题的关键点和教学诉求点。

2. 创新环境设计专业课程体系研究方式

(1) 新材料

以建筑材料研究为切入点，依托传统材料工艺和审美经验，对材料进行挖掘和开创性的空间拓展，合理应用实体空间，呈现完美的设计效果，培养学生的空间表现能力与创新能力，在动态教学中实现环境设计专业课程的实践要求。

(2) 新实验

教学改革要紧跟创新创业理念，通过建筑材料课程的实验性，将专业和理论相结合，深化专业设计实践的逻辑推导过程，激发受众个体的积极性和创作潜能。在实验中，首先要掌握认知传统材料的方法，其次是能够准确判断材料的属性，利用材料的特殊性和易操作性，围合空间形体并产生内部叠加与消减，从而生成空间的流线组织关系，形成不同课程空间的逻辑推理构架。

(3) 新实践

对文化的认知与解读是介于传统材料的文化属性，要通过实践的方式，最终呈现逻辑推导视觉化的物态效果，使"学之精神"在传统文化中绽放出设计该有的独特魅力。

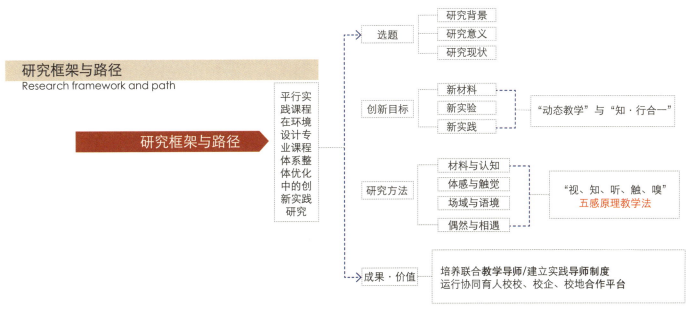

图1 平行实践课程在环境设计专业课程体系中的研究框架与路径

四、结语

环境设计专业作为创新人才培养的专业设计课程,其教学内容涵盖对专业设计、创作实践的认知、分析、推演等,能激发学生的空间认知能力。结合视觉图像逻辑思维导图,采用启发导引式创作的教学模式,通过材料与认知、场域与语境、体感与触觉、偶然与相遇四个模块,诠释视、知、听、触、嗅五感原理教学法,通过材料与设计原理的实践融合,达到更好地表达设计主题的目的。

参考文献

[1] 洪超. 平行课程模式探究从资优教育到常规课堂的差异教学[D]. 上海:华东师范大学,2014.
[2] (日)原研哉. 设计中的设计[M]. 朱锷,译. 济南:山东人民出版社,2006.
[3] (日)宫宇地一彦. 建筑设计的构思方法拓展设计思路[M]. 马俊,里妍,译. 北京:中国建筑工业出版社,2006.

环境设计专业教学中关于素质教育的实践性探索
Practical Exploration of Quality Education in Environment Design Teaching

延边大学 / 南振宇 讲师
Yanbian University
Lecturer Nan Zhenyu

摘要：环境设计专业在我国已成为具有30余年历史的设计类专业，其发展趋势已由粗放式转向集约式，因此，面对环境设计专业转型过程中在教学方面产生的各种问题进行研究探索就显得至关重要。素质教育及人才培养是关乎国家未来发展、兴衰成败的大事。在教学中我们应该明确素质教育及人才培养的内容，明确环境设计人才应具备的能力，培养学生勤于思考、富于创造，以及对设计意图的表达、信息筛选的能力等。

关键词：环境设计；教学；素质；教育；实践性

Abstract: The major of environmental design has become a design major with a history of m- ore than 30 years in China, and its development trend has changed from extensive to intensive. Therefore, it is of great importance to study and explore various problems arising in the teaching of environmental design specialty in the process of transformation. Quality education and talent training are important for the future development of a country. In teaching, we should make clear the content of quality education and talent training, make clear the ability that environmental design talents should have, and train students to be diligent in thinking, creative, and the ability to e- express design intention, information screening and so on.

Keywords: Design Environmental Design, Teaching, Quality, Education, Practicality

　　近些年，随着高校艺术教育改革的不断推动，环境设计专业取得了空前的发展，已经确立了系统的专业课程教学模式。从环境设计的专业内容来看，它是一门建立在现代科学研究基础之上的边缘性学科，是一个与可持续发展战略有着密切关系的实用艺术研究领域。为此，对环境设计人才素质及能力的培养也就显得至关重要，尤其是面对当今社会的激烈竞争与科学技术的高速发展，怎样立足未来社会发展对高素质设计人才的需要，着力培养学生创新能力与终身学习能力，促进理论与实践相结合，则是当今高校艺术教育必须面对和思考的重要课题。

　　审视中国当前环境设计教育，在整体水平上与欧美先进国家的设计教育尚有差距。仅从我国环境设计教育的专业课程设置可见，设计理论、设计表现、设计思维三大类课程构成了环境设计系统完整的教学体系。在这个系统中，除了设计理论类课程在课堂讲授上占有大部分比例外，其他的课程教学更重视设计过程中的思维指导，大量的设计课题作业练习，给了同学们思考空间和技术表现。但是诸如材料、构造、设备等技术性较强的专业内容，即使结合设计课程、实践经验组织教学，也达不到预期的效果，常常是材料、施工工艺等生产实践环节严重影响了设计方案的成熟性，也正因如此，导致了学生的专业能力处于空中楼阁而难以前进。

　　在教学体系与课程内容方面，一直没有真正构建与国际接轨的现代艺术设计教育体系。普遍存在着教材内容滞后于科技进步和现代工业的发展，至今为止大多数院校仍然没有真正建立起从工作室到工厂车间的实践教学体系。理论与实践严重脱节，导致学生的动手能力差，根本无法实现将设计方案转化为工业产品。

　　鉴于此，我在教学工作的第一线，经过观察总结，不断研究，实践探索，总结出以下教学心得。

　　1. 明确素质教育及人才培养的内容

　　当今社会全面推进素质教育，所谓素质，即指人在先天禀赋的基础上，通过教育和环境的影响形成的适应社会生存和发展的比较稳定的基本品质，它是能够在人与环境和相互作用下外化为个体的一种行为表现。素质教育，就高等教育来说，就是以全面贯彻党的教育方针，全面提高教育质量、人才素质为宗旨的教育。具体地说，素质教育应包括政治思想、道德素质、文化素质、健康的身体心理素质及专业技术业务素质四个方面的内容。其中政治思想道德素质是方向，是先导，应放在首位，文化素质是基础，健康的身体心理素质是条件，专业技术业务素质是本领。实现素质教育，有两个最为关键的环节必须首先建立起来，那就是必须构建一个适应素质教育要求的教学体系；另一个就是要建立起来与素质教育相适应的监督、引导和评估制度。否则，全面推行素质教育，提高对人才的合格培养水准，就会成为一句空话。这是我们在推行素质教育的过程中必须厘清的重要问题，切不可等闲视之。

2. 明确环境设计人才应具备的素质与能力

我们知道，对一个合格的设计师来说，他们所从事的工作基本上是一种创造性的劳动，因此对这类设计人才的培养，更应在素质与能力等方面的培养上多下功夫。并且作为一个面对现代社会与市场激烈竞争的合格设计人才来说，所具备的素质主要包括德、识、才、学四个方面的内容。其中"德"，主要指设计人才应具有明确的政治观、道德观、人生观、事业观、民族自尊观、自信观与正义感等；"识"即为见识，指设计人才应对事物的发展能够看得非常深远，并具有科学预见的能力；"才"则指才能，指设计人才掌握的专业能力与实际操作技能等；"学"是指设计人才应该具有渊博的知识和学识，从而建构起自己的智能构架与系统。通俗地讲，从现代社会与市场所需要的合格设计人才应该具备的素质来看，作为一个合格的设计人才，首先必须具有强烈的事业心与献身精神；其次设计思路应非常开阔，具备超前意识；再次必须具有创造性的设计思维与实现创造的实际操作及表达的能力；最后应有较宽的知识面，且能成为一专多能的"博才"。

基于环境设计人才培养在素质教育方面所确立起来的这种目标，结合当前经济建设给整个国家带来的种种变化，尤其是高新科技日新月异的发展，新科技、新结构、新材料与新工艺的不断涌现，计算机辅助设计的普及，都促使我们传统的设计教育培养模式被迅速地打破，迫切需要我们的设计教育在观念、内容和方法上做出重大的调整与改进，以适应社会与市场对专业设计人才培养的需要。依据常年在教学第一线的教学体会，以及对未来与设计市场对人才需求的综合分析和预测，我认为作为一个高素质且能适应社会需要的环境设计人才来说，必须具有这样的专业素质和设计能力。

3. 勤于思考，探索各种方式、途径培养锻炼学生设计构思创造与思维能力

环境设计创造的关键在于构思，因此构思是其设计创作的灵魂。作为一个合格的设计师，要养成勤于构思的良好习惯，并能在创造方案时，为了获得一个良好的设计构思而能达到废寝忘食的境地。

针对环境设计专业的学生，通过初级阶段的设计学习，着重培养学生掌握这样几个方面的构思方法。其一，专业设计对象的构思，应能把握"由外到内"和"由内到外"的构思方法，使其设计对象的外因（应用环境、人为要求、空间布局）与内因（使用功能、技术、经济、美观要求等）能有机结合，并能在繁杂的设计关系中，化不利的制约条件为有利的构思契机，从而激发出设计创作的火花；其二，能从环境设计对象的立体形态研究开始，运用"加"与"减"的方法来发展形体上的构思；其三，能够运用历史的、民族的、地方的形态因素和文化特征，对设计对象进行"历史文脉"与"文化意境"方面的构思；其四，能从结构带来的空间形态及其所产生的艺术效果，以及技术特征来进行设计构思；最后，要求利用设计的形式美的创作规律，运用艺术构图规律和构成法则来展开设计，以创造出崭新的有时代精神和文化内涵的设计作品。

教学中，我建议学生做到笔不离身。在生活中，我们每个人都会有灵感。如果把灵感随时记录下来，日积月累，就会成为创作的源泉。

思维是设计创造的源泉与基础，作为设计人才一旦掌握了设计的多种思维方法，在设计过程中就能增加其设计的悟性，启迪自己的设计思路，直至创造出设计精品。由此可见，在设计人才的培养过程中，对其进行创造性思维方面的开发与培养，就显得至关重要。而作为设计创造思维的培养，一方面在于训练学生勤于构思，这是因为人脑智力开发的潜力极大，若勤于思索就会思路敏捷、视野开阔、想法奇特、方案多变；另一方面在训练中要强调学生懂得变换观察角度来进行设计的构思，以达到"曲径通幽"及"柳暗花明"的效果。可见，对环境设计专业人才创造性设计思维能力的培养，是在更深层次上提高设计人才综合素质与能力所必须进行的一项工作。

4. 培养设计意图的表达能力

作为环境设计专业人才，在设计构思确立下来后，即要寻求能体现设计意图的表达来进行设计表现。这种能够运用自如的设计意图的表达能力，在于平时学习过程中的反复磨炼与积存，需要平时的切题筛选。因此，作为

一个合格的设计师，必须具有通用"图示语言"和"口头语言"来娴熟地表达设计构思意图的能力。在学习过程中需要熟练掌握徒手画、工具画、渲染图与计算机绘图，以及制作设计模式和摄影等方面的设计意图表达技能，并且能够较好地掌握设计艺术的形式美学规律，以创造与成功地表达出设计师心灵中美好的艺术形象。

另外，常常在课堂上要求同学陈述设计方案，讲解设计思想意图，提高沟通表达能力，取得他人对设计方案的理解认可。因为在工作中，设计师往往处于整个专业设计的龙头地位，它要协调许多相关专业的诸多技术设计人员，共同协力才能完成好所担负的设计任务。为此，作为一个合格的设计人才，必须具备全盘指挥能力、组织能力与协调能力。同时，还要具备同甲方及各级领导交往的能力，以便使对方了解自己的设计意图，并获得各个方面的支持，最终实现自己的设计意图。

5．设计信息方面的筛选能力

当今世界，是一个知识大爆炸的时代，各种信息与资料充斥着人们的生活空间。因此对一个合格的专业设计人员来说，走在时代的前列，具有敏锐的分析与观察能力，准确及善于发现信息资源，选取信息并为自己所用，已成为当今世界合格人才立足现代社会必备的能力。而善用与选取则建立在大量积累与获取信息及知识的基础之上，所以必须培养学生勤于阅读与收集信息资料的习惯，善于运用敏锐的眼光、独特的视角，洞悉社会的发展变化，这无疑是环境设计人才成长的又一项基本技能训练内容。

作为一个合格的环境设计人才应具备的素质与能力还有很多，一个合格设计人才的培养靠学校中短短几年的培养与训练是不够的。因此，面对社会与市场的各种需求，我们还要更多地指导学生怎样去思考、怎样去学习、怎样提出问题与回答问题，以促使学生明确在人生道路的每一步上，自己所应承担的责任。学习能力和责任感是拓展其他能力的基础，学生只有具备了学习能力和责任感，才能够不断吸取新知识，不断学到新本领，也才能为社会负责、为大众服务。因此，环境设计人才在社会实践中能够不断地完善自己就显得非常重要，这也是我们的教育从过去的一次性教育向终身教育转变的原因。

"城乡共建新范式"下乡村景观设计初探
——以海口市道郡古村为例

Preliminary Study on Rural Landscape Design under the New Paradigm of Urban and Rural Co-construction
— A Case Study of Ancient Village in Daojun, Haikou City

齐齐哈尔大学美术与艺术设计学院 / 焦健
College of Fine Arts and Art Design, Qiqihar University
Jiao Jian

摘要：乡村振兴战略作为国家振兴乡村和精准扶贫的重要举措已逐步展开，同时各地区还成立了相应的政府机构来进行实施。本文通过"2021创基金4×4实验教学课题"活动，结合学生的设计方案，以及在完成课题辅导中遇到的问题，就乡村景观设计方法进行深入研究，总结国内外乡村改造的经验，力图找到保护乡村传统建筑和人文环境景观设计的规律与方法，以便为振兴乡村和改善乡村环境提供有意义的参考依据。在深入调研的基础上，对海口市道郡古村的生态环境、人文历史、当地资源与基本经济状况进行分析，结合道郡村本土特点，融入区域产业发展，找准村庄景观设计定位，提出"城乡共建"模式下的乡村景观规划设计方法。

关键词：城乡共建；乡村景观；设计方法

Abstract: As an important measure of the country's rural revitalization and targeted poverty alleviation, the rural revitalization strategy has been gradually carried out, and corresponding government agencies have been set up in various regions to implement it. In this article, through "2021 4×4 experiment teaching subjects" combining students' design, as well as the problems in the completed project counseling, will conduct the thorough research to the rural landscape design methods, summarizes the experience of rural reform, tries hard to find protection laws of rural traditional architecture and cultural environment landscape design and the method, In order to revitalize the countryside and improve the rural environment to provide meaningful reference basis. On the basis of in-depth investigation, this paper analyzes the ecological environment, human history, local resources and basic economic conditions of ancient villages in Haikou City and County, combines the local characteristics of the villages and regional industrial development, finds out the village landscape design orientation, and puts forward the rural landscape planning and design method under the mode of "urban and rural co-construction".

Keywords: Urban and Rural Joint Construction, Rural Landscape, Design Method

一、课题背景

道郡村作为琼北古村落的典型代表，海口市"美丽乡村"建设示范亮点、国家历史文化名村。村落以生活居住为主要职能，特色种养殖业和旅游服务业为产业主导，注入琼北地区特色民间文化展示功能，体现琼北传统村落文化内涵的历史文化名村。

（一）课题任务书要求

1. 设计目标：为保护传统村落人文景观和格局，保持风貌的完整性，做到在发展中传承历史文脉、在传承文脉中谋取新发展，完善基础设施和旅游服务设施，开发以观光旅游和文化旅游为主的多类型旅游产品体系，实现村庄的可持续发展，达到振兴新乡村的目标。

2. 设计原则：（1）保护为主，协调发展；（2）因地制宜，注重特色；（3）符合实际，持续造血。

（二）道郡村自然与历史背景

道郡村属海口市美兰区灵山镇大林村委会的道郡南及道郡北经济社，距海口只有15分钟车程。全村现有80多户、500多人，外出人口近1000人，都是汉族，且单一吴姓。村民的祖先是唐代户部尚书吴贤秀公，他于公元805年从福建莆田迁琼，为吴氏渡琼始祖。村中的始祖是吴贤秀公二十三世孙吴友端公的孙子吴登生。村中有海南历史最高级别武官——清代皇封正一品建威将军吴元猷的故居（故居已列为海口市重点文物保护）。

吴元猷故居是咸丰初年吴元猷本人所建，规模宏大，面积5000多平方米，迄今有150多年的历史，现存有前房、正房、三进正房、东西厢房五座房屋。故居背靠高坡，面临大塘，坐东向西，主要由七间红墙朱门的大屋组合成"丁"字形格局。中央为纵列三进正室及后楼，左右两列各有两间大屋、一间小楼，一字横列。"丁"字形格局别出心裁，也别具一格。村中历代人才辈出，受皇封的有清嘉庆年间进士吴天授、清道光年间正一品建威将军吴元猷、清道光年间正二品武显将军吴世恩、清光绪年间户部主事吴汉征、清光绪年间布政司吴必育，以及庠生、监生、贡生、武生、国学生等22人。近代有民国爱国将军吴振寰、中共烈士吴开佑。现代有中共十六大代表吴素秋（原海口市第九小学校长），教授吴元钊、吴元祜，研究生吴旭，还有教师、大学生、翻译、军人、国家公务员等近100人，爱国华侨吴君茹、吴疆、吴坤、吴多波等定居美国，吴清监、吴清海、吴清圣等定居泰国，吴清发定居我国香港。

二、前期调研

1. 故居周边环境破坏严重。在2021年4月中下旬，课题组师生对海口市道郡古村进行了实地调研，从村庄入口到吴元猷和布正司故居以及周边环境都做了具体的走访与测绘。发现两组故居建筑群没有得到充分保护，同时也没有整体的保护措施，周边现有村民住宅，距吴元猷故居入口仅有1.8米的距离，对故居的交通、景观、消防安全影响极大。景观效果极差，由于历史原因，村民建筑都紧密地建在故居周围，对故居建筑产生了视觉障碍，谈不上景观环境的整治与协调。

2. 故居建筑未得到充分保护。作为历史建筑，吴元猷故居和布政司故居建筑内部只是简单地布置了一些主人生平和图片，室内布置极其简陋，没有经过专业展示策划，没有有组织地布置展示物品，建筑结构和装饰构件没有及时保护与维修，损坏严重。

图1 基地区位（来源：2021"4×4实验课题"任务书）

3. 村庄环境简陋，不具备基本的旅游条件。交通道路状况简陋，村子与城市相通的主要公路是国家扶持的"村村通"。公路宽度只有5.5米左右，可以并行通过两辆小型客车，不能同时并行通过两辆中型以上客车，道路转弯半径小，大型客车转弯非常困难，不具备大型旅游客车的出入条件。缺乏基本的公共基础设施，在故居周围只有一处较宽的过道和一处通向稻田地过道，约5米宽，长度不足20米，采用室外地板铺设，形成架空台，站在此处可以看到稻田。此次考察师生大约70人，在此停留休息，已经显得非常拥挤。没有室外休息座椅，缺乏遮阳避雨的凉亭等公共建筑设施。没有公共厕所与饮水等配套设施，给前来参观的游客带来困扰。

图2 现状照片1

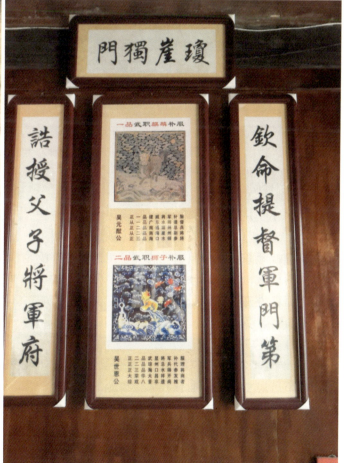

图3 现状照片2

三、课题资料分析

1. 地理位置分析，海口市属于热带海洋气候，年平均气温24.3℃，平均降水量2067毫米，平均相对湿度81.7%。森林覆盖率达38.47%，建成区绿化覆盖率为36.8%。2015年环境空气质量优良天数达348天。道郡村距海口车程仅15分钟左右，因此，道郡村属于城市比邻区域，有得天独厚的空间条件。

2. 村落文化分析，道郡村是以农作物为主的"自然村落"，由于驻守海防的吴元猷将军在此居住而增加了历史文化内涵。周边地区和市区还有五公祠、海瑞墓、丘浚墓、琼台书院、骑楼老街、琼北民居等人文古迹，从而

113

形成一个文化旅游的链条。

3. 旅游资源分析，2015年海口美兰国际机场旅客吞吐量1616.7万人次，港口旅客吞吐量1316.56万人次，高铁旅客吞吐量1143.96万人次（中商情报网）。当地全市星级饭店44家，其中五星级7家、四星级14家、三星级19家、二星级4家。全市接待国内外过夜游客1225.2万人次，增长8.4%，实现旅游直接总收入160.06亿元（海口市人民政府网）。

四、道郡村景观设计策略

（一）资源整合

根据以上材料分析，就道郡村的地理位置在海口市周边，应充分利用这一地理位置的优势。可以从地理、经济、旅游资源、人文历史等方面为乡村发展进行准确定位，就经济而言海口市2020年GDP总量1791.58亿元（数据来源：海南统计局、中商产业研究院整理），可以发挥吴元猷和布政司故居的历史文化优势，再进一步挖掘其中的理论（吴元猷的海防历史地位）与实际项目（现有故居重新启用），能够全方位地展示道郡村的文化历史。

（二）挖掘文化基础

在考察中看到吴元猷故居和布政司故居没有得到充分保护与挖掘利用，应结合吴元猷将军的历史，充分挖掘吴元猷镇守海防的历史地位和当今的现实意义，对故居重新维修并扩展历史展览场地，加强旅游方面的基础设施建设。

（三）具体规划原则

1. 乡村规划定位。根据2015年统计，海口全市星级饭店44家，其中五星级7家、四星级14家、三星级19家、二星级4家。全市接待国内外过夜游客1225.2万人次，实现旅游直接总收入160.06亿元。因此，在道郡村可以不必考虑住宿问题，旅游服务定位应该考虑外地游客与当地市民的乡村体验式旅游，开发以"城乡共建乡村"形式为主。"城乡共建乡村"可以将村庄作为城市居民节假日消遣的去处，如四川成都的西来古镇铁牛村项目，是以城市居民到该村进行"田园生活"为主体的乡村建设模式，延伸以"美丽乡村"为大环境为背景，以"田园生活"为目标核心，将田园生活与吴元猷故居文化展示融为一体。开发现代农业、休闲文旅、田园社区三大板块，打造为以生态高效农业、农林乐园、园艺中心为主体，体现花园式农场运营理念的，集旅游、文化、休闲为一体的综合性综合农业园区，实践城乡共建。

2. "城乡共建范式"下乡村景观环境设计方法：（1）整体规划原则，规划景观设施应服从整体风格，符合农村环境；（2）因地制宜原则，在整体规划的前提下，景观与建筑的风格符合当地的风格。同时在材料与工艺的运用上尽量就地取材，采用当地的传统工艺；（3）配套设施完整原则，健全基本的配套设施，完善基本功能，如道路与交通设施、公共活动与休息场所、公共餐饮、公共卫生间等；（4）拓展生态农业与文化旅游资源，根据乡村的各方面条件建设应该逐步完成建设，如建设历史文化展览馆、"城市村民"活动中心、建立特色乡村景观小品等，增加旅游观赏内容。

（四）具体措施

1. 健全基本功能。鉴于以上基础条件，道郡村在开发旅游资源时不必要考虑游客住宿问题，但是，应该着重考虑城市居民乡村体验居住和体验设施的打造与开发。借鉴四川成都的西来古镇铁牛村项目，利用闲置农舍为城市居民提供长期居住场所。建设村民活动中心为村民提供公共活动与交流场所，让城市来的"新村民"能够体验和交流田园生活经验。

2. 完善基础设施。以海口市道郡村为例，在指导学生村庄规划设计时，着重完善基础功能设施。具体做法是在吴元猷故居周围将原有民宅拆除，留出500平方米的空地作为游客与村民的休息场地（形成小广场），在空地周围可以增加商业设施，如超市可供村民和游客消费，设置手工艺品作坊，挖掘当地手工艺资源，提供体验式旅游内容等，以上建筑规模不宜过大过全，以能够满足村民和游客需求为宜。小广场的设置在满足功能的基础上，同时也要凸显故居的景观效果。

3. 突出文化特色。道郡村是海防将军吴元猷的居住地，其故居已被海南省政府列为保护文物，挖掘其历史根源、营造文化氛围都具有良好基础，在故居西南侧可以修建"海防"博物馆，为游客和居民提供学习文化与交流的场所。

4. 加快乡村信息的基础设施建设。乡村数字化基础设施建设是有效推进农村数字经济发展的物质基础。在景

图4 博物馆（孙文俊设计绘制） 　　图5 吴元猷故居室外平面图（孙卓琳设计绘制）

观设计实践中，应考虑信息技术设备的安装与隐蔽设计，此项工作有助于补齐农村信息基础设施短板、抢占数字农业农村制高点、弥补城乡数字鸿沟，是推动农业高质量发展和乡村全面振兴、实现全面建成小康社会目标的重要一步。

五、结语

"城乡共建"下乡村景观规划设计未来发展呈现多样性趋势。大量建筑师、规划师进入乡村工作是值得肯定的。但从专业工作角度而言，乡村景观规划，应该以单体建造与乡村景观整体规划相协调，在逻辑与方法上保持一致。在乡村振兴前提下乡村建设与经济转型、乡村社会重塑紧密相关，营建对象、策略、途径都具有其特殊性。只有把握了这种特殊性，才能真正指导乡村的复兴。

同时，乡村建筑师、规划师的工作应克服专业的局限性与片面性，在规划乡村景观设计时避免从主观意识出发，片面强调与突出设计功能，造成不符合乡民喜爱标准的设计。因此，景观规划设计不应再局限于自己的专业领域，应综合当地材料、经济状况和当地民俗等各方面因素，全面和立体思考，进行设计，来共同营造乡村的美好家园，以促进乡村经济与社会的复兴。

参考文献

[1] 樊丽. 乡村景观规划与田园综合体设计研究[M]. 北京：中国水利电力出版社，2021.
[2] 孙炜玮. 乡村景观营建的整体方法研究——以浙江为例[M]. 南京：东南大学出版社，2021.
[3] 任亚萍，周勃，王梓. 乡村振兴背景下的乡村景观发展研究[M]. 北京：中国水利电力出版社，2020.
[4] 王海英，张羽清，周之澄，英国、德国乡村景观设计剖析及对我国乡村建设的启示[J]. 江苏农业科学，2021，49（20）.
[5] 李莉，李亚平. 地域文化特色与乡村景观设计刍议[J]. 艺术与设计（理论），2021，08，15.

平行实践课程在环境设计专业课程体系中的研究
The Study of Parallel Practice Courses in the Curriculum System of Environmental Design Specialty

西安美术学院 / 胡月文 讲师
Xi'an Academy of Fine Arts
Lecturer Hu Yuewen

摘要：立足于创基金4×4实验教学，基于教学活动不断地纵深思考与深耕，通过探讨"情景+叙事"与空间设计教学的关系，探索教学的创新性思考，阐述空间设计教育在建筑室内宏观范畴体系中的认知，强化空间"视+听+知+时间"四维感知度的艺术设计特性，以不同的情景理解不同的物质精神需求，从而解决以人为核心尺度的场所精神，深省空间设计教学中感知的场域特性。

关键词：情景；叙事；空间设计；教学

Abstract: Based on 4×4 experiment teaching team, based on the teaching activities of thinking and deep tillage depth, through the "+" narrative scene and space design teaching, explore the innovative thinking of the teaching, elaborated space design education system in the building indoor macro category of cognitive, To strengthen the artistic design characteristics of the four-dimensional perception of space "seeing + listening + knowing + time", to understand different material and spiritual needs in different scenarios, so as to solve the spirit of place with human as the core scale, and reflect on the field characteristics of perception in space design teaching.

Keywords: Scene, Narrative, Space Design, Teaching

第十三届中国建筑装饰卓越人才计划，暨创基金4×4实验教学课题，以贯彻实践研究型与应用型设计人才的教学模式，形成高质量的教学联盟体系，以为社会输送优秀的设计人才为己任。创基金"4×4"实践教学课题作为一个公益性活动，始终坚持探索实验教学的新模式范畴，为搭建高校之间、高校与企业之间的交流平台，从多角度不断探索实践研究型与应用型设计人才的教学模式范畴。因此本文通过"情景 + 叙事"的研究方法，立足于教学的创新性思考，深省空间设计教学中感知的场域特性。

从辞源的角度讲，"空间"原初意味着"为定居和宿营而空出的场地"，界定了空间与人的生活状态行为之间的联系。海德格尔也曾经指出"'空间——多样空间'——始终是与人之存在（栖居）相关联的……是人所'经受'和'承受'的空间"[1]，这说明在经受和承受空间的同时，传达了人们穿行于诸空间的条件。因此，穿行与场景产生了不争的互动事实。在空间设计教学环节中，灌输学生领会情景的环境境遇感受，相当于让学生把自己置身于设计对象的想象空间之中，领会和体悟具有聚集作用的"场"的意义。

在空间设计教学的专业设定体系中，强调专业基础—专业通识—专业深度的过程，从建筑营造的内部空间到外部空间，筑造和认知空间环境的塑造，从逻辑推理到艺术创意，从虚拟设想到现实营造，从理论到实践，从知识点累积到方法构建，从浅至深、由表及里形成了一系列具有连贯性和逐渐深入的教学体系，而其中设计的主旨始终围绕着以生命理想建构的艺术设计表现，创造"真、善、美"的境域空间表达，掌握空间艺术设计的本质。

一、"情景+叙事"与空间设计之间的联系特性

情景的本意是情形、景象。在空间设计中情景从空间中开始蜕变，由景生情的特定氛围已走到了设计的前沿，呈现出末端的视觉效果，注重情景的场景感，增加设计初衷的心理暗示意味，使精神境遇与使用者达到互动交流的共鸣感。

共鸣的设计状态媒介 表1

视觉的角度	设计变化	场的意义
看与被看的感知	视觉的心理感受	设计视角的选取
参与空间的认知	空间尺度感受块面之间的色彩、体量、肌理	形式与内容的统一
互动的交互体验	行进中物理场的心理反馈	境遇表达

情景与空间在于设计的情景化，设计表现了某种生活参与者的常态化，唤起了生活中方方面面的细节所需，从情感和心理上照顾使用人的某种生活状态，从而通过视知觉的感知，从空间的终端走向正式生活中鲜活的层面。空间的末端恰恰是设计界定情景的终极反馈，达到了设计者与使用者的共鸣。

共鸣的媒介并未曾脱离常规设计中对空间的视觉角度的认知方法，而在于个人与空间互动产生的反馈所引出的设计变化，场所精神是最本质的核心板块，是与设计主题息息相关、不可分割的灵魂。因此，空间设计教学在以"情景+叙事"为概念的设计导入中，要明确设计主题的核心内容，而不是为设计而设计的空泛概念。

恩斯特·克里斯认为，"艺术本非无源之水，无本之木"。因此，这种情景更多来自设计师对生活的真实感受和对生活的态度，经过对周围聚集"物"的酝酿和沉淀之后，以情景再现的模式还原于设计，这才是最好的对设计和生活的解读方式。这正是为何我们周边很多设计大咖并非来自学院派，依然做得出好的设计的原因。日本的设计师安藤忠雄经历了从一名职业拳击手到建筑大师的转变，尤其他个人对教堂的理解不是来自于建筑结构形式的理解，而是在于对人的解读——"上帝面前，人人平等"的信念，才有了光的教堂的建筑空间处理方式，其作品《头大佛》依然是建立于此信念之上的佳作。国内设计师刘家琨先生也是一位作家，他首先以为自己设计工作室的独特方式而跨界，而这次跨界是关于立意、架构、分寸、节奏、整体感、细节的上乘之作，正如他自己对设计作品的解读——生命会找到自己的方向，以此为设计概念主题的出发点，更是不言而喻的"情景+叙事"。

在设计界中此类现象都言明了设计不仅仅是所谓的理性范畴，更多在于生活的活态表现，"情景+叙事"使设计的动机转化为立体化思考的模式。

二、情景式的叙事设计基础

情景式的设计源于设计出发点对艺术创作的想象，人类对艺术的想象被分为三个等级：绘画艺术作品、音乐和文学作品，最高的想象空间通过文字去体会字里行间所传递的画面感，而在空间设计训练中叙事=文字作品，情景=艺术绘画创作，"情景+叙事"正是基于画面外空间的想象来捕捉和丰富设计创作的核心要素，是室内空间设计创作方法的内部基因，叙事的文字性描述有可能是相关生活的一首诗、一段话，表达来自生活的"常态"，小小的、日常的生活行为模式奠定了空间形态塑造的基础。理解生活的本质，即不同的情景需要理解为不同的物质精神需求，这才是空间设计表达高层次的基准，而解决以人为核心尺度的场所精神真正贯彻了人类诗意栖居场所的主旨。

在教学中启用"情景+叙事"的课程引导方式，有助于学生加强空间塑造的深入解析，运用情景介入找出设计的切入点，是对空间设计训练的开拓和启发式思维的训练，阐释空间以不同"常态"的生活表情，引导参与人的情感梳理与融合，在精神层面产生情感的共融和交流的对话，围绕情景进行空间氛围的写意，也是情景绘画的艺术再现方式。

情景式的叙事设计基础 表2

序号	表现方式	内容所指	设计切入点
1	序列型空间渗透	内容形式和时间概念的序列	时间线
2	故事脚本叙事方法	情景与故事发生的静止帧	场域
3	生活场景主线	习惯性日常	生活常态
4	空间矛盾方式	空间立体转换	二维转三维空间

"叙事"在环境艺术设计中有类似于故事脚本的概念，引导学生认知不同"场"的情景设计意义，来自于生活

的艺术化处理是设计更为凝练的设计表达语言。对于情景设计与场景设计的关系而言，场景塑造是对情景视觉启发的对应，着力于轻松、愉快、舒适、享受、自在、信任。在影视剧中，场景设计是为角色和剧情服务的，更为符合剧中人物个性的审美趣味，比现实生活更富有感染力，通过独具匠心的设计使色彩、空间形态与出场人物的身份、地位、情绪和周围的气氛营造都有着密切的关系。无论中式还是欧式，都对场景的艺术定格要求更完美，如影视剧《唐顿庄园》，剧情场景完全展示了原汁原味的英伦贵族生活的日常生活状态，好的场景设计可以定格为每一帧的镜头语言。因此，空间设计中场景艺术化处理表现故事的层次与情景再现，是对使用人情感共鸣的建造。这也不会奇怪为何我国香港首屈一指的美术指导张叔平先生，除了是电影的美术指导和服装设计大咖外，他还是一位室内设计师，这样的跨界正是来自于对场景视角的熟知，对生活形态的艺术化处理。

三、"情景+叙事"构建的"行知"意义

"情景 + 叙事"从本质意义上传递了诸空间连贯有序的场的概念，贯通本身在三维概念中加进了"行"的实际互动，通过共鸣的场景媒介达到"知"的终极。设计中的"行知"讨论的是生活常态下的情景概念。

情景与视觉：释放使用者的天性，以空间再造的形式满足人们对生活理解的不同而产生的不同的物质精神需求，这是视觉传感对内心需求的补充。以此种方式为设计的切入点更容易导入学生对设计真实感的想象。

情景与直觉：情景是生活的气息，源自无声的暗示，通过空间表达传递人们生活中相同的影像与画面，并从思想深层折射出某种生活的混响。不同情景内容与形式的设定，会导向不同的画风，同时创造记忆共享的可能。让参与者展开联想，延展空间的设计意味，似曾熟知、舒适和欢快的不同空间定位，以加强设计心理暗示甚至影响人的情感和情绪。国际案例设计 Airbnb 的企业总部，其企业特性在于世界性的网络沟通，整体设计没有按"沟通"定位出牌。而是从工作性质与工作习惯入手，设定了不同员工的工作环境，能站、能躺、能居家、兼喜好，如有些员工是夜猫子且喜欢暗暗的灯光，最终的设计就是有小黑屋的角落，喜欢宠物便营造猫狗阵营之地。设计出发点打破了以往集中式办公模式的形态，反而以碎片化的形式更好地贴合于日常个人的生活状态，在某种程度上舒缓了工作的紧张情绪，不能不说这是一种反常态的设计导入格式，但是带来了更多的员工自愿加班，这就是"情景 + 叙事"设计方法的魅力所在，也是我们在教学中要倡导的，不同的设计观念带来不同的设计结果。日本有家设计书店不卖书却在全世界火了起来，其原因也在于设计观念不同于以往的观念主题设计，其强调人在旅途中阅读环节的状态与特性，创造了阅读与青旅结合的商业结构，这依然是设计观念变革带来的必然，也指出了设计切入可以以多形态的方式介入设计导引。

四、"情景+叙事"方法的空间设计教学启示

通过讨论"情景 + 叙事"的空间设计教学导入方式，目的在于建筑室内宏观范畴中，强化空间"视 + 听 + 知 + 时间"四维感知度的艺术设计特性。课堂教学中加入"情景 + 叙事"的设定基础，以情景教学的感染方式进行授课，既定画面设计是情景状态的初始，在此基础上对空间的塑造可能不是最奢华的营造，但却是最合适的走心设计，使学生更有兴趣将自身的生活经历与设计紧密地结合在一起，而不仅仅是表象的学习设计方法，艺术凝练来自生活的方法是对实践出真理的总结，依然适用于设计。因此，设计从精神领域出发应该是形而上的意念活动，斟酌设计的原初之意，解读场所精神，紧扣"情景 + 叙事"的基础，娓娓道来设计之表意的成分。空间设计的塑造不仅仅是空间体量、材质、色彩和质感单一元素的形式表达，还是相关设计元素综合务实的情景氛围的传递，贴合具体使用人或参与人的日常生活常态才是最为本质的设计切入点，当此情此景与参与者精神层面相吻合，且两者发生共鸣时，便达到了设计的真正目的。

总之，"情感 + 叙事"的设计教学方法在形式和方法上，表达与生活互融互动的设计理念，其更为真切地再现了艺术来源于生活的凝练语言，在设计教学中为设计创作注入了新的解读方式和艺术表现活力，是艺术表现的另一个窗口，是值得在设计教学中推导的新的教学思维方法。

参考文献
[1] (德) 马丁·海德格尔. 依于本源而居——海德格尔艺术现象学文选[M]. 孙周兴, 编译. 中国美术学院出版社, 2010.
[2] 陈冉冉. 空间形态设计基础教学的多维化思考[J]. 美术教育研究, 2017, 03.

"新文科"背景下环境设计专业4×4实验教学思考
Thinking on 4×4 Experiment Teaching of Environmental Design Major under the Background of "New Liberal Arts"

北京林业大学 / 公伟 副教授
Beijing Forestry University
A./Prof. Gong Wei

摘要：新文科建设给设计学教育提出新的要求，环境设计专业教学也因此呈现出新特征。结合新文科的要求以及环境设计教学新特征，思考4×4实验教学的时代意义、现状问题和发展思路。

关键词：新文科；环境设计；4×4实验教学

Abstract: The construction of new liberal arts puts forward new requirements for the education of design, so the teaching of environmental design takes on new characteristics. Combined with the requirements of new liberal arts and the new characteristics of environmental design teaching, this paper discusses the significance of The Times, current problems and development ideas of 4×4 experimental teaching.

Keywords: New Liberal, Environment Design, 4×4 Experimental Teaching

一、新文科下环境设计专业教学的新特征

"新文科"建设对环境设计专业提出了新要求，同时也为环境设计专业发展提供了新机遇。环境设计专业教学应积极响应新时代建设要求，不断思考和调整学科定位、课程体系和培养模式，以促进专业新发展。新文科下的环境设计专业教学将表现出新的特征。

1. 基于现代技术背景的交叉融合

新文科强调新交叉。环境设计专业本身即为一门交叉学科，强调艺术、科学和工程技术的融合创新；所以新文科所要求的学科交叉并不能算作环境设计专业的新特征；但是纵观当前的环境设计专业教学，其课程构成以及教学过程所反映的学科交叉广度和深度显然不够；再加上信息时代现代科技得到了前所未有的发展，技术变革和产业革命已经显著改变了人们的生活方式和交流方式。面对新时代发展背景，环境设计专业的交叉融合也表现出新的时代特征，环境设计必将与社会科学、理工科、农科等不同学科展开更宽、更深的层面融合。在更深入、更有效的学科交叉和技术驱动下，环境设计专业的内涵和外延将不断拓展，表现出新的设计对象、设计手段和设计成果。

2. 响应中国人居环境建设新需求

新文科不仅是要加强学科交叉，更为重要的特征是以中国为观察和分析对象，是基于中国问题探求文科发展之路。这就要求环境设计专业更加注重国家发展的宏观战略，充分呼应我国当前的社会发展背景，思考人居环境艺术营造的方式和途径。我国环境设计专业的教学理念和课程体系显著受到西方现代设计教育的影响，并且设计研究也主要是西方设计理论的中国应用，但西方的设计理论和方法源自于不同的社会背景，用以解决不同的社会问题，其显然不能完全应对我国当今发展中所遇到的问题。因此，面对我国当前的城市更新和乡村振兴，环境设计专业应在吸收西方现代设计理念和知识体系的基础上，寻求中国文化基因和设计思路，调整环境设计专业的教学理念和培养目标，围绕现有问题，基于自身专业特点提出解决人居环境建设的方法，不断拓展专业内涵和实践理论体系，创造出适合中国语境的设计文化体系。

3. 强调服务社会的实践性教学

环境设计专业以设计应用和设计服务为教学目标。当前环境设计专业的教学内容和教学方式陈旧，基本还沿用专业早期的教学培养体系，教学内容缺乏与时俱进的社会和技术考量，课题设计内容也多是解决空间和功能的泛泛问题，不能反映新时代人居环境建设所面临的纷繁复杂的新问题，造成设计和社会需求以及现代科技脱节。新文科背景下环境设计专业教学应响应时代发展需求，通过加强实践教学环节将教学活动和社会服务结合，走出课堂，面对具体的人居环境问题开展设计实践教学，将理论应用于实践，提升学生的专业综合能力；并通过针对中国问题的设计实践以及传统文化基因的挖掘和应用，逐渐形成新的设计理论和话语体系。

二、4×4实验教学的时代意义

新文科下的环境设计专业应基于当代中国问题，紧密连接新时代社会发展背景，以空间艺术为本，以先进技术为手段，充分参照社会需求，进而开展人居环境的艺术营造。环境设计教学越来越强调实践教学，让学生通过实践增强空间场所意识，建立设计空间和场所空间、社会空间以及技术空间的联系，逐渐理解空间形态秩序和社会运行秩序之间的关系；同时通过实践项目锻炼学生分析、处理复杂空间信息的能力，能够在复杂信息中理清思路，并采取合理的空间设计手段。

4×4实验教学就是这样一个跨国度、跨院校的实践教学平台；历经13年的教学探索，已形成相对成熟的教学模式和运行方式，具备了相对稳定的教学团队和人员组成；它搭建起高校与高校、高校与社会、高校与行业之间的联系平台，集中各方优质资源服务设计教学。通过4×4实验教学开阔了学生的国际化视野，提升了学生的综合专业能力。4×4实验教学是高校人才培养的机制创新和组织创新，其顺应新文科建设要求，是环境设计专业教学和人才培养的有意尝试，体现出重要的时代价值。

三、4×4实验教学的现状

4×4实验教学是由中央美术学院王铁教授、清华美术学院张月教授和天津美术学院彭军教授共同发起，历经十余年的不懈耕耘，现已发展为包括国内外二十余所高校参加的公益性教学活动，已发展为跨国度、跨高校的联合教学平台。逐渐形成稳定有序的联合教学团队，以及较为完善的组织模式、运行流程和教学方式，取得了丰硕的研究成果。但同时实验教学在运行过程中也遇到种种困难，反思现状，存在以下问题：

1. 实验教学的总体理念不够明确，缺乏清晰的教学目标

理念是行动纲领和方向。4×4实验教学平台鼓励高校、社会、行业的联系，将设计教学和社会需求、行业需求联系起来，倡导艺术和技术的交叉融合；但在此基础上应进一步提炼出明确的教学理念，其有助于形成具有统一理念认知的教学团队，提高团队凝聚力，帮助平台保持持续活力。此外，4×4实验教学在历年的教学过程中很好地呼应时代需求，完成课题选定，但任务书缺乏对教学目标的论述，导致教学团队以及学生不能准确地把握研究意图，影响教学辅导效率和教学成果质量。

2. 提高课题教学过程的规范性

首先，场地调研是实验课程的重要内容和特色体现。实验教学要在明确课程目标的前提下，更加注重场地调研环节；开展充分深入的现状调研，采集数据、分析场地现状信息，并作为设计的重要依据。现有课题执行过程中表现出前期调研不够深入、成果和调研分离的问题，影响了实验教学成果的合理性和科学性。其次，缺乏清晰的教学目标和统一的评价标准，也导致教学团队在教学方向等方面较难很快达成共识，一定程度上影响教学辅导的效率。此外，教学过程中还表现出院校之间交流学习环节较弱的问题，应增加必要的教学交流环节，更好地发挥跨国界、跨高校、跨学科的团队意义。总之，要提高实验教学过程的规范性，才能进一步提高实验教学的成果质量，更好地实现实验教学的职能。

3. 实验教学的社会服务职能需要强化

4×4实验教学作为实验教学的重要方式，很重要的特征就是将设计教学和社会需求结合起来，其设计教学成果自然应强调社会服务功能，而不单是专业圈内的教学实验。只有基于自身专业特长，响应当前时代发展背景和社会发展需求，以社会服务为目的才能使实验教学保持持续生命力；使实验教学既能发挥在学科专业培养中的重要作用，又能实现其服务社会的职能。

四、新文科下4×4实验教学思考

1. 提炼教学理念，明确教学目标

新文科建设给环境设计专业教学提出新要求，环境设计专业人才培养模式面临转型发展。4×4实验教学作为跨国度、跨院校的创新实践平台，也应与时俱进；面对新时代发展背景和需求，实验教学应提炼和树立实践教学的总体理念，作为行动纲领；具有清晰理念的教学平台将更能突出其特色和意义。在教学理念的基础上提出年度实验教学目标和评价标准，以形成团队统一、清晰的教学方向，提高教学的效率和效果。避免出现教学团队思路不统一、学生不领会的现象，而影响辅导效率和教学成果。

2. 完善以交叉创新为目标的实验教学团队

新文科强调学科交叉融合。实验教学是环境设计专业学科交叉融合的重要手段，是将空间设计、社会人文、现代技术融合创新的重要途径。4×4实验教学强调产学研的结合，注重艺术与科技的融合，其教学团队人员构成也应强调专业交叉，让高校教师、行业设计师、技术专家、社会管理人员等不同人群共同构成具有共识目标的师资团队。

3. 实验教学响应中国人居环境建设需求

新文科除了重视交叉创新外，还有很重要的特点是关注中国问题。环境设计专业4×4实验教学应关注我国当前人居环境建设的新问题，结合中国发展现状，探讨城乡建设问题。并基于当前社会发展背景，深入思考适合国情的环境设计理论及方法，以提升环境设计实践教学的现实意义和应用价值。与此同时，还应充分考虑环境设计专业自身的特征，比如专业范畴、学生专业能力、知识构成等，统筹考虑如何基于专业现状，探讨力所能及的设计问题。

4. 细化和规范教学过程

首先，加强前期调研环节，学生在充分研究任务书的基础上，提前做好调研准备，以提高现场调研的效率和针对性，避免盲目调研、走马观花、流于表面。同时改进调研的方法，综合运用观察、测绘、访谈、调查问卷、讨论等多种方式，针对问题采用不同的调研方式，提高调研深度。其次，加强调研和成果的关联性，提高方案成果的合理性。最后，加强辅导环节的质量把控，提升交叉学习的实际效果。

5. 加强实验教学的社会服务能力

实践教学依托社会发展需求，并应以社会服务为目的开展教学活动。4×4实验教学作为环境设计重要的实验教学平台，应进一步开拓实验教学的社会服务职能，拓展社会服务的方式，使教学实践内容能够响应社会需求，产生有实际价值的应用成果，提高其社会效益。

6. 思考和探讨中国设计话语体系

环境设计教学体系和理论方法显著受到西方理论的影响，环境设计实验教学不能仅习惯于将西方设计理论应用于中国实践，还要意识到西方理论存在的水土不服，要加强地域化研究，深入思考我国传统空间的文化特征和美学思想，在应对当前地域化问题的过程中，探讨适合我们时代特征的价值取向、美学标准和设计方法；进而逐渐形成中国设计话语体系。

五、结语

新文科下的环境设计专业以空间创新为基础、以服务社会为目的、以现代科技为支撑，其中实践教学将推动环境设计专业的新发展。4×4实验教学历经13年的教学历程，已形成相对完善的组织模式、运行流程和教学方式，为环境设计教育做出了不可替代的贡献，培养出大批硕士、博士等高端人才，是跨国度、跨学校、跨专业实践教学的有益尝试。4×4实验教学在十余年的教学过程中克服重重困难、砥砺前行、不忘初心，并不断改进完善；随着新文科建设的不断推进，4×4实验教学必将发挥更为重要的作用。

海南自由贸易港江东新区乡村规划思考
Thoughts on Rural Planning of Jiangdong New District of Hainan Free Trade Port

海南大学 / 谭晓东 教授
Hainan University
Prof. Tan Xiaodong

摘要： 本文依据《江东新区总体规划》、乡村振兴实践经验，结合海南特定区域的特征，从自由贸易港建设的角度深入研究，对江东新区城乡融合发展进行解析。探索建立海南自由贸易港乡村振兴规划理论指导体系、海南自由贸易港城乡融合发展实践经验。海南乡村建设要符合乡情，体现海南乡村问题的独特性。在江东新区建设背景下为乡村寻找到一条适合乡情的策略与方法，同时又能将自由贸易港的发展与乡村建设有机结合起来的新模式。

关键词： 自由贸易港；江东新区；乡村规划

Abstract: Based on the "Master Plan of Jiangdong New Area", the practical experience of rural revitalization, combined with the characteristics of a specific area in Hainan, this paper conducts in-depth research from the perspective of the construction of a free trade port, and analyzes the development of the integration of urban and rural areas in Jiangdong New Area. Explore the establishment of the Hainan Free Trade Port's rural revitalization planning theoretical guidance system, and the practical experience of the Hainan Free Trade Port's urban-rural integration development. Rural construction in Hainan must conform to nostalgia and reflect the uniqueness of Hainan's rural issues. In the context of the construction of the Jiangdong New District, a new strategy and method suitable for rural conditions was found for the village, while at the same time a new model that can organically integrate the development of the free trade port and the construction of the village.

Keywords: Free Trade Port, Jiangdong New Area, Rural Planning

海南自由贸易港建设按照中央部署，将成为中国新时代全面深化改革开放的新标杆，打造成为中国全面深化改革开放试验区、国家生态文明试验区、国际旅游消费中心、国家重大战略服务保障区。江东新区会建设成为中国（海南）自由贸易试验港的集中展示区。江东新区乡村建设作为海南自由贸易港建设的重要内容，是决定海南自由贸易港成功的重要因素之一。通过城乡融合及乡村规划推动江东新区乡村建设，促进城乡融合，实现"产业兴旺、生态宜居、乡风文明、治理有效、生活富裕"的乡村振兴战略要求。

一、海南自贸港江东新区简介

2018年6月3日，中国（海南）自由贸易试验区海口江东新区新闻发布会，经海南省委、省政府深入调研、统筹规划，决定设立海口江东新区，努力建设成为中国（海南）自由贸易试验区的集中展示区。海口江东新区位于海口市东海岸区域，东起东寨港（海口行政边界），西至南渡江，北临东海岸线，南至绕城高速二期和212省道，总面积约298平方公里，分为东部生态功能区和西部产城融合区。其中东部生态功能区约106平方公里，包含33平方公里的国际重要湿地东寨港国家级自然保护区；西部产城融合区约192平方公里，包含临空产业园片区、桂林洋国家热带农业公园片区、桂林洋高校片区及沿江生活片区等。

江东新区将借鉴国内外经验，以全域美丽的"热带乡村公园"为平台和载体，探索"三区一中心"的乡村表达，打造中国乡村治理、发展、振兴的新形态。以"乡村公园化、公园全域化"为主要策略，描绘一幅"乡村是连绵的绿色区域，城市是镶嵌的活力组团；城乡共同缔造、创新融合"的江东片区绝美画卷。

二、江东新区乡村现状分析

江东新区范围298平方公里，涉及4镇1区，即灵山镇、演丰镇、三江镇、云龙镇和桂林洋经济技术开发区，其中包括行政村52个，自然村475个。这些乡村在政治、经济、文化等方面的特色在乡村振兴规划、建设中必须予以体现和保留。主要区域指标具体如下：

演丰镇辖区面积131.00平方公里，耕地40845亩（其中水田17676亩，坡地23169亩）。全镇总人口28458人，辖有13个村委会，1个居委会，161个村民小组，208个自然村，其中老区村庄196个。设有32个党支部，其中农村党支部13个。演丰镇被列为第二批国家新型城镇化综合试点地区。主要经济指标稳步增长。全镇农业生产总值26328万元，乡镇企业（工业）总产值473.8万元，比2006年增长42%，年均增长18.4%；财政收入9244万元，比2006年增长40.3%，年均增长8%；农民人均纯收入6493元，比2006年增长37%，年均增长7.4%。大力发展支柱产业，突出规模促增收。多年来，该镇加快发展特色产业，培植和建立区域化、规模化、产业化的农产品生产基地，形成了种植、养殖、禽畜、服务等四大支柱产业。一是以花卉蔬果为主的"绿色产业"，主要分布在苏民、美兰、群庄、昌城、演南5个村委会，种植花卉7300亩、水果12056亩、瓜菜7470亩、热作7600亩；二是以海水养殖和捕捞为主的"蓝色产业"，主要分布在塔市、演西、演东、演中、山尾、演海、边海、北港8个村委会，海水养殖面积达11000亩；三是以禽畜饲养为主的"银色产业"，培育养猪专业户37家、咸水鸭养殖户58户，年出栏量46万头；四是以休闲观光等服务业为主的"金色产业"，主要分布在演丰墟、美兰机场和红树林风景旅游区。

灵山镇总面积112.30平方公里，耕地面积2480.47公顷，海水养殖237.8公顷，拥有机动渔船412艘。全镇下辖22个村委会，1个居委会，230个自然村，327个村民小组，全镇常住人口93885人，流动人口29942人。镇内有灵山、大林、新市、东营4个集墟。镇区有中学3间，职业学院1所，职业学校3所，完全小学22所，幼儿园12所；卫生院4所，诊所38所。2010年灵山镇农业结构调整成效显著。全年水稻种植面积45256亩，总产量9266吨，产值1853万元；海淡水养殖面积62832亩，产值5469万元；海洋捕捞总产量2772吨，产值4414万元；瓜菜种植面积1.9085万亩，产值5716万元；花卉种植面积3770亩，新增520亩，产值2262万元；农林牧粮四业协调发展。全年生猪饲养量14.1976万头，产值10800万元，鸡、鸭饲养量100.6033万只，产值1892万元。全镇农村经济总收入79426万元，同比增长8.2%，农民人均纯收入5190元，同比增长8.1%。

海口桂林洋经济开发区总面积41.3平方公里，总人口6.65万人，有海南（国家级）水产物流交易中心、海口罗牛山农产品加工及冷链物流产业园两个大型物流中心。

三、江东新区乡村规划策略与方法

1. 以乡村公园为体系

在空间体系上，打造以乡村公园为特色的城乡空间体系。打破镇、村行政建制，以乡村公园为纽带，以自然村为基本单位，优化城乡体系，构建"城市组团协同、特色小镇引领、乡村公园统筹、中心村示范、卫星村环绕"的新型城乡体系，通过绿道、绿廊、绿环，构建江东新区"山—水—林—田—湖—草—产—城—园—乡—人"共同繁荣的江东新区"城乡融合发展共同体"。以乡村公园为基本单位，以特色小镇和中心村作为其全面振兴发展的"中心地"，生态优先、设施先行、核心带动，分为万国文化融合风貌区、热带农业田园风貌区、特色创新创意风貌区、自然生态保育风貌区、无限田洋风光风貌区，包含国际交往公园、都市渔港公园、国际康养公园、水田花街公园、爱尚运动公园、热带农业公园、创新智享公园、椰林养生公园、共享港湾公园、海洋集市公园、海洋度假公园、田洋风光公园、国家湿地公园、创意农业公园等。

2. 发展特色村庄类型

以《江东新区总体规划（2018-2035）》、江东新区三组团控规、《海口市域乡村建设规划（2016-2030）》等上位规划为依据，结合江东新区生态红线划定、河流蓝线划定、基本农田划定、林地资源保护规划、地震断裂带分布等相关资料，在综合评价各自然村发展现状和发展潜力的基础上，确定村庄发展类型。具体如下：

（1）传统特色村落风貌区域

迈德村自明初建村至今已有560多年的历史，因历朝历代，村里出过不少出类拔萃的人物而闻名四乡。数百年来迈德村人在这片沃野上，守护着祖先遗训，守护着古典胜迹和自己的精神家园。古祠、学堂、家谱、古井是迈德村人的标志，在海南十大文化名镇（村）评选活动中，迈德村以其独特的人文底蕴和迷人的自然风光，获得"海南十大文化名村"的称号。据二百多年来的历史记载，全村共有92人当教师，特别是曾广进一家九代就有47人当教师，成为海南最大的教育世家。迈德村拥有闻名遐迩的私塾学堂，是知名的尊师重教村庄，其尊师重教之风流芳后世。

道郡村三面被山坡环抱，绿树成荫，村后有千年参天古树，风光秀丽。道郡村先辈重视教育，村中历代名人辈出。每年农历六月十二举办军坡节，拜神、舞龙、舞狮、闹军坡的传统一直传承至今。村中历代人才辈出，清代有嘉庆年间进士吴天授，道光年间正一品建威将军吴元猷、正二品武显将军吴世恩，光绪年间户部主事吴汉征、布政司吴必育，以及庠生、监生、贡生、武生、国学生等22人。近代有民国爱国将军吴振寰，中共烈士吴开佑。村中历史文物众多，有清代嘉庆年间进士吴天授故居及进士牌，光绪年间广东五品布政司吴必育故居，慈禧太后赐建的吴氏宗祠、吴元猷将军故居，民国爱国将领海南琼北要塞司令吴振寰将军故居，还有古井、大林壹官市等。道郡村中吴氏宗祠，房梁书迹尚存，梁柱精雕细刻。吴元猷将军故居规模宏大，外墙正中有正一品武官图腾"麒麟献瑞"，威武生动，室内建筑典雅古朴，雕刻图案寓意深刻，此外还有群尚村、高山村等特色村落。

(2) 琼北地震遗址村落区域

禄尾村是著名的革命老区村庄。村民以海水养殖为主，近海作业，捕捞赶海为辅。该村有农户44户，人口250人，以红土壤为主，可供农业开发的土地资源235亩。这里村民勤劳致富、民风淳朴、文明和谐、安居乐业，社会风气良好，邻里之间和谐相处，尊老爱幼、帮困济贫，得到远近各村的称赞。这里除了自然景色优美，还有一些奇特遗址，笼罩着一个个神奇传说，散发出一股神秘的气息。走进禄尾村，不仅可以领略大自然的美好风光，还可以体会到"海底村庄"72村遗址——地震劫后的人文遗产。1605年，一场地动山摇的琼州大地震，将上百平方公里的陆地沉入海底，使琼北（现东寨港至铺前湾一带）72个村庄和千顷良田悉数沉入大海。据地震科学家的推定，这场地震震级至少7.5级。史料记载"桑田变海""十之存二"，八成当地民众在地震中遇难，大地震陆陷成海，遗墟的分布面积达百余平方公里。每年朔望期退潮后，部分遗墟露于滨海滩石中，这就是著名"海底村庄"。

(3) 新型乡村景观风貌区域

瑶城村，靠近红树林湿地，生态环境一流。随着村庄发展变迁，村民搬迁至新村，老村遗留下大量闲置老屋，撂荒地也很多。瑶城村美丽乡村项目在专业设计团队的指导下，最终选择不砍树、不拆房，保留乡土特色，按照"一房一策"理念进行升级改造，让老屋焕发新活力。根据房屋特点和产业需要，规划设计有政务主题、茶文化主题、儿童主题、羊圈主题、创意集市等九个主题民宿小院，坚持和而不同，打造高端民宿聚集区。新变化为村民所津津乐道：破旧的老房子变了模样，经过升级改造，充满乡趣的部分村居换了新颜，绿意环抱，古朴别致，惹人注目。作为江东新区美丽乡村示范点，瑶城村的村民见证着闲置村居变身特色民宿的全过程，深切感受到村庄的蜕变，村民也在积极参与中享受到乡村发展的多重红利，获得感、幸福感于心底油然而生。生态优先，一村一品。海口坚持规划引领，先谋后动，统筹推进江东新区美丽乡村建设，探索城市开发与美丽乡村升级的城乡统筹发展新模式，坚持"山水林田湖草"是一个生命共同体，精心打造"望得见山、看得见水、记得住乡愁"的宜居宜游新农村。

3．城乡交融产业共融

乡村产业兴旺是乡村振兴的一个重要指标。对现有产业进行优劣分析，深入调研江东新区乡村发展需求，提升现有产业，引入新产业业态。制定城乡产业发展结构如下：城乡产业融合走廊、创新创意产业区、科创文化活力带、田洋生态度假带、田洋度假产业区、都市休闲产业区、都市人文休闲带等。改变"单点作战"局面，以"乡村公园"为统筹，做强优势产业集群，建设一个"一园一品、差异发展、产园联动"发展格局的新区。以热带乡村公园为媒介，产业提档升级，诱发市场新需求，打造都市休闲、文化创意、生态度假引领的乡村绿色经济示范区。形成双港驱动、海陆互通、城乡交融，打造"一廊串三带、三片十四园"的产业发展空间结构。具体如下：一带一路乡村建设博览会、世界大海休闲大会会址、八音文化旅游节、古村落保护论坛、国际自行车训练基地、桂林洋国家热带农业公园、国际生鲜交易中心、国际大学生创意工作营、椰林生态康养基地、国际高尔夫度假中心、三江莲雾休闲采摘园、北港渔家博物馆、国际热带海岛旅游论坛会址、珍稀鸟类观赏基地、国际艺术家交流协会海南分会址、山尾国际度假村、万亩设施农业基地、红树林（实验区）野奢酒店、华侨文化交流中心、国际湿地艺术季。

4．城乡互动生活共享

保障乡土公共文化生活，构理城乡互动的多级、多样公共服务体系，建设一个城乡公共设施等值配套、共建共享、幸福宜居的新区。打造"乡村+公园"的第三种生活方式。主要包括：农民转变为园丁会员，构建一种参与式的乡村工作生活；游览转变为社群聚会，构建一种互动式的休闲度假生活；乡村升级为公园群落，构建一种生态化的现代乡村生活，构建江东新区生活共享共同体。结合乡村公园主题园定位，在乡村公园服务范围内配置多种公共服务设施，以特色小镇、中心村为中心地，构建10分钟城乡生活共享圈。构建江东新区乡村地区绿色交通。在落实区域主干路网，完善新区大交通体系的基础上，规划提出构建乡村公交体系，提升出行便捷程度，充分保障5分钟出行半径生活圈，15分钟出行半径通勤圈，服务短距离生活出行。

公共服务体系如下：乡村公园服务中心、游客服务中心、休闲商业中心、乡村博览设施、乡村剧院、文体娱乐中心、幼儿园、小学、小型体育中心、卫生室、老年人服务设施、创意培训基地、科研交流中心、农业体验设施、文化活动室、体育运动基地、高端民宿、火车站、机场等。

5. 文化繁荣文旅联动

保护和传承历史文化、田洋文化，以乡村公园为载体，打造"文化体验单元"，建设一个"文化繁荣、文旅联动"的新区。传承和发扬海南非物质文化遗产，结合乡村公园整体定位，差异分工，构建西部乡土地域文化、中部乡村创意文化、东部生态田洋文化三大文化主题片区，构建"一环四线十一区"全域文旅联动格局。旅游系统规划有滨海旅游路线、田园游憩路线、乡村博览路线、生态观光路线。具体如下：

（1）万国文化交流区。世界园艺种植博览、万国花园、国际领事馆农田认领试验区、华侨文化交流中心、田园游憩路线、潭览河湿地公园、国际乡村建设展览、万国文化交流舞台、万国建筑之窗、林宜华故居。

（2）海洋文化体验区。家庭渔场、迈雅湿地公园、爱国教育基地、百舸争流、国际渔港码头、深海运动垂钓、滨海沙滩运动、农夫集市。

（3）传统民俗展示区。农场音乐节、家庭农场、田间书苑、民俗旅游节、田间梦想秀、道郡传统小镇、群尚村八音文化馆、八音文化旅游节、传统祖屋改造展示区、康养院子、水田花街、泰华祖庙、丰收大地艺术节、传统村落道郡村、绿色村居设计大赛、名人文化公园、传统文化展示大舞台、养生河滩。

（4）郊野运动活动区。铁马乐园、田间越野马拉松大会、田间自行车大赛、骑行驿站、生态运动公园、花田寻踪。

（5）休闲观光农业旅游区。桂林洋国家热带农业公园、美丽乡村高山村、稻田民宿、热带农业创意大赛、热带生物育种基地、古村保护大会、统村落迈德村、吴贤秀墓。

（6）渔俗文化展示旅游区。海洋集市、红树湾生态旅游、龙尾桥、林市古村落、鸟类摄影、湖光村景、特色渔业庄园、渔业博览会、半岛绿环。

（7）椰林休闲养生体验区。千亩湖高尔夫度假地、龙窝水库、乡村博览路线、十里花卉长廊、龙泉寺、人民革命纪念园、演丰生态小镇。

（8）离岸创新乡村展示区。大学生创意工作坊、大学生艺术设计展览、艺术装置大赛、乡士远程办公计划、大城小苑。

（9）北港岛热带海岛旅游区。滨海旅游码头、免税购物、渔船出海体验、热带海洋文化创意大赛、北港岛国家级海洋公园、琼北地震沉没村庄遗迹、海底潜水体验、曲口观海台、渔家风情节、罗亭坡观鸟岛、山尾民宿沙龙、红树林教育基地、红树林生态绿道、红树林科普游。

（10）生态湿地艺术展示区。三江湿地公园、三江莲雾产业小镇、丰惠佳莲雾庄园、莲雾采摘节、大地艺术展、国际湿地文化季、生态艺术展、艺术长廊。

（11）创意农业展示体验区。有机农场、农业创意文化国际展、田间艺术装置大赛。

四、结语

在江东新区大规模建设背景下保持乡村生态环境、建设美丽乡村、提升产业、保持文化特性、实现城乡融合发展是本文研究的重点。主要研究解决以下几个问题：乡村建设与江东新区发展的关系、乡村建设与江东新区城乡融合、乡村建设与江东新区空间格局特色、江东新区农村乡土文化保留、江东新区乡村建设的创新发展模式。这些以江东新区乡村规划建设实例为研究的切入点，从产业经济、人居环境、文化形态等方面研究，总结海南江东新区乡村规划建设中存在的规律及完善的方案。

2021创基金4×4实验教学课题——以乡村振兴背景下海南省海口江东新区道郡村综合环境设计为目标，在中央美术学院、清华大学美术学院、海南大学等院校名师团队指导下，实现保护传统村落人文景观和格局，保持风貌的完整性，做到在发展中传承历史文脉、在传承文脉中谋取新发展，完善基础设施和旅游服务设施，开发以观光旅游和文化旅游为主的多类型旅游产品体系，实现村庄的可持续发展，达到振兴新乡村的目的。

参考文献

[1] 海口市人民政府. 江东新区总体规划（2018-2035），2018.
[2] 海口市人民政府. 江东新区三组团控规，2019.
[3] 海口市人民政府. 海口江东新区城乡融合的乡村振兴专项规划（2019-2035），2019.
[4] 海口市人民政府. 海口市域乡村建设规划（2016-2030），2016.

"实践"与"概念"下的教学思考
Teaching and Thinking under the "Practice" and "Concept"

山东师范大学 / 刘博 讲师
Shandong Normal University
Lecturer Liu Bo

摘要：通过参加"4×4"实验教学活动，发现学生汇报过程中，"模块化"设计思路普遍存在，学生的主观创造性思维没有及时发挥，导致汇报内容与预期成果产生了一定的距离，正是发现了此类问题，促使教师们反思在今后的教学过程中，如何优化环境设计教学并应用到教学过程当中。

关键词："4×4"实验教学；创造性思维；优化教学

Abstract: Through participating in the 4×4 workshop teaching activities, it was found that in the process of students reporting, the "modular" design ideas were widespread, and the students' subjective creative thinking was not brought into their presentations, resulting in a certain distance between the presentations and the expected results. The discovery of such problems prompted teachers to reflect on how to optimize the environmental design teaching and apply it to the teaching process in the future teaching process.

Keywords: 4×4 workshop, Creative Thinking, Updated Approach to Teaching

学科专业的发展紧跟时代的前进优化更迭，环境设计专业自1957年诞生于中央工艺美术学院室内装饰系（现清华大学美术学院），经历了六十多年的历程，人才培养模式也覆盖了从本科生到博士后研究生，完善的教育培养模式也为未来的发展打下坚实的基础。根据调研，以往单一学科的纵深研究已无法满足当前的社会需求，几乎大部分的学科专业都在探索跨学科深度融合的可能性，"全学科"下学生综合素质的培养达到了一个前所未有的高度，协同创新与优化教学设计也就成为环境设计专业当前迫切需要思考的内容。

2008年，中国建筑装饰协与国内重点高等院校环境设计学科设立建筑装饰卓越人才计划奖，为各校和企业之间建立实验教学平台，即中国高等学校环境设计专业"4×4"实验教学课题。伴随着第十三届"4×4"实验教学课题的终期答辩与颁奖典礼圆满举办，课题成果紧跟时代步伐，得到了国内外高等院校和广大的设计研究机构广泛认可和高度评价。通过与"一带一路"沿线国家在高等教育相关领域开展深入课题合作的契机，以教授治学理念为核心价值，共同探索培养"全学科"优秀高端知识型人才成为"4×4"实验教学课题未来的发展目标。课题项目打破了中外高等院校间的教学壁垒，共同研究城乡环境建筑设计课题已成为全体课题组成员的共识；在中国建筑装饰协会设计委员会的主导下，探索人民对美好生活的需求是课题价值的奋斗目标理念，实现了培养杰出建筑环境设计人才的战略使命。

一、"实践"与"概念"

"4×4"实验教学课题经过了十三年的积累与发展，历经十几届国内导师与国际导师的指导，始终走在学术专业前沿，从理论架构到设计方案，强调培养学生的综合设计能力与创新性思维，积极探索本专业未来发展的可行性方案，出版的历届书籍就是每一年的完美答卷。本着"居安思危"的态度，每一年发现的新问题在第二年均得到优化，是历届导师们共同的态度，紧跟时代脉搏，保持着本专业的前瞻性和成果的尖端性。

笔者经过思考，将具备完善的理论知识、掌握翔实的国家设计规范与标准并应用到设计当中的能力统一概括为"实践"设计能力，而将具有创造性思维能力、设计内容让人耳目一新的能力统一概括为"概念"创造能力。

通过本届课题组任务书下的前期汇报内容，发现了很多同学在创新方面略显不足，基本都是按照相应的设计规范来表现设计，其结果就成了一次"实践性"设计，基本达到了设计院和设计公司方案汇报的程度，但是"概念性"表达的缺失仿佛丢失了设计的"灵魂"；这里的"概念"一词，以本文的表述，是一种当代学生对未来的思考，作为青年一代各抒己见并通过设计表达出来，以汇报的方式和导师们沟通；这种"对话"的方式，让导师们了解到新时代下学生们是如何理解任务书并进行深度思考的，而非拿出一套相对完善的"模块化"设计方案，这样的方案对导师们来说，缺少了"4×4"实验教学课题一直遵循的创新性和前瞻性。培养的同时兼具"实践"设计能力和"概念"创造能力的学生，成为教师们在今后的教学过程中关注的一个重要方向。

二、青年教师的思考

1. 学习导向

课题组的很多青年教师们都具有留学经历，说到"概念"性创造设计，其首要因素是课程体系和教学要求；西方古罗马时代的建筑师维特鲁威（Vitruvius）就提出一名优秀的建筑师应该具备多种学科的知识，如历史、艺术、哲学、数学、物理、天文学等。到了近代西方教学体系，更是强调了工科、艺术、文学等综合学科的知识积累，并通过研讨会、讲座等多种形式，让不同学科的人汇聚一堂，探索跨学科综合发展的可能性。笔者认为通过这种方式，学生能够从多领域拓宽自身的眼界，学会从其他角度看问题，潜移默化地增加了学生的主观创造性思维，再经过长期积累，才能够成为一名合格的设计师。与此同时，对青年教师的要求也更加深化，停下学习的脚步随时会被时代所遗弃，青年教师要及时补足自身的短板，同时兼备多学科的知识更新和学习，经过自己的吸收再消化，梳理出完整的教学体系，指导学生的同时，也能检验自己的学习成果是否达标。由此经过学生和教师的双向学习，才能够应对复杂的课程设计与教学内容。

2. 国际化交流

"4×4"实验教学课题的成功之处不仅在于打破国内院校壁垒，还打破了国际院校壁垒，通过国内外院校不同的思维模式、教学体系的碰撞，产生的成果是有目共睹的，学生的综合设计与表达能力得到了质的飞跃。如何将这一模式延续到青年教师的教学活动当中，笔者认为Workshop模式能够达到激发灵感、活跃思维的作用，通过互联网建立课题小组的连接，一个小的设计任务，只需要3~4天的时间，形成设计成果并进行汇报，让学生们了解彼此的想法和差异，对于拓展思维的训练可以弥补学校教学体系的维度，笔者也是通过这种方式的训练，感觉受益良多。但是根据调研，在各校的教学大纲中，还缺少这种模式教学计划，此种模式更多的是教师自发组织，或者直接聘请校外教授授课。如何能够让更能多的学生参与Workshop模式的训练，让这种训练模式成为常态，需要相关专业的教师们进行综合思考才能够实现。

3. 未来展望

笔者回顾自己近十年的学习生涯，经过学生到教师的身份转变，越发体会到学习能力的培养是贯穿一个人的一生的，如何在繁杂的学科当中吸收有助于自己成长的内容，在教师的引导下，一定是自己探索和总结出来的。创造力是设计的灵魂，同时也引导着一个人的成长。可期的未来，人类将登上火星，如何在火星上更好地生活，一定会有设计师的参与，不同学科的人员协调工作将成为常态，我们都将为未来的建设贡献自己的一份力量。

三、结语

经历了艰难的2020年，2021年的四校课题始于海南大学，两次中期汇报途经西安美术学院、山东师范大学，终期答辩来到了山西传媒学院，回顾今年各地的旅程，导师们和学生们始终不畏困难，坚持"4×4"课题组的一贯品格，为今年的活动画上了一个圆满的句号。作为一名青年教师，课题组十余年的积淀与传承始终激励着我，伴随着我继续成长。以上内容仅是笔者自身的理解和认知，如有不当之处还请各位教授批评指正。

2020创基金·四校四导师·实验教学课题
2020 Chuang Foundation · 4&4 Workshop · Experiment Project

参与课题学生（部分）

刘长昕

郑晗

范斌斌

刘浩然

陈晓艺

徐旸

陈殷锐

黄佳妮

2020创基金·四校四导师·实验教学课题
2020 Chuang Foundation · 4&4 Workshop · Experiment Project

徐莹　　　　　吕雨轩　　　　　薛瑞　　　　　朱懿

刘秋吟　　　　颜婷　　　　　叶雨昕　　　　陈海萍

2021创基金·四校四导师·实验教学课题
2021 Chuang Foundation · 4&4 Workshop · Experiment Project

学生获奖名单　　　　　　　　The Winners

一等奖　　　　　　　　　　　　The First Prize：
1. 颜婷　　　　　　　　　　　1. Yan Ting

二等奖　　　　　　　　　　　　The Second Prize
1. 柳国荣　　　　　　　　　　1. Liu Guorong
2. 郑晗　　　　　　　　　　　2. Zheng Han
3. 刘雯雯　　　　　　　　　　3. Liu Wenwen
4. 李志　　　　　　　　　　　4. Li Zhi
5. 王秋月　　　　　　　　　　5. Wang Qiuyue
6. 刘赋霖　　　　　　　　　　6. Liu Fulin

三等奖　　　　　　　　　　　　The Thrid Prize
1. 张弛　　　　　　　　　　　1. Zhang Chi
2. 姚敬怡　　　　　　　　　　2. Yao Jingyi
3. 贺虎成　　　　　　　　　　3. He Hucheng
4. 杨卓颖　　　　　　　　　　4. Yang Zhuoying
5. 屈航　　　　　　　　　　　5. QU Hang
6. 朱懿　　　　　　　　　　　6. Zhu Yi
7. 刘长昕　　　　　　　　　　7. Liu Changxin
8. 刘秋吟　　　　　　　　　　8. Liu Qiuyin
9. 叶雨昕　　　　　　　　　　9. Ye Yuxin

佳作奖　　　　　　　　　　　　The Fine Prize

18位获奖人　　　　　　　　　　18 winners

一等奖学生论文与设计
Thesis and Design of the First Prize Winning Students

生态旅游视角下海口市道郡古村新乡建探索
Exploration on the Construction of Ancient Villages and New Townships in Daojun County, Haikou City from the Perspective of Ecotourism
道郡古村景观更新设计
Landscape Renewal Design of Daojun Ancient Village

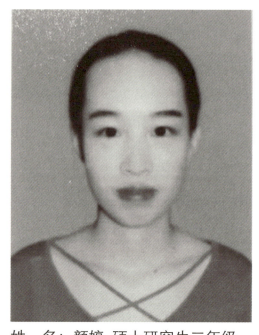

中央美术学院
颜婷
Central Academy of Fine Arts
Yan Ting

姓　　名：颜婷 硕士研究生二年级
导　　师：王铁 教授
学　　校：中央美术学院建筑学院
专　　业：风景园林学
学　　号：12190500043
备　　注：1. 论文　2. 设计

生态旅游视角下海口市道郡古村新乡建探索
Exploration on the Construction of Ancient Villages and New Townships in Daojun County, Haikou City from the Perspective of Ecotourism

摘要： 我国是一个统一的多民族的大国，少数民族文化形成的各具特色的传统村落成为当今乡村旅游的重要部分。但是随着乡村旅游人数的不断增多，乡村环境不断受到破坏已经成为常态。生态旅游概念最早由国际自然保护联盟（IUCN）特别顾问Ceballos Lascurain于1983年正式提出。作为对传统大众旅游导致生态环境损害现象的回应和反思，生态旅游迅速得到了各国政府、学界和社会人士的响应。海南省是我国的旅游大省，地理位置优越、旅游资源丰富、气候条件温暖湿润等特点使得海南省的旅游发展有着得天独厚的条件。海南的传统村落数量也非常之多，近年来海南的乡村旅游业得到了很大发展，但也同样面临着乡村环境压力的问题。道郡古村是海口市琼北地区典型的传统村落之一，但是由于城市化的快速发展，目前村落空心化严重，房屋大面积坍塌损坏；在生态旅游的视角下，道郡古村的乡村建设如何紧跟时代步伐，走出一条新乡村建设的发展道路是本文的研究核心。

关键词： 生态旅游；乡村旅游；道郡古村；传统村落；乡村建设

Abstract: China is a unified multi-ethnic country. The distinctive traditional villages formed by ethnic minority culture have become an important part of today's rural tourism. However, with the increasing number of rural tourists, the continuous destruction of the rural environment has become the norm. The concept of ecotourism was first formally put forward by Ceballos Lascurain, special adviser of the International Union for the conservation of nature (IUCN), in 1983. As a response and Reflection on the damage to the ecological environment caused by traditional mass tourism, ecotourism has been quickly responded by governments, academics and social people all over the world. Hainan Province is a large tourism province in China. The characteristics of superior geographical location, rich tourism resources and warm and humid climate conditions make Hainan Province have unique conditions for tourism development. The number of traditional villages in Hainan is also very large. In recent years, Hainan's rural tourism has also developed greatly, but it is also facing the problem of rural environmental pressure. Daojun ancient village is one of the typical traditional villages in Qiongbei area of Haikou City. However, due to the rapid development of urbanization, the village is seriously hollow and the houses are collapsed and damaged in a large area; From the perspective of ecotourism, the core of this paper is how to keep up with the pace of the times and walk out of a development path of new rural construction.

Keywords: Ecotourism, Rural Tourism, Daojun Ancient Village, Traditional Villages, Rural Construction

第1章 绪论

1.1 研究背景

我国是一个多民族种类的大国，随着社会经济的发展，越来越多的人口离开乡村，涌入城市，少数民族村落人口流失造成的少数民族传统村落衰败早已成为常态，但是这其中相当一部分的传统村落却由于乡村旅游业的开发使得经济快速发展起来。在这些旅游业发达的村落中，由于城市人口频繁涌入和为了满足旅游发展的服务需求，村落的绿地不断减少，游客产生的垃圾数量不断增多，给当地的环境造成了一定负担。

海南省是我国的旅游大省，旅游资源丰富、地理位置优越、常年温暖的气候使得海南省成为国内最受欢迎的旅游地之一。海南的传统村落数量也非常之多，但是随着城市的发展和现代文化的冲击，政府缺少成熟的保护政策，村民缺乏村落保护意识，越来越多的传统村落逐渐走向了凋零，道郡古村就是其中之一。那么，在生态旅游的视角下，如何跟进时代发展的步伐，对道郡古村进行创新开发，走出一条新乡村建设发展道路是本文研究的重点。

1.2 研究目的及意义

琼北古村落是琼州千年以来历史文明的精华，承载着海南人民的记忆与生活方式，有着丰富的物质与非物质文化价值和优美独特的历史人文景观。由于政府长期以来缺乏对古村落的保护规划，村民缺乏对村落保护的认识，使得大量的古村落渐渐走向消亡。道郡古村作为琼北典型的传统村落，应该紧跟时代步伐，建立合理开发机制，走出一条新乡村建设发展道路，成为琼北古村落开发的示范点，这是本文的目的。

海南的旅游资源非常丰富，乡村旅游相对其他旅游业来说缺少重视，如何以道郡古村为开发模板，以一种新的开发形式使海南乡村文化走向新生，使得海南乡村旅游成为海南旅游的一大亮点，是本文研究的意义。

1.3 国内外研究现状

1.3.1 国内研究现状

自1992年生态旅游概念引入中国以来，经历了理论介绍到本土化探索的过程，并不断推动中国生态旅游的实践发展。担当着生态文明思想传播者、可持续发展理念引领者、旅游产品开发创新者、旅游社区利益维护者、旅游环境保护示范者等多重角色（钟林生等，2013），尤其是通过生态旅游能增强人们的生态文明意识，提高旅游行业建设生态文明的自觉性和积极性，促进人与自然和谐发展。因此，生态旅游在中国得到高度重视，继国家旅游局将1999年定为"中国生态环境游年"之后，又将2009年定为"中国生态旅游年"，2016年3月发布的《中国国民经济和社会发展第十三个五年规划纲要》中更是明确提出要"支持发展生态旅游"。中国生态旅游研究文献年度数量变化较大，根据普赖斯提出的科学文献指数增长规律曲线（图1-1），研究可分为4个阶段：（1）1992~1999年，生态旅游概念引入中国不久，文献数量相对较少；（2）2000~2006年，由于国家旅游局将1999年主题定为"生态环境游年"，推动学术界对于生态旅游的关注度，文献数量也呈现出指数增长趋势；（3）2007~2011年，论文增长数量总体放缓甚至下降，但由于国家旅游局将2009年定为"生态旅游年"，因而2010年与2011年出现较大幅度的上升；（4）2012~2015年，文献数量趋于稳定。

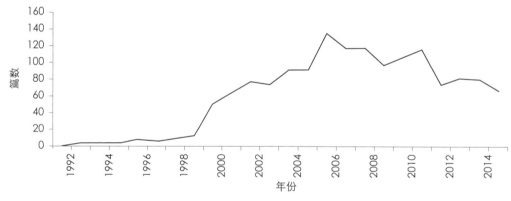

图1-1 1992~2015年生态旅游研究文献的年度数量变化
（图片来源：地理科学进展，国外生态旅游研究进展启示）

从文献的期刊来源看，涵盖了旅游类、经济类、地理类、管理类及综合类期刊，主要期刊有《生态学报》《生态经济》《旅游学刊》《经济地理》《特区经济》《林业经济问题》《林业资源管理》《福建林业科技》《西北林学院学报》《干旱区资源与环境》《人文地理》《中国人口·资源与环境》等，说明国内生态旅游研究呈现跨学科、多学科融合特点，也反映生态旅游研究成果受到不同学科和领域的关注。

总结国内有关生态旅游者研究成果，可以勾画出中国生态旅游者的基本特征：（1）生态意识。相对于传统大众旅游者，生态旅游者具有生态意识（曾菲菲等，2014）。（2）行为特征。生态旅游者进行旅游活动时，带有环境保护意识，在吃、住、行、游、娱、购6个环节中都很强调旅游与保护的和谐统一（钟林生，石强等，2000）。（3）旅游目的地偏好。走向自然是世界旅游发展的一个新趋势（吴章文等，2004），生态旅游者喜欢前往自然区域（如干扰相对少的自然保护区或森林公园）进行旅游活动（李燕琴等，2004；黎洁，2005），而为减少对当地自然环境和文化系统的影响，他们一般能自觉约束自己的旅游行为。（4）组织特征。国内生态旅游者更喜欢以团队（单位组织、旅行社组织）形式进行旅游（黄震方等，2003）。

1.3.2 国外研究现状

20世纪60年代，欧美各国因经济快速发展，观光旅游人口大增，不管是以自然野生环境还是以异族文化为主题的观光地，都有人满为患的困扰。在"永续发展"的思考下，Hetzer于1965年开始呼吁文化、教育和旅游界，应以对当地文化、环境冲击最小，给予当地最大的经济效益与游客最大满意程度为衡量标准——一种生态上的观光："生态旅游"。

从图1-2可以看出，关于生态旅游的研究数量自20世纪90年代呈现波动上升的态势，尤其是2007年后增幅较大。从年度刊文量来看，可以将生态旅游研究分为3个阶段：（1）萌芽阶段（1996年以前）。该时期虽然学界对生态旅游的研究成果较少，但也认同生态旅游是一种新型的活动和产品，并对其概念进行了探讨。（2）起步阶段（1996~2007年）。随着全球范围内环境问题的日益加重，学者们认识到生态旅游的重要性，研究成果增多且较为均衡，联合国更是将2002年命名为"生态旅游年"，推动了生态旅游在全球范围内的深入发展。（3）快速发展阶段（2007年以后）。生态旅游研究在该阶段有了质的提升，成为旅游业的研究热点，研究方法以实证研究为主，研究区域主要集中在生态旅游资源丰富的国家或地区，体现了研究的应用导向。

不同研究阶段的研究前沿问题也不尽相同，据统计结果显示，1996年以前没有出现代表性的研究前沿。起步阶段（1996~2007年）的研究以资源导向为主，涉及野生生物、环境、森林等方面；快速发展阶段（2007年后）以管理导向为主，开始更多地关注旅游者和社区居民，对保护区的管理方法也进行了一定探索。

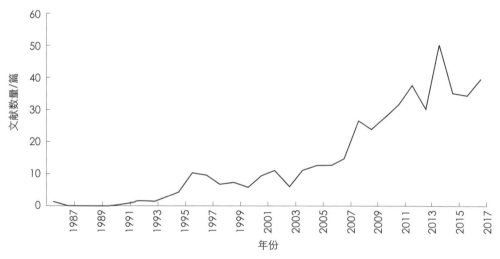

图1-2 1986~2017年国外生态旅游领域研究文献数量年度分布
（图片来源：地理科学进展，国外生态旅游研究进展启示）

1.4 研究方法

1. 文献研究法

在进行研究之前，通过大量文献查阅与资料整理，利用科学分析法结合实例调研，在生态旅游的视角下总结出有效的乡村建设新道路的设计方法。

2. 实地调研法

通过实地调研道郡古村，搜集村落的基础信息，与乡村旅游文化相结合，综合分析道郡古村景观更新的可行性和必要性。

3. 案例分析法

在研究过程中，重点使用实践与理论相结合的方法，同时，应用大量的事实依据为佐证，为道郡古村在生态旅游视角下的乡村建设提供经验。

4. 归纳整理法

将文献资料、实地调研资料及案例分析等资料汇总，为道郡古村的乡村建设新道路提出理论基础。

5. 设计实践法

通过参与实地项目的设计，通过实践探索出理论的新成果。

1.5 研究框架图（图1-3）

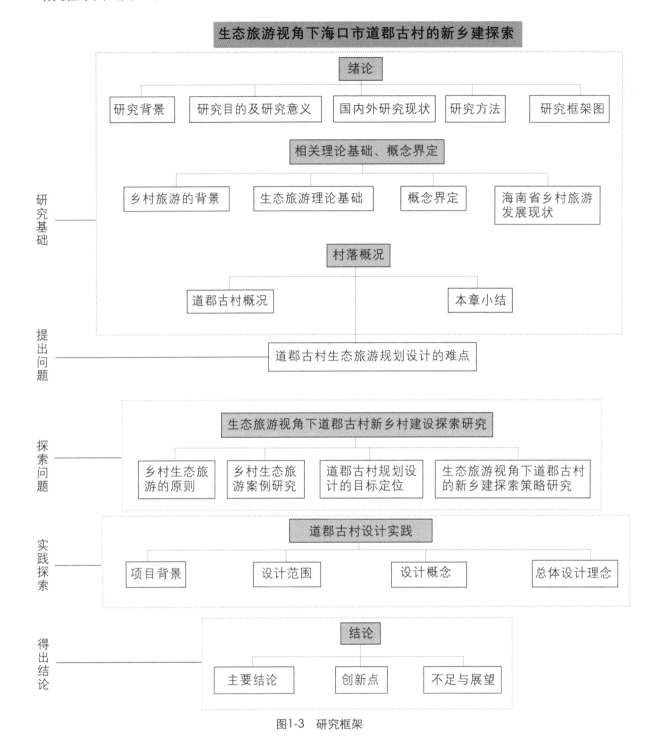

图1-3 研究框架

第2章 相关理论基础、概念界定

2.1 乡村旅游的背景

2.1.1 我国乡村旅游发展概述

乡村旅游事业的蓬勃发展首先为传统村镇经济的快速增长创造了有利条件。同时，在一定程度上缓解了农民就业压力，有利于农村剩余劳动力的转移。其次，乡村拥有丰富的自然资源和人文资源，以前传统生产方式下利用率低的资源，现在为旅游业所使用，生产效率得到明显提高。乡村得天独厚的自然环境、文化景观和农业景观，在乡村旅游背景下也为满足人们在精神和物质方面的需求提供了可能。生产行为发生了变化，生产结构也随之变化。乡村旅游的发展使大部分村镇的各类资源得以合理化利用。

2.1.2 我国乡村旅游的发展历程

我国乡村旅游于20世纪80年代末期开始萌芽，90年代以来，随着改革开放的不断推进和深入，乡村旅游在我国得以积极快速地发展。1998年和1999年国家旅游局相继推出"华夏城乡游"和"生态旅游年"，进一步促进了乡村旅游业的发展。此后，全国各地出现了乡村旅游开发的热潮，各地政府纷纷出台相关政策扶持乡村旅游的发展。

进入21世纪以来，乡村旅游已经迈入一个全面发展的时期，旅游景点增多，规模扩大，功能拓宽，分布广泛，呈现出一个发展良好的新态势。郭焕成等将现阶段我国乡村旅游的发展特点总结如下：（1）目前中国乡村旅游正处在起步阶段，旅游项目以农业旅游为主，农业旅游和民俗文化旅游相结合，体现了"农、游合一"和"人与自然和谐"的特点。（2）乡村旅游以观光功能为主，休闲功能为辅，主要包括观赏、品尝、购物、劳作、娱乐、农技学习、乡村文化欣赏、农民生活体验等。旅游功能比较单一。（3）乡村旅游主要分布在经济比较发达的大城市郊区、特色农业区和风景名胜区，体现了乡村旅游靠近大城市、靠近市场的特点。（4）乡村旅游分工管理，一般观光农业旅游由农业部门管理，旅游部门配合。乡村民俗文化旅游由旅游部门管理，农业部门配合。

乡村旅游作为我国旅游行业的新兴类型，近年来广受关注，发展较快，各种类型、各个地区都显现出极强的生命力。作为第一产业和第二产业的结合，乡村旅游改变了农村单一的经济结构，解决了农村剩余劳动力的问题，提高了当地居民的生活水平，在解决"三农"问题上起到了积极作用。但我国乡村旅游起步较晚，且只在最近几年才真正形成规模。目前，乡村旅游资源的开发和利用还存在很大的空间，从乡村旅游的主要客源和时间性来看，还存在一定的局限性，且乡村旅游地的基础设施和管理还不完善，距离游客期望的舒适度和满意度还有一定距离，所以说，我国乡村旅游全面发展的步伐才刚刚开始。

2.1.3 我国乡村旅游的发展模式

目前，我国乡村旅游主要有四种模式，即农家乐旅游模式、田园农业观光模式、民俗村落体验模式以及休闲度假模式。农家乐旅游模式是发展最早的一类，游客参与性较高，以"吃农家饭、品农家菜、住农家院、干农家活、娱农家乐、购农家品"为特色；田园农业观光模式依托于农业风光，以乡村田园景色、农业生产活动来吸引游客，开发果乡游、花乡游、水乡游、农乡游等不同特色的主题旅游活动，满足游客体验农村生活、回归自然的心理需求；民俗村落体验模式依托于村镇中的民居建筑和风土人情，开展丰富多彩的民间活动，营造浓郁的乡村文化氛围；休闲度假模式则多应用于自然风光较好的村镇，有山有水，景色旖旎，结合自然环境兴建旅游休闲设施，为游客提供餐饮、健身、娱乐、住宿等为一体的度假服务。

总的来说，随着乡村旅游的持续升温和政府对其发展的大力支持，未来我国乡村旅游发展将逐渐被纳入旅游产业发展的总体规划，投资呈现多元化趋势，乡村旅游也将摆脱过去分散、单一的局面，逐渐步入规模化、特色化。活动项目朝自助化的方向发展，扩大客源范围和客源类型，吸引远程的国内或境外旅游客源。

2.2 生态旅游理论基础

2.2.1 生态旅游的定义

生态旅游的概念自提出之后就受到普遍关注和广泛好评及肯定。Lascurain（1998）将生态旅游定义为"生态旅游是负责的自然旅行，在此过程中，需要保护当地的环境，维持并促进当地居民的福利"。国际生态旅游协会把其定义为：具有保护自然环境和保障当地人民生活双重责任的旅游活动。自1993年王献溥（1993）首次表述Ecotourism的中文释义后，不同的学者或者组织机构基于不同角度阐述生态旅游的内涵（杨开忠等，2001）。比如，卢云亭（1996）认为生态旅游是以生态学原则为指针、生态环境和自然环境为取向所开展的一种既能获得社会经济效益，又能促进生态环境保护的边缘性生态工程和旅游活动；郭来喜（1997）认为生态旅游具有六大特征，分别对应自然性、独特性、文化性、高雅性、参与性、持续性等方面；吴楚材等（2007）认为，生态旅游是城市和集中居民区居民为了解除城市恶劣环境的困扰，为了健康长寿，追求人类理想的生存环境，在郊外良好的生态环境中去保健疗养、度假休憩、娱乐，达到认识自然、了解自然、享受自然、保护自然的目的。每个生态旅游定义的表述都有一定的实践依据和理论背景，也都有不同的侧重和强调重点（卢小丽等，2006）。

2.2.2 生态旅游的内涵

尽管定义很多，但综其观点，可归纳出生态旅游概念的4个重要内涵：第一，旅游对象是自然生态及与之共生的人文生态。由于中国的悠久历史和人地的密切关系，生态旅游对象不局限于自然生态系统，还包括自然区域中具有地域特色的人文生态系统。第二，强调旅游责任。一方面，管理者、经营者和旅游者应承担保护资源环境和促进当地社区可持续发展的责任；另一方面，当地社区应承担保护资源环境和维护旅游氛围的责任。第三，重视环境教育。生态旅游要能提高甚至改变游客的环境资源观和生活方式。第四，旅游干扰的可控性。生态旅游活动对生态系统的干扰必须是可控的，使其对当地旅游资源、自然生态和社会文化的负面影响最小化。

2.3 概念界定

2.3.1 生态旅游

生态旅游概念最早由国际自然保护联盟（IUCN）特别顾问Ceballos Lascurain 于1983年正式提出。作为对传统大众旅游导致生态环境损害现象的回应和反思，生态旅游迅速得到了各国政府、学界和社会人士的响应。生态旅游是一种将环境保护、社区参与和可持续发展相融合的旅游形式，自20世纪80年代提出以来，便受到了广泛关注，相关研究也不断深入。

虽然目前关于生态旅游的概念还未统一，但是生态旅游的核心内涵大致相同，主要包含以下特点：（1）生态旅游以自然资源为基础。学者们普遍认为生态旅游开展基于生态旅游资源，离不开自然资源。虽然有部分学者认为基于自然区域的人文生态资源等也应属于生态旅游资源，但无论人文的文化和建筑是否属于生态旅游资源，生态旅游发展的基础都少不了自然资源及环境。（2）环境教育功能。学者们普遍认为生态旅游者在生态旅游的过程中，不仅是简单地寻求身心放松，他们更希望能够在旅途中认识到环境的可贵，并获取相应的知识，生态旅游具有教育性功能。但生态旅游的教育对象除了旅游者之外，还应扩展至对当地居民和旅游从业者的教育，这样才能实现生态旅游教育的真正意义。（3）生态旅游强调与社区的协调发展。生态旅游能够推动当地社区发展，不仅能够带来经济收入的增加，还能促进基础设施的改善、医疗和教育等方面的福利。社区居民在享受到生态旅游所带来的红利后意识到生态环境的可贵，选择生态旅游走可持续发展道路。（4）生态旅游强调人与自然的和谐统一。发展生态旅游的初衷是希望生态旅游的开展能够有效实现保护环境的目的。生态旅游的开发与管理强调的是人与自然的和谐统一，实现互利双赢、和谐共生的局面。生态旅游与生态旅游者之间的关系同样也是和谐的，旅游者享受生态旅游过程中带来身心愉悦的同时，也担负起保护生态旅游环境的责任。

不同于传统的大众旅游，生态旅游更强调自然区域的保护、游客的教育和社区的经济利益，力图实现多方受益的良好效果，成为旅游业发展的主要趋势之一。

2.3.2 乡村旅游

乡村旅游属于社会科学的概念，由于研究兴趣、研究视角等不同，学者们对其做出了许多不同的解释。国内外学者对其做了大量研究，但至今关于乡村旅游的科学定义尚未得到旅游界学者们的一致认可。欧洲联盟（EU）、世界经济合作与发展组织（OECD）将乡村旅游定义为发生在乡村的旅游活动，其中"乡村性是乡村旅游整体推销的核心和独特卖点"。Lane曾对乡村旅游的概念做了较全面的阐述，认为乡村旅游的概念远不是在乡村地区进行的旅游活动那么简单；熊凯将"意象"概念引入乡村旅游，分析了乡村意象的丰富内涵；何景明比较了国内外学者对乡村旅游概念的界定和理解，认为"乡村性"应是界定乡村旅游的最重要标志，并进一步分析了造成对乡村旅游概念不同界定和理解的客观原因，对乡村旅游概念做了较全面的论述。虽然，乡村旅游的概念还没有取得学者们的广泛认可，但我们可看到，学者们普遍认同"乡村性"是乡村旅游区别于其他类型旅游的最本质属性和独特卖点。结合国内外对乡村旅游概念的研究成果，我们认为乡村旅游是指以乡村独特的自然资源景观和人文景观为依托，以"乡村性"为其主要卖点的一种旅游形式。可以充分利用乡村独特的自然地理环境、生产经营形态、田园景观、村落古镇、农耕文化、民俗文化风情等综合资源，通过科学合理地开发与规划设计，为游客提供观光、度假、休闲、体验、健身、娱乐、购物等多种需求的旅游经营活动。乡村旅游涵盖了乡村自然风景观光旅游、乡村农业观光旅游、乡村民俗文化、民族风情旅游以及乡村休闲度假旅游，是具有综合性、区域性以及季节性的新型旅游业。

2.4 海南省乡村生态旅游发展现状

2018年9月底，中共中央、国务院印发了《乡村振兴战略规划（2018–2022年）》，其中乡村生态旅游、文化旅游等被多次提及。自2020年8月开始，海南正式建设中国特色自由贸易港，其中海南旅游业是海南自贸港建设的重要产业构成。在建设国际旅游消费中心大背景下，海南乡村迎来了绝佳的发展机遇。自2017年我国提出乡村振兴战略以来，海南省政府为贯彻落实国家发展战略，积极建设美丽乡村，开展乡村扶贫工作，在乡村振兴战略建设背景下海南乡村旅游也随之快速发展。截至2019年底，海南现建设有乡村旅游点516个，分布于海南各县市，旅游点较多，分布较广泛。然而，在大力发展创造旅游经济、产生社会效益的同时，也会造成过度开发、生态环境恶化等一系列问题，制约乡村旅游业的可持续发展。

据相关数据显示，截至2018年底，海南省拥有成熟乡村旅游资源点480个，这些集聚了海南省75%的旅游资源，按开发模式上大致分为5类，即以农村和农业自然环境为载体满足游客观光游览需求的生态观光型；以科技开发、示范、辐射、推广为主要内容，同时兼顾满足游客观光、休闲等要求的科技示范型；以满足游客亲近自然，体验种植、采摘、垂钓等田园生活乐趣的采摘垂钓型；利用优美的自然环境和丰富的农林资源为游客提供休闲度假服务的休闲度假型；以文化为载体将文化体验融入游客游憩活动中的文化体验型。按特色项目大致分为6项，即以影视拍摄、婚纱摄影等为特色的热带田园农业观光休闲旅游项目；以黎苗三月三风情文化游等为特色的少数民族风情观光休闲旅游项目；以航天植物育种基地科普教育等为特色的热带高效农业观光科普旅游项目；以呀诺达、槟榔谷两大旅游景区为特色的旅游风情小镇休闲度假旅游项目；以"一村一品"为特色的文明生态村及古村民居观光休闲旅游项目；以东寨港红树林自然保护区等为特色的热带滨海及湿地生态观光休闲旅游项目。在发展布局上大致为"二点三线五区"，重点发展海口、三亚两市为"二点"；环岛高铁线、沿环岛高速公路线、海口至琼中高速公路线为"三线"；琼北都市休闲区、琼南乡村旅游区、琼东滨海休闲区、琼西特色旅游区、琼中生态旅游区为"五区"。虽然海南的乡村生态旅游发展初具规模，但海南的乡村生态旅游园区主要还是呈现点状分布，没有形成紧凑的线路，不利于团体游市场的开拓；且休闲农业园区形式单一、布局零散、产品雷同、特色缺乏，导致了客源的后劲不足。

2.5 本章小结

本章节主要介绍了乡村旅游及生态旅游的相关理论基础、概念界定和发展现状，详细阐述了海南省乡村旅游业的发展情况，为道郡古村的旅游建设提供理论背景。

第3章 村落概况

3.1 道郡古村概况

道郡古村位于海口市美兰区灵山镇，东靠桂林洋开发区，南距美兰国际机场5公里，离海口市只有15分钟车程，地理位置优越。道郡古村的祖先是唐代户部尚书吴贤秀公，村落已经有1500多年的历史了，现存的少量传统建筑为明清时期建造，村落空心化严重，传统建筑已大范围坍塌，另一部分被20世纪80年代之后的建筑所替代，古村风貌正渐渐消失在自然的更迭之中。

村落中有历史文物单位——吴元猷故居，是咸丰初年吴元猷本人所建，规模宏大，面积约5000平方米，迄今有150多年的历史。故居背靠高坡、面临大塘（大塘前是一片宽阔的田园，风景秀美，是一块风水宝地），现状保存较为完整。

3.1.1 道郡古村的空间布局特点

1. 风水意识

传统中国的传统村落在选址上大多尊崇"背靠祖山，左有青龙，右有白虎、两山相辅，前景开阔"的传统风水格局。道郡古村三面有山坡环抱，剩下一面面朝风水塘，风水塘外是大片稻田，田间有小河，细水长流、风光秀丽、环境优美、空气清新，是块风水宝地，基本上遵循了传统的风水观（图3-1、图3-2）。

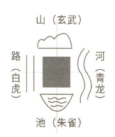

图3-1　选址分析　　　　　　　　图3-2　传统风水格局

2. 街巷格局

村巷格局是村落形态的骨架,是村落建筑逐步生长演化的结果,受自然和人为多重因素的影响,村落建筑布局呈"大自然小统一"的格局。建筑以自然村为单位形成组群,各组群之间顺应自然,不强求统一朝向,各组群内部的建筑则多呈行列式分布,布局紧凑,格局清晰,次序感较强。

村落内部以两侧延续的建筑山墙和院落围墙形成纵向巷道空间,围墙时高时低,山墙时有时无,巷道空间显得生动丰富,呈现自然朴实的审美情趣。巷道路面部分依然保留原有天然火山石铺筑,延续数百年。到如今路面铺石有的深踏凹陷,有的磨久变得圆润,有的依然粗粝如旧,村落的古旧沧桑在此生动展现(图3-3~图3-5)。

3. 村落核心

海南大部分传统村落在建构中将水体、林地田地等自然要素作为村落形态的核心控制要素。道郡村以吴元猷故居为核心,作为组织村落形态的核心元素,周边民居的建设遵从故居东、西、北三侧开展并沿等高线分布(图3-6)。

图3-3 古村主路

图3-4 古村次路

图3-5 宅间道路

图3-6 建筑排列方式

4. 传统公共元素布局

村落传统公共元素主要为祠堂、庙宇、水塘、村井、文化广场、古树(图3-7~图3-10)。以公共元素形成的公共空间主要分为两类:一类是以各种人际社会关系交往为主的空间场所,如以宗祠为核心,并与其周边相关要素共同围合而成的空间,规划区主要有吴氏宗祠、泰华庙、张天师古庙。另一类是以环境建构为主的空间场所。水塘、农田为核心,并与其周边相关要素共同围合而成的空间。村内古井、古树、水塘等,空间亲切宜人,作为村落中空间转换节点,常结合这些要素设置广场而成为村落主要的标志性空间,成为人们集聚、休憩、交流的主要公共场所,同时也成为村落最为稳定的空间要素,成为传统村落内最有特色、最有活力的空间。

图3-7　龙泉古井

图3-8　吴氏宗祠

图3-9　吴元猷故居

图3-10　庙宇

3.1.2　道郡古村的建筑现状

道郡村内现存的传统建筑建设年代大多介于清中晚期至民国时期，中华人民共和国成立后至20世纪80年代期间建设的多数建筑风貌也基本维持传统风貌，整个村落风貌较为统一。村内房屋布局呈典型的琼北传统民居形式，前后房屋和两侧横屋或围墙围合成为院落，院落按轴线对齐，但由于历史久远，其间家族多次分家，目前许多多进院落空间已经遭到破坏，存在前后院落不通、两侧横屋加建、部分院墙倒塌破损，以及单一院落房屋产权分属多人等情况。同时，由于部分传统建筑长期无人居住或年久失修等原因，破损较为严重，有的甚至已经倒塌。目前，老村"空心化"已经较为明显，而近年新建建筑多数也未按传统风貌建设，村落传统风貌特色正在加速消失之中。

传统建筑整体破坏、荒废情况比较严重，主要集中在东面；东南面有少量的新建建筑正在居住使用；此外，范围内有两个名人历史故居：吴元猷故居和布政司故居，其中吴元猷故居保存较为完好，布政司故居损坏较为严重（图3-11）。

传统民居多为一进式、二进式、三进式，建筑单体和围墙围住庭院或天井组成院落，院落承载村民的家庭生活功能，在布局上追求实用性；道郡古村的院落组织在营造上因形就势，一般院落进深和面宽各有不同，但是维持基本和谐宜人的比例，体现整体的协调性。老村内传统院落大多具有近百年甚至一两百年的历史，在这期间一个家族的人口不断分支繁衍，其院落也因多次分家被逐渐划分为多个小块，其间还穿插各自改造、部分重建、随意扩建、私搭乱建等行为，造成大多院落空间遭到不同程度的破坏（图3-12）。

3.1.3　道郡古村的自然景观评价

村域范围内主要古树名木有5棵，主要为见血封喉（加布树）和榕树，是村内的宝贵资源，部分已立牌，村内有一棵古榕树位于文化广场西侧，古榕树是古村的象征，是泰华仙妃的军坡地。水塘位于吴元猷故居西侧的风水

历史建筑　　　　新建建筑　　　　破房　　　　使用中建筑

图3-11　建筑现状分析　　　　　　　　　　　　　　　图3-12　建筑院落分析

塘，现状处于正被开发状态，周围以农田为主。

3.1.4　道郡古村的历史遗迹（表3-1）

（1）吴元猷故居

吴元猷故居位于村前风水塘的东侧，是清朝时吴元猷将军的宅邸，为清咸丰年间建造，面积约5000平方米，距今已有150多年的历史。故居原来是"丁"字形格局，规模较大，现存较完好的只剩5间。

（2）龙泉古井

龙泉古井又称"将军泉"，位于吴元猷故居的南侧。古井起初是一口土井，在建村之初就已经存在了，后由于井水受到污染，吴元猷将军在旁边挖了一处石井，井水清澈甘甜，后称"将军泉"，四周环境较为幽静。

（3）吴氏宗祠

始建于明代，位于村北的空地上，为历代吴氏祖先的祠堂，1952年曾改为励群小学，现状破损严重。

历史遗迹统计表　　　　　　　　　　　　　　　　　　　　　　　　表3-1

遗迹名称	年代	是否重建	现状
村西公庙	始建于明代	清光绪年间修建	损坏较严重
吴氏宗祠	明代	清光绪年间重建	损坏较严重
吴元猷故居	清代	否	保存较完好
龙泉古井	清代	否	保存完好

3.1.5　道郡古村的村落文化特征

道郡村的民俗活动有道郡村的公期、泰华军坡和张天师的生日。每年最大的祭祀活动为每年农历六月十日的泰华军坡节。相传道郡村系（多军）谐音演变而得名，因村依坡而建，村后坡地宽阔，为泰华仙妃军坡地，每年农历六月十二在这里举办军坡节，万众云集，拜神、舞龙、舞狮、唱戏，场面壮观，数百年传承至今，任何时候人只要到军坡榕树下，就精神百倍，心旷神怡。

3.2　道郡古村的现状分析

3.2.1　现状优势

第一，地理位置优越。从道郡古村的区位分析可以看出道郡古村四周交通便利，邻近城市主干道，靠近开发区，距离市区较近，有一定的经济发展优势。南临美兰国际机场，便于面向外来游客的服务交流；第二，道郡古村的文化历史长达1200多年，建村自明朝起有一两百年，是一个非常古老的村落，有着较为深厚的历史文化积淀，有着文化旅游的基础；第三，村落中的现存较为完整的特色传统建筑及传统街巷空间在改造的过程中也是道郡古村乡村旅游的一大特色；第四，悠久的道郡古村在发展的过程中形成了武官文化、耕读文化，包括像闹军坡、公期一类的宗教民俗活动，是道郡古村的文化特色；第五，道郡古村中还包括了文物保护单位——吴元猷故居，以及历史遗迹——将军泉，是历史文化旅游的重要节点。

3.2.2 现状劣势

道郡古村的传统建筑保护情况较差，房屋大面积损坏坍塌，也渐渐地被新建建筑所取代，古村风貌渐渐消失在自然的更迭之中。此外，村落空心化十分严重，现状住户不超过10户，久无人居的村落其人为痕迹不断削弱，村内植被粗放生长，道路不成系统，整理开发力度大。不仅如此，海南省的传统村落数量多，但是政府长期以来缺乏好的乡村开发机制，村民也缺少村落保护意识，使得越来越多的古村落走向废弃，道郡古村就是其中之一。

3.2.3 现状机遇

2018年4月13日，党中央决定支持海南建设国际自由贸易试验区，这一政策必将吸引国内众多游客前来购物，大量游客涌入势必更加刺激海南旅游业的发展，也给了道郡古村乡村旅游开发以机遇；其次，根据上位规划，道郡古村已经被列入海口市东部滨海生态休闲度假旅游区的范围；第三，随着近年来海南岛的旅游人数不断增加，人们对于旅游资源的需求越来越旺盛，推动了旅游项目不断发展，也是道郡古村开发乡村旅游的机遇之一。

3.2.4 现状挑战

海南岛是一个旅游资源丰富的岛屿，乡村旅游相较于其他旅游项目稍微缺少重视，加上乡村开发现状滞后，乡村旅游项目缺乏特色与吸引力，更加凸显了乡村旅游发展之艰难；其次，在海南全域旅游的环境下，道郡古村如何摆脱海南乡村振兴的困境，跟上时代发展的特点，走出一条新乡村发展道路也是挑战之一。

3.3 道郡古村生态旅游规划设计的难点

道郡古村是海南琼北琼北火山口地区的传统村落之一，全村现有80多户，500多人，由于受到现代文化的冲击，90%的原住居民搬离祖宅迁到道郡下村的位置，另一部分离开家乡外出打工，导致道郡古村现状空心化十分严重，传统建筑大面积坍塌损坏，渐渐淹没在自然的更迭之中，少量有人居住的建筑也已经改为多层的水泥平房；古村的街巷空间遭到不同程度的破坏，出现道路痕迹不清晰、断头路的状况；村内植被由于长期缺乏人为管理而粗放生长。

在生态旅游的视角下，道郡古村的旅游规划设计难点有：其一，道郡古村的传统建筑长期大面积坍塌损坏，如何在保留古村特色的基础上，将传统建筑按照现代生活所需加以改造利用，使废弃的村落焕发新生？其二，我国的乡村旅游自20世纪80年代开始，至今已经有近40年的时间，乡村旅游的案例比比皆是，几十年以来的乡村旅游思路也未曾改变，改造规划设计手法拘谨使得乡村旅游规划设计的模样看上去千篇一律，而道郡古村目前是一个未经开发的传统村落，如何在跟紧时代发展步伐的基础之下走出一条新乡村建设发展道路是主要的难点之一。其三，现如今，乡村旅游行业的火速发展使大量游客涌入乡村之中，已经给部分村庄造成了一定程度上的环境压力。道郡古村在海口市目前的城市上位规划之中处于生态廊的位置，周围的环境以农田为主，自然风光较好，村内植被生长情况较好，如何在开发的过程中把对生态的影响降到最小，以创新的方式实现生态旅游也是重点。

3.4 本章小结

本章主要介绍了道郡古村的村落概况，包括村落发展历程、空间布局特点、建筑保护现状、自然景观评价和村落文化特征，对道郡古村做了比较全面的介绍分析。然后，根据乡村旅游的时代背景阐述了道郡古村旅游发展的机遇与挑战，并总结了道郡古村生态旅游规划设计的难点。

第4章 生态旅游视角下道郡古村新乡村建设探索研究

4.1 乡村生态旅游的原则

（1）生态保护优先原则

乡村生态游之所以能够受到人们的青睐，主要源于其独有的乡村生态环境，是基于乡村生态环境保护的一种旅游，因此在规划的过程中首先需要考虑对当地生态环境资源的保护，保护乡村生态安全。

（2）多方参与原则

乡村生态游的目的是为了促进乡村社会的可持续发展，是一项系统工程，需要政府、农民及社会的多方参与，共同促进乡村生态游的开发。

（3）生态设计与规划原则

乡村生态游突出的是乡村与生态，是以乡村原生态作为旅游发展的基础，因此在规划设计乡村生态游的过程中，必须突出规划设计的生态原则，在路线选择、景观设计、生态环境布局等方面应该倡导生态设计。

（4）和谐原则

乡村生态游向人们展示的是原始的乡村风光、朴素的乡土风情，在规划的过程中，需要突出乡村风光、乡土风情的和谐性，以当地的生态景观为基础进行合理的资源配置，要体现乡土文化的朴实及人与自然的和谐。

4.2 乡村生态旅游案例研究

4.2.1 案例选择

本研究选取了来自国内外共三个地区的乡村生态旅游案例作为研究对象，分别是日本的水上町，和我国北京的蟹岛绿色生态度假村、成都的"五朵金花"观光休闲农业区。这些乡村生态旅游目的地均属于国内外知名的成功案例，在产业融合、利用乡土文化推动生态旅游产业发展方面颇有成效，对于生态村整体设计理论下的乡村生态旅游具有较强的指导意义。

4.2.2 日本水上町乡村规划案例

日本乡村在很长一段时间内，农产品加工及流通都不经过乡村内部，农民仅能从农业生产获得基本收益，20世纪中叶，日本经济快速发展，农村农民的基本收入已无法满足生活要求，这导致农村人口向城市转移，老龄化日趋严重，同时贸易自由化带来的农产品进口压力进一步增加。在此背景下，日本政府提出了"六次产业"的发展理念，即第一产业+第二产业+第三产业＝六次产业。该政策将农业、加工业、旅游业于乡村内部统筹发展，"自产自营自销"，减少对外不良资源的引进，而选择利用当地的产本作为加工原料，极大延伸了农业产业链，减少了农业生产过程中不必要的人力物力消耗。另外，随着国民整体收入水平的提高，人们更多地开始关注健康饮食，日本农业政策也转为强调为消费者提供优质、健康的农产品，借此增加农业生产者与消费者的交流，实现产销一体化。

（1）项目概况

水上町是日本本周岛中部的传统农业型乡村。由于四周环山，限制了与外界的联系，水上町的农业与其他产业被迫分离，这种分散式经营导致水上町与日本其他乡村一样，出现了乡村地区过疏化、乡村人口老龄化、乡村社区衰败化等问题，水上町逐渐成为"边缘化"乡村。然而，令人欣慰的一点是，正是因为空间闭塞，对外交流受限，使得水上町的传统文化与习俗得到了比较完整的保留，自然环境也维持在较好的水平。20世纪中叶，乡村学者开始重视乡村为国民生产带来的财富，发现乡村不仅是生产粮食的土地，也是能创造多元复合效益的城乡区域。随着后来"一村一品""六次产业化""地方创生"等战略的部署，水上町作为日本乡村复兴的示范价值开始得到重视，在产业融合的带动下，水上町以本土的传统工匠文化为突破口，进行了稳定的乡村民俗旅游开发，逐渐调整产业结构，形成了以"工匠之乡"为主题的乡村体验式旅游，成为一座不折不扣的农村公园。

（2）整体设计方法

水上町遵循日本六次产业化（一产+二产+三产）的理念，建立乡村农业公园，打破了传统公园限定区域、限定活动以及景观模式化的格局，以第一产业为根基，传统的手工业为突破口，乡村旅游为载体，三者紧密结合，为原本失去活力的水上町，带来了发展的动力，解决了以往人口与经济问题。

（3）环境生态

水上町当地居民以种植桑蚕、水稻、苹果等经济作物为主，实行森林、农村生物资源生产的能源的自产自销，以活用环境和振兴本地经济，并建成一处农村环境改善中心，监控乡村环境情况。

（4）经济生态

水上町规划遵循传统工艺传承、文化保护的核心思想，乡村文化的体验是"工匠之乡"最具代表性的旅游特色，整体营销以体验手工艺为售卖特色，以当地出产的农业材料为原料，发展农耕体验、手工艺体验等项目，保护本土匠人文化传统的同时，满足了游客的休闲娱乐需求。同时，水上町还利用当地的自然温泉环境，进行了保护性开发，将其作为旅游度假景区。

（5）社会文化生态

日本乡村复兴规划，将当地文化资源分为"人""文""地""产""景"五大要素，水上町文化资源中的"人"，主要是那些具备精湛工匠技艺的老师傅们，"文"便是由工匠师傅们经历多年努力塑造的文化传统与风俗。水上町作为"工匠之乡"，有着深厚的手工艺传统文化，包括陶艺、竹编、人偶等，它们的传承有赖于手工艺人的世代言传身教，村内有多名日本知名的工匠艺人。水上町手工艺结合第一产业发展，以自产的原材料代替外源材料，建立了形式多样的传统手工艺作坊，将原有的农产品打造成旅游纪念特产进行销售。

（6）景观规划

水上町的景观规划遵循"乡村创生"的战略，以村内"不可替代"的植被景观、山地、农田作为基底，旅游设施与交通基于基底的特征塑造，将村落景观与农田景观叠加融合，形成可供游人观赏，却不会对环境造成负面影响的规划方式。水上町以农业景观为主，民居建筑疏散，且高度得到较好的控制，在形态风格上，也接近传统木结构建筑，使建筑与自然风貌浑然一体，并利用"因地制宜，适地适树"的原则，塑造乡村旅游景观。

（7）经验总结

①六次产业规划，利用旅游业的介入带动乡村复兴，使村民能够享受到完整农业产业链的全部收益，增加了农业收入。

②旅游延续传统手工业：水上规划将工匠文化作为旅游吸引力的突破口，保证了传统手工艺的传承，也为水上町增加了名片效应，更好地带动旅游发展。

③生态经济：水上町的区位较偏僻，发展生态旅游，首先需要减少外部资源引入，同时鼓励自产自销的循环经济发展方式。

4.2.3 四川成都"五朵金花"观光休闲农业区

中国是农业大国，农业发展为旅游业提供了丰富的自然资源与人文资源。近年来，中国的农村和国外一样，出现了许多"农村病"，例如农业环境污染、当地风俗被城市文化淹没、景观同质化严重等，随后我国出台"新农村建设""美丽乡村""乡村振兴"等相关惠农政策，加大了世人对农村复兴的关注。

（1）项目概况

成都"五朵金花"观光农业园（以"花香农居""幸福梅林""江家菜地""东篱菊园""荷塘月色"命名"五朵金花"，代表当地的5个村庄）是2004年由成都锦江区政府主导打造的乡村旅游AAAA级景区，因其在城乡统筹、农业产业化、乡土景观地域性塑造等方面都十分出色，建成后一直是国内各地乡村旅游发展的示范村项目。

（2）整体设计

成都"五朵金花"区域规划，将三圣街道的五个原本相互独立的、以花卉养殖为传统农业的村庄集中规划，由点连成片，实现城乡一体化统筹发展。为展现每个村的独特文化景观与产业，确立了"一区一景一业"发展模式，以点带片，确保五个村域生产、生态、经济齐开花，避免了出现一家独大的局面。就每个村域的产业发展而言，均以花卉农业为基础，带动花卉科研、副产品生产、休闲旅游的规划模式，形成了从一个村到多个村的复合型观光旅游业。

（3）生态环境

成都乡村水网密布，景观肌理独特，"五朵金花"在规划建设的过程中，将现状的灌渠、滨水步道整合成为一个完成的水生态系统，使水域、水系、湿地相互衔接，保持水的流动性，防止淤积，同时塑造了宜人的乡村水域景观。

（4）生态经济

"五朵金花"的生态旅游，并没有占用基本农田，开发前后的环境质量基本一致。"五朵金花"拥有农家乐300余家，游客可以在当地体验农业旅游，感受"劳动之美"与"花卉之美"。项目巧妙地利用5个乡村产出的不同品种的花卉，塑造主题不同的景区，每个景区都有自己专属的花卉产业。其中，红砂村以"花香农居"为主题，是景区内重要的花卉养殖与展示基地，也是最综合的花卉观赏科普区；万福村因水系交织，是以荷花养殖为主题的观光旅游景区；驸马村是以菊花为主题；幸福村是梅花；江家堰村是果蔬。这样的旅游规划模式，能最大限度地利用和展现每个乡村的资源与风貌，同时减少了景区内的竞争压力。

（5）生态社会文化

"五朵金花"秉承人文现行的理念，塑造文化"认同感"与"归属感"，五个村内各建立了一座艺术村，为游客提供雕塑、绘画、摄影、创意、民俗五种不同的文化体验，运用现代的公共娱乐的方式，展现传统的乡村文化。

（6）景观规划

"五朵金花"景观规划注重对景观材料的节约使用，以较少的投入，就能突出重点的景观效果。因此，"五朵金花"十分重视景观节点的打造，利用"同一元素多次重复"的节约又出效果的设计手法，使花卉的景观特色深深地植入游客的脑海中。

(7) 经验总结

①区域统筹规划：将五个村落集中成一个大型的旅游景区，却不让每个村落失去个性，分区发展。

②产业品牌景观化：花卉产业景观化，将花卉以生产、旅游、艺术等形式展现在游客眼前。

4.2.4 北京蟹岛绿色生态度假村

(1) 项目概况

北京蟹岛绿色生态度假村是一个集生态农业与旅游度假为一体的大型项目。以完善的循环生态农业打造高效绿色的生态园，吸引游客到此餐饮、健身、娱乐，感受绿色科技带来的别样生活。设计规划了包括大田种植区、蔬菜种植区、苗木花卉种植区、养殖区、休闲旅游服务区等功能区。

(2) 整体设计

蟹岛生态度假村是背景农业产业结构转型重点示范单位，通过引进生态农业循环科技，建立了一个人工生态农业系统，能将园内产出的废弃物作为可再生能源，进入物质循环与水循环体系，实现零排放。随后在此系统上开展旅游观光、休闲农业活动，形成了集生态、生产、生活——"三生"为一体的生态观光度假区。

(3) 环境生态

再生能源区含有地热水系统、水循环系统、污水处理厂、沼气池，构成园区生态链的心脏与血管，是蟹岛人工生态环境的主要内容，蟹塘的养殖用水在污水处理与循环系统的处理后，进入生态农庄区，供游客体验循环农业与四季的魅力。

(4) 经济生态

蟹岛采取"前店后园"的布局方式，园区塑造绿色的旅游环境，提供消费的产品，是成本中心，有种植园区、养殖园区、科技园区，店是消费场所，为园区的产品提供顾客，是利润中心，包括蟹宫、开饭楼等，保证了农业与旅游的互补与融合，同时蟹岛将循环农业的技术运用在度假村的各个角落，游客的废弃物、养殖过程中产生的污染，可通过生态技术手段处理，且游客可在村内观赏这些污染逐渐被转化的过程。

(5) 社会文化生态

蟹岛通过绿色的农家生活、循环的农业体验，在生态环境营造、景观设计、旅游项目中，向游客传达其"绿色、健康、循环、体验"的经营理念，作为主要精神文化意向，在这里每年都会举办"螃蟹节""啤酒节""荷花节"等节庆活动，游客能充分享受绿色食品与绿色生活，逐渐接受环保低碳的生活理念。

(6) 景观规划

建筑风格保留了农村的"村容村貌"，装饰布局突出了京郊独有的风土人情，展现出了老北京住宅独有的民俗文化，提供了农村、农民生活体验。

(7) 经验总结

①"三生"的产业理念：蟹岛以生态循环农业为核心，以休闲农业为纽带，将生产生活生态相结合。

②"前店后园"的功能布局：功能分区清晰明确，减少了不必要的交通。

4.2.5 中外乡村生态旅游实践辨析

日本水上町是日本町村改造背景下乡村生态旅游建设的典型代表，中国成都"五朵金花"是中国社会主义新农村建设背景下观光农业园改造的成功尝试，中国北京蟹岛绿色生态度假村是我国旅游型生态村建设的经典案例。在生态村整体设计框架分析比较下，可以看到四者的共性与差异。

4.2.6 对道郡古村新乡村建设的启示

1．整体设计层面

根据案例综合分析，都是利用绿色环保的乡村体验式旅游带动农业与手工业产业协调运作，同时，挖掘并确立主打特色产业，进行农业产业化和景观化，在基本农业土地上，营造符合该产业特色的地域景观，组织旅游项目，使游客与当地居民能参与到地域产业文化的体验与传承中去，是整体设计的主要思路和方法。

经调研发现，道郡村主要以第一产业和第二产业为主。第一产业主要是农产品种植业，包括水稻和花卉，以及畜牧业；第二产业是外出打工从事建筑业。二者之间并无紧密联系，周围的农田景观无明显特色。通过上述案例分析，根据时代发展的特点，道郡古村可以以绿色观光、度假为主要产业，以古村风貌为背景，融入科技元素，智能化发展乡村旅游。

2．生态环境层面

日本水上町保护原有基本农田，在保证农业环境发展的基础上开展乡村旅游，并将旅游对环境的影响降到最小，如控制旅游人数和垃圾管理。北京蟹岛的生态环境非自然天成，而是运用循环农业技术的手段，建立人工生态系统，这个系统将整个蟹岛的能源、资源循环利用，减少对园外能源的利用，也减少了废弃物的排放，游客生产生活的废弃物在园内自行循环消化。成都"五朵金花"建造前是一片管理混乱的农田，杂草丛生，土地生产能力不高，规划设计通过生态修复的方式，改造土地的生态环境，使其适宜生产与生活。

道郡古村目前的生态情况较好，周围农田环绕，村内常住人口较少，村内植被生长茂密。在旅游开发的过程中应该最大限度地尊重场地原有的绿地及农田，保证农业发展和村内绿地率的情况下发展绿色观光旅游，建立乡村智能化监测系统，实现乡村产业智能化管理，借助科技实现人与自然的和谐共生，实现乡村旅游体验多样化、趣味化。

4.3 道郡古村规划设计的目标定位

道郡古村作为海南琼北火山口地区的典型传统村落之一，被列入第四批中国传统村落名录，应该充分挖掘道郡村的历史文化资源，利用科技创新探求村落生态旅游开发的有效途径，制定有效的村落管理措施，实现道郡村作为琼北地域典型民居的代表、作为新时代琼北传统民居新乡村建设的目标。

4.4 生态旅游视角下道郡古村的新乡建探索策略研究

现如今，随着社会的发展和科技的进步，各行业已经发生了翻天覆地的变化，人工智能、智慧城市、AI技术、5G等技术的出现渐渐影响着、改变着人们的生活方式，而传统村落的建设却依然与数十年前无本质差别，众多的设计与研究在传统建筑的外衣下谨慎前行。在这样的时代背景之下，道郡古村如何紧跟时代步伐，在满足现代社会功能所需的情况下，走出一条新乡村建设发展道路是以下将要重点阐述的。

4.4.1 保护产业生态环境，产业转型景观化

道郡古村的产业主要以第一产业，种植水稻、花卉为主，在发展乡村旅游的过程中，首先应该保护古村产业的生态环境，将人为活动对生态环境的影响降到最低，并将水稻、花卉种植业景观化，以此打造乡村观光旅游节点，推动乡村旅游发展。

4.4.2 建立村落智慧系统，乡村建设智慧化

道郡古村是琼北火山口地区的传统村落之一，距离海口市只有15分钟车程，交通便利，在新时代的乡村旅游建设下，应该构建乡村智慧体系，以乡村智慧基础为支撑，因地制宜地实现产业管理、产业环保、乡村文化、乡村治理、乡村服务五种领域的智慧化。

4.4.3 建立村落循环信息生态，城市管理乡村

乡村是城市郊区的传统居住部落，一般呈点状分布，点与点之间交流并不密切。在万物互联的今天，虽然互联网极大地改变了人们的生活，使得足不出户方可知天下事，但是乡村整体基础设施建设较为落后，使得乡村相对城市闭塞。应该利用乡村智慧系统建立村落循环信息生态，分为"内循环"和"外循环"，"内循环"指的是乡村内部之间各个元素的信息交流；"外循环"指的是村落与村落之间的信息交流与互换，整个循环系统形成一个大的信息生态与城市信息中心交流，实现城市管理乡村。

4.4.4 发展绿色科技，科技融入乡村生态建设

科技为人们的生活创造了极大的便利，但人的活动对生态造成的影响也是持久存在的。在乡村旅游火热发展的今天，越来越多的乡村因为游客大量涌入而对乡村环境造成了一定负担，乡村风景正在渐渐遭受破坏。海南省是我国的旅游大省，在发展道君古村乡村旅游的过程中，应该一方面控制游客数量的引入，另一方面发展绿色科技，保护乡村生态系统的稳定。

4.4.5 引入数字技术增加村落活力

随着社会发展，科技进步，人工智能、大数据、5G、物联网等技术渐渐走进我们的生活，应用在各个领域中，不少乡村旅游也利用互联网平台来处理数据服务游客。海南省是我国的旅游大省，在自由贸易试验区的政策背景下势必会更加刺激旅游业的发展，道郡村作为琼北火山口地区的典型传统村落之一，应该利用时代发展的优势，将科技与艺术设计相结合，走出一条与时俱进的新乡村建设发展道路，在传统旅游方式的基础上引入数字技术，增加村落活力。

例如：（1）利用数字技术丰富文化呈现方式。传统的文化展示方式总是静态的、不可移动的，等着人们走近

去了解，而利用数字技术可以将村落文化进行虚拟动态展示。比如在介绍村落发展历程的时候，可以利用虚拟技术建立一个数字孪生村落，可以展示村落从始至今的动态发展过程，并且能随意与历史中的人物对话，进一步了解当时村落建造的情况。（2）利用数字技术创造多样化的游戏互动空间。乡村旅游开发需针对不同的游客人群创造丰富的游戏互动空间，让人们在旅游过程中身心得到最大程度的放松。道郡古村可以利用数字虚拟技术创造多样化的游戏类型，比如虚拟农耕游戏、虚拟时空漫游等具有教育学习功能的游戏体验，让游客在快乐中对农村生活有更进一步的了解，对道郡村的文化有更深的了解等。

4.5　本章小结

本章首先阐述了乡村生态旅游的原则，再举例论述了三个乡村旅游的案例，从中总结、吸取经验，给道郡古村的乡村建设以启示。根据道郡古村规划设计的目标定位，阐述了在生态旅游视角下道郡古村的新乡村建设的具体策略，希望道郡古村可以走出一条新乡村建设发展道路。

第5章　道郡古村设计实践

5.1　项目背景

传统村落是拥有较丰富的文化与自然资源，具有一定历史、文化、科学、艺术、经济、社会价值，应予以保护的村落。传统村落中蕴藏着丰富的历史信息和文化景观，是中国农耕文明留下的最大遗产，是民族的宝贵遗产，也是不可再生的、潜在的旅游资源。我国传统文化的根基在农村，传统村落保留着丰富多彩的文化遗产，是承载和体现中华民族传统文明的重要载体。由于保护体系不完善，同时，随着工业化、城镇化和农业现代化的快速发展，一些传统村落遭到破坏甚至消失，保护传统村落迫在眉睫。在这一大背景下，2008年4月，国务院令第524号发布了《历史文化名城名镇名村保护条例》，提出了对全国范围内历史文化名城、名镇、名村的申报要求和保护措施，以法律条文的形式保护优秀的民族民间传统文化遗产。道郡村是一座有着1200年建村史的古村落，至今仍保留着较为完整的古村风貌。因此，道郡村成功入围由住房和城乡建设部等七部委划定的第四批《中国传统村落名录》。现如今村落空心化十分严重，正在经历着逐渐消亡的过程，根据上位规划，道郡村已经被列入滨海东部生态休闲度假旅游发展区，道郡古村的生态旅游开发势在必行。

5.2　设计范围

本次设计选取的是道郡古村的核心区域，是传统建筑现存数量较多的区域，区域内包括了吴元猷故居和龙泉古井两个文物古迹。

5.3　总体设计理念

5.3.1　提出问题

（1）在海南全域旅游的环境之下，道郡古村如何完成乡村振兴？
（2）如何跟上时代发展的特点，走出一条新乡村建设发展道路？
（3）如何做到生态开发，生态旅游？

5.3.2　设计原则

（1）生态性——尊重村落现有的草地、林地及水域范围，尊重村落现状肌理，实现人与自然的和谐共生。
（2）地域性——体现海南的地域文化特色及道郡古村的风貌特色，建设适合于海南环境、人文的新乡村样貌。
（3）创新性——在乡村旅游的大环境下走出一条新乡村建设发展道路，使道郡古村成为琼北乡村开发的示范点。
（4）时代性——紧跟时代发展的步伐与特点，利用时代优势建设新时代的新乡村面貌。
（5）多元性——实现村落传统产业转型，创造产业多元化，多方位刺激道郡古村的经济发展。

5.3.3　设计策略

（1）保护村落环境，创造产业生态。

保护村落中的林地、草地及水系，在此基础上做加法。将产业开发与绿地保护运用相结合，形成产业生态链，使人的活动与自然环境形成共生关系。

（2）科技与艺术相结合，乡村建设智慧化。

21世纪是科技飞速发展的时代，尤其是当下人工智能的普及和运用，影响着、革新着各行各业的发展模式，乡村建设理当如此。在道郡古村的设计中，将艺术设计与科技相结合，实现智慧乡村。

(3) 建设乡村服务系统，乡村管理城市化。

利用乡村的智慧系统建造乡村管理服务系统，实现乡村管理城市化。

第6章 结论

6.1 主要结论

本文主要从理论和实证研究两个方面阐述了道郡古村在生态旅游理论下的新乡村建设探索。在理论结合实证研究的基础上，通过实践项目——道郡古村景观更新设计，对理论研究成果进行实践运用。

6.1.1 理论研究成果

首先，对海南乡村旅游的现状研究，发现海南的乡村旅游类型多样，已经初具规模，但是整体较为分散，普遍存在项目雷同、产业单一、缺乏特色的问题，影响乡村旅游的持续发展。后经过实地调研道郡古村，发现道郡古村是一个空心化严重，正在荒废的古村落。根据生态旅游理论的研究，本研究认为道郡古村应该以乡村精神文化为核心，围绕其进行生态系统、管理服务系统、经济系统三大规划，形成生态—经济—科技之间相互融合的架构体系。

6.1.2 案例研究成果

本文选择了国内外三个案例来对道郡古村的乡村建设探索做出实证指导，分别是日本工匠之乡——"水上町"、中国成都"五朵金花"观光休闲农业区和北京蟹岛休闲度假区三个案例。

得出结论：（1）乡村生态旅游整体设计应以单项特色文化产业为支点，提炼乡村精神文化发展方向，通过合理的产业布局，实现体验式观光旅游，循环农业产业化、特色手工业景观化。（2）经济生态方面，以独具地域特色的景观作为生态旅游主体空间，并以传统特色产业引导体验式农业旅游。（3）环境生态：对原有农田区域进行保护，对荒地与废弃地进行生态治理，人工环境采用农业循环体系。（4）社会文化生态：塑造农业与手工业景观与体验空间，提高旅游吸引力，同时促进旅游者逐渐接受当地的文化形态，增强当地人的文化自信。

最后，梳理案例研究成果，对道郡古村新乡建探索以启示。

6.1.3 实践研究成果

从实地调研中，道郡古村主要有以下问题：（1）村落空心化严重，居住人口不足10户，原著居民几乎都搬离到1公里外的道郡下村中，道郡古村作为祖宅基本被空置；（2）村落传统民房损坏比较严重，有部分较完整的街巷空间，但是村落整体道路系统较混乱，断头路多；（3）村内的植被状况生长良好，由于人为痕迹弱，建筑也大面积被植物所覆盖；（4）产业发展以第一、第二产业为主，水稻和花卉种植业效益不高。

本人在道郡古村的景观更新设计中，以亲子家庭为主要服务对象，开展乡村亲子旅游。在生态建设的前提下，整个乡村改造形成的三个系统不仅将破碎、混乱的传统空间重新联系起来，形成新的娱乐空间，且利用智能虚拟技术创造丰富的娱乐体验，使游客在游玩的过程中感受和学习到道郡古村的精神文化；在村落的管理层面运用了智慧乡村系统，使城市介入乡村管理，方便了乡村与外界的沟通联系，使乡村运作更加科学化、理性化；在产业方面，使当地的传统产业与旅游消费相结合，既保证了乡村景观的独特性，又能推动当地产业转型与发展。

6.2 创新点

本研究的创新之处在于将生态、经济、科技三者结合在一起，丰富了乡村旅游的内容，为乡村旅游朝着更为理性、更具个性的发展方向提供了范例。

6.3 不足与展望

首先，本人在关于乡村生态旅游资料收集、整理方面存在不足，关于乡村旅游的理论定义很多，但是方向性不够明确。案例研究都是关于生态村的建设，内容主要以产业转型、农业观光为主，与本研究方向及设计实践结合得不够紧密。

其次，本人通过理论与案例研究，证实生态村整体设计理论对乡村生态旅游有指导意义，但国内乡村类型众多，对于国内不同类型的乡村旅游，生态村整体设计理论的引导方式存在哪些差异，本人因时间和能力所限，并未对该部分内容进行整理，因此对生态村整体设计理论不同类型乡村旅游的适用性研究，不够充分。

最后，在道郡古村的景观更新设计中，本人提出虚拟科学技术和智慧乡村的理念来带动道郡村的创新开发，但是在对道郡村的产业发展及转型方面论述不多，设计与当地产业结合得不够紧密。

参考文献

[1] 钟林生，马向远等. 中国生态旅游研究进展与展望[J]. 地理科学进展，2016，6（6）：679-690.
[2] 梁慧. 国际生态旅游发展趋势展望[J]. 环球经济，2007（1）：72-73.
[3] 周艳丽. 生态经济视角下海南热带农业与旅游业耦合发展研究[J]. 农业经济，2016（12）：21-23.
[4] 符惠珍，范武波，陈炫. 发展海南休闲农业助力国际旅游岛建设[J]. 中国热带农业，2017（2）：32-34.
[5] 曾小红，陈海鹰，张慧坚. 海南省农业生态补偿现状及生态补偿机制探讨[J]. 中国热带农业，2017（5）：14-18.
[6] 海南加快推进休闲农业和乡村旅游发展[J]. 世界热带农业信息，2018（1）：12-13.
[7] 卢钟贤. 海南休闲农业的发展探讨[J]. 热带农业工程，2018，42（2）：64-67.
[8] 何景明. 国外乡村旅游研究述评[J]. 旅游学刊，2003，18（1）：76-80.
[9] Bramwell B, Lane B. Rural Tourism and Sustainable Rural Development[M]. UK: Channel View Publications,1994.
[10] 熊凯. 乡村意象与乡村旅游开发刍议[J]. 地域研究与开发，1999，17（3）：70-73.
[11] 何景明，李立华. 关于"乡村旅游"概念的探讨[J]. 西南师范大学学报（人文社会科版），2002，28（5）：125-128.
[12] 胡超. 大数据视角下传统村落与保护更新研究——以龙川村为例[D]. 安徽：安徽建筑大学，2018.
[13] Carney D. Implementing a sustainable livelihood approach [M]. London: Department for International Development，1998: 52-69.
[14] 古格其美多吉，索朗仁青. 西藏阿里地区生态旅游区划及分区开发策略[J]. 西藏研究，2011（5）：99-107.
[15] 陈曦，王鹏程. 基于旅游产业开发与生态保护原则的乡村景观规划设计[J]. 规划师，2010，26（S2）：247-252.
[16] 范建红，魏成，李松志. 乡村景观的概念内涵与发展研究[J]. 热带地理，2009，29（3）：285-289+306.
[17] 郭焕成，韩非. 中国乡村旅游发展综述[J]. 地理科学进展，2010，29（12）：1597-1605.
[18] 王云才，刘滨谊. 论中国乡村景观及乡村景观规划[J]. 中国园林，2003，19（1）：55-58.
[19] 王锐，王仰麟，景娟. 农业景观生态规划原则及其应用研究[J]. 中国生态农业学报，2004，12（2）：1-4.
[20] 林箐. 乡村景观的价值与可持续发展途径[J]. 风景园林，2016（8）：27-37.
[21] 蒋雨碎，郑曦. 浙江富阳县乡土景观演变与空间格局探析[J]. 风景园林，2015（12）：66-73.
[22] 王仰麟，韩荡. 农业景观的生态规划与设计[J]. 应用生态学报，2000（2）：265-269.
[23] 鲍梓碎. 当代乡村景观衰退的现象、动因及应对策略[J]. 城市规划，2014，38（10）：75-83.
[24] 张碧华，严力蛟，王强. 美国芝加哥北部乡村景观建设对中国的启示[J]. 现代农业科技，2010（9）：239-241.
[25] 李景奇. 中国乡村复兴与乡村景观保护途径研究[J]. 中国园林，2016，32（9）：16-19.
[26] 郑文俊. 旅游视角下乡村景观吸引力理论与实证研究[M]. 北京：科学出版社，2013.
[27] 陆椅，李自若. 时代与地域：风景园林学科视角下的乡村景观反思[J]. 风景园林，2013（4）：56-60.
[28] 王丽洁，聂蕊，王舒扬. 基于地域性的乡村景观保护与发展策略研究[J]. 中国园林，2016，32（10）：65-67.
[29] 王向荣. 自然与文化视野下的中国国土景观多样性[J]. 中国园林，2016，32（9）：33-42.
[30] 王仰麟，韩荡. 农业景观的生态规划与设计[J]. 应用生态学报，2000（2）：265-269.

道郡古村景观更新设计
Landscape Renewal Design of Daojun Ancient Village

生态旅游视角下海口市道郡古村景观更新设计
Landscape Renewal Design of Daojun Ancient Village in Haikou City from the Perspective of Ecotourism

一、设计概念

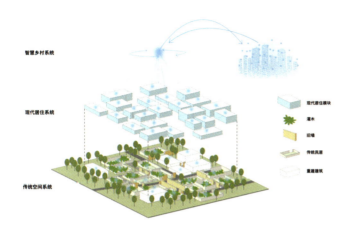

整个古村系统被分为三层：底层是传统部分，包括传统建筑、传统院落、古巷，传统建筑的部分被改造成底层小花园，与院落、古巷之间相互交融，形成无边界、无障碍的交通联系，是古村的一层花园系统，有着传统的记忆与古村风味，也是孩子们体验乡村农事、自然教育的重要场所；古村的二层系统是在传统建筑的基础上新生长出来的现代居住系统，是亲子民宿酒店，这个系统中的每一个居住单元都是一个智慧单元，它能探测到一定范围内的生态情况，所有信息点彼此交流，形成一个完整的村落内循环信息生态，最终传送到城市的信息中心，是村落的智慧信息系统。

概念生成

二、改造策略

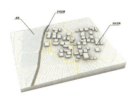
① 原始村落风貌

② 按照建筑保护现状及类型将建筑分类：历史建筑、传统建筑、重建建筑、20世纪80年代后改造建筑

③ 将保护情况较好的传统建筑空间联系起来，形成一个完整的连续空间；破损严重的传统建筑重建后在内部形成向心院落布局；历史建筑保持现状并修复

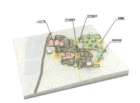
④ 在建筑之间的空地注入有活力的节点，供游客聚集、休憩和体验农事活动

改造策略

三、平面分析

交通流线分析

功能分区分析

节点分析

底层小花园功能分区分析

平面分析

四、平面图

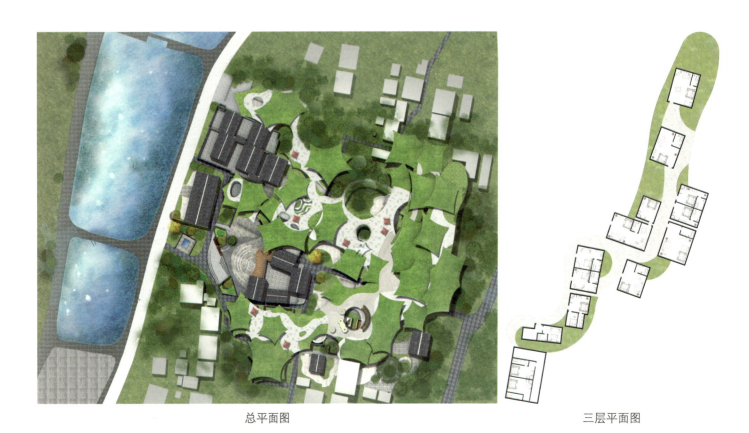

总平面图

三层平面图

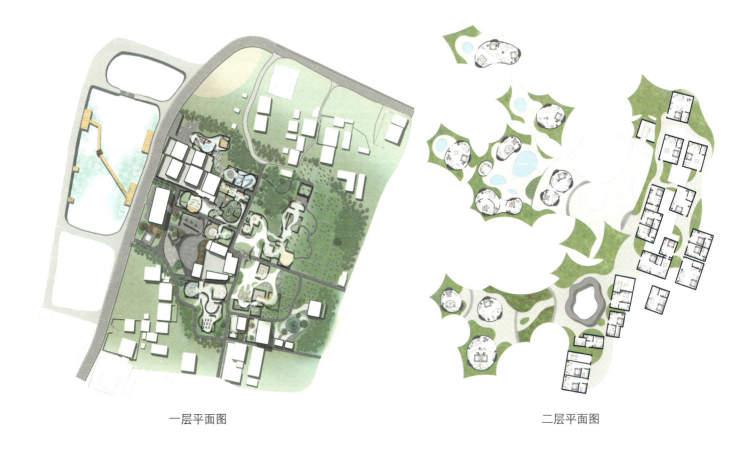

一层平面图

二层平面图

五、绿化空间分析

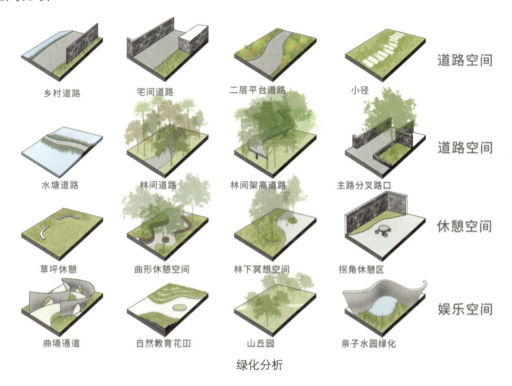

绿化分析

六、竖向设计

设计中保留保存较为完整的传统建筑，加以改造，在此基础上新建现代民宿；重建建筑的改造尊重原始的建筑平面肌理，顺应地形地势，增高至2~3层，底层架空，加上平台绿化和覆土屋顶，整个建筑群融入周围的田野环境中，远远望去，增高的建筑有增强地势的效果。

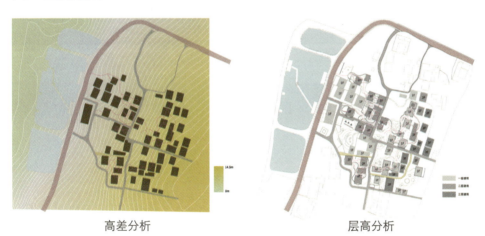

高差分析　　　层高分析

七、游览动线分析

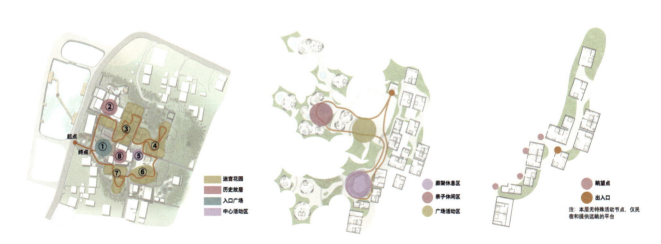

游览动线分析

八、景观节点效果图

入口广场空间

重建建筑一层空间

街巷空间

一层传统建筑改造后迷宫花园空间

街巷入口空间

九、建筑改造设计

1. 传统建筑改造设计

(1) 改造步骤图

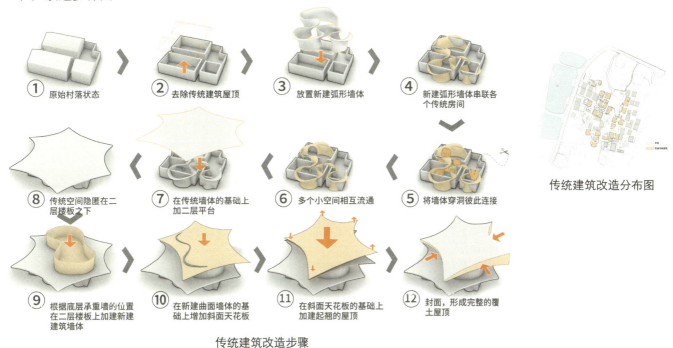

传统建筑改造步骤

传统建筑改造分布图

(2) 传统建筑改造剖立面图

传统建筑改造剖面图

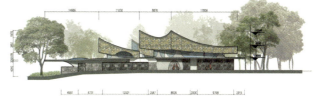

传统建筑改造立面图

(3) 传统建筑改造立体图

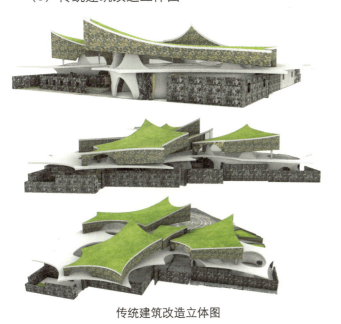

传统建筑改造立体图

传统建筑改造爆炸图

二层新建民宿建筑

二层新建平台

底层新建弧形墙体

底层传统建筑墙体

底层植物及铺装

157

2. 新建建筑改造设计

(1) 改造步骤图

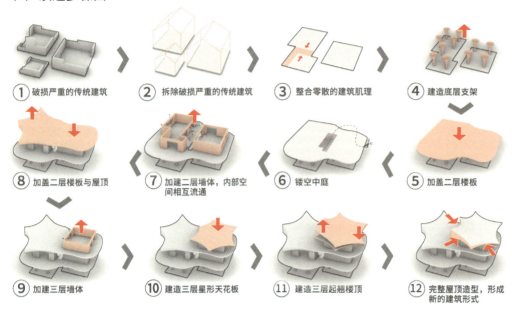

(2) 改造剖立面图

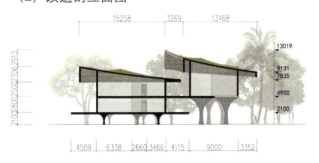

新建建筑改造剖面图

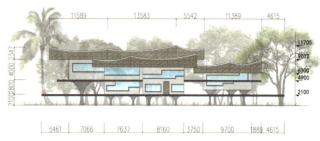

新建建筑改造立面图

(3) 改造立体图

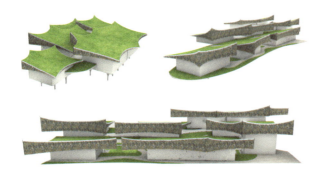

3. 建筑效果图

十、村落日照和光照分析

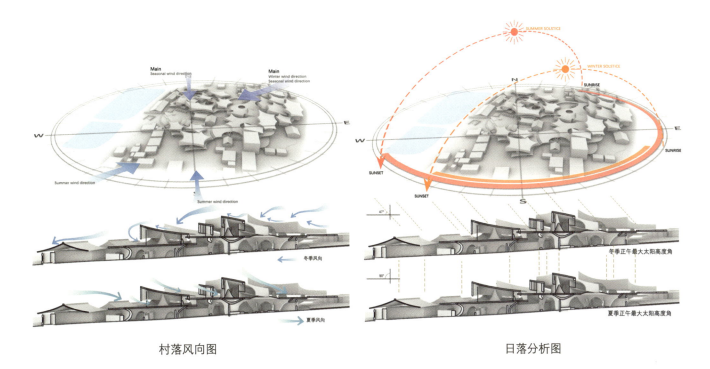

村落风向图　　　　　　　　　　　　　日落分析图

海南岛冬季的主要风向为东北风与北风，夏季风向为南风和西南风。道郡古村坐东朝西，改造过程中将建筑屋顶改造成覆土倾斜屋顶，可以阻挡来自西北方向的冬季风向，接受来自西南方向的夏季风向，保证夏季通风；底层完整的步行花园空间和新的屋顶屋檐悬挑大，可以最大限度阻挡太阳的直射，抵御海南的炎热气候；且底层全覆盖的花园体系也方便了暴雨天气下人的活动。

十一、村落整体效果

村落前景图

村落鸟瞰图

二等奖学生论文与设计
Thesis and Design of the Second Prize Winning Students

道郡传统村落乡土建筑的活化设计
Activation Design of Local Architecture in Daojun Traditional Village
郡上民宿改造设计
Reconstruction Design of Junshang Homestay

四川美术学院
柳国荣
Sichuan Academy of Fine Arts
Liu Guorong

姓　　名：柳国荣 硕士研究生二年级
导　　师：赵宇 教授
学　　校：四川美术学院建筑与环境艺术学院
专　　业：环境设计
学　　号：2019120228
备　　注：1. 论文 2. 设计

道郡传统村落乡土建筑的活化设计
Activation Design of Local Architecture in Daojun Traditional Village

摘要：中国是一个具有五千年文明历史的大国，其中乡土建筑是我国文化遗产特别重要的一部分，乡土建筑是先民为适应自然环境而建造的具有特定功能的空间场所，是历史、民族、地域、文化的重要载体。然而，作为传统村落的承载者、千年历史的见证者，近年来却由于我国城镇化进程和乡村振兴的快速推进，乡土建筑正在面临逐渐消亡的现状，传统村落存在的最主要的问题就是空巢化、老龄化严重，乡土建筑自然性衰败，民族特色、生活习俗缺失，传统村落的消亡也加速了乡土建筑的灭亡。因此，大量各行业的学者专家开始探寻传统村落及乡土建筑的保护方式，试图探索一种保护与发展的共赢模式。海南省海口地区对于传统村落的保护研究起步较晚，城市化以及人口迁移影响较大，因此导致部分传统村落破坏严重，乡土建筑被人为或是自然原因损毁。基于以上背景，作者以海南省海口市传统村落道郡村的乡土建筑为研究对象进行研究。论文首先对道郡村乡土建筑的历史背景、建筑现状与建筑特征进行分析，根据乡土建筑的布局、构成要素、材料、细部装饰等进行分类总结，其次分析道郡村乡土建筑的优势与劣势，最后探讨道郡村乡土建筑的活化设计策略研究，总结活化设计的意义与原则，借鉴成功的乡土建筑再设计的方法，结合道郡村乡土建筑特色，探讨道郡村乡土建筑再设计的原则、改造设计的方法与发展模式。最后对论文研究成果进行总结，并呼吁对传统村落与乡土建筑活化保护、传承利用。

关键词：道郡村；传统村落；乡土建筑；活化设计

Abstract: China is a big country with a civilization history of 5000 years. Among them, local architecture is a particularly important part of China's cultural heritage. Local architecture is a space place with specific functions built by our ancestors to adapt to the natural environment and an important carrier of history, nationality, region and culture. However, as the bearer of traditional villages and the witness of thousands of years of history, in recent years, due to the rapid promotion of China's urbanization and rural revitalization, local buildings are facing the current situation of gradual extinction. The main problems existing in traditional villages are the serious empty nest and aging, the natural decline of local buildings, and the lack of national characteristics and living customs, The demise of traditional villages also accelerated the demise of local buildings. Therefore, a large number of scholars and experts from various industries began to explore the protection methods of traditional villages and local buildings, trying to explore a win-win model of protection and development. The research on the protection of traditional villages in Haikou area of Hainan Province started late, and urbanization and population migration have a great impact. Therefore, some traditional villages are seriously damaged, and local buildings are damaged by man-made or natural reasons. Based on the above background, the author takes the local architecture of Daojun village, a traditional village in Haikou City, Hainan Province as the research object. This paper mainly analyzes the historical background, architectural status and architectural characteristics of local buildings in Daojun village, classifies and summarizes them according to the layout, constituent elements, materials and detailed decoration of local buildings, then analyzes the advantages and disadvantages of local buildings in Daojun village, finally discusses the research on the activation design strategy of local buildings in Daojun village, and summarizes the significance and principles of activation design, Based on the successful method of local architecture redesign and combined with the characteristics of local architecture in Daojun village, this paper discusses the principles, transformation design methods and development mode of local architecture redesign in Daojun village. Finally, it summarizes the research results of the paper, and calls for the activation, protection, inheritance and utilization of traditional villages and local buildings.

Keywords: Daojun Village, Traditional Village, Local Architecture, Activation Design

第1章 绪论

1.1 研究背景

1.1.1 发展需要

受地域文化、自然环境与政治经济等多方面因素影响，中国乡村建设在发展过程中形成了蕴藏着丰富农耕文明和人文各色不一的传统村落，其独有的艺术价值与文化价值令人赞叹。然而，在城乡建设日趋蔓延的过程中，对传统村落风貌、环境、数量等带来了诸多不同程度的破坏性后果，导致了其作为历史建成遗产中物质空间与文化内涵的消亡。此外，在文化旅游热掀起的浪潮下，作为承载游客行为活动物质载体的乡土建筑，对其大肆地改造或盲目地模仿建设，导致传统村落的现状环境被破坏并且乡土建筑的价值特色被忽视。因此，在尊重文化特色、延续历史文脉、保护遗产实体的原则下，寻求更加科学的更新发展方法，对传统村落具有重要意义。

1.1.2 历史条件好

本文选取海南省海口市美兰区道郡村作为研究对象，这里历史悠久，具有丰厚的人文历史文化，是第四批列入中国传统村落名录的传统村落。道郡村的建筑是典型的汉族建筑文化与海南当地民族建筑文化相融合而形成的具有当地特色文化的建筑，全村的乡土建筑大多始建于明清时期。

1.1.3 政策支持

海南省有着得天独厚的自然旅游资源与区位优势，自建省成立经济特区以来，国家就出台了许多相关政策帮助推进其旅游经济发展，如《国务院关于推进海南国际旅游岛建设发展的若干意见》于2010年1月4日由国务院发布，将海南国际旅游岛的建设推入正轨；习近平总书记于2018年在海南发表的"4·13"讲话，主要内容为党中央将会全力支持海南岛建设自由贸易试验区，对海南岛的旅游经济建设产生了巨大的推动作用；《海南省"十四五"旅游文化广电体育发展规划》于2021年7月印发，明确了海南旅游发展的目标，即将海南省的旅游业打造为海南国民经济支柱型产业。海南省还充分地利用自身的自然资源与文化资源吸引着社会资本的进入，从而进一步增加自身的影响力。根据海南省对道郡村的上位规划，道郡村位于"滨海东部生态休闲度假旅游发展区"，是综合型滨海休闲度假旅游核心功能区。

1.2 研究目的和意义

1.2.1 研究目的

海南省地处中国大陆最南端，其特殊的地理位置及多元混合型文化孕育了众多具有典型地域特色的传统古村落，部分古村落具有数百年甚至数千年的历史，村落内古建筑数量繁多，是海南建筑体系中汉族文化与少数民族文化融合的一个特殊系统，蕴含着海南省琼北地区特有的历史文化印记。但随着城镇化的发展以及人们对生活空间需求的改变和村民价值共识的转变，村落逐渐空心化，传统民居建筑不断被淡化，其原始建筑功能逐渐消退，大部分乡土建筑得不到有效的修缮与保护，都将面临破败消亡的处境。而建筑与村落存在密不可分的关系，乡土建筑的消亡往往会导致传统村落文化与风貌的丧失。

本论文以海南省海口市道郡村的乡土建筑为研究对象，研究和分析道郡村乡土建筑的历史背景和建筑特征，分析当前道郡村存在的问题和发展优势，提出道郡村的乡土建筑活化设计的策略，并协调好保护与利用之间的关系，寻找道郡村乡土建筑活化设计的再生之路。有效地保护海口市美兰区道郡村的历史建筑、特色街巷、环境风貌及传统文化，使其历史文脉得以传承，整体活力得以焕发，让传统村落健康可持续地发展。利用织补与反哺的设计策略，在保护传统村落的基础上发展村落的旅游产业，有机更新发展村落，提升村民经济收入，提高他们的生活水平。

1.2.2 研究意义

（1）有助于挖掘经济价值，带动地方经济发展

近年来随着第三产业的不断发展，严重影响了以第一产业为主要经济支撑的农村地区的发展。这是每一个国家在发展进步过程中所必须经历的阶段。然而，传统村落中蕴含着丰富的资源，对传统村落进行合理的保护与利用可以将这些资源变成不可多得的旅游资源及特色的产业品牌，将其宝贵的艺术文化价值展现出来，以创造更多的经济价值。例如：德国、丹麦、法国等欧洲国家，在面临这种现象时都得到了很好的解决，在亚洲诸多国家当中，日本当初凭借着对欧洲国家先进经验的借鉴也在乡村经济发展中取得了很大的成效。

（2）有助于挖掘地域文化价值，激发活力传承发展

传统村落作为发扬和传承地域传统文化的物化载体，蕴含着丰富的文化价值，只有通过科学有效的方法将文

化的承载者进行保护更新，才能使其内在文化得以传承，激发出其潜在活力。

（3）有助于地域乡土建筑的保护，并对其活化设计

乡土建筑作为传统村落整体的重要组成部分，近年来由于城市的不断扩张和村民自发性的改建，导致乡土建筑越来越少。通过对传统村落进行保护和更新可以科学而有效地对其进行活化利用，激发潜在价值。

（4）有助于带动琼北地区传统村落的更新，并提供借鉴作用

海南岛位于祖国南疆，四面环海，是一个相对独立和完整的地理单元，在区域研究中具有特殊性。黎族是海南岛的原住民族，但秦朝开始，汉人持续因逃难、发配、经商等原因不断搬迁至海南岛，海南岛成为黎族和汉族两种民族文化相互碰撞和交融作用特别明显的区域。相对于内陆典型的中原汉族文化核心区，海南岛作为汉族文化传播的末端，成为文化边缘区。汉族的传统居住文化在抵达海南岛后，由于相对封闭的自然条件和对外有限的通行条件，又因为岛内各地区人文环境与自然生态的差异性，在岛内产生突变、过渡、渐变、拓展等多种模式的分异，使得各地区的民居类型和聚落形态逐渐形成独有的特征。本文希望通过以道郡村为例进行实践研究，发挥其示范作用，以带动琼北地区传统村落的更新。

（5）有助于实现城乡建设的优势互补

通过活化设计乡土建筑来发展传统村落，延续传统文化，引入社会资本，吸引城市人口，传统村落的活化不仅促进乡村的发展，也为城市人口提供了休闲旅游的去处。对乡土建筑的活化设计在推动当地旅游业发展的同时也带动了城市的经济发展，两者优势互补，互相发展。

1.3 研究方法

1.3.1 文献研究法

查阅有关传统村落保护活化的国内外相关文献资料、期刊、论文等，文献阅读是理论研究的基础，笔者将国内外对于传统村落的乡村理论研究进行梳理，首先了解在论文写作过程中的研究思路及研究内容。研究国内近几年的专业期刊相关论文中对传统村落保护与更新最新的解决方法是什么。通过专业书籍获取相关研究的理论知识，为后期研究做理论指导。

1.3.2 实地调研法

对海南省海口市美兰区道郡村进行场地的考察、走访、拍摄，并对场地采集的信息进行分析整理与建模推敲，为道郡村乡土建筑的活化利用策略提供支撑材料，使实地调研法成为支撑本论文研究的主要方法。

1.3.3 归纳总结法

通过对实地调研法搜集的数据、图片、视频、文献资料进行归纳与总结，通过树状图、列表格、图片示意等方法进行数据的整理，为研究内容提供支撑与参考。

1.4 国内外研究现状

1.4.1 国内研究现状

（1）有关乡土建筑的相关研究

我国对乡土建筑遗产的保护研究起步比较晚，始于20世纪80年代。随着《中华人民共和国文物保护法实施细则》《中华人民共和国文物保护法》和《国家文物保护科学和技术发展"十二五"规划（2011—2015）》等的陆续颁布，大量学者开始把研究的视角转移到乡土建筑或是乡土建筑的保护与利用上，关注这些地处我国偏远地区的被誉为中国的"活化石""活着的文化遗产""史书"的乡土建筑遗产的价值，研究内容涉及各个不同的方面。

（2）在我国，对于乡土建筑的系统研究起步于传统民居。刘致平先生、刘敦桢先生曾于20世纪40年代初，对云南、四川等地民居做了大量调查研究工作，梁思成先生1944年编写的《中国建筑史》亦对晚期民居进行过分区研究，但因研究条件所限，早期学者对少数民族地区的民居建筑未能开展更加深入的研究。20世纪50年代，刘敦桢先生所著《中国住宅概说》一书，论述了我国民居建筑的历史发展过程，列举了重要的住宅类型。他在该书前言中特别指出："以往只注意宫殿、陵寝、庙宇，而忘却广大人民的住宅建筑，是一件错误的事情"。此后，我国科研院所与高等院校合作，陆续开展了徽州明代住宅、福建客家土楼、苏州传统民居、北京四合院等乡土建筑的系统调查研究。但是总体来说，由于乡土建筑往往年代较晚，多数为明清时期的建筑，又分布于较为偏僻的乡村地区，因此，长期以来并未受到充分的关注和重视。

（3）2005年在西安通过了《西安宣言》，宣言指出"不同规模的古建筑、古遗址和历史区域，其无论是重要性还是独特性都在历史、艺术、社会、自然、审美、科学、精神等领域发挥着重要价值，也充分地联系着相关的物

质层面、精神层面、视觉层面和其他文化层面"。这种互为联系的思想为之后进行的相关研究产生了重大影响。

（4）楼庆西（2007）认为乡土建筑是指古聚落中土生土长的建筑，包括农村中的住宅、寺庙、祠堂、商店、书院以及亭廊、桥梁、道路等一切建筑，它们组合成一个完整的村落整体，同时还提出了乡土建筑的四个突出特征；单霁翔（2009）认为乡土建筑必须是居民仍然生活其中的、必须要继续发展的，这是必须坚守的重要一点，保护工作必须适应这一特点；阮仪三等（2003）指出要保护遗产原先的真实的东西，任何维修、恢复都要遵循原真性原则，反对仿造与新建的伪历史乡土建筑，对所处的历史环境的整治要"修旧如故""以存其真"；杜凡丁（2009）提出了乡土建筑遗产的整体性保护原则，从时间上的整体性保护、空间上的整体性保护、物质文化遗产与非物质文化遗产的整体性保护三个方面着重论述了整体性保护原则的各项要点。

1.4.2 国外研究现状

（1）国外关于乡土建筑和村落的研究起步较早，在20世纪初就已经被关注。1933年的《雅典宪章》提出了城市的建设中应该保留名胜古迹与历史建筑；1964年《威尼斯宪章》表示历史建筑的保护范围应扩展到历史建筑物所在的城镇及村落的环境，首次将历史建筑的保护扩展到其所在的周边环境；1972年的《保护世界文化和自然遗产公约》提出看待文化和自然遗产需要通过科学、历史、艺术等多个视觉进行建筑式样、环境、分布等的综合性分析，1999年通过的《关于乡土建筑遗产的宪章》，提出了关于如何管理及保护乡土建筑的原则。

（2）外国学者的研究内容从原来的历史性纪念性建筑逐渐延伸到乡土建筑，例如1964年美国建筑师伯纳德·鲁道夫斯基在《没有建筑师的建筑》中表示，过去人们的关注点在于"纪念性历史建筑"，"乡土建筑"被一直忽视，而实际上后者同样是丰富的历史遗产、文化遗产。这本书很快在建筑界引起了巨大的波澜，广大学者开始将注意力转移到乡土建筑身上，并且乡土建筑具有了建筑设计理论研究基本对象的地位。

（3）而《文化与建筑》的出版则标志性地宣告对西方乡土建筑的研究已经成了一门正式的学科，1969年美国的城市规划专业教授拉波·彼得在《住屋形式与文化》中研究了全球范围内的乡土建筑的形态。

（4）此外，日本学者原广司著有《世界聚落的教示100》、藤井明著有《聚落探访》，美国的亚历山大著有《建筑的永恒之道》，挪威的诺伯舒兹著有《场所精神——走向建筑现象学》，这些著作对全球范围内典型村落的建筑进行了多方位以及多角度研究。因此，我们可以看出，"乡土建筑"已经得到了广大学者的重视，成为关注的焦点。

1.5 研究内容

首先，本文通过对研究背景、目的及意义的阐述，结合国内外相关研究成果，把道郡村乡土建筑的活化利用作为研究对象进行研究，并对研究对象的基本情况进行概述，着重对道郡村乡土建筑的形成背景历史、主要建筑特征、建筑布局与装饰特点、保护利用现状进行了详细的研究；其次，提出道郡村乡土建筑的活化设计策略，分别通过活化设计的原则、活化设计的运作模式、活化设计的设计手法等三大策略，探究乡土建筑活化利用的可行性，并以道郡村乡土建筑改造设计为载体，提出设计原则、设计理念和具体的乡土建筑活化利用实践手法。最后，对论文研究成果进行总结，得出道郡村乡土建筑活化设计的具体结论，以及此课题的价值意义。

第2章 相关概念界定

2.1 传统村落

"传统村落"由过去"古村落"的概念延伸而来。2012年4月，国家四部门——住房和城乡建设部、文化部、国家文物局、财政部印发的《开展传统村落调查的通知》，对传统村落进行了界定，传统村落形成较早，拥有较丰富的传统资源。传统村落是以乡土住宅建筑为载体，背后所蕴含的是某一农业生产力条件下农耕文化和住宅建造技术，它是物质文化和非物质文化的统一体，具有一定社会、科学、艺术、历史、文化、经济价值，应予以保护。

2.2 乡土建筑

乡土建筑是文化遗产的重要组成部分。1999年10月在墨西哥通过的《关于乡土建筑遗产的宪章》认为：乡土建筑是社区自己建造房屋的一种传统的、自然的方式。这是一个社会文化的基本表现，是社会与所处地区的关系的基本表现，同时也是世界文化多样性的表现。乡土建筑指的是现实生活中沿用着的建筑（这些老建筑极具风俗性、地域性和历史特征）及其外部环境。乡土建筑蕴含着丰富的历史文化信息，不但是有关建筑科学、历史、文化的重要结晶，同时还是民族文化价值认同与传承的重要载体。乡土建筑从广义上看可以泛指具有地方传统文化特色的建筑，诸如古民居、古村落、古寺庙、古戏台、古书院古巷道古栈道古河道古桥梁、古井等；从狭义上看，泛指农村地区的乡土建筑。

2.3 活化设计

活化更新，是历史文化遗产保护重要途径与方法之一。在国外，主要表现为遗产活化和遗产再利用。其概念可追溯到美国国家公园服务指南提到的"遗产活化"，即通过外在的表达来复原历史，以激活历史文化遗产的价值的行为方法。在1960年之后，一些西方欧美国家开始注重历史文化建筑遗产的再利用，并提出了"遗产再利用"的概念。遗产再利用，也可称为建筑适应性应用，即重新创造一种新的功能或者重新组构建筑以恢复其原有功能而使得建筑得以延续和发展的行为。

"活化设计"指的是开发创新一种新的使用机能，或者是将一栋建筑重新组构使其原有机能可以继续满足一种新需求，重新延续一幢建筑或构造物的行为有时也被称作建筑适应性利用。以不毁坏建筑遗产为前提，在运用修复、修复并有所变动及不修复三种不同保护手段下，"激活"其原有的功能和潜能，利用方式呈现"多样化"，从而使建筑遗产获得新的活力，进而永续发展，是保护历史文化遗产的重要途径与方法之一。

对乡土建筑进行活化设计，就是在保护的基础上赋予它新的内涵，置换新的功能，让其焕发活力。一是乡土建筑的活化设计必须是在保护乡土建筑历史文化价值的基础上进行的；二是强调对新功能的适应性改造和利用，使其功能发生可适应新需求的改变；三是使乡土建筑成为新的生命体，焕发出新的生命与活力。

第3章 道郡村建筑概括与现状分析

3.1 道郡村乡土建筑形成背景分析

3.1.1 自然环境

气候是自然界的重要组成部分，它已渗透到人类生活的各方面。我国南方海岛受日照、区位、气流等因素的影响，已然形成了"温度高、湿度高、辐射大、多台风"的气候特征。海岛乡土建筑的出现正是对这种气特征最好的回应。海口市位于海南岛的北部，在低纬度热带北缘，是典型的热带季风气候。道郡村乡土建筑的各种建造特征正是适应这些气候条件而逐渐形成的，建筑采取了低技术、适应性的应对策略，尽量做到抵御不良气候的侵害，同时营造较为舒适的室内外环境。道郡村建筑特征形成的主要原因是气候的影响：

（1）道郡村一年四季都是高温天气，考虑到对自然通风的影响，建筑单体间的布局整体呈现相互独立、围而不死的空间形态。在正屋与横屋间留有通巷，过人、通风。矮院墙的设计同样保证了院落良好的通风环境（图3-1）。

（2）同是受炎热天气的影响，在部分传统民居建筑中，院墙高度通常较低，相比于高墙院落，在此高度下，近地风可以更为容易地进入建筑院落。特色本地石材、火山石、琉璃花窗而建成的围墙，加上统一的建筑走向，也形成了独具当地特色的巷道（图3-2）。

（3）海南地区多台风天气，道郡村乡土建筑的表皮围护结构很少开较大的门窗洞口，且窗户的材料多为琉璃、石材等较为牢固的材料，通常以相对比较密实的建造方式来打造建筑表皮。且建筑矮小宽厚，故而外观朴实厚重，是海南汉族乡土建筑的主要特征（图3-3）。

图3-1 道郡村的建筑布局

图3-2 道郡村的围墙、巷道

图3-3 建筑外观

图3-4 建筑外廊

（4）海南地区太阳辐射较大，容易造成室内外高温环境，同时对人体也会造成损害，因此减弱太阳辐射的建筑构造方式成为该地区部分建筑的一大特点。道郡村乡土建筑前廊作为建筑的缓冲空间，为室外活动的人群提供了能够遮挡太阳辐射的半室外区域，同时也可以作为雨天进行室外活动的场所（图3-4）。

（5）海南气候湿热，潮湿对建筑的影响也是重要的，为防止建筑潮湿腐朽，道郡村乡土建筑在建筑檐廊的支撑构件中，多以砖墙、砖柱或石柱将原有木结构体系的边柱进行替换，其内部仍保留木结构体系，实现结构体系砖木结合的综合使用。

海口位于海南岛北部，地势平缓，大部分为平原，少量坡地。在海南，大多数汉族传统村庄民居建筑群，都建造在地势平坦、交通便利的地方，一般为坐北朝南，或是坐西朝东，由坡度走向而定。道郡村后靠山，前有水，三面环坡，面临大塘，大塘周围是大片农田，田间有小河，细水长流，风景怡人。道郡村的建筑布局是根据地势的走向而成型的，依坡而建。道郡村为横向排列式，传统民居院落沿用汉族竹筒屋布局特征，即短面宽，长进深，两户间形成巷道，多排并列形成村（图3-5）。

3.1.2 人文历史

据《海口县志》记载：自西汉元封元年（公元前110年）设县以来，来自祖国中原的汉族移民陆续迁入，同时带来的还有大陆的文化。海南受外来文化的影响较大，在建筑形式上反映最为直观，尤其是琼北一带的民居建筑受内陆文化影响较大，具有闽南和岭南的特色，如海南特色建筑骑楼、传统琼北民居等。道郡村乡土建筑的主要特征是受大陆文化影响而形成的，其主要特征有：

（1）在选址上选择"靠山面水"，对应中原"天人合一"宇宙观传统风水学说，建筑最为理想的是坐北朝南，

图3-5 道郡村的建筑布局

其次为坐东朝西,道郡村乡土建筑的朝向为坐东朝西。但由于海南的气候因素,处于热带地区,属热带季风岛屿型气候,日照充足,对建筑影响很大,因此琼北民居对于朝向的规定不像内陆的日照要求严格,东西朝向也会存在,就是相比较朝向而言,更加讲究通风。村庄选择地理位置时候,当地人更加喜欢选择临水而居。

(2) 在建筑布局上也多受传统汉族建筑布局影响,琼北的多进合院依然受大陆传统民居的基本格局影响,延续了大陆传统民居中常见的合院式空间布局。注重院落的围合感,强调轴线,主次分明,内外有别,同时受传统的风水观念控制,在确定宅院的选址、路门和正屋的朝向等方面有很重要的讲究。多进合院式传统琼北民居的构成要素是由路门、院墙、横屋、正屋等几个基本要素组成的。

3.1.3 社会经济

海南岛是一个四面环海的热带海岛,资源丰富,在交通技术不便的年代,琼州海峡较大程度上阻隔了两者的交流与来往,信息获取的局限性导致了海南传统、保守、务实文化本质的形成,经济也相对落后。社会经济对道郡村乡土建筑的影响主要表现在建筑材料的使用上:

(1) 为了防止台风对建筑的影响,建筑材料上一般为石材与木材的结合使用,外墙用石材,室内构架用木材。由于经济条件落后,石材上选择当地最多的火山石,普通火山石有易获取、环保、隔热、价格低廉等特点。木材的大量使用也是因地制宜,海南地区由于气候的原因,木材资源充足,能满足大部分的需求。

(2) 海南地区由于自然原因属于火山石地质,缺乏上好的石材,好的石材少且贵,所以在少数建筑中运用。好的石材一般用于外廊处,主要功能是防潮、防腐。

(3) 由于移民带来的影响,移民过来的同时也带来新的建筑装饰特征,如浮雕装饰、灰塑工艺、琉璃花窗等。同时,移民有丰富先进的生产工具和生产经验并以此带动了海南的经济发展,给海南的发展带来新的活力,是海南传统文化的发展不可缺少的关键力量。

3.2 道郡村乡土建筑现状概况

3.2.1 建筑类别与数量

道郡村乡土建筑主要分为三类:名人故居、普通民居、宗祠,由于城镇化的发展,村落部分乡土建筑被拆除,村西边的公庙始建于明代,后来清光绪三十年吴世恩将军举众修建。村里现有名人故居2个,普通名居141个,祠堂1个(图3-6),公庙1个(图3-7)。

3.2.2 建筑利用情况现状

第一类:名人故居,处于被保护状态。此类的传统民居历史建筑一般是被评为"文物保护单位"的古建筑,部分重点文物古建在政府的资金支持下得到了初步的修缮和利用,如吴元猷故居、布政司故居。但是这种利用方式比较单一,目前此类建筑修复后虽多半处于闲置待开发利用的状态,但保存的现状良好,政府或产权所有者对该屋的未来走向也有明确的规划(图3-8)。

第二类:保存完好的乡土建筑。老屋的居住环境显然不适合当下人们的起居生活,这也使得越来越多的人离

图3-6　吴氏宗祠　　　　　　　　　　　　　　　　　　　图3-7　道郡村公庙

开老屋，盖起了新房。而祖辈留下的祖屋则成了他们过年过节时的祭祀场所，大部分的时间都无人问津，处于闲置的现象。这类老屋现存状况整体一般，对于未来老屋的安置居民们目前并也没有什么规划，未来走向堪忧（图3-9）。

第三类：已经破落的乡土建筑。无人居住，在闲置中被自然或人为破坏而倒塌损毁（图3-10）。

图3-8　名人故居　　　　　　　图3-9　保存完好的乡土建筑　　　　　　图3-10　破落的乡土建筑

3.3　道郡村乡土建筑特征分析

3.3.1　建筑布局

海南汉族民居守内陆传统民居影响较大，对选址尤为看重，靠山面水是惯用的最佳选址原则，中轴对称、主次分明、强调院落的场所感和传统的风水理念是外部空间的主要布局特征。海南乡土建筑一般由正屋、横屋、连廊、门楼和围墙组成。道郡村根据山体走势而定为坐东朝西的格局，背靠山，前有水，建筑为横向排列式。民居单元多为三开间排屋和小型合院，很少出现大型多进院，各院落在横向上对齐，呈现为在横向水平方向上拓展的形态。民居单元在构成院落时，较为独立又有一定的自由度，在其左右两侧拓展出构成基本一致又略有不同的庭院空间，各院落左右连续排列，形成横向的拓展趋势、建筑肌理和道路系统，整体保持规整，强调横向结构，控制性较强。建筑布局有多进合院、二进合院、一进合院、内侧短横屋四合院（图3-11）。

3.3.2　建筑构成要素

（1）其正屋在中轴线，多为一明两暗三开间的形式。正屋当中的明间被称为禇厅，两侧暗间则为次间。禇厅分为前后两个部分，前部占据明间进深的绝大部分，足为前堂，主要用来供奉祖先及会客；后部称为后堂，进深微窄，为内眷使用。前堂与后堂之间的木隔板称为中堂，上置主公阁，用来安放祖先牌位。家里富裕的人家，主公阁用质量好的木料，精雕细琢，两边雕上歌颂先人祖德的对联。次间多被木隔板分隔为正房（也称上房、大房）与合廊房（也称小房）。禇厅两侧的正房通常被分配给家中的老大和老幺，而其余的儿子则被分到合廊房。在家子不多的情况下，比如只有长子和次子，正房则成为用于居住的卧室，同侧的合廊房便当作各自的客厅（图3-12）。

（2）横屋是辅助用房中主要的功能空间，分为开廊和窄廊两种形式。开廊是贯穿院落前后的一条长屋，其开门方向与正屋垂直。开廊的开间尺寸一般与院子的进深相当或略小，多带有檐廊，称剪廊。根据需要，开廊可被分隔成客厅、厨房、储藏间等辅助用房，亦可作为书房、卧室等房间使用。窄廊是一种较为简易的横屋形式，一般只有一间。它的使用功能较之正屋显得灵活许多，可以用来作为卧室、客厅、厨房、餐厅、农具的仓库和农产

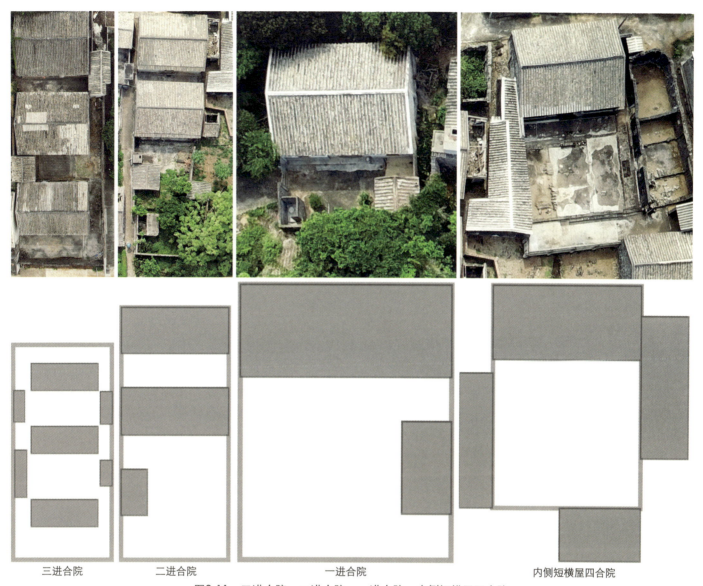

图3-11 三进合院、二进合院、一进合院、内侧短横屋四合院

图3-12 吴元猷故居正屋外部、室内照片

品储放仓库等,在使用制度上没有太多的限制,主要由屋主自行决定(图3-13)。连廊,通常起连接作用,是天气炎热时及下雨时的户外活动空间。

(3)路门是琼北民居院落的大门,通常位于正屋的一侧,少数位于正屋的下方,但不正对正屋的大门,是在出入口处可以遮雨避阳的附加建筑;路门的中央,一般放有宅第的牌匾,如资政第、双桂第,路门前台阶上,通常在两侧摆放有石狗公(图3-14)。

(4)院墙将琼北民居的各个构成要素围合成一个完整的院落。正屋、横屋被院墙围合成了一个完整的院落,照壁是首进正屋相对的院墙,挡壁是最后一进正屋背后的院墙,部分建筑会在照壁上做一些装饰。围墙在建筑及

171

图3-13 布政司故居横屋

图3-14 普通民居路门

院落的四周，有维护隐私和安全的作用，这一点表现出中国传统外封内敞院落对海南传统地域建筑的影响。

3.3.3 建筑材料

道郡村建筑的建设主要是就地取材，就地取材主要指的是对当地人为节省人力和物力在建房的时候就直接使用周围的材料，还体现了本地材料特征的经济性。就地取材不仅大大降低了建造成本，还为建筑的营造活动提供了极大的便利，是地域建筑发展与丰富最有利的条件，特别是使低技地域建筑更加具有独特的地域性特征。海南汉族民居通常使用的建筑材料有火山石、海南黑、花岗石、青砖、红砖、土坯等材料。这些材料中既有天然的，也有人工的，体现了海南汉族民居建筑材料的地域性和技术性。

海南黑石砖的主要制作材料是因为火山喷发而形成的火山岩，多孔、不褪色、抗风化、耐高温等性能也是海南黑石砖材料的特性；黑石砖具有比普通青砖更能吸声、吸水、隔热等特性，同时还有改善环境和调节空气湿度的作用。

木材：海南有充足的森林资源，取材便利，由于可加工性好，容易加工成各种结构构件、连接构件和装饰构件，木材在当地早就被应用在黎族干栏式建筑上，也成为海南汉族民居的主要建筑材料之一。道郡村乡土建筑木材的运用主要在柱、檩条、正梁、椽子、屏风、额枋、屋心墙、门窗以及装饰构件。

屋顶用材，海南气候与大陆明显不同，因此在屋顶设计上道郡村的屋顶与大陆有所不同。道郡村乡土建筑主要的屋顶形式是双坡瓦屋顶，主要特征是前后坡的坡度不一样，前坡较缓，后坡较陡，屋面由檩条和椽子当骨架，在椽子间铺设板瓦，为确保防水与排水的功能，会在相邻的板瓦之间扣上筒瓦并抹灰，上于屋脊连接处，下至檐口并设瓦当和滴水，不仅防止雨水对建筑结构及材料的破坏，还具有较强的装饰效果（图3-15）。早期双坡瓦屋面通常采用的瓦面材料为土瓦，土瓦虽然造价低廉，但是吸水性较大，耐久性和强度较差，很难抵御海南频繁的台风和暴雨肆虐，随着钢筋混凝土技术的发展并传入海南地区，海南汉族民居在屋顶也会使用钢筋混凝土技术。

图3-15 道郡村建筑屋面图

3.3.4 建筑细部装饰

道郡村建筑常用的装饰手法有雕刻、灰塑、彩绘等，雕刻、彩绘主要见于主要结构的梁上，或窗户门上，道郡村理历史更久一点的建筑雕刻更多，内容更加丰富，吴元猷故居历史悠久，作为当时最有名望的人物，他的住宅雕刻精美，色彩美丽。道郡村近代的民居雕刻就比较少了，装饰细节更加简单（图3-16~图3-18）。

图3-16 吴元猷故居雕照装饰

图3-17 普通民居雕刻装饰

图3-18 民居彩绘

灰塑多见于屋顶，海南汉族传统民居屋顶形式不仅受到中原传统屋顶形式的影响，而且也大量受到闽南和岭南传统民居的建筑艺术的影响，在继承和发展中创造出具有海南独特的屋顶形式。如屋顶的正脊形式上，海南汉族民居表现为对正脊进行简化，而没有像岭南和闽南民居表现为向两端翘起成燕尾的弧形曲线，还在屋脊两端做脊吻以突出立体效果；在脊吻的装饰处理上，海南传统地域建筑常用草尾、云纹、花卉和动物等装饰样式，而岭南和闽南民居多采用龙凤的样式。海南道郡村乡土建筑装饰充分体现了海南人淳朴、低调的生活态度和内敛的草根文化（图3-19）。

图3-19 道郡村建筑屋顶灰塑图

图3-20 道郡村建筑窗户样式

　　道郡村乡土建筑的窗主要为百叶窗和镂空窗。百叶窗在建筑中最大作用是通风，其次是采光，不仅能满足建筑通风与建筑立面的装饰效果的需要，还能降低台风天气对建筑产生的影响。楼空窗不仅仅只是通风，也具有一定的装饰效果，为建筑空间营造出一种美丽的环境，使在此居住的人感到心情愉悦（图3-20）。

3.4 道郡村乡土建筑活化设计现状分析

3.4.1 建筑现状优势

（1）得天独厚的区位优势

　　道郡村是第四批列入《中国传统村落名录》的村落，隶属于海南省海口市美兰区灵山镇。道郡村距海口只有10多公里的路程，仅15分钟车程。道郡村委会位于灵山镇东北部，距海文高速公路3公里处，南边是美兰国际机场，西边是海口汽车东站和海口火车东站，北临琼州海峡，东毗邻桂林洋经济开发区，具有得天独厚的地理位置。

（2）旅游发展政策完善

　　《海南省"十四五"旅游文化广电体育发展规划》是道郡村发展旅游的主要依托。再有，海口市美兰区灵山镇道郡村传统村落保护发展规划，规划海口形成"一轴，一带，五区"的旅游发展格局，道郡村处于"滨海东部生态休闲度假旅游发展区"，该区将依托沙滩、红树林等特色旅游资源及现有的休闲度假设施基础整合旅游、乡村、教育、体育训练等产业资源，重点打造生态观光体验、海洋主题娱乐和体育休闲三大主导产品，完善相关配套和产业支撑，成为海洋文化主题和生态特色突出的综合型滨海休闲度假旅游核心功能区。道郡村位于"滨海东部生态休闲度假旅游发展区"，可依托自然与文化遗产资源，在不破坏村庄传统空间肌理和生活方式的前提下，结合村庄特色的民俗文化以及非物质文化、历史文化展示，开发满足城市居民和长居型游客休闲需求的各类果蔬采摘园、休闲农庄和农家乐旅游点等项目，开展乡村农耕体验、乡间美食品尝、垂钓、自行车骑行、健行等活动。

（3）村落历史深远

　　村始祖吴贤秀于唐代唐贞元廿一年（805年）带族人落户在琼山张吴图都化村（今灵山大林村，后称旧市村）。吴贤秀公25世孙吴登生公于明代从文昌带家人回迁至离先祖吴贤秀公定居的旧市村不远的地方，定居落户，繁衍后代，创造了现在的道郡村。道郡村乡土建筑具有重要的历史地位，是海南汉族建筑的典型代表，是历史建筑的载体。道郡村传统文化习俗丰富，传统文化习俗有海南岛欢乐节、军坡节、中秋歌节、海南国际椰子节、元宵换花节等，传统文化有琼剧、公仔戏、蛋歌、海南八音、打柴歌、海南军歌、老古舞、面具舞等，以上内容都是海南典型的特色文化体现，能让游客深刻地感受到海南本土的文化。

3.4.2 建筑现状劣势

(1) 建筑保护力度不够

近些年，海南旅游热兴起，海南省旅游业迅速发展，在疫情的影响下，2020年海南省共接待国内外游客6455.09万人次，实现旅游总收入872.86亿元，成为全国旅游恢复情况最好的地区之一。如此好的发展环境，距离海口市仅十多公里的道郡村却是衰败空心化的趋势，作为第四批入选国家传统村落名录的村落，对乡土建筑的保护政策不完善，保护力度不够，道郡村的乡土建筑正在逐步消亡。政府应该加大对建筑的保护力度，更新利用建筑，而不是呆板的保护，要利用乡土建筑产生新的价值。

(2) 村落空心化严重

海口市经济大发展，却忽视了农村的产业经济建设，农村人口都去市里工作，逐渐搬离村落。村里没有好的产业发展，没有足够的就业岗位，生活配套设施跟不上，留不住年轻人，道郡村目前只剩一些老人还在这里生活，年轻人几乎没有。长此以往，村落逐渐空心化。道郡村应该发展新的旅游产业或其他生态产业，政府大力扶持，并支持个人创新创业。还应该改善人民居住环境，完善生活配套设施。留下本地人，吸引外地人。

(3) 传统文化逐渐缺失

随着日新月异的现代化生活的发展，大部分的年轻人已经对传统文化不再重视，传统习俗逐渐简化或淡化。村落空心化，缺少人文的文化环境，慢慢地，道郡村的传统文化消失不见。

第4章 道郡古村乡土建筑活化设计策略研究

4.1 活化设计必要性、目标和意义

4.1.1 活化设计的必要性

(1) 乡土建筑必须保护发展

对于一个传统村落而言，最重要的组成部分就是乡土建筑，如果乡土建筑随着城市化的发展而逐渐消亡，对传统村落而言是一个巨大的损失。活化设计的第一步也是最重要的一步，就是将其保护起来，但是被保护起来并不是传统村落的最终归宿，它需要跟随时代的脚步而发展，使其有存在的意义。

(2) 特色文化才具竞争力

因为世界潮流的影响，特色本土文化是一个地区吸引外来游客的最主要因素，随着乡村旅游产业的兴起，千篇一律的旅游景区已经处于一个"烂大街"的状态，丧失了地域文化及本土特色，已经不能成为一个地区的独特符号。纯粹保留本土文化及本土建筑修旧如旧也不能跟随乡村旅游大热的潮流，要在这激流中存活下来就必须开启新的手段，活化设计使其在具有本土特色的同时，还能吸引当下大众的目光。

4.1.2 活化设计的目标

(1) 改善周边居住环境，通过对乡土建筑的活化设计，修复建筑功能、完善建筑功能或更新建筑功能，改善人民居住环境，丰富日常生活空间。满足当地原住民的生活需求，提高他们的生活水平，以此加深他们的对家乡的乡愁情节，激发他们共建家乡的欲望。

(2) 激活道郡村一带的旅游产业，继续以历史建筑原功能加以使用，改造为历史建筑文化价值的专题展馆，改造成文化性场所，打造成旅游景点，改造成酒店等生活性服务设施等等，用乡土建筑活化设计的模式改造道郡村乡土建筑，利用当下流行的"网红打卡点"、小视频宣传等手法来吸引外地游客。再依托道郡村的景点来建设周围其他旅游产业，如风情小镇、生态公园、蔬果采摘、风情农家庄园等，形成各产业互为依托、内容丰富、形式多样的旅游大区。

(3) 促进经济发展，通过一系列政策扶持，进行产业建设、专业人才的引入，最重要的目的之一就是促进道郡村的经济发展，提高人民生活水平，促进共同富裕。

4.1.3 活化设计的意义

(1) 保护乡土建筑

近年来,在乡村振兴的背景下新农村建设和旅游业快速发展,出现越来越多的"现代化",大量的传统村落却被推向历史的悬崖,慢慢陨落,以致消失。研究的重要意义就是使乡村乡土建筑遗产步入科学、合理的保护与利用轨道。保护乡土建筑,开发乡土文化资源,促进农村地区经济社会发展,推进国家新农村建设。

翁丁村,位于云南省临沧市沧源佤族自治县勐角傣族彝族拉祜族乡,是一个自然村,也录入了《中国传统村落名录》,在沧源佤族自治县的西南部,翁丁村是中国佤族历史文化和乡土建筑保留最完整的原生态村落,但是却在2021年2月一场大火中陨落,这暴露了当地政府对重要历史村落的保护力度不够、政策不够完善等问题(图4-1)。类似的问题还有重庆的万州罗田古街,为清代古街,在乡村振兴的热潮下,由于缺乏专业的指导,老建筑外墙被统一粉刷白色乳胶漆,丧失了历史的原真性(图4-2)。

图4-1　烧毁前的翁丁村(图片来源:网络)

图4-2　被粉刷的罗田古街

(2) 延续传统文化

乡土建筑蕴含丰富的历史文化,尤其作为中华民族农耕文化的精神家园和重要的物质载体,真实地记录了祖先过去的生活生产智慧,凝聚了人们的精神内涵、行为生活方式、风俗习惯、文学艺术、审美观念、宗教信仰和道德观念等,是民族集体记忆的源泉。因此乡土建筑活化具有重要的意义,是维持村落历史环境的延续性,防止村落衰老与落败,维持传统村落的生命力,让其成为环境宜人、人与自然和谐共生美好家园的重要途径。旅游开发利用是其中一种有效的保护传承手段,对其空间活化设计的核心目的就是传承传统村落的历史文化。

(3) 延续情感记忆

本地居民和社会公众对乡土建筑有着独特的情感记忆,乡土建筑是传统村落历史发展和演变的见证。所以,在活化设计乡土建筑的时候,要充分考虑本地原住居民的感受及利益。对传统村落的过度开发改造,在破坏传统村落的环境的同时也破坏了其优秀的传统文化,对传统村落来说是巨大的冲击。总的来说,就是损坏了传统村落的真实性和完整性。所以,传统村落失去了原本的韵味,历史文化缺失,公众也不再有情感回忆,留下的只是一个无意义可言的地块。

(4) 探索新的发展模式

传统村落的乡土建筑的保护与活化设计,首先,能有效地保留历史文化遗产的历史信息,使历史生活真实地展现在人们面前,历史文化遗产内涵与底蕴被人们了解到。其次,在有效保护的基础上,系统整合了传统村落内部的功能和资源,使破败的传统村落重新焕发活力。乡土建筑的动态保护与活化设计研究,既为乡土建筑的保护更新发展提供了新的思路,又在日后的乡土建筑保护与更新中有着深厚的研究意义。

4.2　活化设计的原则

4.2.1　保护为前提

"保护"二字的释义是对某人或物尽力照顾,从而使得其权益不受损害。传统民居语境下的保护,是延缓传统民居及传统民居所在的聚落生态遭受人为的或是自然的破坏。在设计里面常被理解为为了某文化、某建筑的发展以及传承而采取某种设计手段来维护它们非物质形态或者物质形态的价值。

道郡村乡土建筑的活化设计要以保护为前提，保护首先要从建筑的实际情况考虑，根据建筑的现有状况，提出相对应的保护措施，并根据海口市发展的新政策、新变化、新要求，积极有效地调整保护规划，让乡土建筑处于最优化的状态，在保持历史的真实性的基础上使建筑适应不断发展的要求来动态保护、活化设计。保护不能处于静态刻板的保护，应在保护乡土建筑的过程中根据实际情况和发展动态做出及时的变化，用发展和联系的观点，将其保护纳入于城市系统同步发展的范畴，因地制宜地实施保护与开发，使建筑遗产重新焕发活力，将其保护过程视为一个连续性的决策过程。

4.2.2　可持续化发展

乡土建筑的再利用要遵循可持续发展原则，既要保护建筑历史文化内涵，注重其空间使用环境，延续其功能使用，也要通过功能置换、改造更新等方法，对其平面、立面、内部空间等进行活化设计，赋予其新的生命力，充分发挥建筑的价值，通过现代化设计、技术与设备等完善建筑的基础设施体系，符合现代人居环境的需求。

无论是建筑的保护，还是开发利用，都要走可持续发展道路，保护与开发不是对立矛盾的，保护是绝对的，任何开发都要建立在保护的基础上进行，保护第一，同时兼顾开发利用的收益。对待村落的历史遗存，并不是一味地消极、被动保护，应发挥乡土建筑的价值最大化，通过乡土建筑的使用价值来传导其文化价值，适度发展，能为村落的发展带来生机，同时也能更好地保护乡土建筑。要树立长远的发展目标，考虑长远的经济效益和社会效益，不但要认识村落遗存的经济价值，也要注重其文化价值。对乡土建筑本体要注重建筑的生态节能，积极运用现代生态节能技术，使建筑可持续发展。

乡土建筑资源需要科学持续发展，它们是过去和未来的连接体，同时也让这些建筑遗产既能满足当代人的功能需要，也能传承历史文化价值。活化设计策略鼓励更多的社会团体和商业投资人对历史建筑进行修缮保护以及生态利用。这种利用的模式就是可持续性的，既可以延存建筑本身的使用寿命，又解决在利用过程中资金短缺的问题，这样可以让更多的历史建筑得到及时、妥当的修缮保护利用，还能创造出更多的社会经济效益。

4.2.3　功能更新

在活化设计传统建筑的时候要考虑此建筑未来的使用功能是什么，应该从设计规划、建筑现状、发展需求等等条件去考虑，不能过于保守，要在符合当前设计规划的基础上去考虑，做出一些创新性的东西，如近年很火的猪圈改书吧、咖啡吧、厂房改民宿等。

4.2.4　展示历史价值意义

无论以何种活化方式利用历史建筑，既需要反映出它们的历史价值和文化意义，同时所赋予的新的空间功能也需要与历史建筑所具有的历史信息相呼应，不能使新用途孤立存在，更不能因为经济利益磨损其历史价值。在设计活化设计方案的时候，必须着重思考建筑遗产资源的历史文化特征，并将这些特征运用到活化的具体形式上。历史建筑利用后的面貌可以完全地表现出所特有的历史信息和时代感，包括其建筑风格特征、文化信息、地方特色等，然而如果只是简单地被利用的话，这些重要元素没有被展示出来，就与最初保护的目的相矛盾了。

4.2.5　实现所有者和使用者双赢

历史建筑的活化利用要积极提升社会机构和民营组织的参与度，民间团体理应是活化设计策略的主体。相关政府机构要扩展宣传力度，让人民群众了解到历史建筑遗产是城市化发展过程中重要的组成部分，城市空间的多样性惠及我们每一个人，鼓励并引导更多的社会组织加入到历史建筑的活化利用中来。历史建筑的所有者和使用者以这个活化的方式达到双赢，共同延续建筑的生命力，让城市有了不一样的场所感，有利于传承历史建筑文化价值的作用。

4.3　活化设计的运作模式策略——反哺

反哺出自《初学记·鸟赋》：雏既壮而能飞兮，乃衔食而反哺。意思是雏鸟长大后，衔食喂母鸟，比喻子女长大奉养父母。而在乡村振兴层面来说，反哺指的就是通过城市反哺农村，使农村贡献给城市工业的剩余积累开始返还农村，来推动城乡互动、协调发展。主要就是指通过政府的政策引导，与大企业合作，开发新的乡村运营模式，通过企业来操盘，最后实现乡村振兴，提高人民的生活水平和经济收入。主要内容有三个：首先，政府出台相关工作政策，并寻求与大型企业或专业公司的合作，做好相关基础工作；其次是企业的操盘工作，整合现有资源，创立创新机制，统一建设规划、集体建设和运营，综合运用有效政策，加强顶层设计；最后就是社会资本的引入，引入大量社会资本，加强本地个体经济的建设，建立集体经济模式。

4.3.1 宅基地问题的解决

反哺就是通过海口市政府的政策引导，与大企业的合作，开发新的乡村运营模式。政府在前期最需要解决的主要问题是农民的宅基地，村落要发展旅游，必定有大量建筑成为产业的一部分，变为商业建筑。建立安置区置换或者平移宅基地，将农村土地要素充分激活，建立集中居住区。宅基地问题一般都是设计项目中一个特别困难的部分，统一安置区从选地块、房屋选型、面积控制到景观营造，既要满足政策对农田的使用要求、宅基地的集中规划、建设要求，更要考虑农民的生活方式还有邻里交往模式，为他们营造舒适、宜人、适合他们的居住及公共空间，还要考虑成本控制和其作为样板区的示范效应。此时就需要大型企业或专业团队的加入，由他们设计安置房，为农民营造更加舒适的新的居住环境。宅基地的顺利解决，为后期村落振兴发展奠定基础。

安置房的设计要体现道郡村的传统韵味，又兼顾自然生态景观与宜居生活。同时要规划新建功能齐全的公共服务设施，完善建立生活基础设施，最大限度地提升村民生活舒适度。

4.3.2 经营模式的考虑

在道郡村乡土建筑活化设计过程中必须考虑的一个问题是后期经营模式，寻求一个稳定、有效、有收益、双赢的经营模式，选择引入社会资本、建立集体经济、引入专业团队的模式。建立特色产业，可持续运营，道郡村的农民通过集体经营性建设用地使用权作价入股，与企业共享经营收益，他们也可以参与整个项目的建设及特色农业劳动，以此得到固定的经济收入，实现城市反哺农村。

还可以有个体经济的加入，当地农民可以创业，利用自己的老房进行改造设计，用于经营，在提高自己收入的同时丰富产业的多样性。社会资本进来的同时会带来专业工作人员，如民宿、书吧、咖啡馆、餐厅等休闲产业还需大量工作人员，专业人员可以对本地村民进行培训，招聘他们入职。一来解决岗位空缺问题，二来为村民提供岗位，解决生活问题的同时还留下了本地村民，解决村落空心化问题，原住民的参与才能使道郡村旅游产业具有道郡本土味道。

4.4 活化设计的设计策略——织补

织补，"仿照织物的经纬线把破的地方补好"是辞海里对它的解释。最初引入"织补"概念到城市建设中的是柯林·罗，他是世界著名建筑和城市历史学家。城市旧区在更新中被大拆大建，极大程度上破坏了城市的肌理空间与文化的延续，柯林·罗在《拼贴城市》一书中，提出用文脉主义的思想对城市肌理进行织补，提出在设计活动中注重新旧建筑之间的连续性、新建空间与历史空间的关联性。随着西方回归城市思潮的兴起，柯林·罗的主张被广泛推广，文脉主义逐渐付诸实践，"织补城市"概念就此应运而生。随着织补理论的实践应用及理念发展，织补的应用从城市逐渐发展到与空间相关的各个层面。随着织补理论传入国内以及国内传统村落的发展，织补理论的应用逐渐从织补城市发展到织补乡村。在建筑层次上来说就是对乡土建筑以动态、弹性、协调的方式实施修复、添补与替换，改善人口居住环境和提升开放空间，挽救村落中濒临消失的建筑和地方文化，并融入新的生活形态和经济基础。

4.4.1 织补村落肌理

将碎片化的村落空间和要素重新整合，用文脉"织补"破碎的乡村肌理和生态景观环境，串联景观空间和人居环境。主要要素包括路网形态、色彩风貌、街巷尺度、建筑尺度、围合方式等，通过织补的手段将这些要素梳理、整合，达到一个和谐整体、新旧协调统一的效果。当前道郡村整个村落环境最大的问题就是破损的建筑太多，又无法直接使用，用建筑、构筑物、小品等进行村落肌理织补，达到新旧建筑的融合，共同生长（图4-3）。

4.4.2 嵌入新的功能

通过织补的形式，对道郡村乡土建筑嵌入新的功能。道郡村目前有一部分建筑属于荒废、破败的状态，此类民居破损严重，在保留本土性的前提下，回收利用原有建筑材料，部分结合新的元素和材料进行设计，并赋予新的功能，使原有破损闲置民居重生。选取一组或几组传统民居，改造设计为公共活动、书吧之类的建筑。利用其原有材料及形式，再加入新的材料和设计手法，不失本土特色，还具有现代与传统碰撞的特色意境（图4-4）。

4.4.3 延续历史价值

历史文脉的织补也是对于过去生活方式的织补。针对日渐消亡的节日庆典，如三月三节、元宵换花、龙水节等活动，将通过宣传和改良扩大影响力。针对值得传承的传统手工业，应给予匠人足够的尊重，将传统手工艺制作作为点式模块嵌入古建筑，同时起到提高就业率与吸引游客的作用。规划充分尊重小镇居民缓慢的生活节奏，营造属于道郡村独特的古村方式，让游客充分体会传统民俗的魅力。

图4-3 织补示意图

图4-4 公共活动中心设计示意图

第5章 道郡村乡土建筑的活化设计实践

5.1 设计理念

5.1.1 修复旧的,植入新的

活化设计的首要原则就是保护,这个保护是动态的保护,不同的乡土建筑,根据其历史价值及现状进行不同程度的保护。名人故居类的,因其建筑的历史性要进行原真性的保护,还要对破损的地方进行修缮,倒塌部分进行修复,尽可能复原其原貌,这样不仅可以使参观者真正了解故居、认识故居,还可以作为乡土建筑的模板展示。根据规划要求和发展需求,在村落植入新的建筑,如公共建筑类的民宿、酒店、厕所、展览馆等。这样既能满足本地居民需求,还能为道郡村发展旅游业奠定基础,完善旅游所需的基础配套。

5.1.2 新旧融合

在对乡土建筑进行活化设计的时候有多种情况,一是在乡土建筑上加建新建筑;二是连带老建筑一起改造;三是推倒旧建筑,建造新建筑。无论是哪一种情况,都要保持旧建筑与新建筑之间的一种和谐关系,老建筑与旧建筑之间应该互相协调、融合,虽说不要修旧如旧,但两者之间可以有机融合。

5.1.3 新旧对比

乡土建筑活化设计的另一种手法就是形成强有力的对比，形式上、材料上、颜色上等。这种情况是老建筑完整，为追求使用空间和视觉效果，完全新建一个建筑。强烈的对比是第一视觉冲击力，是一种打破，也是一种重组，打破传统村落低沉的色调、统一的建筑高度、相似的建筑形式，将村落组团建筑重组，具有强有力的视觉形象和新的功能作用。

5.2 设计内容

5.2.1 设计选点

选取属于第二类的民居，由三个闲置民居院落组成，保存完好，属于普通近代民居，石木结构。位于吴元猷故居与布政司故居之间，处于一个过渡地带，呈不规则布局，背后是一片荒废的民居，绿荫环绕，生态环境好。南面靠近村里马路与农田，临水风景优美，且交通方便（图5-1）。

图5-1 民宿选点现状照片

5.2.2 民宿具体设计

（1）设计构思

乡村旅游中，在整个村落的规划设计中住宿类建筑尤其重要，属于基础配套的一部分，也属于设计出彩的一部分，当前全国正在兴起一个民宿热潮，民宿也是留下游客的必要条件。此次民宿的设计选取了一个地理位置最适合的民居院落，建筑完整且不是古建筑，不会对道郡村的传统历史建筑产生破坏，对近代民居的活化设计力度更大。首先，将三个民居院落重组，扩大民宿的实际使用面积；其次，道郡村的乡土建筑面积小，建筑比较矮小，在老建筑的基础上嵌入新的建筑盒子，以增加客房的数量；最后，将老建筑与新建筑结合，划分不同的使用空间，形成不同规格的客房，满足各种游客的住宿需求（图5-2）。

图5-2 郡上民宿建筑组合轴测爆炸示意图

(2) 设计内容

民宿设计内容主要有大门、围墙、院落、接待大厅、茶室、客房。围墙是保留原有老建筑的旧围墙,为保证民宿私密性,使用本地海南黑石材加高,再使用当地特色琉璃窗局部点缀,既是装饰,又能达到通风采光的效果。大门的设计主要采用跟主题建筑一样的白色,与黑色的围墙相呼应。院落利用原有院落格局点植绿植,以坡地草坪为主,单植乔木等。原建筑基本作为公开空间使用,茶室和接待大厅、布草间、餐厅等,几乎都是每个单元客房的入口,只有两个大标间。将客房主要放在新加建的部分,每个客房都是一个跃层的设计,入口就是老建筑,上楼就是新建筑,营造出一种穿越的氛围感,入住体验感十分有趣(图5-3)。

图5-3 郡上民宿景观总平面图

当地台风天气较多，流线的外形更扛风阻，安全性更高。弧形的设计会比几何形更柔和，反而与老建筑更和谐。扭曲变形的形体对比老建筑的呆板方正，也是一种打破和趣味的重组。对于设计的定位是突出现代或者未来感，视觉上的夸张，更容易有网红效应，对道郡村的旅游有宣传效应。纯粹的白色不仅与场地老建筑的颜色形成强烈的对比，而且不会色彩过多，打乱了场地原有色彩的协调。

5.3 民宿活化设计的实践手法

5.3.1 建筑重组——扩大规模

在本次设计中，由于道郡村乡土建筑的特征，建筑体量较小，使用空间受限，所以在活化设计的时候为了增加使用面积会根据实际情况进行建筑重组。重组的时候既要考虑实际需求，还要考虑对乡土建筑的影响。三个院落的重组，形成了四个不同的小院落，入口花园、民宿中庭、后花园等。

5.3.2 材料再利用——保留本土性

在民宿建造的时候充分利用原有材料、新旧材料的结合使用，既达到了装饰效果，又保留了本土特色。围墙的原有材料保留，原有建筑的窗户、部分材料也保留，尤其是使用当地特色的海南石材砌成的山墙，在改造设计时不能破坏其原真性与完整性，充分利用原有的肌理继续使用。

5.3.3 空间再改造——完善功能

在本次设计中，传统民居改建民宿的时候，对其原有空间进行改造再使用。如将其原有废弃圈舍活化设计为入口花园休闲茶室，保留原有材料，完善民宿功能；将其中一个院落的横屋活化设计为接待大厅，三开间合并为一开间使用，保证大厅的空间使用；其中另一个院落的横屋位于民宿后方，一分为二，改为一间大标间和一个家庭套房的一楼入口空间；再将第三个院落的横屋设计为一个茶室或会议室使用，也是由于原有空间过小，将三开间合并为一开间使用，来满足茶室需要的空间；由于不需要晾晒粮食，将原有的院坝设计为花园来使用，对其再设计，来满足民宿需要的景观空间。

5.3.4 局部式加建——增加使用空间

在此次设计上，没有整体性地拆掉原有老建筑的屋顶、进行抬高加建来增加使用面积，而是灵活地局部式地加建新的建筑体，不仅增加了建筑的使用空间，保留原建筑的历史风貌，还让新建筑与旧建筑有机地协调统一，又各有特色。局部式加建的建筑体形成了错落的空间，带给房客更加有趣的使用感；简约流畅的白色外形就像是轻轻浮于老建筑之上的白云，不仅没有厚重感，反而衬托出乡土建筑的历史韵味，凸显了建筑的岁月与风霜，使人更陷于这优美古朴的古老村落。

第6章 总结

本文以道郡村乡土建筑为研究的内容，阐述了相关的基本概念，并从道郡村乡土建筑的特征及现状入手，通过对其建筑布局、构成要素、建筑材料及细部装饰等方面的研究，提出道郡村乡土建筑活化设计的必要性、目标与意义。在活化设计策略的导向之下，深入到案例中探讨了道郡村乡土建筑在传统村落发展保护中的具体活化之法，力图将研究成果转换成指导设计的实用技术，使研究的价值得以确定地体现。

在新农村建设及城市化的进程中海南省乡土建筑面临着机遇，也面临着挑战，由于对传统民居建筑的认识还存在很多不足，大批乡土建筑的建筑形制、建筑材料、生态自然的自然环境以及淳朴的人文环境等遭到了不同程度的破坏，历史文化遗产丰富的传统村落在慢慢地走向消亡，这意味着深厚的历史文化积淀正在渐渐消失，更意味着海南省失去了一批具有旅游潜在价值的资源。因此，在新农村建设的大趋势下，应因地制宜，选取本土材料，节约能源的同时还能保留文化载体的原真性，使其具有地域性特色。对一些具有历史价值的古建筑更应遵循修旧如旧的原则，按照乡土建筑的工艺做法，保存其完整性。而对于一些不是古建筑的传统民居可采取动态保护，充分利用活化设计，延续乡土建筑生命的同时促进当地经济发展。

遗留在道郡村的乡土建筑真实地反映了琼北建筑文化特色，是研究琼北建筑文化的物质基础，拯救道郡村乡土建筑是当下海口城乡建设迫在眉睫的任务。乡土建筑的活化设计研究是一道较为复杂的综合性难题，不仅涉及社会学、建筑学、管理学等多个学科领域，还需要政府管理部门、专家学者、村委会与村民的多方博弈，平衡各种利益关系，调动社会各方力量，共同保护与传承乡土建筑文化。

参考文献

[1] 杨定海. 海南岛传统聚落与建筑空间形态研究[D]. 广州：华南理工大学，2013.
[2] 杨定海，肖大威. 海南岛汉族传统建筑空间形态探析[J]. 建筑学报，2013（S2）：140-143.
[3] 陈琳，弓娟. 海南琼北传统民居建筑材料与工艺研究[J]. 建材与装饰，2018（19）：66-67.
[4] 黄惠颖. 福建土堡的动态保护与活化利用[D]. 厦门：华侨大学，2013.
[5] 徐琛. 基于文化地理学的琼北地区传统村落及民居研究[D]. 广州：华南理工大学，2016.
[6] 齐艳. 广州近代乡村侨居现状及保护活化利用研究[D]. 广州：华南理工大学，2018.
[7] 张森. 邯郸历史建筑调查与活化利用策略研究[D]. 邯郸：河北工程大学，2020.
[8] 王峥. 基于织补理论的传统村落保护发展规划策略研究[D]. 北京：北京工业大学，2016.
[9] 彭金红. 惠州客家民居历史建筑活化利用研究[D]. 广州：华南理工大学，2018.
[10] 许晶. 城市纹理断裂区的形态织补与功能嵌入——以福州中洲岛为例[J]. 规划师，2021，37（1）：44-49，63.
[11] 费孝通. 乡土中国[M]. 上海：上海人民出版社，2013.
[12] 楼庆西. 乡土建筑装饰艺术[M]. 北京：中国建筑工业出版社，2006.
[13] 单霁翔. 乡土建筑遗产保护理念与方法研究（下）[J]. 城市规划，2009（1）：57-66，79.
[14] 单霁翔. 乡土建筑遗产保护理念与方法研究（上）[J]. 城市规划，2008（12）：33-39，52.
[15] 吴良镛. 乡土建筑的现代化，现代建筑的地区化——在中国新建筑的探索道路上[J]. 华中建筑，1998（1）：9-12.
[16] 王飞. 乡土建筑遗产保护实践的梳理研究[D]. 昆明：昆明理工大学，2013.
[17] 孙丽平，张殿松. 谈乡土建筑遗产的保护[J]. 山西建筑，2003（6）：7-8.

郡上民宿改造设计
Reconstruction Design of Junshang Homestay

《郡上民宿——道郡村乡土建筑改造设计》

一、前期分析
　1. 区位分析
　上位规划：规划海口形成"一轴，一带，五区"的旅游发展格局，道郡村处于滨海东部生态休闲度假旅游发展区。道郡村"多规合一"要求设计不占用基本农田，结合建设用地主要引导旅游开发。
　2. 现状分析

区位分析图

现状分析图

民宿选点院落现状：为两个二进合院，房屋结构为砖混和石砌，房主搬离，保存完整。
村落现状：传统建筑大多始建于明清，大多被维修改造，建筑材料多为火山石，道郡村为横向排列式。

现状照片

海南省海口市道郡古村，声名远扬的古老村落，被称为琼州江东第一村，总面积：23299.5平方米。
清代名人故居2个：吴元猷故居、布政司故居，普通民居141个。
地貌以平缓的地形、较低的海拔为主要特征，美兰区属季风性热带气候区。
夏季长，冬季短，水网密布，多池塘湖泊，生态环境好。

二、设计分析
1. 设计理念

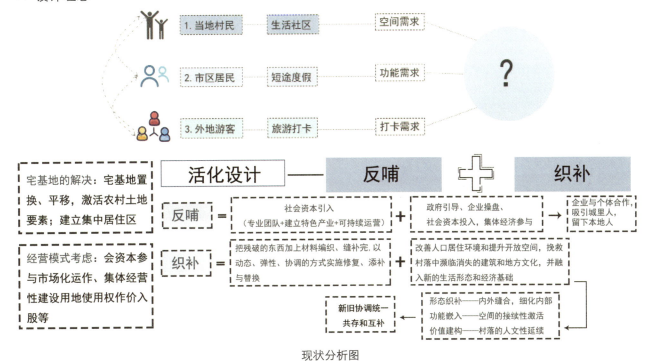

现状分析图

2. 形态推演

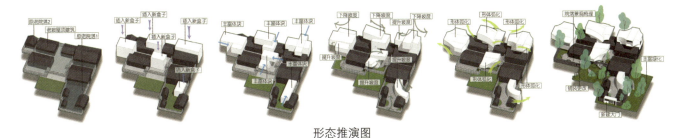

形态推演图

3. 轴测示意图

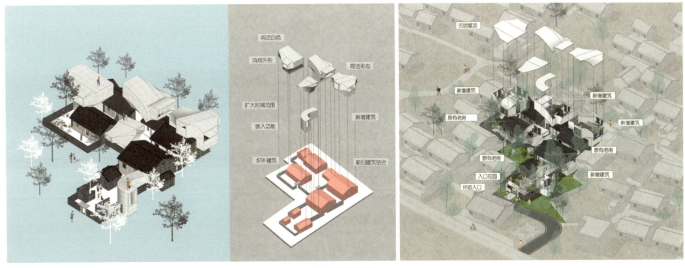

轴测示意图

三、效果图
1. 鸟瞰图展示

民宿鸟瞰图

为保护道郡村传统村落人文景观和格局，保持风貌的完整性，做到在发展中传承历史文脉、在传承文脉中谋取新发展，传统建筑采用保护与更新结合的手段，活化再设计传统建筑。活化设计主要采用反哺与织补两种方法，反哺就是城市资本反哺农村，带动农村发展；织补则是以保护为前提，然后以动态、弹性、协调的方式修复、填补与替换。此民宿的设计主要是保护旧建筑的基础上新建部分建筑，形式、材料与传统建筑形成明显对比，却又相互和谐统一。既保留了老建筑，又新增了功能，还成为村落吸引游客的"打卡处"。

2. 立面图展示

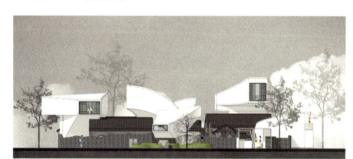

民宿南立面图

民宿东立面图

民宿西立面图

民宿北立面图

3. 民宿剖立面图

剖立面图

4. 民宿效果图

民宿效果图1

民宿效果图2

民宿效果图3

民宿效果图4

民宿效果图5

5．民宿室内效果图

民宿室内效果图1

民宿室内效果图2

民宿室内效果图3

民宿室内效果图4

民宿室内效果图5

文化感知视角下乡村旅游景观更新设计研究
Study on Rural Tourism Landscape Renewal Design from the Perspective of Cultural Perception

叠带漫步——道郡村景观更新设计
Fold Belt Walk—Landscape Renewal Design of Daojun Village

湖北工业大学
郑晗
Hubei University of Technology
Zheng Han

姓　　名：郑晗 硕士研究生二年级
导　　师：郑革委 教授
学　　校：湖北工业大学艺术设计学院
专　　业：艺术设计
学　　号：101910864
备　　注：1. 论文　2. 设计

文化感知视角下乡村旅游景观更新设计研究
Study on Rural Tourism Landscape Renewal Design from the Perspective of Cultural Perception

摘要：随着中国对乡村人居生态环境建设的推进，乡村旅游业的发展也正处于上升期，乡村逐渐成为人们放松休闲的旅游目的地。随着数字科技时代的到来、信息技术发展的进步，游客们开始注重旅游时的多元体验，乡村旅游景观的呈现方式单一性问题明显，利用文化感知媒介增强旅游过程中的文化感知体验，有利于加强人们对场地的记忆，打造特色乡村旅游体验，本文对乡村旅游景观进行分析，对文化感知理论进行研究，以海南省海口市道郡村为例探讨文化感知理论在乡村旅游景观的应用方法。

关键词：文化感知；乡村景观；乡村旅游景观；多感官体验

Abstract: With the promotion of the construction of ecological environment for rural human settlements in China, the development of rural tourism is also on the rise, and the countryside has gradually become a tourist destination for people to relax. But with the advent of the era of digital technology, the progress of information technology development, tourists began to pay attention to the pluralistic travel experience, the presentation of the rural tourism landscape singularity problems, using the medium of cultural awareness to enhance cultural awareness in the process of tourist experience, enhance memory for site people, makes the characteristics of rural tourism experience, this article analyzes rural tourism landscape, This paper studies the theory of cultural perception and takes Daojun village of Haikou city, Hainan Province as an example to explore the application method of cultural perception in rural tourism landscape.

Keywords: Cultural Perception, Rural Landscape, Rural Tourism Landscape, Multi-sensory Experience

第1章 绪论

1.1 课题缘起

1.1.1 研究背景

改革开放以来，中国经济的快速发展推动了城市化的建设进程，但是城市化在提升人们生活环境的同时更是把城乡生活的差距越拉越大，乡村发展正面临着挑战。乡村景观的面貌也逐渐受到城市景观的影响，然而一味地模仿只会让乡村失去原有的特色且不符合乡村发展的实际需求。在过去的几十年中，乡村在城市化的冲击下，活力渐失。如何将乡村活力重现也是近年来国家的工作重点。一系列提高乡村整体生活、生产水平的政策层出不穷。在这些政策的支持下，乡村整体环境得到了整体提升的同时，在一些乡村旅游景观的建设中也暴露出诸多问题，例如：传统乡村景观构成模式单一，不能和游客形成良好的互动；一味地模仿成功乡村的建筑风格，造成千村一面，乡村文化特点不突出；大肆兴造与乡村人文历史不符的建筑、景观，对本土乡村整体风貌产生了破坏等。我国各地的乡村景观内承载着多样性的乡村文化，我们在建设中也要对乡村传统文化进行批判性的保护及传承。再者，如今数字科技时代到来，城市人们已经享受到了科技带来的智慧生活，但乡村人民还没有完全感受到科技带来的便利，现阶段乡村景观的进程处于传统型转变为现代型的重要阶段，乡村的景观价值也亟待新的发掘与传承方式。如何利用现代手段提升乡村整体风貌，如何打造乡村智慧旅游、智慧农业是一个值得思考的问题。

此外，2020年初突如其来的疫情，带来隔离、停工等一系列问题，不仅对我们的生活造成影响，也影响着我国的方方面面。迄今为止，疫情所带来的影响仍是无法估量的，然而在隔离期间，互联网及科学技术的便捷优势越发明显。让我们得以在居家时也可以办公、学习甚至旅游，在云端感受美好风光。由此产生了思考：在乡村旅游景观内是否能依托于数字科技手段使乡村旅游景观价值重新产生新的发展方式，让乡村旅游景观更适应现代旅游发展需求，线上线下同步加强游客对旅游地的文化感知。

1.1.2 城市化进程下乡村旅游景观现状

2020年，我国常住人口城镇化率达63.89%，城市数量达687个，城市建成区面积达6.1万平方公里。在中国城市化进程的背景下，随着城乡发展的不平衡，乡村旅游景观面临着来自环境、产业、居民等三个方面的发展的挑战。乡村旅游景观的自然景观和人文景观随着时间的推移，环境逐渐衰败。居民们多往城市迁移，乡村人口处于迅速流失的过程中，留下老房子没人打理，日渐破损，院内杂草丛生，看起来一片荒凉。许多具有历史文化保护价值的民居，没有好好打理，破坏了原有的历史风貌。富裕起来的村民，开始翻新老屋，没有科学的乡村规划、专业设计，简单套用城市建设的模式来建造新房，导致建设脱离乡村实际特色危机问题。在乡村旅游迅速发展过程中，由于缺乏专业性的理论指导以及对现有开发模式的生搬硬套，目前乡村旅游景观设计暴露出很多缺陷，乡村生态环境破坏严重、乡村资源开发利用率较低、乡村景观文化特征缺乏等问题导致乡村旅游景观游览体验感较差，游客难以参与其中，乡村旅游吸引力下降。提升乡村旅游景观整体环境，吸引游客前来认识乡村、了解乡村深层的记忆与文化魅力，是乡村旅游景观发展中必须考虑到的问题。

1.1.3 乡村旅游景观发展的新机遇与挑战

城市化的快速发展，也将带来逆城市化趋势的结果，乡村的绿水青山也将成为城市居民思想和休闲体验追求的生活内容与方式，发展乡村旅游产业，让乡村变得更有魅力。随着科技的发展，利用各种媒介的体验式设计也可以运用进乡村旅游景观之中，游客对景观环境的需求逐渐从美观性向体验功能性转变，游客希望通过与景观的互动获得更为深刻的文化体验与情感共鸣。因此，对乡村旅游景观的文化体验应该成为景观设计研究的重要内容。在此背景下，乡村居民对乡村旅游景观有着更高品质的追求，城市居民对乡村旅游景观有着更深层次的期待，"走马观花"式的观赏游览已经不能完全满足人们对乡村旅游景观的需求。因此，从文化感知的视角出发，利用现代科技将文化体验融入乡村旅游景观设计中，在传统乡村旅游观光游览模式的基础上加入一些参与性强的文化体验元素，可以增加旅游者与景观的交流和互动，营造出具有地域文化特色的乡村旅游景观。同时，通过深层次的文化体验活动能够对乡村旅游景观的建设与发展发挥重要作用。

1.1.4 乡村旅游景观的保护与可持续发展

乡村旅游业的蓬勃发展下，游客在乡村旅游时的需求也发生了变化，除了休闲娱乐外，开始注重旅游时的文化体验。传统文化景观表现形式单一的视觉效果不能满足人们的需求，乡村景观设计越来越需要与时俱进，注重互动性、科技感以及沉浸体验的结合。利用文化感知媒介加强人们的旅游体验对乡村旅游景观的文旅体验感提升有极大的促进作用。

乡村旅游景观都有着特色乡土文化风情，一味地拆除重建会对当地环境风貌造成破坏，在更新设计时需要对乡村特色景观进行最大的保护以保持本土乡村风貌。利用新媒体技术将文化感知媒介与文化展示方式相结合，与时俱进地将乡村整体风貌进行展示，达到乡村旅游景观可持续发展的目标。在美丽乡村的建设中，丰富乡村旅游机制与内容，创新乡村旅游模式，拓展休闲旅游理念，充分考虑乡村资源共享问题，打破原有的旅游规划定势思维，强化文化感知、建立创新型乡村旅游景观是本次研究的重点。

本文以海南省海口市道郡村为例，对其进行现场考察、调研走访后查阅相关理论资料并进行深入设计，从乡村文化旅游开发带动乡村发展的视角，多方面地探索未来乡村发展的应对策略。

1.2 国内外研究现状综述

1.2.1 国外相关课题研究现状

在20世纪中期，国外对乡村景观方面的研究就已经起步了，而且比较快地形成了较为系统的理论体系，对世界乡村景观规划研究及发展都提供了很宝贵的经验。美国的Forman教授，提出了一种乡村景观改建规划模式和景观规划设计原则，这种模式建立在生态空间理论基础上，景观中文化价值与生态价值的有机结合是Forman教授强调的重点。乡村旅游最早出现在19世纪30年代的意大利，乡村旅游作为可持续旅游活动中的特殊旅游活动来进行系统的研究的说法在1994年《国际可持续旅游研究》中首次出现，学术界在开始对乡村旅游进行学术研究。关于乡村旅游的概念，学者Bernard Lane认为乡村旅游是复杂的，又包含多样性的旅游活动，乡村旅游的形式因地区、历史文化、政治经济模式等不同会有所区别，城乡是一个一直处于复杂的动态变化中的连续体，没有完全分离。学者Gilbert认为乡村旅游是游客在一个典型的乡村环境中进行各类休闲活动且从村民手里获取食宿供应的旅游形式。国外学者十分重视乡村文化保护在乡村旅游景观规划中的重要地位，以及其在旅游景观设计中的具体应用研究。学者Tolina Loulanski注重乡村文化遗产与旅游的结合，提出了一个更加人性化、动态化和整体化的文化遗产视角，密切关注当前观察到的文化遗产概念发展的变化。学者Lussetyowati与Tutur提出通过文化遗产旅游进行保护，文化旅游创造了就业机会和新的商机，并加强了当地经济。国外对乡村旅游景观规划的研究综合人居环境科学、生态学、景观美学等学科知识，逐渐衍生出特色的乡村休闲农业观光模式，满足城市居民对回归田园自然的渴望。在乡村旅游景观规划的实践方面，国外很多乡村对于文化的保护也非常值得我们学习借鉴。美国的乡村景观旅游开发与农业生产密切相关，以田园景观作为开发重点。英国的乡村旅游发展更加侧重于对乡村自然景观的打造，主要从景观整体格局、形式、风格上体现出英式田园文化。日本景观设计师在景观设计时重视乡土文化的利用，主打以休闲娱乐为主的旅游景观模式，通过对文化景观品质的提升带动乡村旅游的发展。德国在村庄更新规划建设过程中，部分学者在乡村旅游景观设计时认识到原住民生活行为对景观可持续发展的影响，在此基础上以保护乡村文化景观为主，对整体景观格局进行更新设计。将对乡土文化的保护和传承作为景观设计的重点，打造出更具乡村性的文化景观。欧美洲一些较为发达的国家和地区便开始对乡村旅游景观进行相关研究，并形成了一系列较为完善的理论，并通过实践有效地促进了现今世界乡村旅游景观的提升改造及保护利用。

虽然我国与欧美国家有着截然不同的乡村景观基础、发展历程及发展困境，但是欧美国家具备比较完善的乡村景观法律法规体系，且对乡村景观风貌进行研究保护的起步较早，其乡村景观规划思想与经验对我国现阶段的乡村景观规划研究有一定的借鉴意义。

1.2.2 国内相关课题研究现状

国内乡村旅游的发展起步相对较晚，乡村旅游景观研究起步于20世纪的80年代，在2000年以后才日渐受到重视，但目前来看依旧处于探索阶段。因概念的复杂性较强，到目前为止，我国学者对于乡村旅游以及乡村旅游景观的概念还未形成统一的说法。近年来，随着乡村旅游研究的增加，许多学者开始对乡村旅游的概念、发展模式与作用以及对乡村旅游景观有了更深刻的了解。对于乡村旅游的概念探讨，学者杨旭认为乡村旅游对象主要是以乡村里各类资源构成的立体景观。王兵将乡村旅游定义成集中各类资源，且结合功能需求为一体的一种旅游活动。于是，学者们对乡村旅游的定义普遍达成一致：以乡村自然环境和农业资源环境为主体，以乡村农业与民俗社会资源为中心来开展的旅游活动。

通过对近年来乡村旅游景观相关文献的整理发现，目前学者对乡村旅游景观的研究主要包括乡土景观的保护、合理利用和规划设计方法等方面，而对于能够凸显乡村旅游特色的文化内涵缺少研究。国内学者付军、蒋林树等提出了一些有关乡村景观和乡村景观规划的定义，引起了学术界的广泛关注。此外，他们还对我国乡村景观规划的原则、意义和方法进行了专业的探讨。学者尹寿兵提出确立文化感知信息因子，构建旅游者文化景观感知评价指标体系，选取具有代表性的古村落旅游地进行实证研究，具体分析旅游者对古村落文化景观感知的差异，以此提出提升旅游者文化景观感知质量的对策。学者杨传鸣提出，首先，旅游者和居民对旅游业的感知和态度对旅游业的可持续发展有着重要的影响；其次，乡村建筑风貌在保护的同时，要适当融合现代化元素；最后，乡村旅游的发展要充分运用乡村文化元素。学者冯淑华深入研究乡村地域性的文化风貌，从中提炼出具有旅游价值的部分，进一步指出乡村旅游开发的价值和意义，并从实践出发具体验证了乡村旅游建设的可行性。

此外，国内对乡村旅游景观的实践研究多聚焦于乡村博物馆、文创产品等项目中，如南岸美村乡村生态博物馆、以"建筑舞台剧"的形式还原王景一生的王景纪念馆及上坪古村文创产品设计等，以此推动乡村的发展。

1.2.3 国内外相关课题研究现状评述

通过对现有文献的查询及整理可以发现，综上所述，国内外对乡村旅游、乡村旅游景观研究都在景观生态学研究基础之上，同时强调生态、经济、文化等方面内容。但整体来看，在文化感知视角下，乡村旅游景观研究还没有足够的深度，需要做进一步研究。比较之下，国外关于乡村旅游景观的起步较早：他们通常会以乡村土地为研究背景，将乡村旅游景观的规划和文化遗产结合，同时提出很多新方法，来探究土地视域下的乡村旅游景观的规划设计。无论是从社会、经济、还是文化景观角度，来研究乡村旅游景观，国外都在这方面都有较成熟的理论和案例。总之，国外研究给我国的探索带来了很多启发。我国学者对于乡村旅游的研究开始较晚。现今乡村旅游景观的研究框架大体上虽然已经确立，但由于乡村旅游是一个新业态，现有的研究仍处于起步阶段。国内学者对于乡村旅游景观相关理论与案例实践的研究可以归纳如下：首先，国内学者对乡村景观相关理论的研究方法较为单一，主要为定性描述，定量研究较为欠缺。对旅游景观的定量研究多用于景观评价体系的建立，缺少旅游主体的行为模式和感官体验的研究。其次，国内乡村旅游理论体系较为完善，主要以景观生态学和环境地理学为指导理论，但从具体实践来看，对我国乡村旅游景观设计的实践起步相对较晚。最后，国内对乡村旅游景观的研究偏概念化，同其他相邻学科的交叉研究较少，忽视了游客体验感和满意度对乡村旅游可持续发展的影响。结合国内外研究现状，笔者认为对乡村旅游的剖析和研究，应当从以下几个方面着手：乡村旅游开发必须是以游客需求为导向，以乡村旅游资源整合提升为基础。人群需求以及乡村旅游资源的特点，决定了乡村旅游活动内容的丰富性、层次性以及多样性。乡村旅游景观的覆盖面要广。乡村旅游活动的发展主要依托于乡村丰富的景观资源，比如乡村古老的建筑风貌、壮阔的田园风光、丰富的民俗文化、独特的农耕文化等。乡村旅游与文化旅游是相辅相成的。休闲农业与观光旅游和文化旅游都是乡村旅游的重要部分。依托于乡村当地的文化基因，结合现代产业形式，打造多元化的文化体验类活动，以具有文化体验性的体验项目作为旅游活动中的吸引产品，可以让游客在休闲娱乐的过程中感知乡土文化，进而带动乡村旅游的发展。

1.3 研究方法

1. 文献数据研究法

利用图书馆、中国知网等网络资源文献库，大量阅读国内外关于乡村旅游景观、文化感知以及多感官体验等的相关资料，包括书籍、期刊和论文，从乡村、传统乡村景观、文化感知、文旅体验、智能化乡村等关键部分入手进行文献检索，并认真分析、梳理和总结，吸取成功的经验。

2. 调查法

（1）实地调研：前往海南省海口市道郡村进行现场调查，在调研过程中，使用摄影、测量、绘图等手段记录调研内容。

（2）访谈调查：在实地调研过程中，与不同目标人群交谈、询问，并对对话进行记录、总结分类、归纳并结合其他信息分析。

3. 实证研究法

依据现有的乡村景观设计概念和设计实践需要，做好充分的实地调研工作，用数据佐证理论，并以海口市道郡村为主要研究对象，对其人文历史背景、地理区位、建筑特征、风俗习惯、人口组成、景观类型等方面进行综合研究。

1.4 研究目的与意义

本文从乡村记忆挖掘的角度切入，以道郡村为例，由微观的层面向宏观发散。探寻乡村旅游景观的发展趋势，营造乡村文化旅游景观，并以此为基点，思考当前乡村文化建设和乡村旅游景观发展中存在的问题，从中探索解决路径。对于美丽乡村建设、乡村旅游开发、乡土文化保护、乡村记忆挖掘，都有相应的借鉴研究意义。

本论文以文化感知为主要研究内容，深入研究理论后找到它和乡村旅游景观能够交叉契合的部分，对研究对象乡村自然景观以及人文景观进行分析，并探索具体可持续发展的乡村旅游景观设计策略的应用方式，以形成现代社会背景下的乡村景观可持续发展新模式。以对海南省海口市道郡村的实地考察为基础，归纳出道郡村特有的文化内涵要素，并归纳文化感知视角下的乡村景观可持续发展的策略与方法。本次设计研究的成果以文化感知角度出发，以旅游开发构想赋活乡村，为后续此类村庄的乡村建设提供参考，具有一定的现实价值。

1.5 研究内容

论文主要由5个章节组成：

第1章为绪论部分。主要阐述了论文的研究背景与问题、城市化进程下乡村旅游景观现状，乡村旅游景观发展的新机遇与挑战以及乡村旅游景观的保护与可持续发展，对研究方法、研究目的与意义以及研究框架与内容进行了阐述。

第2章为相关概念和理论基础，在文化感知的理论方面。阐述了文化感知的概念与特征，以及文化感知的内涵与视角解读。在乡村旅游景观研究方面，梳理了乡村景观和乡村旅游景观的定义等；最后将二者理论相结合，并对多感官体验、媒介景观、互联网智能化技术等理论对乡村旅游景观的促进进行了简述。

第3章为解决问题的理论对策部分。探究了文化感知视角下乡村旅游景观设计策略。提出了五个方面的改进策略，在道路上，重塑村落路径，提高道路可达性；在文化上，挖掘乡村文化，营造文旅体验感；在体验上，注重路途体验，加强游客参与感；在互动上，运用媒介景观，增强文化互动感；在教育上，利用文化感知，拓展文化教育性。

第4章为文化感知视角下道郡村旅游景观设计实践。首先对项目背景进行分析，从基础条件、发展历史、文化特征、问题调研四个方面对道郡村的概况进行梳理，然后得到道郡村景观总体规划设计理念的启发，进行了五大文化节点设计，优化了空间的路途体验氛围。

第5章为结语部分。针对文化感知及乡村旅游景观已有的研究成果以及在研究过程中存在的不足进行总结阐述，并提出对之后相关研究和发展的展望。

第2章 相关概念和理论基础

2.1 相关概念的界定

2.1.1 文化感知

文化是指"相对于经济、政治而言的人类全部精神活动及其产品"，它囊括着建筑文化、民俗文化、饮食文化等诸多方面的内容，具有丰富的内涵，在不同地域内也有着不同的表现特征。文化随文明进步而不断发展并不断加以完善，以至成为风俗习惯。

感知是指感觉与知觉统称为"感知"，它是指利用感官对物体获得的有意义的印象，即意识对内外界信息的觉察、感觉、注意、知觉等系列过程，因此感知是认知过程的一部分。对于个体来说，感知的过程是人类用心理活动来诠释自己的感官所接受到的信息，接受信息的过程即感觉过程，诠释的过程即知觉过程。

感知的类型主要分为外部感知和内部感知，外部感知主要接受来自体外的刺激，反映外部环境的存在以及存在关系的相关信息。对外部的感知通常凭借人的感觉器官获得，即我们常说的五感——视觉、听觉、嗅觉、味觉、触觉。内部感知主要接受来自机体内部的刺激，反映机体自身的位置、运动平衡和内脏器官的不同生理状态，包括运动觉、平衡觉、机体觉等。此外，感觉过程还受心理活动的影响，人们所感觉到的东西都是在自己心理活动的作用下完成的。

"文化感知"是指人们在不同的文化环境氛围内，对场地内的文化展示进行一系列的心理活动，从而生成对场地的文化感知的一个由物化到精神的过程。以人们自身的思维及文化背景为前提，概括出场地客观文化环境的感性认知过程。由于整体过程受到多种方面因素的影响，且属于个人心理对事物的感性认知，因此个体在进行相同的文化感知时也存在着不同程度的感知差异。

2.1.2 乡村旅游景观

乡村旅游是指在保护生态环境、不破坏乡村整体风貌的前提下，在传统乡村休闲旅游和农业体验旅游的基础上，通过一些景观设计方法、艺术设计手段和科技开发技术，以乡村自然文化景观为载体，开发具有休闲娱乐、养生度假、康体健身等功能的新型旅游模式。

乡村旅游景观是不同地域的乡村自然景观资源和人文景观资源，将场地内现有的资源通过精心规划，合理开发，不断创新，营造出供人们的休闲娱乐、旅游观光、文旅度假的自然生态景观。

2.1.3 文化感知与乡村旅游景观的融合性分析

乡村旅游景观设计在文化感知理念的支持下可以对文化进行创造性的继承和发展，以创新的形式展现传统文化，使我们的地域传统文化有更新鲜的生命力。为了加强文化感知，在设计中通常会使用AR、VR等媒介对场域文化进行展现，提取场地内文化植入景观内，营造文化类互动景观，引导人们参与其中，加深人们对场地的记忆，实现科普教育的目标。通过对视觉媒介、声音媒介等文化感知媒介的应用，建立一个所有人都能使用的全方位景观。利用各种文化感知媒介增强旅游过程中的文化元素对游客的吸引力，美化环境并形成游客与景观之间良性互动，构成多感官体验式乡村旅游景观。乡村旅游景观与媒介等数字技术相结合已经是未来发展的新趋势，依托当地历史文化资源，以文化旅游为导向，塑造具有地域文化特征的乡村品牌，提高乡村旅游景观内的文化感知性。

2.1.4 文化感知理论在乡村旅游景观中运用的必要性分析

乡村旅游景观设计在文化感知理论的支持下可以对场地文化进行创造性的继承和发展，以创新的形式展现传统文化，使游客对场地有更深切的感知，让乡村的地域传统文化有更新鲜的生命力。文化感知理论在设计中通常会强调多感官体验，利用文化感知媒介对场域文化进行展现，提取场地内的文化植入景观内，营造文化类互动景观，引导人们参与其中，加深人们对场地的记忆，实现科普教育的目标。通过对视觉媒介、声音媒介等媒介的应用，建立一个所有人都能使用的全方位景观。利用各种传播媒介增强旅游过程中的文化元素对游客的吸引力，美化环境并形成游客与景观之间良性互动，构成多感官体验式乡村旅游景观。乡村旅游景观与乡村文化传播相结合已经是未来发展的新趋势，依托当地历史文化资源，以文化旅游为导向，以文化感知营造具有地域文化特征的乡村品牌。

2.2 相关研究理论基础

2.2.1 多感官体验式景观对乡村旅游景观设计方法参考

游客在景观中所产生的各种行为，是由身体中的各类感觉器官共同作用所形成的，游客通过各类感觉器官与景观进行交流，实现人与景观的互动。互动性景观中的多感官设计是指设计师突破传统视觉景观带来的局限性，利用人体多重感官既调动传统知觉如视觉、听觉、触觉、嗅觉、味觉，又可调动除此之外人们在游览景观时由于时间及空间的变换所产生的时间觉及位置觉，多种知觉综合接收景观环境信息，多层次刺激受众的感官机能，让体验者对于景观的感受可以更加真实全面，以此达到身体各项感官愉悦的设计方法。大量的心理学及行为学研究表明，在复杂的外部环境中人脑在对其进行感知时，不同的感官会输入不同的信息源，大脑会将这些不同渠道收集的信息进行合并统一，形成连贯的知觉，这一过程被称为联觉反应。五官所产生的联觉反应是人体单一接受某种特定感官所带来的信息量的数倍，它可以实现信息的整合，使信息量表达达到最大化，并直接影响到人的行为。体验者在景观中的感受是立体化、多样化的综合感受，是眼睛、耳朵、鼻子、身体在景观中对其或直观或间接感受综合作用的结果，而人们感受景观并获得信息的过程正是在与景观进行交流。在信息高速运转的现代城市，传统单一以视觉体验为主要设计对象的景观环境削弱了体验者其他感官对于环境的感受，不足以让体验者接收到景观可以散发出足够信息量，单一或者不全面的感官设计会造成某方面信息量的缺失从而影响到人们对景观整体的直觉体验，因此，传统景观已经很难满足现代人对景观的要求，人们需要在与现代景观交流的过程中具备更加全方位人性化、多样化的体验形式。多感官互动性景观在乡村旅游景观中的出现在有限的空间中可以使景观体验方式及体验内容变得丰富多彩起来，从而尽可能多的满足不同层次及类型的体验者对景观的最大诉求，既可以使体验感缺失的人群利用其他感官与景观产生互动，又使得所有人群在景观中的体验感受丰富起来，加强人们在景观中的存在感，这正是多感官体验式景观在乡村旅游景观设计中的应用价值（图2-1）。

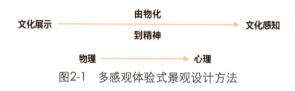

图2-1 多感观体验式景观设计方法

2.2.2 媒介景观视角下的乡村旅游景观规划设计研究

媒介景观是媒介地理学中的一个重要理论，源于居伊·德波所提出的景观社会理论，即通过媒介呈现给大众的宏大奇观或景象。而今传播媒介渗透在生活当中的各个领域，传播媒介的发展影响了我们的生活方式、思维方式，甚至文化观念。无处不在的媒介是理解当下现状不可或缺的工具。将传播媒介植入乡村旅游景观内，增强互动感、体验感，可以吸引人们的注意力，且媒介景观有利于对乡村旅游景观的文化意象塑造并促进乡村旅游景观的文化内涵升级，通过对媒介景观体验环节来弥补"物理景观"带来的单一性。所谓媒介景观，简单来说可以理解为"成为景观的媒介"，如日本大阪城公园的体验型夜游，将整座大阪城公园作为媒介景观的展示舞台，打造利用数字科技手段的科技感夜间漫步体验，将梦幻的灯光、音乐、视像及交互体验应用在大阪城公园内，打造精彩的视觉盛宴。随着5G技术的普及，视觉媒介景观化已成为大势所趋。任何为之努力的行为都是有意义的，并对乡村旅游景观的规划具有指导意义。

2.2.3 互联网智能化技术在乡村旅游景观中建设的推进

科学技术是第一生产力，创新是引领发展的第一动力。当前，"第四次工业革命"——科技革命正在悄悄兴起，互联网技术正在深刻影响世界发展格局，不断地刷新着人们对生产生活方式的认知。5G和AI人工智能将助力经济增长和推动行业变革，这是毋庸置疑的，诸如AR（Augmented Reality，移动应用增强现实）、VR（Virtual Reality，虚拟现实）的头显设备、安防摄像头、手持终端、智能化机械、工业机器人、边缘计算和分析等技术的发展都会刷新我们的认识。在现在这样一个技术塑造发展的时代，5G与AI不只是在技术上的影响，更是一种新的思维方式与实践方式。当下我们面临的挑战是如何在互联网的社会背景下，通过智能化技术实现乡村景观设计应用领域的革新。当然智能化技术并不局限于视觉传感方面，在前期调研、数据分析、设计过程和项目落实的创新点以及项目实施后的对乡村可持续景观的管理、运行以及监测反馈等都有新的发展。互联网智能化技术在乡村旅游景观中建设中进行运用，在景观管理、安全检测、文旅体验上都有助于推进乡村全面发展，整体进步。

第3章 文化感知视角下乡村旅游景观设计策略

3.1 重塑村落路径，提高道路可达性

道路的可达性是一个村落赋活的关键，一个流畅的道路流线可以方便居民游客到达村落内的各个位置，让村落内的每个位置都充满人气、生机与活力。设计前可对基地各方面的情况进行综合了解，对村民、游客会经过的村落路径进行调研，再对地面层空间进行梳理、归纳，对道路进行重塑。使场地内道路形成循环联通的路径，设计时为原住民保留一定的隐私，尽量使游客参观路线与居民生活路线分开。保证村落内的原住民、游客正常活动和道路的可达性。

3.2 挖掘乡村文化，营造文旅体验感

传统村落都有着强烈的地方特色和独特的文化属性，主要从自然景观和人文景观进行体现。乡村地区有着多种多样的自然资源，其中品种繁多的乡土植物作为乡村旅游景观设计中主要的自然要素，对景观文化品质有着很大的影响。乡村人文景观的文化内涵主要从建筑、构筑物等体现。要营造场地内浓厚的文化氛围，首先需对其文化内涵进行充分挖掘，再以创新的手法植入现存景观中，例如对场地内现有的有历史文化价值的故居建筑进行保留修缮，其余建筑视建筑情况及居民意愿予以拆除或修复，并新增构筑物，与现有场地相融合。让游客们行走在场地内可以感受到独具特色的地域性文化，强化场地内文旅体验感的营造。

3.3 注重路途体验，加强游客参与感

游客的路途体验在设计中是极为重要的，如果地方景观等设计毫无吸引力，难以给游客留下深刻的印象和愉快的观旅体验。对乡村文化旅游景观模式的重构可以从游客五感体验的角度出发考虑，让游客以最直接的方式获得村落文化的审美体验。五感是指人们对事物形、声、嗅、味、触的感受，也是人们感知外部环境最直接的方式。将五感体验设计运用到乡村旅游自然文化景观之中，结合乡村自身特有的自然、文化资源，重构乡村景观模式，为游客带来更加生动的旅游体验感受。乡村有着丰富的自然资源，植物种类繁多，色彩丰富，并有着特殊的植物气味，通过对植物的合理布局可以增强景观对游人的引导作用，让游客获得更舒适的审美体验，增强游客与场地的互动。

3.4 运用媒介景观，增强文化互动感

媒介景观应用在乡村景观设计中，在真实体验上，利用传播媒介将旅游地文化元素与实际景观相结合，利用VR、裸眼3D、建筑投影等新媒体技术对文化元素进行展现，打造古今交融的文化体验，并对场地原有风貌进行更好的保留。将场地内地域文化元素通过媒介景观展现。在虚拟体验上，除了场地内媒介景观的应用，结合全景数字地图等手段打造线上VR实景体验，线上远程观景感受乡村风光，让人们足不出户也可以感受到当地的自然风光和传统历史文化。媒介景观的融入可以线上线下整体带动乡村的整体发展，且对当地旅游经济也能够起到积极作用，实现乡村旅游景观的可持续发展。

3.5 发展乡村文化，拓展文化教育性

乡村旅游景观设计时首先是尊重当地自然风貌、展现当地民俗文化。乡村的地域文化是支持乡村存在并进行延续的重要力量，地域文化是不断积累、发展的，是一个乡村特有的记忆。在进行乡村旅游景观设计前需要对场地进行充分的调研，评估场地现存文化资源，追溯乡村历史文化沿革，完整地、深刻地对当地旅游景观的文化来源进行挖掘，将这些来源进行整理，成为设计素材，而这些素材，则是在乡村旅游景观设计进行文化植入的基础。将这些文化素材植入进乡村旅游景观内，发展乡村文化，打造文化多维体验的复合空间，让游客更直观感受村落特色，弘扬场地历史文化，具有科普教育意义。

第4章 文化感知视角下道郡村旅游景观设计实践

4.1 项目背景分析

4.1.1 道郡村基础条件

道郡村，位于海口市美兰区的灵山镇大林村委会的道郡南及道郡北经济社，北纬20°00'，东经110°44'，地处海口市东北部，全村规划设计总面积23299.5平方米。位于我国珠江流域，属于边缘热带湿润地区，美兰区属于季风性热带气候区，夏长冬短，日照时间长，热量丰富；受热带海洋气候和季风环流影响，气候温和，年平均温度

23.3℃，年无霜期346天，终年无冰雪；年平均降雨量为1639毫米，属半温润型气候，干湿季明显；常风以东北风和东风为主，属太平洋台风区，每年4～10月是热带风暴、台风活跃季节。道郡村距海口只有15分钟车程，交通便利。道郡村在区位、交通、生态、资源等方面具有极大的发展潜力，并成为第四批列入中国传统村落名录的村落。

4.1.2 道郡村发展历史

村民的祖先吴贤秀于公元805年从福建莆田迁琼，是唐代户部尚书，为吴氏渡琼始祖。带族人落户在琼山张吴图都化村（今灵山大林村，后称旧市村）。明嘉靖三十五年（1556年），朝廷赐予"大林壹官市"石匾一块。从此"大林壹官市"代替了"张吴图都化村"。

道郡村是吴贤秀25世孙吴登生于明代从文昌带家人回迁至离先祖吴贤秀公定居的旧市村不远的地方，定居落户，繁衍后代，创造了现在的道郡村。道郡村倚山坡而建，道郡村后有块地，名为军坡地，每年农历六月初十都会在这里举办军坡节，热闹非凡，聚集很多军马，因此该村被唤作"多军"村，后来"多军"换成谐音雅称"道郡"，后更名为"道郡村"。全村的传统建筑大多始建于明清，但大多数传统建筑已被户主维修改造。全村现有80多户、500多人，外出人口近1000人，都是汉族，且单一吴姓。道郡村历代人才辈出，历史文化悠久，2016年被评为中国传统村落。

4.1.3 道郡村环境问题调研与分析

在对道郡村实地调研的过程中，发现道郡村旅游景观尚未进行相关的设计研究，村民多搬离老屋前往新盖的房子里，将老房子留下，无人打理，院内野草丛生，屋顶瓦片破损，有些甚至倒塌。除了场地内吴元猷故居建筑完好外，其他民居或多或少都有需要修复的地方，严重阻碍了村落乡村旅游的发展。

针对道郡村现存问题，主要从以下两个方面展开调研分析：

在乡村生态景观层面，道郡村自然景观资源利用率较低，缺少系统的梳理和规划设计。村落内乡村植物任意生长，破坏了乡村生态的美观性。由于乡村居民向外迁移，村落内建筑、道路等逐渐废弃，庭院内杂草丛生，缺少可达性。这些问题集中表明了道郡村乡村旅游景观缺少系统的梳理和整体的规划。传统村落旅游景观的建设不应当只是对村落原生原版的复刻，更应该根据乡村的场所精神在保护村落环境原生态的同时，对村落整体环境进行适当合理的规划设计，以提高当地居民的生活品质和乡村旅游吸引力。

在乡村文化层面，道郡村景观结构单一，缺少对乡村文化的开发利用。乡村传统建筑日益破旧，传统文化流失严重，名人故居虽保存完好却没有设计开发出更好的传播方式来传播乡村文化。道郡村旅游景观在乡村文化层面显现出很多问题：首先，道郡村的民居建筑是最具地域特色的生活景观，传统的火山石材料及院落布局极具当地特色，但是现在村民们都住在后面新建的房子里，乡村内闲置荒凉的建筑越来越多，许多民居建筑逐渐失去生机与活力。通过实地调研发现，道郡村村落少量传统建筑墙体屋檐等建筑结构破坏严重，失去了其原有的使用功能。为更好地适应现代生活，村民对建筑进行改建，村落内出现个别现代化建筑，甚至在外墙上贴了马赛克砖，对乡村建筑整体的文化风貌造成了一定的破坏（图4-1）。

图4-1 问题分析

4.2 道郡村景观总体规划设计

4.2.1 道郡村规划设计理念

道郡村整体环境优美，潜在旅游资源较为丰富，有着十分大的改造潜力。通过多方面调研分析，对道郡村的历史文化有了深刻透彻的理解后，将道郡村历史素材进行归纳，整理成有逻辑的文字。以时间线进行叙述，将文字素材转化为图示化语言，进一步提炼从而形成景观设计元素，并将设计元素符号化，然后将文化符号以合适的方式运用到旅游地乡村景观设计中，形成旅游地景观设计元素。以更直观的形式对文字内容予以展示，实现抽象性到直观性的飞跃，将文化感知设计理念应用在乡村旅游景观设计中，不仅对地域文化以特别的方式进行展现，也帮助游客更好地理解旅游地内的文化内涵。

4.2.2 道郡村文化感知规划设计策略

在文化体验节点和沿途道路上，通过设计提高漫游路线的舒适性、可达性和回馈性，增强路途体验感，吸引游客打卡每个节点。加强游客在乡村景观设计中的文化感知，主要从真实感知、虚拟感知两方面进行规划设计。

（1）真实感知：多感官体验式乡村旅游景观

在对乡村旅游景观进行营造时，可以利用媒介景观进行多感官体验的营造，调动人们的五感体验，吸引人参与到乡村旅游景观的互动中，加强文化感知体验。人对环境的大部分感知来自视觉和听觉，视觉与听觉也是人们对外界进行感知的最主要的器官，是人体感官体验中最重要的部分。媒介景观的应用也可以增强人们的视听体验。在视觉体验上，可以对乡村旅游景观中的形态各异的植物以及进行文化展示的媒介景观等进行搭配，从色彩、造型上进行设计，给人们带来视觉冲击。在听觉体验上，乡村旅游景观内自然景观的溪水流动声、树叶晃动声、鸟叫虫鸣声给人们带来轻松舒缓的感觉，在人文景观内利用各种媒介的音乐奏鸣与文化科普音频交相呼应，为人们带来舒适的文旅体验。

嗅觉也是感官体验中重要的一部分，可在场地内根据地理位置种植适宜的芳香植物，例如：桂花、栀子花、香樟等。利用植物特有的香气为场地营造舒适健康的活动空间氛围。在触觉和味觉的感官体验上，主要体现在生产性景观区域，结合种植采摘等活动对触觉感官体验进行满足，对采摘收获的瓜果蔬菜进行品尝，也满足了味觉感官的体验。

（2）虚拟感知：新媒体技术多维展示乡村特色

①乡村景观和现代科技相融合。新媒体及媒介技术对地域文化的展示可以让人们更直观地理解场地文化意象，具有存在感强、多感知性等优势，比起单纯的影像展示，更可以使游客在观赏时具有代入感。将旅游地内现存的自然景观资源和人文景观资源利用图片、音频、视频等表达方式进行展现，有利于调动人们的感官体验，让乡村地域文化特色更深入人心，加深场地记忆。

②物理空间和虚拟空间相结合。对场地文化内涵进行体验的最佳途径就是身临其境。可以在旅游地景观中打造相应的线上线下相结合的文化展示空间，线下体验过程中带给旅游者愉快的文化体验会使游客意识到文化旅游的乐趣，推动文化旅游的升级。随着5G技术的普及，线上体验可以借助全景数字地图达成。对乡村旅游景观进行全景拍摄图像上传，利用VR可以远程进入整个乡村的实景图像空间进行游览。在可预见的未来，后疫情时代加上工作的繁忙，线上远程对旅游地进行游览也将是一个新趋势。

③日景夜景结合的沉浸式体验。在乡村旅游景观的设计中，不仅需要对白天的景观效果进行考虑，还可以对夜晚的景观效果进行设计。融入沉浸式夜游项目在场地内，通过场景营造"沉浸式"体验，配合全息投影、AR、VR等媒介，以故事性的方式阐释场地文化内涵，以游戏、音频视频、戏剧等情境感的方式，打造令游客们全身心感受的交互体验，打造不同视角的文化旅游体验。吸引游客前来打卡，增加场地内文化元素不同形式的科普教育性的展示。在设计中保持乡村特色，营造白天、黑夜都可以观赏的全天候景观。

4.3 道郡村空间设计策略

4.3.1 优化地面层空间平面布局

通过对道郡村现有资源的分析整理，可以将道郡村旅游景观打造为"自然观光+文化体验"双驱并行的发展模式。在道郡村自然景观上，道郡村整体格局大致可划分为：前水后村的传统村落空间结构。道郡村村落整体布局主要呈东西方向。道郡村乡村旅游景观当前存在的问题并不是单一层面的生态问题，而需要以一种整体动态的视角重构景观整体格局。在保留道郡村原有自然格局的同时，要打破村落原有景观的布局形式，结合乡村文化重塑村落景观类型，对现存建筑进行评估修复，梳理并规划道路连通主要建筑节点，在村落内打造新的功能空间，对村落景观格局进行整体的布局设计。在对基地各方面的情况进行综合了解后，将人群与其介入场地的目的与路径作为切入点，来开启设计的部分。首先，对村民现在会经过村落的路径进行归纳，将道路进行修缮，提高道路的可达性；其次，提取其中名人故居之间的路径，将它们进行整合重构，使其形成循环连通的村落路径，保证村民于场地之上正常的活动和通行，以此完成对地面层景观的重塑。

4.3.2 空中漫步道规划设计

在保留道郡村原有人文景观的同时，提供新的游历观看方式，使它们共同构成新的景观形态并重新建立起强烈的文化感知是本次设计的重点。通过对漫步乡村路径的重构及对场地进行重新文化展示的手法进行思考，将在地建筑景观与文旅漫步路径的结合方式进行新的尝试和探索。根据游客现在经过村落的两种方式，结合景观和地势，建立起一条新的游历路径，加入空中漫步道的设计，将视点抬高，全方位感知道郡村，串联场地景观节点，纵观场地的过去与未来。以全新的视角将道郡村文化以更好的方式传播给游客，在保留原有人文景观的同时，提供更全面的游历观看方式。在道郡村有限的空间内，对场地进行最小的破坏，提供另一种空间使用的方法。将场地内各个文化景观节点串联，生成新的空中漫步路径。使游客站在廊道上可以感受到现代感，俯瞰道郡村自明清建造至今的民居建筑，可以更清晰地感知改造后的道郡村古今交融的感觉。空中漫步道的规划设计满足游客从地面及俯瞰两种视点的观看效果，可以更清晰地观看整个村落，空中漫步道的路径与原始村落的道路完全错开，将现有的整个村落都作为景观进行展示，廊道上植入媒介景观以科技的形式展示场地文化，将虚拟技术与物理空间相结合，增强场地内文旅感知体验。

4.3.3 空间整体功能规划

在对道郡村实地走访调查中发现，乡村旅游缺少具有地域特征的吸引物难以留住游客。以往乡村旅游发展大多主要以自然观光型为主，忽视了区域内深厚的历史文化，希望从文化体验的视角下，深挖道郡村文化基因，为道郡村旅游景观设计打造新的文化体验形式，带动乡村文化产业的发展，让道郡村旅游景观更加多样化、可体验化。通过对道郡村旅游景观的整体重构布局，进行空中漫步道的规划设计，提供一个重新观看场地的方式和另一种空间使用的方法，以此重新设定事件发生的逻辑及讲述道郡村文化故事的方式。通过建立路径的交叉节点，提供事件活动发生的场所，创造人群交流和文化交流的可能，重构游客路途感知体验。从场地现状不同空间的功能出发，对空中漫步道进行了五大文化节点的规划布局，从游客对文化活动感知的形式入手去考虑节点的空间布局，分别布置了风水文化节点、武官文化节点、饮食文化节点、农耕文化节点、戏剧文化节点，让道郡村内含的每种文化特征都在展示节点内发挥到极致。在每个文化节点空间的内部具有可达性的同时，与外部也各向连通，使参与者在文化节点内可以自由行走于地面空间与地上空间。将空中漫步道层叠布置在原有的场地空间闲置地面上，其各个部分都与原村落有联系和互动。整个路径以空中漫步道的形式构筑，作为村落整体景观的一个串联，这也使得建筑能更加景观性地呈现。

道郡村地面层空间的功能分布大致可划分为水系空间休憩区、传统建筑展示区、民居文化体验区、农耕文化互动区。水系空间休憩区位于村落的外围入口空间，需对水体空间进行修复，增加亲水驳岸设计。传统建筑展示区主要展示吴元猷故居片区及布政司故居。民居文化体验区，对村落内其他民居进行参观，感受道郡村民居建筑的风格特征。农耕文化互动区，通过线上线下采摘种植体验增强对场地内的互动记忆。但是目前道郡村乡村外围空间存在不同程度的生态问题，在设计中需要注重对外围空间的生态恢复。对乡村外围空间的开发可以在对农田、水体景观改造的同时，从游客旅游目的的角度出发，打造出多样化的体验项目。水域、农田片区可以通过景观廊道设计开展步行、观景、研学等体验活动。通过独特的旅游项目吸引游客，带动乡村旅游整体的经济发展。文化建筑保护区作为村落的核心空间，需要对乡村建筑风貌进行重点保护，根据村落内建筑破损程度情况划分不同等级，选择合适的保护和更新措施，对于部分破坏严重的民居建筑，可以更新改造为具有文化教育意义的体验性空间，以"修旧如旧"的原则为乡村保留原有文化风貌。

4.3.4 延续村落特色建筑文化风貌

道郡村内建筑风貌延续主要包括院落布局、结构形式、乡土材料使用及细部装饰表现等方面。对于道郡村民居建筑的改善应当遵循以保护为主的原则，在院落布局上保留原有的形式，外观上合理运用当地乡土材料，引入新的技术手段更大限度地满足人们现代化的生活需求。道郡村传统的民居建筑已不能满足居民现代生活的需要，部分居民在建筑更新时直接选择放弃对传统建筑的保留，在形式上盲目使用不适宜的构筑方式，严重破坏了建筑文化的整体风貌。道郡村尚未对破旧的民居建筑组群进行修复，传统民居建筑从选址布局、形式结构到局部门窗、神龛的设置使用，都蕴含着丰富的乡村文化基因，因此对村落中建筑进行修复和再利用也是乡村旅游景观建设中文化体验的重要内容。根据道郡村传统建筑的破坏和缺损程度，可将其划分为质量较好、质量一般、质量较差三个等级。三种质量等级分别对应了不同的修复原则和方案。质量较差的民居建筑破坏程度较大，建筑的结构承载力已不能满足人们基本的使用需求。对于这类建筑主要采用重建的方式，根据其原有的场地条件打造村落内部多样化的功能空间，但在重建的同时要保留其原有的布局形式，使用乡土材料，与乡村整体建筑风貌协调统一。质量一般的民居建筑结构承载力较为良好，整体不影响其基本的使用功能。对于这类建筑的修复应当保留其原有的结构，避免对此类建筑的大规模修建，将建筑文化基因最大限度地保留。质量较好的民居建筑指保留较为完整的个别建筑，例如：吴元猷故居、布政司故居，这类建筑大多完整地保留了道郡村建筑文化特征，对于这类建筑应当以局部修复为主，保留其在建造时期隐含的文化基因，其中包括了这个历史阶段相关的宗教、艺术等文化基因。对于建筑本体的更新要根据建筑的破坏程度，合理选用对应的修葺方式。建筑修缮后外观上应当维持原有的建筑风貌，材料选择与色彩搭配和谐统一。建筑屋顶采用传统的硬山式形制不变并重点考虑其排水问题，避免使用与传统建筑风貌相悖的屋面材料。建筑墙体可采用当地的石材、火山石为主要砌筑材料，保留原本的建筑色彩。对于墙体的更新可以适当地采用新材料、新工艺进行更新处理，重点考虑解决风化问题，但选择的新材料要与房屋的整体风格保持一致。建筑门窗恢复原有的形制，采用传统式样的雕花门窗，对于门窗上木雕的装饰性构件进行恢复和修补，保留原有的建筑风貌。

4.4 优化道郡村空间路途体验

4.4.1 街巷空间文化路途体验

道郡村村落各个文化空间主要依托村落的线性空间实现景观空间串联。同时，村落街巷也承载着村民日常行走休憩的实用功能。道郡村村落外部道路为水泥路面，村落内部道路多为土泥路面，缺少统一的规划管理，布局混乱，空间可达性较差。村内原有土泥路面和碎石路面较为散乱，行走艰难。根据村落布局结构，需要对道郡村街巷空间进行系统的规划梳理，完善线性空间布局，增加村落景观节点的可达性。同时村落内道路规划要在满足其最基本的实用功能外，还要增加街巷空间的文化性，提升街巷空间的视觉美感，让人们在旅游路线中时刻感受到乡村文化。对道郡村村内街巷空间的优化设计主要以保护为主，在村落原有的布局模式下，对村内街巷进行规划和改建，完善村落道路系统。对于村落内街巷空间，可以利用两侧的建筑立面进行文化元素的展示，或者通过增加垂直绿化，丰富立面层次，也可以通过弘扬道郡村文化的景观小品的合理布置，丰富道路系统的体验内容，增加道路系统的沿线路途文化体验。

4.4.2 水系空间文化路途体验

道郡村村口处的水塘滋养了乡村世代居住在道郡村的人们。目前，道郡村水系空间生态环境较差，水面干涸，破坏了道郡村水体的美观性。在道郡村旅游景观规划设计中应该重点考虑打造水系空间沿岸的滨水景观，充分利用道郡村水体资源，在保持水体原生态的同时，注重滨水景观的多样性和乡土性的建设。水塘是整个村落风水文化的一部分，因此可以通过增设文化标识等形式向游客普及展示村落风水文化，打造更多的自然文化体验空间。在兼顾水系景观视觉美感的同时，实现乡村水系自然的生态调节功能。利用乡村乡土材料打造自然生态的驳岸空间，增加游客的亲水性。沿岸植物配景以当地的乡土植物作为基调增种外来观花、观叶、观果植物，通过绿带、驳岸的形式营建水系生态廊道，保持道郡村水体景观的生态性和乡土性。

4.4.3 空中漫步道文化路途体验

步行的潜力是巨大的，它可能不是最快的，也可能不是最舒适的，但它是唯一一种不需要借助任何交通工具的移动方式。为了创造一个能够鼓励人们多步行的环境，我们需要知道如何去影响人们的选择。做出步行的选择实际上受到诸多因素的影响。步行具有有限性，人们在步行15～30分钟后需要进行休息。步行具有多样性，为了吸引人们走完整个道郡村进行文化感知体验，新增空中漫步道，在过程中我们要避免单一重复、空洞无趣。因此在空中漫步道的文化路途体验设计上，在沿线的围栏上增加文化标识及科普音乐，吸引人们打卡场地内的每一个文化节点。并在适宜的节点设置休憩区域，让人们在此休息后再重新出发，前往下一个文化节点，提高空中漫步道步行的舒适性、可达性和回馈性，有助于设计出吸引人们做出步行选择的人性化街道。

4.5 营造乡村文化氛围

4.5.1 植物配置

道郡村位于海南省海口市，依托其优越的地理因素，植被资源丰富，热带树木种类繁多，但村落内植物景观缺少统一的规划配置，植物生长杂乱，缺少层次美感。合理配置村落内的景观植物不仅可以提升村落的环境和品质，还能够为乡村旅游增加新的活力与生机。道郡村植物配置设计，首先要对村落内代表乡村历史发展的古树进行重点保护，根据其生长特点打造独特的"古树下"文化广场。其次要针对村落内植物具体的生长状况及特点，对植物采用保留、迁移或引进等不同策略。在对道郡村的植物设计中，保留生长状况良好的乡土树木作为基调树种，根据不同的景观形式适当地引入外来花草灌木丰富植物层次。对于不适宜村落内部生长的花草植物通过迁移的手段将其迁出乡村，避免破坏乡村植物景观的整体性。此外，道郡村街巷空间缺少植物配景，影响了乡村景观的田园氛围。在道郡村街巷空间植物配景中，重点考虑小型的花灌木及攀爬类植物的合理搭配，配合乡村建筑立面形式共同营造乡村文化的景观氛围。

4.5.2 公共服务设施

公共服务类设施建设不仅与道郡村村民的生活息息相关，满足居民和游客的基本使用需求，更能够体现出村落的地域文化和人文风情。道郡村村内缺乏照明、环卫等公共服务类设施，村落应当完善内部服务类设施，为游客带来更加便利的旅游体验。乡村照明系统要满足乡村居民日常生活的使用需求以及游客夜间体验活动的照明需求，结合当地特有的文化元素和乡土材料设计统一的照明灯具，让其具有艺术观赏性与文化传承的功能，合理布局，从细节入手提升村落的传统文化风貌。对于村落内的厕所建设，应当进行统一的规划提升，外观上根据村落内的建筑风格进行统一的改建，增设指引标识，加设水冲等现代化设施，带给游客更好的旅游体验。此外，垃圾桶作为公共环卫设施散布在村落的各个角落，体现着乡村整体的环境风貌。因此对于垃圾桶一类的环卫设施更应该从当地文化中提取设计元素，可以结合建筑装饰图案和当地的乡土材料突显道郡村的文化韵味，通过视觉感知加强文化元素对游客的影响。

4.5.3 导视系统

道郡村现在缺乏导视系统，场地内游览道路混杂，体验感较差。对道郡村导视系统进行统一的规划设计不仅能够让游客快速清晰地了解游览路线，还能够通过导视系统的外观形式带给游客更为深刻的文化感知。导视系统设计包括乡村宣传栏、指示牌、标语等，根据其不同的功能在村落不同位置分设相对应的导视系统。标识系统外观要与乡村建筑街道的风格保持一致，结合当地的传统文化元素进行统一的主题设计，利用当地的木石材料和建筑上的传统工艺进行统一设计，使之在村落内各个地方展示村落文化风貌，让游客产生深刻的文化感知体验。

4.6 道郡村特色文化感知空间设计方案

4.6.1 风水文化节点

风水文化节点位于道郡村口池塘片区，位于道郡村入口处，作为道郡村整个游览过程中的第一个节点，包含风水文化展示空间廊道。道郡村口的水塘，这本身就是一个具有风水学意义的典型村落布局环境。其内也存在一定的科学价值：海南属热带季风气候，长夏无冬，村口面朝水塘，可以接纳夏日南来的凉风，又有灌溉、舟楫、养殖的便利；还有消防的作用；周围植被郁郁葱葱，就可以涵养水源，保持水土，调节小气候，还可以获得一些薪柴。这些各种各样的环境因素综合在一起，便造就了一个有机的生态环境。而这个富有生态意象、充满生机、充满活力的城市或者村镇，也就是中国古代建筑风水学中所不懈追求的风水宝地。在此设置风水文化节点，向游客科普风水文化知识。

4.6.2 武官文化节点

武官文化节点位于道郡村内吴元猷故居片区，包含武官文化展览空间，以及空中漫步道的环步漫游空间，用来全方位观赏道郡村建筑风格特征。整个节点活动以观赏、科普教育为主，故居是咸丰初年吴元猷本人所建，规模宏大，面积约5000平方米，迄今有150多年的历史。故居背靠高坡、面临大塘。大塘前是一片宽阔的田园，风景秀美，是一块风水宝地。故居坐东向西，主要由七间红墙红门的大屋组合成"丁"字形格局。将吴元猷将军的事迹在展示馆内和故居内利用媒介景观进行展示，实现科普教育的目标，为游客提供充分了解文化的机会。

4.6.3 饮食文化节点

饮食文化节点位于道郡村布政司故居周边，一个与廊道相串联的新增小建筑，内部加入五感体验的嗅觉、味觉体验。其中包含海南特色美食科普气味展厅、美食文化展览空间、特色美食制作体验空间、道郡特产美食售卖空间以及半室外餐饮区和露天品味休闲平台。饮食文化节点位于整个廊道的中间位置，在游客们行至中间疲惫的时候，可以在饮食文化节点坐下稍事休息，后续有更充足的精力去进行愉快的路途体验。

4.6.4 农耕文化节点

农耕文化节点位于道郡村布政司故居后方，可以在此进行种植体验，并且可以线上线下联动种植。除了基本的线下种植体验，带小朋友来的游客可以在果果农学院体验种植课程，果果农学院将聘请当地村民，来给小朋友们讲解果树的摘种过程，带小朋友体验售卖过程，锻炼小朋友的表达能力。游客离开了道郡村，还想要再吃到当地的水果，可以认养一棵树，在手机上做任务，线上种植，线下果园聘请村民照顾树种，手机观看果树每日的成

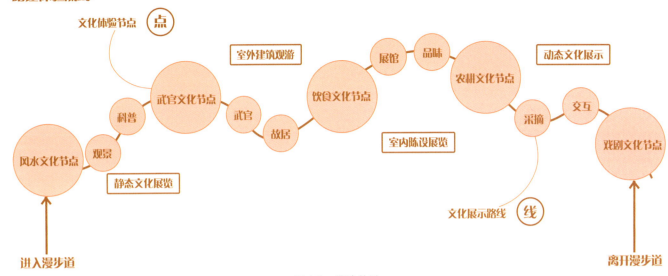

图4-2 路途体验

长进程,当果树结果,便有快递运输到家。游客们在家也可以品味道郡村的甜。

4.6.5 戏剧文化节点

戏剧文化节点是整个文化节点漫游的最后一站,包含展览空间、放映空间、互动空间。吴元猷独子吴世恩,自幼随父成长于军旅之中,自小接触兵事,耳濡目染,足智多谋且对看戏也十分着迷。海南琼剧、木偶戏、斋戏等都是海南的非物质文化遗产。在道郡村漫游的流线终点处加入戏剧内容的部分,在向游客展示海南特有的戏剧文化的同时,还可以驻足观看休息片刻,让整个漫游过程中的路途体验舒适地收尾。

第5章 结语

本文以文化感知为主要研究理论,结合媒介景观设计手法,展开对乡村旅游景观的未来发展研究,并归纳出相应的设计策略,并以道郡村为例进行设计实践。道郡村面临的乡村景观可持续发展困境是我国无数传统村落的缩影,在针对道郡村设计实践中进一步阐明提高游客在乡村旅游景观中的文化感知的重要性。新时代下互联网与智能化技术将持续作用于乡村旅游景观,对乡村旅游景观价值发掘与传承方式有其深刻的现实背景,用不同的文化感知媒介在空间内进行表达。也有其存在的合理性,可以满足可持续发展的要求。

在设计中以文化感知相关理论为基础,提出通过空中漫步道的设计来抬高视点,让游客在乡村拥有更全面的文化旅游体验,再从真实感知、虚拟感知角度出发,从视觉、听觉、触觉等方面多维度增加游客对场地的感知体验,弥补单一的视觉体验带来的认知上的不足。利用文化感知媒介提高文化元素在乡村旅游景观中的比重,将文化产业与旅游产业之间的耦合协调度进行提高,是实现乡村旅游景观的可持续发展的有力途径。

参考文献

[1] 埃比尼泽·霍华德. 明日的田园城市[M]. 金经元,译. 北京:商务出版社,2010.
[2] 付军,蒋林树. 乡村景观规划设计[M]. 北京:农业出版社,2007.
[3] 蒙睿,周鸿. 乡村生态旅游理论与实践[M]. 北京:中国环境科学出版社,2007.
[4] 郑文换. 从文化遗产保护到文化旅游开发的乡村振兴之路:以韩国河回村为例[J]. 西北民族研究,2019(2):153-160.
[5] 宋方昊,刘燕. 文化产业视野下的非物质文化遗产数字化保护与传承策略[J]. 山东社会科学,2015(2):83-87.
[6] 王忠,吴昊天. 体验经济视角下的非物质文化遗产旅游开发研究——以澳门非物质文化遗产的旅游开发为例[J]. 青海社会科学,2017(6):146-152.
[7] 茅娜飒. 世界文化遗产旅游解说对游客文化感知的影响研究[D]. 杭州:浙江财经学院,2012.
[8] 杨传鸣. 基于旅游感知的黑龙江省森林旅游可持续发展研究[D]. 哈尔滨:东北农业大学,2017.

[9] Iuliana Bucurescu. Managing tourism and cultural heritage in historic towns: examples from Romania[J]. Journal of Heritage Tourism, 2015, 10(3): 248-262.

[10] Tutur Lussetyowati. Preservation and Conservation through Cultural Heritage Tourism. CaseStudy:Musi Riverside Palembang[J]. Procedia - Social and Behavioral Sciences, 2015, 184:401-406.

[11] Tolina Loulanski, Vesselin Loulanski. The sustainable integration of cultural heritage and tourism:a meta-study[J]. Journal of Sustainable Tourism, 2011, 19(7): 837-862.

[12] 尹寿兵. 古村落旅游者文化景观感知分析及对策研究[D]. 合肥：安徽师范大学, 2007.

[13] 孙英倩. 基于文化感知的非物质文化遗产旅游开发研究[D]. 杭州：浙江师范大学, 2011.

[14] 郑亚军. 地域文化在景观中的表现与设计[J]. 低碳设计, 2013, 10: 15-17.

叠带漫步——道郡村景观更新设计
Fold Belt Walk—Landscape Renewal Design of Daojun Village

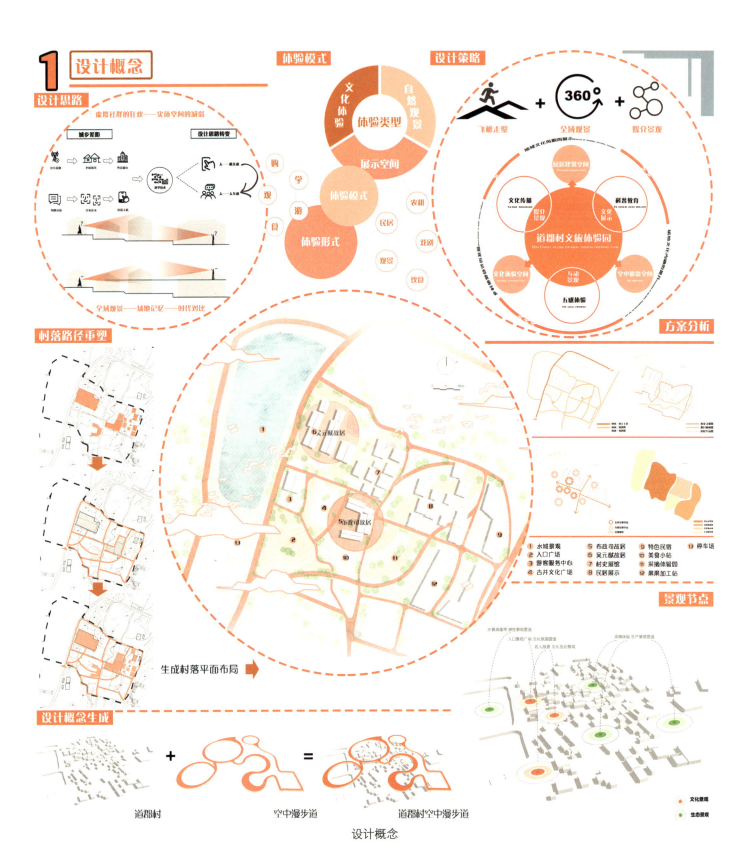

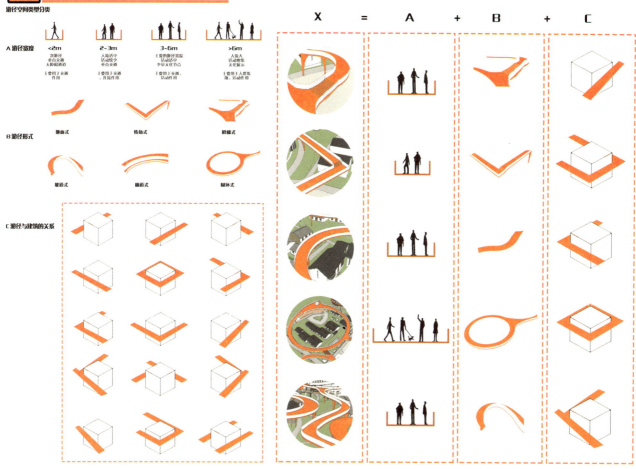

设计生成

村落整体俯瞰效果图

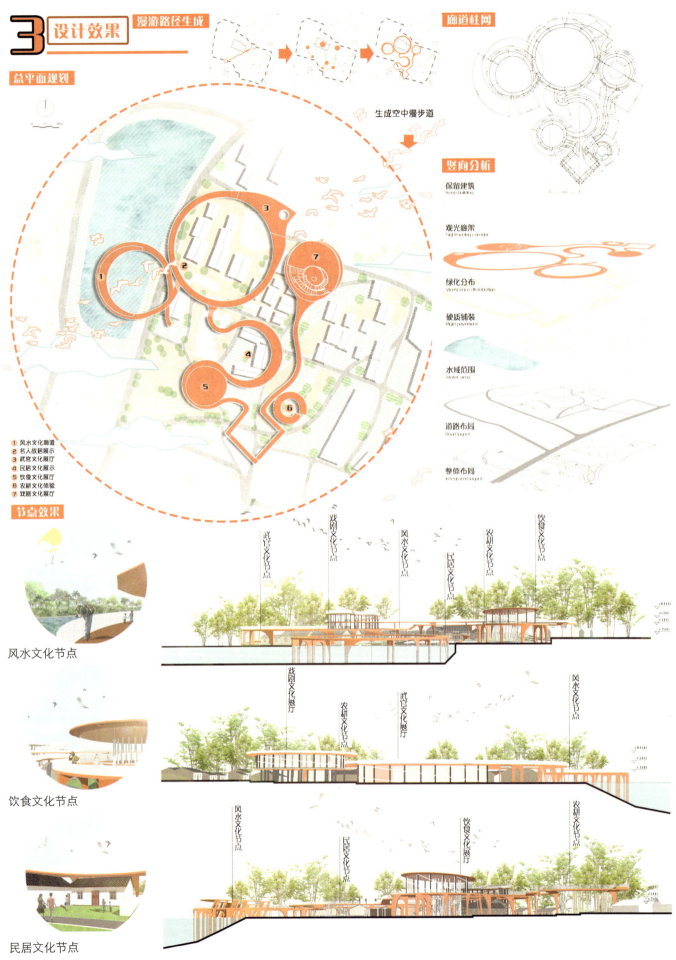

设计效果

故居景观广场

戏剧文化展厅室内

饮食文化展厅室内

武官文化节点俯瞰

海口市道郡村公共空间设计实践与研究
Practice and Research on Public Space Design of Daojun Village in Haikou City

青岛理工大学
刘雯雯
Qingdao University of Technology
Liu Wenwen

姓　名：刘雯雯　硕士研究生二年级
导　师：贺德坤　导师
学　校：青岛理工大学艺术与设计学院
专　业：工业设计工程
学　号：191085237745
备　注：1. 论文　2. 设计

海口市道郡村公共空间设计实践与研究
Practice and Research on Public Space Design of Daojun Village in Haikou City

摘要：当前乡村振兴战略的背景下，"乡建"成为热潮。老建筑作为历史的沉淀，是乡村不断变迁的"见证者"。为响应"民族要复兴，乡村必振兴"的中央号召，传统乡村尝试从建筑改造层面统筹激活乡村活力，建设有独特地域特征及乡村文化的美丽乡村示范点。

公共空间作为现代乡村改造中必不可少的一部分，与村民日常活动息息相关。本文通过对国内外优秀案例的整理分析，对海口市道郡村进行实地调研、拍照测绘等，发现道郡村现存问题以及适用人群对乡村公共空间的真实反应和需求，从保护地域文化、促进乡村经济发展的角度，提出对乡村的公共空间设计的策略，并将其应用于海口市道郡村公共空间设计实践当中，以求达到激活乡村活力、传承乡村文化、提升乡村知名度的目的，为国家美丽乡村的建设提供一定的经验借鉴，从而促进美丽乡村建设。

关键词：乡村；公共空间；公共建筑；景观设计

Abstract: In the context of the current rural revitalization strategy, "village construction" has become a boom. Old buildings, as the precipitation of history, are the "witnesses" of the continuous changes in the countryside. In response to the central call of "the nation must be rejuvenated, the village must be rejuvenated", traditional villages try to coordinately activate the vitality of the village from the architectural transformation level, and build a beautiful village demonstration site with unique regional characteristics and rural culture.

As an indispensable part of modern rural reconstruction, public space is closely related to the daily activities of villagers. Through the collation and analysis of excellent domestic and foreign cases, this article has conducted field investigations, photographed surveys and other villages in Daojun Village, Haikou City, and discovered the existing problems in Daojun Village and the true response and demand of applicable people to rural public space. From the perspective of economic development, the strategy of rural public space design is proposed and applied to the public space design practice of Daojun Village, Haikou City, in order to achieve the purpose of activating rural vitality, inheriting rural culture, and enhancing rural visibility. The construction of beautiful countryside provides certain experience for reference, thereby promoting the construction of beautiful countryside.

Keywords: Rural, Public Space, Public Building, Landscape Design

第1章 绪论

1.1 研究的缘起和背景

2021年，中央一号文件中共中央、国务院《关于全面推进乡村振兴加快农业农村现代化的意见》发布，文件指出，民族要复兴，乡村必振兴。文件确定，把乡村建设摆在社会主义现代化建设的重要位置。开展农村人居环境整治，是实施乡村振兴战略的一项重要任务，也是广大农民群众的深切盼望。乡村公共空间作为满足村民基本活动的重要场所，其发展与演变不仅承载着乡村的历史文化，更是村民物质生活以及精神世界的重要体现。

2021年1月29日，海南省《中共海南省委海南省人民政府关于全面推进乡村振兴加快农业农村现代化的实施意见》发布，文件指出：大力实施乡村建设行动，加强传统村落、传统民居和历史文化名村名镇保护。推动基本公共文化服务向乡村延伸，保护好历史文化名镇（村）、传统村落、传统建筑、古树名木等。

对于传统建筑的保护，不仅在于传统意义上的对老建筑外立面的修旧如旧，更要为其注入新时代的血液，使其真正为村民所用。

1.2 研究目的及意义

1.2.1 研究目的

本文以海南省海口市道郡古村为例，通过对琼北地域文化的深入挖掘、系统梳理和全面总结，根据实地调研，发现村中存在的问题，结合不同使用人群对公共空间的使用需求以及对传统文化的挖掘提取，提出海口市道郡村公共空间改造策略，并将其应用于道郡村公共空间设计当中，使公共空间设计展示出新时代美丽乡村的风貌特色，从而达到对道郡村整体风貌进行重塑的目的。

1.2.2 研究意义

当前关于公共空间的研究，大多都是站在城市的角度与视野进行，立足于乡村的相关研究相对不足，对于现今乡村公共空间的研究，有利于从研究中发现乡村公共空间发展建设中所存在的问题，并从问题之中发现解决问题的契机，同时也有利于改变乡村公共空间领域匮乏的研究现状。

通过对乡村地域文化的深入了解与梳理，设计出满足基本需求和符合大众审美的公共空间，不仅有利于提高乡村公共空间品质，更有利于促进乡村公共空间环境由原来对城市空间的盲目学习，转变成反映地方特色、富有乡土人情的乡村空间，真正体现琼北传统村落的文化内涵。

1.3 研究方法

(1) 实地调研法

对道郡村进行实际考察，观察并记录乡村整体现状，对传统民居、名人故居、巷道、水塘、古树等进行拍摄测绘，通过交流访谈向村民了解村落文化并进行记录，获取第一手资料，并对调研信息进行分析整理，初步电脑建模，为后期针对道郡村开展的设计方案做好前期调研、基础资料搜集整合工作。

(2) 文献研究法

收集整理与研究课题相关的文献资料，包括乡村建筑、乡村公共空间、琼北地域文化等相关资料。整理国内外研究理论与观点，为本文的研究提供理论支撑。

(3) 案例分析法

搜集国内外近年来优秀的相关设计案例，对案例中的设计策略、营造理念等方面进行梳理、归纳。将目前道郡村所存在的问题与实际案例相对比，找出问题存在的共性与个性，为后期设计方案的有效开展提供经验借鉴。

第2章 相关概念及研究现状

2.1 相关概念

2.1.1 乡村

乡村，是指乡村地区人类各种形式的居住场所（即村落或乡村聚落）。《辞源》一书中，乡村被解释为主要从事农业、人口分布较城镇分散的地方。以美国学者R. D. 罗德菲尔德为代表的部分外国学者指出，"乡村是人口稀少、比较隔绝、以农业生产为主要经济基础、人们生活基本相似，而与社会其他部分，特别是城市有所不同的地方"。

2.1.2 公共空间

关于城市空间（Urban Space）不同学科角度产生不同的定义，城市建设诸学科大多从物质层面来进行界定，相对于建筑物内部空间而言，城市空间可称为（建筑）外部空间，是城市中建筑物之间所存在的虚空。在国内学术界，一些学者认为城市公共空间基本等同于开放空间或室外空间。不同于其他城市空间的概念如"开敞空间""开放空间"等，这些主要是按照功能属性进行的空间分类。虽然对于公共空间的内涵没有统一的界定。但是在现代对城市公共空间的理解多含"以人为本"，强调其"公共"的属性。与私有空间相对比，"公共"和"空间"是其本质属性，"公共"说明其开放性，而"空间"则描述了它的形态特点。

2.1.3 乡村公共空间

乡村公共空间是指承担村民进行日常生活交往、活动、娱乐、休闲、行政等诸多活动的空间载体。传统乡村的公共空间主要是自发形成的，公共建筑的布局自成体系，主要分为物质要素与非物质要素。物质要素是人们交往与活动的固定场所，包括祠堂、寺庙、古村落、古街道、水井等，这些形态丰富、类型各异的构成要素组成了公共空间的有机体系；非物质要素是传统乡村由于风俗习惯而形成的一些活动形式或交往形式，例如节庆祭祀的活动等。本文所提到的乡村公共空间是指乡村发掘自身文化元素建成具有地域特色的展示性空间，具有功能复合化、公共活动类型丰富多样性的特点。为村民提供便利的同时，也服务于外来游客。

2.2 国内外研究概况

2.2.1 国内研究现状

随着国内对乡村建设的不断加强、对公共文化服务体系的不断推动，关于公共空间的相关研究也成为乡村建设的热门话题。近年来，我国学者也在尝试运用不同的理论观点对乡村公共空间进行研究与实践（表2-1）。

国内研究现状　　　　　　表2-1

文献名称	研究学者	主要观点	时间
《我国乡村公共开放空间研究——以苏南地区为例》	刘坤	重视文化传承，加强对传统公共开放空间的保护与开发；适应新的需求，推进公共绿地和运动场地的建设；促进品质提升，在"就地城市化"和乡村文化旅游服务中强化公共开放空间的带动和引领作用	2012年
《基于乡土记忆的乡村公共空间营建策略研究与实践》	严嘉伟	基于乡土记忆的乡村公共空间的营建路径为"存储—提取—组织—再现"	2015年
《基于公共空间激活策略的乡村聚落更新方法与实践》	张宏旺	从乡村聚落的公共空间出发，将其视为乡村更新与营造过程中的激活点，以此作为乡村建设发力点，带动整个乡村聚落的更新与营建	2018年
《乡村振兴中新型公共交往空间设计研究》	王一侬	立足于村民本身的需求并结合外来访客之间交互的可能性进行公共空间营造	2019年

2.2.2 国外研究现状

与国内研究学者对乡村公共空间的研究相比，国外学者起步较早，许多学者通过著作来表达自己的观点，研究较为深入，涉及范围也较为广泛，丰富了公共空间的理论体系（表2-2）。

国外研究现状　　　　　　表2-2

文献名称	研究学者	主要观点
《公共领域的结构转型》	尤尔根·哈贝马斯	"公共性"是以参与、交往为路径，从而实现理性的沟通，以此来达成共识，促进社会发展，取得能量
《交往与空间》	扬·盖尔	阐释了人的行为与交往，强调以人为本
《外部空间的设计》	芦原义信	通过研究外部空间问题，总结出室外公共空间形式与尺度控制的基本法则
《新共生思想》	黑川纪章	特别强调"共生哲学"，即传统文化与现代文化如何在现有的文化空间中共存

2.3 本章小结

综上所述，通过国内外研究现状的梳理总结，对本文的研究提供理论支撑的同时，也带来一定的启示。乡村公共空间的设计不仅仅是针对空间本身来说，更需要对乡村的现状进行问题分析，有针对性地解决问题，以公共空间为切入点，促进乡村发展。

第3章 乡村公共空间营建典型案例与启示

3.1 乡村公共空间设计原则

3.1.1 整体性原则——整体有机

首先，乡村公共空间的营建应与乡村聚落整体的规划与建设相统一。乡村的规划与建设是一个有机的整体，而乡村公共空间是乡村规划与建设的一个重要组成部分，对于乡村公共空间的营建不能脱离整个乡村空间系统而孤立存在。对于公共空间的营建应当从乡村整体出发，建立与乡村生命体之间有机的联系。人的生活是基础，自然环境是基底，空间场所是容器，三者是相互联系、不可分割的整体。

3.1.2 生态性原则——生态优先

乡村聚落依据生态环境自然而生，生态环境既是乡村生存的物质条件，也是乡土记忆的缘起。在乡村及乡村公共空间的规划与建设中应当建立起生态优先的原则，善待养我们的"风土"是一切建设的基础与前提。在设计规划中，因地制宜，充分利用现有自然条件，创造出人与自然和谐共处的环境，达到人与自然和谐共生的完美平衡。

3.1.3 延续性原则——线索载体

首先，乡村公共空间的营建应当保证既有乡村物质空间的延续。乡土记忆之所以会被遗忘，很大一部分原因是找不到回忆的"线索"。对于乡村公共空间的营建，应当考虑既有的环境与现存的记忆载体。

3.1.4 当下性原则——适当超前

建设符合乡土记忆的乡村公共空间不仅需要有延续，更需要从当下村民的实际需求出发，从乡村的发展需求出发，立足于当下乡村"此时此地"的实际情况，保证文脉延续原真性的基础上适度超前的进行营建。

3.2 相关案例研究

3.2.1 百美村宿·拉毫石屋（图3-1）

百美村宿是中国扶贫基金会自2013年发起的美丽乡村旅游扶贫创新公益项目，拉毫石屋坐落在山坡之上，场地北高南低，高差约为30米。村落周边古树参天，群山怀抱。拉毫石屋的改造策略为保护原有生态景观，尊重原有场地，复原建筑肌理，最大限度减少对自然环境的破坏。根据民宿项目的本身诉求，公共空间和客房的窗户位置，经过仔细推敲，让其具有独特的景观视野。窗景或为参天古树，或者苍翠远山，提供了不同高度的不同风景。按照传统的干砌法进行重砌石墙，保留湘西地区特有的石头墙体做法。在石墙内部，采取了钢结构体系置入的手段，并将屋顶抬升80厘米，让屋顶漂浮在石墙上方。钢结构体系和石墙体系有机融合，满足了民宿项目的多样化功能需求。同时，使新和旧、轻和重有了强烈的对比，在村落中形成了戏剧化的效果。拉毫村的改造策略，能起到良好的示范作用，不仅尊重了老的房屋和村民的生活方式，也能唤醒乡村的记忆情感，让乡村文脉得以延续。

图3-1 百美村宿·拉毫石屋

3.2.2 涟漪市场（图3-2）

涟漪市场位于云南省安宁金方街道，菜市场是游客体验金方的首个目的地。以建筑空间作为媒介尝试改变原有僵化的原生社会形态并以开放的姿态欢迎游客，新村民入驻，打通文化产业、信息、生活圈等等，包容起在地生活，适应增量发展需求。"涟漪市场"以中央的圆形水池作为源点向外发散的空间布局不仅有效地起到了汇聚人心的作用，也成功地点补了金方当地缺乏公共空间的需求。实现艺术激活乡村：打造以市场为中心的涟漪大地艺术景观空间，市场作为功能核心向外发散，周边的小伞摊位则以点状自然散落于周边，外围菜地空间不仅提供了蔬菜水果的供应与实地展示，同时与景观小路配合整体大地景观规划，因此该设计不仅打造了一个功能性的市

图3-2 涟漪市场
（来源：https://www.gooood.cn/）

场,而且还营造出一种大地景观公园体验。

3.3 本章小结

本章主要从乡村空间设计的整体性原则、生态性原则、延续性原则、当下性原则出发,对乡村公共空间设计方法进行探讨。并结合优秀案例,分析得出:乡村公共空间是美丽乡村发展必不可少的部分,立足乡村整体,结合乡村生态环境,延续乡村历史文脉,把握当下乡村公共空间的建设具有可行性。为后文的实践提供理论依据。

第4章 海口市道郡古村建筑与景观设计实践

4.1 项目概况

(1) 地理区位

道郡村属海口市美兰区灵山镇大林村委会的道郡南及道郡北经济社,村落三边有山坡环抱,绿树成荫,村后有千年参天古树,风光秀丽,道郡村祖先重视教育,村中历代名人辈出。

(2) 上位规划

海口形成"一轴、一带、五区"的旅游发展格局。道郡村位于"滨海东部生态休闲度假旅游发展区";江东组团片区岛规划结构为"两带、一区、五片"。道郡村位于贯穿两带、一区、五片的生态廊中,用地类型在控规中为保留村庄建设用地,可依托自然与文化遗产资源,在不破坏村庄传统空间肌理和生活方式的基础上,开发满足城市居民和长居型游客休闲需求的休闲文旅项目。

(3) 周边交通

道郡村距海口只有15分钟车程,距离海口城市主干道白驹大道3公里,东侧距江东大道8公里,距美兰国际机场仅11公里。

(4) 历史沿革

道郡村村民都是汉族,且单一吴姓,村民的祖先是唐代户部尚书吴贤秀。他于公元805年从福建莆田迁琼,为吴氏渡琼始祖。村中的始祖是吴贤秀二十三世孙吴友端的孙子吴登生。村内最早的建筑是村西边的公庙,始建于明代,后来清光绪三十年(1904年)吴世恩将军举众修建。村内祠堂始建于明代近700年历史,清光绪五年慈禧太后为表彰吴元猷将军的功绩,拨款重建,至今已134年。吴元猷故居是清代将军吴元猷建的,至今已有150年的历史。

(5) 气候分析

海口市地处低纬度热带北缘,属于热带海洋性季风气候。全年暖热,常年受台风影响。降雨充沛,但季节分配不均,冬春干旱,夏秋多雨,干湿季节明显。全年日照时间长,辐射能量大。

(6) 地形地貌

道郡村位于江东新区灵山镇,属于微地丘陵的传统村落(图4-1),多沿地形走势,前低后高,顺坡布局,三面环坡,前山后水(图4-2)。水塘多为自然洼地积水形成,村落建筑与水塘间设置入村进巷道路。村落地表主要

图4-1 村落地貌

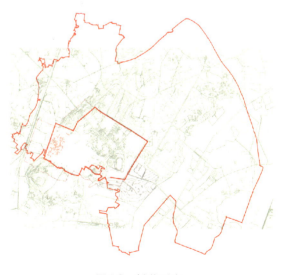

图4-2 村落形态

为第四纪基性火山岩和第四系松散沉积物,以火山地貌为主。

4.2 村落特征

(1) 村落布局

海南岛圈层式地貌及放射状河流冲积形成的丰富地理格局,四周平原多水,中部丘陵,内部多山,客观上形成了有山依靠、有水相邻的"风水"格局(图4-3)。地形元素丰富,自然环境多元,局部地形多变。如此的基址上传统的"风水"观念自然被应用在村落的选址中。因此,道郡村选址位于有坡、有林、有田、有水、相对封闭的地理环境,且多布局于土地肥沃、人身安全、生活方便、风光优美之所。村落分布零散,道郡村聚落主要呈现团状生长。

图4-3 村落布局

(2) 建筑分布及其特征(图4-4)

道郡村选址位于地势较高的地点,排水由聚落内部排向水塘。传统街巷具有明显的梳式布局,便于通风降湿。聚落的巷道往往较窄且较深,建筑单体规则有序地沿街巷排列。建筑及街巷排水是传统聚落要解决的主要问题。建筑以基本建构单元为基础,通过前后纵向"列"的拓展形成基本宅院。拓展的宅院之间的连续界面形成巷道。由宅院及巷道构成聚落的主体空间形态。在建筑层面上,民居建筑的高度通常较矮,屋檐较低且窗洞较小,建筑间距较近,常常相互依附,建筑一般没有院落或依附较小的院落。

图4-4 建筑分布特征

(3) 建筑空间形态(图4-5)

道郡村的传统建筑,尽显典型的清代海南建筑风格,采用硬山双坡面屋顶,屋顶的承托结构为抬梁式与穿斗式结合,檩条较多。屋顶两坡交接,中间起脊,称正脊,其左右两端起翘,做成戗角。屋身主要由墙面及其附属物构成,在水平方向多通过墙面凹凸、墙身上方装饰等手法。屋身竖向低矮,基本为单层。采用庭院式布局,由围墙围合庭院。布局以单体三开间建筑为主,结合单侧或两侧厢房安排辅助用房。

图4-5 研究范围

4.3 现状调研

4.3.1 村落规划现状

道郡村是吴氏族人聚居的古老村落。清代名将吴元猷就出生于该村，该村2016年入选中国传统村落，整个规划设计总面积23299.5平方米。村落建筑及设计条件：名人故居2个——吴元猷故居和布政司故居，普通民居约141个。

4.3.2 设计用地范围

设计用地（图4-6）以村落西侧水塘和三所老建筑及周边用地为核心区域。吴元猷故居位于用地北侧，南侧临近古村主入口，且有布政司故居、吴氏宗祠及古井，西侧为村中核心水塘景观区域。整个方案将围绕建筑与景观设计两个方面展开，建筑约占研究面积的60%，以3所故居建筑为基点，新建筑将置于3座老建筑围合而成的中心区域。景观约占研究面积的30%，包含水塘区域和古井广场设计。道路系统约占10%，基本维持村落原道路肌理，明确道路层次，将设计范围内的建筑与景观相联系，创造一个互通互联的聚落空间。

4.3.3 交通道路

根据调研现状条件来看，一条南北向道路穿过水塘与故居，通向村中环形主路。南北向主路两条。路宽约6米。沿着地势东西向形成宅间道及巷道之间的小路，宽2.0～3.0米，道路较为破碎，断头路较多。保留原有主要道路不变，适当调整东西向建筑间的巷道交通，改善村落交通条件。

4.3.4 植被资源（图4-7）

道郡村位于低纬度热带北缘热带气候区，植物种类繁多且植被覆盖率高。榕树、荔枝树、椰子树、紫荆花、蒲葵、鸡蛋花、白玉兰等姿态优美的乔木、灌木或花卉，以及荔枝、黄皮、龙眼、木瓜等热带水果在村内种类较多。同时聚落一侧一般有大面积植被，不但可以削弱台风对于聚落的影响，还可以与聚落内部进行热量交换。

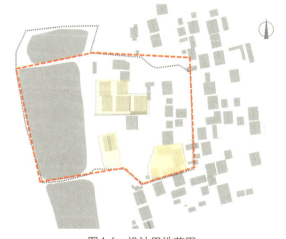

图4-6 设计用地范围

图4-7 道郡村植被现状

4.3.5 建筑分析

村中建筑层数为单层，砖石、木材结构为主，其中吴元猷故居于（图4-8）2011年10月被列为海口市重点文物保护单位。该故居规模宏大，有三进正屋、南楼、北楼、库房和账房等单元，尽显典型的清代海南建筑风格。故居为"丁"字形格局，故居外墙正中有正一品武官图腾"麒麟献瑞"，威武生动。室内建筑典雅古朴，雕刻图案有雄狮猛虎、百鸟朝凤、奇花异草，寓意深刻，令人叹为观止。故居每个大门均绘有门神公守卫，显得威严可畏。第二、第三进左右及后方有配套的厢房、书房、账房、伙房和马房等。包括各正室房间，整个故居约有30间房。吴氏宗祠，始建于明代。清光绪五年慈禧太后为表彰吴元猷将军的功绩，拨款重建。原有三进加横室围墙，梁柱精雕细刻，图案精美，至今房梁书迹尚存，现存二进已破败，正筹备修建。

4.4 现存问题分析与发展优劣

4.4.1 乡村公共空间的物质场所现状（图4-9）

（1）传统公共空间衰退破败

传统乡村的公共空间，如井台、洗衣码头、树下空间、寺庙宗祠等，曾经是承载乡村公共生活的重要场所。

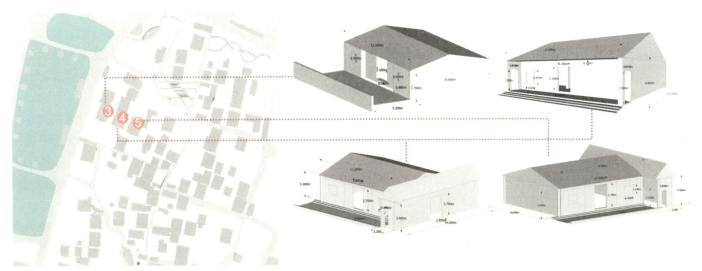

图4-8 吴元猷故居模型

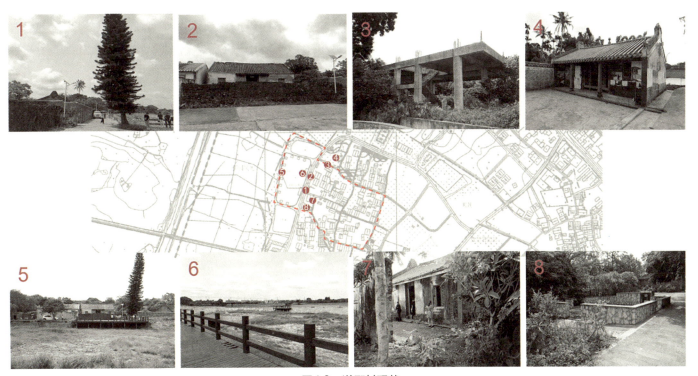

图4-9 道郡村现状

现如今，这些富有乡村特色的传统公共空间正在逐渐破败、废弃。如道郡村故居前的水塘作为村里生产劳作、休闲娱乐的空间，现已基本废弃。由于宗教信仰的需求，村民自发建造的古井、宗祠等重要公共生活场所现如今也闲置破败。乡村道路路况较差，安全系数较低，垃圾箱、指示牌、雕塑小品、休息设施等基础设施较为薄弱。

(2) 既有乡村公共空间活力不足

既有乡村聚落中，对于公共空间的规划设计也习惯于学习城市住区的一套设计手法，设置集中的公共活动中心、中心绿地等，然而在乡村之中这些"有意"为之的公共空间往往呈现出活力不足的问题。由于缺乏有效管理，随着时间的推移，不少公共空间往往变得环境恶劣、设施破败，最终成为村内人迹罕至的消极空间。如道郡村北端一处还没建成的烂尾工程，也已经成为和破旧民居一样的废弃物。

(3) 新村规划公共空间趋同异化

由于村庄迁并以及农居更新的需求，许多经济条件较好的乡村划拨新地规划建设新村。然而在这些自上而下的"新农村"规划建设的过程中，呈现出一种城市化、简单化的倾向，政府及规划设计者往往只重视居住质量的提升而忽视了公共空间环境的营建，简单模仿城市，使得新村内部的公共空间失去了乡村特有的人情味。以道郡村为例，村中只留有行动不便的部分老人居住。大部分居民搬离出村，居住在村落外围交通较为方便的地方，建筑为自建二层到三层的小平楼。这里的公共空间被交通功能所占据，失去了容纳公共活动、人际交往等社会活动的作用。

4.4.2 乡村公共空间的社会现状

（1）村落发展动力不足

全村现有80多户、500多人，外出人口近1000人，滞留村中的大多以儿童和老人为主。人口流失使众多民居闲置破损，村中现有居民也大多搬至村落外围道路两侧居住，村中"空心化""老龄化"问题严重。人口结构的变化以及人群的流失不利于村落文化的传承与传播。

（2）接待服务能力不足

道郡村距离海口市仅15分钟车程，海南在建设国际旅游岛与自由贸易区的同时为乡村带来了巨大的发展潜力，周边旅游资源丰富、交通便捷的情况下会吸引大批游客到此观光旅游。但现阶段村内接待设施不够完善，不足以使外来游客得到舒适体验。

（3）乡村公共生活单调单一

曾经乡村的公共生活是丰富多彩的，然而受到现代生活方式的冲击，那些极具乡村特色的公共活动正逐渐消失，祭祀、祈福等活动现已逐渐淡化，村民们常感叹现在逢年过节不如以前热闹。根据现场调研发现，当下村民的公共生活较为单调，村民最常进行的公共活动是棋牌和串门闲聊。多数仍需务农、工作或需帮忙带孩子的村民，平时的公共生活则更为有限。

4.4.3 发展优劣

（1）发展优势：国家政策方面，国家对美丽乡村建设大力支持。自然资源方面，海南风光无限好，热带风情独特优美，琼北火山石村落多分布于密林四周、山地之下与近海地区，拥有得天独厚的自然资源条件。人文资源方面，琼北火山石村落多建成于明清时代，拥有百年历史，是海南琼北地区历史的见证者，是琼北火山石村落独有的地域文化景观。交通方面，海南的东西线环岛高速、环岛高铁、各乡道国道带来了通畅便利的交通流线。人流方面，海南在建设国际旅游岛与自由贸易区的同时，为乡村带来了大量国内外游客资源。

（2）发展劣势：村落空心化严重，缺乏活力；基础设施不完善，缺少公共空间；故居建筑年久失修，破损程度较为严重。

4.5 总体设计理念

4.5.1 提出问题

（1）如何挖掘各类资源，为乡村注入新活力？

（2）如何用有限的现有空间提升乡村的接待能力？

（3）如何做到新建筑与当地自然环境的有机融合？

4.5.2 设计策略

（1）景观优化策略

地形设计：村庄原有的地形地貌不仅是乡村景观空间的基本骨架，也是体现乡村景观整体风貌的自然基础。不同的地形设计可以形成多样的景观类型，乡村景观规划设计不是一味地去创造地形，而是要在尊重原地形的基础上，合理利用高差，灵活设计起伏变化的地形，给人以视觉上的变化，达到景观与地形相契合的美感。

营造滨水景观：充分利用乡村原有地形和水塘，构建自然生态驳岸，以期达到生态系统的平衡，营造良好的滨水环境。

植物景观营造：乡村的植物景观应是一种生态性高、综合效益好、可持续发展的景观，具有因地制宜、适应性强、低成本、养护管理方便等特征，既符合乡村地域特色，又能满足景观要求。海南植被生长条件得天独厚，景观设计中保留村中古树以及大量的乔木和灌木，注重乡土植物的应用，打造原始的乡野景观，在保护和改善乡村生态环境的基础上，增加地域特色的植物美感。

配套设施完善：乡村景观规划设计中的雕塑小品、宣传栏、休息亭廊、休息座椅、照明灯、垃圾箱等配套设施的布局应合理有序，风格需与当地村庄特色相统一，体量不宜过大或过小，材料选择要着重体现乡土文化和生态文化，同时要满足各层次游客的需求，进一步提高乡村景观质量。

发掘乡村历史人文特色：乡村历史人文特色包括历史传统、民俗文化和地域风情元素。在乡村景观规划时首先要突出地域特色，在营造景观上要考虑乡土元素，利用乡土植物、乡土石材、风俗故事等设计雕像和景观。在此基础上，乡村景观规划设计要致力于民村生活的人文特色。

(2) 建筑设计策略

与地域自然环境的契合：地域自然环境是从自然环境形态的结构和特征以及自然环境的经济地理环境因素两方面体现出来的，与地域自然环境的融合是地域建筑形态表达的首要策略。乡村公共建筑尺度相对较小，对地形地貌的介入影响不大，更多是对地形的契合。由于选址于乡村，周边拥有丰富的农业景观自然资源，比如水塘、农田、果园等，也包括随着历史文化的发展各具特色的乡村民居建筑，这些是互为共生的关系。在乡村公共建筑建设过程中，应进行合理的自然资源利用，考虑将其作为建筑或者景观布局的元素，将自然资源引入建筑，作为建筑主体的一部分。建筑色彩与自然的适应和协调也至关重要，利用当地的特有色彩来传递与周边自然环境的关系，呼应乡土气息。乡村公共建筑应通过对周遭环境（通常包含自然气候、地形地势等外界影响因素）的制约从而做出合理的适宜反应，将被动式的自然调节绿色建筑理念融入建筑创作中来回应自然，也体现出新时代乡村建筑的节能低碳理念。

内部功能空间的公共性转换：乡村废弃建筑进行功能的转换，主要通过空间扩展、空间重构和独立空间的植入三种方式，赋予废弃建筑新的功能，实现建筑的再利用。废弃建筑通过可持续的改造方式赋予建筑符合当前生活方式的功能需求，赋予建筑新的生命力。本次方案采用独立空间植入的方式。

空间尺度的公共性重建：本文研究的乡村废弃建筑主要以居住功能为主体的住宅为主，建筑的面积和空间尺度一般较小。公共建筑对建筑尺度的要求会比原来建筑的要求更高，这就要求建筑师在对废弃建筑进行改造时，对建筑的尺度进行重建，提升公共空间的舒适性。

建筑结构的公共性改造策略：中国古代建筑因地制宜，就地取材，材料以木材为主，加以少量的石材，当前乡村建筑的柱子、门窗、梁板等构件还是由木材构成。我国古代建筑的主要结构类型有抬梁式、穿斗式、井干式，乡村的建筑结构形式也延续了中国古代建筑的结构体系，承重结构与维护结构分离。对村落中的故居建筑进行保护修复时，对还起结构作用的构件进行保留修复，作为建筑"旧"的部分，也是对建筑过去的记忆元素的保留。在乡村废弃建筑进行改造的过程中，既有结构损坏很严重且不能起到承重作用的结构，在可持续发展理念的指导下，常常对这些结构采取功能性转换的策略。

材料与建造工艺的适宜性运用：数字技术的运用，随着数字技术在城市的建筑内运用，也逐渐开始有一批建筑师开始思考如何将数字技术应用到乡建过程中。运用数字化改变了原有的建筑形式，增强了材料的表现力，创造了独特的建筑形式，给人以强大的视觉冲击力。在乡村改造中探索新材料和新技术应用。

建筑生态的改造策略：乡村建筑在不同的地域面对的自然气候也不尽相同，但归根结底是建筑适应温度、雨水、光照、风等气候因素，在建筑设计上就是反映在保温、排水、采光、通风等方面。

4.5.3 设计方法

(1) 功能重置

为了适应古村落现代化更新建设，满足现代人们对于新功能的需求，同时，在古村落周边环境中存留一些近些年来村民自发建造的与核心、保护区气质不符的建筑，严重影响区域内整体的环境氛围。因此，功能重置对于古村落的周边建筑环境而言是不可或缺的一部分，设计时应该对古村落及其周边环境的建筑功能重新定位，并规划其合理的新功能。

(2) 消解弱化

在古村落周边建筑环境设计中，由于注入新功能，而大多现代功能需要大空间的建筑形式来满足，因此新建建筑不免体量较大，与古村落历史建筑体量不协调，对此设计中用消解弱化的设计手法对其进行处理。消解并不是建筑设计的目的，而只是其外在的表现形式，通过运用阶梯大屋顶的手法来淡化与周边环境的冲突、削弱新建筑对古村落的逼迫感，从而突出核心、保护区的重要性。大部分的建筑空间则选择置于大屋顶下方，从而最大限度地减少对历史建筑的干扰。

(3) 更新再造

随着时代的发展，建筑技术及材料也越来越多样化，因此在古村落周边环境中的新建建筑要运用新的技术手段、建筑材料进行设计，满足古村落历史区域与时俱进、更换新鲜血液的需求，新技术、新材料必然会带来新的设计手法，也更加适应现代人的生活。对于古村落周边环境建筑造型设计，为了达到建筑外形美观协调，注意对形式美的规律运用，在外部环境整体规划中保持建筑布局的均衡、韵律、宽敞或封闭等，在建筑高度上保持节奏变化，注重与周边场地地形的结合。

第5章 结论

回顾中国乡村的发展历程，乡村的公共空间与公共生活都是乡村聚落中最重要的组成部分。在传统的乡村聚落中，聚落往往以祠堂等公共建筑与空间为中心进行生长演变，而村民的日常生活也离不开公共空间场所的支持，是公共空间铸造了一个村庄稳固的地缘关系。海南海口市道郡村自然资源优越，历史文化悠久，具有琼北地区传统村落独有的价值。然而，随着时代的不断发展、城镇化的不断冲击，海口市道郡村由于村落"空心化"、人口"老龄化"问题逐渐走向荒废。

本文在现有相关乡村公共空间理论研究的基础上，以海南琼北地区道郡村社区中公共空间为切入点，就乡村社区公共空间的现状问题与发展契机进行了深入剖析，通过对道郡村进行实地调研与分析，对相关乡村公共空间实际案例设计方法、设计理念的归纳总结，从环境、建筑、人的需求等多个角度论述道郡村公共空间更新发展策略。希望通过对海口市道郡村公共空间的改造设计，为乡村注入新的发展动力，激活乡村内生动力，促进乡村再生，实现乡村振兴等积极作用。

参考文献

[1] 李明彦．乡村社区中的公共空间营造设计研究[D]．广州：广东工业大学，2015．
[2] 严嘉伟．基于乡土记忆的乡村公共空间营建策略研究与实践[D]．杭州：浙江大学，2015．
[3] 刘坤．我国乡村公共开放空间研究[D]．北京：清华大学，2012．
[4] 贾珺，罗德胤，李秋香．北方民居[M]．北京：清华大学出版社，2010．
[5] 王其亨．古建筑测绘[M]．北京：中国建筑工业出版社，2006．
[6] 陆元鼎．中国民居建筑[M]．广州：华南理工大学出版社，2003．
[7] 彼得·卒姆托．思考建筑[M]．张宇，译．北京：北京建筑工业出版社，2010．
[8] 赵江洪．设计心理学[M]．北京：北京理工大学出版社，2004．
[9] 徐飒然．美丽乡村建设下的乡村景观设计方法与策略研究[J]．居舍，2021（21）：104-105+107．
[10] 王楠，赵雪．乡村景观规划设计策略研究[J]．农村经济与科技，2020，31（3）：244-246．
[11] 叶隆萍，孙义乐．乡村公共空间传统符号的应用意义探析[J]．居舍，2021（24）：7-8．
[12] 刘伊凡，吕思维，吕研．城郊乡村公共空间特征及营建策略研究——以西安市为例[J]．农村经济与科技，2021，32（15）：237-240．
[13] 张钧．基于社区营造下的乡村聚落空间形态更新研究[D]．武汉：湖北美术学院，2021．
[14] 蒙媛媛．淄博市蝴蝶峪村公共空间设计实践与研究[D]．济南：山东工艺美术学院，2020．
[15] 鲁可荣，程川．传统村落公共空间变迁与乡村文化传承——以浙江三村为例[J]．广西民族大学学报（哲学社会科学版），2016，38（6）：22-29．

海口市道郡村公共空间设计实践与研究
Practice and Research on Public Space Design of Daojun Village in Haikou City

《"漂浮之岛"——海口市道郡村建筑与景观设计》

一、设计构思

1. 设计理念

 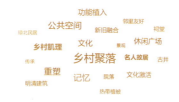 

2. 功能定位

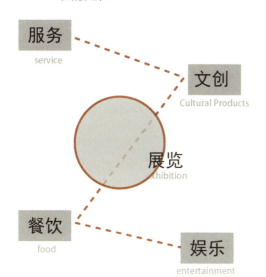

3. 功能组织

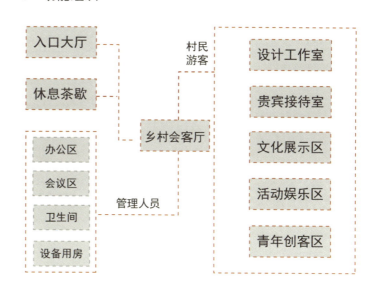

4. 规划设计

创新多用途的展示空间,它将展览、工作、娱乐、融合于海南古村落的绿洲之中,以自然绿色的概念为身处其中的村民营造一个充满活力的休闲空间。

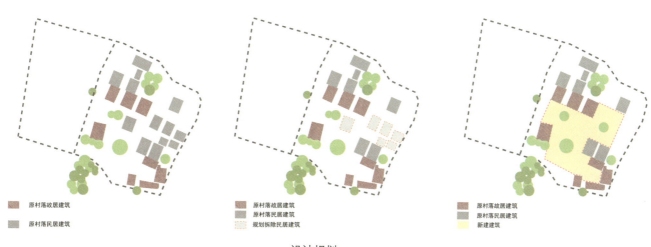

设计规划

5. 建筑概念演变

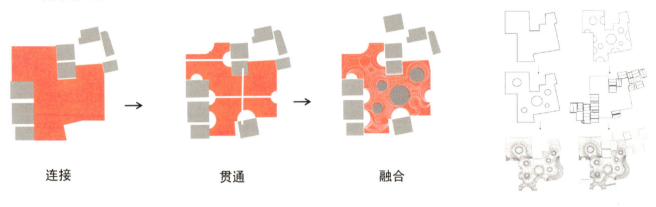

连接　　　　　　贯通　　　　　　融合

6. 形体生成

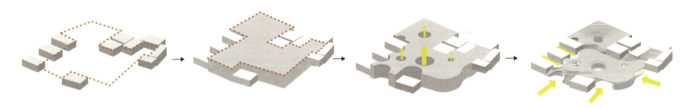

二、总体设计
1. 总平面图

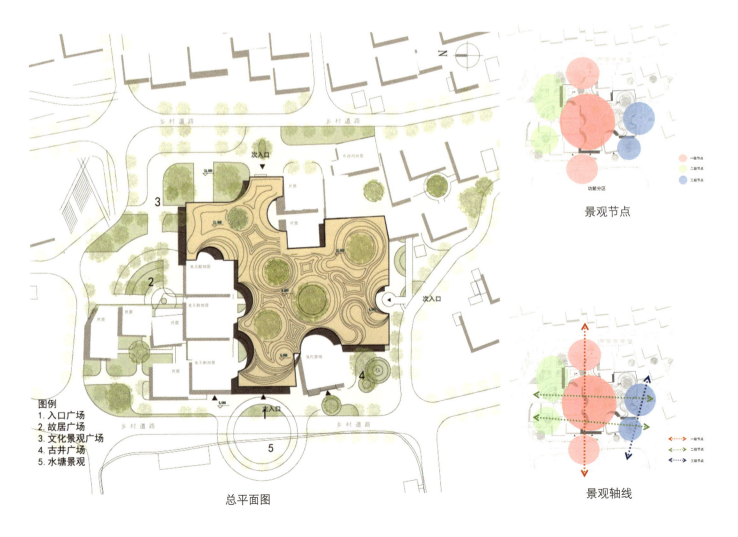

图例
1. 入口广场
2. 故居广场
3. 文化景观广场
4. 古井广场
5. 水塘景观

总平面图

景观节点

景观轴线

2. 建筑平面图

建筑一层平面图

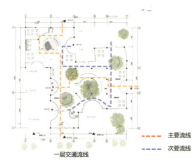

一层功能分区

一层交通流线

3. 建筑立面图

东立面图

北立面图

4. 建筑剖面图

1-1 剖面图

2-2 剖面图

5. 景观节点

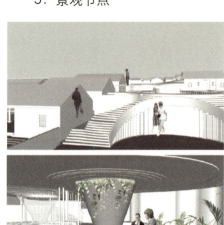

景观节点图

6. 屋顶细部

屋顶细部

三、效果图

入口效果图

洽谈区效果图

创客空间效果图

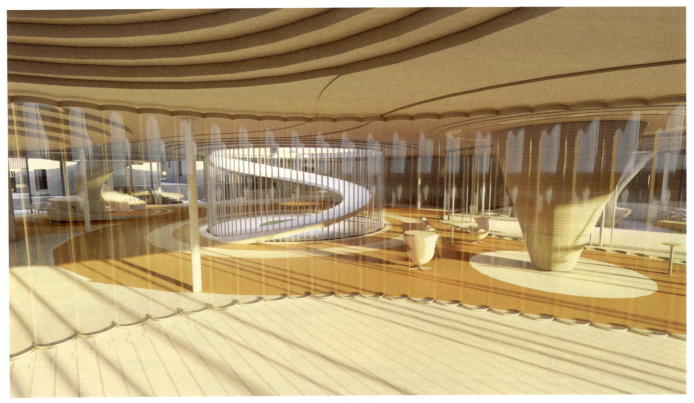

走廊效果图

中庭效果图

休闲区效果图

入口效果图

鸟瞰图

新旧共生理念下的乡村民宿设计应用研究——以灵山镇道郡村为例

Study on the Design and Application of Rural Homestays under the Concept of Old and New Symbiosis—A Case Study of Daojun Village in Lingshan Town

道郡村新旧共生理念下的乡村民宿设计

Country House Design under the Concept of Symbiosis between Old and New in Daojun Village

山东师范大学
李志
Shandong Normal University
Li Zhi

姓　名：李志 硕士研究生二年级
导　师：李荣智 副教授
　　　　葛　丹 副教授
　　　　刘　博 讲师
学　校：山东师范大学美术学院
专　业：艺术设计
学　号：2019306105
备　注：1. 论文　2. 设计

新旧共生理念下的乡村民宿设计应用研究——以灵山镇道郡村为例
Study on the Design and Application of Rural Homestays under the Concept of Old and New Symbiosis — A Case Study of Daojun Village in Lingshan Town

摘要：本论文以传承历史文脉、保护历史遗迹为前提，以"新旧共生"理念为依据，在案例分析的基础上对新旧共生理念下的乡村民宿设计应用展开深入分析和方法研究。运用实地考察、文献分析、问卷调查等方法研究"新旧共生"相关理论及乡村民宿开发的现状及问题。对国内以新旧共生为理念的乡村民宿设计实践案例进行分析，并总结案例经验与设计要素。确定了新旧共生理念下乡村民宿在地性、人文性、创新性、可持续性的基本设计原则；提出了建造技术的适应性选择、空间功能的适应性转换、建筑风貌的地域性表达、场所精神在地性营造的设计策略；总结了内部空间与地域文化共生、外部空间与周围环境共生、民宿庭院空间与主题相呼应、民宿建筑再循环与可持续共生的方法途径。最后，以海口市灵山镇道郡村传统民居建筑为实践案例对以上总结的原则及方法进行验证，希望通过本文的相关研究为乡村民宿的新旧共生提供一定的帮助与启示。

关键词：乡村民宿；新旧共生；保护更新；民宿设计

Abstract: This thesis is based on the premise of inheriting historical context and protecting historical relics, and based on the concept of "the symbiosis of the old and the new", on the basis of case analysis, an in-depth analysis and methodological research on the design and application of the new and old symbiosis concept is carried out. Use field investigation, literature analysis, questionnaire survey and other methods to study the relevant theories of "the symbiosis of the old and the new" and the status quo and problems of the development of country houses. Analyze the domestic country house design practice cases based on the symbiosis of the old and the new as the concept, and summarize the case experience and design elements. The basic design principles of the country house's locality, humanity, innovation, and sustainability under the concept of symbiosis between the old and the new are determined; the adaptive selection of construction technology, the adaptive conversion of space functions, the regional expression of architectural style, and the local spirit of the place are proposed. The design strategy of sexual creation; summarizes the methods of symbiosis between internal space and regional culture, external space and surrounding environment, homestay courtyard space and theme, homestay building recycling and sustainable symbiosis. Finally, the traditional residential buildings in Daojun Village, Lingshan Town, Haikou City are used as practical cases to verify the principles and methods summarized above, hoping to provide some help and enlightenment for the symbiosis of old and new country houses through the relevant research in this article.

Keywords: Country House, Symbiosis of New and Old, Protection and Renewal, House design

第1章 绪论

1.1 研究背景

在当前一系列相关政策的推动下，中国迎来了乡村发展的高潮，旅游业的发展范围已渐渐扩展到乡村，近些年来，乡村民宿在旅游业中逐渐变为热门项目，政策的大力支持为乡村民宿的发展提供了良好的环境。但值得注意的是，一方面，越来越多的乡村民宿由于盲目跟风、对"新"与"旧"的关系把握不当等一系列缘故，使得民宿产业逐渐走向同质的、现代化的空间；另一方面，关于乡村民宿的理论研究远远赶不上民宿产业的实际发展速度，一些乡村民宿项目为了追求经济的快速增长，丝毫不考虑传统建筑的历史价值，对待乡村原有民居直接采取拆旧建新的做法，这种做法割裂了该地区的历史文脉，严重破坏了当地的乡土风貌。如何在保留传统文化的前提下打造定制化、差异化的乡村民宿，让乡村重新焕发生机，成为当下我们需要解决的问题。

1.1.1 可持续发展

社会的飞速发展让人们的生活条件日益提高，但与之相关的问题也层出不穷，核心矛盾转变为人与自然、城市与乡村的关系越发不协调。经济的腾飞带给了我们充盈的物质条件和更高的物质追求，但同时也让人与环境的关系更加紧张；改革开放后城市发展逐渐加快，而乡村发展十分缓慢甚至停滞不前。基于此，人们进行了深刻的反思，并提出了可持续发展、绿色发展、乡村振兴等一系列相关举措来平衡人与自然、城市与乡村的矛盾。

1.1.2 乡村"空心化"问题

随着改革开放以来，城乡差距逐渐拉开距离，城市的经济实力和物质生活吸引了大批乡村劳动力，人口的流失使得乡村大量民居处于闲置状态，与此同时，农民的收入有所提高，对居住环境也有了更高的要求。村内原有民居大多存在空间局促、交通不便、卫生条件差等问题，村民更倾向在靠近村落主干道或交通便利的位置新建民居，这种建新不拆旧并向周围逐渐扩张的趋势导致乡村出现"空心化"的问题，而乡村民宿的发展正是缓解这一问题的重要途径（图1-1、图1-2）。

图1-1 留守村内的老人（来源：百度）

图1-2 更新后的李巷村广场（来源：gooood）

1.1.3 "新"与"旧"的更迭

随着国民消费水平的提高，消费产品的种类也越来越多样化。人们逐渐更倾向选择"新"的具有定制化和差异化的产品与服务，因此"旧"的标准化、大众化的产品逐渐丧失吸引力。同理，在旅游产业中，相比传统景观凝视型的旅游模式，游客更倾向于选择具有乡土文化气息的体验型旅游模式，因此消费过程中所带来的情感体验越来越受到消费者的关注。

1.1.4 民宿产业兴盛背后的隐患

乡村民宿不仅仅为游客提供居住、餐饮、休闲等基本服务，还是传统文化与风土人情的重要载体。在满足游客基本需求的基础上给游客带来差异化的生活体验，并以此带动产业发展，留住村内的劳动力，从而改善"空心化"的问题。然而，笔者在实地调研和案例分析的过程中，发现部分乡村民宿具有以下问题：

一是民宿同质化。目前国内许多乡村民宿无论从建筑形式还是空间功能上都极度的相似，机械地"复制""粘贴"使乡村民宿也出现了"千城一面"的问题。正是因为在盲目跟风和追求经济利益的情况下，没有充分考虑到当地传统文化的传承问题，"新""旧"之间的比重不协调，对传统和现代的关系处理不当，导致民宿缺乏特色，严重丧失吸引力。

二是过度标准化。生活水平的提高使得人们开始追求城市现代化的居住条件，不少乡村民宿开发者便把城市标准化、现代化的居住环境照搬到乡村中去，这就出现了"水土不服"的情况，使民宿失去了传统特色。

三是建筑风貌不协调。一些乡村民宿在开发前期对于整体村落的统一规划不充分，甚至孤立发展，使得新建或改建项目与传统建筑之间产生了鲜明的对比。这种对比破坏了村落的整体风貌，同时也让游客无法充分融入当地生活、体验完整的乡土风貌。

四是缺乏经营管理。国内目前缺少乡村民宿的统一管理办法，而针对城市的星级旅游标准又不适用于乡村民宿，这导致乡村民宿被排除在酒店这一管理系统之外，在各地区独立发展，没有一个平台或机构对乡村民宿进行统一管理或监督。

五是相关理论研究较少。笔者在进行资料查阅时发现国内对乡村民宿在建筑设计角度进行研究的文章较少，理论研究的速度跟不上实际情况的发展。

1.2 研究目的及意义

1.2.1 研究目的

当前乡村民宿行业发展速度迅猛，但与乡村民宿设计相关的理论研究还不够充分，并且乡村民宿行业目前缺乏有效的管理与引导。本论文希望基于对乡村民宿相关文献资料的搜索和整理，对国内外"新旧共生"理念下的乡村民宿进行研究，对比和整理设计要素并探索新旧共生理论对乡村民宿设计的价值和意义。通过对相关案例的分析与解读，分析民宿开发的优缺点，总结出新旧共生理念下乡村民宿开发的设计原则、设计策略以及设计方法。

1.2.2 研究意义

首先，以新旧共生理念为指导研究乡村民宿，有利于传承当地历史文脉、保护村落的完整性，为游客提供更好的风土人情的同时，能够守住原住民的情感寄托和物质环境。其次，乡村民宿的开发设计有利于带动相关产业的发展，提高经济收入，为乡村提供更多的就业机会，从而解决乡村"空心化"的问题。最后，本论文通过对国内乡村民宿的开发进行实地调研，并梳理相关资料进行分析总结，从而探寻在乡村民宿设计中如何做到"新旧共生"的设计理念和方法，归纳总结特征和规律，提取特色元素，并通过灵山镇道郡村民宿设计应用加以验证，希望可以为以新旧共生为理念的民宿设计提供相应的依据。

1.3 研究内容与重难点

1.3.1 研究内容

本研究以文旅融合为背景、以"新旧共生"为理念的乡村民宿产业，对国内外乡村民宿的发展历程及现状深入探讨"新旧共生"理念对乡村民宿发展的价值与意义。基于此，本文将以国内浙江、四川、山东的三处以"新旧共生"为设计理念的乡村民宿开发实践案例为研究范围，并对三个民宿的选址定位、建筑功能、新旧空间的关系进行对比与总结，探讨乡村民宿开发设计的设计原则、设计策略以及方法途径。以"新旧共生"为出发点，结合海口市灵山镇道郡村的地理位置、气候特征、建筑风貌、建造特点、风俗文化，对道郡村传统民居的开发设计进行研究，提出具体的民宿改造设计策略。

1.3.2 研究重点与难点

本研究的难点在于如何在乡村民宿的设计中找到"新旧共生"融合的要素，主要体现在以下几个方面：

（1）总结琼北乡村民居的建筑特征，挖掘其背后的文化内涵为民宿提供精神底色与文化符号；

（2）传统建筑形式与现代技术如何巧妙结合，如何在不破坏村落整体建筑风貌的情况下进行民宿设计；

（3）新老建筑之间如何和谐共生，在满足当前消费者对空间舒适追求的情况下，尽可能地充分感受乡土生活。

1.4 研究方法

（1）文献研究法：本文将搜集与乡村民宿、民宿设计、新旧共生、保护更新相关的文献，主要涉及专著、硕博学术论文、相关期刊，并收集琼北及其他地区在"新旧共生"理念下的优秀乡村民宿的案例，对相关理论概念进行界定，概括乡村民宿达到新旧共生的内在推动力，对良性因素进行总结归纳。

（2）案例分析法：通过互联网搜集国内外针对"新旧共生"理念下乡村民宿的设计案例，并通过众多案例总结归纳乡村民宿"新旧共生"的设计要素、设计原则和方法。

（3）实地调研法：本课题研究对象位于海口市美兰区灵山镇的道郡村，通过研究目标的实地考察，首先可以直接得到真实数据和现场资料。其次通过与村内居民的交流，可以准确把握村民对乡村民宿开发的整体需求。最后在实地考察的过程中可以充分感受当地的风土人情，便于在具体设计中找到灵感。

（4）归纳总结法：通过综合分析调研资料，归纳总结乡村民宿室内外建筑风貌、功能空间布局、色彩元素以及细节设计，基于"新旧共生"的理念总结乡村设计的方法。

（5）实践论证法：本文最后将以灵山镇道郡村民宿为研究应用对象，以此验证本课题得出的民宿开发设计策略，并通过设计实践使研究结论进一步完善。

1.5 研究框架（图1-3）

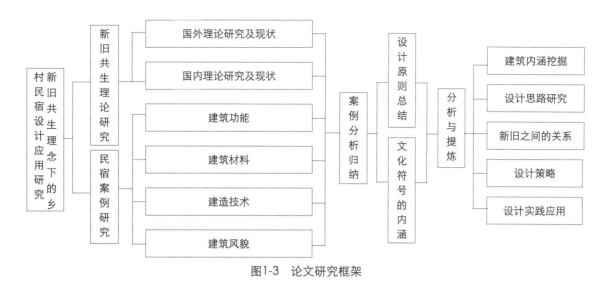

图1-3 论文研究框架

第2章 相关概念探寻与基础理论研究

2.1 相关概念界定

2.1.1 民宿

各国对民宿的定义有所不同，但基本都认定民宿就是将房屋的空余房间对游客出租，通过让游客感受当地的生活方式和风土人情来促进租户与游客的关系，不仅提高了租户的收入，也让空余房间得到了合理的利用。我国台湾地区在2001年颁布的《民宿管理办法》对民宿进行了清晰的定义，就是指结合当地的农业生态资源以及借助农村剩余住宅空间，为游客提供乡野生活服务的居所。[1] 2014年浙江德清县颁布的《德清县民宿管理办法（试行）》对民宿做出了详细的定义，民宿就是经营者利用农村房舍，结合当地人文、自然景观资源及各种生产活动，通过旅游经营的方式，为游客体验乡村生活提供餐饮住宿的接待场所。[2] 近些年来，民宿的定义进一步深入化，2019年文化和旅游部关于发布《旅游民宿基本要求与评价》行业标准的公告，公告中将民宿定义为利用当地民居等相关闲置资源，经营用客房不超过4层，建筑面积不超过800平方米，主人参与接待，为游客提供体验当地自然、文化与生产生活方式的小型住宿设施。[3]

2.1.2 乡村民宿

乡村民宿是民宿中的一个分支，2015年我国发布首部关于乡村民宿的规范性条例——《乡村民宿服务质量等级划分与评定》，其中对乡村民宿进行了明确的定义："经营者利用乡村房屋，结合当地人文、自然景观、生态环境及乡村资源加以设计改造，倡导低碳环保、地产地销、绿色消费、乡土特色，并以旅游经营的方式，提供乡村住宿、餐饮及乡村体验的场所。"[4] 2017年，我国国家旅游局批准公布了《旅游民宿基本要求与评价》，其中指出民宿包括但不限于客栈、庄园、驿站、山庄等。[5] 基于上述规定，本课题对于乡村民宿的研究不仅局限于乡村居民自有房屋，还包括除住宿外具有餐饮、休闲及乡村体验等类型的空间。

2.2 发展历程与现状

2.2.1 国外乡村民宿发展历程及现状

民宿的具体起源众说纷纭，大致分为起源于日本与起源于英国两种说法，但学界普遍认可的还是起源于20世纪60年代的英国西南部与中部。国外乡村民宿起源较早，其中发展得较好的国家如日本和法国，都各自因地制宜地形成了一套适合当地的民宿经营方式。日本的服务业闻名世界，所以日本的乡村民宿形成了以服务为主要特色的经营模式。在日本，民宿注重平民化的收费与自助式的服务，整体造型和室内装饰大多营造出一种居家的氛围。许多民宿还会与农场结合，通过当地的产业帮助游客充分体验乡土气息。

此外，还有法国的乡村民宿也发展得较好，让游客居住在有历史底蕴或复古的建筑内去感受当地文化，达到了保护传统建筑和传承历史文化的目的。

2.2.2 国内乡村民宿发展历程及现状

我国乡村民宿最早于20世纪80年代起源于我国台湾地区，民宿的产生也是一个偶然的机遇，起因是台湾垦丁公园进入旅游旺季后游客数量迅速增多，远远超过公园的游客承载力，所以游客转而借宿在了附近居民的家中。当时的借住只是一种简单的形式，只提供基本的住宿，不提供食物和任何服务。这种现象发展到后来便借鉴了日本乡村民宿的经营模式，并结合本土文化形成了特色民宿。我国大陆地区的民宿出现较晚，发展也较为缓慢。其真正兴起的时期是在改革开放后，大批投资者发现了国内著名景区旅游业带来的商机，最初在景区附近以客栈的形式出现，并提供基本的住宿和餐饮服务。在经济飞速发展的时代，城市压力让许多人不堪重负，休闲旅游产业开始兴起，同时各地政府开始重视当地旅游业的发展，由此乡村民宿开始蓬勃发展。我国大陆地区的乡村民宿一开始主要以借鉴我国台湾地区和日本的经营模式，但因照搬照套、资本盲目介入、不注重整体规划设计和忽略地域文化等原因，出现了很多的问题，例如民宿"同质化"、过度标准化、现代化等。2017年"十九大"报告指出，必须树立绿水青山就是金山银山的理念，随后国内许多民宿积极响应这一理念，以可持续发展、绿色发展理念为指导思想，围绕当地文化特色与自然资源开发特色乡村民宿，目前已有较多成功案例。基于本土文化下开发的乡村民宿在民宿同质化的大环境下对游客有更大的吸引力，同时也传承了当地文化，提高了经济收入，解决了更多就业问题（图2-1～图2-3）。

图2-1　安徽清溪行馆乡村民宿
（来源：gooood）

图2-2　浙江清啸山居民宿
（来源：gooood）

图2-3　山东柿子岭理想村
（来源：gooood）

综上所述，国外的乡村民宿起步较早，加上相关政策的有力支持，在经营理念和民宿特色上比较成熟，目前已经拥有了一套完善的民宿规章制度。国内民宿虽然在过去一段时间里处于缺乏政策支持和规范化管理的低速发展模式，但近些年随着政策的完善，乡村民宿行业逐渐开始走向定制化、特色化的发展趋势。

2.2.3 乡村民宿的分类

通过资料搜集和案例分析可以得知乡村民宿从运营性质、开发模式、主题特征和建造方式等不同角度出发分别有多种分类方式。本文主要从建筑设计的角度出发，对民宿新旧共生设计进行深入分析，以确定民宿的设计要素。找到新与旧之间和谐共生的方式方法，最终实现乡村民宿的新旧共生。

从建造方式来区分的话，乡村民宿分为新建与改建两种类型。新建民宿一般指选取村内闲置场地或在原址上拆掉原有建筑并新建的民宿建筑；改建民宿通常情况下会保留原有选址和部分建筑框架或建筑形态，对原有建筑进行改建或扩建。

新建民宿和改建民宿其主要功能都是居住，因此建筑体首先要满足游客的居住需求，结合当地本土特色为游客提供舒适的居住和休闲体验。新建与改建民宿虽然都是为游客服务，但也有所不同，具体分析如下：

1. 新建型民宿

新建民宿是一个从无到有的过程，是指在未进行设计的场地或旧建筑拆除后的场地上新建的民宿建筑。新建民宿突破了保留历史建筑的局限性，在设计与规划方面更具灵活性与创新性。新建民宿又分为原址新建和空地新建两种类型。

（1）原址新建

在进行民宿建造时要充分考虑建筑的各方面价值，如原始建筑本身不具有较高的历史文化价值，但在其交通便利并且周围自然资源丰富的情况下，可以考虑原址新建。

图 2-4　新旧共生的民宿（来源：百度）

(2) 空地新建

在空地新建民宿时，前期选址需要综合考虑交通是否便利、是否与周围建筑的功能相互协调、周围的景观资源是否丰富。

新建民宿从时间线上来看是一个"新"的建筑，建筑材料以及建造技术远远高于原有建筑，因此具有明显的时代特征。在新建民宿时我们应该注意把握"新"与"旧"之间的关系，如果建筑过于"新"则会与周围环境不协调，无法融入乡村风貌的大环境；反之，如果照搬"旧"建筑的风貌则会变成机械地"复制"。因此，在新建民宿时对建筑"新"与"旧"的把握尤为重要。

2. 改建型民宿

对原有建筑的改建可分为"修旧如旧""修旧如新""新旧共生"三种方式。而"新旧共生"是当前民宿设计中比较常见的设计方式，在保护传统建筑的前提下传承传统文化，达到"新"与"旧"的和谐共生。在设计中可表现为乡土元素的提炼与融入，这种元素可以是新的材料、新的布局、新的结构等。这种设计方式并不是为了追求与原有建筑的完全统一，而是新的元素与原有部分以一种相对独立的态度展示新的思想，让新元素与传统文化之间形成一种既对立又统一的和谐状态。

无论是新建型民宿还是改建型民宿，在建造时不仅要遵循建筑设计的要求，还要考虑当地文化与地理位置。对于历史价值较高的建筑以保护为主，修复为辅；反之，可以充分发挥新旧共存的设计理念让"新"与"旧"之间融合发展。

2.3　国内外相关理论研究

2.3.1　关于乡村民宿的研究

国内民宿起步较晚，理论研究相对来说也略有不足。刘晴晴的《民宿业态发展研究——台湾经验及其借鉴》中比较系统地对我国台湾地区民宿的开发模式和发展现状进行了总结。杨波在《民宿产业背景下关中农村现居宅院闲置空间有效利用研究》中从不同产业的角度对民宿行业进行分析总结。今年，北京市政协委员张永在报告《促进民宿产业与乡村文旅融合发展》中提出，民宿产业是休闲农业与乡村旅游结合最紧密并更加开放的新型业态，它的优势是把农村内外的生产要素有机对接融合在一起，实现城乡融合发展。[6] 江帆在《乡村民宿空间重构研究》中提到，"承载地域文化的特色民宿不仅应拥有符合当今旅行者居住需要的舒适居住空间，而且能促进建筑、人、环境之间的互动交流及体验。"[7]

总体来说，乡村民宿的理论存在许多不足，一是针对乡村整体规划与民宿发展的研究较少，大多都是从民宿本身进行研究。二是现有研究大多针对民宿设计开展，理论指导层面的研究还不够充分和深入。因此，本文将以"新旧共生"为理论指导，从乡村整体规划入手，对乡村民宿的开发进行整体研究。

2.3.2　新旧共生

"共生"这一概念最早出现在生物学领域，是指两种不同生物之间所形成的紧密互利关系。动物、植物、菌类以及三者中任意两者之间都存在"共生"。在共生关系中，一方为另一方提供有利于生存的帮助，同时也获得对方的帮助。[8]随后，这一理念衍生为"新旧共生"理论，并运用到了建筑设计领域，自此历史建筑开始了更新保护的历程。

(1) 国外相关理论研究

"共生"理论逐渐渗透到建筑领域，20世纪30年代《雅典宪章》问世，这标志着历史文化遗产的保护上升到国际层面。二战后，在战争中被摧毁的建筑在修复过程中产生了许多矛盾，新建建筑与原有建筑之间在建筑形态方面各不相同，人们对历史建筑保护的重要性越来越重视。1987年黑川纪章的《共生思想》在建筑领域明确提出了共生观，这种共生思想既集纳了许多西方科学、哲学思想和主张，又融合了东方的哲学理论，所以表现出的是与西方二元对立所截然不同的理念，表示人依托于建筑，所以建筑应该要与生命建立共生关系。[9]虽然已经明确提出了共生的思想，但这种共生理念还仅仅停留在哲学的讨论阶段，针对这一理念的实践还相对较少。

加拿大学者简·雅各布斯，著有《美国大城市的生与死》一书，书中对因功能对历史建筑大拆大建的做法进行了强烈的抨击，该学者认为城市应该是充满活力的，这种活力是新老建筑相互碰撞出来的，不能因为需要建设新建筑而否定或拆除老建筑。英国建筑学家肯尼斯·鲍威尔，著有《旧建筑的改造与重建》，他认为应从建筑保护的层面入手，分别对城市的再生、古建筑的改建与新建筑学等及方面进行研究。通过对以上理论的总结，国外关于"新旧共生"理论的研究大致可以分为三个阶段，分别为对建筑的保护阶段、对建筑的维护阶段、对建筑的改造传承阶段。而如今，新旧共生思潮发展越来越深入，层次也从简单的复制发展到对文化的传承。

(2) 国内相关理论研究

20世纪80年代，洪再生从天津建筑入手，剖析建筑风格与传统文化之间、传统建筑与新建建筑之间的关联。他在研究成果中提到："在自己本地的社会历史和文化的丰富遗产上进行继承发展，又不排斥接受新事物、新技术以及象征着时代前进的建筑形式，在城市空间的组织上进行必要的引导和控制，使城市景观有变化，有过渡，有对比，有呼应，呈现出规律性的统一和谐，这样的城市必将更美。"[10]

20世纪90年代，吴良镛教授提出了"有机更新理论"，他主张根据旧建筑的改造需求，妥善处理"新"与"旧"的关系，在保证不破坏原有历史文脉的基础下提高建筑的设计质量，使建筑空间功能最优化。周卫在著作《历史建筑保护与再利用——新旧空间关联理论及模式研究》中，从历史建筑保护的价值出发，重点对历史建筑的过去、现在、将来的空间问题进行分析和研究，提出了历史建筑再利用及其新旧空间关联的模式。[11]如今，乡村正在逐渐消亡，我们应该以"新旧共生"理念为指导，让游客充分地感受到当地的乡土文化，拥有良好的服务体验，同时让历史文化得以传承，从而达到乡村振兴的目的。

第3章 乡村民宿中"新旧共生"理念实践案例

3.1 "新旧共生"理念案例分析

3.1.1 湖州市埭溪镇茅坞村宾临城民宿设计

项目位于湖州市埭溪镇茅坞村，村落依山而建，四周有竹林环抱，始建于宋太平兴国八年，是一座具有千年历史的江南古镇。且村落依山而建，景观资源极为丰富，原址位于村落的最高处，地势的优势使得建筑周围景观资源丰富，改建为民宿的价值较高。由于原始建筑的历史价值，对老宅的改造始终秉承着"新旧共生"的设计理念，不仅保留了略显粗糙的"乡土气息"，并且置入了一个新的建筑空间，改造后的新旧空间既对立又统一，达到了在创新的同时传承传统文化的目的（图3-1）。

改造时拆掉了已经倒塌的部分，通过旋转、延伸建造了一个新的空间。新建建筑共分为三层，底层通过挑空营造出一个灰空间，用来连通地面部分的公共空间，它的存在也使得新老建筑之间的融合更加自然。建筑原本三角形的空地被改造为主要的户外活动空间，在此空间引入山泉，形成水院，水的加入让原本孤立的三角形空地与建筑产生了互动关系，使整个空间彼此间的联系更加紧密、和谐。为了避免高大的建筑对乡村整体风貌的破坏，新建建筑面向村庄的一侧刻意运用了较为简洁的设计手法，植物的遮挡功能使得新老建筑的衔接更加自如。而面向山林的一侧则根据每间房间最佳观景视角进行开窗设计，尽可能地将周围景色引入室内，给游客一种置身山林的体验感。

建筑中部分空间保留了原始元素，例如伙房的老灶台与旧家具依然作为房间装饰的一部分，现伙房变为民宿的音乐角；一层餐厅按照原始屋顶的方式巧妙运用新型材料进行装饰；二楼空间改为活动室与书吧，在加固建筑的同时保留了原有框架。三层的新建筑主要功能为居住，房间内部的设计用相对质朴的方式来表达，设计师试图让每个房间的游客都用最舒服的姿势去享受这片山林，故每个房间都有不同的布局和开窗方式，多变的布局为居住者带来不一样的体验。在材料的选择上始终秉承着新旧共生的理念，新建筑与周围景观中均选用了毛石、竹材等传统材料作为组成部分，现代造型与原始材料的碰撞，都体现了"新"与"旧"之间的和谐共生。（图3-2、图3-3）

图3-1　建筑外观
（来源：gooood）

图3-2　老宅改造的客房
（来源：gooood）

图3-3　新建客房
（来源：gooood）

3.1.2　四川彭州小石村

彭州小石村位于四川省彭州市桂花镇，2008年汶川地震后，整个村子基本被摧毁，经济失去了支柱，震后虽重建，但不少村民早已选择外出务工，小石村劳动力流失严重。如今经过5年的改造，小石村生产与就业被带动起来，乡村空心化问题在一定程度上得到了解决。

整个乡村更新设计分为两个部分，首先增加村内公共活动空间和公共建筑，提升村内凝聚力，实现"旧"场地"新"功能的转变。然后再利用村内资源吸引外来者，顺势解决了空间闲置和利益共享的问题，做到"旧"空间"新"业态的转变。设计团队首先从激活村内活力出发，四川偏阴的气候使得大多数居民喜爱于室外活动，充沛的降水量让人们习惯性地需要遮蔽，所以建筑师在改造时特意将屋檐做得比传统的大2～3米，檐下的空间成为居民们自发活动的中心区，形成了小石村独有的"同在屋檐下"的公共空间模式。接下来则是吸引外来者。村内因人口流失的缘故，部分房屋常年闲置，无人居住，设计团队将乡村民宿的业态置入这些无人居住的空间，既充分利用了闲置空间，又增加了村民的收入。为了保证村民和游客各自的隐私，又考虑到创造良好的空间交流体验，设计团队将居民楼的二楼统一作为民宿空间并设置单独的入口。从日常生活考虑，为村民在一层增加了连续的屋檐，檐下的灰空间不仅可满足村民们的日常生活和休闲娱乐，也保证了上下楼的视觉隐私（图3-4～图3-6）。

图3-4　居民们的檐下生活
（来源：gooood）

图3-5　改造后的屋檐
（来源：gooood）

图3-6　二楼客房
（来源：gooood）

3.1.3　泰安道朗镇东西门村

东西门村位于泰山余脉九女峰脚下十九个村落其中之一，近年来因交通闭塞、土地贫瘠等问题村内劳动力大量流失，空心化日益严重。设计团队希望基于文旅背景下的村落开发激活这十九个村落，最终选择东西门村这个位置最偏、难度最大的村子为突破点，并置入乡村民宿的业态。

整体的设计思路则是在保持原有宅基地边界不变的情况下，以原始环境的修复和建筑空间的激活为目的，并在此基础上利用少量集体用地改造为公共活动空间，以此重新激活乡村，达到"新"功能与"旧"场地之间的和谐共生。设计范围为东西门村的12个院落，根据每个院落内建筑的原有体量和动线关系重新梳理空间功能关系，项目最终包含25间客房、1间餐厅和1个书房，除此之外还设有会议聚会空间、儿童娱乐空间等，在空间功能上做到了"新"与"旧"的共生；石墙是该村风貌的重要特征，遂在改造时对性能较好的部分予以保留，无法保留的石墙则在原有位置重建，石墙不再参与承重转而作为新建筑的维护结构，并在石墙内增加保温层、防水层、保护层以提高性能。新建筑以不同规格的工字钢作为承重框，架置入石墙内，这种框架结构相对灵活，能够适用于不同特征的场地。建筑单体的围护材质分为毛石墙、玻璃门窗、木质面或木格栅，毛石、木格栅等原始材料与玻璃、钢材等现代材料之间形成了"新"与"旧"的对比。小石村的民居改造做到了在保留传统风貌的基础上进行创新设计，完成了"新"与"旧"之间的转化（图3-7～图3-9）。

图3-7　建筑外观　　　　　图3-8　内部庭院　　　　　图3-9　公共休闲区
（来源：gooood）　　　　（来源：gooood）　　　　（来源：gooood）

3.2　乡村民宿"新旧共生"设计要素对比研究

3.2.1　民宿的选址、定位及问题

笔者选取了国内关于"新旧共生"理念的乡村民宿优秀案例，宾临城、小石村、东西门村分别位于浙江省湖州市、四川省彭州市和山东省泰安市，三个实践案例分别针对各自具体情况进行了"新"与"旧"关系的梳理，最终从不同角度开启了新旧共生的模式。笔者通过总结以上案例，并从项目选址、现存问题、项目定位、与原住民的关系四个层面对比分析各要素之间的关系，并通过表格的形式整理（表3-1）。

民宿的选址、定位及问题分析　　　　表3-1

设计要素/民宿名称	宾临城	小石村	东西门村
项目选址	景观资源丰富，建筑本体具有极高的历史价值	震后重建的乡村民居	毗邻景区的闭塞村落民居
现存问题	传统建筑损坏严重	建筑风貌不统一、产业单一、人口流失严重	土地贫瘠、人口流失严重、部分建筑倒塌
项目定位	以传承乡土文化为背景的乡土艺术民宿	以多种业态振兴乡村为原则的乡村特色民宿	以文旅片区为背景的乡村高端民宿
是否有原住民	否	是	否

通过对三处民宿设计要素的总结，笔者发现乡村民宿的选址大致分为两种情况，一种为建筑本身具有较高的文化价值，希望通过改造能够更好地保护传统建筑，从而延续传统文化；另一种则以乡村振兴为背景，希望通过功能的转换和业态的置入重新激活乡村，实现乡村振兴。项目选址大多具有人口流失、产业单一的问题，且改造建筑多以传统建筑为主，许多建筑结构和建筑材料老化严重，存在不小的安全隐患。部分村落新建、加建或改建的建筑由于只考虑到功能的更新而忽略了传统建筑的风貌，导致乡村原始肌理遭到破坏。在对项目进行定位时应按照各场地所在村落的具体情况入手，针对景观资源丰富或毗邻景区的村落可依托文旅产业链发展民宿产业；产业单一、人口流失严重的村落应深入挖掘该地区的潜在产业并大力发展，从而带动民宿产业的发展；历史价值较高的建筑应从保护建筑的原始风貌入手，更新内部空间功能，以适应现代社会发展的需求。乡村民宿在改造时和

原住民的关系也十分复杂，部分民居虽有人居住但闲置房间较多，从而形成居民与游客共存的模式。另一种则是村内传统民居早已无人居住，改造后的服务对象以游客为主的模式。

3.2.2 新旧空间关系

民宿新旧空间关系的处理可以从周边空间与建筑空间两个角度剖析。民宿改造依托于乡村背景之下，继而民宿的改造也应充分考虑周边建筑环境及建筑风貌，在不破坏原始风貌的情况下进行创新。

宾临城民宿位于村落最高处，周边景观资源极为丰富，故而在改造时对建筑本体做部分保留的基础上新建，利用灰空间与景观植物让新旧建筑之间巧妙融合，同时也与乡村整体风貌融合。而四川彭州的小石村民宿则是在震后重建的民居的基础上进行部分的更新，主要以屋檐的延伸和空间功能的梳理为主，更新范围涵盖整体村落，遂保证了村落风貌的整体性并且能够与原始建筑间和谐相处。东西门村与前两者稍有不同，由于村内部分民居年代久远，以至于建筑材料丧失功能性，但是在改造时仍然保留了毛石墙这一独具代表性的建筑肌理，转变了石墙原本的承重功能，在新建筑中作为维护结构出现。无论是哪种形式的更新，改造之后的建筑都很好地处理了"新"与"旧"之间的关系。从建筑空间的角度来看，新旧建筑之间的中间地带是设计的重点，它能够起到缓冲作用，同时使新旧共融。在设计时，如果新建筑与旧建筑之间差别较大时，可以在两者之间加入共享空间，使之和谐统一。当新旧建筑差距较小时，则可以用虚体连接的方式来缓和两者之间的碰撞。新旧建筑之间还有一种关系，即在传统建筑的理解上重构或创新。

3.2.3 建筑功能的转换

从建筑功能的角度出发，三个民宿彼此之间也大有不同。"新"空间相比原有的空间功能更加丰富多变，适合现代社会的需求。宾临城旨在打造一个纯粹的乡土民宿空间，在居住功能的基础上附加了相关功能空间；而震后重建的小石村民居具有一定的特殊性，作为乡村民居来说仍然具有居住功能，但部分空间的闲置造成了一定程度上的空间浪费，改造后的民居激活了无人居住的空间，同时也增加了原住民的收入；东西门则与前两者都不一样，在功能上突破了单一的常态，特殊的设计使得改造后的空间功能灵活多变，可以适宜多种场景。从功能形态上看，12个院子都具有居住功能，但不同定位的民宿小院包含了不同的附属功能。

3.2.4 建筑材料的选择

新旧共生类型的民宿在建造时并没有一味地追求原始风貌，而是在"新旧共生"理念下产生出符合自身情况的建筑。在材料方面，从成本与建筑风貌的角度出发，改造类民宿一般选择当地的本土材料居多。采用旧物新用的建造方式，保留部分建筑构件并赋予它新的功能或身份。当难度较高传统材料无法满足其功能时，加入部分性能更好的现代材料。由于大多使用乡土材料。故而建筑风貌与色彩也得以与传统建筑保持一致，同时现代材料又与传统材料形成"新"与"旧"的对比。笔者通过对比将所选三个案例关于建筑材料的相关因素进行了总结，具体总结如下（表3-2）。

建筑风貌各因素对比　　　　　　　　　　　表3-2

相关因素/民宿名称	宾临城	小石村	东西门村
传统材料	竹材、毛石、青瓦、白灰抹面	竹材、木材、青瓦、白灰抹面	石材、木材、青瓦
现代材料	钢材、玻璃、混凝土	钢材、玻璃、混凝土	钢材、玻璃、混凝土
陈设与装饰	旧物新用、现代装饰	旧物新用、现代装饰	现代装饰
与原始建筑风貌是否冲突	否	否	否
是否以传统材料为主	是	是	是

3.3 "新旧共生"理念在建筑设计中的体现

3.3.1 "新旧"空间的共生

民宿建筑在设计的时候，首先需要考虑的是建筑空间与功能的协调，无论是建筑内部还是建筑外部，如果新空间与旧空间之间没有衔接，则会让两者彼此排斥，无法和谐共生，从而在"新旧"关系中产生一道无形的墙。针对这一问题，我们可以在两个空间中增设一个过渡空间，从而使新老空间之间彼此渗透，达到融合。新旧空间以一种相互嵌套的方式存在，这种过渡空间使两者之间的界限感模糊，从而达到新与旧的共生。

3.3.2 "新旧"材料与技术的共生

随着社会的发展，建筑材料和建造技术也在不停地革新，新型材料与新兴技术不仅在功能上与老旧材料相比有很大的突破，而且外形也更加美观。但我们在进行乡村民宿设计时，如若完全使用新技术和新材料，势必会影响村落整体的建筑风貌，甚至阻碍乡土文化的发展。所以在设计民宿时，能够保证功能和风貌的情况下可以有选择地使用传统材料与传统建造技术，用现代技术与材料加以辅助的方式对建筑进行优化。

3.3.3 "新旧"文化的共生

历史建筑大多具有丰富的文化内涵，以一种静态的方式存在于建筑之中。如今，文化形式多元化，如何在民宿建筑中让新文化与旧文化和谐相处成为我们需要解决的难题。为了促进民宿的文化和谐，我们应当保留传统文化中精华的部分，去除其中落后的部分，同时注入现代文化的新元素，实现民宿建筑新旧文化的共生。

3.4 "新旧共生"的乡村民宿价值总结

3.4.1 延续历史文脉

乡村民居是乡村历史文化和乡村记忆的凝结者和倾诉者，对传统民居的民宿化改造不仅可以让当地的乡土文化更好地被保留，而且可以让更多前来旅居的游客体验风土人情，达到保护和延续历史文化的目的。在改造中如若新旧文化的关系处理不当，不仅不能起到保护和传承文化的作用，甚至会导致新旧文化之间的冲突与对立。所以在民宿设计中，我们应当重视文化的重要性，以"新旧共生"的理念为指导思想。

3.4.2 拓展地域旅游价值

乡村振兴战略实施以来，乡村旅游得到了大力发展。大批自然资源、人文资源丰富的乡村民宿行业得到了极大的推进，民宿的兴起带来了许多就业机会，一定程度上解决了乡村空心化的问题，同时民宿产业也带动了经济和其他产业。旅游业的发展并非是某个环节的功劳，而是综合水平的提高，民宿作为旅游产业链上的一个环节，解决"住"这一环节的关键问题。同时，民宿的设计也直接影响到游客的观光质量。

3.4.3 再现场所精神

世界上没有两个完全一样的空间，无论是新空间还是旧空间，都代表着人们不同的生活方式，每一个空间都有属于它的独特精神与记忆。人们在空间内生活总是会把情感带入空间中去，于是老建筑就成了情绪与记忆的载体，人们可以通过空间回看过去的自己。在改造过程中，为了让精神得以延续和再生，可以通过将空间的精神与人们各感官相联系的方法使人们回忆起当时的场景，赋予空间新的含义。空间的功能不仅要满足人们视觉和触觉的感受，更应该满足人们心理的需求。[12]

第4章 乡村民宿中新旧共生设计方法研究

4.1 乡村民宿新旧共生的基本原则

"新旧共生"理念是在传统建筑中融入一个新的元素，这种新的元素可以是新的空间结构、新的空间功能、新的建筑材料、新的装饰样式等，并且这种元素并不强调与原有建筑完全一样，而是用一种对立统一的态度来对待"新"与"旧"之间关系带来的碰撞。笔者结合前三章的内容与国内新旧共生民宿的优秀案例总结了此类乡村民宿建筑的基本原则。

4.1.1 在地性

由于每个乡村的民俗文化、建筑特点、资源情况等相关因素都各不相同，这些因素往往作用于乡村民宿之上，使不同村落之间的民宿从建造形式、建筑材料、建筑风貌、装饰样貌、场所精神等方面都产生了巨大的差距。民宿位于乡村之中，我们在对乡村民宿进行改造时不能脱离乡村背景，应首先考虑到村落中的相关因素，在新旧共生的理念下充分考虑新建部分的在地性原则，建造出适合村落文化和环境的建筑，从而让改造建筑与传统建筑和谐共生。

4.1.2 人文性

乡村民宿凝结着一个村落的记忆和文化，是乡土文化的重要载体，同时在民族文化及其他相关条件的影响下，各地的传统建筑形式也各不相同，文化的渗透成为民宿建筑的人文根基。对于原住民来说，文化的渗透能够使民宿更具吸引力，能够增加收入从而改善自身的生活条件，同时也能强化自身的文化自信心。对游客来说，能够满足人们日益增强的文化需求，通过旅游的方式亲身感受和体验原本闭塞的乡土文化。民宿作为旅游产业链中的一个环节,它肩负着对话新老文化的重任,"新"与"旧"的统一才能让空间更有价值,因此民宿在新建过程中,应该正视文化对民宿的重要影响和重大价值,充分体验民宿的人文性。

4.1.3 创新性

随着旅游业的迅猛发展,民宿行业也在迅速壮大,但一系列的问题也渐渐困扰着我们,如民宿的同质化、民宿的过度标准化和现代化,甚至有些民宿为了追求经济效益而模仿传统建筑完全新建所谓的民宿,这些现象已逐渐背离民宿行业的初衷。批量化生产的民宿缺少竞争力和吸引力,从而使游客审美疲劳,达不到乡村振兴的目的。"新旧共生"理念中的"新"代表着创新,在民宿的建设中,在对旧文化、老建筑的传承下融入新元素、新材料、新技术等元素,使得两部分相互对立统一,形成一个新的整体。"新旧共生"理念下的民宿代表着新旧文化的交融,也是现代生活与历史对话的载体。

4.1.4 可持续性

20世纪90年代,世界环境与发展委员会在《我们共同的未来》中将"可持续发展"定义为:在满足当代人需求的前提下又不会损害后代人的权益。[13]报告在物质和精神两个层面均提出了可持续发展的理念。随着时间的推移,这一理论渗入建筑领域,建筑的可持续发展成为一个热门话题。民宿作为建筑中的一种形态,在发展的过程中也应秉承这一理念,既要满足人们对空间功能的需求,又要兼顾环境的持续发展。在民宿设计中,可从建筑材料这一层面入手,传统建筑材料大多因地取材且可以循环使用,在改造过程中可根据功能要求适当使用传统材料,不仅实现了可持续的目标,同时又保持了建筑的传统风貌。

4.2 乡村民宿中新旧共生设计的传承与创新策略

4.2.1 建造技术适应性选择

乡村传统材料拥有适用于乡村民居自身建造系统,传统施工技艺更是历史文化遗产,但相比传统材料与技艺,现代营造技术更符合社会大众的居住需求且性能更高。因此在民宿改造中,针对建筑的类型选择合适的"新""旧"技艺和材料显得尤为重要。

在民宿改造中,建筑类型大致可以分为修复保护类、重点改造类、原址新建类三种类型,不同类型的建筑需要选择相适应的更新模式。针对文化价值较高的保护类建筑,主要采用保护为主的方式,用传统工艺对破损部分进行修复。例如,夯土墙与木构架的修复与更新。针对重点改造类的建筑,多采用"新旧并存"的更新方式,在保留部分旧建的情况下,新建或加建部分空间,在建造技术上大多采用新旧建造技术相结合的手法,通常是先对保留结构进行加固,再根据需求运用砖混结构等现代技术进行加建。针对少数需要重新建造的民宿,通常不会采用复制的建造模式,而是用现代技术结合当地传统材料的方法进行建造,以符合地方建筑风貌。

4.2.2 空间功能适应性转换

1. 客房空间设计

客房在整个民宿中属于私密区域,在客房的设置中应同时考虑安全隐私以及景观资源等因素,应主要布置在二楼及以上区域。出于消费者人群的考虑,为满足各类消费者的需求,所以在客房房型的设置上应该多样化。良好的景观视野是民宿的一大优势,所以在整体布中应把客房设置在景观资源丰富的一侧,通过开窗大小合理地将室外景观引入室内,在开窗时还应考虑住客的安全和私密性问题。高楼层可以利用阳台或露台作为内外联系的过渡空间,丰富空间的层次感。室内的乡土性营造也十分关键,民宿室内空间与酒店最大的区别就在于此。在设计时可以依托旧有的坡屋顶形式设置阁楼的客房模式,或者用原有木构外露的形式。在天花地面或墙面利用木材、竹材、石材等乡土材料进行装饰。

图4-1 室外庭院
(来源:gooood)

图4-2 室内会客区
(来源:gooood)

图4-3 露天休闲区
(来源:gooood)

2. 公共空间设计

民宿空间作为乡土记忆的载体，不仅需要有居住空间，公共空间也尤为重要，部分住客选择民宿而非酒店的一大原因就是因为民宿不仅提供基本的居住功能，还为人们提供休闲、交流、活动的场所，住客来到这里可以体验另一种不一样的生活方式。公共空间主要包括入口接待空间、休闲空间、就餐空间和活动空间等。对于小型民宿接待空间，休闲空间和活动空间是同一个空间。相反，规模较大的民宿空间会根据民宿的定位设置茶室、书吧、手工坊等公共空间，为顾客提供多种多样的服务类型。公共空间类型繁杂，在民宿中应根据空间灵活性和视线可达性等因素合理设置餐厅、茶室、书吧等公共空间的位置。例如，餐厅空间应设置在景观环境优美、交通流线便捷的位置，同时室内餐厅也可和室外餐厅结合。

4.2.3 建筑风貌地域性表达

民宿开发时遵循当地建筑的传统尺度，通过自身功能的更新使建筑与原有建筑和谐共生。对于改造类的建筑应充分考虑建筑的开间和进深，同时也要注意建筑的整体高度与周围建筑的对比关系，通常情况下民宿建筑一般在1～3层，过高会使得新老建筑之间相互对立。传统民居的外立面是乡土文化的外化形式，可以充分体现当地的乡土文化，在民宿的更新上大多也是以保留外立面的形式进行内部的功能性转变。在外立面的保护中大致可以从屋顶、墙面和门窗这三个方面入手，对建筑原有风貌进行保护性的更新。乡土材料因地域不同也有所不同，常见的乡土材料包括石材、木材、瓦、砖、稻草等，这些材料都可作为循环使用的材料，通过不同的建筑手法可以出现不同的效果。虽然乡土材料具有较高的文化价值，但基本条件有限，无法满足更高难度的建造方式，这种情况下可以利用现代技术材料的介入。

4.2.4 场所精神在地性营造

"场所精神"是古罗马的想法。根据古罗马人的信仰，每一种"独立的"本体都有自己的灵魂，守护这种灵魂便能赋予人和场所生命，自生至死伴随人和场所，同时决定了它们的特性和本质。[14] 一旦人能够了解不同的地方；与人交谈，共同进食，一起感受，阅读他们的文字，听他们的音乐以及使用他们的场所，将会理解人与场所间的相关性在整个历史中并没有什么重大的变迁。[15]

乡村传统民居拥有它独特的特性和本质，这种特质就是它的场所精神，人们曾在这里生活，通过新旧共生的设计手法保留当时生活场景的一个片段，让居住者可以充分地感受当地的乡土人情。我们在对民宿进行改造时要秉承这种传承的理念，对民宿空间做出适当的调整，让空间在保留场所精神的基本情况下满足当下居住者的基本需求。民宿的存在不仅是传承原始建筑构造和建筑风貌，更重要的是传承传统文化。

4.3 乡村民宿设计中建筑风貌的新旧共生途径

4.3.1 内部空间与地域文化共生

民宿产业作为服务型产业最重要的是为住客提供服务，满足住客需求是其基本准则，这与设计中以人为本的理念不谋而合。[16] 民宿内部空间，是决定游客满意度的关键环节，所以在民宿内部空间的设计上不仅要达到基本的功能要求，同时也要保留传统文化的特色，在此基础上对室内功能进行重新布局。

1. 空间功能适应现代需求

"新旧共生"理念在民宿中的应用就是在本土传统建筑的改造，传统民居大多年代久远，其功能只能满足当时居住者的需求而不能满足长期居住于城市中的游客对居住环境的需求，所以民宿空间的功能是改造时首先要考虑的，问题如下：一是对于功能性较差的空间进行重建，传统民居卫生间少、房屋空间较小，这些因素都影响着游客的居住体验；二是对传统民居布局与动线不合理的建筑进行评估并重新梳理，从整体考虑功能空间之间的关系，并有意识地处理好新老空间之间的关系，使之符合现代居住需求。

2. 内部装饰融入乡土化元素

如果说室内空间功能是民宿的基石，那么内部装饰则是民宿的精神内核。内部装饰直接决定着空间氛围，也是最能够让游客直观感受乡土文化的方式。室内装饰的好坏可以体现在材料、家具、墙壁与顶棚的纹理等方面，协调好各个因素之间的关系是营造一个成功的空间的必要条件。实现的手段有：可采用乡土材料作为主要的装饰材料、将原有的木架结构外露作为装饰、选用当地传统样式的家具或者通过对当地乡土文化元素进行提取，映射在室内空间的细节中。

4.3.2 外部空间与周围环境共生

民宿作为村落建筑的一部分，依托周围的环境而存在，因此民宿的外部环境应与周围环境和谐共生。这就为新元素的融入提供了一个必要前提,既要有新的精神物质,又要与地方文化融合。

1. 民宿入口的共生

民宿的入口是未进入民宿前给游客的第一印象,包含大门、墙面、地势、材料、环境等多种要素,并非单纯的建筑形式。[17]民宿的入口区域是内部与外部的过渡区域,同时也是民宿的名片,通常要用最独特的方式来吸引游客的注意力。其设计要与本土文化共生,可以在入口大门上加入本土元素,增添大门的美感,同时又呼应建筑风貌,更合理地融入当地环境。

2. 民宿外立面的共生

外立面设计最重要的是门头与开窗大小,门头体现民宿的风格与定位,开窗大小直接决定民宿外观的谐调与美感。[18]不同地区的乡村民宿因气候、温度、降雨量和光照等因素具有不同的开窗面积和外立面材料。海南属于冬暖夏热地区,全年日照时间较长,且降雨量较大,导致空气湿度大,温度较高,所以建筑外立面主要以满足遮阳和通风为主。该地区民居的外立面特点为:白色涂料为主、开窗面积较小、墙体薄厚不一。在设计中要充分考虑传统建筑立面形式,在适合当地气候的条件下进行创新设计。

4.3.3 民宿庭院空间与主题相呼应

乡村民居中的庭院是当地居民生活场所的一部分,它承载着乡土生活的缩影。乡村民居改为民宿后,首先在功能上发生显著的变化,庭院连接着建筑的室内外空间,对民宿整体氛围的营造与主题塑造至关重要。居民通过自发地改变庭院的布局结构来适应本土产业的功能需求,所以也使得不同地区、不同时代的乡村民宿中的庭院具有强烈的地域特色。在民宿改造过程中,设计师应充分结合当地自然资源和人文资源赋予庭院主题性的功能,增加空间本土氛围感,同时丰富建筑整体的功能。

4.3.4 民宿建筑再循环与可持续共生

1980年国际自然保护同盟就在《世界自然资源保护大纲》中提到:"必须研究自然的、社会的、生态的、经济的以及利用自然资源过程中的基本关系,以确保全球的可持续发展。"[19]民宿的开发中或多或少都会对自然环境造成一定的影响,所以在民宿建造时必须把可持续放在第一位,尽量减少对自然环境的破坏和干扰。这就要求设计师发挥主观能动性,采用可循环的建筑材料,旧物新用,既减少了对环境的损害,又降低了建造成本,更保留了历史地方特色,增加了对游客的吸引力。

第5章 灵山镇道郡村民宿的设计应用

本课题选址于海南省美兰区灵山镇道郡村,以文旅融合为背景基于新旧共生为设计理念对村内现有传统民居进行保护性更新设计,使村内原有民居在保持传统建筑风貌和结构的基础上适应现代化的居住需求。将从以下几个方面对此次课题的设计部分做相应的阐述。

5.1 道郡村概况与现状

5.1.1 区位交通条件

从地理位置上分析,道郡村位于"滨海东部生态休闲度假旅游发展区",是海南省"两带、一区、五片"生态廊区域内的村落,村落北部为沿海旅游发展带,而东南部为滨江城市生活带,良好的地理位置使道郡村具有不错的交通条件和开发价值。村落可依托良好的自然资源和文化资源在不破坏村庄传统空间肌理和生活方式的基础上,结合村庄特色的民宿文化以及非物质文化,通过开发农耕体验、手工活动、特色餐饮等项目来满足城市居民和长居型游客休闲需求(图5-1、图5-2)。

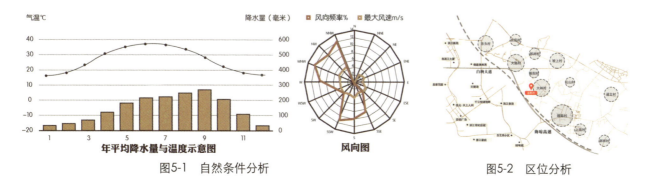

图5-1 自然条件分析　　　　　　　　　　图5-2 区位分析

5.1.2 自然环境

海南岛属于热带季风性气候，全年降雨量充沛，为植被的生长提供了天然的温床；由于靠近赤道海南岛常年光照充足，温暖湿润的气候使得陆地生物的种类也较为丰富。由于海岛的缘故，绵长的海岸线和松软的沙滩成为海南岛天然的旅游观光优势。道郡村位于海南岛的北部，村子东侧为农田，多以种植水稻为主。常年降雨充沛且光照充足，村内植被种类繁多，除大面积的林地外，更有芒果、木瓜、香蕉、椰子、菠萝蜜等果树资源，丰富的植被为道郡村带来了较高的绿化面积，同时也为村落的开发提供了充沛的自然资源。

5.1.3 人文特征

道郡村距今已有八百多年历史，村中祖先是唐代尚书吴秀贤25世孙吴登生。道郡村倚山坡而建，村后地有块军坡地，每年农历六月初十这里都举办军坡节，人马浩荡，聚集很多军马，因此该村被唤作"多军"村，后来"多军"换成谐音雅称"道郡"，"多军村"改为"道郡村"。全村的传统建筑大多始建于明清，但大多数传统建筑已被户主维修改造。村中历代人才辈出，受皇封的有清嘉庆年间进士吴天授、清道光年间正一品建威将军吴元猷、清道光年间正二品武显将军吴世恩等。吴元猷故居是咸丰初年吴元猷本人所建，规模宏大，面积5000多平方米，迄今有150多年的历史。故居背靠高坡，面临大塘，风景秀美，是一块风水宝地。村内的历史文化建筑除吴元猷故居外，还有布政司故居、公庙、祠堂等。

海南人爱喝茶，尤其以老爸茶为主。喝老爸茶是村民日常最常见的休闲方式。老爸茶，即大众茶。因先前这些大众茶几毛钱一壶茶，配些小点心，经济实惠，老人们借此聊天解闷，是上年纪的人休闲消遣的好方式。[20] 人们喜欢在树荫下，或围坐在小茶馆里，品尝老爸茶，谈天说地。

5.1.4 场地现状与布局

在实地考察阶段，笔者发现部分传统建筑因年代久远且无人居住和修缮已然倒塌，但吴元猷故居及部分历史建筑保存相对完整，村内建筑大致分为传统民居和新建居民楼，老旧民居大多因年久失修和人口流失的原因而废弃，现有的原住民大多搬到新建的居民楼内。海口夏季多东南风，冬季多西北风，所以村内建筑大多朝向西北，且为了更好地通风除湿和散热，则以东南和西北侧通透。西侧靠近水塘区域为传统民居，东侧山坡上多为新建民房。

5.2 建造思路

5.2.1 项目选址

在乡村民居开发时，选址是设计师首要考虑的因素。好的选址可以给民宿带来更大的附加值，使游客在民宿中有更好的体验感。根据前文的案例分析笔者总结出，在选址时应注意选择交通便利和自然资源丰富的位置。课题选取村内吴元猷故居北侧几处原始民居为改造对象，在交通上靠近村内核心建筑，且周围为林地资源丰富，可以为游客带来更好的景观资源。几栋民居其中有两处保存较为完整，有三处为不同程度的倒塌状态，本设计以新旧共生为理念对保存较好的民居进行空间梳理的同时，对倒塌部分做不同程度的修缮和新建，使之成为新老融合的民宿建筑群体。

两座保存较为完好的民居为一个二进院落，目前有人居住，虽然在外形上保存较为完整，但建筑外墙在修缮时贴上了现代化的瓷砖，同时窗户也更换为现代建筑材料的玻璃和铝合金窗框。这种现代建筑材料与建筑本体的生硬结合使得其与周边传统建筑无法和谐统一，破坏了传统风貌的完整性。建筑内部结构为了适应现代居住需求也做了部分改动，改变了一明两暗的原始布局。北侧转角区域的民居早已因风雨的侵蚀而倒塌，曾经的风貌荡然无存。

5.2.2 设计理念

整体设计秉承着新旧共生的理念进行改造设计，针对两栋保存较好的民居采用修复为主、更新为辅的建造方式，对建筑外立面及原有建筑结构进行修复的同时，梳理空间功能。对已倒塌的建筑采用原址新建的改造方式，在新建建筑时要注意利用庭院和灰空间做好新老建筑之间的过渡与衔接。

5.3 传统模式下的重组

5.3.1 传统建筑现存问题

1. 空间功能混乱

传统民居因曾经的生活习惯，正屋大多具有一明两暗的布局特点，左右两侧小房间为居住功能，中间大空间为会客功能。民居在建造时大多以会客、祭祖及居住功能为主，其他功能空间在布局和路线上大多没有太多的考究。从功能上看，公共区域与私密区域中间缺少过渡空间，在隐私性上也有一定的局限性。且左右厢房往往因开窗面积较小导致屋内采光及通风效果差，这种环境早已不适合现代生活对居住空间的需求。

2．材料腐朽严重

海南常年雨水充沛且日照充足，而传统民居大多没有设置统一的排水通道，导致部分墙面长期浸泡在雨水中，出现原有外墙大面积发霉脱落的现象，严重影响建筑风貌。常年潮湿的环境还使得不少建筑室内外木材腐朽，甚至有些建筑用来承重的木结构已经岌岌可危，存在不小的安全隐患。

3．原始风貌破坏

村内传统建筑大致分为三种：有人居住且修缮、无人居住未修缮、无人居住已倒塌。因人口流失问题较为严重，三种情况中无人居住未修缮的情况占大多数，有些民居虽有人居住，但修缮的结果却不理想。修缮时肆意使用现代技术及材料，使建筑的原始风貌遭到破坏。

5.3.2 原有院落的重组

选址范围内共有五处民居，除一处二进院保留完整，剩下三栋皆有不同程度的倒塌现象。二进院有两个入口，现只开放沿路的一处入口，而剩下三处民居目前只完整留有部分院墙，本设计要在新旧共生的理念下将这一区域改造为集居住、餐饮与休闲为一体的综合体，故将原有二进院的围墙拆除与其他几处建筑重新规划为新的院落范围。

5.3.3 空间功能的重组

乡村民宿不同于酒店的关键因素就在于乡村民宿不仅仅给游客带来基本的居住需求，还会让游客充分感受当地的乡土文化体验乡土活动。通过对道郡村乡土文化的提炼，决定在民宿综合体中融入老爸茶馆和军坡节纪念品售卖两个特色空间。所以，改造后的民宿综合体在功能空间上不仅局限于居住和餐饮，还包括茶室、书吧、周边售卖等公共区域。

二进院中沿路一栋民居改为乡村民俗餐厅，餐厅上方设置屋顶花园。另一栋在原有基础上新加建一层作为民宿的客房区域，屋顶花园与民宿二楼相互连接，中间形成小型庭院空间。北侧新建一栋体量相仿的建筑，一楼为接待室与会客空间，而二楼为休闲书吧。将北侧原有破损的院墙和倒塌的房屋拆除，并在此新建一栋一层的建筑体，作为客房空间的补充。新建一层建筑分为东西两个部分，中间以玻璃材质的公共区域连接。几栋建筑之间形成一个长方形的院落，院落可作为特色活动空间。

图5-3　原始结构　　　　　　　　图5-4　客厅现状　　　　　　　　图5-5　厢房现状

5.4　建筑结构解析

5.4.1　"新""老"材料与技术的融合

如果说功能是民居的改造基石，则材料与技术就是实现它的方法与途径。整个民宿的更新以传统结构为主，结合现代材料和技术进行改建和新建。在乡土材料方面使用了毛石、青瓦、青砖和木材用以修复和更换建筑破损位置，并通过现代技术的钢筋混凝土方式加固建筑的内部结构，使原有墙面脱离承重角色，作为乡土文化的符号与新建筑形成对立统一的关系。门窗统一使用了钢材和玻璃以优化室内的采光效果，对面积较大的开窗将原有的石材百叶换为竹材百叶以达到有效遮阳。

5.4.2　外部建筑风貌

"新""老"建筑外墙皆采用白色防水涂料，新建筑沿路的一侧开窗，秉承原始建筑的开窗节奏，在靠近景观资源的一侧则根据每个房间的最佳视角选择开窗位置。新建的围墙采用乡土材料里的青砖来建造，为加强院落与周围的通透特在围墙上"留白"，"留白"的区域用叠青瓦的方式装饰。新建民宿的入口设置在靠近路的一侧，可以对游客具有更好的吸引力。

5.4.3 内部装饰元素

不同房间内部根据功能融入不同的乡土元素，如餐厅则保留部分原始木构框架，改造后的餐厅空间使用了现代技术进行结构加固，木架不再作为承重结构，而是以一种历史陈述者的方式出现；与餐厅相邻的客房在原始高度加高了一层，但保留了原有的墙面，在内侧用玻璃与客房部分隔开，从室内来看老砖墙成为客房里装饰的一部分，让居住者在室内充分地感受乡土建筑的魅力。

第6章 结论与展望

本课题借助实地考察、网络数据分析等方法研究新旧共生理念下的民宿开发要素和方法。在民宿产业蓬勃发展的当下，如何把握"新""旧"之间的关系是本文的重点研究内容。通过梳理乡村民宿的发展现状和存在问题对其分类和开发模式进行研究，并针对国内新旧共生模式的民宿优秀案例进行分析对比，总结民宿新旧关系问题的处理方式，并通过深入挖掘和分析提出具体的设计方法，从功能布局转换、新旧空间的共生、建筑风貌的融合等方面入手，不断调整设计思路。但因国内研究资料较少，且笔者知识储备不足，对新旧共生的理念研究还不够深入，理论与民宿实践二者的结合还有待提高，设计过程中出现了在乡土特色的表达上还不够准确和强烈，公共空间功能不够完善等问题。为接下来的研究留下了很大的空间，希望在以后会有更多的人进行更加深入的研究，笔者也会在今后认真思考，探索更深入的理论内容与更完善的设计方法。

参考文献

[1] 刘妙娟. 岭南乡村民宿景观设计研究[D]. 广州：华南理工大学，2017.
[2] 德清县人民政府办公室. 德清县民宿管理办法（试行）[Z]. 2014.
[3] 中华人民共和国国家旅游局. 旅游民宿基本要求与评价[S]. 北京：全国旅游标准化技术委员会，2017：2017-08-15.
[4] 德清县市场监督管理局. 乡村民宿服务质量等级划分与评定[S]. 浙江，2015.
[5] 中华人民共和国国家旅游局. 旅游民宿基本要求与评价[S]. 北京：全国旅游标准化技术委员会，2017：2017-08-15.
[6] 张永. 促进民宿产业与乡村文旅融合发展[J]. 北京观察，2021（9）：28-29.
[7] 江帆. 乡村民宿空间重构研究[J]. 设计，2021，34（17）：107-109.
[8] 百度. 共生[DB/OL]. https://baike.baidu.com/item/%E5%85%B1%E7%94%9F/3149491?fr=aladdin, 2003-4-19/2021-9-15.
[9] 蒋鹏. 基于共生理念的地方特色乡村民宿设计研究[D]. 南昌：江西财经大学，2021.
[10] 洪再生，沈玉麟. 在中西新旧的有机共生中寻求个性的创造——新时期天津建筑风格探讨[J]. 天津社会科学，1987（4）：17-20.
[11] 周卫. 历史建筑保护与再利用——新旧空间关联理论及模式研究[M]. 北京：中国建筑工业出版社，2009.
[12] 王克祥. 形式美在现代城市广场设计中的运用初探[D]. 南京：南京农业大学，2008.
[13] World Commission on Enviroment and Development. Our Common Future. New York: OxfordUniversityPress. 1987: 12
[14] Paulys Realencyclopedie der Classischen Altertumswissenschaft. VLL, 1, col.1155ff.
[15] Already Vitruius wrote: "Southern peoples have the keenest wits, but lack valour, northern peoples have great courage but are slow-witted". VL, i, ii.
[16] 黄琳. 基于互融共生理念的青岛崂山风景区民宿建筑设计方法研究[D]. 青岛：青岛理工大学，2019.
[17] 罗施贤. 民宿聚落景观形态研究与应用[D]. 成都：四川农业大学，2018.
[18] 翁之韵. 赣中村落传统民居改造与利用[D]. 南昌：南昌大学，2019.
[19] 成强. 环境伦理教育研究[D]. 青岛：中国海洋大学，2015.
[20] 老爸茶. 百度[DB/OL]. https://baike.baidu.com/item/%E8%80%81%E7%88%B8%E8%8C%B6/11018842?fr=aladdin.

道郡村新旧共生理念下的乡村民宿设计
Country House Design under the Concept of Symbiosis between Old and New in Daojun Village

《新生——乡村民宿综合体空间设计》

一、民宿综合体建筑设计
1. 概念生成

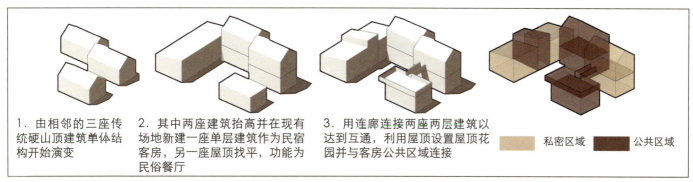

概念生成

2. 功能分析及策略推导

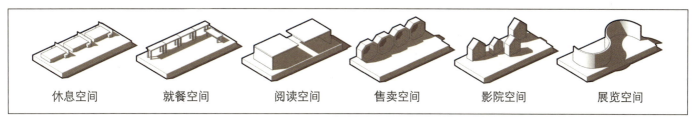

功能分析图

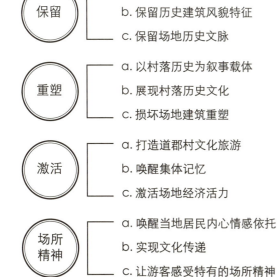

设计策略推导

鸟瞰图

3. 建筑剖面分析

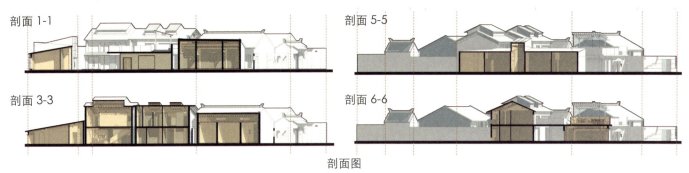

剖面 1-1　　剖面 5-5　　剖面 3-3　　剖面 6-6

剖面图

4. 材料分析

青瓦　防腐木　玻璃　钢材　青砖　饰面板　防水涂料　大理石　水泥　竹材

材料分析

5. 材料分析

庭院效果图　　公共休闲区效果图

建筑群体效果图

二、民宿综合体室内设计
1. 节能策略&视野分析

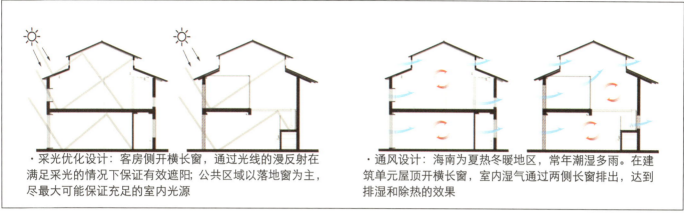

采光通风分析图

- 采光优化设计：客房侧开横长窗，通过光线的漫反射在满足采光的情况下保证有效遮阳；公共区域以落地窗为主，尽最大可能保证充足的室内光源

- 通风设计：海南为夏热冬暖地区，常年潮湿多雨。在建筑单元屋顶开横长窗，室内湿气通过两侧长窗排出，达到排湿和除热的效果

视野分析图

2. 建筑结构功能

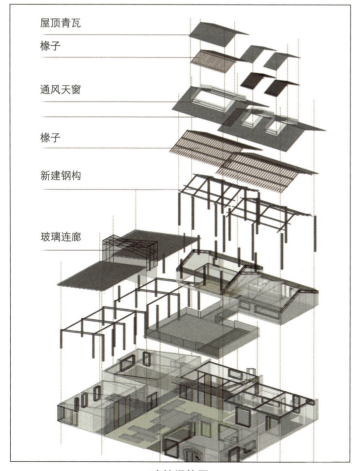

建筑爆炸图

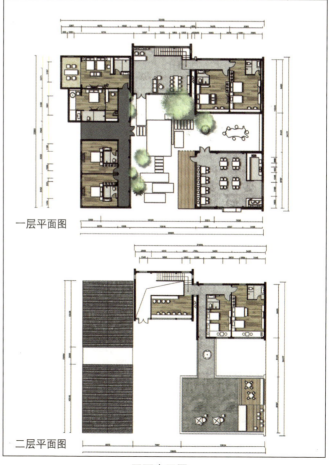

一层平面图

二层平面图

平面布置图

3. 民居室内效果图

民俗餐厅效果图

商务房效果图

邻窗茶台效果图　　　　　　洗手台效果图

休闲区效果图

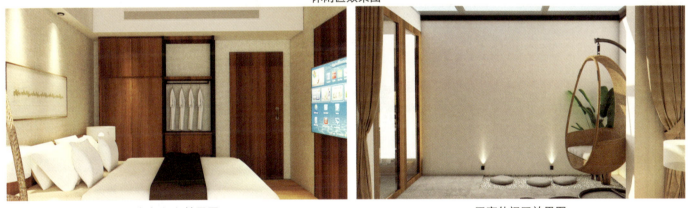

大床房 A 效果图　　　　　　　　　天窗休闲区效果图

大床房 B 效果图

4. 故居效果图

百年故居展厅效果图

海疆镇将展厅效果图

新旧共生理念下名人故居的保护与再利用设计研究
Research on Protection and Reuse Design of Celebrity's Former Residence under the Concept of Old and New Symbiosis
海口市道郡村名人故居更新设计
Haikou Daojun Village Celebrity Former Residence Renewal Design

吉林艺术学院
王秋月
Jilin University of Arts
Wang Qiuyue

姓　　名：王秋月 硕士研究生三年级
导　　师：刘岩 副教授
学　　校：吉林艺术学院
专　　业：艺术设计
学　　号：190307118
备　　注：1. 论文　2. 设计

新旧共生理念下名人故居的保护与再利用设计研究
Research on Protection and Reuse Design of Celebrity's Former Residence under the Concept of Old and New Symbiosis

摘要：《世界文化遗产公约实施守则草案》中提出对历史建筑最好的保护方式是继续使用它们，而名人故居作为历史建筑的一部分更是如此。随着中国近年来现代化的高速推进，发展过程中不可避免地建设新建筑，但保护历史文化建筑也是非常必要的。名人故居由于建筑其特有的历史性和文化性，在更新发展中出现了新旧之间不和谐的现象。

本文从新旧共生理念出发，以名人故居保护与再利用中"新"与"旧"之间的平衡发展为本文的研究重点。首先对新旧共生概念进行分析以及国内外现状进行研究，归纳出新旧共生思想对名人故居改造的必要性与重要意义，并针对更新过程中名人故居发展的现存问题，提出名人故居新旧共生的改造策略。其次以道郡村内两所故居更新改造为例，通过对项目背景、现状分析提出目前存在的问题，运用情景恢复、动态展示、功能更新等新旧共生方法，找到名人故居中新元素与旧元素共生的契合点，从而达到新旧空间、建筑、人群、文化共生。希望通过此案例的设计实践，为今后名人故居保护与再利用提供新的思路。

关键词：新旧共生；名人故居；保护与再利用；共生；文化

Abstract: The draft Code of Practice for the Implementation of the World Cultural Heritage Convention suggests that the best way to protect historic buildings is to continue using them. This is especially true for a famous person's former residence as part of a historic building. With the rapid development of China's modernization in recent years, it is inevitable to build new buildings in the process of development, but it is also necessary to protect historical and cultural buildings. The former residence of celebrities has been inharmonious between the old and the new in the renewal and development due to its unique historical and cultural characteristics.

Starting from the concept of coexistence between the old and the new, this paper focuses on the balanced development between "new" and "old" in the protection and reuse of former residences of celebrities. Firstly, the concept of new and old symbiosis is analyzed and the development at home and abroad is studied, and the necessity and significance of the idea of new and old symbiosis for the reconstruction of former residences of celebrities are summarized. In view of the existing problems in the development of former residences of celebrities in the process of renewal, the reconstruction strategy of new and old symbiosis of former residences of celebrities is proposed. Next to the county village two former upgrading, for example, by analyzing the current situation of the project background, the existing problems, using the scenario restoration, dynamic display, such as function to update the old and new symbiotic method, find the correspondence of symbiotic new elements with the old residence of celebrities elements, so as to achieve new and old space, architecture, people, cultural symbiosis. It is hoped that the design practice of this case can provide new ideas for the protection and reuse of former residences of celebrities in the future.

Keywords: Relationship between Old and New, Former Residence of Celebrities, Protection and Reuse, Symbiosis, Culture

第1章 绪论

1.1 研究背景

随着城市化的快速发展,名人故居的保护与再利用存在着新旧不协调、发掘片面等问题。在《中国文物古迹保护准则案例阐释》中指出:"保护不仅包括工程和技术干预,还包括保护文物和历史遗迹的宣传、教育、管理等其他活动,应动员全社会力量,多层次地积极参与文物古迹的实物遗存和历史环境保护工作。"因此,名人故居的保护与利用不应单一化、机械化,作为历史的见证者和发展的促进者,它应该以独特的历史场所精神融入现代社会。因此,有必要为名人故居的再利用寻找一种新的、更全面的思路与方法,使其朝着更具创造性的方向发展。

1.1.1 政策导向

为了保护优秀的历史文化遗产,国家颁布了《中华人民共和国文物保护法》,该法第二条指出:重要的现代历史遗址、实物和与具有重要纪念意义、教育意义或历史价值的著名人物有关的代表性建筑应受法律保护。为此,成立了国家级、省级、县(市)级文物保护单位。随着政府文物保护意识的逐步深入,我国大部分经检查核实的名人故居已获得保护或开发利用,且多地都已发布了关于名人故居保护利用指南。

1.1.2 城市化发展的必然性

随着经济的发展,新生建筑占据了主体地位,但社会发展也不能缺少自己国家的传统文化。名人故居建筑空间不仅是城市身份的基石,也是城市发展不可或缺的文化资源。随着城市化的不断发展,传统与现代的和谐共存对城市发展起着至关重要的作用。

1.1.3 自身发展的局限性

在保护利用过程中,缺乏对故居的深入发掘,过于注重外在形式,挖掘形式单一,忽视了故居所蕴含的丰富的历史文化信息、教育和经济价值,以及名人精神、历史、文化、科学、艺术等方面的价值,还忽视了故居与周边空间的联系,使其孤立存在。此外,人们对名人故居文化信息传播方式的要求逐年提高,但许多故居发展仍以传统方式进行,更新缓慢,创新乏力。因此,历史名人故居深厚的文化内涵没有得到有效利用,其在民众中的影响力较弱,更新名人故居保护与再利用的设计策略迫在眉睫。

1.2 研究对象、目的及意义

1.2.1 研究对象

本文以名人故居保护与再利用所产生的"旧"保护与"新"发展之间的矛盾为主要研究对象,运用新旧共生理念,探讨如何平衡传统与现代、保护与发展的关系,阐述新旧共生在历史建筑设计领域的意义和研究现状,总结出更有利于当前名人故居保护的更新策略与方法,从理论到应用构建完整的新旧共生更新策略体系。以海口市道郡村名人故居保护与再利用设计实践为例,通过意向恢复、场景恢复、空间重构、材料再利用、功能置换等方法,使"旧"与"新"的矛盾相互渗透、相互联系,在保留传统文化内涵的同时进行改进和创新,对名人故居进行科学性保护与合理利用,更好地发挥名人故居在城市历史文化传承中的作用。

1.2.2 研究目的与意义

本文以"新旧"共生理念为出发点,分析总结了国内外名人故居的保护模式和新旧共生理论,并结合实地调查,为名人故居的再利用与更新模式提供理论支持和设计方法。通过新旧共生理念的介入,提高名人故居的再利用率,吸引人群,从而激活古村落,带动周边经济发展。探讨将新旧共生理念应用于名人故居的更新改造的方法,明确不同层次的建设原则,提出具体可行的更新策略,并将"新旧共生"理念贯彻融入名人故居空间更新的全过程,实现名人故居的可持续发展。

1.3 研究方法与框架

1.3.1 研究方法

本文通过文献归纳、理论应用和实地调查等研究方法,总结名人故居发展中的矛盾,探索解决办法,最终实现"新"与"旧"的完美共生。

(1)文献研究方法

通过收集阅读名人故居保护利用模式、历史保护、新旧共存理念等相关文献,总结其认知结构,为论文提供理论支撑和应用依据。通过阅读和整理综合资料,我们还可以对其现有案例进行对比,找出不同的理论突破点,提炼出更适合名人故居的更新方式。

(2) 理论应用

了解新旧共生理念的由来和发展，总结出对名人故居再利用的启示和设计方法。其次，从物质和非物质两个层面了解名人故居的发展现状，总结存在的问题，将新旧共生思想中总结出的不同理论应用到名人故居中，实现研究方法的丰富性和科学性。

(3) 实地调查法

通过对海口市道郡村内的吴元猷故居、布政司故居的实地调查，归纳总结其问题，并结合新旧共生思想，从多个角度对名人故居更新进行综合研究分析，为名人故居的保护与再利用提供新思路。

1.3.2 研究框架

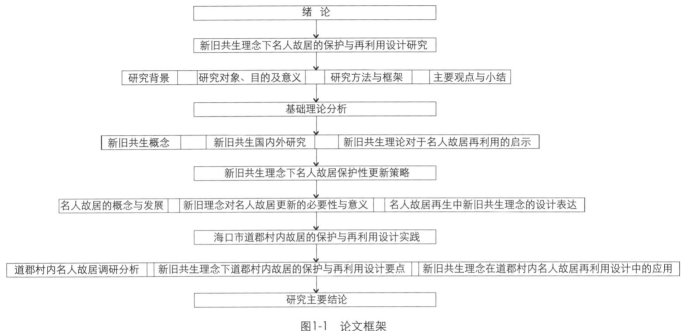

图1-1 论文框架

1.4 研究主要观点与小结

本文的主要关注点在于新旧空间营造，以及新旧材料使用为主的新旧共生策略。以道郡村名人故居改造更新实践为例，既注重非物质文化的提取与运用、人与环境的关系，又注重新旧建筑空间的体量和新旧材料的融合，使现代建筑的活力也在传统建筑的空间中呈现出来，古建筑与现代感性共存，为当前再利用失败的案例提供了一种改造方案。

第2章 新旧共生理念的起源与发展

2.1 新旧共生理念相关概念

2.1.1 共生思想

对于共生一词在不同领域的概述是不同的。它最早出现在生物学领域，是指不同的生物为了各自的利益而相互依赖生存。在此基础上，延续到建筑层面的共生思想可以分为三个阶段：第一阶段为20世纪60年代的新陈代谢和开放式结构概念，它代表了未来高科技建筑的成长和代谢；第二阶段是20世纪70年代的变换，中间场所和模糊理论创造了城市和建筑中的"灰色空间"；第三阶段是20世纪80年代以后，日本建筑师黑川纪章开始补充、完善和发展之前的共生概念，最后定论为共生理论。共生思想体现为内外共生、人与自然共生、人与技术共生、异质文化共生这几个方面。

2.1.2 新旧共生

"新旧"共生概念是共生理论在建筑领域的延伸理论之一。从建筑物质文化角度来看，"旧"意味着随着时间的变化，建筑的空间功能已不能满足时代的功能需求，但建筑本身还依旧具有悠久而浓厚的历史文化和情感氛围，因此需要对其进行新旧兼备的设计。"新"指初始的、即时的，能体现出与旧物质不同的状态和性质。

在建筑空间的更新中，它可以分为物质层面和非物质层面两个方面：物质层面是适当地对旧空间的不当功能进行改善，使之适应当今社会"新"的需求。非物质层面意味着空间改造完成后，进入空间的人们将在"旧"的基础上对空间有新的认识、体验和评价，从新的视野、新的方向、新的方式去理解过去的"旧"，使空间参与者能够准确地探索旧空间中的新含义。新旧共生的概念的提出可以更好地平衡建筑空间再造中"新"与"旧"的关系，提炼传统建筑的精髓，从而重新设计、创新传统建筑，新旧共生概念为解决传统中的"旧"与现代的"新"的矛盾提供了新思维方向。

不同领域下共生思想的相关论述　　表2-1

研究领域	相关论述	关键点	结论
生物学领域	共生是指两种不同生物之间所形成的紧密互利关系	共生是一种平衡状态	共生以开放包容的状态，融合了多元的共生单元，形成一个相互协作的整体，最终实现互利共荣
经济学领域	共生关系是一种关于资源的交换关系，是关于资源的权利和义务的转换	共生是合作、公平	
社会学领域	胡守钧教授认为共生是人的基本生存方式，要以共生来指导社会	共生是系统论	
建筑学领域	异质文化共生、人与技术的共生、内部与外部的共生、人与自然的共生	共生是尊重、共享	

2.2 新旧共生理念国内外现状研究

面对社会发展与旧建筑空间的不平衡问题，单纯的历史保护和文化传承观念已无法解决。因此，为了解决二者之间的矛盾，国内外许多学者和设计师对"新旧"共生理论进行了研究与探索。本节介绍了新旧共生理论在国内外的应用现状，分析了该理论在国内外不同地方的应用特点，总结了有利于名人故居发展的更新策略。

2.2.1 国外现状研究

随着时间的推移，西方国家意识到目前对历史建筑文化遗产的保护远远不够，因此纷纷推出《威尼斯宪章》《马丘比丘宪章》等准则，为历史建筑的发展提供了强有力的法律支持。《宪章》指出历史建筑文化的保护不仅要保护建筑本身，还要保护遗产建筑中所蕴含的地方风俗和社会特征，以便继承与发扬。然而，随着经济的快速发展，在保护历史建筑的同时，出现了大量的现代建筑，由于二者发展各不相同，所以存在着矛盾，因此学者们对适合历史建筑保护的方法进行了较为深入的探讨。

在《美国大城市的死与生》一书中，简·雅各布斯认为城市应该是多样化和动态的，这是新旧建筑相互作用的结果。其指出建筑师不应盲目追求新的功能建筑，而应保护和更好地利用历史建筑，使其焕发出新的动能，使城市的发展具有悠久的历史。布伦特·C.布罗林在他的文章《建筑与文脉：新老建筑的配合》中分析了建筑师使用不同的方法来解决新旧建筑之间的问题，并列举了一些与周围环境保持和谐的建筑实例，以及提倡使用现代科学技术促进历史建筑的发展，从而实现文化的延续。肯尼斯·鲍威尔在《旧建筑的改造与重建》一书中论述了历史建筑的重建，强调历史建筑带来的文化记忆，认为应从保护模式、城市更新、现代建筑运动和未来发展等方面进行研究。日本建筑师黑川纪章在《新共生思想》一书中深入地探讨了本土文化与现代文明的共生模式，主张以新的思维方式和视角处理新旧空间的共生关系。

也有许多外国设计项目运用"新旧"共生的概念，例如安藤忠雄的海关大楼博物馆（图2-1），它将17世纪的建筑变成了今天可用的艺术博物馆。国外的这些研究，无论在理论上还是实践上，都是基于本土地域文化进行建

图2-1 安藤忠雄的海关大楼博物馆（来源：网络）

筑空间的再生设计。在西方，这一理论的研究较早且相对成熟，对我国名人故居等历史建筑的空间改造具有很好的指导和借鉴作用。

2.2.2 国内现状研究

每个国家都有自己独特的历史建筑，中国的历史建筑数量在世界上名列前茅。因此，面对历史建筑与现代文明发展之间更多的矛盾，研究者们一直在探索如何更好地平衡两者的发展。随着"新旧"共生理念的引入，为研究者们提供了一个新的研究方向。新旧共生理念的提出，是为了解决这一矛盾，促进各方面的和谐发展，中国建筑师也在不断地补充和实践"新旧共生"的理念，使之不断丰富发展。

在《建筑的生与死：历史性建筑的再利用研究》一文中，陆地提到从社会、文化的角度，以历史建筑的保护和再开发利用为出发点，挖掘适合当代社会历史建筑保护需求的新思路，解决现代化进程中的历史建筑再生问题。吴良镛在《北京旧城与菊儿胡同》一书中，主张保护历史建筑格局的完整性，保持旧建筑独特的地域特色，突出有机更新理论。这些理论认为，在当前的城市化发展中，处理好新旧关系是非常重要的。万丰登在《基于共生理念的城市历史建筑再生研究》一文中提出以"共生理念"为出发点，建立思想与理论的联系，提高文化、功能、环境的适应性，更好地促进中国历史建筑的保护与发展。陈思丞在《基于新旧共生理念下的传统建筑空间再生研究》一文中，从传统建筑价值的角度指出了中国历史建筑空间再造的不同问题。基于新旧共生的理念，提出通过空间功能的更新和新旧材料的共存来实现历史空间的再生。在《历史环境中的新旧建筑结合》，王家倩探讨了新建筑与历史建筑的共生关系，认为历史环境中的新旧建筑组合可分为插入式和扩展式两种类型，并从模式和空间两方面探讨了新老建筑的组合模式和共生发展。在《当今建筑空间改造中"新旧共生"设计理念研究》中，对于历史建筑的改造，王峰进一步提出了基于"新旧共生"思想的理论框架，整合、总结了新旧共生的设计理念和设计表达，形成了相关联的理论和形式。

然而，通过对新旧共生理论相关资料的梳理，发现新旧共生理念在名人故居历史建筑类型中的应用很少。所以，总结上述应用于建筑中新旧共生理论的方法，取其精华运用在名人故居保护再利用上，在更新改造中妥善处理新旧建筑的关系，从而在文化传承和空间布局上更好地满足当代人的需求，使老建筑焕发出新的活力。

新旧共生理念相关文献论述　　　　表2-2

作者	文献名称	主要论述
陆地	建筑的生与死：历史性建筑的再利用研究	提到从社会和文化的角度出发，解决现代化进程中历史建筑再生问题
陈思丞	基于新旧共生理念下的传统建筑空间再生研究	从传统建筑价值的角度出发
王家倩	历史环境中的新旧建筑结合	提出新旧建筑组合模式，探讨历史建筑共生问题
王峰	当今建筑空间改造中"新旧共生"设计理念研究	进一步提出"新旧共生"理论框架，形成了相关联的理论和形式

2.3 新旧共生理念对于名人故居再利用的启示

名人故居是历史建筑的一部分，与历史建筑空间更新方式具有一定的相似性。在新旧共生理论的指导下，历史建筑空间能够更好地实现新旧文化的融合与转化，使历史建筑的价值得以延续、传承。

2.3.1 真实性

名人故居是一种特殊的文化载体，具有深厚的历史文化价值。因此，在对其建筑进行更新改造时，应注意保证其历史文化的真实性。名人故居的"真实"不是原始的生态保留还原，而是群体记

图2-2 新旧共生理念对于名人故居再利用启示

忆中的历史真实。因此，在更新时应尽量保持原有空间、布局、形式和材料的原始标识性。在建筑改造中，可以采用能够反映传统"做法或意图"的技术，延续传统的施工技术。更新后的建筑形式应与名人故居特色的历史氛围相协调，在形式特征和空间布局上保留和延续当地的历史、文化和传统生活，保持历史环境的真实性。

2.3.2 整体性

名人故居的更新策略应该从更全面的角度考虑，而不是局限于单个建筑物或其自身区域的更新。名人故居不仅有其自身的空间形态和功能布局，而且与周围环境形成了密切的关系。因此，在整合新旧元素时，应着眼于整体历史环境，加强旧建筑与新环境的联系，使新旧元素更加协调发展。名人故居更新还应注重整体保护和开发，在保护的前提下进行创造性开发，因地制宜地延续地方特色历史文化，在开发中传承历史，在发展中也要注重功能与形式的统一，新功能与传统形式相结合，保留形式的同时增强功能的适应性，二者合一，实现共生。

2.3.3 动态性

动态原则可以使建筑在保护与再利用设计中有更大的调整空间和灵活性。随着城市化的不断发展，名人故居将发生不同的变化，以适应现代化的发展。因此，整个更新设计应该更加灵活，不仅要制定短期的目标，还要放眼未来，使建筑物的更新和发展更具长远性。

动态原则更新可以分为两点：（1）名人故居既有传统的历史建筑，旅游展示空间，还应有不断用于不同功能的空间，该空间应具有相应的使用功能和意义。与作为静态保护的历史建筑不同，更新方式不应该是对过去的模仿和重复，而是符合现代价值观的动态演绎，它是一个从传统到现代的混合过程。（2）更新动态，名人故居的再利用过程应该是可逆的，即整个更新过程是一个连续、交替的动态过程。每一次更新都不应该是整个故居的最终形式，而应该为将来的更改留下灵活的操作空间。

2.4 本章小结

本章阐述了新旧共生理念的来源与国内外的发展现状，梳理了目前新旧共生理念的应用策略与方法，提炼出有利于名人故居保护再利用的设计原则。

第3章 新旧共生理念下名人故居保护性更新策略

3.1 名人故居的概念与发展

3.1.1 名人故居的概念

"名人故居"是指历史上有一定影响的人居住的地方。然而，名人故居的定义、标准和范围并不明确，因为名人故居的概念会根据名人的成就、寿命等因素而有所不同。它包括不同的生活场所，如名人的出生地和工作场所等，并且经过时间的洗礼，名人故居仍然具有一定的价值。它不仅是建筑文化遗产的重要组成部分，也是名人精神和名人文化的延续。

3.1.2 名人故居的发展现状

名人故居众多，发展状况也不尽相同。目前，根据故居的位置、建筑类型和产权等因素，有不同的保护利用方式，如国外有挂牌保护、作品与建筑融合等模式（图3-1），国内有纪念馆、后人居住经营、企业经营管理等保护模式（图3-2）。由于开发条件不同，保护方法也不同。例如对于保存较为完整的故居延续历史，提出了"保护为主，利用为辅"的观点。对于距离较远的故居，提出将商业模式融入其中，如"旅游+名人故居""书店+名人故居"等形

图3-1 国外名人故居保护模式

图3-2 国内名人故居保护模式

式，提高名人故居利用率。随着科技的发展，将整合数字技术，加强个性化服务，强调公众参与，为故居发展提供现代化手段，使故居更好地发挥其价值。虽然名人故居的保护和利用手段很多，但也存在着"重物轻人"等问题。

3.2 名人故居现存问题

3.2.1 物质文化层面

在本文中，物质文化是指名人故居的建筑价值方面。大部分名人故居历史悠久，建筑环境能够反映当时的建造水平和人文特征。然而，随着社会的发展，当时的建筑方法可能不适合今天的使用。因此，存在改建、乱建和失修等现象。此外，目前对于中国名人故居的保护情况参差不齐。在一些地方，对名人故居的保护做得很好。例如，位于大陆新村的故居完全还原了鲁迅一家的生活场景，并收藏了大量资料。但有的地方对于历史建筑的保护方式，名人故居的形式、功能和展示方式相对单一，对于历史建筑的还原一味的重复现状，缺乏多样化的利用，在保护理念上只注重展示，缺乏对名人原始生活场景的还原尝试。

3.2.2 非物质文化方面

名人故居是记忆、回忆和学习名人的一种方式。因此，对名人故居的保护不仅要关注其建筑价值，还要关注名人带来的文化价值，充分开发和挖掘名人故居的文化内涵，使其更加丰富、更有价值。在保护故居建筑价值的基础上，进一步挖掘名人精神，提炼开发图形、信息、服务等文化创意产品，加强宣传，弘扬社会正能量，不断扩大社会影响力，更好地服务社会。然而，目前对名人故居文化价值的保护和再利用却很少。当今的名人故居需要一种新的保护与再利用模式，以改变名人故居建筑价值与文化价值发展不平衡、不充分的现状。在注重建筑外观保护的同时，兼顾历史文化和名人精神的传承和发展。

名人故居相关文献综述　　　　表3-1

	作者	文献名称	主要论述
保护方式	杨昌鸣、汝军红、陈霈	保护及利用与城市生活有机相融—天津静园（溥仪故居）	提出"保护为主，利用为辅"的观点
	何碧云	四川名人故居旅游开发与保护研究	发现名人故居开发数量少、旅游地位不高、缺乏整体保护等问题，提出深入挖掘名人故居的文化资源、整合周边资源等
公众参与	夏令嘉	上海名人故居建筑作为城市文化资源的意义及其保护和开发之综述透析	认为民众的关注、参与是故居可持续发展的必要条件，呼吁应增强民众的参与度
保护与利用的矛盾	冯江、汪田	两起公共事件的平行观察—北京梁林故居与广州金陵台民国建筑被拆始末	根据开发商利益与历史文化建筑保护之间的矛盾，认为应加快完善相关制度与技术性解决方案
利用方式	潘黎黎	新时期下如何更好地发挥名人故居类纪念馆的教育服务功能	提出建议引进数字化技术，加强个性化服务

3.3 新旧共生理念对名人故居保护与利用的必要性与意义

3.3.1 必要性

每个城市都有自己独特的历史文化。即使现代化进程加快，也不能舍其根本，继承故居的历史文化就显得尤为重要。在名人故居改造中，存在着保护和传承传统历史文化与建设新文化的矛盾。本文试图运用新旧共生的概念，为解决名人故居更新中的矛盾提供一种新思路，使其在传统与现代之间相辅相成。

1. 名人故居中的历史文化发展需要共生

名人故居保留着名人社会生活的记忆。在名人故居的再利用中，我们应该珍惜和重视这一文化价值，并将其融入新旧共生空间更新的"骨髓"中。随着现代文化的发展，历史文化的丰富性得到了蓬勃发展，文学艺术也得到了提高。因此，对于名人故居的保护，历史文脉的传承不是终极目标，而是要继承和传承空间文化的特征，结合现代文化的丰富性修复和延续历史文脉，用新旧理念解决新老文化的发展问题。

2. 名人故居中人文情感发展需要共生

经过岁月的洗礼，名人故居形成了独特的情感氛围。如今，人们会通过故居追寻名人的足迹，寻找和回忆时代变迁留下的记忆。名人故居空间情感的塑造影响着人文情感需求的塑造。同时，人文情感需求也将重塑空间。

因此，人的情感与建筑空间密切相关，每个人的人文情感是不同的。因此，要保留不同人群需求的差异，把各层次的人联系起来，不能盲目地划分区域。名人故居的再利用设计是人与建筑相互设计、相互转换的过程。在这个过程中，故居的更新设计应考虑到人们情感的多样性，促进故居更全面、更和谐地发展。

3．全球化发展需要共生

无论是新空间还是旧空间，都反映了时代的特征和人们的生活方式。同时，名人故居的个性化与故居之间大同化需要和谐共存，新旧共生也是可持续发展的必然要求。

3.3.2　意义

名人故居作为一座独特的历史建筑，蕴含着极高的文化价值。新旧共生理念通过环境和建筑技术引导人们的思维方式和行为方式发生变化，从而促进名人故居文化的衍生。在解决问题的过程中，新旧观念也可以促进名人故居技术的发展。因为新旧再生的直接动力需要相关技术来承载，技术领域的问题解决也有利于促进新旧空间的再发展。本文将运用新旧共生理论来平衡历史与现代，解决名人故居更新中遇到的问题与矛盾。同时，通过对新旧共生策略的梳理和名人故居保护模式的研究，实现"旧"与"新"的共生，从而实现名人故居的复兴。

3.4　名人故居再生中"新旧"共生理念的设计表达

3.4.1　新旧共生理念下故居物质文化保护更新表达

1．历史建筑更新

名人故居是历史文化名城，其更新主要以修缮为主。修复方法可以主要分为两种：一种是推陈出新（图3-3），即加固或修复旧建筑的受损部分，更新旧建筑的内部空间，将其改造成更适用于现代化的场所。第二个是旧并入新，即将新的合并到旧的中（图3-4）。这种方法更适用于受损严重的建筑物。通过立面拼接修复受损的墙壁和结构。在原有建筑结构的基础上，适当扩大和增加建筑结构，将旧建筑的可用部分与新空间结合起来，形成一个整体。这两种形式在不影响其历史价值的前提下，将部分旧建筑的结构与现代技术结合成新的空间，促进旧建筑更好地发展。

2．新旧建筑组合

根据具体情况，有不同的方法来处理新旧建筑之间的体积关系。例如，在相对平坦的名人故居区，可以利用平行空间解决新旧建筑之间的容积关系。平行式强调充分发挥新旧空间各自的特点，有利于旧建筑的延伸和发展。对于新旧建筑组合，还可以分为共享型和分离型。共享型（图3-5）是指通过走廊、中庭和其他空间将新建筑与旧建筑连接起来，在两个体量之间创建共享空间。共享空间起着过渡性的作用，缓解了新旧建筑之间的矛盾，也为人们提供了可活动的公共场所。顾名思义，分离和共享是相反的。分离型（图3-6）不会以任何方式连接新旧建筑，但会在它们之间创建一个空白空间，这种空间通常以庭院、广场等其他场所实现，这些留白用来缓和新旧空间的对立，充分展示新旧建筑的各自特色。

图3-3　上海水舍　　　图3-4　北京东城区钱粮胡同　　图3-5　常熟绣衣厂　　图3-6　婺源虹关村留耕堂
（来源：网络）

3．内部与外部融合（图3-7、图3-8）

中国始终坚持"因地制宜"的建设方法。使建筑与环境相得益彰。处理好内外部环境的关系对于名人故居的发展至关重要。在内外空间共生方面，可以融入一个整合内外空间的中介，这种介质可以根据不同的环境做出适应性的改变。这种中间媒介可以是光线的穿透，也可以是玻璃、镜子等元素将建筑外部环境引入内部空间，加强内外关系。例如，玻璃可以通过其透明的特性使人感受并看到外部环境，实现建筑与环境的融合。当前流行的玻璃幕墙也是如此。蓝天、白云和周围的建筑反射在幕墙上，建筑就像一面镜子，反射着周围的环境，利用镜面折射使内外空间和谐共存。

4．立面形式类化（图3-9）

名人故居不是孤立存在的，而是在特定的历史环境中形成的，故居周边的建筑保持着相似的建筑风格。因此，在名人故居的保护与再利用中，不仅要注意与周边环境的融合，还要与周边建筑相适应，使名人故居更好地

图3-7　北京东四胡同　　　图3-8　北京七舍合院　　　图3-9　西班牙古教堂　　　图3-10　象山校区
(来源：网络)

融入整体之中。例如，在尊重名人故居文化真实性的基础上，可以使用现代技术和材料创建与周围建筑相匹配的立面形式，采用新旧建筑组合与立面类化等设计方法，从色彩、材质、肌理三个方面进行转化（图3-10），从而实现新旧空间整体关系的和谐，使名人故居更新后与周边环境、建筑更加融合。

5. 材料的丰富性

与现今的施工技术相比，过去由于施工工具有限，施工技术相对单一，且主要以当地材料为主。工匠们根据不同的材料采用不同的施工方法，从而形成具有当地特色的建筑风格。随着时间的变化，建筑物的破坏会导致旧材料的废弃。因此，在新旧材料的共生利用中，有必要利用旧材料和具有当地特色的材料来营造名人故居再利用的历史感。这不仅可以引起人们对历史建筑的共鸣，进一步展示当地的历史文化，与整个城市和谐共处，还可以降低成本和工作时间。例如在象山校区（图3-10）一期和二期的设计中，王澍的主要建筑材料就是旧材料循环利用，数百万块旧砖瓦堆砌成建筑。材料的再利用还包括旧物件的使用，旧物体的更新及其在新空间中的应用可以使旧物体重新焕发光彩。旧物体的再利用符合可持续发展的原则，可持续性也是"新旧"共生的重要要求之一。

3.4.2　新旧共生理念下故居非物质层面保护更新表达

在新旧共生的理念下，名人故居非物质文化的保护与再利用可以通过空间展示、静态展示和活态展示三种方式来实现。激活名人故居中的历史文化价值，为文化再生提供空间载体，实现非物质文化的动态展示和有序传承。

1. 空间展示

空间展示可以理解为在特定的空间范围内放置某些物品或事物供人们欣赏。名人故居空间展示可以采用图像复原、场景重建等方式进行展示。

（1）意象恢复：意象是有目的地将各个元素重新排列、组合，通过对当前情况删除、排除和添加等方法，将所有部分组织在一起，从而形成最终意象。对于名人故居来说，周边的大多数居民可能都对其有公共的印象，但根据人们的年龄、职业、文化程度和对名人故居的熟悉程度，对名人故居形成的意象也有区别。因此，在保护和更新中，我们不仅要注意公众意象的恢复，还要注意个人意象的恢复。名人故居的意象恢复可以通过路径、边界、节点、区域和地标五个要素的恢复来实现人们的意象空间恢复。

（2）场景恢复：场景重建是指建筑、场景、文化活动的有机结合，实现特定文化场景的再现，为名人故居非物质文化的保护和传承创造空间。

2. 静态展示

静态展示是指以实物、模型、照片等形式体现名人故居所蕴含的文化价值，通常有陈列展示、景观展示、符号展示等方法。

（1）符号展示：提炼名人故居中具有非物质文化内涵的文化符号，通过抽象手段展示其文化信息、审美价值及艺术价值。

（2）陈列展示：利用文字信息，进行创意设计展示，还可以通过静态模型等方式展示非物质文化，用陈列展示手法向人们传达历史文化信息，再现名人故居建筑风貌，展示其文化价值。

（3）景观展示：通过自然景观与人文景观的相互呼应，形成具有审美和艺术价值的空间形态，传递文化理念。

3. 活态展示

活态展示是指通过时间、空间和人类活动形成的文化空间进行动态展示的具体形式，如动态展示、表演展示、活动展示等。

（1）动态展示：与静态展示不同，采用主动、互动的方式。人们可以直接触摸或操作展品，调动人们的积极参与性，进一步了解名人故居的历史文化特征，使展示活动更加丰富多彩。

（2）表演展示：名人故居非物质文化更新时，可在空间内设置舞台等空间，邀请当地民众进行特色表演，通过表演者的声音、动作、表情、服饰、表演内容等,再现故居的历史文化,从而使人们对名人故居文化有更直观的了解。

(3)活动展示:以特定节日、庆典为文化背景,由当地村民组织的主题活动,如海口市道郡村定期举办的军坡节,展示当地文化。

3.5 本章小结

本章首先解释了何为名人故居,以及故居发展现状。从物质与非物质两方面总结出名人故居重物轻人、乱建等现存问题。根据上述新旧共生思想的总结,整理出可用于名人故居再生的更新策略,如推陈出新、共享式、情景恢复等多种方法,推动名人故居更完善地发展。

第4章 海口市道郡村中名人故居的保护与再利用设计实践

4.1 道郡村名人故居与周边环境调研分析

4.1.1 调研范围与目的

主要研究区域为道郡古村落,总面积约23299平方米。村内有2处名人故居(吴元猷故居、布政司故居)、141处普通民居、斜坡、池塘、古井、古树、植被等,建筑多为明清时期的单层建筑。重点调研区域为道郡村名人故居建筑及周边环境。调研的目的是了解遗址现状,发现具体问题,为保护名人故居文化景观和格局做好准备,保持风貌的完整性,在传承中创造发展。

4.1.2 项目概况

1. 道郡村概况

2016年,位于海南省海口市美兰区灵山镇的道郡村入选中国传统村落名录。村落四周被山坡环抱,绿树成荫,村后有千年古树,风景秀丽。道郡村先祖重视教育,村里历代名人辈出,海南历史上最高级别的武官吴元猷将军便出生于该村。道郡村是一个历史文化名村。目前,该村有两处名人故居和80多户家庭,均为汉族,且单一吴姓,外出人口近1000人。

2. 历史沿革(图4-1)

道郡村是吴登生公于明代从文昌带家人回迁至离先祖定居的旧市村不远的地方。道郡村最开始叫"多军"村,因为村后有块军坡地,每年农历六月初十都会在这里举办军坡节,人马浩荡。后由"多军"换成谐音雅称"道郡",自此多军村改为道郡村。

道郡村内的传统建筑大多始建于明清时期,村内最早的建筑是村西边的公庙,还有近700年历史的祠堂,都始建于明代。村内最负盛名的吴元猷故居是清代将军吴元猷建立的,至今已有150年的历史。从民国至20世纪80年代,由于战争爆发和经济低迷等种种原因,在那个时期村内并无太多新建的建筑,而目前保留下来的传统建筑大多数已被户主维修改造。

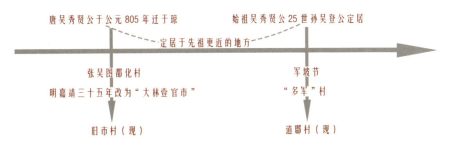

图4-1 道郡村历史沿革

4.1.3 故居简介

1. 吴元猷故居(图4-2、图4-3)

吴元猷故居在2011年10月被列为海口市重点文物保护单位,目前故居保存较为完整。吴元猷是海南历史上最高级别的武官,吴元猷故居由其本人于咸丰初年所建,规模宏大,面积5000多平方米,迄今已有150多年的历史。故居坐东向西,主要由七间红墙朱门的大屋组合成"丁"字形格局,中央为纵列三进正式及后楼,左右两列各有

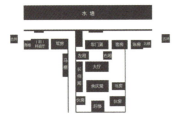

图4-2　吴元猷故居布局　　图4-3　吴元猷故居　　　　　　　图4-4　布政司故居

（来源：课题组资料）

两间大屋一间小楼一字横列，分别为厢房、书房、账房、伙房和马房等。故居外墙正中有"麒麟献瑞"木雕，室内建筑典雅古朴，雕刻图案有雄狮猛虎、百鸟朝凤、奇花异草等，整个故居约有30个房间。故居整体建筑尽显典型的清代海南建筑风格。

2．布政司故居（图4-4）

布政司故居面积500多平方米，是由三栋主楼组成的围合院，距吴元猷故居约45米。布政司故居建筑风格与吴元猷故居相同，为清代建筑，但目前对于布政司故居的记载较少。

4.2　场地现状与问题

4.2.1　道郡村名人故居非物质文化层面的相关解读

名人故居是名人成长和生活的见证，是保存和传承名人信息的场所，具有不可否认的隐性教育功能，吴元猷与布政司故居更是如此。吴元猷当年征战粤琼海域，战绩辉煌。在对其功劳的评定上，清咸丰帝称其为"海疆镇将"，道光帝赞叹"削平海盗皆卿之力"，琼州府志赞其"有功粤海"。吴元猷将军英勇善战，终其一生为海口商民安居乐业而奋斗，吸引着广大人民前来参观、学习、瞻仰。但长期以来，受场地环境、道路狭窄等问题影响，其名人精神的教育功能没有得到充分发挥。

4.2.2　道郡村名人故居物质文化层面的相关解读

1．建筑再利用价值研究

从建筑本身的价值和可利用性进行分析，道郡村内吴元猷与布政司故居的结构形式为穿斗木结构，历史悠久且保存良好，周边绿化植物丰富，自然景观优越。名人故居作为传统建筑本身具有一定的历史价值，再利用空间较大且具有较高再利用回升空间（图4-5）。

2．现存问题（图4-6）

（1）名人故居的挖掘形式单一：现存空间内运用匾额等形式对吴元猷将军的功绩、精神进行展示。大多都是平面图文介绍，内容较为单一，且厢房暂无使用功能，空间浪费。

（2）故居周边道路无秩序：通往故居道路狭窄、杂乱，易使人迷失方向。

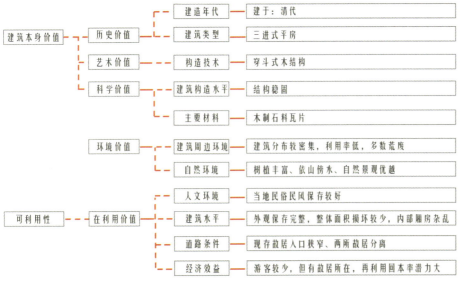

图4-5　故居建筑价值分析　　　　　　　　　　　　　　　图4-6　现场照片

(3) 建筑破损严重：故居周边建筑闲置、破损较多，且有的建筑经居民改造缺失了原有的历史感。

(4) 公共空间匮乏：村庄基础设施落后，且缺少足够的休息区、路灯、指示牌等设施，不能满足村落生产生活需求，制约村庄经济发展。

设计利用新旧共生理论，解决上述出现的问题，使道郡村内名人故居在现代社会中更加和谐地发展。

4.3 新旧共生理念下道郡村内故居的保护与再利用设计要点

4.3.1 道郡村内故居物质文化层面"新旧"共生的设计要点

1．新旧空间共生（图4-7）

通过分析吴元猷故居和布政司故居的空间现状，发现吴元猷故居呈"丁"字形布局，布政司故居呈围合式布局。与其他名人的故居相比有许多不足之处。随着时间的推移，人们对空间的需求也在发生变化，特别是对于名人故居来说，空间的演变不仅需要反映传统空间，更需要有满足现代空间的功能。因此，在对吴元猷和布政司故居原有空间进行更新时，应保留其清代海南传统空间的特点和优势，并在此基础上疏通街巷、拓展公共空间，打造具有道郡村特色的新型商业空间，并与传统空间碰撞，激活原有空间，提升传统空间的综合价值，使历史环境和城市现代化共同发展，通过空间布局、空间肌理、院落空间的共生，最终实现故居新旧空间的共生。

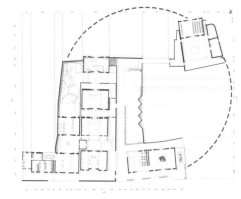

图4-7 故居平面图

2．新旧建筑共生

从整体上看，名人故居的建筑更新可分为三个方面：功能更新、体量更新和性能更新。随着这三个方面的不断更新，如何处理好故居中的"新"与"旧"是非常关键的。为了处理建筑中的新旧关系，可以采用同质同构、异质同构、同质异构和异质异构等方法。

(1) 同质同构

同质同构是指用相同或相似的材料可以形成相同或相似的结构形式，体现了新旧建筑之间的整体性和统一性。把这一手法运用于吴元猷故居与布政司故居本体建筑上，利用拆除的旧材料或未经旧处理的新材料，用于区分对历史的尊重，把这些材料运用于立面修复、结构加固等方面，尽可能地保留其传统建筑特色。

(2) 异质同构

异质同构是指利用现代材料在原有建筑结构形式中，表现出新旧建筑之间的空间连续性。它延续了旧建筑的结构形式，形成了古代的形制。同时，它通过新材料与旧材料形成对话，如仿古形式的玻璃幕墙，给人以异曲同工之感。

对吴元猷故居内保护较好的建筑进行大部分保留，将一些现代材料穿插在传统建筑肌理中，如故居中的沙盘展示空间，通过玻璃和钢结构将原有的历史空间连接起来，使新旧材料呈现在同一平面上（图4-8）。还可以通过异质介入的方式，在传统建筑之间介入新的材质结构，在道郡村故居内，通过介入廊桥的方式，将吴元猷故居与布政司故居连接起来。廊桥采用钢结构与白钢等新材料，两所故居不仅相互联系，也体现出了新旧的空间对话。

(3) 异质异构

异质异构是指利用现代结构和现代材料进行建筑，与历史建筑形成对比，反映新旧空间差异，表现出一种冲突美。例如，布政司故居右侧建筑严重受损，采用异质异构的方式，利用玻璃、钢等现代材料保护起来，赋予其建筑新功能。对于没能保存下来的吴元猷故居的后楼建筑，采用原型重译的方法，即异质异构方法中的一种，提取故居传统建筑的原始形态，并用现代设计方法和现代材料进行重新表达，以适应现代功能。同时与故居内同质同构的建筑形成对比，为故居的发展注入新的活力。

4.3.2 道郡村内故居非物质文化层面"新旧"共生的设计要点

1．新旧人群共生

对于故居内的人群可以分为两大类：当地居民与外来参观者。对于当地居民来说，可能更关注故居的现代发展、商业发展等方面；而外来参观者，往往更注重的是名人故居本身及其背后的历史文化，所以在对吴元猷、布政司故居保护与再利用时要注重两种人群关注点的共同发展。把道郡村内旧故居及周边建筑肌理简化为图底形式

（图4-9），形成具有村落记忆的特色铺装，创造空间认知、延续原有的空间记忆，既可以满足当地人们对于村落记忆的回想，同时也满足参观者的好奇心与好学心，对故居有一定的认识。

人群分析　　　　　　　　　　　　　　　　　表4-1

对象	对于故居的关注点	策略
当地居民	既注重传承历史又注重现代化建设	高科技融入，建设现代活动场所。加强文化内涵展示，增强居民荣誉感
中外游客	注重历史人文、当地建筑风貌特色	重现历史，丰富场景，激发潜在旅游需求
媒体记者	注重有宣传价值的题材	VR、AR等多种展示手法，创新传统空间
青少年儿童	易被好奇心驱使，容易文字疲劳	有趣的文字展示，互动参与
各地领导	注重展示的具体内容，多是视察或专题活动	提炼有宣传教育的文化精神，展示红色文化

2．新旧文化共生

文化多样性：文化具有多样性。故居具有物质文化、精神文化和历史文化等特性，多元文化相辅相成，共同发展。

历史文化与当代文化并存：历史文化具有共鸣感，是城市演变过程中留下的记忆和痕迹，是居住在这里的人们的情感传承。名人故居中的历史文化可以从两个方面反映。首先，它可以通过历史建筑的保护和形式上的符号化演变得以延续。例如，对保存在故居中的窗户元素进行提取，并用现代材料重新诠释，形成隔断，从而使历史文化与当代文化共存（图4-10）。其次为传统文化的体现，如道郡村内金花女回娘家、军坡节等重要节日和地域习俗，可对其进行新时代的传承。对于历史文化的传承性是毋庸置疑的，但传承方式也同样重要，使当代文化与历史文化共存。

图4-8　道郡村沙盘展示区

图4-9　老故居转化图底形式

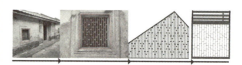
图4-10　窗元素提取、演变

4.4　新旧共生理念在道郡村内名人故居再利用设计中的应用

在新旧共生理念的指导下，通过拆除建筑、共享空间、新增现代建筑、新功能置入四个过程演变，使道郡村内两所名人故居中的"新"与"旧"都得到更大的发挥空间，既相区别又和谐发展，赋予空间新的精神活力。

4.4.1　拆除建筑（图4-11）

为了减小故居周边建筑密度，缓解空间压力，便于后面对传统空间的还原以及新空间的营造，因此拆除部分相对不具有利用价值的建筑，道郡村内拆除建筑面积为270平方米。拆除建筑同时疏通街巷空间，原街巷空间由于建筑的遮挡，形成了断头路。通过对街道的重新规划，将阻挡流线的建筑拆除，使街巷空间变得连贯（图4-12）。

图4-11　故居周边拆除建筑

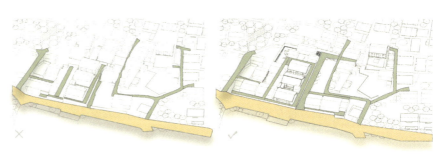
图4-12　疏通街巷空间

4.4.2 共享空间（图4-13）

现存两所故居是独立存在的，由于布政司故居知名度较低，所以运用共享式的方式串联两所故居，使其相互交融、产生对话，一方面既能缓解新旧建筑之间的碰撞，延续建筑文化，使新旧建筑和谐共生，同时也体现出人与建筑共生的哲学思想。这类共享空间使人们可以自由穿梭于故居之间，还能提供给人们一个丰富多彩的使用空间和趣味多样的活动场所，带动故居及周边空间的发展。

4.4.3 增加公共空间（图4-14）

目前，故居周围的公共空间极为短缺。由于建筑密度的不断增长，传统的庭院和道路空间逐渐消失。因此，有必要增加故居内的庭院空间和公共空间，在建筑中创造出"沉淀"和"停留"的空间。

4.4.4 新增现代建筑（图4-15）

在原有历史空间更新的基础上增加新建现代建筑。根据原始空间结构，进行空间空白填补并融入新建筑，保证故居界面的完整性、领域的连续性，同时新建筑的介入与传统建筑发生碰撞，古老的建筑与现代的感性得以共存，使吴元猷故居重生，成为崭新的旅游胜地。

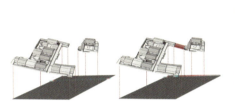
图4-13 共享空间

图4-14 故居内公共空间

图4-15 故居内新增现代建筑

4.4.5 新功能置入（图4-16）

多元化功能置入，单一的空间功能已经不再满足人们需求。随着社会的发展，运用科技手段，让技术变成一种表达方式，使近代建筑的活力也呈现于传统建筑的空间中。

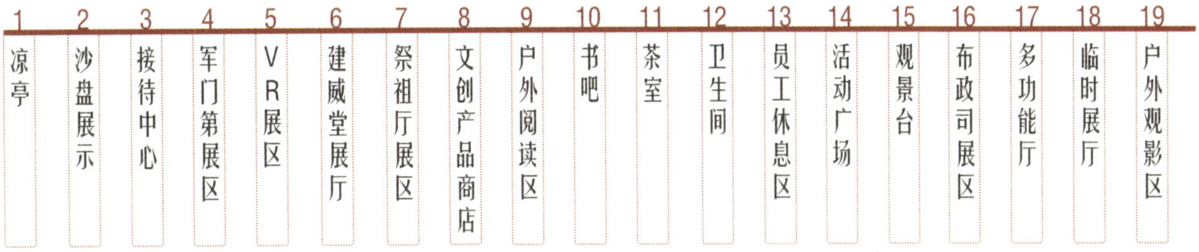

1	2	3	4	5	6	7	8	9	10	11	12	13	14	15	16	17	18	19
凉亭	沙盘展示	接待中心	军门第展区	VR展区	建威堂展厅	祭祖厅展区	文创产品商店	户外阅读区	书吧	茶室	卫生间	员工休息区	活动广场	观景台	布政司展区	多功能厅	临时展厅	户外观影区

图4-16 故居新功能置入

4.5 本章小结

本章以道郡村内两所故居为例，根据其独有的历史文化特点，运用文中所述的新旧共生方法，对各个区域进行拆分重组，突出展示文化特色，使其焕发新生，带动村落向前发展。并总结出在新旧共生理念下对名人故居保护与再利用设计的要点，即新旧空间、新旧建筑、新旧人群、新旧文化共生。

结论

面向未来的名人故居将是集现代与传统、个性与大众、历史和文化共存的综合空间，为解决现有名人故居空间存在的问题，本文将新旧共生理念引入名人故居更新改造之中，以故居保护与再利用为主要研究对象。通过分析新旧共生思想，归纳总结出真实性、动态性、共生性等更新原则，为名人故居中新建筑与保护之间的平衡提供方法，并结合这些原则对道郡村内名人故居的再利用设计展开探讨，希望以此推动当地历史文化的保护与发展。

通过上述的研究、分析、实践可以得到以下几点结论：首先，在新旧共生理念下进行名人故居改造设计的过程中需要从历史价值、文化价值、实用价值等多维度地对传统建筑进行综合考量，在延续历史文化的基础上探索建筑空间的更新，进而促进建筑与环境、人与建筑、环境与人的和谐共生，最终实现名人故居的再利用。其次，在名人故居再利用当中，处理好传统与现代的共生是最核心的环节，所以本文意在将新旧共生理念带入名人故居更新设计之中，新旧共生理念在名人故居改造设计中遵循材料再利用、新旧体量结合等方法，解决新旧之间的矛盾，实现名人故居空间整体共生。最后，将理论赋予实践，通过对道郡村内名人故居的再利用设计研究，提出在历史文化保护的基础上进行适当的空间更新，实现历史文化与现代文化融合发展。利用新旧共生理念使名人故居中的"新"与"旧"相辅相成，使其建筑价值与文化价值得到最大限度的发挥。

参考文献

[1]（日）隈研吾．我所在的地方[M]．杭州：浙江人民美术出版社，2015．
[2] 刘嘉欣．沈阳近代建筑更新中的新、建筑共生设计研究[D]．沈阳：鲁迅美术学院，2019．
[3] 张振．新旧共生的乡村民宿设计研究[D]．苏州：苏州科技大学，2019．
[4] 陈思丞．基于"新旧"共生理念下的传统建筑空间再生研究[D]．苏州：苏州大学，2017．
[5] 汤茉莉．新旧建筑共生研究[D]．昆明：昆明理工大学，2015．
[6] 万丰登．基于共生理念的城市历史建筑再生研究[D]．广州：华南理工大学，2017．
[7] 史烨楠．旧建筑更新与再利用[D]．开封：河南大学，2019．
[8] 赵瑞，郭立苹．由黑川纪章"共生"思想看传统村落建筑的保护和改造[J]．现代园艺，2016，（7）．
[9] 耿坤．名人故居认定、保护与利用的若干思考——以重庆市为例[J]．中国文物报社，2017，（5）．
[10] 潘黎黎．新时期下如何更好地发挥名人故居类纪念馆的教育服务功能[C]．中国会议，2018，（10）．
[11] 董晓峰，陈春宇，朱宽樊．名人故居文化生态系统的保护利用研究——以北京市总布胡同梁林故居一带为例[J]．中国园林，2014，（4）．
[12] 金萱．城市化进程中济南名人故居的保护与可持续发展[J]．中国文化遗产，2015，（5）．
[13] 菀娜．历史建筑保护及修复概论[M]．北京：中国建筑工业出版社，2017．
[14] 陆地．建筑遗产保护、修复与康复性再生导论[M]．武汉：武汉大学出版社，2019．

海口市道郡村名人故居更新设计
Haikou Daojun Village Celebrity Former Residence Renewal Design

《分解·融合——名人故居保护与再利用设计》

一、区位分析

海口：别称"椰城"，海南省省会，国家"一带一路"战略支点城市。地处热带，热带资源呈现多样性，拥有中国优秀旅游城市、国家环境保护模范城市、中国魅力城市等荣誉称号。

道郡村：属海口市美兰区灵山镇大林村委会的道郡南及道郡北经济社区，距海口只有15分钟车程。全村有80多户、500多人，都是汉族，且单一吴姓。

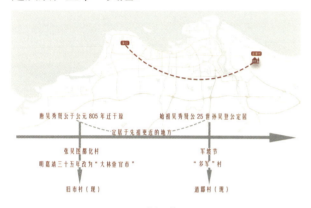

历史沿革　　　　　　　　　　　　　　　　　　　区位分析

二、道郡村内场地现状

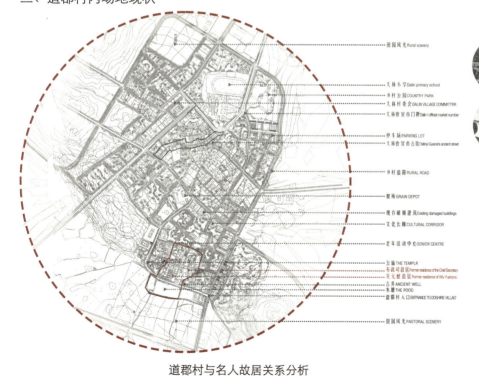

道郡古村规划设计总面积：23299.5 ㎡
村落建筑：
名人故居 2 个 （吴元猷故居）（布政司故居）
普通民居 141 个
坡地、水塘、古井、古树、植被
建筑层数：单层
建筑结构形式：砖石、木材

道郡村与名人故居关系分析　　　　　　　故居与周边关系

三、问题总结

建筑群内道路无秩序：道路狭窄、杂乱。建筑破损严重：故居周边建筑闲置、破损较多。公共空间匮乏。

四、方案设计

1. 设计目的
为改善故居与周边环境，融入新旧共生理念，使近代建筑的活力也呈现于传统建筑的空间中，古老的建筑与现代的感性共存。

2. 设计定位
以故居为中心，增加文化茶室、书吧等功能，形成集展示、交流、休闲、娱乐等为一体的新旧共生文化会客厅，新旧共生再利用设计平衡新旧之间的矛盾，实现建筑使用价值与文化价值的共生。

3. 方案演变

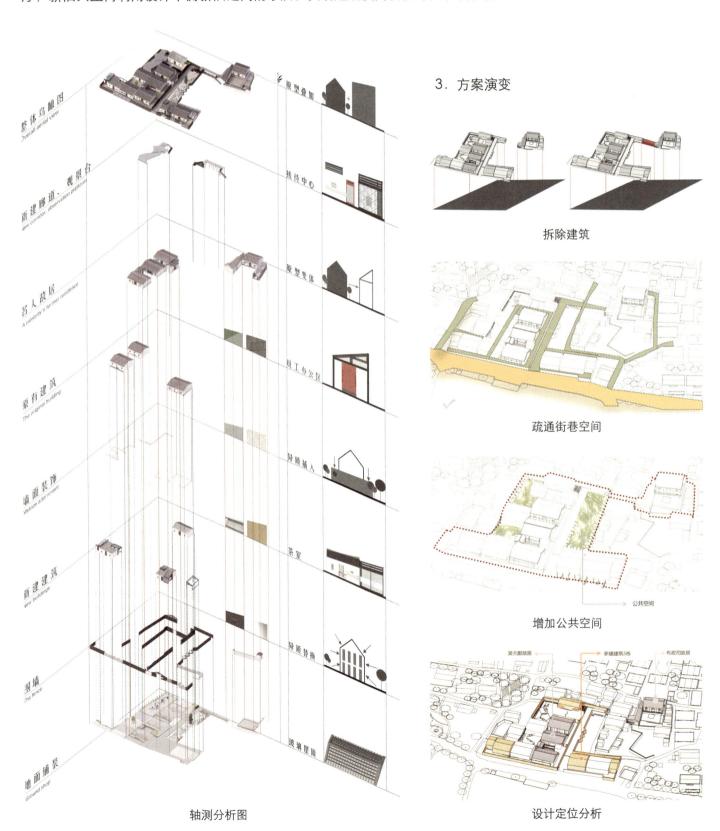

轴测分析图　　　　设计定位分析

五、故居总平面图

多元化功能置入，单一的空间功能已经不再满足人们需求，运用科技手段，让技术变成一种表达方式，让近代建筑的活力也呈现于传统建筑空间中。故居建筑总面积：2944平方米。

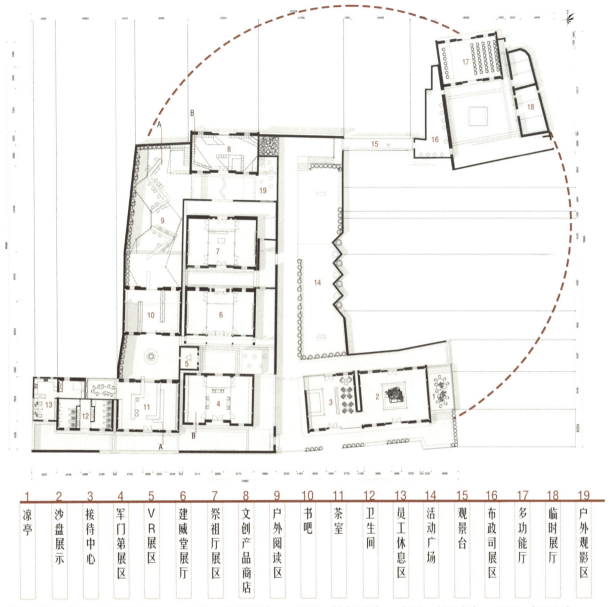

1	2	3	4	5	6	7	8	9	10	11	12	13	14	15	16	17	18	19
凉亭	沙盘展示	接待中心	军门第展区	VR展区	建威堂展厅	祭祖厅展区	文创产品商店	户外阅读区	书吧	茶室	卫生间	员工休息区	活动广场	观景台	布政司展区	多功能厅	临时展厅	户外观影区

1面积：29平方米　　2面积：103.2平方米　　3面积：79.8平方米　　4面积：95.2平方米　　5面积：11平方米　　6面积：86平方米
7面积：94平方米　　8面积：70.4平方米　　9面积：235平方米　　10面积：70平方米　　11面积：106平方米　　12面积：45平方米
13面积：42平方米　　14面积：255平方米　　15面积：32平方米　　16面积：48平方米　　17面积：70平方米　　18面积：57.3平方米　　19面积：26平方米

平面图

六、设计分析

动线分析　　疏密分析　　动静分析

整体鸟瞰图

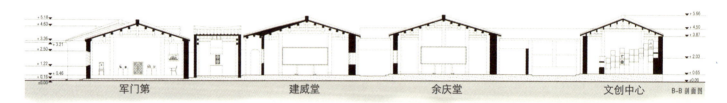

B-B剖面图

余庆堂：还原祭祖文化场景。

建威堂：主要展示吴元猷生平、战绩等。运用滑轨屏等技术展示，展示手法与传统建筑形成对比，提升空间现代化活力。

军门第：还原客厅场景，周边厢房进行旧物件展示，使人们一开始就感受到历史氛围。

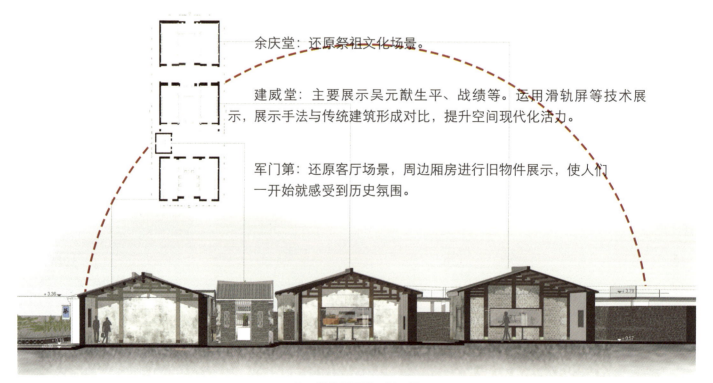

吴元猷故居平面、剖面图

七、效果图
布政司故居

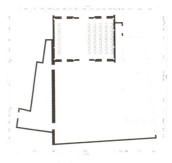

布政司平面图

布政司效果图1

布政司效果图2

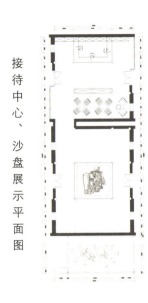

接待中心、沙盘展示平面图

接待中心效果图1

接待中心效果图2

沙盘展示区效果图

茶室效果图1

茶室效果图2

户外阅读区效果图

户外阅读区效果图

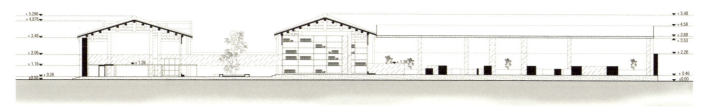
A-A剖面图

文创中心效果图

活动广场效果图

活动广场效果图

彩色南立面图

"候鸟式"养老背景下适老性乡村景观设计研究
Study on Landscape Design of Age-appropriate Countryside under the Background of "Migratory birds" Old-age Care

海南省海口市道郡村乡村"候鸟式"养老社区设计
Reconstruction Design of "Migratory Bird" Old-age Community in Daojun Village, Haikou City, Hainan Province

清华大学美术学院
刘赋霖
Academy of Fine Arts, Tsinghua University
Liu Fulin

姓　　名：刘赋霖 硕士研究生二年级
导　　师：张月 教授
学　　校：清华大学美术学院
专　　业：环境艺术设计
学　　号：2019214210
备　　注：1. 论文　2. 设计

"候鸟式"养老背景下适老性乡村景观设计研究
Study on Landscape Design of Age-appropriate Countryside under the Background of "Migratory Birds" Old-age Care

摘要：随着我国经济的发展，国民生活质量的稳步上升，老年人也对他们的晚年生活提出了更高的要求。老年人对于养老的要求在逐步提高：从最开始的"养老"逐步转换为"康养""乐养""享老"。可以看出，老年人对养老的需求已经从仅关注身体健康、老有所依转换为了对生理、心理、环境、生活方式等多方面的要求。由此，我国也涌现出了很多新型的养老模式，其中"候鸟式"养老就是我国六大养老模式之一。当前的候鸟式养老栖息地多为城市，但城市现在自身面临着住房紧缺、用地紧张、环境污染等问题。反观乡村，乡村具有空间富余、生态环境良好、生活成本低廉等优点，可以在某种程度上补位城市候鸟养老。所以近年来我国"候鸟式"养老栖息地有逐渐从城市向乡村迁移的趋势。本文尝试将"候鸟式"养老社区与乡村进行结合，利用技术手段，探讨乡村适老性改造设计方法及原则，以及如何解决"候鸟老人"的地方融入问题，以期为解决同类型的问题提供方法和思路。

关键词："候鸟式"养老；景观设计；适老性改造；乡村改造

Abstract: With the development of China's economy and the steady rise of the quality of national life, the elderly have put forward higher requirements for their later life. The elderly's requirements for the elderly are gradually improving: from the beginning of the "pension" gradually transformed into "health", "fun", "enjoy the old". It can be seen that the needs of the elderly have changed from focusing only on physical health and providing for their old age to physiological, psychological, environmental, lifestyle and other requirements. Therefore, many new pension modes have emerged in China, among which "migratory bird" pension is one of the six pension modes in China. At present, most of the habitats for the retirement of migratory birds are cities, but cities are facing problems such as housing shortage, land shortage and environmental pollution. On the other hand, rural areas have the advantages of space surplus, good ecological environment and low living cost, which can make up for urban migrant birds to some extent. Therefore, in recent years, China's "migratory bird" pension habitat has gradually migrated from cities to rural areas. This paper attempts to combine "migratory bird-style" elderly care community with rural areas, and uses technical means to discuss the design methods and principles of rural age-appropriate transformation and how to solve the local integration of "migratory elderly birds", in order to provide methods and ideas for solving similar problems.

Keywords: "Migratory Bird" Pension, Landscape Design, Age-appropriate Transformation, The Rural Reform

第1章 绪论

1.1 研究背景

1.1.1 我国人口老龄化现状

目前我国拥有世界上最多的老年人口，约占全球老年人口总数的五分之一。随着我国出生率的持续快速走低以及经济社会进步导致人均寿命延长，人口老龄化还在不断加速，人口老龄化将是不可阻挡的趋势。我国大约在1999年提前进入了老龄化社会，在2015年进入人口老龄化发展阶段，人口老龄化发展的速度之快，令人震惊，预计2015~2035年老年人口将增加一倍，达到20%，在2020年将进入加速和重度老龄化发展阶段。并且在人口老龄化的不断加速中，高龄化速度也在加快。这意味着在老年人口当中，高龄老人的比重在逐渐增加，高龄老人数量的大量增加又意味着有更多老人会逐渐向半失能和全失能老人转变，逐步失去自理能力，人均医疗资源占有率提高，在身体机能、心理健康、临终关怀等各方面需要关注和供养。除了高龄化过快以外，我国的人口老龄化还出现了未富先老、未备先老、孤独终老的特点。未富先老是指在还没有足够的经济基础的情况下已经老去，这使得老年人养老条件有限，养老经济压力大。未备先老是指我国还没有做好准备迎接如何高程度的人口老龄化，养老服务发展体系滞后，让一部分有经济条件的老人也无法享受到良好的养老生活。孤独终老也是人口老龄化的显著特点，我国城市孤寡老人达到49.7%，乡村孤寡老人约占38.3%。人口老龄化的以上特点带给我国非常严峻的挑战。

1.1.2 我国现有养老模式

养老模式分类标准不一，主要有按形式分类和养老费用承担者分类两大类。现在被学者提及最多的养老模式主要有以下六种：居家养老、机构养老、社区养老、"候鸟式"养老、老年地产养老和以房养老。

1.2 相关概念释义

1.2.1 候鸟式养老

"候鸟式"养老常与旅居养老、度假养老、旅游养老等名词一起被提及，在含义上也颇为相近。国内学者并未就"候鸟式"养老一词给出明确的定义与其他同做区分。"候鸟式"养老可以看作美国使用的相关概念"snow birds"的中文翻译，其带有季节性移民养老的含义。我国老年学会副秘书长程勇将"候鸟式"养老与度假式养老相融合，提出了旅居养老的概念。由于"候鸟式"养老一词现在没有较为权威的定义，所以必须从词源本身进行解读。"候鸟"一词是指一种随季节不同周期性进行迁徙的鸟类，一般这种鸟类会根据纬度进行迁徙。在夏季天气炎热的时候它们会飞往纬度较高的地区进行繁殖，而到冬季气温较低时它们则会飞往纬度较低的地区过冬。根据"候鸟"概念与养老概念的结合，笔者尝试将"候鸟式"养老下定义为：候鸟养老模式是一种老人会跟随季节、气候变化迁徙到更宜居的地方生活，一段时间后由目的地再回到原栖息地的一种新兴养老模式，具有迁徙周期性长、人口流动性大等特点。

1.2.2 候鸟式养老社区

候鸟式养老社区是笔者基于旅居养老基地所提出的新概念。旅居养老基地一词目前还没有较为权威的定义，可对旅居养老基地一词进行拆解理解。拆解后可以得出"旅居"加"养老基地"两个关键概念。养老基地起到养老的基础性、支撑性的作用，作为基础存在。"旅居"二字则更强调"旅行""旅游"等。有学者将旅居养老基地定义为：能够以其为中心集中地为旅居养老者提供旅游、居住和养老服务的一种旅居养老居住形式。而在本文中探讨的则是旅居养老基地的延伸。将"候鸟式"养老社区进行拆解分析，可以得到"候鸟式"和"养老社区"两个关键概念。相比养老基地来讲，社区在具备基本的养老功能和服务功能的基础上更讲求社区感、邻里感。以期在老人的"候鸟迁徙"过程中让老人们产生社会学上的联系。在满足老年人社交需求的同时，也满足候鸟老人与地方老人相融合的需求。而"候鸟"这个关键词相对"旅居"来讲，更倾向于跟随季节变化迁徙，而非倾向旅行、旅游。所以，在本文的研究和后续的设计实践中，也将针对候鸟式养老社区的概念着重解决当地的气候问题及老人间的社交融合问题。

1.3 候鸟式养老模式的缘起与发展

随着经济、交通条件的不断发展，国民的养老观念逐渐转变，我国陆续出现了很多新型的养老模式，"候鸟式"养老模式就是其中的一种。近年来国民生活品质不断提高，很多老人不满足于传统的养老方式，而是选择在严冬时节前往气候更加宜人、自然条件更好的地方进行修养，在寒冬结束的时候再回到自己的家乡。"候鸟式"养老模式可以为候鸟老人提供较为新鲜的生活方式、更加适宜修养的自然环境，同时还能满足老人的社交需求。在经济条件越来越好的当下，越来越多的老人选择这种养老方式。

现在我国60岁及以上人口为1.78亿人，其中60岁~74岁年龄段的有1.33亿人，占老年人总数的74.8%；同时50岁~59岁年龄组的人口数目达到1.6亿，与现有的老年人口数量相

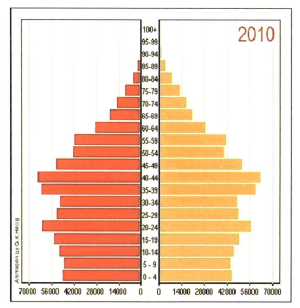

图1-1 我国人口按年龄段分布图
（来源：《海南旅居养老基地规划设计研究》雷挺 插图）

当。这一数据表明，我国老人的数量是非常庞大的，而且未来也会逐渐呈上升趋势（图1-1）。所以，对于"候鸟式"养老模式的研究是刻不容缓的。

1.4 候鸟式养老与乡村结合发展的意义

由于"候鸟式"养老模式老人迁徙周期长达1~3个月，所以现在的"候鸟式"养老基本都以买房或租房的形式来实现，其中选择买房的老人占比较大。这就造成了候鸟养老栖息地的空间资源浪费，房子每年的使用时间不超过半年，导致城市中需要房子的人没房子，有房子的人不住房的情况。而乡村最大的资源就是富余空间资源和老人们希望看到的自然资源。将"候鸟式"养老模式与乡村发展进行结合，能够有效利用乡村的富余土地资源，同时也能最大程度发挥出田园风光的价值，为向往田园生活的老人提供一个新的养老选择。并且，"候鸟式"养老模式伴随着人口的迁移，也将会带动乡村的经济发展。"候鸟式"养老的迁徙周期往往比较长，牵扯到衣食住行的方方面面，会给乡村带来新的人员、新的观念和新的产业，为乡村持续造血。

1.5 研究目的

候鸟养老作为新兴的养老模式，现在越来越受老人的追捧，候鸟老人的群体也有越发增大的趋势。但是现有的候鸟式养老一部分还停留在候鸟老人自己租房、自己买房、自己迁徙的阶段，给老人带来了很多不便；另一部分，虽然有较为集中的候鸟式养老基地，但无法满足候鸟老人各方面的需求，浪费城市空间资源，制约了候鸟式养老产业的发展。所以，近年来也出现了一些候鸟养老基地乡村化的趋势。本文希望通过对于海南省海口市道郡村的实际改造实践，探讨乡村候鸟式养老社区的设计方法及原则，提出乡村候鸟式养老社区设计当中需要着重解决的问题。以期为我国今后的乡村候鸟式养老社区的建设提出规划、景观设计方面的建议。

1.6 研究对象及研究范围界定

本文将以候鸟式养老社区作为研究对象，将海南省海口市道郡村作为研究范围。城市区域的候鸟式养老社区及机构则不在本文的研究范围之内。另外，诸如机构养老、社区养老以及除其海南省外的其他省市的候鸟式养老社区也均不在本文的研究范围之内。

在本文中笔者将主要以设计学视角作为研究的切入点，重点关注在海南省海口市道郡村示范区中的乡村候鸟式养老社区中的景观设计、建筑设计和规划设计。文中不涉及对于候鸟式养老社区经营模式及运营方面的研究，并且由于个人能力的原因，本文中不涉及对于候鸟式养老乡镇的规划与设计内容。

1.7 研究方法

1.7.1 文献阅读法

通过文献的大量阅读了解乡村适老空间改造设计的基本方法，用规范和一定的准则来武装自己的设计与理论。并且在文献中寻找用技术如何促进"候鸟老人"与本地老人融合的方法，从生理到心理关爱候鸟老人。

1.7.2 案例分析法

对于现在已经投入使用的国内外候鸟养老基地进行调研与研究，站在前人的肩膀上看问题，总结其成功的原因及出现的问题。

1.7.3 实地考察与体验

前往海南省海口市道郡村进行实地考察，感受当地的风土人情，了解道郡村示范区的建筑特点及现状，更好地改造道郡村，为当地老人与候鸟老人服务。

1.7.4 学科综合研究

若以新技术的视角促进候鸟老人与本地老人的社交，需要对新技术进行研究。其包含许多学科，并牵扯到了学科之间的交叉学习，不可孤立地在本研究领域内闭门造车。

1.7.5 设计实践

前期以理论为支撑进行设计实践，因为只有实践才能得出真理。而在后续的实践中也一定会发现理论当中的漏洞。所以理论与实践应该互为支撑，相互完善。

1.8 国内外研究理论及案例

1.8.1 国内相关理论研究

随着国内候鸟式养老的发展，各界的学者也开始对其展开研究。

那翠兰在她的论文中以养老产业发展为切入点，分析了候鸟式养老模式的发展优势，并针对候鸟式养老产业体系、制度、服务水平提出了各种建设性意见，阐明了研究候鸟式养老的意义，并为未来的发展进步提供了方向。

李雨潼在其论文中通过对异地养老人口的生活现状研究，得出了有关于候鸟式养老人群的年龄情况、收入消费情况以及影响老人选择候鸟栖息地原因的结论，为后续设计定位目标人群、定位目标价位、梳理场地问题都提供了翔实的参考依据。

韩余静在其论文中基于海南省候鸟养老产业提出了发展建设性意见，主张建设具有海南省特色的候鸟养老基地，在建设养老基地时需根据各地的地理特点、风土人情来开发建设候鸟式养老基地，并且明确指出在建设时需要根据老年人不同的收入和需求区分低、中、高档服务，可设置有偿和无偿服务，满足不同老人的需求，从而形成规模化发展。

1.8.2 国内相关案例研究

天来泉养生俱乐部位于海南东线城市琼海，整个天来泉社区分为两期，一期为度假酒店与度假社区，二期则是以旅居养老为主营业务的养生俱乐部。以旅游资源为导向的选址：天来泉位于海南琼海市官塘区，距离琼海市区车程约15公里，是一个城市近郊旅游区，具有较好的旅游养生资源优势。就旅游资源来说，项目周边万泉河和红色娘子军纪念园两个红色文化旅游景点，对于从那个年代走过来的老人而言非常具有吸引力。天

图1-2　大来泉养生俱乐部（来源：网络）

来泉的功能配置以住户的日常生活需求为核心，主要针对餐饮需求、公共休闲娱乐需求、医疗保健需求和生活用品采购需求四个方面进行功能配置。功能配置较为齐全：天来泉的功能配置包含了老年人日常生活的各个方面，让旅居养老者在社区内就可以得到大部分生活所需的服务。老年大学的设立极大地丰富了社区的文化生活，营造了浓厚的社区活动氛围，同时还增强了老人对天来泉社区的黏性和感情纽带。天来泉的商业配套由农贸市场和天来泉一期的底商构成，位于整个社区的最外围。商业配套区的两部分相互之间起到了相互促进的作用，在社区外形成了很好的商业氛围，不少商家挤不进农贸市场，便在底商前的人行道上架起了摊子。但是北侧部分的底商由于没有与主要的商业区相连，其商业活跃度不高，处于无人租用的状态。农贸市场则通过设置临时摊位的方法，在较好地解决旅居老人日常购物买菜需求的同时，避免了淡旺季变化有可能带来的资源浪费。[①]

1.8.3 国外相关理论及案例研究

20世纪30年代，佛罗里达州出现了为退休旅行者设立的拖车公园，这是后来限制年龄的社区的雏形。房车露营是一种非常美国式的生活方式，房车的出现使移动生活成为可能。房车在民间的流行也催生了一种新的生活形式——房车营地，为房车居民提供停车、基础设施和安全保障。同时，由于房车旅游的经济效益，它已成为退休生活的重要方式。美国南部各州的房车营地设置了许多活动和娱乐设施，如纸牌俱乐部、舞厅、游泳池、转盘游戏等，以吸引生活在退休群体中的中老年人。自20世纪30年代以来，带有大量娱乐设施的房车露营就开始流行。1954年，美国出现了第一代年龄限制的老年人社区，Youngtown, Agrestricted社区开始创造历史，成为老年人房车露营的替代选择。

20世纪60年代——远郊的大型、限制年龄的社区。1960年，以亚利桑那州太阳城为代表的第二代年龄限制社区出现了。这种远郊超大型老年社区具有地理位置偏远、配套设施完备、规模大的特点。二代限龄社区在第一代的基础上，进一步加大价格优势，弥补后者在休闲服务设施上的缺陷，为老年人提供性价比高的养老住房。首先，为了将价格尽可能地降低到老年人能够承受的范围内，除了继续采用小户型的设计外，选址也选择在城市的远郊以降低地价；其次，位于远郊的社区需要较为完善的生活配套设施，包括日常生活配套设施、娱乐配套设施和医疗配套设施；最后，为了满足所需的人口，社区的规模必须足够大，以支持其日常运作。

20世纪80年代——中小规模年龄限制社区。20世纪80年代以后，年龄限制社区的发展受到新城市主义（New Urbanism）思潮的影响，区位回归到城市近郊，规模逐渐缩小，采用方格网的街道布局形式，在不同层级的交通节点设置相应的公共服务配套中心和副中心，形成了第三代年龄限制社区。

20世纪90年代——季节性移民社区。20世纪90年代以来，随着美国婴儿潮一代的退休，新一代的旅居者提出

---

① 雷挺. 海南旅居养老基地规划设计研究[D]. 北京：清华大学，2016.

了不同的需求。与此同时，旅居养老群体与移民养老群体的混住也引发了诸多矛盾，对特殊居住型养老社区的需求开始出现。这些因素共同造就了季节性候鸟群落。季节性移民社区与中小年龄限制社区的差异主要体现在以下两个方面：第一，在住房形式上，中小年龄限制社区以单户住宅为主，辅以一定数量的联排别墅和低层公寓；季节性移民社区主要是低层公寓和联排别墅，它们很受短期居民的欢迎。第二，在社区活动设施方面，季节性移民社区会所面积比中小年龄限制社区更大，类型也更多。[①]

1.9 本章小结

本章主要从我国的人口老龄化现状大背景下出发，研究我国现存的各种养老模式。从中分析海南省候鸟式养老模式未来的发展潜力。同时将候鸟式养老模式与乡村发展进行大胆的结合，探索候鸟式养老模式与乡村发展之间的互惠关系，同时阐明本课题的研究目的与意义。

本章还对"候鸟式养老""候鸟式养老社区"的概念进行了解释，并且对本文的研究范围及对象进行了界定。同时，在国内外的研究成果及案例中吸取经验，为后续的设计实践提供了理论指导及案例参考。

第2章 前期调研与分析

2.1 "候鸟老人"的养老需求及行为

2.1.1 "候鸟"老人的生理需求

（1）安全需求

候鸟养老基地的设计要以保证老年人的基本生命财产安全为基础。对于老年人的生命安全，需要做到在空间设计中降低危险因素、在视觉识别系统设计中警示危险因素、在选采用料上消除危险因素，提高意外发生时的反应速度。并且在设计中还应遵循无障碍设计与通用设计原则，有层次地为不同阶段的老人服务。在改造道郡村的过程中，提高道郡村的空间适老性，同时造福当地老人。对于老年人的财产安全，在候鸟老人抵达之前对其邮寄的财产进行有效且安全的管理与保存。在候鸟老人抵达之后保证其生活中的财产安全，在候鸟老人准备离开时，对其准备邮寄或寄存的行李财产进行有效且安全的管理及保存。

（2）基本生活需求

候鸟养老社区需要解决老年人的基本生活要求，例如餐饮、运动、休闲娱乐、简单医疗、休息住宿等功能。并且还需要注意候鸟养老社区现代化的打造。由于候鸟老人群体在年龄上划分多为年轻老人和活力老人，在地域上划分多为城市老人。所以，在设计中应注意乡村生活现代化的改造，需要保证候鸟老人在体会到乡村田园生活的同时，仍然能体会到现代生活的便捷。

（3）康养需求

候鸟老人选择向更适宜生活的栖息地迁徙，希望身心可以得到更好的滋养。康养的需求也是候鸟老人的一大重点需求，同时栖息地的康养条件也是影响候鸟老人选择栖息地的重要因素。关于自然康养条件：对于有慢性病的老人，气候、空气等自然因素将会对慢性病老人有较大的影响。尤其是海南省气候较为炎热，空气湿度较大，大大缩短了老年人白天在室外活动的时间，无疑也减少了老年人锻炼与社交的时间。对于老年人的身心健康是很不利的。所以，在改造过程中需要运用设计手段对当地自然环境进行调整，例如增加其遮阳避雨的区域，增强室内外空间的空气流通性。充分发挥栖息地的自然康养功能优势，尽量降低当地部分不适宜的因素带给老年人的影响。关于康养服务条件：应在规划候鸟养老社区时将康养服务功能考虑在内。康养服务又主要分为以下两类：独立空间型、辅助生活型。在规划候鸟养老社区时主要将需要单独空间的康养服务考虑在规划范围之内。还需要根据康养服务的具体服务内容来进行空间布局。例如，将需要大型器械、大规模运营的空间规划为集中型空间，将日常需求频率较高的康养服务，遵循就近原则，穿插规划在居住区内部，形成中心发散式布局。

2.1.2 "候鸟"老人的社会需求

（1）社交需求

老年人与其他各个年龄段的人群一样，都具有与人交流、与人社交的需求。但很多时候老年人的社交却往往充满障碍。我国现在的主流养老模式仍然以家庭养老为主，在家庭养老模式中，老人的主要社交对象为家人、护工、邻居等，有时会在公园、小区等公共场所有一些随机性的社交。但这种社交模式下老年人接触的人群具有局

---

① 雷挺. 海南旅居养老基地规划设计研究[D]. 北京：清华大学，2016.

限性，是一种较为被动的社交模式。同时，老人的家人、护工等一般也并非老年人的同辈人，在沟通时会存在一定的障碍，从而影响老年人的社交体验。候鸟式养老模式可以将有相同养老观念的老年人集中起来共同养老，为老人提供良好的社交平台，使老年人的社交范围由小扩大，让老年人有更好的社交体验。

（2）地方融入的需求

20世纪70年代，Tuan将"地方"引入人文地理学，强调"地方"包括物质环境和人类的经验与解释，人类体验的社会是在地方的背景下建立的，地方在人类体验的社会和物质方面具有中介作用。Cutchin基于实用主义的观点提出：地方融入是将地方的地理概念与不同层次的持续活动相结合，是行动与经验的载体。早期的地方融入专注于地方体验、地方参与、地方依恋及地方意义的建构，后来研究发现老年人从观察自然、在自然中生活和做事中获得了相当大的快乐和享受，感官体验使他们感到与外界的联系，凝视自然成为他们日常生活的一部分。个体通过创建行为对他人和地方产生影响，建构地方、更高层次地融入地方。

2.1.3 "候鸟老人"与普通老人需求的异同

对于周边环境需求——满足探索欲望。"候鸟老人"跋涉千里来到栖息地，对栖息地当地的风俗习惯充满兴趣。对于新鲜事物和新鲜环境的探索心增强，对探索具有当地特色的活动、景观、事物具有较强的主动性。普通老人长时间生活在自己较为熟悉的环境中，对于周围环境进行探索的主动性差，生活日常较为单一。

对于社交的需求——提高社交概率、促进融合。不论是"候鸟老人"还是普通老人，都对社交有较为强烈的需求。但是"候鸟老人"存在与栖息地本地人相融合的问题。

对于新生活方式的需求——提供生活方式的选择。换一个地方生活在某种意义上来说可以满足部分"候鸟老人"摆脱从前生活的愿望，想要换一种生活方式。例如由原来的事事亲力亲为到养老社区中被人服务的生活，或者是由从前养尊处优的城市生活转换为有种植、收获、烹饪等行为的田园生活。

2.2 海南省海口市道郡村场地调研

2.2.1 道郡村概况

道郡村属海口市美兰区灵山镇大林村委会的道郡南及道郡北经济社，距海口只有15分钟车程。全村现有80多户、500多人，外出人口近1000人，都是汉族，且单一吴姓，村民的祖先是唐代户部尚书吴贤秀公。他于公元805年从福建莆田迁琼，为吴氏渡琼始祖。村中的始祖是吴贤秀公二十三世孙吴友端公的孙子吴登生。村中有海南历史最高级别武官——清代皇封正一品建威将军吴元猷的故居（故居已列为海口市重点文物保护）。

2.2.2 区位分析

道郡村位于海南省海口市东部，距离海口市区仅17分钟车程。距离海口东站34公里，四十分钟车程。距离海南美兰国际机场13公里，驾车约20分钟。距离海口火车站约40公里，驾车一个小时。道郡村周围有很多与市区和其他地区相通的道路，交通十分便捷。道郡村交通条件较好，辐射区域较广，不仅能很好地服务海口市区的人群，外地人群也能很方便地到达。

2.2.3 人文历史

道郡村是吴贤秀公二十五世孙吴登生公于明代从文昌带家人回迁至离先祖吴贤秀公定居的旧市村不远的地方，定居本村落户繁衍后代，创造了现在的道郡村。村内最早的建筑是村西边的公庙，始建于明代，后来清光绪三十年吴世恩将军举众修建。村内祠堂始建于明代，近700年历史，清光绪五年慈禧太后为表彰吴元猷将军的功绩，拨款重建，至今已134年。吴元猷故居是清代将军吴元猷建的，至今已有150年的历史。从民国至20世纪80年代前，由于战争爆发和经济低迷等种种原因，在那个时期村内并无太多新建的建筑。道郡村于2016年被评为中国传统村落。走进道郡村发现，村子三边有山坡环抱，绿树成荫，村后有千年参天古树，古井、古民居，绿树成荫、空气清新，风光秀丽。道郡村祖先重视教育，村中历代名人辈出，文化底蕴雄厚。

2.2.4 场地现状分析

从场地道路结构上来讲：道郡村道路结构简单，除了设计区域外围的大路以外，内部道路都是村民自己走出来的小路，安全性差、通行度低。在设计中需要对道路进行重新规划。从肌理上分析：建筑以院落的形式存在，分布比较有规律，有较为规整的结构线。从地形上分析，道郡村地形比较平坦，十分适合老年人居住，方便老年人出行。从植物分布上分析，道郡村植物分布比较集中，植物种类繁多，具有多样性、趣味性、观赏性等特点。

2.2.5 道郡村人群分析

2019年末，海南省户籍人口942.38万人，其中，60岁及以上老年人口146.08万人。2019年底海南省户籍人口

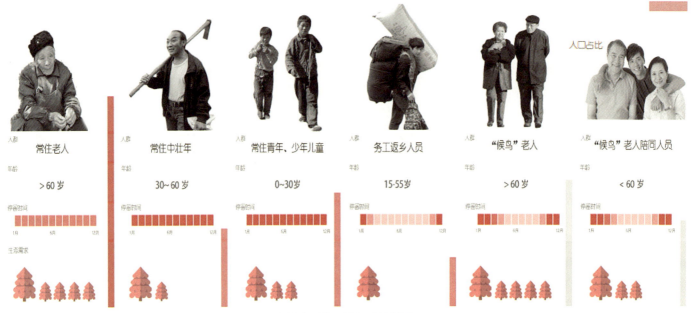

图2-1 道郡村人群分析图

942.38万人,比2018年再增加14.81万人,比2017年增长了28.91万人,形成了连续三年的持续增长状况,但是每年的涨幅不大。其中,60岁及以上老年人口146.08万人,占户籍人口的15.50%,比2018年增加5.05万人,比2017年增加了10.85万人,增速虽有减缓,但是总体上看还是形成了连续增长。其中65岁及以上老年人105.91万人,比2018年增加6.39万人,增长6.42%,占户籍人口11.24%(图2-1)。2019年末,海南省户籍人口942.38万人,其中,60岁及以上老年人口146.08万人。据官方调研报告显示,上一个冬天,也就是2017年10月1日～2018年4月30日,到海南过冬的"候鸟"高达165万,其中60岁以上老人有93万人,占56%。而整个海南省的户籍人口只有不到930万,可以说外来的候鸟老人相当于海南人口的10%,海南候鸟老人比重较大。而海口道郡村,村子主要以老年人为主,民风淳朴。有少量的青壮年和中小学生在村子里上学。如果发展为"候鸟式"养老区,"候鸟"老人和本村的老人还可以相互陪伴。在"候鸟老人"离开村子的时候,改造后的适老性空间、配套设施仍然可以为本村老人服务。

2.2.6 道郡村发展"候鸟式"养老社区SWOP分析

(1) 道郡村发展"候鸟式"养老社区的优势

由上文中进行的前期调研可以看出,道郡村发展"候鸟式"养老社区是具有一定优势的。道郡村的交通条件具备先天优势:村子距离海口市区仅17分钟车程。距离海口东站34公里,四十分钟车程。距离海南美兰国际机场13公里,驾车约20分钟。距离海口火车站约40公里,驾车一个小时。对于远道而来的候鸟老人来说,交通是十分便捷的。道郡村周围有很多与市区和其他地区相通的道路,交通十分便捷。海口市区的老人也可以很方便到达。道郡村民风淳朴,热情好客,对于外来人口能够很好地接纳。并且现在道郡村的空心化严重,留守在村里的人口多以老人为主,候鸟老人和当地老人可以相互做伴,进行社交活动。道郡村还具有优秀的自然风光资源,可以满足候鸟老人们想亲近自然的需求。

(2) 道郡村发展"候鸟式"养老社区的劣势

虽然道郡村交通便捷,但是由于道郡村位于乡镇深处,抵达道郡村村口的路上非常困难,路面狭窄,无法通车。这对于候鸟老人来说是非常不便的,需要后期对于入村的交通方式和村口的交通道路规划有一定的考虑。另外,道郡村本身的配套设施并不齐全,需要对乡村候鸟式养老社区所需要的配套设施进行重新梳理,为候鸟老人营造一个方便、便捷的生活。

(3) 道郡村发展"候鸟式"养老社区的机遇

根据去海南省海口市道郡村的实地勘察和走访,了解到道郡村现在的主要经济来源仍然以耕种为主。根据当地政策,道郡村主营畜牧业的家庭较少,并且也没有条件大规模养殖牲畜和家禽,所以经济产业支柱比较单一。再加上道郡村当前空心化严重,以老年人为主,老年人的耕种能力较弱,导致了道郡村现在的经济状态低迷。道郡村的村民都有强烈的意愿，希望能为村子带来新的产业，激活村子。正逢国家大力推行乡村扶贫政策，有国家政策的扶持，也是道郡村开展新产业的契机。而对于产业种类来讲，对于老年化和空心化如此严重的道郡村来说，建设候鸟养老社区，不仅可以注入新产业，还可以改造当地适老性空间，提高当地老人的晚年生活质量。

（4）道郡村发展"候鸟式"养老社区的挑战

在设计中需要注意平衡乡村田园生活以及生活配套设施现代化之间的关系，这是乡村发展候鸟式养老社区的最大挑战。城市的老人选择乡村进行养老，除了对于自然风光的需要以外，一般还掺杂着对于田园生活的向往。但是对于那些既向往田园生活又已经习惯了城市中便捷的现代生活的老人来说，养老社区是否能做好这两点之间的平衡，将会是候鸟老人选择养老社区的重要影响因素之一。

2.3 本章小结

本章通过对于道郡村的全面分析，给后续的设计实践梳理出了亟待解决的问题，为后续明确设计目标提供了借鉴意义。本章还从分析候鸟老人的需求出发，探索影响候鸟老人选择养老栖息地时的因素。将候鸟老人的生理需求、社会需求进行全面的梳理。同时分析了候鸟老人与普通老人需求的异同。通过这部分的调研及研究来看，设计实践除了要保证基本生活服务以外，还应关注老年人的社交需求。在候鸟老人群体中，还应特别关注候鸟老人与栖息地本地老人之间的融合问题。

第3章 乡村"候鸟式"养老社区设计研究

3.1 设计总体目标

对于社区整体规划来讲，要做到功能区域齐全，功能布局合理。候鸟养老社区需要解决老年人的基本生活要求，例如餐饮、运动、休闲娱乐、简单医疗、休息住宿等功能。并且要将这些功能进行需求度分析，将普遍需求进行集中，高频率需求和个性化需求进行分散。从建筑设计上来讲，除了要做到建筑的良好通风以外，还需要在建筑形式中保留原村落的风貌。对于社区景观设计来讲，需要保证当地景观的个性化与特点，深入挖掘当地的景观潜力，为候鸟老人营造具有海南当地特色的候鸟式养老社区景观。

3.2 乡村"候鸟式"养老社区设计原则

3.2.1 整体性原则

养老社区是一个有建筑、道路、景观、标识、照明等多种元素组合的有机整体，在进行社区环境的适老化设计或改造时，不能单一地考虑某一种要素，要将适老性改造看作一个有机系统。对其进行整体的、系统的、全盘性的思考。例如，在进行社区适老性改造时，应当将无障碍通道与无障碍设施连续起来，保证老人的通行可达性。例如，在老人房门、通道、楼栋入口、室内外活动场地、公共服务设施等重要的节点处，一定要保证空间的无障碍可达性，保证老年人通行畅通。

3.2.2 便捷性原则

老年人由于身体机能的衰退，行动能力受自然衰老的影响有不同程度的降低。例如，老人步行出行的速度、耐力、范围、时间等都会受到影响。对于大多数老年人来说，一次出行的最大步行范围在800米左右。这就要求行动路线要设计的尽量短，更易到达。在设计与老人进行空间活动互动时还需注意交互的便捷性。老年人的理解速度、理解能力也随着身体衰老有不同程度的影响，需在交互过程中尽量减少交互环节，提高互动的便捷性，从而增加老年人的使用频率。

3.2.3 安全性原则

在进行候鸟式养老社区设计时要严格遵循安全性的原则。在空间使用安全性方面：例如，老年人行动多半不灵便，要注意过道和门口之间的高差，加强地板材质的防滑性。在灯光设计安全性方面：需要考虑到老年人对于强光的接受能力较差，眩光容易引起老年人摔倒，给老年人造成健康伤害。所以，在灯光设计中要注意灯光的漫反射，营造柔和的照明效果。另外，还需关注救援通道设计，提高急救的及时性。在设计时要注重无障碍通道和路灯的设计，方便救援。

3.2.4 适用性原则

社区环境的规划设计既要满足最基本的安全需求，又要适合老年人。例如，在活动空间的布局上，有各种休闲桌椅类型可供设计，但并不是所有类型都适合老年人使用，只有充分考虑老年人的需求，才能做出合适的设计。这些需要包括老年人站立和坐下的需要、休息的需要、临时置物的需要、与他人互动的需要，以及轮椅使用者进出和停留的需要。

3.2.5 舒适性原则

生理机能的衰退会导致老年人对外界环境变化的适应性下降，对温度、光线、风等因素的变化极为敏感。因此，在居住区室外环境的营造当中，提高舒适度非常重要。提高环境舒适度的关键在于充分利用积极的气候条件和环境条件，有效避免或减弱不利因素的影响，并考虑季节性变化。通过场地中建筑物、植物和构筑物的合理布局，营造具有良好微气候的活动场所。具体而言，夏季日照强烈、气温较高时，应注重遮阳和通风，利用空气流通的阴影空间布置活动场地；冬季气温较低、风速较高时，则应注重日照和防风，利用建筑的南向背风处布置活动场地。

3.2.6 参与性原则

社区环境的建设应注重增强老年人的参与意识，为老年人创造参与活动的机会和场所，丰富老年人的日常生活，满足老年人实现自我价值的需要。社区内主要活动场地的设计应具有较强的宣传性和灵活性，以容纳尽可能多的形式和丰富的社区活动内容。主要活动区域的位置应位于主要步行路线的交叉口附近，以吸引老年人和社区居民参与活动。

3.2.7 丰富性原则

在社区环境的规划设计当中，应设置类型丰富的活动场地，为老年人提供多样的社交活动选择。考虑到不同老年人在身体状况、兴趣爱好、性格特点等方面存在较大差异，居住区设计中应为老年人提供丰富的活动场地，为老年人留有多样的选择余地，让他们参加最适合自己的活动。

3.2.8 通用性原则

适老社区环境的营造应立足于全生命周期的视角，充分考虑通用性，做到不仅适合于老年群体，也应适合于其他年龄群体，促进代际沟通交流。例如，在大型活动场地面积有限，无法同时满足集会活动、文艺演出、体育运动等空间需求时，可考虑设置通用型场地，通过场地布置的灵活调整，满足不同人群、不同时段的使用需求。

3.3 乡村"候鸟式"养老社区设计重点

重点1：针对气候问题进行改造。在海南省海口市道郡村进行候鸟式社区改造过程当中，除了要针对居住空间的适老性进行改造以外，还需要针对海南省海口市特殊的气候条件做出适当的调整以适应适老空间改造中舒适性的原则。

重点2：针对社交需求进行改造。老年人身体机能下降，原本就会被动地减少外出活动，如何能让老人们在有限的活动时间里，有更多的机会进行社交，是本设计需要重点考虑的问题。增加人与人之间看与被看的关系显得十分重要，在空间设计中要注意空间与人的互动性。

3.4 海南省海口市道郡村乡村"候鸟式养老社区"设计策略

3.4.1 解决气候问题设计策略

海南省夏季炎热，老年人多在傍晚出门活动。但是对于老年人来讲，适当晒阳光是有利于老年人的身心发展的。并且，炎热的白天让想要活动与社交的老年人望而却步，降低了老年人日常活动的时间，不利于老年人的康养和复健。所以在本次设计中，在道郡村上方设计了一个顶棚。部分顶棚为竹制，部分顶棚为混凝土。竹制顶棚可用于散热、通风和遮阳。让老人在白天也可以自由活动。混凝土的顶棚则是允许老年人通过坡道，登上顶棚。去看从前看不到的风景。

在这部分设计中，利用到了弹性弯曲竹壳结构的新技术。竹子与混凝土的能耗比为1:8，同等建筑过程中竹子能耗仅为钢材的1/50。且借助纤维组织，其纵向抗拉伸强度是中碳钢的5～6倍，素有"植物钢铁"之称。同时，竹子生长快，再生能力强，在2～3年即可成材，是一种可持续发展的绿色建筑材料。设计应用：通过参数化的计算将这种材料运用于整体顶棚设计。为在炎热的生长季节工作的村民提供遮阳遮阴场所，最大限度地提高通风，优化视线，并且尊重景观中最重要的、受保护的视野。顶棚可以为整个场地提供很多阴凉空间。在坡度较陡的部分设置光伏板，为部分公共设施供电（图3-1、图3-2）。

3.4.2 解决空间适老性设计策略

在整个设计中将与地面相接的部分作为居住区，道路作为联通整个场地的纽带。顶层屋顶作为整个场地的大型公共空间，为下方场地提供遮风避雨的空间。同时解决老年人不方便上楼梯的问题，使得老年人在不需要上楼梯的情况下就能不知不觉地来到高处，欣赏高处的视角、高处的风景。由原来散落、破败的民居区域，转变为具有社区性质的"适老性"空间。将车行道和人行道在立体视角里分开，在保证各自的通行效率的情况下，还可以保证老年人的安全。道路与顶棚相连，可以引导老人去到顶棚各处（图3-3）。

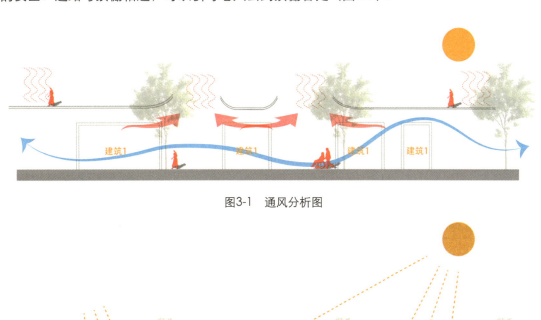

图3-1　通风分析图

图3-2　光照分析图

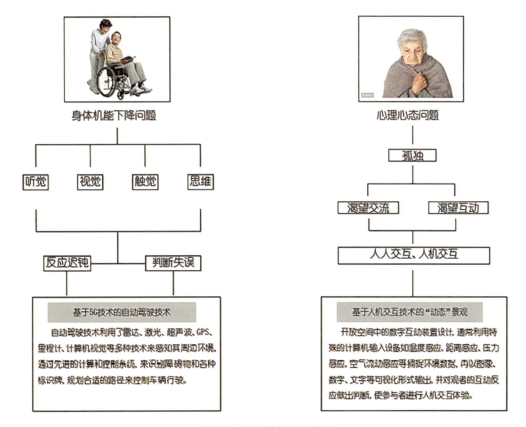

图3-3　适老性问题分析图

3.4.3 解决社交需求设计策略

建筑形式采取院落而非独立建筑综合体，充分利用院落中的公共空间。院落中的公共空间，有助于同院住户之间的交流与互动，帮住"候鸟老人"与本地居民之间的融合。院落之间设置公共绿地，院落中设置公共空间。提高老年人社交概率，促进老年人精神世界的丰富。后续设计以上一步的示范区整体规划为参照，以波浪顶棚为基础。在顶棚上方和下方进行景观节点设计。针对顶棚上方，以分析老年人的活动形式为基础，设计活动节点，嫁接于顶棚之上。针对顶棚下方，设计较为日常的节点场景。针对单人活动，设置更多的视觉与行为互动性。增加看与被看的关系；双人活动分动、静，活动比较集中，双人活动中的两人一般基于同一个活动；多人活动有时是基于一个活动聚在一起，有时是基于多个活动聚在一起，活动相对集中；老年人还具有围观行为的特征，比如围观下棋的老人，围观跳广场舞的老人等。在设计的时候应该对这部分围观行为进行针对性设计；群体活动的情境下，人群会相对分散，组团形式出现，活动形式相对多样（图3-4）。

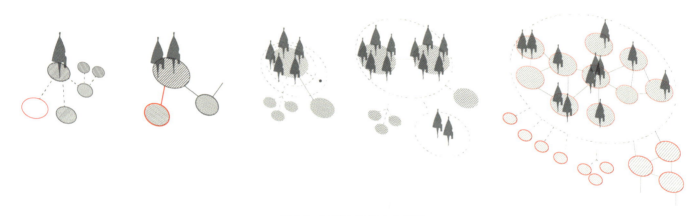

图3-4 社群空间趋向分析图

3.5 本章小结

本章主要梳理了在道郡村改造过程中的策略。通过弹性弯曲竹壳结构搭接技术解决了道郡村白天日照时间较长、炎热的问题。通过参数化设计的手段确定了混凝土顶棚和竹制顶棚的位置，并且留置通风孔，解决通风问题。利用太阳能光伏板发电技术，为解决养老社区整体供电问题提供一种解决思路，从而降低道郡村候鸟养老社区的康养成本，造福候鸟老人。

第4章 结论与展望

随着我国人口老龄化越来越严重，老年人开始寻找更适合自己的养老方式。候鸟式养老在国内也已经越来越普遍了，成为一个不可忽视的问题。不论国内还是国外，对候鸟养老的研究都已经非常深入了，候鸟式养老已经逐步从少数老人的自发性行为变成一种有规模的养老模式。

候鸟养老的发展带动着候鸟栖息地的经济发展，伴随着国家乡村振兴的政策，将候鸟养老与乡村进行结合发展是非常有必要的。不仅有助于乡村经济的发展，也有助于满足老年人想要的新鲜生活方式、优质自然环境、良好的生态环境等需求，有助于老人的身心健康发展。

参考文献

[1] 尹孔阳，刘艳辉，郭琳．人口老龄化背景下多元化养老模式的选择[J]．中国老年学杂志，2015，35（12）：3451-3453．
[2] 刘建军．生态宜居视域下的辽南农村居住环境适老性设计研究[D]．大连：大连理工大学，2019．
[3] 陈赛权．中国养老模式研究综述[J]．人口学刊，2000（3）：30-36，51．
[4] 葛珺瑢．我国候鸟型养老模式的适应性研究[D]．大连：大连海事大学，2020．
[5] 阮紫菱．我国旅居养老发展模式研究综述[J]．旅游纵览（下半月），2019（2）：58-59．

[6] 樊婧．旅居养老模式下乡村景观设计研究[D]．苏州：苏州大学，2020．
[7] 张梦娜．老龄化背景下乡村环境景观的适老化设计研究[J]．艺术科技，2019，32（10）：183-184．
[8] 马平．"气候环境"对海南地区室内装饰工程影响的研究[D]．南京：南京林业大学，2013．
[9] 庞文东，李长东，魏晓芳．乡村振兴战略背景下的乡村"三生"空间发展研究——以重庆市南岸区为例[J]．建筑与文化，2019（1）：194-195．
[10] 杨源源．景观"4R"原则视角下三生平衡发展的乡村景观规划研究[D]．苏州：苏州大学，2020．
[11] 王丽颖．城市近郊乡村适老性空间景观研究[D]．武汉：湖北工业大学，2019．
[12] 马兴，刘勇．美丽乡村建设下乡村养老植物景观适老性探讨——以陕西省咸阳市礼泉县官厅村为例[J]．城市建筑，2019，16（26）：147-148．
[13] 李桃桃．乡村无障碍适老性住区的景观设计探究[J]．工业设计，2018（8）：77-78．
[14] 雷挺．海南旅居养老基地规划设计研究[D]．北京：清华大学，2016．
[15] 黄诚．候鸟老人养老服务需求特征研究——基于对海南三亚的问卷调查分析[J]．中国市场，2015（21）：99-101．
[16] 李苗，郭洪花，张彩虹．国内外"候鸟式"养老的应用研究现状[J]．护理学报，2016，23（23）：27-31．
[17] 雷挺．海南旅居养老基地规划设计研究[D]．北京：清华大学，2016．
[18] 于红，苏勤．候鸟老人的地方融入——以三亚市区为例[J]．海南热带海洋学院学报，2019，26（6）：50-55．
[19] 蒲嘉欣．候鸟型老人异地养老社会融入研究[D]．重庆：重庆工商大学，2019．
[20] 何宏伟，胡金祥，黄光志，姜毅．"候鸟"老人休闲体育生活方式分析——以海南为例[J]．黑河学刊，2014（4）：137-139．
[21] 徐思蝶，范文杰，徐冰心，胡文秀，王鑫俣，陈金，张兵．人口老龄化背景下基于5G物联网的适老化改造[J]．城市住宅，2020，27（11）：41-43．
[22] 袁宁，屈高超，颜帅，宋双双，张莹．基于5G网络的人工智能与物联网在智慧医疗领域的应用[J]．中国研究型医院，2019，6（6）：58-62．
[23] 李永超．基于5G技术的物联网应用研究[J]．中国新通信，2019，21（15）：96-97．
[24] 王钰茹，乔木，丁晓翠，涂锗昊，李国杰．基于5G环境的智慧养老模式探究[J]．现代商贸工业，2020，41（17）：49-50．
[25] 应慧英．城市社区老年人群体交往中的空间变迁与融合[D]．杭州：浙江师范大学，2018．
[26] 张默晗，张沈莘．一种适应无人驾驶汽车的路面结构设计[J]．企业科技与发展，2020（10）：65-67．
[27] 薛冰冰，白子建．基于无人驾驶车辆特性的传统道路交通规划设计理念革新[J]．建材与装饰，2020（6）：70-71．

海南省海口市道郡村乡村"候鸟式"养老社区设计
Reconstruction Design of "Migratory Bird" Old-age Community in Daojun Village, Haikou city, Hainan Province

一、形态推导

I 道郡村示范区面积 23299.5 m²，包括两个名人故居、普通民居若干、风水塘一个。

II 将原建筑顶棚进行连接，形成整体性顶棚。

III 根据场地地形、与建筑走向，决定将顶棚进行曲率设计，增加起伏与层次感。

V 根据建筑高低和与地面接触的关系将屋顶进行部分的隆起和沉降。

VI 在公共绿地和院落中庭部分开洞，保证采光的同时，让绿地的自然感更强。

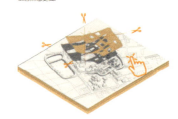

VII 屋顶有社交功能区，在坡度较陡的部分设置光伏板，坡度较缓的部分设置功能区与通行步道。

二、平面推导

原始交通 原始交通路线混乱，功能单一，废弃道路、空间、建筑较多

重新规划后 道路清晰，建筑以院落为单位，成为组团，整个空间更加清晰明确

公共绿地 每三个院落围合出一个公共绿地，让院落组成小组团

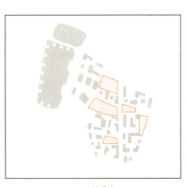

公共绿地 每三个院落围合出一个公共绿地，让院落组成小组团

屋顶开洞 在公共绿地和院落中庭部分开洞，保证采光的同时，让绿地的自然感更强。

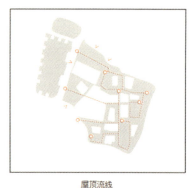

屋顶流线 屋顶有社交功能区，在坡度较陡的部分设置光伏板，坡度较缓的部分设置功能区与通行步道。

三、平面图

四、功能与道路规划

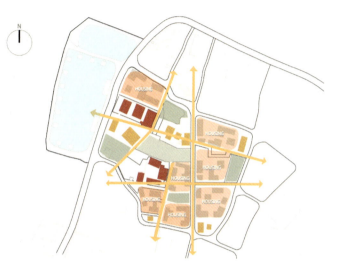

五、光照与分析图

在原始建筑平面图上增加一个顶棚，起到解决户外天气炎热问题、解决建筑太阳光直射导致室内炎热问题。

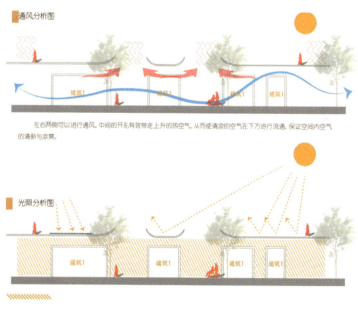

■ 通风分析图

左右两侧可以进行通风，中间的开洞有效带走上升的热空气，从而使清凉的空气在下方进行流通，保证空间内空气的清新与凉爽。

■ 光照分析图

顶棚使得建筑的屋顶不直接接触太阳光，避免屋顶的阳光直射，可以有效降低建筑室内温度。顶棚可以为整个场地提供很多阴凉空间，在坡度较陡的部分设置光伏板，为部分公共设施供电。

立面与节点 Section & Node

入口部分设计高耸顶棚,营造场地的欢迎氛围。呈现场地的包容与接纳的特质。在顶棚下设计休息区,可以作为候鸟老人下大巴后的临时休息区,进行临时的休息和等待。

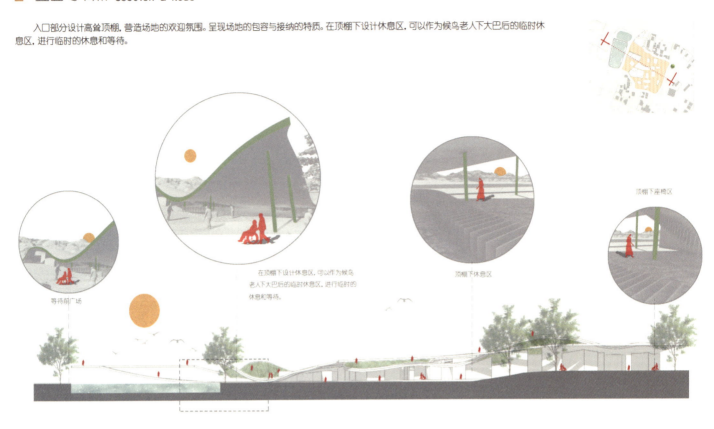

剖面图

三等奖学生论文与设计
Thesis and Design of the Third Prize Winning Students

后生产主义语境下道郡村公共空间更新策略研究
Research on the Renewal Strategy of Public Space in Daojun Village in the Context of Post Productivism
海口市道郡村综合环境设计
Comprehensive Environmental Design of Daojun Village in Haikou City

四川美术学院
张驰
Sichuan Fine Arts Institute
Zhang Chi

姓　名：张驰 硕士研究生三年级
导　师：赵宇 教授
学　校：四川美术学院建筑与环境艺术学院
专　业：环境设计
学　号：2019120229
备　注：1. 论文　2. 设计

后生产主义语境下道郡村公共空间更新策略研究
Research on the Renewal Strategy of Public Space in Daojun Village in the Context of Post Productivism

摘要："后生产主义"首先出现于欧洲，是第二次世界大战后西方国家乡村发展的基本趋势。我国乡村的"后生产主义"发展较晚，自新中国成立以来至1998年，粮食生产问题始终是我国农业发展的重中之重。随着改革开放的不断深入及我国人民温饱问题的解决，我国的乡村及农业生产发生了巨大变化，乡村发展开始向"后生产主义"演化。随之而来的是乡村结构和功能的变化，生产不再是乡村的唯一功能。根据"功能—形态"相对应的原则，乡村结构和功能的变化必然会导致包括公共空间在内的乡村空间随之转型、重构和更新。本文以道郡古村为研究对象，以公共空间的更新为核心议题，在"后生产主义"语境下较为系统解析了乡村公共空间的转换机制，探讨乡村公共空间的更新设计策略。

关键词：乡村；公共空间；后生产主义；道郡村

Abstract: "Post Productivism" first appeared in Europe, which is the basic trend of rural development in western countries after World War II. Since the founding of new China to 1998, grain production has always been the top priority of China's agricultural development. With the deepening of reform and opening up and the solution of the problem of food and clothing for our people, great changes have taken place in China's rural and agricultural production, and rural development began to evolve to "post Productivism". Followed by the changes of rural structure and function, production is no longer the only function of the countryside. According to the principle of "function form", the change of rural structure and function will inevitably lead to the transformation, reconstruction and renewal of rural space, including public space. Taking Daojun ancient village as the research object and the renewal of public space as the core topic, this paper systematically analyzes the transformation mechanism of rural public space and discusses the renewal design strategy of rural public space in the context of "post Productivism".

Keywords: Rural, Public Space, Post Productivism, Daojun Village

第1章 绪论

1.1 研究背景

1.1.1 "后生产主义"——我国乡村发展的新阶段

我国乡村的"后生产主义"转变相比于西方国家较晚，新中国成立至改革开放期间，我国一直着力解决人民温饱问题，在此期间，增加粮食产量、保证农产品的充足供应一直是我国农业发展的重中之重，这一时期的乡村发展体现出了典型的"生产主义"特征。

改革开放以来，我国的粮食产量快速增长，人民温饱问题基本得到解决。国家对乡村的政策开始转变，城市与农村的关系也从"汲取"变为"扶持"。农业的价值已经不仅仅局限于农业生产，而是由以"粮食生产"为重心向农业生产、生态服务、乡村旅游等多功能农业转变。在社会主义发展新时期，国家层面开始关注农业的多功能性，越发注重乡村的综合发展，"后生产主义"特征开始在我国乡村出现。

1.1.2 "后生产主义"——乡村功能转型的驱动力

在乡村从"生产主义"向"后生产主义"的发展过程中，乡村的生产功能逐渐弱化，农民从农业生产中获得的收入正在逐渐减少。一方面，大量的农民涌向城市寻求工作机会来谋取收入，又加剧了乡村劳动力的流失，乡村的发展正面临老龄化、空心化的难题。另一方面，随着城市化的进程的加快和都市生活品质的降低，越来越多

图1-1 国内乡村旅游人次（收益增长）

图1-2 乡村观光农业

的城市居民反而向往乡村生活（图1-1）。"后生产主义"语境下，乡村的生产功能消解并向非生产功能转化的特征为城市居民感受乡土氛围和文化提供了可能。乡村旅游、观光农业的兴起，增加了乡村就业机会，给村民带来了非农性收入（图1-2）。在后生产主义的影响下，农业的非生产用途和农产品的更高附加价值、农业和农村资源的多功能性、农村经营多样化以及农村的永续发展更加受到关注。"后生产主义"对促进乡村功能转型有着举足轻重的作用，在"后生产主义"语境下，农业生产以外的消费功能创造了乡村就业机会、增加了农民收入、调整了农业结构，促进了乡村发展。

1.1.3 "后生产主义"——乡村空间重构的催化剂

在以生产为主的乡村中，其组织模式是封闭且内向的，乡村的公共空间多是自发形成的，比如从事农业生产劳动的打谷场、供纳凉闲谈的村口大树、集会议事的祠堂等都是自下而上形成的。

法国哲学家列斐伏尔在《空间的生产》中提到，空间是社会性的，空间里存在着各种社会关系，各种社会关系相互支持，在生产社会关系的同时，也被社会关系所生产。在"后生产主义"语境下，由单一的生产功能向非生产功能的转变中，乡村逐步由"封闭"走向"开放"，乡村功能的变化又推动了乡村空间的重构。

1.2 研究目的和研究意义

1.2.1 研究目的

本次课题项目是探讨未来乡村建设与发展的实验项目。本研究分析以下问题：（1）在"后生产主义"语境下，乡村空间发生了哪些变化？（2）在由"生产为主"向"多功能"的转化中，乡村公共空间的使用者发生了变化，哪些公共空间会随之弹性转化？（3）这些弹性转化现象背后的特征与机制是什么？基于对以上问题的分析，提出"后生产主义"语境下乡村公共空间的更新策略。

1.2.2 研究意义

本文在"后生产主义"的语境下，通过对乡村公共空间的研究，结合"生产主义"向"后生产主义"发展过程中乡村空间的重构机制，提出乡村公共空间的更新策略，为乡村振兴提供新的理论和实践视角。

1.3 研究方法

（1）类比归纳研究法

本文以乡村公共空间的更新设计研究出发，借鉴国内外优秀案例的观念与经验，基于"后生产主义"语境，结合海口市道郡村的改造课题项目，研究并形成一套"后生产主义"下的乡村公共空间更新设计方法。

（2）文献研究法

笔者通过对万方数据库、中国知网相关文献资料和理论著作进行分析研究，以及对相关建筑网站和网络博文的认真阅览，捕捉国内外关于乡村公共空间建设的相关动态，为本文的写作储备和筛选了丰富的理论和素材，通过参考大量文献，对乡村公共空间有了一个细致的把握，使得"后生产主义"下乡村公共空间更新设计方法的提出具有理论基础。

（3）案例分析法

通过对国内外具有代表性的案例进行收集，举例论证所研究的问题，理论结合实际，使其更有说服性。

1.4 研究框架

本文主要分为五大章节，全文逻辑框架如图1-3所示：

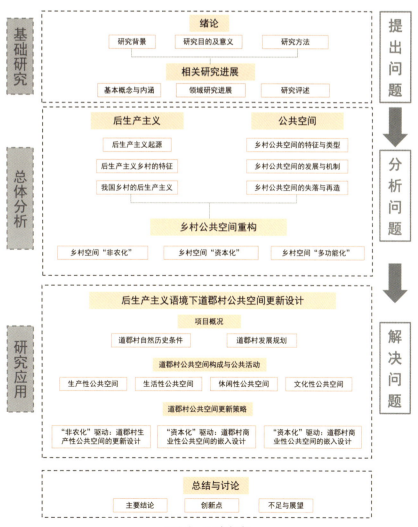

图1-3 研究框架

第2章 乡村公共空间研究基础及理论支持

2.1 公共空间理论研究

2.1.1 公共空间的西方释义

20世纪50年代，西方学者就对公共空间（Public Space）进行了探讨，德国思想家阿伦特提出"公共领域"的概念，并将其定义为开放的、人人都可在此进行交流与讨论的共同场合。20世纪60年代，哈贝马斯继承并发扬了阿伦特的思想，认为社会中的不同个体在交往和参与中形成对话性的场所。后来，在城市规划设计和建筑设计领域也出现了"公共空间"一词。

公共空间早期的探索注重城市空间的视觉质量和审美经验，认为视觉组合在城镇景观中应处绝对支配的地位。20世纪后期，新理性主义倡导重新认识公共空间的重要意义，将街道、广场等视为构成城市空间的基本要素。

公共空间的研究由审美转向生活后，注重研究人、空间和社会行为特征的密切关系，文化、社会、经济、政治以及空间要素的形成等相关因素被整合起来。美国作家雅各布斯在其《美国大城市的生与死》中创造性地用社会学的视角来研究美国城市居民空间。扬·盖尔的著作《交往与空间》从当代社会生活中的室外活动入手研究，对北欧公共空间的研究产生了广泛的影响。芦原义信的著作《外部空间设计》则是从比例、尺度、材料等方面对公共空间进行了总结归纳。

2.1.2 乡村公共空间的本土认知

西方有关空间以及公共空间的理论阐述对我国研究乡村公共空间具有重要的理论意义。乡村公共空间是乡村建设的重要组成部分，我国学者对乡村公共空间的研究也有很大的收获与成果。

吴毅（2002）认为：村落是一个很大的公共空间，它是一个社会的有机体，里面存在着人际交往的结构方式，也有不同的社会关联。周尚意（2003）认为乡村公共空间是社区内人们可以自由进入并进行思想交流活动的公共场所，每个乡村公共空间有其自身的规划与规律。曹海林（2005）认为村落公共空间包括两个层面：一是可供人进行交流的自由场所，二是承载有组织、有制度的活动形式的空间。国内学者对于乡村公共空间的概念探究，基本上都是将以上学者的阐述作为主要依托。

基于以上研究，结合"后生产主义"语境下乡村空间重构的必然趋势，本研究所指的乡村公共空间为：村民及外来游客可以自由进出与共享的空间，是游客"吃住行游购娱"和本地村民日常生活公共使用的室外及室内公共空间。

2.2 乡村公共空间的研究

2002年，周尚意首次使用"乡村公共空间"一词后，以"乡村（农村）公共空间""村落公共空间"为主题的研究快速增多。但是，基于"后生产主义"语境下的乡村公共空间研究成果极其匮乏。鉴于此，为夯实本研究的理论基础，下文将从乡村公共空间特征、类型、发展及其存在问题几个方面，对现有文献展开综述。

2.2.1 乡村公共空间的特征与类型

乡村公共空间的特征可以主要概括为公共性、可达性、可交往性、功能复合性、非正式性五大特性。

乡村的公共空间是基于村民的公共需求产生的，文化广场、农家书屋、祠堂、寺庙等公共空间构成了村民日程生活必不可少的场所。这些空间具备了平等、多元、自由、包容的特点，使村民在空间里实现了公共交流、集体活动等行为，最终实现村落公共利益的价值追求。可达性是公共空间极其重要的一个特征，一般可归纳为三个方面，一是人们可以自由地进出公共空间；二是人们能够感知公共空间；三是公共空间在集体记忆层面对人们引起情感共鸣，具有吸引力。交往性是公共空间存在价值的体现，交往使人们相互了解。作为空间场所，公共空间成为人与人、人与社会、人与空间交往的重要载体。乡村的公共空间在农闲时是村民的休闲场所，在农忙时则肩负起了生产的责任，它是一个具有复合功能的空间系统。非正式性是乡村公共空间区别于城市公共空间的一个显著特征。比起城市中经过规划的广场、公园，乡村中自发形成的树下空间、水井边、村口集市等空间则不是很正式。这些典型的乡村公共空间属于自发产出的"非正式"公共空间。

按照尺度标准，可以将乡村公共空间分为"点""线""面"三个层级。点状空间包括村口、树下空间、院子门口、小卖部等，线状空间包括道路、街巷、水边，面状空间包括村委会、广场。在一些文献中，可以看到乡村公共空间的分类是多样的。曹林海认为乡村公共空间是指乡村社区内人们可以自由进入并进行各种思想交流的公共场所，乡村社区内普遍存在着的一些制度化组织和制度化活动形式。王春光认为社会精英群体、民间组织和社会舆论是构成一个完整的社会公共空间的三个方面。王玲将公共空间划分为神异性公共空间、日常性公共空间、政治性公共空间。张良将公共空间划分为信仰性公共空间、生活性公共空间、娱乐性公共空间、生产性公共空间以及政治性公共空间。

2.2.2 乡村公共空间的发展

由于城乡政策、村民需求等综合因素的影响，乡村公共空间有了一定程度的发展，新中国成立后我国乡村公共空间发展的基本历程如下：

（1）1949~1978年，中国最根本的问题就是如何解决农业快速发展，并为工业化奠定基础和提供保障。在土地改革、合作社、人民公社、"大跃进"等政治因素影响下乡村生活强调公共性和集体性，这一时期的公共空间主要具有政治性和生产性功能。祠堂、寺庙等文化公共空间遭到一定程度的破坏，与村民生产生活相关的供销合作社、合作医疗所、粮油店等作为新型的公共空间开始出现。

（2）十一届三中全会后，农民通过直接投资、提供廉价劳动力、提供土地资源三种方式，为工业和城市的发展提供了强大的动力。大量村民外出就业，导致村内常住人口锐减，村内公共空间活力衰减。技术发展改变了村民的生活方式，村内原有的公共空间无法满足村民的生活需求，乡村公共空间和公共活动逐渐分离。

（3）2005年之后，城乡统筹、建设社会主义新农村成为新时期城乡工作的主轴，城乡关系进入了一个新的历史阶段。三农问题受到广泛关注，全国范围内实施新农村建设、美丽乡村建设和乡村振兴战略。乡村公共空间在物质上和形态上被"有形的城镇化"，乡村公共空间的建设由政府层面主导设计规划，乡村传统公共空间营造逐渐转向人为把控。在发展的过程中，乡村被"无形地城镇化"，即精神上、意识上的城镇化，生活方式的城镇化。村民在意识、行为和生活方面方式逐渐转化为城市化的意识、行为和生活方式，逐渐脱离固有的乡土式生活态度、方式，而采取城市化的生活态度和方式。

2.2.3 乡村公共空间的失落与再造

针对当前乡村公共空间存在的问题，乡村社会学和规划学分别基于不同的视角，提出乡村空间重构或再造的策略。张良指出，在由封闭化、内敛化、同质化走向开放性、流动性、异质性的乡村社会大转型中，传统概念层面的乡村公共空间在其内部个体的独立发展进程中逐渐趋向衰败。因此，重构乡村公共空间的重要前提是重组乡村的集体组织方式。张诚等人指出，在由传统"乡土社会"向"后乡土社会"转变的过程中，流动性、异质性和市场化趋势日益凸显，乡村公共空间面临功能弱化、形式单一、公共性流失等问题。从空间建设和公共性建设两方面，通过构建乡村合作共同体为目标，走多元合作道路，推动乡村公共空间再造，针对乡村公共空间公共性缺失问题，他指出，公共性是乡村公共空间的核心属性，应从"共建、共治、共享"三个方面重塑乡村公共空间的公共性。卢健松等人基于村落公共空间两种类型分类——生产经营类与日常生活类，提出乡村公共空间的节点布局与属性调整的规划导控方法。

众多学者从传统村落文化与公共空间相互建构的角度，针对传统村落公共空间的营造智慧进行挖掘，在此基础上，提炼乡村公共空间规划设计策略。如林川在基于古村落保护的研究基础上提出现代文明早已替代了传统社会环境，以经济基础、社会组织及人文背景构成的乡村的内涵基底已发生了根本的变化，传统根植于村民的聚居观念和生活方式也已全面更新。并基于这样的思考，着重分析了变化的社会及文化因素对于传统村落公共空间组成及布局的影响。金涛等人通过对中国传统农村聚落营造思想的探索，揭示传统文化与自然环境在农村聚落与公共空间及其他建造空间的相互影响，旨在引发对当代村镇大规模建设活动的反思。

2.3 小结

综上所述，近十年来，伴随乡村由"传统"向"现代"的大转型，学者们对我国乡村公共空间的类型、特征、发展及其再造已进行了丰富研究，并取得了诸多原创性的成果，但是现有研究尚存在以下问题。

（1）目前，现有相关文献多着眼于整体乡村的研究，即将乡村视为均质化的整体，没有看到乡村内部的巨大差异性。基于整体观点的乡村公共空间研究，所得出的研究结论尽管归纳出诸多乡村公共空间的共性，但对不同类型村庄公共空间的差异性关注不足，在实践中不利于因地制宜地规划指导。

（2）由"生产主义"向"后生产主义"演化，已成为我国乡村尤其是发达地区乡村转型的一个重要发展趋势。根据"功能—形态"互相适应原理，伴随着乡村功能的变化，包括公共空间在内的乡村空间必然随之转型和重构，学术界对"后生产主义"语境下空间转化的关注不足。

(3) 城市公共空间具有浓厚的规划建构色彩。与之不同，乡村公共空间具有"非正式性"等特征。在"后生产主义"语境下的乡村功能转变中，乡村公共空间存在"非正式"与"正式"公共空间之间的弹性转化。对此，只有少数学者关注到了不同类型空间的相互转化现象，但没有涉及不同类型公共空间的转化问题。

第3章 乡村公共空间研究基础及理论支持

3.1 后生产主义

乡村的"后生产主义"这一话语模式，无论是从形式还是内容上看，都深深地烙上了"后现代主义"印记。这是因为，通过"后……"的话语方式，"后生产主义"质疑了"生产主义"时代乡村的一个基础性或者说中心性的功能——生产。在"后生产主义"的语境下，"生产"是乡村的功能之一，但生产并不一定是乡村基础性和中心性的功能。

3.1.1 后生产主义起源

20世纪80年代，新一轮经济全球化通过深化全球农业分工引起了全球农业体系的重构。许多西方发达国家发生了农业体制的转变，"生产主义"作为一种粗放的农业生产方式，产生了生产过剩、环境衰退等问题，这时"后生产主义"开始出现。"后生产主义"可以被认为是针对"生产主义"导致的后果而提出的指导乡村可持续发展的策略，"生产主义"农业带来的负面影响使"后生产主义"成为一种更加关注农业和农村的可持续性、主张维护生物多样性的生产方式。"后生产主义"时代，农业不再处于社会中心地位，政府开始采取鼓励、支持、引导的方式推动农业经营的多样化、乡村旅游和休闲、有机农业等的发展。这就意味着，"后生产主义"注重农业的非生产用途

图3-1 生产主义与后生产主义对比

和农产品的更高附加价值、农业和农村资源的多功能性、农村的永续发展，使农村不仅具有生产功能，还发挥着文化、生态、消费等功能（图3-1）。

3.1.2 我国的"后生产主义"

相较而言，我国解决温饱问题的时间较晚，所以进入"后生产主义"阶段较缓。粮食问题的解决使农村的非生产用途受到关注，农业和农村资源的多功能性得到重视。农村的多功能转向和农业的非农生产引起了各级政府的关注，源源不断地出台了一系列促进农村综合发展和支持农业非农生产的政策法规。比如，在2007年的中央一号文件中明确指出"农业不仅具有食品保障功能，也具有原料供应、就业增收、生态保护、观光休闲、文化传承等功能"。这就意味着，乡村除了生产一些传统的农产品以外，有机健康农产品的生产以及观光农业、休闲农业等进一步发展，更明显的是乡村旅游更加活跃，成为农民致富、改善生活条件的有效手段。在"后生产主义"下，乡村空间发生重构，乡村系统更加复杂，城乡之间的关系更加紧密，后现代社会的特征越发明显（图3-2）。

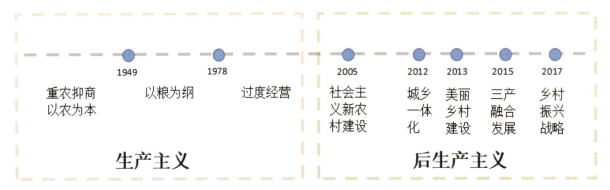

图3-2 我国的乡村发展过程

3.2 后生产主义下乡村空间重构

当代乡村"后生产主义"特征的逐渐显现，标志着乡村自身功能定位的悄然变化，乡村空间形态也随之改变。乡村空间结构的组织肌理与功能运营的组织方式也在逐渐发生着基于当下背景的重构。根据"功能—形态"互适理论，形态是乡村空间领域边界与物质实体的几何属性，它常常与功能形成相互投影的拓扑对应关系，功能与形式存在着辩证统一的关系。乡村几何形态的生成是功能要素在乡土场所与乡土文脉中的历史性投影，反映了实在性的乡土需求与文化影像。传统的乡村功能以农业生产和封闭的农业生活为主，所有具有乡土意味的空间，背后都蕴含了农业生产的需求逻辑，而后生产主义的各种新元素开始在乡村中流动发酵，对乡村空间重构起到重要的作用。

3.2.1 乡村空间"非农化"

在生产主义时期，乡村为了最大化实现其农业功能与价值，需要通过耗费大量土地资源来推动与实现农业的增量。在这种情况下，农业生产是乡村的最基本功能，首先是满足自身生存与发展对食物的刚需，其次是提供二次生产、生活原材料、能量等。而在后生产主义背景下，乡村空间出现了"非农化"的趋势，原来的农业空间逐渐向非农空间转化。

3.2.2 乡村空间"资本化"

乡村自身的价值与传达的公共印象正随着时代的前进发生着改变，从传统且落后的农业生产空间，转变为城市居民向往的田园生态景观空间。在这样的空间中，农业生产功能被主观降低，随之而来的是消费功能的萌芽，这种转变可以被称为农村空间的"资本化"。理论上，原始自然中的场所与空间是不具备商品价值意义的，但是随着城乡经济发展水平的提高及后生产主义价值思维的蔓延，空间的价值定义就与生产方式、组织模式关联了起来，因此空间产生了"资本化"的价值。这种关联为农村空间"资本化"的产生创造了条件。

随着国内休闲农业的快速发展，大都市周边郊区的乡村出现了例如田园采摘、农家乐、乡村体验为主要形式的消费需求与现象。随着社会经济的进步、后生产主义思想不断深入民心，乡村开始遵循市场的逻辑。在后生产主义理论中，乡村空间"资本化"不仅强调农村的物质生产功能，也突出了非农要素利用的重要性，例如自然与人文景观等。某种程度上，乡村空间的"资本化"缓解了乡村的经济、社会、就业等问题，也为乡村的可持续发展提供了新的途径。

乡村旅游是乡村空间"资本化"的驱动力与表现形式之一，乡村旅游的兴起驱使农村更多的产品成为可供城市居民消费的商品，并带动了其他相关产业，从整体上提升了乡村空间的"资本化"程度。在乡村旅游热的带动下，后生产主义思想不断在乡村中蔓延，旅游型乡村数量不断增多，乡村空间"资本化"程度也在不断提升。

3.2.3 乡村空间"多功能化"

乡村功能多样化是"多功能农业理论"的表现，该理论将乡村地区视为完整的地域空间，将农业作为地区发展的动力来源，注重挖掘地区内生价值。曾经被人们重视的物质资源获得了进一步的深度挖掘，而之前未曾受到人们重视的一些非物质性资源也得到了开发利用。农村的文化功能、生态功能、社会服务功能等被挖掘，产业链得到整合与升级重组，农民收入因此普遍增加。而在多功能农业中无论是商品产出还是非商品产出，都具有空间的需求，如乡村旅游、下乡养老的配套设施建设、观光农业的景观建设等。

3.3 小结

乡村转型是在经济社会时代的大背景之下进行的，"生产主义"和"后生产主义"起源于欧洲，由于战后社会经济的变化，乡村从"生产主义乡村"向"后生产主义乡村"转型。从国家层面和地方层面的一些引导性政策和事实可以看出，我国在解决了粮食问题后，21世纪初，乡村也出现了"后生产主义"现象。在此背景下乡村大转型，乡村不再仅仅是具有农业生产功能与简单的农业生产空间，而是由传统以农业生产为中心的乡村空间转变成具有乡村旅游、文化教育、环境保护等多功能复合的消费空间，乡村空间结构的组织肌理与功能运营的组织方式也在逐渐发生着重构，乡村空间有了新的内涵，乡村空间发生了"非农化""资本化""多功能化"重构。

第4章 研究应用——后生产主义语境下道郡村公共空间更新设计

4.1 项目概况

4.1.1 道郡村自然历史条件

道郡村属海口市美兰区灵山镇大林村委会的道郡南及道郡北经济社，距海口只有15分钟车程。全村现有80多户、500多人，外出人口近1000人，都是汉族，且单一吴姓，村民的祖先是唐代户部尚书吴贤秀公。他于公元805年从福建莆田迁琼，为吴氏渡琼始祖。村中的始祖是吴贤秀公二十三世孙吴友端公的孙子吴登生。村中有海南历史最高级别武官——清代皇封正一品建威将军吴元猷将军的故居（故居已列为海口市重点文物保护）（图4-1）。

吴元猷故居是咸丰初年吴元猷本人所建，规模宏大，面积5000多平方米，迄今有150多年的历史。故居背靠高坡、面临大塘（大塘前是一片宽阔的田园，风景秀美，是一块风水宝地）。故居坐东向西，主要由七间红墙朱门的大屋组合成"丁"字形格局。中央为纵列三进正室及后楼，左右两列各有两间大屋、一间小楼，一字横列。"丁"字形格局别出心裁，也别具一格。

村中历代人才辈出，受皇封的有清嘉庆年间进士吴天授、清道光年间正一品建威将军吴元猷、清道光年间正二品武显将军吴世恩、清光绪年间户部主事吴汉征、清光绪年间布政司吴必育，以及庠生、监生、贡生、武生、国学生等22人。近代有民国爱国将军吴振寰、中共烈士吴开佑。现代有中共十六大代表吴素秋（原海口市第九小学校长），教授吴元钊、吴元祜，研究生吴旭，还有教师、大学生、翻译、军人、国家公务员等近100人，爱国华侨吴君茹、吴疆、吴坤、吴多波等定居美国，吴清监、吴清海、吴清圣等定居泰国。

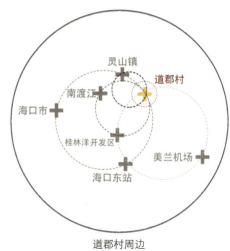

道郡村周边

图4-1 道郡村区位分析

4.1.2 道郡村发展规划

规划海口形成"一轴，一带，五区"的旅游发展格局，道郡村处于"滨海东部生态休闲度假旅游发展区"，该区将依托沙滩、红树林等特色旅游资源及现有的休闲度假设施基础，整合旅游、乡村、教育、体育训练等产业资源，重点打造生态观光体验、海洋主题娱乐和体育休闲三大主导产品，完善相关配套和产业支撑，成为海洋文化主题和生态特色突出的综合型滨海休闲度假旅游核心功能区（图4-2）。

图4-2 道郡村上位规划

道郡村位于"滨海东部生态休闲度假旅游发展区",可依托自然与文化遗产资源,在不破坏村庄传统空间肌理和生活方式的基础上,结合村庄特色的民俗文化以及非物质文化、历史文化展示,开发满足城市居民和长居型游客休闲需求的各类果蔬采摘园、休闲农庄和农家乐旅游点等项目,开展乡村农耕体验、乡间美食品尝、垂钓、自行车骑行、健行等活动。

4.2 道郡村公共空间构成

道郡古村属于传统村落,尚未开发,村落内的公共空间使用群体为村民。其公共空间主要包括四类:生产性公共空间、生活性公共空间、休闲性公共空间、文化性公共空间。

其中,生产性公共空间有村落西侧的水塘和农田,水塘设有景观步道,但是缺少休憩功能节点的设计,农田未进行合理规划,没有形成特色景观;生活性公共空间有一处广场,广场内只放置了健身器材,缺少休闲娱乐的功能性景观;休闲性公共空间有村落北侧的乡村舞台、运动场两处,乡村舞台除特别时间外,几乎常年处于不使用状态。舞台采用白色钢材搭建而成,与村落整体风貌不协调。运动场也长期处于荒废状态,周边缺少配套服务设施;文化性公共空间有吴元猷故居、布政司故居和土地庙及宗祠等信仰空间。吴元猷故居2011年10月被列为海口市重点文物保护单位,建筑保存状况一般,院落环境较差,室内仍按照原始布局布置,缺少文化展示功能的空间,院落环境空间亟待保护更新设计。布政司故居破败严重,个别建筑只遗留有地基,亟待更新保护设计(图4-3、图4-4)。

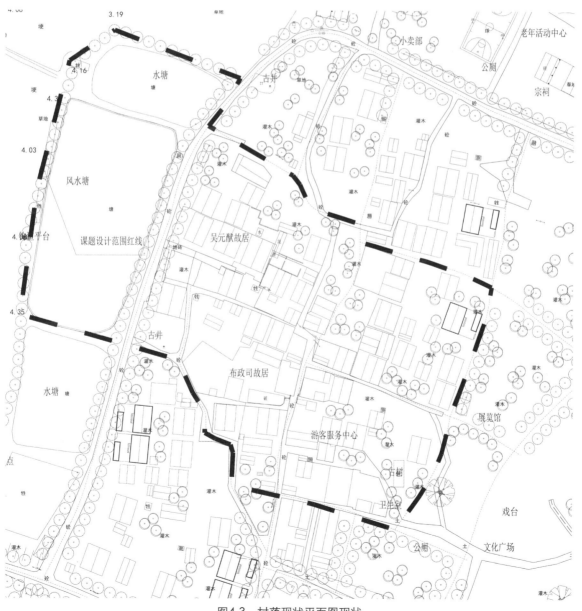

图4-3 村落现状平面图现状

4.3 道郡村公共空间更新策略

4.3.1 "非农化"驱动：道郡村生产性公共空间的更新设计

道郡村跟其他村庄一样，一方面，随着现代农业技术的进步与人口的老龄化，出现劳动力的断层，使得其农业生产逐渐荒废，农村的一部分生产性公共空间功能被逐渐削弱，甚至被其他功能代替；另一方面，在道郡村发展旅游产业的规划下，生产性公共空间必须叠加新的功能，在"非农化"驱动下，道郡村中的生产性公共空间要转换成供游客使用的休闲性公共空间，具体更新策略如下：

（1）生产性公共空间叠加观光、体验功能

当代城市人在高度城市化与集聚化的城市环境、生活节奏中，产生了亚健康的身体与心理状况，能够在乡村环境中找到对应的"处方"。所以，近年来乡村旅游持续高速发展，都市人的"逆城市化"需求在乡村环境中找到了对应的承载空间。例如农村果园，正

图4-4 公共空间构成现状

由传统的纯粹生产性果园向可观光、可体验的趋势发展。游客在对应的季节亲临水果生长的环境、亲手采摘、即时品尝等，形成了一整套体验农业的观光链。在这种观光链下，传统生产性的果园空间完成了"非农化"效应，其虽然保留了原有的空间格局与功能特征，但是完成了从纯粹生产向体验式观光的转化。此外，作为传统农村公共空间的主体——农民，也在体验型公共空间中完成了角色的改变，他们从单纯的农业劳动者转向农业文化、农村环境的宣传者与直接销售者。农民与城市游客在观光型公共空间中的互动共存，使得游客不断增进对于乡村文化、产品的认可，并在此基础上激发了持续性的消费行为。"非农化"引发了新的农村公共空间场景，一种由生产者与观光者共同构成的生产场景，这个过程促进了农业文化与绿色价值观的传播，并且使得农民在劳作的同时完成了销售的工作。这种场景叠合了生产、宣传、销售的功能，实则提高了乡村公共空间的利用效率。

（2）农业生产设施转换为游客观光设施

在生产主义时代，生产资料是从事农业生产的主导要素。同时，生产资料中的生产工具，与农业生产效率息息相关，成为乡村生产主义时代的核心组成部分。农业生产设施的运作原理、形态特征，构成了农业生产时代的集体记忆，也能够见微知著地映射出生产的文化与历史。区别于城市中，对于城市意象由建筑物、标识物以及几何要素的感知体系，乡村环境的感知更倾向于从农业符号的意象出发，即当看到稻草人、牛耕、水车等生产工具及符号时，乡村环境的情景立刻得以生动地浮现。也就是说，在后生产主义乡村，原本作为农业生产工具的生产设施逐渐向符号载体过渡，其内涵在于唤起城市人对于乡村生活场景的共情，并且产生价值观的认可。在这样的逻辑下，农业生产中的灌溉设施、精工机械等内容，在后生产主义时代被重新定义，其在功能上倾向于从游客光缆与理解的角度出发，故可能对这些设施进行局部的解体与改造，从而满足解读的需要。

4.3.2 "资本化"驱动：道郡村商业性公共空间的嵌入设计

农村生产方式发生改变，由原本依赖量的积累的粗放式生产转为如今的具有精细化与可观光特性，而由于乡村资源的有限性，农民增收迫切，相对应的城市居民又向往去农村消费，根据外部市场的特点与倾向，受空间"资本化"驱动，农村有限的空间资源转换为商业性公共空间。

（1）庭院空间转换为休闲性与商业性公共空间

庭院空间主要是房前、屋后或者房屋之间的院子，是外部公共空间向村民户内空间过渡的部分，是一种"非正式"的公共空间。以家庭为单位，在庭院空间中展开公共活动，可供人们进行文娱活动，或是堆放杂物用具等。而在城市中，由于居住环境限制，庭院逐渐消失，但人们对庭院生活却仍然向往，因此庭院成为乡村吸引城市游客的一个重要因素。在这种情况下，"资本化"成为驱动其转换的最重要因素，庭院空间会转换成为休闲性公共空间与商业性公共空间。

在道郡村公共空间的更新中，对庭院空间进行重新整理，通过园艺造景美化庭院，吸引游客住宿，这是商品

图4-5 院落改造效果图

空间化的一种表现，使得其成为游客休闲的公共空间（图4-5）。

（2）居住空间嵌入商业性公共空间

农房是乡村最重要的资源之一，是乡村物质环境最重要的组成部分，其功能与空间具有极强的可变化性，诸如家庭人口增多、居住条件改善、使用功能改变等情况皆可能产生住宅空间与功能的改造行为。在改造过程中，农村的住宅形式随着需求功能的演变而变化。在"资本化"的驱动下，村民会把自己的居住空间缩小，把整栋楼房转换成商业性公共空间，自己居住在辅房中或者自己只住一个房间。

（3）废弃空间残值利用为商业性公共空间

在道郡村的公共空间更新设计中，废弃空间的改造是最明显的更新之一，其更新前后对比明显。笔者将道郡村内废弃的破败建筑进行保留，用于向游客展示村落改造更新前的原始面貌，在其上用架空手段形成新的商业性公共空间（图4-6）。

图4-6 废弃空间利用

4.3.3 "空间多功能化"驱动：道郡村休闲性公共空间的多功能设计

传统的乡村公共空间都有特定的某种单一功能，然而随着旅游开发后大量游客的介入，村民和游客同时成为乡村公共空间的使用者，其公共空间必须具有"弹性"。简单来说，就是同一公共空间可能在某一时间有不同的功能，或者同一公共空间在不同时间段有不同的功能。

这种转换使得公共空间的使用更具有灵活性、高效性。但是，这意味着原本是村民进行日常生活交往的生活性公共空间要经过村民的退让，才能转换成游客的公共空间。如村民原本的洗衣码头，村民发现游客特别喜欢在此处拍照，便不在此处浣洗，转换成观光小码头；村中的老年活动室，受乡村"多功能化"驱动，乡村新增的旅游功能，使其转换为乡村文化中心，供游客休闲游览，而这些空间在游客不再使用时，可能又会变为原来的使用功能。古树作为乡村公共空间的一个重要节点，几乎存在于每一个古乡村中，在其生长的位置，其巨大树冠覆盖下的隐形空间自然形成了村民茶余饭后、农忙农闲时纳凉、聊天、游憩的场所。

第5章 总结与讨论

5.1 主要结论

乡村由"生产主义"向"后生产主义"发展是必然趋势，在"后生产主义"的语境下，乡村空间也必然会在"非农化""资本化"和"空间多功能化"的作用下发生重构。乡村公共空间在城市化进程中逐渐走向衰落，乡村"后生产主义"的发展正为其更新、重建提供了有效的策略。

5.2 创新点

本文的研究视角创新，基于"后生产主义"的语境，通过乡村公共空间更新重构的微观视角着手，揭示"生产主义"向"后生产主义"发展过程中，乡村公共空间的弹性更新策略；另外，关于"后生产主义"乡村的现有研究，多着重于乡村整体的变化，本文的研究内容着眼于乡村公共空间的更新、重构。

5.3 不足与展望

本文的研究尽量保证了客观性与准确性，但受到个人能力和调研水平的限制，研究仍存在一定的不足。首先，在理论演绎上深度不够。笔者对于"生产主义"与"后生产主义"的研究还是较为浅显；其次，由于我国乡村刚刚进入"后生产主义"时期，可供研究的成功案例相对较少，本文可能存在分析不深入、不全面的局限。

对于"后生产主义"语境下，乡村空间重构与更新研究还有很长的路要走。首先，在"后生产主义"中资本化的驱动下，乡村公共空间如何保证原有的乡村风貌、文化不受侵蚀，如何确保各方的利益平衡等，都将成为本研究下一步工作的重点研究内容。

参考文献

[1] 韩文斌. 后生产主义语境下适农型安置住区外部空间设计初探[D]. 青岛：青岛理工大学，2020.
[2] 李晨曦，何深静. 后生产主义视角下的香港乡村复兴研究[J]. 南方建筑，2019（6）：28-33.
[3] 张萌婷. 后生产主义背景下的旅游型乡村公共空间转换机制研究[D]. 苏州：苏州科技大学，2019.
[4] 姚娟，马晓冬. 后生产主义乡村多元价值空间重构研究——基于无锡马山镇的实证分析[J]. 人文地理，2019，34（2）：135-142.
[5] 赵立元. 后生产主义时代比利时乡村空间发展特征、机理及对中国乡村规划的启示[J]. 小城镇建设，2019，37（3）：18-25.
[6] 刘祖云，刘传俊. 后生产主义乡村：乡村振兴的一个理论视角[J]. 中国农村观察，2018（5）：2-13.
[7] 丁紫耀. 后生产主义乡村的发展研究[D]. 杭州：浙江师范大学，2015.
[8] 郭阳. 反思与重塑——乡村振兴视域下乡村公共空间的建构[J]. 内蒙古农业大学学报，2019（4）：003.
[9] 王振文. 农业转型背景下的近郊型山地乡村空间更新研究[D]. 重庆：重庆大学，2016.
[10] 卢子龙. 以休闲农业为主导的湘南地区城郊型乡村规划设计研究[D]. 长沙：湖南大学，2014.
[11] 张英云. 基于游客感知的乡村景观休闲价值研究[D]. 北京：北京林业大学，2013.
[12] 贾玮. 农旅一体化视角下美丽乡村规划策略研究[D]. 青岛：青岛理工大学，2019.

海口市道郡村综合环境设计
Comprehensive Environmental Design of Daojun Village in Haikou City

升降逻辑

方案的升降逻辑正是基于建筑的完好程度，以仍在使用的良好建筑为基点发散，破损建筑上空则进行架空处理，通过空中廊道串联起各个空中组团空间，形成新的公共空间。

通过垂直电梯、坡道的手段，使上下空间连通，下方主要是展示给游客的村落原貌；上方是为发展旅游服务的公共空间。

升降逻辑

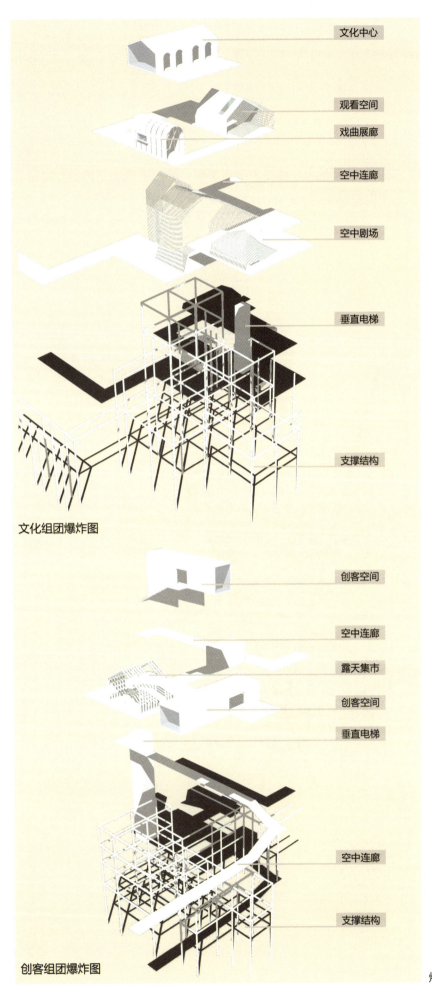

爆炸图

总平面图

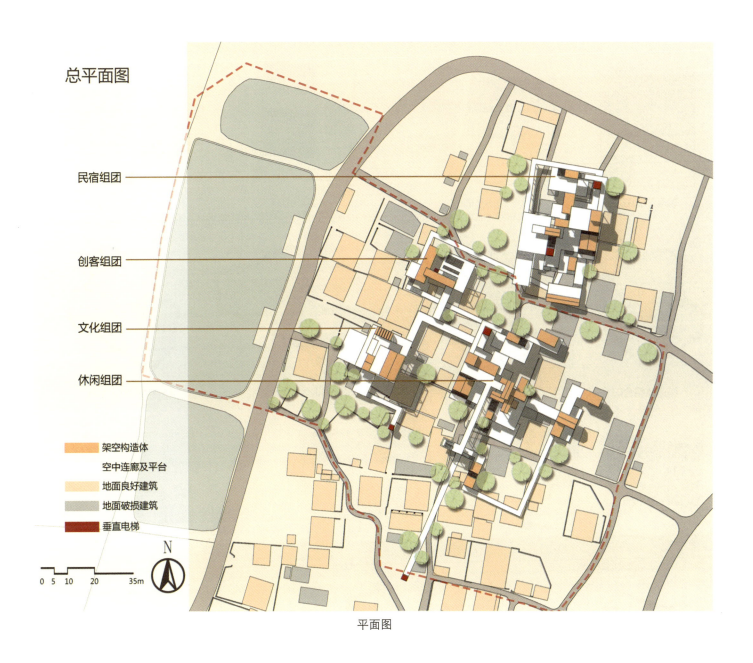

- 民宿组团
- 创客组团
- 文化组团
- 休闲组团

图例：
- 架空构造体
- 空中连廊及平台
- 地面良好建筑
- 地面破损建筑
- 垂直电梯

0 5 10 20 35m

平面图

组团形态生成逻辑

基于空间类型学，提取村落内的元素结合人体工程学转译为构造体形式；提取村落内典型院落的空间形式，转译为架空构造体的组团形式。

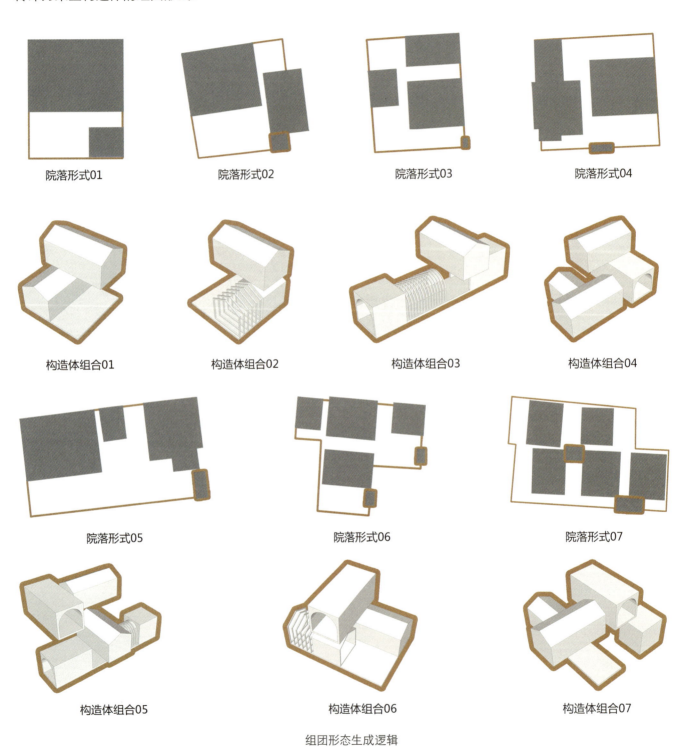

组团形态生成逻辑

功能使用场景

效果图1

效果图2

乡村旅游视域下琼北古村落文化空间提升设计研究
Research on Cultural Space Promotion Design of Ancient Villages in Qiongbei From the Perspective of Rural Tourism
海南省道郡村村落文化空间提升设计
Daojun Village Cultural Space Enhancement Design of Hainan Province

北京林业大学
姚敬怡
Beijing Forestry University
Yao Jingyi

姓　名：姚敬怡　硕士研究生二年级
导　师：公伟　副教授　赵大鹏　讲师
学　校：北京林业大学艺术设计学院
专　业：艺术设计（环境设计方向）
学　号：7190899
备　注：1. 论文　2. 设计

乡村旅游视域下琼北古村落文化空间提升设计研究
Research on Cultural Space Promotion Design of Ancient Villages in Qiongbei from the Perspective of Rural Tourism

摘要：伴随着社会的发展，现代化的进程中城市的快速扩张，乡村生产、生活空间遭到破坏，乡村人口流失、产业链遭到破坏、乡村空心化问题严重。随着乡村振兴发展战略的提出，乡村旅游也逐渐成为一个热点话题，文化景观成为核心吸引要素，但古村落目前存在保护观念和方式的缺失、过于追求经济效益的旅游开发等问题，导致村落文化被割裂、特色消失，出现"千村一面"的情况。本文从乡村旅游视视角出发，分析总结海南省琼北地区古村落空间文化特点，选择琼北地区道郡古村为实践案例，分析如何保护好古村落的历史元素、延续村落文化、提升村民文化认同感，探讨了现如今乡村旅游背景与道郡村落文化空间相结合的设计策略，以期为同类型的设计提供指导性的方向和思路。

关键词：乡村旅游；琼北村落；文化景观；道郡村

Abstract: With the development of society and the rapid expansion of cities in the process of modernization, rural production and living space have been destroyed, rural population loss, industrial chain has been destroyed, and rural hollowing is a serious problem. As the country to promote the development strategy is put forward, the rural tourism has gradually become a hot topic, cultural landscape become a core element to attract, but the lack of the existing protection concepts and the way ancient villages, the pursuit of economic benefits of tourism development and other issues, led to the fracture, village culture features disappear, "qian village side". From visual Angle of rural tourism, this paper analyzes hainan Joan north ancient village space and cultural characteristics, choose Joan county, north road, the ancient village to practice case, analyzing how to protect the historical elements of the ancient villages, the continuation of village culture, improve the villagers' cultural identity, discussing the background now such as rural tourism combined with the county village cultural space design strategy, In order to provide guidance for the same type of design direction and thinking.

Keywords: Rural Tourism, Qiongbei Village, Cultural Landscape, Daojun Village

第1章 绪论

1.1 研究背景

随着社会经济的快速发展，城市现代化的进程促使很多村落面临着崩溃与重建，古村落已日渐消失。在工业化的进程中，村落的外部环境、村民的生活方式不断受到影响。由于城市建设的不断扩张，大量农业用地被侵占，乡村生态遭到破坏，村落逐渐消失；乡村人口外出打工现象普遍，年轻人口大量外流，只有老年人和儿童留在村庄，村落出现空心化、土地利用率低、房屋闲置等问题；村落文化受到当代消费主义思想的冲刷，部分古村落物质和非物质文化遗产也在快速消失，村民文化生活贫瘠，精神生活难以得到满足，文化认同感低。目前村落的建设与发展仍面临很多重要的问题。

"十九大"以来，随着乡村振兴战略的提出，乡村的发展问题越来越受到重视，乡村旅游发展步伐日益加快，乡村旅游成为我国的一个热点话题。我国乡村旅游在国内旅游占比逐年升高，2019年全国乡村旅游总人数约为30.9亿人次，占比约为全国旅游人次的50%，乡村旅游已经成为我国大众旅游的重要组成部分。乡村旅游的快速发展也成为落实乡村振兴战略的重要内容，是丰富乡村业态类型、振兴乡村文化和保护乡村生态环境的重要方式。

但目前大多的乡村旅游发展仍存在很多问题，在乡村振兴的进程中大多是参考、借鉴已有发展建设模式，缺少对村落实际情况的调查研究，在村落建设中未考虑到不同村落的不同地理、气候、文化特点，导致"千村一面"

的现象严重。由于对村落文化内涵挖掘不足，导致村落同质化现象严重，村落失去了原有的千姿百态的特色和生活活力。

1.2 研究目的和意义

1.2.1 研究目的

本文旨在以乡村振兴为背景，建设美丽乡村，分析具体村落的现状问题，总结村落空间的特点，通过分析国内外既有村落景观更新改造设计案例，使用对照分析法总结设计经验及设计原则。本文欲通过对古村落文化景观进行改造的设计研究，寻求更好的设计策略，在提升村落文化景观建设的品质的同时推动乡村一、二、三产业协调发展，恢复乡村的礼俗秩序和伦理精神，激发村民的主体性和参与感，保持人们内心深处的敬畏和温暖。希望该文能够为道郡村村落文化景观改造与研究提供一些有意义的借鉴和思考，为相同类型的古村落更新设计提供理论依据和实践措施。

1.2.2 研究意义

现在乡村旅游日渐兴盛，乡村旅游的热潮下乡村景观空间改造设计顺应了时代的发展需求。基于当地村民的行为特征、活动交往、生活习惯演化而来的，不仅作为当地村民公共交往的物质空间，更是乡村民俗、乡民公共关系的物质载体和物质表现形式。乡村景观空间提升设计作为乡村旅游、乡村振兴的重要手段之一，对其进行深入研究重要且有必要，这在完善理论和指导实践上均有重要意义。

（1）理论意义

在国内外传统村落保护相关理论的基础上，结合乡村旅游概念与发展模式，分析其两者关系，发挥琼北古村道郡村的历史文化价值，对目前乡村旅游趋势下的传统村落保护理论体系具有理论意义。

（2）实践意义

论文以海南省琼北地区道郡古村为例，对保护传统村落的可持续发展开展乡村旅游进行思考，同时结合村落现状，去探寻既适应当代社会大环境下乡村旅游的发展趋势新方式，又能够最大限度保护传统村落的方式，希望本文对道郡古村的保护性规划设计和对未来发展乡村旅游的传统村落提供一定指导。

1.3 国内外研究现状

1.3.1 国内研究现状

国内乡村旅游的发展起步相对较晚，国内不少学者认为深圳于1988年举办的首届荔枝节是的我国乡村旅游的起源时间，乡村旅游景观研究起步于19世纪的80年代，在2000年以后才日渐受到重视，但目前来看依旧处于探索阶段。因概念的复杂性较强，到目前为止，我国学者对于乡村旅游以及乡村旅游景观的概念还未形成统一说法。近年来，随着乡村旅游研究的增加，许多学者开始对乡村旅游的概念、发展模式与作用以及对乡村旅游景观有了更深刻的了解。

对于乡村旅游的概念探讨，学者杨旭认为乡村旅游对象主要是以乡村里各类资源构成的立体景观。王兵将乡村旅游定义成集中各类资源，且结合功能需求为一体的一种旅游活动。于是，学者们对乡村旅游的定义普遍达成一致：以乡村自然环境和农业资源环境为主体，以乡村农业与民俗社会资源为中心来开展的旅游活动。

在对乡村旅游的发展探索时，部分学者强调了突出本土差异的重要性。肖佑兴等学者指出，要做到以城市与乡村之间的差异性为看点来设计旅游产品。何景明等学者认为，只用乡村的自然、人文资源来吸引游客的是狭义型乡村旅游。林刚认为，乡村旅游应该包含以地域为依托、乡村地区具有独特风情与传统文化、可深入体验农家生活这几点标准对于发展乡村旅游的作用。学者大多从特殊区域的入手研究，如学者赵福祥等人探讨了社区旅游对少数民族地区的利弊影响，并针对不利影响提出相关对策。学者邵志忠、杨通江解析人文生态旅游对西部乡村社会的利弊关系，认为乡村旅游能增强乡村居民的竞争意识，但也会压缩乡村传统文化的生存空间。学者史继忠、何萍认为民族文化的发展和提炼开发是保护民族文化的有效途径，乡村旅游在正确的开发引导下会对民族文化起到保护作用。

对于乡村旅游景观的概念，夏源将它定义为乡村旅游活动区域的环境和视觉形象的总体，是在乡村自然景观与人文景观资源的基础上经过重新改造或合理整合，并具备旅游环境、旅游资源属性的综合实体。

除此之外，不少学者对乡村旅游景观的规划与设计方面进行研究，探讨出乡村旅游景观规划的原则与要点。近几年，国内部分学者从提升乡村旅游的质量入手来研究乡村旅游景观。韩岳、田大方从推拉理论的角度出发，通过民意测验、层次分析法，构建了乡村旅游景观吸引力的评价指标体系，为乡村旅游景观的规划设计与保护管理提供了依据。朱洪端等学者从游客与景观设计者不同的角度深入分析乡村旅游景观吸引力的构成要素与提升路径，以构建乡村旅游景观吸引力的金字塔。罗文斌、雷洁琼运用IPA分析法对长沙市内乡村进行定量评价研究，指出文化建筑景观是影响乡村旅游高质量发展的主要因素，并对不同景观因子的质量做出分析与研究。

目前来看，我国乡村旅游景观发展速度较快，并且开始出现新的趋势：部分学者尝试将乡村旅游景观与地域文化、大地艺术、文化符号等理论结合研究，从不同的渠道挖掘乡村旅游景观的内涵与价值，为乡村旅游的可持续发展提供更广阔的思路。

1.3.2 国外研究现状

乡村旅游起源于19世纪30年代的意大利，但学术界有关乡村旅游学术研究的开端是在1994年开始的：一份名为《国际可持续旅游研究》的专刊第一次将乡村旅游作为可持续旅游活动中的特殊旅游活动来进行系统的研究。关于乡村旅游的概念，学者Bernard Lane认为乡村旅游是复杂的，又包含多样性的旅游活动，乡村旅游的形式因地区、历史文化、政治经济模式等不同会有所区别，城乡是一个一直处于复杂的动态变化中的连续体，没有完全分离。学者Gilbert认为乡村旅游是游客在一个典型的乡村环境中进行各类休闲活动且从村民手里获取食宿供应的旅游形式。

国外学者以不同国家的乡村为案例，研究乡村旅游发展策略，认为并没有固定的乡村旅游发展策略模式。Clarke J.等学者从斯洛伐克的乡村旅游入手研究，指出乡村旅游要在东欧等国家发展，离不开政府与社区力量支持。学者Mato Bartoluci以克罗地亚乡村旅游为案例，从可持续发展的角度出发，认为应使用多发展综合旅游的方式来保护克罗地亚地区的非物质文化遗产，实现乡村旅游发展的持续性。

从经济发展的角度来看，学者们对于乡村旅游对乡村可持续发展的作用的认知越来越清晰——从"绝对拯救危机"到"不是唯一的出路"。早先Slee等学者认为乡村旅游对发展当地经济有重要作用，但后来有部分学者反驳了这个观点：如Fleischer等学者举例以色列提供早餐与住宿的典型农庄旅游模式，认为乡村旅游规模小、季节短、收益低，对地方经济影响并不大。但总体看来，大多数研究学者都对乡村旅游与经济发展关系给予正向肯定。

部分学者对乡村旅游与文化景观关系入手进行研究，学者Elizabeth Moylan、Steve Brown和Chris Kelly表示现在一些政府及一些非官方组织开始对文化遗产地重视起来，并一直在进行记录工作。同时，这些学者表示：在情况允许下，应将景观框架一同保留存在其空间遗迹中，并确认好所有相关的文化历史以及人类与环境长期交互影响的后果状态。在一些欧美发达国家，乡村旅游景观规划的研究综合人居环境科学、生态学、景观美学等学科知识，逐渐衍生出特色的乡村休闲农业观光模式，满足城市居民对回归田园自然的渴望。

1.4 研究内容

本课题的主要研究内容，是在乡村旅游的视角下对海南省琼北地区道郡村村落文化空间的提升设计。首先，需要对道郡村进行详细的观察调研，收集相关资料，为方案的前期准备工作打好基础；其次，了解道郡村所处琼北地区的建筑文化特点，了解道郡村相关历史沿革，对道郡村相关情况进行详细的资料收集，对村庄现状和存在问题进行整理和归纳；最后，根据前期对于道郡村的相关准备工作做整理，明确方案的设计思路与设计理念，将传统村落的保护与提升涉及的理论研究运用到道郡村的景观提升的实际设计方案中。

建设乡村旅游与乡村景观是促进乡村发展的合理途径，而打造优美的乡村景观环境又是促进乡村旅游发展的重要渠道。但乡村景观如何在保持自身特色的同时，进一步促进乡村旅游建设，打造出原味乡愁、可持续的乡村旅游环境，是众多研究学者需要思考的问题。

1.5 研究方法

本课题研究主要采用实地调研法、文献研究法、案例分析法、归纳分析法以及系统分析法相结合的方法进行设计分析。

（1）实地调研法

通过实地调研进行背景分析、现场拍照、图纸搜集以及数据整理等方式，借助实地调研的方式，获得第一手的资料，能够较为充分了解村落现状，感受村落的文化、风俗、气质，能够更好地体会村落的独特魅力，才能够直观清晰地了解设计中存在的问题和不足，进行经验总结，促使本文所提出的设计方法更加具有针对性。

（2）文献研究法

本文通过收集相关学术研究的理论数据和资料，总结国内外对传统村落保护的相关理论和乡村旅游的概念及实践进行详细分析，梳理出传统村落保护与乡村旅游发展之间的关系，总结关于传统村落保护与规划的理论研究。借助相关书籍、理论专著以及学术论文,收集有关乡村改建设计的资料。通过文献研究法,广泛地了解乡村建设相关的多方面知识,通过和实际案例的参照对比,加大课题研究的广度和深度,使研究成果更加全面。

(3) 案例分析法

通过研究分析国内外对村庄保护整治发展的案例,从中思考本文研究内容的对策方法是否与案例中的特定点有相似之处,找出案例中有助于完善论文框架中改造策略方法的论点。每个村落的现状情况和历史沿革都基本不一,这也造就了案例改造中千篇一律不一面的现象,必定能从中吸收到经验、汲取到教训。

(4) 归纳分析法

在大量文献及案例材料的研究、分析、引用基础上,归纳总结出传统村落空间保护改造设计的策略方法,同时应用到具体村落中,从实践中反馈方案的可行性和策略优缺点。

(5) 系统分析法

本文以乡村旅游发展结合传统村落保护理论,形成以理论研究、案例分析、对象调研、原则总结以及策略提出的五步层级递进的分析体系,以保证研究结果的真实性。

1.6 研究框架

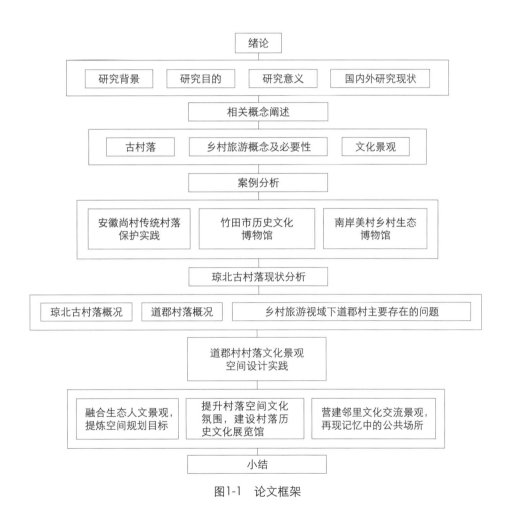

图1-1 论文框架

第2章 相关概念和理论基础

2.1 古村落

古村落又称中国传统村落,是指民国以前所建的村落。2012年9月,经传统村落保护和发展专家委员会第一次会议决定,将"古村落"改称为"传统村落"。

传统村落是保留了较大的历史沿革,建筑环境、建筑风貌、村落选址未有大的变动,具有独特民俗民风,虽经历久远年代,但至今仍为人们服务的村落。以突出其文明价值及传承的意义。它兼有物质与非物质文化遗产特性,而且在村落里这两类遗产互相融合，互相依存，同属一个文化与审美的基因，是一个独特的整体。传统村落是人类聚落的活化石，是人类适应自然至今的结果，也是社会最基本的文化单元。村落在长久的发展中，逐渐形成最本质、最有特色的建筑形态、景观特征和民风民俗，如江西省婺源县李坑村的油菜花、安徽省黄山市黟县宏村的徽派建筑等。

2.2 乡村旅游的概念及必要性

2.2.1 乡村旅游的概念

乡村旅游一般指的是以乡村为依托的旅游活动。乡村旅游主要是以农村的自然景观、村落遗迹、民俗文化、农业生产以及村民生活方式为吸引点，以城市生活或工作的居民为主要客源，满足旅游人群的体验、休闲、观光、度假、学习需求的一种旅游形式。乡村旅游的开展并不只为了欣赏原始的村落风光，不是单纯地为了经济利益，更重要的是通过旅游的方式，去更好地体会村落过去的发展、村民的生活状态以及学习村落留存下来的传统文化。

乡村旅游与传统的乡村有很大的差异，最明显的就是传统乡村里自给自足的生产经营模式被打破，发展乡村旅游的村民收入来源很大一部分来自于对乡村的特性（如独特的自然环境、人文环境、文化历史以及风俗等）进行消费的旅游者。而乡村旅游与其他传统旅游的差异又在于乡村旅游的主要游客群体来自于城市，乡村具备特有的"原真性"，满足外来游客对异于自身生活环境的独特追求——城市居民为释放城市快节奏生活方式下的压力，去乡村追寻淳朴传统的田园意境，来实现返璞归真、释放自我、净化心灵。

2.2.2 乡村旅游的必要性

（1）国家相关政策的推行

为贯彻落实十九大提出的实施乡村振兴战略，科学有序推动乡村产业、人才、文化、生态和组织振兴。十九大报告指出，农业农村农民问题是关系国计民生的根本性问题，必须始终把解决好"三农"问题作为全党工作的重中之重，实施乡村振兴战略。在《乡村振兴战略规划（2018—2022年）》中更是提出"应推动文化、旅游与其他产业深度融合、创新发展"。

（2）乡村经济发展导向

首先，乡村旅游的发展，有助于乡村产业升级优化，以乡村农业作为资源，利用旅游业为吸引点，多业态全方位发展，能够提升乡村农业的生产效益，进而能够快速带动村落整体经济的提升。其次，旅游业作为一个强关联性的产业，能够结合多种业态共同发展的模式，不仅能优化农业生产效益，还能够拉动例如交通物流、手工业、文创产业等行业的发展，各产业相互融合，达到乡村振兴的最终目的。乡村旅游能更好地带动乡村经济的整体提升，同时也是带动其他行业、保护乡村传统文化的良好手段。

（3）村落可持续发展的保证

乡村旅游依托村落景观风貌，村落的环境是吸引人们的主要因素，所以村落生态环境的保护可以说是乡村旅游发展的基础。同时，开展乡村旅游能够保证村落自然环境的持续保护，两者相辅相成、互为影响。乡村旅游的发展能够增加村落内的就业机会和创业机会，在保留住村落现有村民的基础上还能够吸引已经外出务工的村民返乡创业。而人文作为村落文化的重要载体，村落原住民能够避免村落原始文化的衰败，保证村落文化的可持续发展，提升乡村文化生活活力。最后，乡村旅游的引入可以加强村落整体规划和管理，有利于村落传统民居、历史建筑、景观道路的保护与发展。

2.3 文化景观

19世纪末，德国学者奥托·施吕特尔首先提出"文化景观"的概念，将景观的形态视为文化产物。随着认识的深入，后来的学者认为我们身边的日常景观都能称为文化景观，因为是在时间变化中人们不断改造的成果，是人类活动、价值与意识形态的体现。在世界遗产委员会公布的《实施世界遗产保护的操作导则》中将文化景观分为三个主要类别：（1）设计的景观，由人类设计和创造的景观；（2）进化而形成的景观，起源于现实一项社会、经济、管理或宗教要求的历史景观，在不断调整回应自然、社会环境的过程中逐渐发展起来，成为现在的形态；（3）关联性景观，自然要素与人类宗教、艺术或历史文化的关联性，多为经人工护养的自然胜境。

文化景观作为五大文化地理学的研究之一，是人类为了满足某种需求，在自然景观之上有意识地叠加人类活动并有目的地参与而形成的景观。乡村文化景观是乡村土地表面文化现象的综合体，主要形成原因为人类活动，并随着人类活动而改变其发展过程和结局。它反映了区域的人文地理特征和地域独特的精神文化，记录了乡村历史变迁中的人类活动。乡村文化景观是一个完整的系统组成的文化景观，是当地人类生活的一个表现形式，由生产要素、生活要素、生态要素三方面构建。

总而言之，本文所指的乡村文化景观应该是在乡村土地表面范围内，通过概括人类活动所创造的痕迹总和，其中主要包含物质文化景观与非物质文化景观，使其乡村景观有着独特的区域特征，有着记录和传承乡村历史文化信息的重要作用。

2.4 乡村旅游开发与文化景观保护之间存在矛盾

乡村文化景观是乡村文化的载体，承载了众多优秀传统文化，比如建筑文化、聚落文化、饮食文化、生活方式、风俗习惯、民间节庆、宗教信仰以及宗族制度等。正是这些多样性和差异性的乡村文化，吸引了游客纷纷前往乡村地区开展旅游活动。而文化是一个抽象的、无形的概念，需要通过文化景观进行表征，才能更容易被旅游者感知。因此，在乡村旅游开发过程中，文化景观成为核心吸引要素，受到了旅游开发商的青睐。一方面，乡村旅游开发使得乡村文化景观的文化价值和历史价值得到充分体现，另一方面也给文化景观带来了严重破坏。尤其是在城市化进程不断加快和乡村旅游快速发展的双重背景下，旅游开发商为迎合市场的短期需求，只注重眼前的利益，对乡村文化景观的规划过于盲目，缺乏合理性和前瞻性。同时，跟风从众现象普遍，不能够因地制宜，在过于强调"城市化是现代文明标志"这一观念的影响下，对乡村建筑进行大拆大建，统一新建。除此之外，一些旅游开发商扮演的是外来人的角色和身份，因此对当地的文化缺乏了解，不能深入挖掘当地特色文化和优秀文化，开发出独具特色的旅游产品，形成特色的旅游景观，这对于乡村文化的保护和传承来说是不利的。因此，在乡村旅游开发和文化景观保护两者存在矛盾的背景下，如何处理好两者的关系，对于乡村文化的保护与传承以及乡村旅游的可持续发展来说，意义重大。

2.5 本章小结

本章对"古村落""乡村旅游的概念及必要性""文化景观"和"乡村旅游开发与文化景观保护之间存在矛盾"的相关理论做了界定，为后文对乡村旅游视域下乡村文化景观提升设计研究打下基础。

第3章 案例分析

3.1 安徽尚村传统村落保护实践

尚村位于安徽省宣城市绩溪县东北的家朋乡，离绩溪高铁站约1小时车程。与西方设计不同，"神性"是中国传统建筑艺术传承的核心。现代传统社区管理技术必须保留传统建筑的传统精神和象征，并根据现代生活方式对传统手工艺进行现代改造。安徽尚村主要利用当地的竹材，将倒塌的旧房子的庭院改造成高层建筑，将废墟变成宝藏，结竹为伞，融入自然，提供村民进行休闲、派对、活动、文化展示等完整的空间，尊重肌理，适当加固。原高家老宅主体的楼板，结构梁柱均坍塌，只剩沿院落外围的部分墙体。景观要素提升和公共记忆重现是环境改善的核心内容。其中廊道建设成本低，成果显著，特色鲜明，受欢迎度高。强化了村落门户的标志性，为村庄创造了一道靓丽的风景。村后大树场坝的环境改造让废弃地变成村民休闲活动的场所。注重内生式拓展，文旅融合、活化保护、植入艺术文创，将传统文化与现代生活相结合，构建全景体验式村落。

3.2 竹田市历史文化博物馆

竹田市历史文化博物馆是由著名设计师隈研吾先生设计建造的，博物馆位于竹田市的城堡小镇。该地区以其山顶城堡而闻名，该城堡始建于1185年，如今已成为废墟。博物馆沿着水道而建，融合了白色墙体与竹栅，看似一条长长的篱笆。竹栅延伸至博物馆内部，这里展示了城堡小镇的历史和当地文人画家田能村竹田的作品。博物馆后方的斜坡上是田能村竹田的故居，与博物馆通过覆盖格栅的电梯相连，创造出将历史渗透到整个城镇的设计。隈研吾的建筑设计作品注重意境，每一件作品都蕴含着东方禅意，能够很好地将日本传统的人文理念和文化细节融入现代建筑设计。

3.3 南岸美村乡村生态博物馆

南岸美村乡村生态博物馆位于四川省西部地区，占地面积3800平方米，建筑面积348.19平方米。设计师保留了川西林盘的建筑和景观特点。尊重乡村原有的院落围合的建筑形式，搭配当地植物景观，挖掘原生态的乡村记忆，并为当地村民提供阅读、集会和村党群办公的场所。建筑一层双坡屋顶，砖混木梁架结构形式，白墙灰瓦，红砖柱。只是在考虑室内采光的基础上，将屋顶的梁架做了些许提升，让光线从高侧窗进入室内，充分体现了农舍的原有风貌。建筑的北侧设计有原生态的乡村水体景观广场，并设计了摩尔纹动态记忆墙，配合人们的行走路线和建筑内外视线，形成独特的活动景观。

摩尔纹动态记忆墙的图案再现了川西乡村特有的林盘生态环境和劳作场景，为当代乡村艺术建设示范的南岸美村增添了独特的乡村记忆。通过对元素符号进行精准提炼和转化，最终形成了地方印记、共建美村、理想家园三大主题展览区域。摩尔纹动态记忆墙基于摩尔纹和运动错觉的原理，通过"数字链"技术完成设计和图像处理、并联动数控加工，最终以全长近50米的墙面呈现出一幅山水人家、茂林修竹的隽永画面。

以"社区资源+社会资本"模式与华侨城联手，充分读取川西林盘建筑和景观特征，从建造工艺、色彩搭配、实用功能等方面对闲置农舍进行设计改建，打造了融生活美学、生态美学、建筑美学为一体的川西林盘盛景集中展示区。

3.4 本章小结

本章主要从乡村公共空间景观提升、乡村文化景观博物馆、数字化在乡村建设中的应用三个方面来对乡村的空间设计方法进行研究。从研究结果来看，乡村改建随着社会的发展是必要的，应深入研究地方文化特色，探究建筑、景观特点，设计具有可行性和建设性的乡村景观提升设计，为后文的实践研究提供了可以参考借鉴的时间案例。

第4章 琼北古村落现状分析

4.1 琼北古村落概况

4.1.1 琼北古村落分布界定

琼北地区位于海南岛北部，一直以来都是海南岛的交通要塞、港口中心，政治文化经济都处于海南岛强势位置。具有丰富多样的自然环境，多民族文化的冲击和融合人文环境为琼北地区提供了一个丰富多样的村落生长基底。琼北区域通常指的是海南省北部海口、文昌、琼海、儋州、定安、澄迈、临高、屯昌8个市县的行政范围之和，行政区域总面积达15694平方公里。

琼北村落大都依仗天然地势，依山傍水而建。在选址上主要遵循"近山、近水、近田、近海、近交通"五个原则。在传统的种族观念中，在村落的布置多考虑风水问题，讲求人与自然的和谐，天、地、人三者合一的状态，总体讲求"枕山环水面屏"的特点。其中"水"的因素对他们有重要意义，很多村落在选址时虽然不能完全实现"枕山环水面屏"，但都会挖一湾水池作为风水塘，祈求村落人丁兴旺、家人幸福安康。因为琼北火山石村落主要为先人移民至此建造而成，他们历经了战乱，饱受迫害，来到新的家园只想安安稳稳过日子，寻求缺失的安全感，躲避灾害与混乱，因此居住环境安全、隐蔽在村落选址中也至关重要。

4.1.2 琼北古村落空间特点

琼北地区村落在艺术形式上，总的来说是"传承文化传统，简化建筑特色"。琼北村落建筑以多进排列的院落单元形制为主，在琼北村落的传统民居最常见的就是三合院的形制，合院基本要素包括正屋、横屋、路门、廊道、庭院，形成了"一明两暗"的正屋格局，空间围合感较强，具有较强的封闭性。但随着时间的变化，琼北村落的民居形制也在不断变化，居民会依据闽粤地区的传统，按照家族房派的血缘关系纵向排列，形成了最基本的纵向变异的形式。而在纵向的变异形式上，根据横屋的不同可分为"独立横屋"与"共享横屋"两种形式（图4-1）。

从建筑结构上考虑，琼北民居基本都采用了硬山坡屋顶，且多以用料少、适应性广、造价低的穿斗式屋架为主。抬梁式结构一般都是用在村落的大型公共建筑之中，比如宗祠宗庙、私塾学堂等。琼北村落民居屋顶的坡度一般较小，也是为了防止建筑在恶劣的台风天气中遭到破坏。从建筑材料的角度分析，在我国古代建筑民居常用五类材料：砖、瓦、木、石、土，琼北地区的也多有使用。但由于琼北地区特殊的地理环境和气候特征，靠近休眠火山，琼北村落多以火山石、

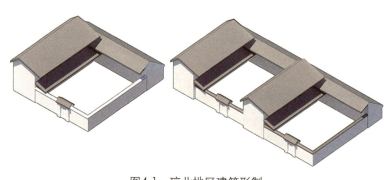

图4-1 琼北地区建筑形制

青砖、珊瑚石为墙体的主要材料，偶尔也会用土坯和夯土。火山石多为当地建筑常使用的材料，其孔隙多、质量轻、强度高、保温、隔热、吸声、防火、耐酸碱、耐腐蚀，且无污染、无放射性等，是理想的天然绿色、环保节能的原料。琼北地区村落在室内室外的装饰上都相对于闽粤地区做出一定程度上的简化，从实用性出发来满足居住的需求。在屋顶的装饰上，大多是以灰塑为主，造型相对简单朴素。一般会用灰塑的戗角设置在屋顶正脊的两侧，让整体看上去更具有造型感。琼北地区的脊尾戗角和闽粤地区的龙凤图案不一样，多用草尾、祥云等图案，体现了琼北居民质朴、谦虚的性格与生活态度。

从街巷的空间肌理上可以分为三大类型：闽粤梳式布局、树状生长布局和自由式布局。

闽粤梳式布局：包括所有建筑都是朝向风水塘，风水塘前通常也会设置宗祠宗庙、集散广场、戏台等公共活动空间。从形态来看，又可分为直线梳式布局、放射梳式布局两种类型。

树状生长布局：树状生长布局是街巷道路像树枝一般从山脚往山坡上生长起来的一种布局形式，在火山石村落中较为常见。远古的火山熔岩会在冷凝之后形成天然的"树状"硬质铺地，许多先民紧靠着"熔岩道路"就地利取材，建造了许多火山石房屋。在这样的格局中，熔岩道路就如树木的枝干，火山石房屋如同果实。虽然树状的生长布局方式较传统肌理稍有变化，但还是能找到宗族血缘成列组合的痕迹，本质上还是遵循着闽粤地区的传统文化。

自由式布局：自由式布局是没有固定形成方式的一种布局形式。可能是因为不同姓氏聚落接连成片，也有可能是地形环境的限制。其内部建筑也没有固定的朝向与成列的排布。自由式布局是传统类型的演变结果，但不能代表琼北地区村落最典型的特征。

4.1.3 琼北古村的地貌特征

(1) 地质地貌

海南岛的地貌中间高四周低，由山地、丘陵、台地、阶地、平原等逐级递降、环状水平分布。山地丘陵是海岛中心部位，占全岛屿38.7%的面积，覆盖着大面积的森林环境。

山地丘陵以外是熔岩台地、河谷阶地、河谷平原和滨海平原的组合式地形，本文根据袁建平的《海南岛地貌分区和分类》将它们统称为"台地平原"。前文介绍过熔岩台地主要集中在海南北部，虽然火山的喷发给土地带来了大量的矿物质，有利于作物的生长，但是由于火山岩吸水透水、地表水下渗，形成了琼北地区村落缺水凿井的特色。

(2) 琼北火山带

在远古时期，雷琼火山带喷发活动频繁，琼北地区形成了大量的熔岩火山地貌特色。据统计，整个琼北地区有100余座火山，广泛分布在琼北各市县，熔岩覆盖面积达到约4000平方公里。由于火山岩具有良好的观赏性，琼北地区有针对性地进行了火山旅游开发，建立了很多地质公园，每年吸引着大量来自全国各地的游客。

4.1.4 琼北古村的移民文化

黎族是海南岛原住民，至今已有三千多年的历史，据考证是古代骆越的后人，现大多集中居住于海南岛中南部。早在汉朝时期，汉武帝在海南岛设立郡县，成立了海南岛第一批封建政权机构，《汉书》中记载："汉元鼎六年，平南越，自合浦徐闻入海，得大州；元封元年，置珠崖、儋耳二郡。"其也是有历史记载的海南岛第一次有组织的移民活动。

民族的迁徙是一个长期的、持续的过程，海南是个移民岛，据史学博士司徒尚纪统计，海南岛历史上有九次大规模的人口迁徙高潮，或避战乱，或逃瘟疫，或商贾贸易，或驻军开发，不同时代、不同地域的民族迁徙而来，带来不同的技术、语言和文化，加之与海南当地地理环境、自然环境、生活习俗和文化的融合，孕育出了海南多种多样的支系文化系统，并深刻影响了海南的发展。

4.2 道郡村概况

4.2.1 道郡村基础概况

道郡村位于海口市美兰区灵山镇大林村委会的道郡南及道郡北经济社，是典型的琼北古村落（图4-2）。距海口市只有15分钟车程，交通便利，周围有丰富的历史文化空间、各村落宗祠、文化科技馆等，伴有丰富的历史文化游览空间（图4-3）。2016年12月9日，道郡村被列入第四批《中国传统村落名录》，是当地著名的"武官故里"。道郡村总面积23299.5平方米，三面环山，前山后水，面临风水塘，绿树成荫，村后有千年参天古树，风景秀丽，道郡村祖先重视教育，村中历代名人辈出。全村的传统建筑大多始建于明清，但部分传统建筑已被户主维修改造。

图4-2 琼北古村——道郡村

图4-3 道郡村周围环境分析

4.2.2 道郡村的空间布局特点

道郡村的整体空间符合海南琼北村落的整体空间布局，道郡村地形整体呈东南高、西北低的形态，但整体地形起伏较为平缓。考虑到风水的原因，道郡村在整体空间布局上呈现直线梳式布局的特征，道郡村内所有建筑均朝向位于村西面的风水塘，风水塘前设有宗祠、古井等村落聚集活动空间。与此同时，道郡古村交通系统繁杂，内部道路混乱，没有规划，道路多断点。村内设有丰富的历史文化场所，例如吴元猷故居、布政司故居、宗祠、水塘、古井和古树等。宗祠为整个村落的核心，凝聚和笼络家族，以家族力量来支撑。

4.2.3 道郡村的气候特征

道郡村处低纬度热带北缘，属于热带海洋气候，春季温暖少雨多旱，夏季高温多雨，秋季多台风暴雨，冬季冷气流侵袭时有阵寒（图4-4～图4-6）。全年日照时间长，辐射能量大，年平均日照时数2000小时以上，太阳辐射量可达到11~12万卡；年平均气温23.8℃，最高平均气温28℃左右，最低平均气温18℃左右，年平均降水量1664毫米，平均日降雨量在0.1毫米以上的雨日达150天以上；年平均蒸发量1834毫米，平均相对湿度85%。常年以东北风和东风为主，年平均风速3.4米/秒。整体气候潮湿闷热，在进行建筑设计时应该考虑到光照及通风的设计。

4.2.4 道郡村的村落历史文化特征

道郡村现有80多户、500多人，外出人口近1000人，都是汉族，且单一吴姓，村民的祖先是唐代户部尚书吴贤秀公。村中历代人才辈出，受皇封的有清嘉庆年间进士吴天授、清道光年间正一品建威将军吴元猷、清道光年间正二品武显将军吴世恩、清光绪年间户部主事吴汉征、清光绪年间布政司吴必育，以及庠生、监生、贡生、武生、国学生等22人。

根据地方志记载，道郡村是"多军"的谐音演变而得名，因村依坡而建，村后坡地宽阔，为泰华仙妃军坡地。道郡村的宗祠选址、朝向、规模、等级等都十分考究，并且宗祠建筑也是最核心的公共空间，村落绝大多数集体活动都是围绕着它组织和展开。村内有两处海口市重点保护单位吴元猷故居、布政司故居，其中吴元猷故为海南历史最高级别武官——清代皇封正一品建威将军吴元猷的故居。故居整体故居坐东向西，主要由七间红墙朱门的大屋组合成"丁"字形格局。

村内除了有丰富的历史文化建筑，还有很多具有当地特色的节日，其中最著名的是当地的"军坡节"。每年农历六月十二在这里举办"军坡节"，拜神、舞龙、舞狮、闹军坡一直传承至今，"军坡节"成为汉、黎、苗民族认同的一种地域文化。经过历史的传承、时代的演

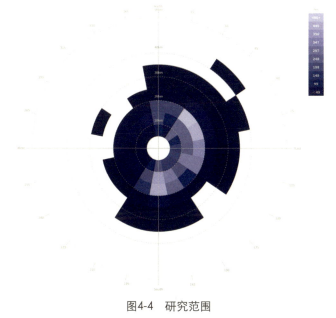

图4-4 研究范围

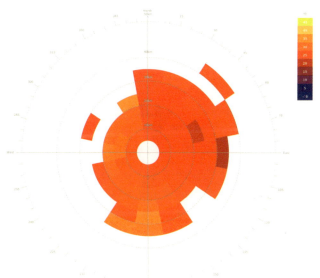

图4-5 研究范围

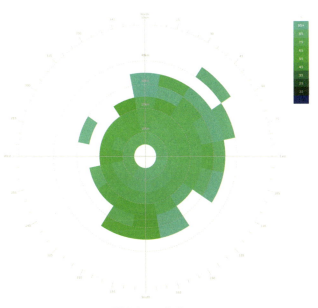

图4-6 研究范围

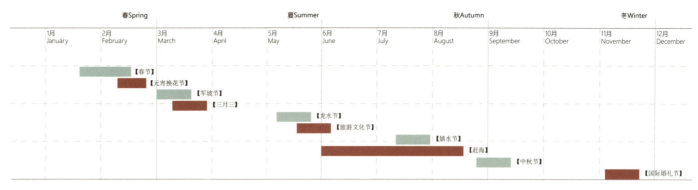

图4-7 道郡村节日分析

变、民间的弘扬，它沉淀了极其丰富的文化内涵，是海南省民俗文化中的重要部分，其中"军坡节""虎舞""穿 "等已列入海南省非物质文化遗产重要保护名录。除了军坡节以外还有很多重要的节日节点，例如换花节、三月三、龙水节以及嬉水节等（图4-7）。

4.3 乡村旅游视域下道郡村主要存在的问题

首先城镇化的快速扩张，各种商业、工业用地开始侵蚀村落空间，道郡村一些原本的农村用地被占用，随着城市不断扩张，原本的农业用地变成了城市用地。同时农村人口数量减少，大量年轻劳动力人口外流严重，村落空心化问题与日俱增，整个村落缺少活力。从村落形态角度上来看，道郡村古村内房屋倒塌严重，宅基地多空闲废弃，杂草丛生，使得村落环境萧条，环境破坏严重。道郡村具有丰富的历史文脉、传统文化习俗及一些国家古建筑保护单位，但由于社会经济的发展，在过度商业化的影响下，人们的文化生活贫乏，精神生活单一，村民的文化认同感较低。不仅传统物质空间年久失修、本地文化生活逐渐衰落、风俗礼仪少人知晓、手工艺术无人传承，而且遗留下来的中老年村民在生产技术与管理方式上都较为落后。村内生产设备落后，劳动力缺失，土地流转低，导致乡村产业空壳化，人们生产积极性差。

4.4 本章小结

琼北地区村落由于海岛环境、火山台地、历史移民等原因，拥有着丰富多彩的内容。本章通过对琼北乡村地域特性的研究与论述，总结出了独具特色的琼北村落原型，总结琼北地区古村落共性特征。并从中重点选择本文设计所选地块道郡村进行分析，从村落概要、村落空间、村落气候、村落历史文化问题以及乡村旅游视域下道郡村的主要问题，简要分析琼北村落中的道郡古村，为后文道郡村景观空间提升设计策略的研究做好铺垫。

第5章 道郡村村落文化景观空间设计实践

乡村旅游的兴起，推动了农村产业结构的优化和调整，是乡村文化景观重构的源动力。从乡村文化景观重构的内涵哲理认识出发，文化景观重构过程从空间上可分为规划、建筑、景观三个维度。其发展过程是以规划为基础，经由记忆中的建筑和乡土景观来逐步展现"乡愁"文化空间意蕴，以规划总体布局、建筑形态活化、景观场所再现为重构策略，层层递进，相辅相成，最终展现乡村独特的文化空间美学。

5.1 融合生态人文景观，提炼空间规划目标

延续格局形态，还原传统意象，琼北古村落经过了长时间的演变与人地关系之间的相互作用，形成了如今自然环境与人为建成空间的形态格局。村落更新对格局形态的延续不仅是对先民智慧成果的保留，也是对村落历史

脉络的尊重。但是如今由于经济水平的不断提高，不少村落居民开始新建手工作坊、加工厂房、散点农房等，踏出了原有的格局空间范围，向外逐渐开发。原有的山林、水系、农地等形态内容都遭到了一定程度上的破坏。为了还原琼北村落的传统形态，恢复原有的乡村意象，必须要针对现状做出适宜性的调整。

乡村旅游视域下的乡村文化景观重构，需要系统考虑村民、游客和政府的三方需求：保证村民的交流、康养等实际需求，丰富乡村生产生活方式，丰富乡村业态形式，提升村民生活幸福感、文化认同感；增加游客与古村落的互动体验，增强古村落文化景观的识别度；政府资源平台的整合，推动产业融合升级。道郡村村落系统化设计策略：首先，结合道郡村服务人群结构，进行深入调查和公共参与，根据具体场地条件，因地制宜地设置交流空间，主要包括乡村历史文化展览馆，室外文化交流空间则可结合凉亭、长廊、水井、古树、展示窗等景观构筑物设置；其次，对各类物质、非物质文化要素进行全面调研和评估，提取"乡愁"记忆要素特征，营造"乡愁"文化氛围，探索对建筑、街巷院落、邻里空间等多维空间的保护和开发模式；最后，注重规划区域内部生产、生活、生态各要素间的关联和相互作用，把"文化"变成"产业"，把"产业"结合"生活"，整合各级资源，实行区域性整体联动发展模式，全面系统地建构道郡古村文化景观。

5.2 提升村落空间文化氛围，建设村落历史文化展览馆

村落民居是乡村文化景观的重要组成部分，是游客领略乡村地域文化的直观要素，在文化景观的构建上应充分挖掘传统建筑的风格及特征，使村落民居成为乡村的新景观，并适当增设新的文化建筑。在传统乡村活化"建筑文化空间"，其设计原则为根据乡村环境的人文和自然基质，合理选择核心功能的位置，并围绕核心功能有序布局其他功能组团，塑造高感知度的传统民居建筑文化意象。

根据道郡村整体村落的感觉，在设计区域除了两处故居之外，没有明显可以聚集的空间，各空间较为封闭，绕行一周并没有一处让人想待下来的积极空间，整体村落缺乏活力。挖掘当地特色、历史文脉、礼俗文化，深入探究当地产业——"农创产品"，推动当地经济发展，结合当地建筑特点，设计村落历史文化展览馆。村落历史文化展览馆的地块选址主要是选择在道郡村古村落宗祠的后面，道郡村主街附近，紧邻布政司、将军泉，除去场地内已经破损并荒废的建筑，进行村落历史文化展览馆的设计。在建筑设计方面引入隈研吾先生负建筑的理念，将建筑与自然相结合，尊重场地、尊重历史，借鉴当地文化特色。打破村落建筑原有的这种封闭的院落感，消除原来院落空间的封闭性，利用空间廊道的形式将其串联成一个组团，形成灰空间，但它又是一个积极的公共空间，同时具有很强的外向性。将拒人千里之外的方盒子打开，让村子的公共空间进入建筑。运用城市设计，把建筑打开，让室内变为室外，让它成为村子公共空间的一部分。也就是把建筑四面全部向周边打开，让四周消极、威严、抗拒的界面变成既属于室内又属于室外的、面向且服务于外侧的积极空间。使建筑形态整体是内敛的，对自然没有敌意的、好用的、不强势的。将建筑的室内外相融合，建筑内外没有强硬的分割，因此建筑与环境的界限是模糊的（图5-1）。

图5-1 道郡村村落历史文化展览馆效果图

在建筑材质的选择上，主要是采用白色的混凝土。白色混凝土与村落原始空间有着明显的区别，同时白色也可以很好地与空间相结合。道郡村现存基础设施不完善，由于人烟稀少，时间久远，加上自然因素的影响，古建筑普遍存在光线不足、阴冷潮湿、通风不畅、设施破旧等问题，在建筑设计时应重点考虑建筑设计的通风性。因此，采用当地的木头，借鉴黎族传统的竹编制工艺，将木条采用悬挂或吊装，既可以形成良好的室内、室外过渡的灰空间，其编织手法也可以保障建筑本身通风良好。不同层次的木构架形成一种量的秩序，但这种秩序有时候逐渐转化为自由的无序，是一个过渡，而本身这种量的秩序又是内敛的（图5-2）。

5.3 营建邻里文化交流景观，再现记忆中乡村公共空间

乡村公共景观的营造既提升了乡村风貌，又促进了邻里交往，从而延续传统乡土文化。从美丽乡村景观建设来看，要实现乡村文化景观的重构，除了对乡村景观进行全面整治规划之外，还应重点关注乡村公共空间的社会逻辑和邻里交往意义。从点、线、面多空间展现乡村的地域文化和自然肌理。

首先是梳理重要节点，如吴元猷故居、布政司故居、将军泉、道郡村宗祠、古树等。在整体景观规划上，将这些重要节点打造成邻里沟通、塑造文化意象、充满空间活力的公共景观空间，增设不同类型的空间节点，例如休憩空间、坐忘空间、艺术廊架、乡村戏台以及艺术集市等，以点状空间丰富道郡村公共空间内涵。

其次是在线性景观的运用上，主要通过营建艺术路径来实现景观网络化体现。在重新梳理道郡村乡村街道的形态中，挑选一条东西向的道路作为文化路径，在不破坏道郡村原本的乡村肌理下，将整个村落的活动空间由原来的沿风水塘的主街巷向内延伸，扩大道郡村公共空间辐射范围，串联乡村主要活动景点，激活村落内部的空间活力。同时艺术路径的设计也可以为乡村旅游带来很大的便利，艺术路径本身就可以成为游览路径，可以减少游客对道郡村村民日常生活的干扰。

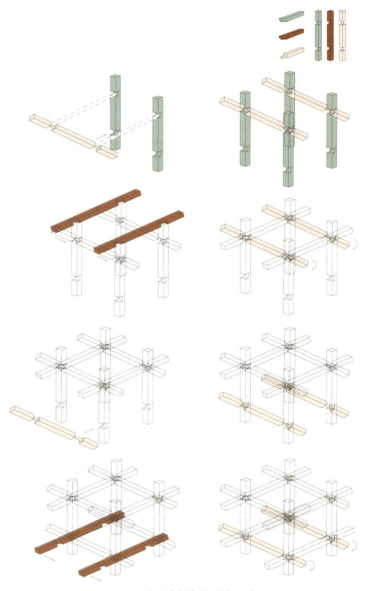

图5-2　建筑木构框架结构分析

5.4 本章小结

本章主要对海南省道郡古村进行了以乡村旅游视角切入的设计研究，系统梳理了道郡村空间环境的优势和劣势，根据当地历史文化特点，提出总体设计理念和设计策略，以期为同类型的古村落乡村文化景观设计提供借鉴和参考。

第6章　结论

乡村文化景观空间的重构对于乡村旅游的发展有着积极的推动作用。从时间层面来说，文化景观重构可以展现乡村文化从无到有的时间序列；从空间层面来说，文化景观重构能够体现其独有的乡村空间美学。以道郡村文化景观设计为实例探讨了可实施性，将乡村文化景观规划体系应用于当前的乡村文化景观建设，实地调研道郡村的地域自然、人文历史要素及其特征，进行归纳分类。为具体实践中做了较为深入的研究，进一步探讨了具体的营建乡村文化重构的策略探索，以期拓宽乡村振兴的思路，引发乡村旅游建设的多层次思考。

参考文献

[1] 黄震方，陆林，苏勤，等．新型城镇化背景下的乡村旅游发展——理论反思与困境突破[J]．地理研究，2015，34（8）：1409-1421.

[2] 曾莉，唐雪琼．近年来我国村落文化景观研究进展与展望[J]．南京艺术学院学报（美术与设计），2017（3）：187-191.

[3] 曾慧珠．基于居民景观感知的乡村旅游地文化景观保护研究[D]．南京：广西大学，2020.

[4] 洪磊．当村落成为景区：乡村人文景观差异化生存与发展透视[J]．武汉理工大学学报（社会科学版），2018（3）：95-99.

[5] 刘黎明．乡村景观规划的发展历史及其在我国的发展前景[J]．农村生态环境，2001（1）：52-55.

[6] 邹宇航．基于乡村地域特性的琼北地区村落更新策略研究与实践[D]．杭州：浙江大学，2020.

[7] 徐国红．乡村振兴战略背景下遵义市传统村落的保护与发展[J]．遵义师范学院学报，2018，20（6）：37-39.

[8] 方赞山．海南传统村落空间形态与布局[D]．海口：海南大学，2016.

[9] 陈德雄，李惠军．海南火山石传统村落[M]．上海：上海交通大学出版社，2016.

[10] 曾婷．海南民俗文化资源及其旅游开发[J]．武汉冶金管理干部学院学报，2019，29（1）：24-26.

[11] 杨定海，肖大成．质朴的生活智慧：海南岛传统聚落与建筑空间形态[M]．北京：中国建筑工业出版社，中国城市出版社，2017：1.

[12] 隈研吾．负建筑[M]．济南：山东人民出版社，2008（1）．

[13] 隈研吾．让建筑消失[J]．绿瀛，译．建筑与文化，2003（12）．

[14] 罗吉．空间、文化与记忆：乡村旅游视域下的乡村文化景观重构探究——以衡阳市珠晖区金甲古镇为例[J]．美与时代（上），2021（5）：71-74.

[15] 胡琳菁．"传统"和"现代"的完美融合——挖掘传统村落优势资源，促进现代农业创新发展[J]．江西农业，2015（3）：21-24.

海南省道郡村村落文化空间提升设计
Daojun Village Cultural Space Enhancement Design of Hainan Province

一、道郡村村落历史文化展览馆建筑设计

1. 道郡村历史沿革

道郡村历史沿革

2. 道郡村场地分析

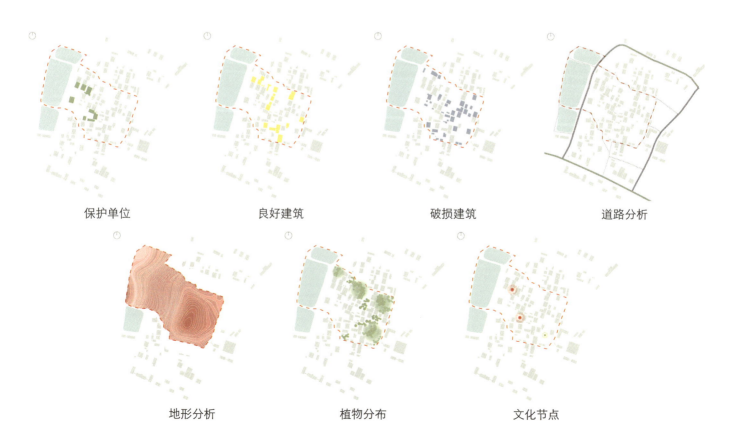

保护单位　　　良好建筑　　　破损建筑　　　道路分析

地形分析　　　植物分布　　　文化节点

3. 道郡村乡村历史文化展览馆空间推导图

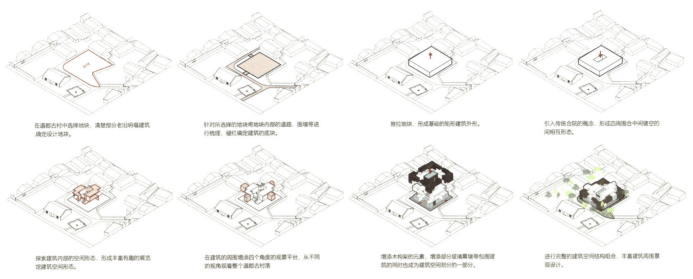

道郡村村落历史文化展览馆空间推导图

道郡村植物分析

现有居民收入来源
外出打工，主要是做泥工，也有做生意

村庄现居住情况
有的不一定长住，老人小孩住在这里，大部分年轻人外出打工，晚上回来居住。调研的这个地点是不住人的，都是居住在后面新建的房子。

旅游人数，旅游人居住情况
经常有人会来参观旅游，过来拍拍照，参观完就走了，不居住在当地，居住在酒店

自然灾害
经常有台风，海南岛位于台风中心

村民的出行方式
骑电动车居多，也有小车，自行车

老年人活动中心
有活动中心，晚上会在那里打球

医疗水平
此调研地没有医疗诊所，诊所在新建的居民楼那里，离此地近

是否有大型超市，停车场
有，也都是在新建的居民楼附近

年轻人受教育程度如何
有高中，大学的也很多，受教育程度比较高

就业情况
泥工，主要搞建筑

年均收入
不高，土地少，没有什么经济作物，靠外出打工

年轻人和老年人的比例
年轻人比较多

垃圾存放点
在新建居民楼那里

村民一日活动轨迹
70岁以下的老年人会去洗碗，做茶工，基本不在家

想要建的公共设施
广场

发展旅游业的想法
想要做农家乐，增加当地居民的收入

道郡村历史沿革

二、景观空间节点设计

艺术廊架　　瞭望塔　　坐忘空间

休憩空间　　移动舞台

三、道郡村乡村历史文化展览馆

道郡村乡村历史文化展览馆效果图

总平面图

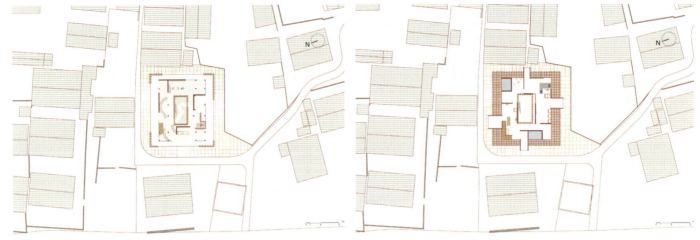

乡村历史文化展览馆一层平面图　　　　　　乡村历史文化展览馆二层平面图

四、效果图

道郡村乡村历史文化展览馆轴测图

道郡村乡村历史文化展览馆效果图1

道郡村乡村历史文化展览馆效果图2

道郡村乡村历史文化展览馆效果图3

共生理念下琼北传统民居更新改造研究
The Northern Hainan Traditional Dwellings in the Concept of Symbiosis Innovation Research

海口市道郡村传统民居更新改造设计
Innovation Design of Traditional Dwellings in Daojun Village, Haikou City

山东建筑大学
贺虎成
Shandong Jianzhu University
He Hucheng

姓　　名：贺虎成　硕士研究生二年级
导　　师：陈淑飞　教授
学　　校：山东建筑大学艺术学院
专　　业：艺术设计
学　　号：2019065104
备　　注：1. 论文　2. 设计

共生理念下琼北传统民居更新改造研究
The Northern Hainan Traditional Dwellings in the Concept of Symbiosis Innovation Research

摘要：传统村落作为传统文化的载体，是村民赖以生存的物质资源。随着时代的发展，乡村建筑逐渐呈现出城镇化的发展趋势，千篇一律的现代建筑严重破坏了传统村落的面貌。因此，传统村落中现代建筑如何与传统建筑达到共生的问题越来越受到人们的关注。琼北一带传统村落数量较多，但绝大多数没有受到保护，遭受破坏。本文从共生的角度出发，以琼北传统民居为研究对象，探讨新与旧两者之间的共生关系。

论文首先阐述了共生理论相关概念及在现代建筑中的运用；其次分析了琼北传统民居村落形态，归纳总结出再利用的价值及其存在的问题；然后对共生思想应用于传统村落改造中的策略进行研究，论证现代建筑与传统村落之间的共生设计策略；最后，以实践的手法归纳总结出琼北传统民居在更新改造中的共生设计策略，并从建筑形式、空间、材料的运用及文脉的表达等方面来阐述设计方法。

关键词：共生思想；琼北道郡村；传统民居；更新设计

Abstract: As the carrier of traditional culture, traditional villages are the material resources for the survival of villagers. With the development of the times, rural buildings gradually show the development trend of urbanization, and the stereotyped modern buildings have seriously damaged the appearance of traditional villages. Therefore, how to achieve symbiosis between modern buildings and traditional buildings in traditional villages has attracted more and more attention. There are many traditional villages in Qiongbei area, but most of them are not protected and damaged. From the perspective of symbiosis, this paper takes Qiongbei traditional dwellings as the research object to explore the symbiotic relationship between the old and the new. The paper first expounds the related concepts of symbiosis theory and its application in modern architecture; secondly, it analyzes the form of traditional residential villages in Qiongbei, and summarizes the value of reuse and its existing problems; Research on the strategy to demonstrate the symbiotic design strategy between modern architecture and traditional villages: Finally, the symbiotic design strategy of Qiongbei traditional dwellings in the renovation and renovation is summarized by practical methods, and from the architectural form. The design method is explained in terms of space, the use of materials and the expression of context.

Keywords: Symbiosis Thought, Qiongbei County Village, Traditional Dwellings, Updated Design

第1章 绪论

1.1 研究背景与研究动机

1.1.1 国内背景

1. 国家政策扶持

从2001年提出的社会主义新农村建设，到2008年制定的美丽乡村计划，再到"十九大"报告中提到的乡村振兴战略的实施，以及在21世纪以来下发的18个指导"三农"工作的中央一号文件。这所有的一切无一不体现着国家对乡村发展的高度重视。

2. 人民对乡村生活环境改善的迫切希望

2014年，国务院下发了《关于改善农村人居环境的指导意见》，这意味着我国农村建设进程已经从农村生活基础设施建设的第一阶段开始向农村环境治理的第二阶段进行转变。纵观我国农村发展实际，目前我国大部分的农村地区处于从基本生活设施建设阶段到农村环境治理阶段的过渡时期。2017年，习近平总书记在"十九大"报告提出，我国的主要社会矛盾已经转化为"人民日益增长的美好生活需要和不平衡不充分的发展之间的矛盾"，人们对美好生活的向往、对人居生活环境改善和提升的渴求日益加大。2017年11月，中共中央办公厅、国务院印发《农村人居环境整治三年行动方案》，进一步加快了农村人居生活环境改善和提升、农村环境治理以及乡村风貌建设的步伐，也为推进农村人居环境改善提供了政策依据。

3．传统民居的有机更新与自我生长的内在需求

当下，乡村实现飞速发展，对乡村经济产业和人口结构带来了巨大冲击。乡村经济产业和人口结构都呈现出一定的变化，劳动力外流、村内留守老人和儿童比例增加、村落空心化现象突出等乡村内部秩序的打乱与重构，使传统民居迫切需要实现更新与转变。随着时代的进步与经济社会的快速发展，传统民居需要顺应时代实现有机更新与自我生长，才能使乡村建设持续焕发生机与活力。但我国乡村建设的现状却是乡村民居利用率较低、新旧建筑不协调、大拆大建、安全隐患突出、基础设施陈旧落后等问题，加快传统民居的改造与发展迫在眉睫。

1.1.2 海南背景

1．政策为海南发展带来创造了条件

2008年4月，海南省发布《海南国际旅游岛建设行动计划》。2010年1月，国务院发布《国务院关于推进海南国际旅游岛建设发展的若干意见》，海南国际旅游岛正式被列为国家的重大战略部署之一，海南的发展也正式进入快车道。2020年6月习总书记对海南自由贸易港建设做出重要指示，海南自由贸易港的实施范围为海南岛全岛，到2025年将初步建立以贸易自由便利和投资自由便利为重点的自由贸易港政策制度体系，到2035年成为我国开放型经济新高地，到21世纪中叶全面建成高水平自由贸易港并具有一定的国际影响力。

2．乡村在海南发展中的重要地位

在国家以及当地政府的大力发展下，海口、三亚等中心城市的第三产业已经发展得相对成熟，旅游业已成为海南岛的支柱产业。海南的乡村蕴含着丰富的旅游资源，集自然风光、生态环境，以及人文风情为一体，具有很大的发展潜力。海南乡村的发展，对展示海南乡村特色地域文化具有重要意义，同时也可以减轻海口、三亚等中心城市的旅游压力，在海南战略发展中占据重要地位。

3．海南传统民居现状堪忧

课题以海南省海口市道郡村为基址，在调研和走访的过程中，发现了许多问题：乱搭乱建、乡村人口的外流、人丁的凋敝、乡村传统民俗活动的式微。这一系列问题使乡村经济产业以及人口结构发生巨变，内部秩序关系面临着变迁与重组，乡村活力逐渐丧失，现状堪忧。

1.1.3 研究的目的及意义

1．研究目的

（1）对国内外传统民居的发展进行梳理，并结合海南发展的大形势，对传统民居的内涵做出深度思考。

（2）对共生思想在各个领域的发展以及内涵进行深入的研究，并指出其对琼北传统民居的更新启示。

（3）探讨如何构建琼北传统民居中的共生系统，提出针对琼北传统民居更新改造的共生策略，将共生思想贯彻到琼北传统民居改造的全过程，实现持续发展。

2．研究意义

（1）对琼北传统民居文脉的保护具有实际意义

琼北传统文化的发展受到闽南文化、岭南文化以及南洋文化的综合影响，是不同地域文化的集中体现，蕴含着丰富多彩的历史文化底蕴，这是世代生活于此的人们经营、创造、演变的结果。对其进行研究不仅可以充分挖掘琼北地区的传统文化，同时对历史文脉的保护与传承具有实际意义。

（2）对海南的发展具有现实意义

海南依托岛内丰富的旅游资源，以及国家的大力扶持，面临着良好的发展机遇。海南的乡村集自然风光、生态环境以及人文风情为一体，特色鲜明，具有很大的发展潜力。对海南乡村的发展和海南打造具有特色和国际影响力的旅游度假胜地具有现实意义。

（3）对于当下传统民居的发展具有借鉴意义

琼北传统民居出现的问题是当下国内传统民居问题的综合体现，以琼北传统民居为研究对象，是对国内其他地区传统民居的思考。以"共生"手段为琼北地区提供设计策略，即为当下传统民居的发展提供借鉴，为中国传统民居的建设与发展提供更多的途径。

1.2 概念界定

1.2.1 共生思想

"共生"起源于生物学领域，表示两种及两种以上的物种相互获得利益而紧密联系，这一思想不断发展，并延伸到了哲学、社会学、建筑学、经济学等领域。

日本在20世纪70年代，经济比较萧条，建筑也处于多元化的时期，西方的功能主义也使得建筑的弊端逐渐暴露，出现了发展不平衡的局面。建筑师黑川纪章结合日本的传统文化以及"新陈代谢"理论，将共生思想引入建筑领域，以此作为建筑发展的新选择。

1.2.2 琼北传统民居

琼是海南的简称，琼北地区顾名思义——海南岛的最北端，其界定依据主要是根据使用的语言来划分。琼北主要包括海口、文昌、澄迈、定安、临高、屯昌、琼海、万宁八个县市，俗称琼北汉族八市县。琼北一带因其特殊的地理环境和历史条件，孕育出了众多传统村落。同时也拥有着庞大的火山文化、优美的自然景观以及巧夺天工的人文景观，使琼北一带的地域文化独具特色。

1.3 研究现状

1.3.1 共生思想研究现状

共生思想而言，其应用于景观设计领域已屡见不鲜，而将共生思想应用于乡村建设和传统村落发展方面鲜有学者提及。以"共生思想"为检索词（图1-1），以"主题"为检索对象，进行检索。截止到2021年，得到相关文献167篇，其中建筑学、风景园林等相关专业占比较大。相关专业文献中，就文献发表年份来看，近十年来，共生思想基于建筑、风景园林相关领域的研究逐渐增多，从研究方向来看，相关方向文献共约107篇，共生思想基于建筑景观设计的研究约50篇，占总数量的一半；共生思想基于乡村建设的研究共有17篇（图1-2）。

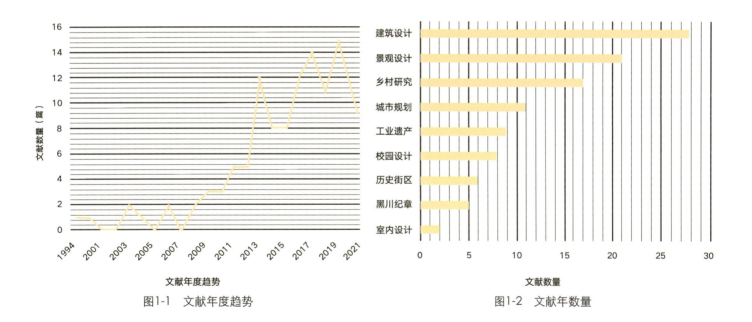

图1-1 文献年度趋势　　　　　　　　　图1-2 文献年数量

1.3.2 琼北传统民居研究现状

经过调研发现，国内学界对于琼北传统建筑的研究并没有系统地展开，只有少量的学者与专家对其进行过零星的研究。究其原因，应该和海南自古一直被划属岭南地区有关，海南建省之前，一直隶属于广东省管辖，因此，学界一直将海南传统建筑归入广东传统建筑的体系。

1.4 研究内容与研究方法

1.4.1 研究内容

文章共分为五个章节，采取理论结合实践的研究方法，以琼北传统民居为研究对象，分析研究琼北传统民居的现状，以"共生思想"为理论指导，逐步构建琼北传统民居的共生系统，针对琼北传统民居现状提出共生设计策略。并依托海口市道郡村,将基于共生思想的传统民居更新策略理论研究成果贯彻到实践案例之中,从实践的角度去印证理论的可行性。

第1章,绪论部分解析研究背景、研究目的以及研究意义。明确研究对象,并对现有研究成果进行梳理,指出本文主要研究的内容,阐述研究方法以及研究框架。

第2章,共生思想的解析与启示。梳理共生思想在建筑中的表现,明确共生系统的构成要素和基本特征,提出共生思想对传统民居改造的启示。

第3章,梳理琼北传统民居村落空间形态、生活生产形态以及文化形态,并对琼北传统民居进行再利用分析。结合第2章理论研究成果,指出共生思想与琼北传统民居的关系。

第4章,传统民居改造中的共生设计策略,提出从宏观到微观的传统民居的共生设计策略,结合共生思想下琼北传统民居的目标、特征和原则,构建乡村传统民居的共生系统。

第5章,实践——海南省海口市道郡村共生设计。实践章节,通过实践来检验传统民居更新策略的可行性,分析研究不足,并对未来研究方向做出展望。

1.4.2 研究方法

理论学习法:传统民居涉及学科范围较广且相互交叉,因此要学习的理论也相对较多,包括了设计学、经济学、社会学、地理学、建筑学、城乡规划学、景观生态学等多门学科中的相关理论。

文献研读法:搜集乡村建设、共生理论等方面著作、文献等,进行学习、梳理观点、思考方式、设计策略,为接下来的研究提供理论支撑。

归纳分析法:将已形成的研究成果,通过归纳总结的方法,分析其理论体系下的方法论。

田野调查法:实地调研基地,并对区位、地形、文化、环境等方面进行分析,总结优势及缺陷,分析其价值。

1.4.3 论文框架(图1-3)

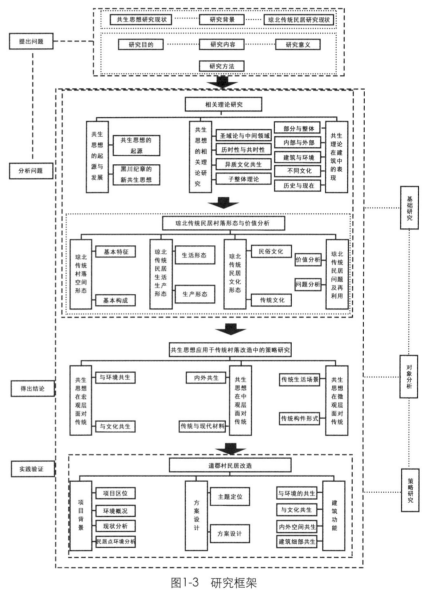

图1-3 研究框架

第2章 相关理论研究

2.1 共生思想的起源与发展

2.1.1 共生思想的起源

"共生"一词最早起源于生物学概念,有"共同""生活"等含义,主要是指紧密联系的两种生物之间互相影响,存在着利益关系。共生关系被归纳为"寄生、互利共生、竞争共生、偏利共生、偏害共生"五种。早在20世纪中期,"共生"概念就被应用到农牧业、经济金融业、医学等领域,并且它经过发展还在不同的领域中衍生出了具有不同特点的理论和应用。

"共生"思想通过在不同领域内的发展和延伸,其表现出来的本质含义是合作、协商。对于社会中政治、经济、文化等方面的问题，以共生理论进行分析思考，可以最大程度、最深层次地理解事物的内在本质，进而持续改善和推动事物的发展。从城市和建筑发展的角度来看，乡村传统民居的改造也是我们社会更新发展中的重要组成部分，运用共生思想的理论来解决我国传统建筑改造中存在的问题，具有深远的意义。

日本建筑师黑川纪章在20世纪80年代将"共生"的概念引入建筑学领域。他在发展"新陈代谢"思想过程中，将生物学中的共栖和佛教中的共存运用于建筑设计和规划中。希望通过共生的理论来解决现代建筑中存在的功能主义和二元论等问题，实现多种元素的共存。

共生思想具体的表达有：人与自然、人与科技、内在与外在和异质文化共生四个部分。其观念主要展现在"中间领域""道的复权"和"圣域论"三个部分。黑川纪章极力反对理性主义所认为的应该把科学和技术放在首要位置，忽略宗教、艺术、文化等与感性相关的因素，主张一种富有生命力的建筑，强调关注生态学、环境、历史、人文等因素，能够与异质文化相融合，通过把传统技术和高科技技术相融合，设计出一种与自然环境共生的建筑。

2.1.2 黑川纪章的"新共生思想"

黑川纪章将生物学中的"共生"理论延伸到建筑领域，创立了建筑学中的共生建筑论。其发展主要经历了三个阶段：新陈代谢理论、变生理论和共生理论。第一个阶段为20世纪60年代，黑川纪章在1959年参与并发起了新陈代谢运动，这是萌芽阶段，在思想上，把建筑视为有机生命体，注重建筑的生长过程；技术上，提倡利用高技术建造手段。到了20世纪70年代，提出了"中间领域"和变生理论，并且强调在城市设计和建筑设计中对"灰空间"的营造，这是共生思想的发展阶段。

从20世纪80年代起，"共生思想"走向成熟，开始对共生的概念进行完善和进一步的发展，并且认为21世纪是"共生的秩序"或是"共生的时代"。

黑川纪章先生所提出的共生概念，基本内容包括：人与科技的共生、历史与未来关系的共生、宗教与科学信仰的共生、经济与文化的共生、内部与外部的共生、局部与整体的共生、理性与感性的共生、抽象与象征的共生、建筑与自然的共生、休闲与劳动的共生、企业与社会的共生、民族主义与世界经济的共生、城市与农村的共生、不同年代性别的共生等，各个领域都有"共生"思想，而这些不同层次意义的共生，构成了世界的新秩序——"共生的秩序"。

2.2 共生理论在建筑中的表现

黑川纪章对共生思想的思考，主要分为两个阶段，分别是20世纪70年代以前的新陈代谢时代和70年代中期的共生思想时代。早在1959年，黑川纪章就已经提出了类似共生的概念，当时他为《城市设计》撰写"共生的哲学"文章，1979年在横滨国际设计大会上正式提出了"共生"的思想。

黑川纪章一直致力于对共生哲学的思考，其作品也深刻体现了各阶段对共生哲学的思考：20世纪60年代采用高技术来表现建筑的生长和代谢；70年代中期提出灰空间的概念，并将其运用到城市和建筑中。对黑川纪章共生哲学进行总结发现，共生思想在建筑中的应用，在宏观层面主要包括建筑与环境的共生、文化的共生；中观上看包括建筑功能共生、建筑材料共生、内外空间的共生；微观上看包括建筑新旧细部的共生、新旧技术的共生、新科技与传统做法的共生。

（1）建筑与环境的共生

我国道教崇尚人与自然的和谐共处，力求实现"天人合一"思想。建筑是人类智慧的产物，但是在某种程度上建筑与自然是一种相对立的关系，人们将地挖掘打成地基，用墙将自然进行分隔。换一种想法，建筑也可以成为自然的一部分。黑川纪章共生思想下的建筑与自然的共生是指通过营造半封闭式的景观空间，实现建筑室内与外部的过渡，而达到室内外景与色的交融。

（2）建筑与文化共生

建筑与文化共生是建立在对其文化内涵深入了解的基础上的，黑川纪章把日本传统的建筑与文化，转化为一种象征性符号语言，并以两种或多种方式破译这些符号语言。现阶段，各国和各民族都支持促进相互间的文化交流和文化多样性发展。通过不同文化之间的相互学习与渗透，才能使自身的文化丰富与发展起来，并且迸发出新的活力。

（3）建筑功能共生

为保证建筑空间功能的连贯性，通过某个过渡空间来组织打破各个空间的封闭与孤立，使得建筑各个功能取得紧密联系。新陈代谢运动有关建筑功能的主要观点是：用过渡区来接连各个部分，让它成为生活的主轴。

（4）建筑材料共生

建筑材料的共生，是在建筑上通过传统建筑材料与现代建筑材料的过渡，来表达建筑过去与未来的时间性，同时不同的材料有不同的质感与纹理，多种材料的组合丰富建筑表情，使复杂的材料元素在空间中得到共生。

（5）新旧细部的共生

在建筑上通过传统建筑构件、结构的运用，与新材料、新结构形成的建筑细部形成对比，运用隐喻的手法体现传统与现代的共生。在整体与局部的关系中，不是局部要绝对被整体所控制，而是使建筑单体融入周围的环境，进而成为其中的一部分，同时又能在整体环境中凸显出自身的特色。

（6）新技术与传统的共生

现代技术的介入，使设计的结构和力学关系更加精准，极富有时代的气息。既充分地展现出民族历史文化的特征，又显示出其时代性。黑川纪章的共生理念，由支持技术转向回归传统，而实现建筑、技术以及传统的互联互通，这正是黑川纪章坚持不懈追求探寻的目标。

（7）新科技与传统做法的共生

新科技与原有做法的共生，是新科技与传统建造的有机结合，新科技的运用以及其能带来的独特造型，赋予建筑强烈的个性，原有做法的运用又将建筑拉回传统，二者的共生赋予了建筑现代与传统双重性格特点。

2.3 共生思想对传统民居改造的启示

任何的现代技术、材料、生活等都是经过历史的基础上演变而来的，历史的存在才能显示文化的差异性和多元性。在共生思想的理论中，黑川纪章认为传统和历史可以分为有形的和无形的两种，有形的就是建筑符号、形式和装饰等；无形的则为概念、崇奉、生活模式、思维、感情和美学等。

将共生思想引入对传统村落的建设与更新中，能够有效地给传统村落带来一些新鲜的血液。琼北地区传统村落数量众多，村落中建筑年久失修，破败不堪，有的村落中村民自己建造的房子与传统建筑面貌格格不入，从而破坏传统村落的风貌。共生思想在建筑中的运用，可以有效地将新建筑与传统建筑以及传统村落有机融合，从而达到传统与现代的共生。

第3章 琼北传统民居村落形态与价值分析

3.1 琼北传统村落空间形态

（1）选址情况

琼北地区传统民居的选址遵循靠山面水、坐北朝南的传统风水学说。但是因其地处热带地区，属于热带岛屿型气候，常年光照充足，所以他们不像内陆那样对房屋朝向有着严格的要求。但是闷热的气候条件，使得通风问题显得尤为重要。在调研的过程中，发现村落前多有池塘，邻山的村落大多跟着山势的走向而建，这也印证着村落选址临水而居、靠山面水的传统风水哲学。

（2）民居平面基本构成

内地"合院式"的空间布局对琼北一带传统民居有着深远的影响，有着严格的形制要求，注重院落的围合感，布局严谨，强调轴线，主次分明，内外有别，同时也受到传统的风水观念的影响，在院落选址、房屋朝向等方面均有体现。

平面基本构成由不同的空间组合成不同的院落布局。其院落形式以内向围合式院落为主，由正屋、横屋（厨房、柴房、仓储间）、路门、院墙组成，并且根据每户的经济情况及人口构成又划分为单合院、二合院、三合院等院落形式（图3-1）。

①正屋

正屋位于整个院落的中轴线，处于民居的

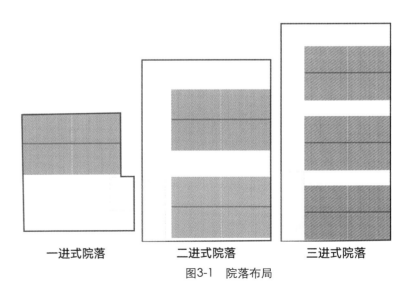

图3-1 院落布局

核心位置。整体形式为一明两暗三开间，明间为褂厅，旁边两个暗厅为次间。褂厅中间有隔板分隔，前部一般较大，为前堂，主要用来供奉祖先及会客，后部为后堂，进深偏窄，为内眷使用，中间隔板称为中堂，上置主公阁，用于放置祖先牌位。主公阁两侧放置歌颂仙人祖德的对联，精雕细琢，做工考究。

②横屋

横屋作为辅助性用房，分为开廊和窄廊两种形式。开廊开间和院落的进深相当，与正屋垂直，并带有檐廊，常被用作客厅、厨房、储藏室等。窄廊相较于宽廊，更为简易和灵活，一般用作厨房、餐厅、卧室、客厅、仓库等，在使用上没有过多限制，使用功能根据屋主需求而定。

③路门

路门，通常位于正屋一侧，也有位于正屋下方，是进入院落的大门，在中央处常挂有牌匾。

④院墙

院墙将琼北民居的各个构成要素围合成一个完整的院落。第一进正屋下方的院墙称为照壁，常用花坛等元素加以修饰，最后一进正屋上方的院墙则称为档壁。

（3）空间秩序与特征

琼北传统民居的空间序列与内地民居的相似，都是入口路门——庭院——第一进正屋——庭院——第二进正屋（图3-2）。轴线明确，体现出严格的封建等级制度。住宅平面沿轴线布置，在纵向轴线上房屋没有数量限制，路门随着房屋的变化位置会随之变化。

（4）建筑元素

①大木作构架

我国传统民居以木材、砖瓦为主要建筑材料，按体系工作原理的不同，我国传统木构架建筑可分为抬梁式、穿斗式、井干式和干栏式等几种形式，其中穿斗式和抬梁式的使用最为广泛。在人们普遍的观点中，北方多使用抬梁式构架体系，南方穿斗式使用较为广泛。琼北地区传统民居在发展的过程中受到南北方营建工艺的综合影响，形成了相对比较独特的木构架结构形式——插梁式，其突出特点主要表现为在柱身抬梁的同时，又保留了梁入柱身的特性；在柱头直接承檩的同时，其梁下又使用枋或托木，进而增强了整体结构的稳定性。

琼北地区的传统民居屋顶木构架的承重构件主要为柱、梁、檩、椽，竖向上使用的是柱，横向的承重构件为梁、檩、椽，并没有采用传统意义上斗栱的结构形式。整个梁柱体系都是由木结构搭建而成，形成了一个相对富有弹性的结构体系，从而对整体的框架起到了保护作用。

②小木作

琼北传统民居的小木做主要体现在门窗以及室内的装饰上，梁架、柱头等结构构件也有所体现，其主要木作装饰工艺有线雕、浮雕、透雕等。由于琼北地区对通风要求较高，故木质透雕工艺使用较多，但其属于民间装饰文化，所以对装饰要求不高，多从功能出发。

③彩绘及其灰塑

彩绘又称为"墙身画"，是中国传统建筑常用的一种装饰

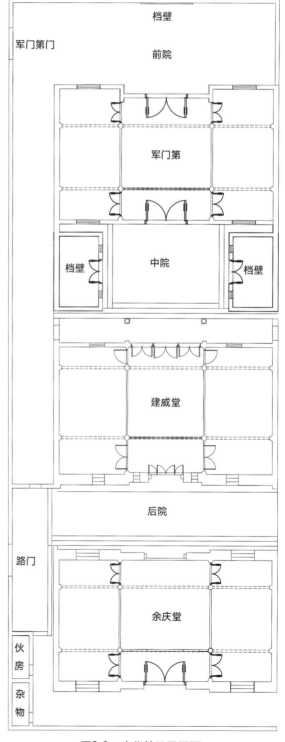

图3-2 琼北某民居平面

形式，在琼北传统民居中应用比较广泛，通常运用于装饰部位、形式、材料等方面的处理上，一般带有富贵、吉祥等寓意，内容主要包括山水、花鸟等，体现当地的风土人情，同时也受到南洋文化的影响，带有一定的异域色彩。色彩上主要有群青、土黄、土红、黑烟四种颜色，群青、土黄、土红选用当地矿物质研磨而成，黑烟则是选用竹叶，将其烧制成灰，加水调制而成。

琼北地区大部分建筑都或多或少地采用了灰塑工艺，一般使用于建筑的脊饰、规带、墙面、八字带、门窗套等。琼北传统民居的灰塑以花草和祥云、鸟兽等元素，简洁质朴。

④窗

琼北地区的窗户种类样式繁多，多以木质窗格为主，最具有特色的是双层窗，朝外一面是固定的木格状窗，内部为双开木板窗，具有遮风挡雨、隔热防晒、通风透气等功能（图3-3）。

图3-3 琼北传统民居窗户

3.2 琼北传统民居生活生产形态

3.2.1 生活形态

村口大榕树是村民们避暑纳凉的绝佳去处，人们在此赤足而坐，促膝长谈，这是当地村民最真实的生活写照。在重要节日或者祭祀活动期间，戏台便热闹起来，琼剧是当地最具有特色的民间戏剧艺术，也是当地最受欢迎的娱乐形式。

村民在生活生产过程中使用的石盆、石缸、石臼等石制用具，造型新颖独特，均选用当地的火山石打磨制作而成。村里常住的多为老幼妇孺，大多青壮年劳动力已外出打工，只有过年时回来；也有部分村民在附近市镇工，早出晚归，出行多采用摩托车，村内交通则以步行为主。

3.2.2 生产形态

琼北众多传统民居依山而建，导致各个村落的耕地具有差异性，有的村落缺水并且没有可耕作的软地，因此外出务工便是他们的主要经济来源。对于部分水资源较充足或自然条件较好的村落，则以种植业为主，农作物主要为水稻、甘蔗、冬瓜、辣椒、豆角、石榴、荔枝、香蕉等。有些地区在政府及当地企业的带动下，依靠琼北火山文化，推出了相应的产品，贴上琼北火山的标签，如火山口蜂蜜、火山口咖啡、火山鹧鸪茶、火山红米、火山红芝麻、火山黑豆等，为当地带来了经济效益的同时，也解决了村民就业等一系列民生问题。

3.3 琼北传统民居文化形态

3.3.1 民俗文化

琼北地区主要的民俗活动有"军坡节""换花节"等（图3-4），还有许多乡规民约和家族风俗等。其中"主屋断气，认祖归宗"在当地流传最为广泛，其主要表达后代对祖辈传承下来的火山石民居特殊的情感，这里凝结着他们祖祖辈辈的心血，这份"老屋"情节一直存在于人们的心中，也是"生于斯、卒于斯"这句古语的印照。琼北地区的丧葬形式与传统"入土为安"的丧葬形式有所不同，因为当地地表被火山石覆盖，因此便就地取材，采用石棺墓葬的形式。

3.3.2 传统文化

传统古法制糖、民间雕刻、编制以及干垒的建造技术等是琼北地区极具地域特色的传统工艺。古法制糖技术已经有六百多年的历史，采用本地甘蔗，使用石碾，将其碾压成汁，经过煮、熬、凝固等工序，最终熬制成红

图3-4　军坡节（来源：网络）

图3-5　宗祠

糖，此种方法依然沿用至今，在当地发展已成规模。琼北一带传统民居的墙体选用当地的火山石材，利用干垒的建造技术，在没有水泥砂浆的黏合下，石块间相互错缝，坚固耐用，在此居住几代都不会出现问题，实用性强。海南花梨木因其色泽光亮、耐腐蚀性、不易变形等特点，常被加工成家具、手工艺品等，具有较高的艺术价值和实用性。

3.4　琼北传统民居问题及再利用价值分析

3.4.1　再利用价值分析

从建筑本身价值和可利用性两个方面对琼北传统民居进行价值评估。琼北传统民居属于木构架建筑体系，在发展的过程中受到南北方营建工艺的综合影响，是不同地域文化的集中体现，无论在结构方面还是在构造技术方面，不仅反映了我国古代卓越的建筑技术水平，也反映了高超的艺术成就和丰富的文化底蕴，对我国传统建筑的发展有着深远的影响，有助于挖掘其工艺及艺术特色，延续历史文脉。周边建筑环境、自然环境以及人文环境等条件优越，再利用空间较大，并且具有较高的再利用空间，综上所述，琼北传统民居具有较高的再利用价值。

3.4.2　再利用中存在的问题

在快速城市化的进程中，乡村的发展面临着巨大的挑战，通过对琼北部分地区的调研，村庄在布局形态及建筑文化方面也存在一些问题：村内传统建筑没有得到很好的保护，古建筑无人维护、闲置严重，甚至很多已经倒塌；还有很多古建筑、古戏台被整改，失去原有的模样；城市化的进程，促使村落众多传统民居采用了现代化的建筑形式，与原有建筑形态格格不入，有的新建筑也将传统老建筑掩盖其中，失去其应有的价值；并且新建筑在建筑材料上多使用砖、石、混凝土等现代化的材料，传统建造工艺无法得到传承。

第4章　共生思想应用于传统村落改造中的策略研究

4.1　共生思想在宏观层面对传统村落更新的策略研究

4.1.1　琼北传统民居与环境共生

（1）建筑自身与环境的融合

景观渗透法是建筑与环境融合最为常用的手法，主要表现为以下几个方面：①运用玻璃等透明材料，能够达到景观渗透的作用，将环境引入室内，实现了周边环境与建筑内外的联系，体现人与自然共生的理念。②保持环境的连续性和开放边界，将村庄的肌理与自然特性引入建筑，在保持了场地的自然状态的同时，也营造了空间的属性。③塑造近、中、远三个层次的景观系统，营造视、听、触等多层次的景观体验。④运用对景与借景方法，使建筑与自然环境实现能够产生动态的关联。

（2）建筑呼应自然与地形

①形体与自然形态相协调

建筑外形和体块与自然地形相呼应，对场地的自然环境特征进行总的把握，然后通过建筑形体的变化强化某一具体的环境特征，从而使得建筑更好地与环境取得共生关系。

②建筑与地形相适应

建筑与外部地形相适应，在整体、外部空间布局两方面与环境取得共生关系。

主要表现为两个方面：A．与地形的适应性，其主要表现在建筑结构和组织逻辑方面适应地形高差，使得建筑与环境融合共生。B．对环境的生性，利用地形坡道等适应性的布置空间，体现强烈的共生性。

③建筑色彩与周围环境相统一

琼北传统民居的建筑色彩与周边环境存在一定的共生关系。通过总结发现其建筑色彩与环境的共生主要存在以下方法：A．使用与环境相近的色彩，实现与环境色彩的交相辉映或者与周边环境的完美融合。B．使用差异化的色彩组合以及建筑表面材质的质感，从而增加建筑整体上色彩的厚重感、与环境之间的融合、当地传统的协调，带来新的活力，使得建筑具有更强的生命力及内涵。

4.1.2 琼北传统民居与文化共生

（1）重构传统记忆文化

抽象的传统文化，连接着传统，呼应着未来，通过对传统记忆文化的重构，可以激发新的生命力，增加传统与现代的联系，延续空间逻辑与集体记忆。

（2）乡土建筑的现代语言诠释

通过对营造方法、营建理念、乡村文化等传统建筑语言的研究，对其进行现代化的演绎，使其得到新的价值诠释，从而在一定程度上缓解传统与现代脱节的问题。

①对传统乡土元素的提炼

传统建筑构件以及生产生活工具等具有标志性的建筑细部，是琼北乡土元素的重要组成部分。通过对其简化、重构，对乡村传统进行重新演绎，最终实现新建建筑与原有乡村环境融合。

②传统形态的现代演绎

A．抽象传统建筑的空间形态

以传统空间形态为原型，并在此基础上进行推演，从而将传统文化底蕴在建筑空间层面展现。

B．赋予"旧事物"以新含义

"旧事物"是生产生活痕迹的见证，可以是传统的生产工具，也可以是日常的生活工具，对其进行保留，赋予其现代的含义，以适应新的功能需求，使得建筑物与时间形成对话关系，同时为乡村传统民居中的叙事性提供了载体，是新建筑与传统相互共生。

4.2 共生思想在中观层面对传统村落更新的策略研究

4.2.1 内部与外部共生

建筑灰空间是建筑内部与外部环境之间的过渡空间，属于共生思想中的中间领域，可以更好地将室内与室外空间融合在一起，是实现空间共生的必要条件，能够打破传统空间的封闭性。

以玻璃作为介质，运用其空间渗透原理，从而在视觉上达到空间渗透，将周边环境引入室内空间，使得室内室外相融。

自然光线是室内空间与外界取得联系的重要媒介，光线介质的引入可以起到柔化界面的作用，同时增加室内空间的通透性。通过对琼北传统民居进行分析，建筑内部空间光线较弱，引入自然光线，可以更好地解决建筑照明及其温度问题，提高了建筑的通透性，同时还可以烘托空间氛围，拓展空间，有利于改善传统建筑的闭塞状态，丰富了空间的层次感，提升了舒适性。

4.2.2 传统与现代材料共生

传统材料与现代材料共生，要充分考虑材料的适用性、经济性以及与当代建筑形式的结合处理方式上。不同材料的共生，丰富了建筑层次，并且给予同一个建筑以多样的建筑表情与质感。

（1）传统材料在现代建筑上的运用

传统材料其本身具有浓厚的乡土气息，通过以不同的形式表达其当代性，具体表现为：①组合形式的创新，利用传统材料体现新的形式；②废弃材料再设计；③运用于建筑细部结构。

（2）传统建造逻辑在传统材料中的体现

传统建筑材料可以真实地反映材料、结构等特性，可以将木结构建筑的原始魅力以及传统的建造逻辑展现出来。对传统建筑材料进行处理，一方面可以较好地继承传统乡村建造传统，表现出传统民居的内在魅力；另一方面利用传统材料表达传统建造逻辑。随着时间的推移，建筑也随之留下历史的痕迹。

(3) 传统与现代材料的结合

新旧材料相互搭配，可以产生强烈的感官差异，实现乡土与现代的融合，营造出丰富的效果，从多个层面丰富建筑形象。

4.3 共生思想在微观层面对传统村落更新的策略研究

4.3.1 传统生活场景及其元素在建筑中的运用

传统生活场景的再现，使得传统生活场景被赋予了一定的使用功能，也可以是更为直观地展现了乡村的历史文脉和地方特色，使得建筑与当地历史文脉、地域特色紧密地联系在了一起。除了生产生活场景的直接保留与再现外，还可以将其进行提炼、简化，形成一种符号，在建筑中使用，从而达到装饰的效果。

4.3.2 传统构件形式的运用

建筑中存在的单元构件、局部，如建筑的檐口、门窗、线脚等诸多建筑局部，是构成建筑整体的必要元素，不同时期的建筑细部，包含特定的历史文化价值和信息。

传统建筑构件在传统民居改造中的应用，可以更好地与当地建造传统产生关联，展现建筑的传统建构之美。将传统建筑进行修复加固，将原有传统构件与新型构件相结合。旧的建筑构件起到装饰作用，新型建筑构件则用于受力，这种组合形式展现了传统与现代构件的双重魅力，在一定程度上解决了传统与现代相脱节的问题。

第5章 实践——海口市道郡村传统民居点环境提升设计

本章选取海南省海口市道郡村三处居民点，作为实践研究对象，在对其进行设计实践的基础上，对第4章提出的共生思想应用于传统村落改造中的策略研究进行反向验证和分析总结。

5.1 项目背景

5.1.1 项目区位

海口市，海南省省会，别称"椰城"，北部湾城市群中心城市，地处海南岛北部，东邻文昌，西接澄迈，南毗定安，北濒琼州海峡，是海南省政治、经济、科技、文化中心和最大的交通枢纽。灵山镇位于海南海口市东北部，西隔南渡江，与琼山区滨江街道、凤翔街道相望，北临琼州海峡，东接海口桂林洋经济开发区、演丰镇，南临琼山区云龙镇。道郡村位于灵山镇北部，距离海口市中心城区13公里。

5.1.2 环境概况

道郡村，属于热带岛屿气候，年均温度23.8℃，年均降雨量1664毫米，自然环境良好，阳光明媚，四季常青，热带资源呈现多样性。全村现有80多户、500多人，外出人口近1000人，都是汉族，且单一吴姓。道郡村三面环山，村中有千年参天古树，古井、古民居，绿树成荫、空气清新、风光秀丽。农作物以水稻为主，大塘外是大片稻田，田间有小河，细水长流，风光秀丽，视野开阔，环境优美宁静。目前村中有普通民居141个，村民生活淳朴，人暖情真。但大面积老房子空置无人居住，甚至坍塌，村子呈现出严重的空心化，但也正因为此使村落保留了相对完整的村落环境和乡村景色。除此之外，秀丽的景色，自然生态的环境，还孕育了淳朴的民俗风情，并形成了"军坡节"等人文景观，反映了劳动人民最朴实善良的情感（图5-1）。

5.1.3 现状分析

道郡村土地利用类型主要包括耕地、林地、水体、村民宅基地（居住用地）、道路用地。受火山的影响，场地有明显高差，各类土地类型分布具有显著的地带性；经实地调研和现状评估，道郡村传统民居建筑破损严重、新建建筑与传统建筑外观风貌不协调、亟待整治与提升，建筑质量差，房屋空置（图5-2）；基地道路系统相对完善，内部道路主要以巷道为主，并且缺少必要的公共活动空间（图5-3）。

5.1.4 民居点环境分析

1. 吴元猷故居（图5-4）

吴元猷故居是咸丰初年吴元猷本人所建，规模宏大，面积5000多平方米，迄今有150多年的历史。故居背靠高坡，面临大塘（大塘前是一片宽阔的田园，风景秀美，是一块风水宝地），坐东向西，主要由七间红墙朱门的大屋组合成"丁"字形格局。中央为纵列三进，正室及后楼，左右两列各有两间大屋，一间小楼，一字横列。保护相对完好，已列入海口市重点文物保护单位。

图5-1 村落环境分析

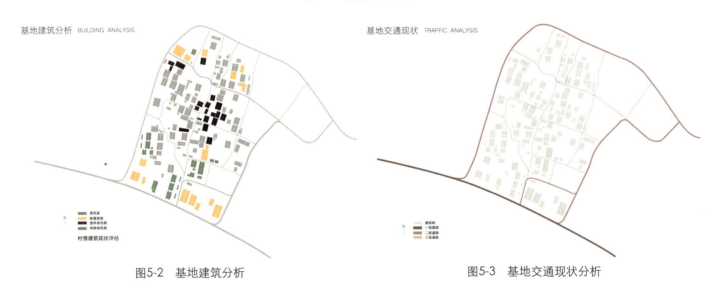

图5-2 基地建筑分析

图5-3 基地交通现状分析

图5-4 吴元猷故居院落环境

2. 布政司故居（图5-5）

布政司故居的院落为不规则形，且院落内有明显的地形高差，空旷且视野开阔，观景位置绝佳。经实地调研发现，故居现无人居住，建筑破损严重，实行封闭管理，利用率低。

3. 古树民居（图5-6）

古树民居位于村子的最西头，与吴良猷故居仅一户之隔，面朝稻田和鱼塘，具有一定的指示性和公共性，位于道郡村的村口，民居未得到很好的保护，院落杂草丛生，现已破败不堪，但院落单元依旧清晰可见。古树似乎已经成为建筑体的一部分，同时也赋予了古屋新的生命，古木与古屋相依为命，生生不息。

图5-5 布政司故居院落环境

图5-6 古树民居院落环境

5.2 方案设计

5.2.1 主题定位——更新民居空间，再现乡村价值

以质朴村落和悠然环境为基础，整合农耕文化、乡土建筑文化、火山文化、姓氏文化等要素，分析道郡村现状情况，保留与修复现有建筑，焕活原有场地记忆，营造一个完整的文化氛围体验空间。

吴元猷故居和古树民居位于村子的最西头，紧邻宗祠和村头广场，视野开阔，具有一定的指示性和公共性。因此，选其作为道郡村乡村记忆馆，并在里植入乡野讲堂、乡村书院、村民活动中心等业态，为游客和村民带来便利。

布政司故居作为村子里的文化建筑，现已丧失原有活力，为了焕发原有场地记忆及活力，现对原有建筑修复，对后建院落围墙进行拆除整改，对古树进行保留，围树布景，将其作为留守儿童之家，为乡村留守儿童提供了一个学习、休闲、娱乐的处所。

设计选取三处民居进行更新改造，通过整合环境及其文化资源，将共生思想根植于生产、生活、生态空间之中，使其协调发展，发挥其原有的价值，从而实现琼北传统民居的文化、经济、技术环境的重塑。

5.2.2 方案设计

1．方案概念

（1）功能流线

记忆馆包括古树民居（破败）、吴元猷故居（海口市重点文物保护）两处传统民居及一部分空地。乡村记忆馆作为展览建筑，肩负着传播道郡村文化的使命。在方案推导的过程中，始终围绕"新"与"旧"展开，如何处理好两者之间的关系？如何在这有限的建筑，去更多地展示村落的风貌，使参观者更加快速地了解当地文化？这些是设计过程中反复思考的问题。

根据基地条件（图5-7），记忆馆由姓氏文化馆、民俗展览馆、乡村会客厅、乡野讲堂、吴居展厅、水院以及记忆馆的主体建筑组成，每一部分都是围绕院落组织成的单个空间。古树民居的建筑主体破败不堪，根据其原有院落范围建造出记忆馆的建筑主体，主要包括序厅和道郡村的村落发展史展厅。姓氏文化馆与主体建筑相连，对原有墙体进行打通处理，使其形成通道，使新建主体建筑与传统建筑建立联系。民俗文化馆是对"传统"文化的展示，构成一段完整的动态体验。乡村会客厅以及乡野讲堂作为休闲空间，邻水而建，净化心灵。

吴居展厅建筑主体保留较好，主要对内部木承重结构进行加固以及修缮处理，对老的墙面、屋面以及内院进行保留，将旧建筑与新建筑相互融合，并且对原有建筑进行大量的保留和修复，使新建筑与老的民居可以更为融洽地存在，使其既可以满足当代需求，又能彰显传统建筑的意韵。

图5-7 道郡村·乡村记忆馆点面图

将布政司故居改造为留守儿童之家（图5-8），主要是想为乡村留守儿童提供一个学习、休闲、娱乐的处所。主要由连廊、阅读室、自习室、活动室、阳光画室、眺望台以及场院组成。通过对原有院落的空间秩序进行处理，将院落东侧破败的建筑进行拆除，建造景观廊道，形成开敞的院落空间，创造厅下休闲空间。将原有相邻但却相互独立的建筑，使其屋顶建立联系，重新定义自习室和活动室两者的空间属性，在庭院内部建造平台，围树布景，解决院落高差问题，并且植入观景平台以及阳光画室，充分利用地形的优势。场院作为整个院落的核心，是孩子们主要的活动空间，在设计上对院落内原有的树及石进行保留处理，尽量可能多地保留原有场地记忆。

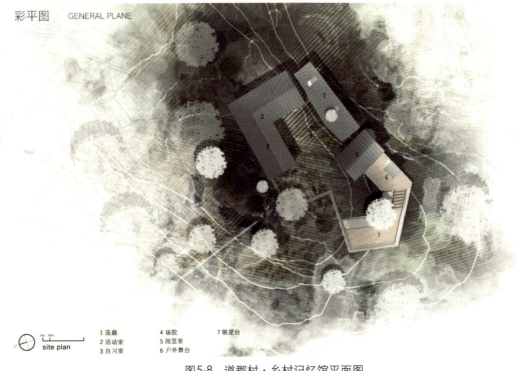

图5-8 道郡村·乡村记忆馆平面图

（2）设计推演

道郡村乡村记忆馆的设计是老建筑与新建筑如何更好相处的一种尝试，对照中国乡建的发展现状，并不是采用当今比较主流的推倒重建和修旧如旧，而是遵循历史的发展脉络，将当下的发展观念和功能需求植入其中，重新梳理和组织布局、功能业态以及新老关系（图5-9）。

因为古树民居已经破败不堪，原有民居的墙体坍塌，与周边场地的归属权存在一定的复杂性，就按照原有两个院落的边界来确定了记忆馆的范围，并同时植入记忆馆须具有的功能，对空间序列进行梳理（图5-10）。老的建筑以及古树见证了村落的发展历史，同时也是当地文化最直接的体现，因将吴元猷故居进行整体留存和修缮，对生长在墙体上的古树进行保留和保护，通过最直接的方式来强化场地的原有记忆。

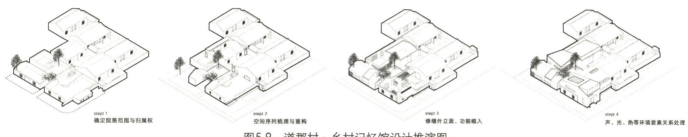

图5-9 道郡村·乡村记忆馆设计推演图

图5-10 道郡村·乡村记忆馆轴测爆炸图

根据布政司故居现场情况，对院落范围、坍塌建筑、地形等因素进行综合分析，对空间序列进行重新规整，分为拆、抬、并、引、起、植六步来完成方案推敲（图5-11）。拆：对原有院落东南角的破损及加建部分进行整体拆除处理。抬：根据场地属性，将原有建筑屋顶进行抬高处理，解决图书馆、自习室、活动室对通风采光的需求，营造更为舒适宜人的空间尺度。并：将紧邻却相互独立的两处建筑的屋顶进行整合，使其产生联系，营造檐下灰空间，重新定义两者之间的关系。引：在拆除建筑的位置引入连廊，模糊院内、院外的界限，使其成为主要出入口的同时又能承载村民交流互动的功能。起：院落存在明显的高低差，借助地形优势，在院落西边低洼的地方起平台。植：在新建平台的基础上，植入眺望平台和台阶座椅，并在下面围合成的空间植入阳光画室（图5-12）。

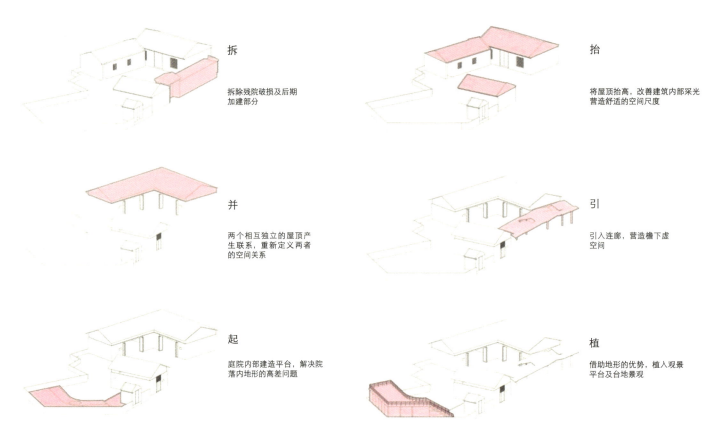

图5-11 道郡村·留守儿童之家设计推演图

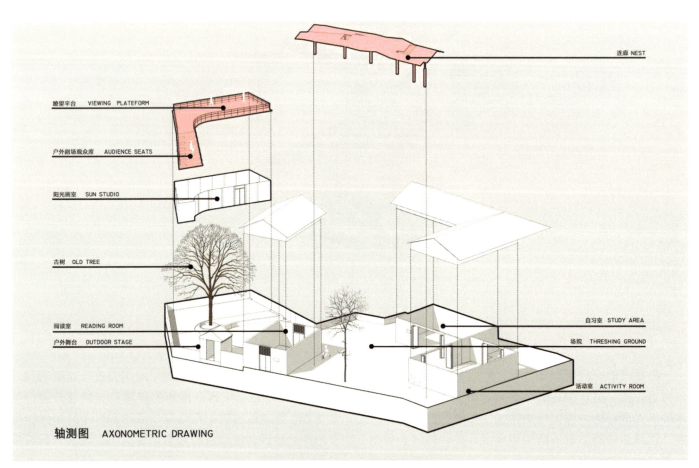

图5-12 道郡村·留守儿童之家轴测爆炸图

（3）建筑更新模式

建筑更新模式以共生思想为指导，总共涉及了：旧建筑更新、新旧建筑共生、新旧建筑复合等更新模式，以下为部分模式分析（图5-13）。

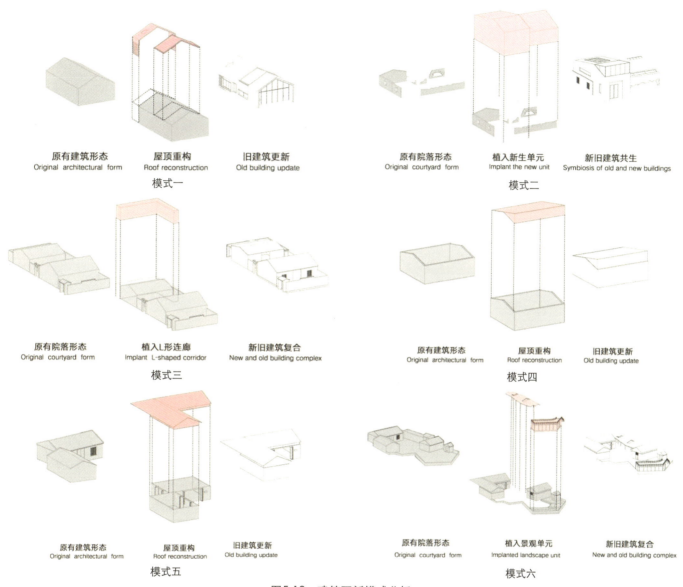

图5-13 建筑更新模式分析

5.3 共生思想在设计中的体现

5.3.1 与环境的共生

（1）建筑与环境的融合

记忆馆破损的砖墙，在修补的过程中并没有使用原来火山石，而是采用了相对比较通透的玻璃砖（图5-14），在视觉上可以起到渗透景观的作用。阳光画室整体使用落地窗（图5-15），使整个空间更为通透，拉近了与环境的距离。乡村记忆馆主建筑入口处的造型，呼应了当地民居的形态，吊顶选择性地采用了玻璃材质，将周围景观引入到室内，使得建筑内外空间实现对话。在庭院中间设置水院，可以更好地将周边环境以倒影的形式呈现在庭院中，呼应了整体形态，同时也实现了原有景观与建筑的共生。

图5-14 记忆馆室内效果图1

图5-15 留守儿童之家庭院效果图

（2）建筑呼应自然与地形

为了凸显道郡村的地理环境，在廊架的设计上，使其屋顶走向产生微妙的差异，营造出缓缓倾斜的坡度，呼应了山地地势（图5-16）。

新建的记忆馆主体建筑（图5-17），建筑墙体紧密结合场地的起伏，并非随意为之，一方面呼应了地形的高差关系，另一方面强化了建筑与环境的特征，演绎出道郡村的自然之形态。

5.3.2 与文化共生

在改造的过程中采用，将乡土材料利用当代的手法进行"转译"，利用当地独特的火山石，采用不同的砌筑方

图5-16 留守儿童之家入口连廊效果图

图5-17 记忆馆北立面效果图

式,从而展现出不同的肌理效果,赋予新建建筑传统的韵味,但是里面又蕴含着一些现代的痕迹,从设计细节上就展现出对当地文化的尊重。

在设计过程中,一方面保留了民居中的门楼(图5-18),赋予其当代的价值和新的含义,将其在设计中展现和运用,在一定程度上实现传统生产生活形态在现代建筑中的共生;另一方面使得建筑物与时间形成对话关系。

5.3.3 建筑内外空间共生

琼北传统民居包含庭院空间,在道郡村乡村记忆馆的设计上,引入院落空间布局是对乡村传统布局的再现(图5-19),院落空间在这里就被赋予精神的寄托,同时也丰富了建筑的景观,回应了琼北传统民居空间形态。

图5-18　记忆馆水院效果图

图5-19　记忆馆室内效果图2

在设计中运用了大量的玻璃材质（图5-20），在视觉上达到了空间渗透的作用，将周边环境引入室内空间，使得室内室外融为一体，提高了建筑的通透性，改善了采光效果，丰富了空间的层次感。在乡村记忆馆中采用了两种不同形式的天窗（图5-21），将光线引入室内，解决了采光问题，同时也为建筑带来了迷离的氛围。

图5-20 记忆馆主入口效果图

图5-21 记忆馆室内效果图3

5.3.4 建筑细部共生

记忆馆建筑内部采用钢框架，勾勒出原有民居墙体的轮廓，与原有建筑墙体相互呼应，使得建筑从原有体系中脱离出来，展现了传统与现代建构的双重魅力。旧的墙体具有美感和装饰性，新型建筑构件则用于支撑受力，使得新建筑与传统相结合（图5-22）。

在材质的使用上，选择传统和现代几种不同的材质进行组合使用，使整个空间变得更为活泼，给人以不同的感官效果。突出时间性与新旧之间的联系，由此可以看出不同的建筑细部承载着不同的信息，展现出文化和历史的差异性，增加建筑的可读性，丰富建筑的整体内涵（图5-23）。

图5-22　记忆馆室内效果图4

图5-23　记忆馆室内效果图5

第6章　结语

琼北传统民居，其独特的建筑形式体现了琼北一带的地域文化特征，现代建筑无序的介入严重破坏了村落的风貌，其结果令人惋惜。在此，从共生的角度出发，通过理论学习及实践创作总结出了现代建筑在传统村落中的表达方法。建筑设计在追求时代性的同时，更加注重对传统文化的表达。时代性使建筑具有现代建筑的特征，然而，文化才是其真正价值的体现。现代建筑的地域性表达，并不是单纯地将中国的传统元素运用于建筑中，而是切实地理解村落中本土特色，结合本土化的建筑形式及元素，才能使得新老建筑产生共生关系。

参考文献

[1]（日）黑川纪章. 新共生思想[M]. 北京：中国建筑工业出版社，2009.
[2]（日）大西正宜. 建筑与环境共生的25个要点[M]. 胡连荣，译. 北京：中国建筑工业出版社，2010.
[3] 邱亦锦. 地域建筑形态特征研究[M]. 大连：大连理工大学，2006.
[4] 朱良文. 传统民居价值与传承[M]. 北京：中国建筑工业出版社，2011.
[5] 吴良镛. 建筑文化与地区建筑学[J]. 华中建筑，1997，2.

[6] 朱金良. 当代中国新乡土建筑创作实践研究[D]. 上海：同济大学，2006.
[7] 郭明卓. 如何理解"地方特色"[J]. 建筑学报，2004.
[8] 袁烽，林磊中国传统地方材料的当代建筑演绎[J]. 城市建筑，2008.
[9] 冯骥才. 传统村落的困境与出路——兼谈传统村落是另一类文化遗产[J]. 民间文化论坛. 2013（1）：7-12.
[10] 方赞山. 海南传统村落空间形态与布局[D]. 海口：海南大学，2016.
[11] 郝少波. 琼北民居近代"南洋风"的成因及衍变初探[J]. 新建筑，2001，(5)：102-104.
[12] 孙荣誉，郭佳茵. 海南黎族传统民居的地域性表达研究[J]. 华中建筑，2015，(2)：138-140.
[13] 裴保杰. 自然地理因素对海南岛东北部乡村景观空间结构影响研究[D]. 海口：海南大学，2015.

海口市道郡村传统民居更新改造设计
Innovation Design of Traditional Dwellings in Daojun Village, Haikou City

效果展示

建筑外观效果图

劳动场景

记忆馆室内效果

记忆馆室内效果

西立面图

北立面图

东立面图

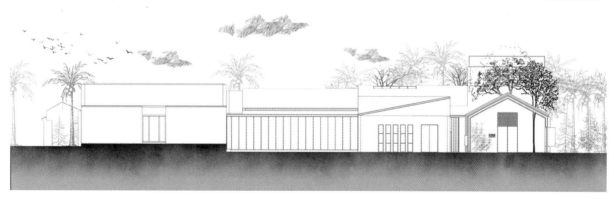

南立面图

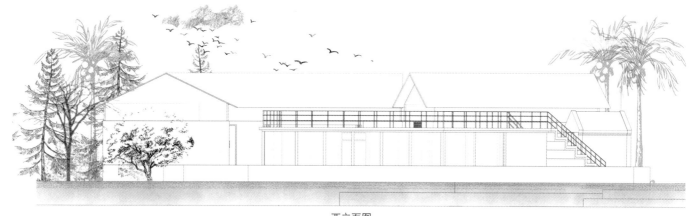
西立面图

东立面图

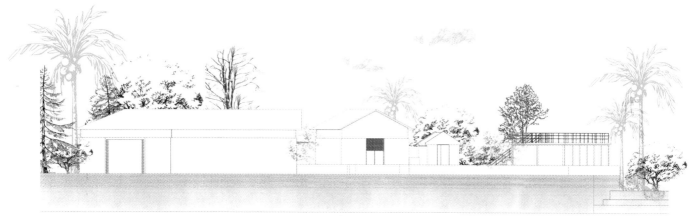
北立面图

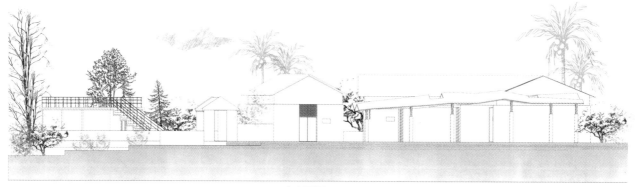
南立面图

立面图

基于在地理念下的乡村博物馆空间设计研究
Research on the Spatial Design of Rural Museum Based on the Concept of Land

道郡乡村博物馆空间设计
Space Design of Daojun Rural Museum

西安美术学院
杨卓颖
Xi'an Academy of Fine Arts
Yang Zhuoying

姓　名：杨卓颖 硕士研究生二年级
导　师：周维娜 教授
学　校：西安美术学院设计艺术学院
专　业：展示设计
学　号：122019213
备　注：1. 论文　2. 设计

基于在地理念下的乡村博物馆空间设计研究
Research on the Spatial Design of Rural Museum Based on the Concept of Land

摘要：我国在悠久的发展历程中，产生了极其丰富的文化遗产，这些文化遗产以其独特的内涵发挥着重要作用。其中，以乡村为背景，依赖于农耕文明产生的乡村文化，更是我国宝贵的传统文化遗产中的重要组成部分。一方面，伴随城镇化与现代化快速发展，乡村文化遗产加速流失，促使我国积极开展乡村建设，然而乡村建设的热潮兴起，产生的问题也接踵而来，如出现乡村建设的均质化与盲目模仿以及乡村风貌的趋同性。另一方面，乡村博物馆作为新博物馆运动下的新型博物馆，在中国也开展了本土化实践。从实践过程中发现：乡村博物馆是乡村文化的重要载体，是乡村文化的展示平台，也是乡村对外交流发展的窗口，承担着保护传承乡村文化与促进村落发展的重要使命。综上，本文将乡村博物馆置于在地理念的视野之下，探索乡村博物馆在地设计的发展方向。

本文以在地理念下的乡村博物馆为研究对象，以"在地"为设计切入点，对乡村中的自然、人文与建造三个维度进行分析，总结归纳乡村博物馆在地设计的策略，最后通过设计实践探索，即在地理念下的道郡乡村博物馆空间设计进行具体分析与效果呈现，提炼出乡村博物馆在地设计的具体方法，为前文总结的策略进行补充说明与实践验证，希望能为乡村博物馆的在地实践提供新的发展思路。

关键词：在地理念；乡村博物馆；在地设计；乡村文化遗产；保护与发展

Abstract: In the long process of development, China has produced extremely rich cultural heritage, which plays an important role with its unique connotation. Among them, the rural culture, which takes the countryside as the background and depends on the agricultural civilization, is an important part of China's valuable traditional cultural heritage. On the one hand, with the rapid development of urbanization and modernization, the accelerated loss of rural cultural heritage promotes China to actively carry out rural construction. However, with the upsurge of rural construction, problems also follow, such as the homogenization and blind imitation of rural construction and the convergence of rural style. On the other hand, as a new museum under the new museum movement, rural museums have also carried out Localization Practice in China. From the practice process, it is found that the rural museum is an important carrier of rural culture, a display platform of rural culture, and a window for rural foreign exchange and development. It undertakes the important mission of protecting and inheriting rural culture and promoting village development. To sum up, this paper puts the rural museum under the vision of local concept, and explores the development direction of local design of rural Museum.

Taking the rural museum under the local concept as the research object and "local" as the design starting point, this paper analyzes the three dimensions of nature, humanities and construction in the countryside, summarizes and summarizes the strategies of the local design of the rural Museum, and finally makes a concrete analysis and effect presentation through the design practice exploration, that is, the spatial design of Daojun rural museum under the local concept, Refine the specific methods of the local design of rural museums, supplement and verify the strategies summarized above, and hope to provide new development ideas for the local practice of rural museums.

Keywords: Local Concept, Village Museum, On Site Design, Rural Cultural Heritage, Protection and Development

第1章 绪论

1.1 研究的缘起和背景

1.1.1 乡村建设的发展现状及文化困境

"中华文明根植于农耕文化，乡村是中华文明的基本载体。"21世纪以来，中央政府加大了对乡村建设的重视，惠及乡村的政策相继出现，"乡村振兴""美丽乡村"战略的提出，使乡村迎来了大量的发展机会。而乡村在焕发生机的同时也存在着弊端：从表层看，乡村的自然景观与传统建筑等文化遗产被破坏；从深层看，建设过程中的盲目模仿，导致村落风貌呈趋同性。这种单一化的建设模式实际是忽略乡村文化的表现，长期发展会使文化流失。乡村文化振兴作为乡村振兴的内生动力，在乡村振兴策略中发挥着极其重要的作用。因此，明确乡村建设的发展方向，留存乡村传统文化，延续乡土特征，是亟待解决的问题。

1.1.2 乡村发展对乡村博物馆的需求

随着国家加大对乡村文化遗产的重视，乡村博物馆迎来了发展建设的高潮，其重要性也逐渐显现出来。中国博物馆数量由1978年的349座增长为2020年的5788座，增长趋势不断攀升（图1-1），足见人们对博物馆的重视与需求程度。从总体来看，我国的博物馆多分布在城市，服务群体也倾向于城市居民。而乡村博物馆数量所占比重较小，村民由于经济地理等条件的限制，止步于前，因此村民对其需求量较大。乡村博物馆通过特殊展品再现历史，保留即将消失的乡村文化遗产，实现乡村文化的保护与传承。乡村博物馆是村民活动的载体，也是乡村文化振兴的载体，为乡村文化的传承保护与创新发展提供了强大助力，因此建设乡村博物馆是顺应当下的时代需求。基于建立乡村博物馆是以保护乡村文化和提供村民公共活动场所为初衷，其发展亦是依托于乡村原始地理风貌和传统文化背景，因此乡村博物馆与乡村的乡土环境和人文历史是密不可分的，即乡村博物馆的"在地性"。

图1-1 2010~2020年中国博物馆数量变化趋势（单位：家）

1.1.3 在地理念的发展和实践探索

"在地"源于20世纪90年代宜兰经验下的台湾本土建筑师及其建筑实践的描述，他们主张设计应从所处的土地环境出发，挖掘利用场地环境，创造符合当地特征的建筑。在乡村建设中，大陆的建筑师也开始寻求中国当下乡村的在地实践策略，试图通过实践解决乡村现存问题，给我们提供了可借鉴的乡村建设案例。无论是台湾的在地实践还是大陆的乡村实践，都在过程中深入了对"在地"的思考，形成了理念和方法，实现了具有现实意义的设计成果。

2021年，中央一号文件发布并指出，要把全面推进乡村振兴作为实现中华民族伟大复兴的一项重大任务。课题在此背景下，以充分挖掘海南省道郡村的潜在资源、结合村庄特色、找准村庄定位为主要目标，展开调研考察和分析研究，确定村落发展目标为：琼北古村落的典型代表、海口市"美丽乡村"建设示范点，旨在建设以生活居住为主要职能，特色种养殖业和旅游服务业为产业主导，注入琼北地区特色民间文化展示功能，体现琼北传统村落文化内涵的历史文化名村。因此，本文基于"乡村振兴"政策和项目背景，选取海南省道郡村为研究切入点，在分析场地风貌和存在问题之后，基于对在地理念的理解，从当下土地环境出发，建设以村落为背景、村民为主体的乡村博物馆，并丰富其功能，给村落提供新的文化空间与活动场所，帮助恢复乡村发展的文化自主性，重塑文化认同。

1.2 研究目的及意义

1.2.1 研究目的

本文通过归纳总结国内乡村建设的经验和不足，分析当下乡村建设的需求与村民的物质文化需求，结合国内外"在地"实践及乡村博物馆的相关理论与实践案例，界定乡村博物馆的概念与在地理念，提炼乡村博物馆的"在地"设计策略，阐明乡村博物馆"在地"设计在乡村建设中的重要性。基于笔者对参与的海南省道郡村综合环境设计项目的调研与分析，探索在地理念下乡村博物馆的设计方法，以及乡村博物馆与乡村发展的关系，以期为乡村振兴背景下乡村建设提供可借鉴的经验，借以应对乡村建设同质化与乡村文化式微的危机。

1.2.2 研究意义

（1）理论意义

目前，国内关于乡村博物馆的研究尚未形成统一完整的理论体系，近年来华黎、黄声远等建筑师完善了对"在地"的研究，通过归纳分析，提出在地理念下乡村博物馆空间的设计方法，形成从理论到实践的逻辑体系，辅以道郡乡村博物馆的设计实践，总结出乡村博物馆发展的适用性路径，提供一种新思路。

（2）实践意义

在乡村振兴背景下，乡村建设的热潮使乡村的发展机遇与危机共存。乡村文化作为乡村振兴的重要环节，就建设乡村博物馆而言，应注重与所处土地环境，历史文化和村民生活之间的联系，从前期的场地环境分析到设计阶段的建筑形态、功能布局、内部空间及后期的建造过程中构建"在地"的设计方法，为乡村博物馆的设计提供依据。落实于本次课题中，挖掘道郡村与乡村博物馆的联系，有利于乡村文化的保存与传承。以道郡乡村博物馆为设计切入点，探究道郡乡村博物馆的"在地"设计，重续道郡村文脉，激活道郡村发展，引领村民创新发展道郡村，实现道郡村文化的延续。

1.3 研究内容与研究方法

1.3.1 研究内容

本文首先对乡村建设的现状进行资料的搜集整理，其次通过对在地理念和乡村博物馆的国内外相关理论研究及实际案例分析，结合可借鉴的经验与道郡村的场地现状、文化背景和村民诉求等调研情况作为设计依据，总结出在地理念下乡村博物馆的空间设计方法，以此为理论基础。最后以道郡乡村博物馆空间设计为例，将"在地"的设计方法运用到乡村博物馆的场地环境、建筑形式与内部展示空间的设计中，理论联系实践解决当前道郡村存在的问题。

1.3.2 研究方法

（1）文献研究法

查阅道郡村的历史文化，对在地理念和乡村博物馆的相关理论及实践研究进行文献、期刊和网络数据的查阅研究，了解两者的研究现状，界定相关概念，确定研究范围并进行梳理与分析，为后续研究奠定理论基础。

（2）实地调研法

通过对海南省道郡村的实地调研分析，以拍照、视频和走访交谈等形式了解场地周边环境，结合自身的参与性体验，对道郡村的地理风貌、空间格局、建筑形式、材料肌理等进行详细记录，不仅对场地现状有直观体验，还能弥补文献资料的不足，通过实地考察进而拓展研究思路。

（3）案例分析法

通过对文献资料的收集整理，罗列国内外关于"在地"实践和乡村博物馆的实践案例，对案例进行横向与纵向的分析对比，梳理出可借鉴的设计要点和需要注意的问题，结合道郡村的场地特征，总结归纳出适用于道郡乡村博物馆"在地"设计的策略，应用于设计实践。

1.4 国内外研究现状

1.4.1 乡村博物馆国内外研究现状

（1）国外研究现状

在欧洲地区，19世纪时英国乡村开始出现关于保护地景、建筑和民俗等珍贵文化遗产的思想，并成立了大量的博物馆和相关保护机构，在保护乡村景观的同时也致力于收藏、保存乡村记忆。从内容上来看，主要包括展示本地历史的乡土博物馆，如隶属于雷丁大学的乡村博物馆，记录了早期英国农民的生活状况。还有各具特色的专项博物馆，如铅笔博物馆、奶酪博物馆、蜡烛博物馆等。这些博物馆不仅展品丰富有趣，还会在特殊节日举办活动和比赛，让游客和居民参与其中，增强互动性。从规模上来看，它们占地面积较小，大约是两三间房子的空间。总体来看，这些乡村博物馆是对地景、乡村建筑和民俗的保护和展示，是对现代化带来的社会变迁的回应和传统文化的延续，是对共同生活在这里的族群认同的文化符号的保护。

在亚洲地区，日本在乡村博物馆的理念和实践方面经历了较长的发展过程。1932年棚桥源太朗在《乡土博物馆》一书中将"乡土博物馆"限定在市、町、村这样的地域范畴内，侧重将其职能发展为乡土教育，通过乡土博物馆让青少年和公民形成必要的教育素养。20世纪70年代之后，加藤有次继承了棚桥源太郎关于乡土博物馆中综合性博物馆的思想，范围上转向广义的地域范围，包括除中心地域外的周边地域，内容上关注人们的历史和现实生活资料。同期伊藤寿朗开始关注乡土博物馆基本职能之外的社会问题。20世纪70年代开始日本出现"乡村过疏化"现象，在此基础上金山喜昭提出"地域博物馆学"的概念，认为生活在同一地域下的居民在长期发展的过程中有更多共同点，通过地域博物馆展示在其中形成的共同性文化，并开展教育活动、提供活动场所，最终实现解决地域社会问题。之后，福田珠已将新博物馆学的观点和地域博物馆学的理念结合，重新审视居民和博物馆的关系，提升居民在博物馆建设中的话语权。

日本的乡土博物馆按照展示类型可分为以下几类，见表1-1。

日本乡土博物馆分类　　　　　表1-1

展示类型	实例	特色
专题博物馆	爱媛县——面河山岳博物馆	围绕当地石鎚山系的动植物、化石和当地人文信仰与文化行为
名人纪念馆	长野县——趣访湖博物馆·赤彦纪念馆	收集展示地方名人岛木赤彦、金井邦子等人的衣物和相关资料
历史博物馆	能美市博物馆——常设展厅手取川资料室	从历史的视角，展示在当地自然环境的背景下诞生的历史遗迹和人文风俗

除了基本的展示功能之外，还会设置互动体验、文化活动和图书馆等延伸职能。综上所述，20世纪以来日本乡土博物馆的理念和实践均立足于地域性特征，并以此为手段塑造文化认同，增强居民交流互动。

随着国际社会对乡村的关注和新博物馆学运动的发展，彰显本土文化特征的乡村博物馆应运而生，体现出各国对乡村文化的重视，无论是罗马尼亚的布加勒斯特乡村博物馆、美国的乡村音乐名人堂及博物馆、挪威的建麦豪根露天博物馆，还是德国的黑森林公园博物馆，虽然都是按照不同国家地区特点形成新的模式，但始终提供给我们一种保护乡村文化和应对标准式文化的方式。

（2）国内研究现状

中国最早提出乡村博物馆是1927年卢作孚在乡村现代化建设试验中，将创建包括博物馆在内的文化事业和社会公共事业视为乡村现代化建设的一项重要内容。在1929年出版的《乡村建设》一书中阐述了希望通过博物馆开展民众教育，改善当地社会陋习，提升人民生活水平。在20世纪80年代，吴正光先生提出建立村庄（村寨）博物馆，此时的乡村博物馆是指建立在乡村的博物馆。冯骥才先生认为，为了保护乡村文化遗产，应该建立乡村博物馆以保存历史记忆。至2014年山东省确定实施乡村记忆工程，在现有乡村层面选定具有地方特色的古村落建立集乡土建筑和乡村民宿为一体的综合性、活态化的乡村博物馆。由此可见建设乡村博物馆的重要性。

学者对乡村博物馆的理论研究主要是从概念界定、内容范畴和意义价值三个层面进行剖析。朱小军、王瑢瑢将乡村博物馆的概念从广义和狭义两个角度来理解，广义角度是从地理位置层面上区分，将建立在乡村的各种类型的博物馆统称为乡村博物馆；狭义角度是指展示乡村社会变迁，涉及历史文化、人文民俗、衣食住行等方面的乡村博物馆。杨赛认为乡村博物馆是新兴的社区博物馆，是乡村进行的新博物馆实践，属于社区博物馆的范畴。徐欣云将乡村博物馆与地域、社区和生态博物馆进行对比分析，认为乡村博物馆是在传统村落中反映自然历史民俗的博物馆，总结其社会价值在于给传统村落的文化遗产提供一种保护方式，还可以成为乡村的文化中心与文化资本。贺传凯认为满足人民的需求是乡村博物馆的立身之本，虽然乡村博物馆还只是博物馆的初级形态，但它是博物馆向民众的回归，对于乡村发展具有重大意义。桑荣生、王海认为乡村博物馆只是发挥了保存展示乡村文化的基本空间功能，在乡村教育和文化改造的功能上还有待完善，应该在发挥基本功能的基础上从乡村公共空间向乡村公众聚落发展。谢天在归纳国内各乡村建设取得成功的经验和模式中，将乡村博物馆分为政府主导、乡村自建和众筹众创三种建设模式。吕建昌认为乡村博物馆在致力于当地文化遗产保存和经济文化的发展中扮演者重要角色，具有社区博物馆的特征。鲍世明从历史性与共时性的视角分析乡村博物馆的发展，并结合案例分析了乡村博物馆在展示内容中的不足，指出乡村博物馆应该立足于乡土性，体现地域特色。

同时，建筑师也广泛投身于乡村博物馆的建设：如何崴的信阳西河粮油博物馆，通过收集、修复、展示信阳农耕文化的历史遗存，创造参与性展览空间，为村庄新经济提供文化支点；徐甜甜的平田农耕馆作为公共文化区，展示平田村的农耕文化和平田手工竹艺的作坊；东山村纸博物馆是将传统造纸展示、抄纸体验和纸箱艺术为展示内容的，由传统名居改造成的纸博物馆，是融合了展示、体验与休憩的新型乡村公共文化空间。

归纳国内外研究现状可知，乡村博物馆在保护乡村文化遗产、改善村落环境、提升村民生活环境等方面具有的积极意义不言而喻。在当下乡村文化式微的时代背景下，乡村博物馆的探索不仅是展示乡村历史文化的问题，同时也是探索如何构建乡村文化认同和对乡村建设同质化的回应。

1.4.2 "在地"理论国内外研究现状

（1）国外研究现状

在建筑学领域，"在地"起源于对西方批判性地域主义的思考。20世纪70年代，伯纳德·鲁尔道夫斯基在《没有建筑师的建筑》中论述乡土建筑的价值和特质，从在地气候、技术、文化因素方面，挖掘出乡土建筑的设计思想和手法，引发之后关于乡土聚落、乡村环境方面的研究逐渐增多。到20世纪80年代时，希腊建筑师A．楚尼斯和历史学家L．莱费福尔首次提出"批判的地域主义"的概念。之后，肯尼斯·弗兰姆普敦将批判的地域主义作为一种明确的建筑思想正式提出，他希望通过批判性地域主义唤起人们对现代化建筑发展的反思，使其连接过去与展望未来。

批判的地域主义是指基于特定的地域自然特征、建构地域的文化精神和采用适宜技术经济条件建造的建筑，是综合了地域环境观、文化脉络、现代化进程等方面交互形成的结果。既反对现代主义建筑固定的设计模式，也批判传统地域主义的局限。"在地"和批判性地域主义都是以一种特殊方式来应对全球化，但相较而言，批判性地域主义突出空间因素的作用，而"在地"倾向于人文因素，除了重视当地历史文化之外，更加关注当地居民的需求，重视建筑、土地与人的关系。

（2）国内研究现状

"在地"的理论研究最早是台湾东海大学教授罗时玮在《当建筑与时间做朋友：近二十年的台湾在地建筑论述》中对黄声远、谢英俊等建筑师设计实践的论述中提出的，并称他们是在地实践的建筑师。之后清华大学周榕教授关于在地实践，对"在地"的含义展开进一步思考。2013年在其《在地建筑学——从行走到植根》的学术讲座中提出，"在地"是附着于地域上的文化概念，当地上的地缘概念，此地上的空间概念和社会概念，是整体的设计思想。后在《建筑是一种陪伴——黄声远的在地与自在》中通过分析黄声远在台湾宜兰的在地实践，延展了"在地"的概念，并总结出黄声远在地实践的三大"反乌托邦"特征。华黎在《起点与重力》中认为在地建筑是对建筑自身意义的探讨（起点）和建筑与所处环境关系（重力）的设计探索，感受不同的土地、历史和人文造就不同风格的在地建筑。韩冬青在《在地建造如何成为问题》中总结了"在地"作为建筑的基本属性逐渐缺失的原因，并提出通过重回建造的现场来找回建筑的"在地性"。

在地理念从理论研究过渡到实践探索，通过开展在地理念的建筑实践来锚固"在地性"，实践的范围也逐渐扩大。由于本文主要是以保护传统村落为切入点，因此这里只论述乡村地区的在地实践。乡村建设的热潮和乡村独特的土地环境以及人文氛围都给建筑师提供了设计土壤，有利于开展乡村的"在地"实践。如华黎在云南的高黎贡造纸博物馆，武夷山竹筏预制厂等都体现了对乡村环境气候、历史人文和传统营建方式的"在地"设计思想；李晓东在福建下石村设计的"桥上书屋"，在综合选址、空间组织和材料细节等方面表现出对环境的尊重，创造出能满足当地居民生活的公共空间；祝晓峰在胜利街居委会和老人日托站的设计过程中，将传统木构建技法与材料恰当地运用，注重与所处环境的契合和传统空间原型的现代演绎。他们的设计扎根于乡村土壤，将建筑、土地与村民连接起来，是对在地理念的重要发展。

从研究现状中可以看出：国外关于"在地"的理论是将其作为批判地域主义的发展来研究，而国内"在地"的理论研究大多是从实践研究中探索总结出来的，大多集中在环境、历史文化和建造技术三个方面进行系统地研究。近年来，"在地"的实践研究逐渐转向乡村，乡村"在地"实践成为在地理念和实践探索的重要发展部分。

1.5 研究框架

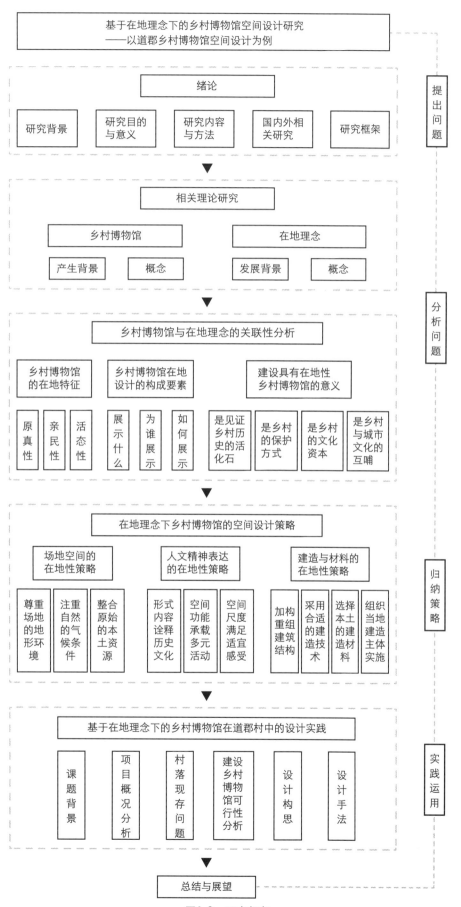

图1-2 研究框架

第2章 相关理论研究

2.1 乡村博物馆

2.1.1 乡村博物馆的产生背景

(1) 新博物馆学运动的发展

第二次世界大战后和工业革命之后,在全球化的冲击下保持文化多元性,以及对环境生态意识的觉醒,促使人们进行反思,在此时代背景下,新博物馆运动应运而生。1971年国际博物馆协会修改了博物馆的定义,认为博物馆是公共机构的一部分。同届会议上乔治·亨利·里维埃和雨果·戴瓦兰阐述了将遗产与环境联系在一起的想法,偶然提出了"生态博物馆"的概念。1972年对生态博物馆进一步定义,将其与社区博物馆相关联。同年,在圣地亚哥召开的圆桌会议上,确立了整体博物馆的概念,指出博物馆的责任是服务于社会所有成员,包括被忽视的群体。然而,追溯到20世纪60年代就已经出现了类似的尝试,如墨西哥成立人类博物馆,美国诞生了邻里博物馆,斯堪的纳维亚建立了多个户外博物馆,法国的生态公园等。这种有别于传统博物馆的思想被认为是新博物馆学产生的萌芽,这些自发的非传统性博物馆的尝试被看作新博物馆的源头,为后来新博物馆运动的兴起提供动力。这场运动起源于对博物馆功能的认识和提升地方社区与少数民族地区的文化意识。今天,新博物馆运动仍然持续发展,影响不断扩大,根据各国情况发展成相适应的模式。

(2) 中国的本土化实践

生态博物馆作为新博物馆运动的形式之一,是一种处在发展中的博物馆形式,在进入中国后,其实践模式有了新的发展。20世纪80年代中国处于工业化的进程中,经济发展的同时使生态失衡,环境保护成为亟待解决的问题。虽然中国博物馆数量不断攀升,但寻找保护自然文化遗产和面向基层人民的新型博物馆也迫在眉睫。从1986年开始,《中国博物馆杂志》陆续发表了有关生态博物馆与新博物馆学的论文。经过不断地积累探索,并结合生态博物馆理念与贵州梭嘎乡的具体条件,我国于1998年在贵州梭嘎乡建立了第一座生态博物馆,这里具有独特的文化传统和丰富的民俗礼仪,这些宝贵的文化遗产需要保护。由此可见,在中国通过建立生态博物馆以保护传统文化的多样性是避免传统村落在现代化进程中丧失其特性的有效途径。

苏东海先生在总结中国建设生态博物馆的基本经验时提出:"生态博物馆的思想必须本土化才能生根,虽然其思想具有普世价值,但其存在的形式却是千差万别的,必须种在土壤中才能生根。"这与当下中国乡村建设的理念不谋而合。中国的传统村落正在逐渐消亡,城镇化向乡村的发展使保护乡村文化遗产成为难题,因此亟须这样的平台来实现对乡村文化的保护。当下中国许多乡村已经出现了村民自发建立或政府资助建立的博物馆,是生态博物馆在中国的一种本土化实践,即乡村博物馆。这些博物馆虽然数量不多,专业水平不高,但却深受村民喜爱。相比生态博物馆的概念,这样单体面积小,由村民自主管理、收藏展品,连接人们日常生活和共同情感,用于保护和展示传统村落历史文化与人文民俗的乡村博物馆,更顺应当下中国探索本土文化发展方式的需求,以及扎根乡村致力于发展在地乡村建设的建筑师的希冀。

2.1.2 乡村博物馆的概念

乡村博物馆暂时没有明确的概念,还未形成统一的认识。经过在中国的本土化实践,本文所研究的乡村博物馆是指位于传统村落中,为保护乡村文化遗产,增强文化认同而建立的博物馆,如村史馆、人物纪念馆和民俗文化体验馆等。从展示内容看,乡村博物馆是对传统建筑、自然环境和人文历史的全方位、动态的展示,在切实的生活环境中生动诠释乡村的社会文化现状。从服务类型来说,乡村博物馆首先是以村民为主,自下而上的性质激发村民的文化自觉,提升文化自信。其次以参观者为主,建立乡村博物馆的初衷是保护和展示乡村传统文化,让参观者切身感受有利于宣传乡村文化。从功能上来说,乡村博物馆可以通过对传统建筑的改造利用作为展示场所,是将博物馆与展品融为一体展示的有效途径。除基本的展示功能之外,乡村博物馆还具有向乡村公共空间发展的作用,提供图书馆、体验馆和交流场所以丰富村民的日常生活,凝聚乡村情感。

2.2 在地理念

2.2.1 在地理念的发展背景

"在地性"这一概念来自台湾地区,起初是台湾建筑评论家对于20世纪90年代以来新型地域建筑实践经验的总结。20世纪90年代之前的台湾建筑经历了传统复古——现代主义思潮——后现代主义思潮,经济高速发展带来的浮躁使得这一时期的台湾建筑流于传统形式,充斥着地域折中的设计手法及装饰片段。20世纪90年代以来,随着台湾经济的退潮，台湾建筑界褪去浮躁，回归理性，对本土文化有了更深层次的研究，涌现出一批新型的"在地"建筑师如黄声远、邱文杰、谢英俊等，他们采用一种全新的设计理念即"在地设计"诠释本土文化，设计完成一系列具有社会意义和影响力的作品。中国内地自20世纪80年代以来，对外开放国门大开，现代主义及后现代主义思潮深刻影响了国内建筑界，与台湾地区的情况一致，一方面现代国际式建筑带来千城一面的现象，另一方面后现代主义影响下产生地域折中与符号拼贴的形式误区。为了应对这些建筑失语的问题，内地建筑师做出了诸多的努力，从早期对"批判的地域主义"的引入和研究，到2009年崔愷院士提出的本土设计理念，研究和实践的方向逐步由建筑本身到建筑与场地的结合，与"在地性"的内涵不谋而合。

随着两岸建筑界交流的深入，台湾建筑师黄声远、邱文杰、谢英俊等人的建筑实践在内地逐渐为人所知，"在地性"这一概念被引入内地建筑界。由于内地建筑实践机会充裕，近年来涌现了一批优秀建筑师如李晓东、李兴钢、华黎等，他们的实践作品很好地诠释了"在地性"的内涵，其中部分建筑师著书撰文，阐述了对"在地性"的理解和研究，"在地性"这一概念在内地逐渐成为研究的焦点。

2.2.2 在地理念的概念

"在地"理念可拆解为"在"和"地"进行解析，其中"地"是指地域、地方、地点的结合，"在"是指一种存在、呈现、强化的状态。在地理念是对趋同的国际风格以及主义化地域风格的双重抵制，在地理念要求建筑在融入宏观地域环境的前提下，更加重视对地点场所的回应与解读，凸显地域建筑的个性表达。

第3章 乡村博物馆与在地理念的关联性分析

3.1 乡村博物馆的在地特征

3.1.1 原真性

乡村博物馆是保护乡村物质和非物质文化遗产的重要平台。冯骥才先生在谈到建设乡村露天博物馆的构想时说："物质文化遗产要保护历史物质的原真性，非物质文化遗产要保护历史遗存的原生态"。乡村博物馆展示的是乡村自然环境和历史文化，本质上是将这些本土"展品"在其原生地予以保护。首先体现在场地的原生保留，以不破坏原有场地肌理为前提，将历史建筑进行更新改造作为展示空间，还原建筑细节和技术的同时注入新功能。如东山村纸博物馆是由传统民居改造而成，是融合纸文化展示、体验与休憩的公共文化空间。其次体现在采用原生的场地资源，如湘西吉首美术馆将主体建筑嵌入原有场地肌理中，以桥上桥的形式对古老廊桥进行现代演绎，在保持廊桥交通功能的同时引入艺术内容。最后体现在收集展现乡村历史变迁和日常生活的展品，如石仓契约博物馆展示着村庄多个时期的契约文书和讲述村庄历史的固定木雕。因此与传统博物馆相比，乡村博物馆更注重与原生环境的联系。

3.1.2 亲民性

村民是乡村博物馆的主体。首先体现在村民参与博物馆的建造、管理和利用。村民不仅是乡村博物馆建造的参与者，也是传统建造技术的传承者，村民根据生活经验提出建议，与建筑师各司其职，共同回归到建筑现场，创造具有乡土价值的乡村博物馆。同时乡村博物馆后期的维护与运营也需要村民的长期投入。如在奇峰村史馆的建设中使用了当地工匠熟悉的传统工法，通过建筑图纸与建筑师沟通完成建造，解决了后期当地工匠运营维护博物馆的问题。其次体现在乡村博物馆的延伸职能是给村民提供活动交流的公共文化空间，丰富村民日常生活，提升村民文化素质。如松阳乡村博物馆体系中王景纪念馆，既作为文化展示空间，也是开展民俗文化活动的公共空间。因此，乡村博物馆是传统博物馆"贴近生活，贴近群众"的一种实践探索成果，满足当地村民需求是其立身之本。

3.1.3 活态性

乡村是变化的，乡村博物馆也应该是动态发展的，具体表现在当地文化活动的产生和其社会经济价值的增长。文化层面，当地的人文民俗需要由当地村民展示，比如展示民间戏剧和传统手工艺时，通过传承人和当地村民的引导，参观者可以切身体验这种活态的文化。每逢当地传统节日时，村民的日常生活达到高潮，乡村博物馆作为村内的公共文化空间承载纪念和庆祝活动，参观者参与其中可以被当地文化所浸染，起到传播乡村文化的作用。乡村博物馆除了是一种文化资本，也能带动当地经济发展。当参观者产生经过对当地文化的体验过程，然后将这种体验物化为当地的某种特产，经济效益就产生了。乡村博物馆还可以带动当地其他行业的发展，比如民宿、咖啡厅和农家餐厅等；比如西河粮油博物馆是博物馆与旅游纪念品商店的功能匹配。展陈也分为两部分，前半部分用文献和物品的展示方式，后半部分是参与性很强的油车和榨油过程，暗含了展示的线索，也有促进消费的暗示。因此，无论是文化层面还是经济层面，乡村博物馆都是不断包容发展的。

3.2 乡村博物馆在地设计的构成要素

3.2.1 展示什么

区别于传统博物馆束之高阁的展品，乡村博物馆的展品是村民在生活中出现并一直使用的器物，展品在整个村落随处可见，比如传统农耕社会的生产生活方式和当地的山体水系、树木种类、建造工艺材料等，而承载这些展品的展示空间就是村落中的历史建筑，可以达到将展品与其所处环境密切融合的目的。由此可见，乡村博物馆不是单独地展示当地自然景观和历史建筑，以满足参观者的"打卡性"游览，而是将它们共同置于乡村文化遗产体系中，与当地的民俗文化、节日活动相结合，不是静止被动地展示给参观者，而是动态主动地展现乡村历史的发展变迁，在原始环境中完整再现当地的文化生活，展现当地集体性的生活智慧与生活观念，使参展者走进历史，融入当地生活中。

3.2.2 为谁展示

乡村文化遗产的保护与展示以村民为主，以参观者为辅。首先，服务于村民是开展乡村博物馆的目的之一，展品的征集与展示应该由村民决定。村民作为乡村文化的创造者与传承者，是乡村文化的"发声者"。乡村博物馆通过对物质与非物质文化遗产的展示，为村民提供再次了解乡村文化的机会，帮助乡村更全面地认知、记录和传承自己的历史文化，坚定乡村文化自信。其次，传统的乡村文化和独特的民俗技艺，这些文化资本经过发展和创新，通过乡村博物馆这一平台展示给参观者，吸引更多人关注乡村发展，为乡村发展注入活力，间接地使文化资本带动当地的社会与经济价值，从而提升乡村生活水平。

3.2.3 如何展示

相较传统博物馆来说，乡村博物馆更加注重展示的内容和方法。通过前期的实践调研，挖掘当地的自然、文化和人文资源，按照村民与参观者不同的活动路径，规划多种参观流线，在节点处建立乡村博物馆，确定是以乡村博物馆概念下的何种形式来展示，是村史馆、人物纪念馆或是民俗文化体验馆。就村史馆和人物纪念馆而言，展厅的布局应以时间线索展开，展品的分布形成时间上的连贯，或是按照当地不同的历史人物事迹展开。在民俗文化体验馆中，依靠村民的引导示范，使参观者在实践中感受传统民俗工艺的魅力。然后在几个小体量的乡村博物馆之间，利用当地原生的自然资源，如水、树、桥等，将它们串联起来，形成一个完整的乡村博物馆参观体系，通过这样的设计，提供村民与参观者认识乡村的多个视角，使其主动地在活态性的乡村环境深入对乡村的了解。

3.3 建设具有在地性乡村博物馆的意义

3.3.1 是见证乡村历史的活化石

乡村博物馆展示着反映传统乡村生产生活、历史文化、节庆习俗及社会变迁的物证，展现了村民与乡村自然和谐相处的经验智慧，如实物、图片与音像资料等。这些内容是乡村发展的见证，也是支撑乡村发展的基石。乡村博物馆是诠释当地文化特色与生产生活的载体，全面记录着传统乡村社会的文明传承历程，能够让村民深入了解乡村的历史发展变革，以及祖辈的生产生活方式，表达对祖辈创造的肯定和尊重敬仰的情怀，也反映了村民对未来生活的愿景，致力于"以史为鉴"，发展新的乡村文化。

3.3.2 是乡村文化传承的延续方式

乡村文化是中华农耕文明之本，保护传统村落的关键在于保护传承乡村文化遗产。乡村博物馆给传统村落和乡村文化遗产提供一种适宜的保护方式。在乡村博物馆体系下，文化遗产的保护修复与宣传可以进入一种较为系统的模式，乡村文化遗产被呈现为展品，具有了可参观性，其蕴含的价值被感知和体验。具有在地性的乡村博物馆消除了传统博物馆中展示的各种限制性因素，将历史建筑、节日习俗和民间信仰等集中在当下乡村的土壤之上，通过物品、文字资料与音像记录等媒介的表达展示，重新构建起一个适应当下乡村发展的文化体系。当文化遗产回归原生地，乡村的持存化便得到了循环与生存空间，乡村传统文化与创新发展的共生才成为可能。

3.3.3 是乡村的文化传承

相较于传统博物馆，乡村博物馆具有更灵活的功能构成和运营方式，在原生环境中以动态体验与静态展示相结合，吸引参观者的参观体验。一方面在展示的基础功能上保护传统乡村文化，另一方面积极向参观者宣传乡村文化，使参观过程由表及里，吸引更多的目光投向乡村，为乡村发展注入新的动力和源泉。同时，乡村博物馆充分展示了当地特色习俗与独特技艺，把这些文化资源进行包装创新后转化为文化资本，以展览的形式为产业辅助的起点，发展乡村特色产业，带动经济发展，增加乡村的社会经济价值。

3.3.4 是乡村与城市的文化互哺

当下城市化迅速发展，城市与乡村逐渐形成对立，城市文化多元性缺失，乡村文化也正在经受同质化危机。乡村博物馆展示乡村文化的精华部分，是将乡村文化传输到城市的桥梁，也是城市的先进文化向乡村输送的纽带，实践着乡村文化与城市文化的"互哺"机制。乡村博物馆与图书室、美术馆等多种文化空间相结合，使乡民能在经济条件和地理位置受限的乡村更好地认知城市发展，推动村民更新观念，将乡村文化转变为潜在的经济资本，为乡村发展助力。

第4章 在地理念下乡村博物馆的空间设计策略

在地理念下的乡村博物馆应该根植于所处场地中，并与周边环境和人文氛围产生联系。落实在具体设计中应该将乡村的自然属性、人文属性和技术属性放大强化，并加以利用。首先，在地理念下的乡村博物馆应该存在于乡村特定的土地环境中，是对乡村自然环境的适应性设计；其次，乡村博物馆是建造技术的具体呈现，乡村文化遗产应该通过当地传统的建造方式固化呈现；最后，在地理念下的乡村博物馆应该以村民为主体，以满足村民需求和认知为基础。因此，本文以在地理念为基础，从建筑场地的在地策略、人文表达的在地策略和建构与材料的在地策略三个方面对乡村博物馆的空间设计策略进行提炼。

4.1 场地空间的在地性策略

乡村的自然环境特征是乡村博物馆在地设计的基础条件，自然环境对乡村博物馆的限定是设计的出发点，也是建筑布局与形式的根源。乡村博物馆是对自然环境的回应，并不是对环境现状的一味妥协，而是在认同自然环境的既有价值下，将乡村博物馆融入自然环境。因此，在地理念下乡村博物馆的整体设计需要在乡村自然环境中寻找立足点，通过对自然特征的提取，塑造符合环境氛围的建筑形式，让乡村肌理得到延续，实现与环境的共生。

4.1.1 尊重场地的地形环境

长谷川逸子曾说：建筑不应该被视为一种人工化的产物，它本身就是另一种形态的自然。在地理念下的乡村博物馆要求介入场地时应该以不破坏原有的空间秩序为前提，寻求地形环境特征，转化为在地设计的依据。在整体设计时从建筑形态、空间组织等方面对所处环境的地貌地势进行回应，不同的场地特征，建筑的回应方式也不同。在地形起伏的场地环境下，将建筑隐于环境中或顺应原有地形结构；而在相对平整的场地环境中将场地特征转化为建筑布局与形态特征，创造建筑与环境之间的内在联系。因此，尊重场地的地形环境是进行乡村博物馆在地设计的前提。

(1) 隐于环境

这里包括等级消隐、空间消隐。等级消隐指建筑以一种含蓄的姿态介入场地的地形地貌与肌理文脉中，通过调整建筑形式，缓冲建筑边界消隐建筑体量，使其融合于周边环境。空间消隐指通过组织空间秩序，将室外环境"引入"建筑空间中，使得室内外空间互相渗透，营造空间整体性和自然性。如威海市五家疃村的石窝剧场，设计师在前期考察场地时发现了被废弃的采石坑和暴露在外的石壁，呈现出一种人工-自然的图景。为了体现对场地地形环境的尊重，建筑师以一种"轻"的姿态，来处理建筑的形态和与场地的关系：将场地中的石壁保留，使看台环抱石壁，看台的形状根据原有地形设计，与石壁一起形成聚拢的场（图4-1、图4-2）。为了不遮挡和抢夺石壁的"主角"地位，建筑的高度被尽可能降低，体量隐于看台之下，外观趋于相对有序和整洁，材料选用毛石、石块等场地原生材料。无论是单从形式还是从整体上来看（图4-3），建筑都融于整体环境之中，像是从场地中生长出来的，体现了等级消隐的设计手法。

又如，在祝晓峰设计的金陶村村民活动室中，建筑体量为以内院天井为原点的六边形环状建筑（图4-4）。环状建筑体量由六片放射状建筑墙体划分留个建筑空间，分别面向不同的景观点。六个空间可以根据需求灵活调整木窗隔墙，打破室内外空间的明确界定（图4-5）。他将这种结构定义为一种弹性秩序，是乡村生活弹性和多义性的一种表达。

图4-1 鸟瞰建筑
(来源：https://www.gooood.cn/)

图4-2 舞台与石壁
(来源：https://www.gooood.cn/)

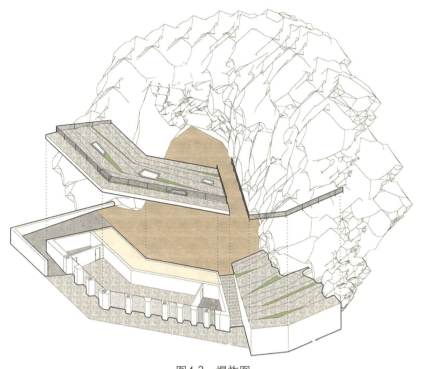

图4-3 爆炸图
（来源：https://www.gooood.cn/）

图4-4 内院天井
（来源：http://www.ikuku.cn/）

图4-5 室内外空间融合
（来源：http://www.ikuku.cn/）

（2）随形就势

在地理念倡导对地形地貌的尊重，在不破坏原有场地环境的条件下进行设计，反对对场地环境进行人工干预，强调建筑的原真性。适应地势在于采用顺应的方式，在通过身体力行丈量地势的变化，体验行走其中的感受之后，通过设计使建筑形态逐步向场地走势靠拢，达到与环境的融合与因借。如马边游客中心所处场地有10米的高差，以大致20%~35%的坡度坡向山谷（图4-6），综合地貌与视角，建筑形态顺应山坡向上爬升，自然形成三个几何体量，通过坡道连接（图4-7），如山体裸露的红砂岩，依次叠加，体积向上堆积，使游客拾级至顶，景收眼底。

4.1.2 注重自然的气候条件

柯里亚在20世纪60年代提出了"形式追随气候"的观点，他认为气候决定了一个地方的文化、习俗和建筑形式。气候包括降雨、风向、日照、温度与湿度等，是自然环境中对人影响最直接的因素，其影响也是长期而持久的。在我国经纬度跨度较大，各个地区的气候特征差异明显，受气候影响，不同地区的建筑形式也不同。例如，在我国潮湿多雨的地区建筑多为坡屋顶，有利于排水；在严寒干燥的地区，建筑内向封闭，墙体较厚，采用平屋

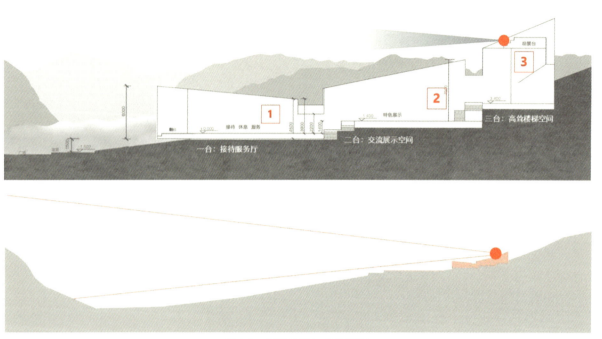

图4-6 场地地貌与建筑视角
(来源:https://www.gooood.cn/)

图4-7 建筑"爬向山坡"
(来源:https://www.gooood.cn/)

顶。而在无法改善气候对建筑影响的设计中可以进行建筑的被动式设计。同时，还应注意地区的局部气候条件可能受到周边植被或建筑的影响。因此，注重自然的气候条件是乡村博物馆在地设计的基本条件。

(1) 建筑的布局形式

气候对建筑的影响，首先体现在建筑的布局形式上，在设计中采用不同的布局以应对不同的气候条件；其次不同地区的人们会在长期生活中积累经验，形成独具特色、稳定适应于当地的布局形式，因此在设计中还可以借鉴当地传统民居建筑的形式。如在武夷山竹筏育制厂中，由于三栋建筑都需要很好的通风，便将建筑设计成窄进深长条状，建筑呈线型布置于场地周边，以增大通风的界面。由于制作车间内有松木燃烧明火会造成大量烟气，所以建筑通风很重要。因此，将制作车间布置于场地北端的东、北两侧，处于下风头，以减少烟气影响。仓库布置在场地南边的山脚下这一侧，保证整个场地在面向开阔田野的方向上空间不被阻断。办公楼与仓库相对布置，让出正对厂区主入口的庭院，保证主导风向不被阻挡。围绕晾晒场形成车行环路，便于竹筏的运输（图4-8、图4-9）。

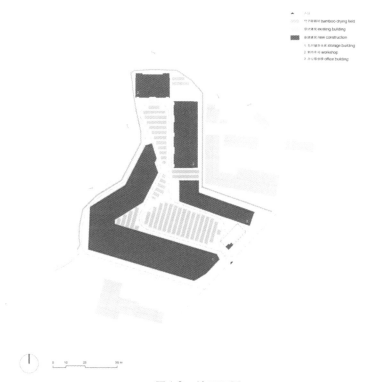

图4-8　总平面图
(来源: https://www.gooood.cn/)

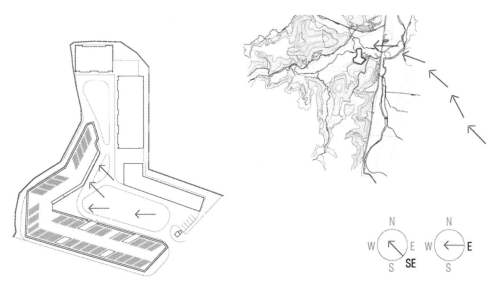

图4-9　场地与建筑受风向限制
(来源: https://www.gooood.cn/)

（2）建筑的被动式设计

尽管在设计前期考虑到气候对建筑的影响，但气候条件不是一成不变的，可以从建筑自身出发，增加细部构造。同时由于乡村传统建构技术具有限制性，需要适当加入现代技术，来减少不稳定因素的产生。如武夷山竹筏育制厂中加入了一些建筑的细部设计以适应气候、保证功能性。比如，在毛竹储存仓库为了保证通风以保持竹子的干燥，防止腐烂，所以将毛竹排列与主导风向一致。毛竹的排列方式自然衍生出建筑立面的做法，对应毛竹存放单元序列用立砌的空心混凝土砌块墙形成了折线锯齿状的通风外墙，以实现建筑通风（图4-10）。制作车间在设计上将斜屋面高出部分的两侧用立砌的空心砖来实现自然通风，夏天可以带走积聚在上部的热气，起到降温的作用。在武夷山的气候条件下，车间无需保温才使得这通风方式可行（图4-11、图4-12）。建筑屋顶采用了架空隔热屋面做法，以应对当地的炎热气候。

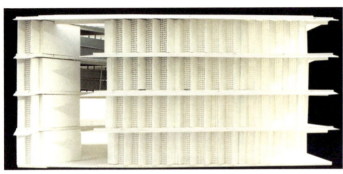

图4-10 仓库建筑外立面
（来源：https://www.gooood.cn/）

图4-11 当地立砌空心砖
（来源：https://www.gooood.cn/）

图4-12 制作车间
（来源：https://www.gooood.cn/）

同样，在四川毕马威安康社区中心的设计中也采用了被动适应自然环境的方式。将建筑主体架空脱离地面，形成底层自然通风的形式，减少自然场地及雨水潮气对建筑结构的影响。根据当地冬夏两季太阳高度角的不同，设计南向高窗和屋顶挑檐，北向带状高窗降低冬季热损失，同时引入温暖的阳光。而曲面屋顶顺导盛行北风，通过穿堂风和高窗烟囱效应自然通风。

（3）建筑外部的自然营造

在建筑外部通过适当增加植被、水等自然元素，以调节建筑周边的局部气候。如石家村生态农宅中将露天的空间组织与可持续系统相结合。内部种植庭院与屋顶相结合，使雨水向庭院汇集，雨水过滤到相应容器中；后庭院地下沼气系统及靠近庭院猪圈为厨房烧火做饭提供能量；盥洗庭院与户外芦苇净化系统相连，中水经过净化后可用作灌溉。再如，四川华存希望小学保留基地上现有的坡地地形，建筑布局以"L"形空间体量的两翼分别结合不同标高的场地，相互错开一层空间，与原有校舍形成三面围合庭院空间，使新建小学建筑成为校园内庭院布局向外的一个延伸，调节建筑环境微气候。

4.1.3 整合原始的本土资源

安藤忠雄认为如果能把花草、树木、流水、光和风根据人们自己的意愿从自然界中提炼出来，那么人间就接近于天堂了。原始场地环境中的树木、水体、桥梁等都有其存在价值，能体现场地气候、土壤特征等。融合因借这些本土资源或转移为设计语言进行建筑形式与空间的设计，可以延续场地原有特征，实现与场地的契合，凸显建筑在地性。因此，整合原始的本土资源是乡村博物馆在地设计的点睛之笔。

（1）与传统建筑的新旧共生

乡村的传统建筑体现了传统的建造手法，也承载着村民的情感。在设计博物馆时可以采用当地的传统建筑，将其修复、改造，实现新建筑与传统建筑的新旧共生，延续村民的情感和记忆。如奇峰村史博物馆是用村内的公社队屋改造而成的（图4-13）。改造以结构加固和外墙屋面的修复为主，解决老屋漏风、漏雨和潜在的结构风险。其次对原有空间做减法，增加多样化的使用方式，提高空间利用率。在材料上，无论是屋面的青瓦，还是二层的木楼板等都是就地取材，加工利用。尽可能地用当地工匠熟悉的手法，将工业化的现代部品构件和施工方式控制在最小范围内（图4-14）。

图4-13　改造前建筑外观
（来源：https://www.gooood.cn/）

图4-14　改造后东北角内街夜景
（来源：https://www.gooood.cn/）

（2）植被树木

场地的植被与树木是扎根于土壤之上存在的，是乡村原生性最直接、最显著的体现。在设计中能够柔化建筑边界，丰富场地的构成与肌理。植被树木的交相掩映和四季颜色与大小的变化，能够使身在其中的建筑具有时间与空间的交叠感，增添建筑的韵味。如位于四川省永江村的竹枝书院，由两座川南老宅重塑而成，两座建筑要将乐坊、书院、禅修三个功能安置妥当，根据三个功能的融合性，将书院分置两地。两座书院之间用廊相连，营造"绕屋"之"象"的同时，增加户外多功能空间，赋予书院更多元的生命力。"竹"是整个项目建筑意境营造的直接来源，将竹的形象、竹文化和地域文化抽象为整个项目的核心建筑意象。竹枝既是竹的重要构成元素，更是中国传统文化不可或缺的一部分，带着浓郁的地域特色和浓厚的乡土气息。竹节、竹丛、竹影斑驳、竹径通幽、爬满竹林的小山丘与书院的建筑精神有机结合在一起，实现与竹林、山丘与稻田的共生。

（3）水体

水具有流动性和连续性，建筑周围水的存在具有与环境连接的作用。水与土地的质感差异，具有区别场地空间的作用，这种弹性的分割，能创造出流动的空间，达到分而不离的空间效果。大面积的水系，如池塘、湖能够提升建筑的延伸感与开阔感，有益于气氛营造和情绪渲染。水作为万物之源，孕育生命，在一些逐水而居的地区，当地人们具有亲水性，因此小面积流动的水系能使人与建筑产生互动，增加建筑的趣味性。如在松阳县的水文博物馆中（图4-15），水文公园的水环境与水利博物馆的不同功能体量交汇，形成一系列的水庭院（图4-16、

图4-15 博物馆主体建筑
(来源:http://www.peoples-architecture.com/)

图4-16 步道和休闲空间
(来源:http://www.peoples-architecture.com/)

图4-17 水庭院
(来源:http://www.peoples-architecture.com/)

图4-17)。线性或弧形的步道在水面上交错,以微型堰坝或廊桥的形态结合地形高差,重现松阳水利各种构成元素的空间体验。

与水文博物馆运用大面积水体的手法不同的是,在石仓博物馆的室内空间设计中,建筑师将室外的水渠引入室内,成为空间引导(图4-18)。在水渠上方设计隐藏的喷雾设施,在夏季炎热的晴天,中午的直射光垂直落在水渠上,结合喷雾设施可以在室内形成彩虹的光学效果,形成了一种自然的趣味互动装置(图4-19、图4-20)。

图4-18　室内的水渠
（来源：https://www.gooood.cn/）

图4-19　水渠上方隐藏的喷雾设施1
（来源：https://www.gooood.cn/）

图4-20　水渠上方隐藏的喷雾设施2
（来源：https://www.gooood.cn/）

4.2　人文精神表达的在地性策略

乡村的人文精神无法脱离乡村的历史发展而单独存在，是由历史文化、民俗信仰和生活经验组合而成的，是乡村博物馆在地设计的内在条件，给乡村博物馆提供鲜活的生命力，是博物馆形式与功能的来源。因此，在地理念下乡村博物馆的空间设计需要将人文精神物化为建筑空间形式语言，回归到村民的日常生活中，从而获得文化认同感。

4.2.1　形式内容诠释历史文化

乡村的历史文化是乡村思想文化、形制观念和生活习惯的重要写照，蕴含着乡村发展的历史印迹。一方面，乡村博物馆的建筑主体作为乡村文化的载体，在空间组织、形式构造等建筑语言中都彰显着乡村文化的内涵；另一方面乡村博物馆的展示内容应按照不同年代、人物和事件共同呈现乡村的历史文化。因此，形式内容诠释历史文化是乡村博物馆在地设计的内在需求。如在东山村纸博物馆设计中，东山村是一个传统风貌遭严重侵蚀的村落，是历史上著名的造纸村，现在得益于杭州发达的互联网产业和快递业而成为纸箱产业村。整体设计以"纸"文化为东山村保护与发展的破局点，将传统造纸展示（图4-21）、抄纸体验、纸箱艺术及其衍生出的现代纸艺课程（图4-22、图4-23），装入了由废弃传统民居改造成的纸博物馆，成为一座融合纸文化展示、体验与休憩的新型公

图4-21　传统造纸展示空间
（来源：https://www.gooood.cn/）

图4-22　轻纸艺展示空间
（来源：https://www.gooood.cn/）

图4-23　艺术教室
（来源：https://www.gooood.cn/）

共文化空间。东山村纸博物馆诠释了东山村纸文化的历史，以纸为媒连接传统与现代，连接产业与文化，让东山村的文化遗产激发出活力的触媒。

同样是对纸文化的展示，高黎贡手工造纸博物馆位于云南腾冲新庄村，当地有很古老的手工造纸技艺传统，造纸原料完全是自然材料——构树皮，制作过程几乎为全手工过程。在新庄村，造纸不仅是记忆，还作为一种文化深深植根于村民心中。整个建筑是在经过感受村庄的自然环境之后，新建而成的，将建筑做成由几个小体量组成的一个建筑聚落，如同一个微缩的村庄，整个村庄连同博物馆又形成一个更大的博物馆——每一户人家都可以向参观者展示造纸的手艺及流程，使参观者在内部展览（图4-24、图4-25）和外部田园景观的不断转换中体验到建筑、造纸和环境的不可分。博物馆被用于陈列相关器物和展示文献，建立博物馆的目的是为了保护手工纸造纸的古老工艺和文化，博物馆建筑本身也是这一传统文化及其价值观的组成内容，手工纸和博物馆共同构成地域文化的物质媒介。

图4-24　室内展厅空间
（来源：https://www.gooood.cn/）

图4-25　室内展厅——抄纸歌
（来源：https://www.gooood.cn/）

4.2.2　空间功能承载多元活动

村庄内的文化活动是村民在长期生产生活中形成的习俗，是一种村民自发产生的多元化活动，是村民传统观念的象征化和仪式化。这些传统的文化活动对乡村博物馆的空间功能提出了需求，使乡村博物馆在内部空间功能的规划中，以满足能够开展传统文化活动为条件。因此，空间功能承载多元的文化活动是乡村博物馆在地设计的功能性需求。如位于松阳县王村的王景纪念馆，是提供文化展示的乡村博物馆，也是村民可以灵活使用的休闲空间。纪念馆将展览浓缩在空间转角形成"纪念角"，是为了尽可能腾出室内空间，提供村里各种公共活动需求，比如纪念馆也成为春节前王氏家族聚会的场所，开展民俗文化活动，传承耕读文化和慈孝文化。

4.2.3　空间尺度提供适宜感受

空间尺度不仅指建筑与周边环境的关系，还指村民在日常生活中的行为活动需求对空间尺度的要求。首先，应该强调乡村博物馆主体建筑与周边环境的尺度关系。例如，高黎贡手工造纸博物馆是由几个不同的大体量高低错落组成的，建筑从尺度上采用聚落的形式来适应场地环境，化整为零，避免体量过大带来的突兀感。建筑高度由东向西逐渐跌落，以适应场地周边的空间尺度。其次，乡村博物馆应以村民的感受和需求为设计的前提。在设计过程中应该以现有乡村建筑和村民适宜的空间尺度为参考进行设计，注重不同的空间尺度给村民带来的空间感受。因此，空间尺度提供适宜的空间感受是乡村博物馆在地设计的基本需求。例如，四川小石村文化大院包含了文化展厅、乡村卫生站、日间照料中心等多重公共功能。设计中，在一个占满用地范围的四坡瓦屋顶的四坡处分别打开四处天井，分居四处的辅助空间相互呼应，形成了村民自发活动的檐下活动区。

4.3　建造与材料的在地性策略

乡村博物馆的建造既是系统的空间存在，也是持存的时间进程。建造的结构技术和材料与建筑的形式息息相关，是建筑存在的物质基础。因此，在地理念下乡村博物馆的建造应该立足于乡村的建造资源，选用适宜的建造结构技术、原生的建筑材料和当地的建造主体共同构建展示乡村特质的乡村博物馆。同时，乡村博物馆的在地建造不需要将传统的建筑形式作为当代实践的规则，而是要在传统的基础上与时俱进。

4.3.1 加构重组建筑结构

建筑结构是传统建筑的精华所在，也是传统建筑持存的根本所在。在乡村博物馆的设计中，既可以根据场地环境新建，也可以对传统建筑进行改造。改造首先应该加固、修复建筑主要的结构体系，其次应该根据现存结构问题和空间功能需求对结构进行加构重组，或是在原有结构之上增加新的结构，创造新的空间，提升空间利用率，丰富空间多样性。例如在东山村纸博物馆设计过程中，恢复了内院立面和院落空间，保留和加固了历史信息丰富的建筑墙和木构架。通过拆除部分墙体和横向楼板，原本狭小昏暗的空间得以重新整合（图4-26）；用玻璃窗替换木板门窗以增加室内自然采光；在建筑内部加建了三组木楼梯，建筑外部引入三个锈蚀钢盒；打破竖向墙体和加建连廊，形成了横向的空间流线，结合室内的垂直空间流线，营造出了整个建筑空间的流动性和丰富性。

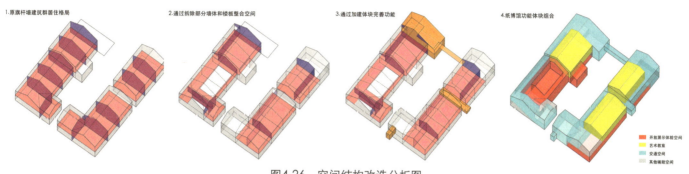

图4-26 空间结构改造分析图
（来源：https://www.gooood.cn/）

4.3.2 采用适宜的建造技术

建造技术是影响建筑的因素之一。正如柯里亚提到"对建筑起作用的第四种力量是技术，没有其他任何一种艺术如此受到技术的制约"。在地理念下乡村博物馆的在地建造不能一味盲目地沿用传统技术，回避现代技术的置入，而是应该汲取传统技术的优势所在，引入先进多元的现代技术，实现从技术传统性向技术适宜性的转变。

（1）传统技术的沿用

传统的建造技术是在乡村历史发展进程中逐渐形成的，凝结着村民的生活智慧与经验。传统建造技术是经过无数的实践还能历久弥新的技术，对乡村博物馆的在地建造极具参考使用价值，是建设乡村博物馆的首要选择。如在湖南的拉豪石屋中，主要采用了湘西地区特有的石头墙体，不采用任何砂浆砌筑，厚度达到55厘米（图4-27）。改造南侧石墙的过程中，在石匠按照传统的干砌法进行重砌的基础上置入钢结构体系（图4-28），让屋顶"漂浮"在石墙上方。同时在石墙上还设置了侧天窗，改善了室内的采光状况（图4-29）。

图4-27 石头与夯土
（来源：https://www.gooood.cn/）

图4-28 石墙细部
（来源：https://www.gooood.cn/）

(2) 现代技术的置入

在城市化影响下，村民对乡村建筑的形式与功能有了新的要求，乡村建筑形式的现代化和功能的多样化发展，是对传统技术的一种挑战。一方面，置入现代技术不仅能够丰富技术手段，而且与传统技术的融合能够发挥更大的价值；另一方面，现代技术会扼杀建筑的多样性，出现建筑形式的趋同。因此，乡村博物馆的在地建造应该合理利用现代技术，致力于寻找传统与现代之间的平衡。如在安徽省朋乡的竹篷乡堂，是由六把竹伞与三组乌篷构建的共享空间（图4-30、图4-31）。竹伞的结构与圆拱乌篷的组合来自于简化建筑屋面构造、缩小建筑屋顶尺度的尝试。竹建筑最大的难点在于竹子的耐久性，所以首先通过原竹的处理实现防腐和防蛀，其次借助竹与钢构件的插、栓、锚、钉、绑等现代建构技术，加强竹结构的稳定性和整体性。建造过程在引入现代竹构的同时（图4-32）。在穿斗泥墙、砖石铺地、明沟砌筑等处沿用了传统的建构技术。竹构体系与传统老屋的组合，不仅是新旧工艺的碰撞，也是易建易拆的单元式装配件与扎根本土的民居废纸的拼贴式更新的一次尝试。

4.3.3 选择本土的建筑材料

从前期定居到后期建造，人们都是利用场地中的现存材料资源进行房屋搭建。经过长期的发展，这种对原生材料的自发利用逐渐转变成经验性的建造秩序，成为建筑在地建造的形式语言。常见的乡村原生建筑材料有木材、石材、土、竹、藤条等，但乡村博物馆的在地建造不应仅限于采用这些原生材料，还应该加入一些现代材料或使原生材料呈现现代化表达。因此，乡村博物馆的在地建造应该合理选用能够体现乡土特征的原生材料和令人耳目一新的现代材料。

（1）本土材料的乡土性表达

帕拉斯玛认为自然材料表现了年月、历史、经历和人们使用它们的故事，随着时代的发展地域建筑形态的材料表现也会因时因地呈现出多样化的特点。原生材料与乡村有密切的联系，体现着乡村自然环境的发展，具有共时性的特点，是在地性的直接表达。因此，在乡村博物馆的在地建造中以因地制宜、就地取材为原则，选用本土材料能使乡村博物馆融于环境，乡村记忆有迹可循。如在高黎贡手工造纸博物馆中，由于当地有着丰富的木材资源和做传统木构的经验，因此木头成为建筑的主要材料。木头是有生命的一种材料，会随着时间褪色和降解，最终回到自然中，体现出建筑对环境的一种"轻"的态度。屋顶采用当地的金竹，既可以形成隔热通风层，还可以创造一个起伏屋顶的人工景观（图4-33），犹如麦田之上的"竹海"。墙面采用杉木，地面和基础则采用当地常用的火山岩（图4-34）。

图4-29 建筑外观
（来源：https://www.gooood.cn/）

图4-30 六把竹伞与三组乌篷构建的共享空间1
（来源：https://www.gooood.cn/）

图4-31 六把竹伞与三组乌篷构建的共享空间2
（来源：https://www.gooood.cn/）

图4-32 竹构
（来源：https://www.gooood.cn/）

图4-33 起伏屋面采用金竹
（来源：https://www.gooood.cn/）

图4-34 木头和火山岩
（来源：https://www.gooood.cn/）

（2）本土材料的现代性演绎

隈研吾在其书中曾说："建筑师对于一种材料的理解包含两个方面，其一是对于材料多样性的理解，不同的材料具有不同的魅力，选择尽可能要广泛，在进行设计时不要拘泥于材料的唯一解。"通过加入现代材料对本土材料进行打破重组，拼接解构，不仅能弥补本土材料的局限，还能使本土材料焕发新的生机，给乡村博物馆设计提供多种材料组合的选择，丰富建筑表皮肌理，是延续乡村特色的创新方式。如四川道明镇的崇州竹编博物馆是在尽量保存老宅建筑形态的基础上改造成的一处展示当地竹编文化的博物馆，整体的空间设计来源于提取竹子本身的物理特性。首先用竹编制作一个装置来包住原始老宅的穿斗木结构（图4-35），其次由于竹子本身的可塑性，设计师采用参数化设计只做了一面竹编装置造型墙（图4-36），来凸显竹编的创造性和未来感。整体室内空间将传统的竹材料，颠覆性地进行了装饰性与实用性的现代演绎。

又如，在四川敕木山景区内的惠明茶工坊中，工坊和茶室的东面墙体均采用镂空砌块墙（图4-37、图4-38）砌块的预制图案为当地畲族象形文字符号图案组成。墙面上的畲族象形文字砌块，根据符号含义沿垂直方向排列，从最下方的土地一直到上方的太阳，重构畲族山地耕猎场景，是空间的文化展示内容之一（图4-39）。普通的镂空砌块在与象形文字符号的共同作用下，将石这一材料进行了富含文化性的现代演绎。

4.3.4 组织当地的建造主体实施

建筑师与村民共同参与乡村博物馆的建造与运营过程是在地理念设计所倡导的。首先，乡村博物馆以村民为主体，以满足村民生活需求为目的，村民参与博物馆的建造过程实际是从使用者转化为建造者的过程，由被动式接受转化为主动式参与。建造过程中，村民依据自身对乡村博物馆的诉求提出建议，使乡村博物馆更能走进村民生活，融入乡村中。其次，村民身体力行地参与建造过程也是将对乡村的情感注入乡村博物馆的过程，将对乡村的情感认同通过乡村博物馆表达出来，可以使对乡村的情感认同转化为对乡村博物馆的使用认同。最后，村民是传统建造技术的传承者，了解适合当地的建造方式与技术。建筑师与村民共同参与建造，能够促进技术经验的交流和设计想法的碰撞，有利于建筑师回归现场，村民了解乡村博物馆采用的基本技术，便于后期村民维护修缮乡村博物馆。如西

图4-35 竹编装置包裹木结构
（来源：https://www.gooood.cn/）

图4-36 接待区域的竹编装置造型墙
（来源：https://www.gooood.cn/）

图 4-37 镂空砌块墙效果
（来源：https://www.gooood.cn/）

图4-38 东面镂空砌块墙内部空间效果
（来源：https://www.gooood.cn/）

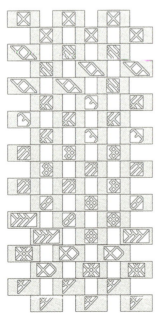

砖墙单元
Brick Wall Unit

花砖种类
Brick Patterns

图4-39 砖墙单元分析
（来源：https://www.gooood.cn/）

河粮油博物馆是建筑师与村民共建的尝试，与村民协商，确定新的使用功能；尽可能用当地的材料与工作做法来建设，强调与工匠的沟通，最大限度保留了村民自建的积极性。再如，在高黎贡手工造纸博物馆的建造过程中，前期由于当地工匠不习惯看图纸，因此通过搭造模型和现场草图使工匠对空间关系和结构有直观的了解。没有施工图，纸面设计和现场建造的距离被拉近，且融汇成了一个开放的过程，许多构造做法是过程中与工匠讨论和实验确定的，而非预先设定。由于当地工匠对木构的熟悉，木结构很快完成。而在墙体构造、防水等工匠不擅长的部分，就耗时较多。建筑完成后，采访时工匠表示从中获得了新的经验，项目起到了组织当地建造主体的作用。

第5章 基于在地理念下的乡村博物馆在道郡村中的设计实践

5.1 课题背景

2021年中央一号文件指出，民族要振兴，乡村必振兴。此次课题背景旨在充分挖掘道郡村的潜在资源，结合村庄特色，融入区域产业和江东组团的发展，找准村庄定位，确定村落发展目标为：琼北古村落的典型代表、海口市"美丽乡村"建设示范点、国家历史文化名村。以生活居住为主要职能，特色种养殖业和旅游服务业为产业主导，注入琼北地区特色民间文化展示功能，体现琼北村落文化内涵的历史名村。

课题要求保护传统村落人文景观和格局，保持风貌的完整性，做到在发展中传承历史文脉，在传承文脉中谋取新发展。以保护为主，协调发展；因地制宜，注重特色；符合实际，以持续造血为主要设计原则。

5.2 项目概况分析

5.2.1 区位分析

项目位于中国海南省海口市道郡村内，道郡村属海口市美兰区灵山镇大林村委会的道郡南及道郡北经济社。道郡村交通较为便利，距海口只有15分钟。5公里内有s111省道，10公里内有美兰国际机场、美兰高铁站、海口旅游汽车站，15公里内有海口东站、海口汽车客运总站。

5.2.2 村落环境分析

村落的自然环境与气候环境是当地村民赖以生存的前提条件，而自然环境和历史文化环境又会形成特定的建筑风格和建筑形式。从村落环境、村落布局到传统村落建筑都呈现出道郡村独具特色的在地风貌。笔者将从自然环境、气候条件和传统村落建筑三个方面对道郡村进行分析。

（1）自然环境

拉普卜特曾强调，自然景观并不是按照"设计"的现代意义派生出来的，而是由自然材料植物、土壤、岩石、水体等组成。道郡村现有着丰富的乡土自然景观，前山后水，三面环坡，面临大塘。大塘外是大片稻田，村中有参天古树、古井、古民居。整体地形较为平坦，最高点与最低点仅相差9米（图5-1、图5-2）。常见热带植物有八角、对叶榕、见血封喉、凤凰木、三角梅等，分布比较集中，种类繁多。村落内农田、池塘、植被与民居形成了道郡村独特的自然肌理。

图5-1 道郡村俯看图
（来源：项目组航拍图）

图5-2 道郡村前山后水的格局
（来源：项目组航拍图）

(2) 气候条件

长久以来人们择地而居，选择并适应着不同的气候环境，并决定了不同的生产生活方式和居住模式。气候作为自然环境中特有的资源，直接影响着村民的生产生活和社会活动。气候条件包括太阳辐射、温度、湿度、风、降水等。根据《居用建筑热工设计规范》，我国气候分五个区域，海南省道郡村属于夏热冬暖地区。从温度带划分看，道郡村属于热带季风气候区，夏季长、冬季短，日照时间长，春季天气温暖少雨，夏季高温多雨，秋季台风暴雨频繁，气候湿凉，冬季寒冷时间短。

(3) 村落历史建筑

村落的自然环境对村落历史建筑的形成起着决定性作用。伴随社会历史的变迁和村民与自然环境的融合协调，使村落历史建筑不断适应社会文化环境的发展。从建筑布局到建筑形式，从建筑结构到材质色彩，都呈现出村落独具特色的在地风貌。道郡村内的传统建筑多始建于明清时期，现大多已被村民维修改造。建筑院落形式多为一进式、二进式、三进式。现存最早的建筑是村西边的公庙，始建于明代，后来清光绪年间吴世恩将军举众修建（图5-3）。村内祠堂始建于明代，近700年历史，后清光绪五年（1879年）慈禧太后为表彰吴元猷将军的功绩，拨款重建，至今已134年（图5-4）。今房梁书迹尚存，现存二进已破败。现存还有清广东布政司吴必育故居（图5-5）。

图5-3 村西公庙

图5-4 宗祠

图5-5 布政司故居

村落内历史价值最高的为吴元猷故居，是咸丰初年吴元猷本人所建，规模宏大，面积约5000平方米，迄今有150多年的历史。故居坐东向西，背靠高坡，面临大塘。故居主要有七间红墙朱门的大屋组合成"丁"字形格局。中央为纵列三进正室及后楼，左右两列各有两间大屋，一间小楼，一字横列。故居旁3米处有一石井，后人成为"将军泉"。后从民国时期至20世纪80年代前，由于战争爆发和经济低迷的种种原因，在那个时期道郡村内并无太多新建的建筑。

(4) 建造结构与材料工艺

道郡村内建筑的建造结构是典型的琼北传统民居结构体系，虽然受南方建筑体系的影响，但也保留着北方抬梁式建筑结构的特征。其主要建造结构为抬梁式与穿斗式的综合构架方式。除此之外，常见的还有砖墙承檩式，即直接将檩条搁置在砖墙上承受其上部力量。建造材料主要以火山岩为主，利用火山岩特有的气孔状质感作为装饰，利用不同的砌筑工艺创造出不同的立面效果。建造工艺有砌筑和打磨规整的矩形条石，制作出整齐的外墙面；火山岩直接砌筑粗糙墙面，而后用黄泥、草木灰等材料抹平墙面；以火山岩作为主要材料，配合当地木材，陶土瓦等砌筑墙体（图5-6）。建筑装饰主要有砖作、石作、小木作、彩绘、灰塑、陶塑等，不仅有较高的艺术价值，还具有实

图5-6 建造材质与建造工艺

用价值。如灰塑压瓦可以抵御海岛台风，木构上的油漆彩绘具有防水、防潮、防腐的功效等。建筑院落大多为矮院墙，保证院落良好的通风环境。由于海南地区的日照时间长，因此会建造前廊作为缓冲空间，缓解高温。

综上所述，通过对道郡村的自然环境、气候条件、历史建筑、建造结构、材料工艺的分析，有利于掌握场地原始风貌，为设计实践前期构思提供依据和思路。

5.2.3 村落人文历史分析

(1) 村落整体发展历史

村始祖唐代户部尚书吴贤秀，于公元805年从福建莆田迁琼，带族人落户在琼山，张吴图都化村（今灵山大林村，后称旧市村）吴贤秀在此建造一座三亭二阁的大院，安置敕铸铜牌两道，圣旨手谕，经典书画，传布中原文化，不断改变着这里的面貌，使张吴图都化村成为一个很出名的地方，不断地有远处的百姓聚居到这里，使该村变成了人口稠密的大村庄。明嘉靖十一年（1532年），琼州府道台改建大林墟，实行集市贸易。明嘉靖三十五年（1556年），朝廷赐予"大林壹官市"石匾一块，从此"大林壹官市"代替了"张吴图都化村"。

道郡村是吴贤秀25世孙吴登生于明代从文昌带家人回迁至离先祖吴贤秀定居的旧市村不远的地方，定居落户，繁衍后代，创造了现在的道郡村。道郡村倚山坡而建，村后有块坡地，每年农历六月初十这里都举办军坡节，人马浩荡，聚集很多军马，因此该村被唤作"多军"村，后来"多军"换成谐音雅称"道郡"，"多军村"改为"道郡村"。

(2) 以吴元猷为主的人文历史

道郡村历代人才辈出，如清嘉庆年间进士吴天授、清道光年间正一品建威将军吴元猷、清道光年间正二品武显将军吴世恩、清光绪年间布政司吴必育等，其中以吴元猷将军最有威望，是道郡村主要的历史人物（图5-7）。

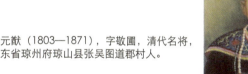

吴元猷（1803—1871），字敬圃，清代名将，广东省琼州府琼山县张吴图道郡村人。

图5-7 吴元猷将军生平

(3) 民俗文化遗产

民俗文化主要包括：姓氏文化，道郡村全村现有80多户，500多人，外出人口近1000人，都是汉族且单一吴姓；传统节日，每年农历六月十二在这里举办军坡节，拜神、乌龙、舞狮、闹军坡一直传承至今。军坡节是海南东北部市县民间最大规模的祭祀节日，被称为海南人的庙会。非物质文化遗产包括：椰雕是用椰子壳制作而成的工艺品，造型新颖多样，色调古朴雅致，具有独特的艺术风格和浓厚的海南色彩；琼剧又称海南戏，是海口市等地方传统戏剧，是闽南语系的传统地方戏剧之一；海南八音是海南主要的本土器乐，因采用八大类乐器演奏而得名，分别为弦、琴、笛、管、箫、锣、鼓、钹，大部分是来自民间的传统乐器，为民间艺人所创造，具有浓郁的海南特色。

通过对道郡村的村落历史、人文历史和民俗文化遗产的分析，有利于了解道郡村的人文精神，在设计实践中应注意表达出这种人文精神，以增强村民凝聚力。

5.2.4 村民生活需求分析

如表5-1显示，村民生活现状较为良好。对村落内的历史文物遗存保护较好，愿意将民居改造成民宿，开展农家乐，发展乡村旅游及相关产业，以增加村落经济收入。在日常生活中需要加建如广场、文化中心等公共设施，以丰富村落内公共文化生活。后期的设计实践应参考上述对村民生活需求的分析，实现以村民为主体，满足村民生活的设计。

村民采访记录表　　　　表5-1

采访问题	村民回答
村民居住情况	一部分村民并不长期居住；年轻人白天外出打工，晚上回来居住；老人与小孩长期居住在这里
年轻人和老年人的比例	年轻人较多
现有居民收入来源	土地收入较少，主要靠外出打工，大多村民从事泥工或建筑行业，也有一部分村民做生意
年轻人受教育程度	受教育程度较高，有高中学历和大学学历
村民出行方式	骑电动车居多，也有人骑自行车
旅游人数与旅游情况	经常会有人来参观旅游，但参观完不居住在当地，居住在酒店
发展旅游业的想法	村民愿意将自己的房子改造成民宿和农家乐，以增加当地居民收入，发展旅游业
想要建的公共设施	广场、文化中心等
村民生活满意度	比较满意

5.3 村落现存的问题

基于上述笔者对道郡村的现状分析，发现道郡村存在以下几个问题：首先，由于社会结构的更新和村民传统思想的改变，村民的居住模式和生活方式发生了转变。同时，城镇化的发展和乡村经济的进步，使村落内出现拆旧房建新房的情况，村落内的传统建筑被拆除改造，风格上参照模仿城市建筑，逐渐摒弃了道郡村传统建筑的原有特色和风貌，使道郡村整体风貌被破坏。其次，村落缺乏公共文化设施，如村民活动广场、文化中心等，村民的文化生活缺乏，特别是老人与小孩。长期发展会使村民的居住幸福感缺失，不利于村落发展。最后，村落内的历史建筑缺乏保护和修缮，传统文化和名人迹事逐渐流失，文化保护传承的意识薄弱，乡村文化式微。

5.4 建设乡村博物馆的可行性分析

根据上述对村落环境、文化、村民生活需求与现存问题的分析得出：一方面，道郡村现存有较丰富的乡村文化遗产，包括传统的历史建筑、珍贵的文物遗存、厚重的人文历史和独特的民俗文化。另一方面，由于村民文化水平限制、传承意识薄弱和文化传承方式单一，使道郡村面临文化困境，乡村文化的保护与发展成为亟待解决的问题。因此，面对道郡村文化流失的现象，建设乡村博物馆是趋于合理的，乡村博物馆有益于保护当地传统资源，是展示道郡村历史文化、合理利用历史建筑和文化资源、发展乡村旅游、开展对外文化交流的有效途径。

5.5 设计构思

由于道郡村具有鲜明的地域特征和浓厚的传统文化环境，所以在道郡村这样具有强烈场所属性的乡土环境中建设乡村博物馆，博物馆自身与其文化职能也应是当地传统资源保护和发展的一部分。因此，道郡乡村博物馆的设计实践首先应该基于当地自然环境、建筑资源和建造传统的考察与理解来开展。其次要以村民为主体，依据村民的生活需求来设立乡村博物馆的功能，使乡村博物馆能够承载多元的乡村文化活动，丰富村民的日常生活，使其成为道郡村传统文化的展示窗口。最后，乡村博物馆作为乡村文化的载体，应该通过对村落内传统建筑的合理利用，建设集传统聚落博物馆、人物故居纪念馆和乡村文化体验于一体的乡村博物馆。以小体量分散置入村落，以历史文化为主要内容，以提取在地风貌特点为形式来源，并结合本土材料与建造工艺，共同构成道郡乡村博物馆。

5.6 设计手法

综上所述，在此次课题中笔者基于对在地理念的理解，探索乡村博物馆空间设计的发展方向，以满足道郡村村民基本的日常活动为前提，通过对场地环境、人文精神和建造方式的充分运用，创造具有认同感的道郡乡村博物馆。

5.6.1 对场地环境的回应

（1）总体布局顺应场地肌理

通过调研分析，场地现存两处历史建筑，分别是吴元猷故居与布政司故居。基于课题要求，从尊重场地的自然环境出发，在设计中将这两处历史建筑保留，通过场地设计、道路规划和空间组织，对两处故居进行保护和修缮，将其作为乡村博物馆的一部分，延续场地的自然肌理和村民的场所记忆。

由于场地的建筑密度较大，缺少开放的活动场地，因此在总体布局的设计中通过对场地中原有的场地景观进行改造与再利用，营造了尺度适宜的室外庭院，不仅形成了空间层次的过渡，还满足了村民日常的活动需求。为顺应村落的场地肌理，最大限度地减少对场地的人为干预，设计对场地中现存老建筑原有的空间轮廓与肌理保留，进行了空间的适应性改造。

在设计实践中，有两个主要的设计切入点：一是吴元猷故居处，笔者将原本的吴元猷故居进行最大限度地保留与修复，将故居旁边的受损建筑进行拆除，新建接待中心和吴元猷纪念馆，与吴元猷故居形成围合状院落，中间为小型庭院，呼应岭南传统院落中"建筑绕庭"的布局形式，形成一个相对集中且开阔的露天内院，使参观者停留驻足于其中能感受到新旧建筑的对比；二是在吴元猷故居与布政司故居之间的场地，拆除受损建筑，新建村民文化活动中心，建筑体量为二层，其中包括村史馆、文创商店和乡村图书馆分别在朝向吴元猷故居、主路、布政司故居和下沉花园处开设四个出入口，以呼应周边建筑，形成整体感。除主要的两个设计点之外，还在布政司故居处增设乡趣体验馆；在布政司故居朝西场地处增设下沉花园；保留花园前的古井；将吴元猷故居处的照壁保留，并在村民活动中心前围合成一个小型广场，与主路留出一段距离。最后，根据新建建筑与历史建筑之间的关系，结合场地原有道路，对部分道路进行重新规划，保证建筑间的通达性。

（2）建筑形式融入环境特征

考虑到道郡村前山后水、三面环坡的环境特征，文化活动中心以实体叠错为主，建筑起伏的形式源于坡地的走势形态，立面错落有致的山墙和横向连续的坡屋顶形态与周围原始建筑的屋顶形态相呼应，坡屋顶的变形与衍化强化了建筑空间与周边环境的联系。此外，在文化活动中心一层处设计了一个庭院，不仅丰富了文化活动中心的建筑形式，也通过庭院使文化活动中心与场地环境融为一体（图5-8）。

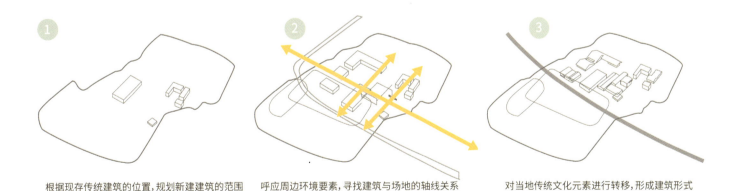

图5-8 建筑形式生成与环境关系

(3) 空间结构适应气候环境

道郡村的主要气候特征为光照充足，雨量充沛，夏热冬暖，具有热带季风气候特征。针对当地的气候条件，在设计中主要通过建筑空间结构与空间组织及界面的处理来适应。首先，吴元猷纪念馆与文化活动中心均采用了双层坡屋顶，有利于排水，缓解被雨水侵蚀的情况。其次，由于道郡村光照充足，直接影响到村民的室外活动，因此在设计中将吴元猷纪念馆与文化活动中心的屋檐向外出挑，营造可供村民活动的灰空间，也是为参观者遮风避雨的缓冲空间。由于吴元猷纪念馆是依靠连续的坡屋顶将三个单体建筑连接而成，因此即使在三个单体建筑之间的空隙处，连续起伏的坡屋顶给参观者提供了驻足停留的檐下空间。由于对光照条件的需求，因此通过在文化活动中心屋顶开设带形天窗的方式来满足村史馆和乡村图书馆的采光需求。最后，在文化活动中心一层东侧为内廊式设计，在一层南侧做开放式设计并增设小庭院，在二层南侧和东侧设置屋顶平台，这些对空间结构的处理不仅丰富了建筑内部空间的多样性，还促进了建筑内部的通风效应。

5.6.2 对人文精神的表达

(1) 内部空间运用传统的形式语言

道郡乡村博物馆内部空间主要以展示空间为主，还有阅览空间（图书馆）、休息空间（咖啡厅）与购物空间（文创商店），在内部空间的设计上主要通过对道郡村历史文化和人文精神的抽象提取与转译表达。如在文化活动中心的图书馆内部空间设计中，采用层叠式的楼梯设计与自由弧形的垂直空间设计，是对自然环境中农田与池塘平面肌理的立体式转译与对田埂与水面自然分割的呼应；又如在文化活动中心的村史馆内部设计中，将象征吴元猷将军在两广水师中赫赫战功的船只放大，将参观者带入昔日吴元猷将军奋勇杀敌的历史中；再如吴元猷纪念馆的内部空间设计中，将内部地面用一圈沙地围合，象征着吴元猷将军多年征战沙场的场景，沙地内部展示着记载吴元猷将军人物历史的书面资料与实物展示。

(2) 空间功能满足村民的日常需求

道郡乡村博物馆以村民和参观者为主，满足村民的生活需求是乡村博物馆设计的最终目的。通过对村民的采访征集和笔者作为参观者的感受，发现当地需要公共文化空间、休闲娱乐的广场与聚集交流的场所（图5-9）。因此，在设计中为了满足村民的日常生活需求和参观者的游览需求，营造出承载多元活动的功能空间。首先，在文化活动中心的功能设计上，融合了村史馆、文创商店和乡村图书馆等多种功能空间，力图使文化活动中心满足多样的功能需求。其次，在接待中心内部融合了咖啡厅与吴元猷纪念馆检票处两种功能，给参观者提供休憩空间。此外，在室外环境中也设计了满足村民和参观者需求的不同活动场所，如在吴元猷纪念馆与吴元猷故居处围合出

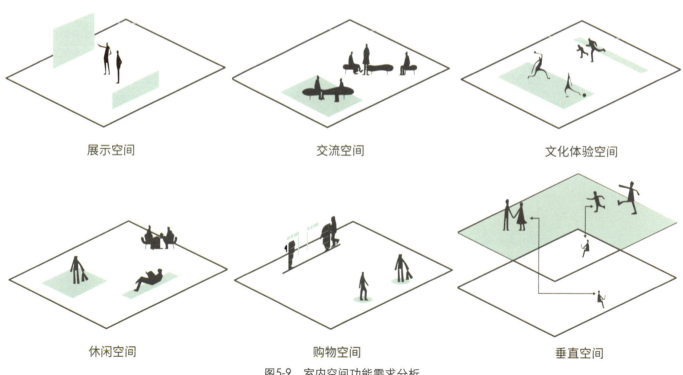

图5-9 室内空间功能需求分析

一个小型庭院，供参观者驻足和小孩活动奔跑，同时也是去往村民活动中心的参观路径；在村民活动中心西侧设立了一个小型的活动广场，既作为从主路进入村民活动中心的缓冲空间，也给参观者提供欣赏原有照壁和休憩的空间，还是村民聚集交流的室外空间；在文化活动中心南侧设计了下沉花园，供参观者停留休憩、小孩嬉戏玩耍和村民休闲娱乐。

（3）路径规划符合村民的行为动机

通过对道郡村原有场地环境的分析，结合历史建筑与新建建筑之间的关系，应在设计中对改造后的场地环境重新进行路径规划。基于村民和参观者在乡村博物馆中的主体地位，村民与参观者的行为动机也是路径规划的重要参考因素。

对于村民来说，进入乡村博物馆的动机主要是满足个人需求中的放松动机、发展动机与关系动机，其中包括参观博物馆动机、丰富生活动机、提高生活质量动机与增加沟通交流动机。而对于参观者来说，进入乡村博物馆首先是由于外在诱因，即乡村博物馆的吸引力，主要包括历史文化的吸引力、文化展品的吸引力和全面感受地方历史文化的吸引力。其次是满足个人需求中的放松动机、发展动机与关系动机，但与村民行为动机不同的是，参观者的行为动机主要包括休闲放松动机与增加公共话题动机。因此，在路径规划的设计中，还应根据村民与参观者不同的行为动机和活动需求，并结合对场地环境的分析进行路径规划的补充与完善。

5.6.3 对建造方式的体现

（1）重组演绎本土建造材料

在考察村落现存历史建筑的材料后，基于就地取材的原则，在本次设计中新建建筑的建造材料不仅选取了本土材料，还通过不同的方式将本土材料进行重组，呈现现代表达。如在吴元猷纪念馆的双层屋顶中延续了传统的瓦片屋顶，并结合当地木材嵌入其中，突出纪念馆的厚重感。而在外立面设计中使用了浅色混凝土，既保留了混凝土的肌理感，又在光照下趋于白色，与南侧的吴元猷故居新旧共存。南侧立面玻璃的运用丰富了建筑的立面效果，打破室内外空间的界限，产生透明性，当参观者处在吴元猷纪念馆中望向吴元猷故居时产生对话；又如在文化活动中心的外立面设计中，同样采用了浅色混凝土，不仅呼应同样为新建的吴元猷故居，也与北侧的吴元猷故居形成新旧对比。在二层平台处主要采用了当地的菠萝木，木材的温暖中和浅色混凝土的现代感。在文化活动中心内部，村史馆的设计中，采用了竹编、椰壳墙、藤编、菠萝木等当地特色材料，通过拼接与排列使其呈现不同的效果。

（2）结合传统建造与现代技术

道郡村现存历史建筑大多采用火山岩为主的砌筑墙体，以灰色瓦片覆顶。为了延续村落的整体风貌，文化活动中心与吴元猷纪念馆均采用坡屋顶的形态。考虑到文化活动中心的体量特征，并没有延续当地的结构体系，而是采用钢结构框架体系和一体化屋面结构，并通过空间的组织与体块的穿插增强建筑的韵律感。而在吴元猷纪念馆中，由于屋顶起到连接三个建筑单体的作用，因此采用连续折面屋顶的结构，这种结构弱化了建筑体量，形成统一而富有韵味的形式和空间变化，并与周围建筑屋顶的起伏和远处坡地的轮廓相呼应。

综上所述，本章以在地理念为设计基础，进行了设计实践——道郡乡村博物馆，将第四章归纳总结出的乡村博物馆在地设计策略应用于设计实践中，并对设计实践展开详细论述。论述不旨在详尽和全面地展现在地理念下的设计策略，而是立足于道郡村的特征和乡村博物馆的构成要素，考虑适应自然环境及满足村民的活动需求，从自然环境、气候条件、历史文化、建造材料、空间功能等方面对道郡乡村博物馆的在地实践进行诠释。但由于只处于方案的设计阶段，尚未进行实际建造，研究存在着一定的局限性，故本次设计还需在以后的理论研究同实际建造的结合下进一步完善。

第6章 总结与展望

传统村落中蕴含着丰富的历史和文化资源，是中国农耕文明下的宝贵遗产。我国于20世纪80年代末开始实施对传统村落的保护，但近几年乡村建设拆旧建新的理念导致村落均质化现象日盛，鲜明的地域文化、乡土建筑、传统民风民俗等逐渐消失，造成传统村落文化式微。随着现代化发展，传统村落愈发缺乏承载乡村记忆的载体。而乡村博物馆可以溯源传统文化，并通过对书面资料、实物资料和活态演示等展示方式来再现历史，保留即将逝去的乡村文化遗产，实现传统村落的保护与传承。

首先，通过对文献资料的收集与整理，界定乡村博物馆在文章中的定义，即位于传统村落中，为保护乡村文化遗产，增强文化认同而建立的博物馆，如村史馆、人物纪念馆和民俗文化体验馆等。梳理了全球视域下乡村博物馆的发展和中国的本土化实践，新博物馆运动的持续影响与我国对乡村建设的重视，均为乡村博物馆的产生发展提供了重要的发展土壤。其次，基于台湾在地实践的经验借鉴和内地建筑师的在地乡村实践探索，并结合国内外"在地"相关理论，提炼出关于乡村博物馆"在地设计"的理论与实践要点并展开论述，即从自然层面、人文层面与建造层面三个维度出发，论述了这三个维度作用于"在地设计"的具体内容。最后，实践于——道郡乡村博物馆空间设计的设计实践中，对乡村博物馆的"在地设计"进行了针对性的分析说明。

由于笔者理论与专业水平的限制，本文尚存在很多纰漏与不足。一方面，在乡村博物馆与在地理念的相关理论研究中缺乏全面性、深入性与创新性的研究；另一方面，由于仅对场地进行一次调研，掌握的资料不足，加之设计实践只处于方案阶段，未投入到实际建造过程中，故对于在道郡村中建设乡村博物馆的相关实际问题还缺乏考虑。因此，笔者会在未来的理论研究与设计实践中进一步合理完善，尝试做到真正立足于道郡村，建设大有裨益的乡村博物馆，实现保护道郡文化、促进村落发展的实际作用。

参考文献

[1] 肖阅锋．乡村建筑实践中的"在地"设计策略研究[D]．重庆：重庆大学，2016．
[2] 曾伊凡．在地建造—当代建筑师的乡村建筑实践研究[D]．杭州：浙江大学，2016．
[3] 鲁强．当代建筑师的乡村建筑"在地性"策略研究[D]．厦门：厦门大学，2017．
[4] 鲍世明．乡村博物馆的主题展示策略研究：一个历史性与共时性的分析视角[D]．北京：中央民族大学，2020．
[5] （法）乔治·亨利·里维埃．生态博物馆——一个进化的定义[J]．中国博物馆，2001．
[6] 冯雁军．英国的乡村博物馆[J]．视野，2010．
[7] 王思渝．日本乡土博物馆的缘起、发展与现状[J]．中国博物馆，2016．
[8] 杨赛．乡村博物馆与村落文化景观塑造[C]．江苏省2016国际博物馆日主题论坛论文，2016．
[9] 徐欣云．乡村博物馆的界定及社会价值研究[C]．中国博物馆协会博物馆学专业委员会．2016年"博物馆的社会价值研究"学术研讨会论文集．中国会议，2016．
[10] 中共中央博物院．乡村振兴战略规划（2018—2022年）．人民日报．2014-10-10．
[11] 华黎．起点与重力[M]．北京：中国建筑工业出版社，2015．
[12] （美）伯纳德·鲁道夫斯基．没有建筑师的建筑[M]．高军，译．天津：天津大学出版社，2011．
[13] （美）肯尼斯·弗兰姆普顿．现代建筑：一部批判的历史[M]．张钦楠，译．北京：生活·读书·新知三联书店，2012．
[14] 罗时玮．当建筑与时间做朋友：近二十年的台湾在地建筑论述[J]．建筑学报（4）：7-13．
[15] 周榕．在地建筑学——从行走到植根[R]．深圳．有方策展．2013．

道郡乡村博物馆空间设计
Space Design of Daojun Rural Museum

一、前期调研
· 区位分析

· 交通分析

· 气候条件

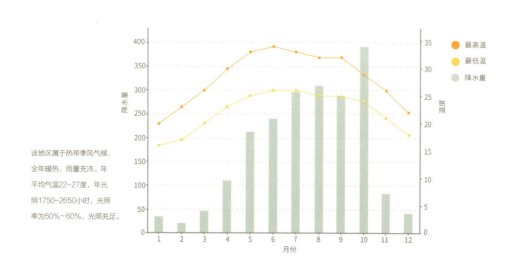

该地区属于热带季风气候，全年暖热，雨量充沛。年平均气温22~27度，年光照1750~2650小时，光照率为50%~60%，光照充足。

· 场地分析

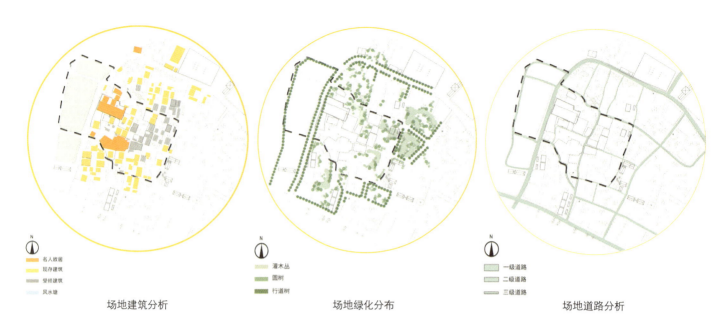

场地建筑分析　　　场地绿化分布　　　场地道路分析

· 道郡村历史影像

2009　植被多 路网较少 建筑分散
2012　路网明晰 建筑聚集 数量增多
2016　入选中国传统村落名录
2021　建筑与植被相辅相成 路网成熟

· 吴元猷故居原始平面示意

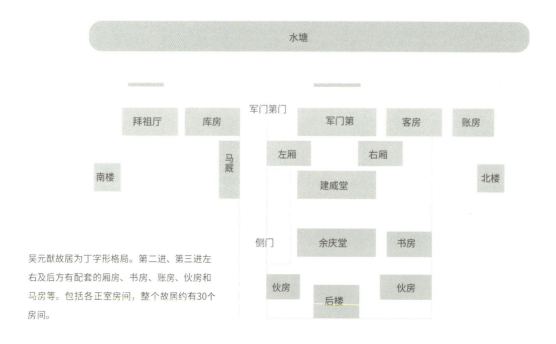

吴元猷故居为丁字形格局。第二进、第三进左右及后方有配套的厢房、书房、账房、伙房和马房等。包括各正室房间，整个故居约有30个房间。

· 吴元猷故居现状

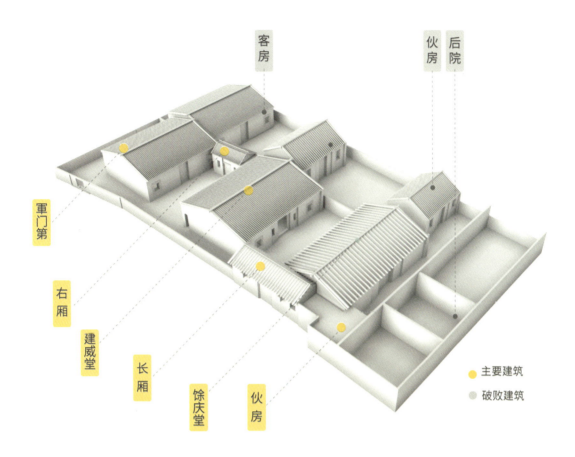

· 现场调研照片

· 道郡村现存问题

历史建筑没有得到保护　　大量房屋被空置　　传统文化和名人迹事流失　　缺乏公共活动空间

二、设计思路

· 设计要点

| 一个文化脉络 | 道郡村传统文化资源 | 两个建造要点 | 修复保护 | 新建改造 | 三个场地模式 |

以乡村博物馆为中心,将乡村空间与之形成互动,融为一体。

注重乡土文化体验,与博物馆展陈和在地文化形成优质联动。

通过空间改造和功能提升,使乡村与现代生活有机结合。

· 主要设计点选取

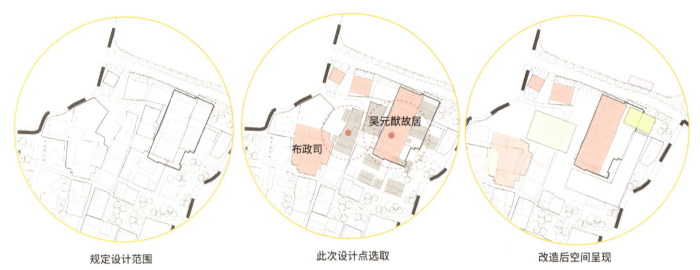

规定设计范围　　此次设计点选取　　改造后空间呈现

根据既定的设计范围,以两处圆心位置发散为设计点。对红色部分的吴元猷故居与布政司进行复原保护。以设计点为中心,对空置废旧建筑进行拆除新建,增加多个小体量空间,并植入新的功能。

· 设计构思

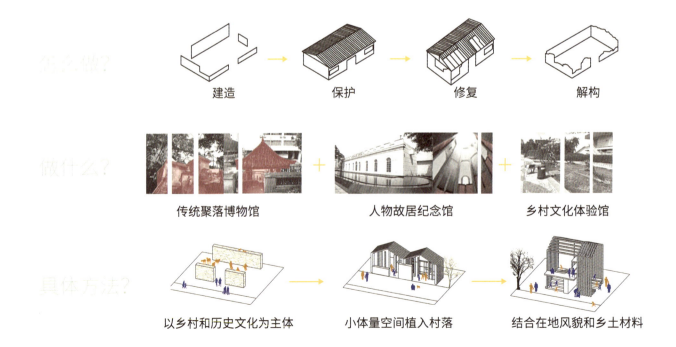

· 乡村博物馆展陈大纲

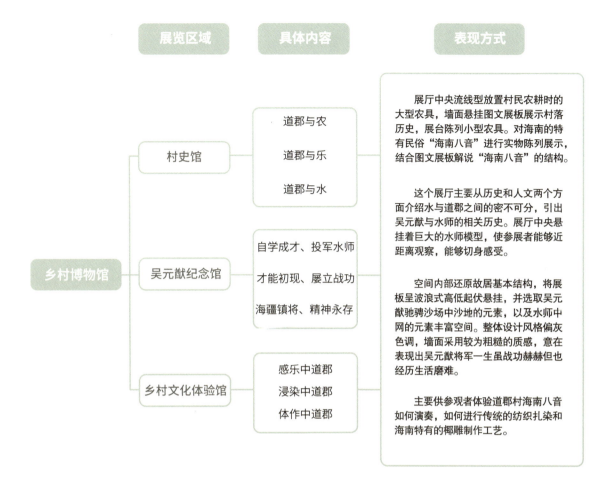

三、效果呈现
· 总平面图

0 水塘剧场
1 接待中心
2 吴元猷纪念馆
3 吴元猷故居
4 文化活动中心
5 古井
6 雨水花园
7 乡趣体验馆

· 村民文化活动中心平面图、功能分区及人流动线

村民活动中心一层　　　　村民活动中心二层

村民活动中心效果图

村民文化活动中心、吴元獸故居（局部）

村民文化活动中心·二层平台

村民文化活动中心·文创商店　　　村民文化活动中心·村史馆

接待中心　吴元猷纪念馆　吴元猷故居　文化活动中心　照壁　布政司故居　古井　乡趣体验馆

· 吴元猷故居纪念馆平面图、功能分区及人流动线

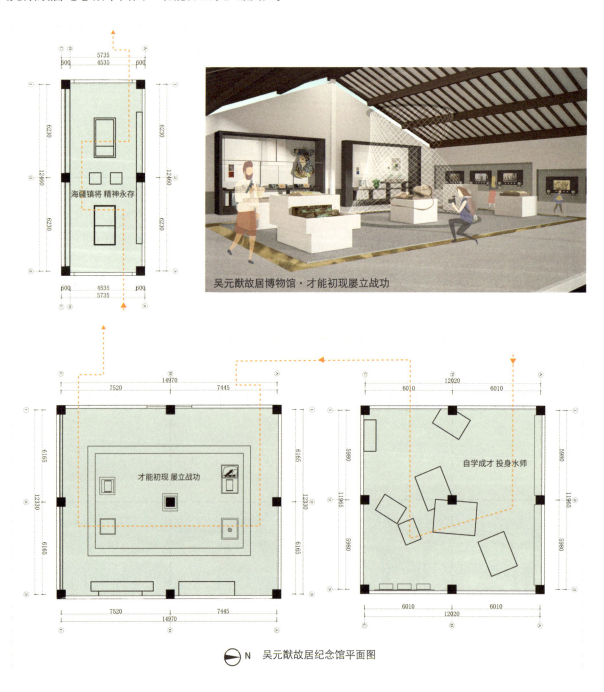

吴元猷故居博物馆·才能初现屡立战功

N　吴元猷故居纪念馆平面图

吴元猷故居博物馆·中庭

吴元猷故居博物馆·自学成才投军水师

村民文化活动中心·图书馆

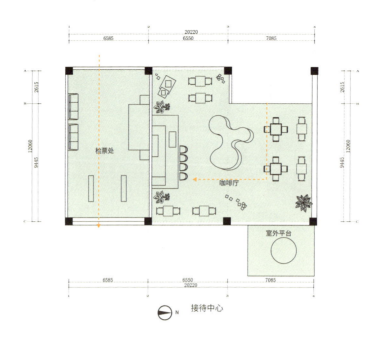

·接待中心平面图、功能分区及人流动线

村民文化活动中心·村史馆

村民文化活动中心·咖啡厅

平疫转化导向下的乡村公共空间营造研究
Place-Making of Rural Public Space Based on Regular-Epidemic Transformation Perspective
海口市道郡村公共空间再造设计
Public Reconstruction Design of Daojun Village, Haikou City

姓　　名：屈航 硕士研究生二年级
导　　师：王双全 教授
学　　校：武汉理工大学艺术与设计学院
专　　业：环境设计
学　　号：1049731904542
备　　注：1. 论文　2. 设计

武汉理工大学
屈航
Wuhan University of Technology
Qu Hang

平疫转化导向下的乡村公共空间营造研究
Place-Making of Rural Public Space Based on Regular-Epidemic Transformation Perspective

摘要：聚焦乡村公共空间这一促进乡村振兴战略的必要组成部分，提出"如何优化设计乡村公共空间以预防村民患病"的议题，以乡村疫后居民的行为需求变化为研究对象，以健康传导过程为理论支撑，分析"平时"与"疫时"的乡村公共空间适配场景，初步编制出一套具有自明性的乡村平疫转化空间营造体系。在此基础上对传统村落众多且逆城市化进程明显的琼北地区道郡村公共空间进行细化研究，提出提升公众健康服务水平的乡村公共空间平疫转换设计对策。

关键词：平疫转化；乡村公共空间；空间营造

Abstract: The essay focuses on rural public space where is an essential part of the strategy to promote rural revitalization, and then proposes the topic of "how to optimize the design of rural public space to prevent villagers from getting sick". It takes the changes in the behavioral needs of rural residents after the epidemic as the research object, and uses the health transmission process as the theoretical support. It analyzes the adaptation scenarios of rural public space between "normal" and "epidemic", and initially compiles a set of self-explanatory rural flats. A system for creating a space for epidemic transformation. Based on this, a detailed study of the public spaces of Daojun villages in Qiongbei District, which has many traditional villages and obvious counter-urbanization process, is proposed to improve the public health service level in rural public spaces to prevent epidemics.

Keywords: Regular-Epidemic Transformation, Rural Public Space Design, Space Design

第1章 绪论

1.1 选题背景及来源

随着城市化和全球化进程的加快，人类文明进入了城市世纪。中国城市化进程进一步加速，逆城市化势头也不断上升，此背景下，党的十六大提出新农村建设，十八大提出新型城镇化，十九大做出乡村振兴战略决策。人们对乡村的期待也越来越高，乡村价值与日俱增。然而，根据中国乡建院院长李昌平的推测：60%的村庄会自然消亡；10%的城市郊区村庄会成为城市的一部分；只有30%的"未来村"是新生活的地方。这30%左右的村庄正是乡村振兴的重点。

乡村振兴战略实施关键在制度和政策，核心在人，而人的主观能动性的创造活动则须有健康来维系。"没有全民健康，就没有全面小康""要把人民健康放在优先发展的战略地位""人民健康是民族昌盛和国家富强的重要标志"。这一系列关于卫生与健康的重要论述，道出了人民健康之于经济社会发展的重要意义，指出了"眼中有数，心中无人"的乡建痼疾。

目前，中国抗疫斗争尚未完全结束，世界战"疫"正如火如荼地进行。新冠病毒随时可能反扑广大农村地区，进而冲击并破坏党和人民前期努力创造的乡建成果。唯有加快推进乡村疫情防控常态化，为农村地区产业发展、人民生活、基层治理、脱贫致富营造全民健康的公共空间，才能凝聚农村居民投身乡村振兴的最大力量，实现真正意义上的乡村旅居。因此，多元背景下的"未来村"内部需要产生更强的内生动力，再造平疫转化导向下的乡村公共空间，复兴邻里共生关系，升级在地产业路径，让乡村持续地得到振兴的动力。

1.2 研究目的及意义

1.2.1 研究目的

（1）本次研究旨在完善平疫转化理念的理论研究，为"未来村"公共空间设计提供新的转化思路和理论依据。

（2）通过对公共空间的合理再造，根据平疫转化导向，将村落入口微空间、公服类空间、游憩类空间、公设类空间以及入口微空间进行功能与尺度弹性化设计，实现平疫转化"巧更新"与"微改造"。

（3）乡村设计是乡村振兴一个强有力的催化剂，乡村设计在村落再造中扮演者重要的角色。希望由设计实践，实现组织乡村、建设乡村、经营乡村，最终达到让乡村健康振兴的理想，在常态化疫情防控中保障乡村振兴战略顺利实施。

1.2.2 研究意义

（1）理论意义

在以习近平同志为核心的党中央坚强领导下，经过全国上下艰苦努力，我国新冠肺炎疫情防控向好态势进一步巩固，防控工作已从应急状态转为常态化。这意味着，诸多行为、空间与管理变化极可能成为"未来村"生活的常态，而在这些常态化疫情管控需求的背景下，应如何策划乡村的管控模式？应如何优化乡村公共空间以实现不同应急响应级别下的灵活调配？以及需要提供怎样的设施以支持具体防控节点的使用需求兼具美观性？引发了人们关于弹性化空间的深层次思考。基于历史资料、调研情况、理论研究、设计实践的框架，反思过去的乡村规划方法，采取基于推演和容错的平疫转化设计策略，通过"转化点"的弹性干预，来启动乡村的振兴力，为适宜乡村的平疫转化理念提供理论依据。

（2）实践意义

①随着国内疫情防控形势持续向好和各项支持政策效应逐步显现，旅游市场不断恢复，旅游消费日益升温，乡村旅游成为当前人民群众出游的重要选择之一。

乡村建成环境中的公共空间是乡村旅游群体日常最容易接触和使用的场所，也是人居空间的基层角色。弹性化的健康公共空间能够保证乡村振兴的可持续性。由此提出新的设计理念和管理方法对提高整个村落的整体水平具有十分重要的现实意义，对后疫情时代的"未来村"的公共空间设计的指引具有重要借鉴意义。

②"未来村"有多种形式，但如何对公共空间的建设进行健康、可持续发展的设计，这是"建设未来村，共建新生活"的必要一环。削弱新冠肺炎疫情对乡村振兴战略既定的实施进度的阻滞作用是当代乡建的神圣使命，乡村建设离不开疫情防控常态化设计，将平疫转化理念融入乡村环境设计的实践之中是时代的必然要求。

1.3 国内外研究现状

1.3.1 公共健康

公共健康自19世纪首次发展成一门科学以来，国内外学者对场所和健康之间的关系就已经进行了观测。公共健康与城市规划的研究热点是围绕体力活动、建成环境和生态环境三方面展开的。通过梳理公共健康与城市规划的主要研究内容，可以发现3条研究主线：建成环境与体力活动、环境污染与公共健康、社会环境与健康不平等。Pratt M（1998）通过已有实证研究的文献对比发现，居住地周边环境的配置能影响个人健身的积极性，行为环境的改善能激励群体的健身行为。Northridge（2003）研究认为，建成环境对于引导公众健康生活方式的意义十分重大。Northridge 和 Moudon, C（2004）通过对已有文献的综述，分别构建了健康行为概念模型和环境行为模型（BEM），建立了健身行为与周边环境之间的关系，为规划者提供了健康城市建设的参考。Coutts（2011）提出了公共健康生态学的研究框架，他指出人的健康与其所处的环境息息相关，强调自然环境特别是绿色空间与人之间的互动关系。

随着人口不断向城市大量集聚，以及生态环境破坏和气候变化，健康问题不可避免地成为人类日常生活面临的重要挑战。当今的城乡规划应重视其对健康的积极影响作用，深入剖析城市规划对公共健康的作用机制，探索促进体力活动、健康生活的城市空间模式和政策体系。通过上述英文文献的研究进展梳理，结合我国当今的发展情况，未来该领域研究在时间维度的纵向研究、不同特征的群体研究等领域进一步深化研究。

1.3.2 健康建筑学

在广义的建筑学领域中，"健康建筑学（Healthy Architecture）"的第一次探索可以追溯到19世纪工业革命后。拥挤的城市空间引发了霍乱、肺结核等传染病问题。本杰明·沃德·理查德森（Benjamin Ward Richardson）提出了首个"健康之城（Hygeia, City of Health）"的构想。约翰·斯诺（John Snow）则通过绘制伦敦第一张疫情地图，厘清了霍乱的传播途径。整治"脏乱差"的城市空间成为当时城市发展的迫切需求，现代意义上的城市规划学科、现代主义建筑都是在这样的背景下诞生的。建筑学与公共卫生的第二次结合开始于20世纪后期。慢性病代替了传染病成为疾病谱中最致命的威胁。郊区化、城市蔓生等空间问题日益突出，并导致了居民生活方式和社交行为的变化，与新饮食等因素一道加剧了肥胖、三高和心理疾病等慢性疾病的大规模流行。

近几十年来，城市空间对居民健康的影响机制被先后揭示出来。关注居民身心健康成为"新城市主义"等一系列思潮的起源之一。1986年，世界卫生组织提出了"健康城市计划（Healthy City Programme）"，从源头上关注城市空间对居民健康的影响。围绕着"空间—健康—疾病"的关系，在当代的城市规划和建筑设计领域出现了众多"健康建筑学"的理论思潮，包括为了应对大城市流行病，提升体育锻炼的"活跃设计"以及应对心理知觉的"康复景观"等。

从实践与技术的角度，已经出现了大量健康城市和健康建筑有关的实践。在循证医学发展的推动下，循证设计（Evidence Based Design）首先在医院建筑中指引了大量的实证和实践，围绕"什么样的建筑空间能够促进或影响人的健康"这一议题，出现了越来越多的健康住宅、健康办公、健康社区的实践，甚至涌现出了"麦琪之家"等安慰剂建筑（Placebo Architecture）。在城市尺度上，用地功能混合度、可达性、空间知觉等因素与身心健康的关系被重新定义。2011年，美国纽约市推出了《纽约健康设计导则》，针对肥胖症、三高等慢性病，提出了健康城市设计导则和健康建筑设计导则。芝加哥、波士顿、伦敦等城市也先后推出了专门针对公共健康问题的城市设计导则和建筑标准。健康影响评估（Health Impact Assessment）旨在评价某一建筑或规划设计项目对于居民健康的影响，正在成为前策划、后评估的重要组成部分。目前北美已经有十余年健康影响评估的实践经验，在以亚特兰大公园链（Atlanta Beltline）为代表的大批城市建设项目中初见成效。国内外建筑学学者在近10年来已经关注到一系列"城市空间影响健康"的相关机制与实践。根据城市空间所扮演的角色，可以将健康建筑学的关注点划分为卫生/防疫、疗伤/康复、疗法/安慰剂、预防/促进四个维度。这四种思潮，在健康建筑学的理论和实践中先后出现，并在当代并存。

1.4 研究方法

1.4.1 理论研究方式

（1）文献研究法：本课题开始之前进行了大量的理论文献查阅和设计实践案例分析。

（2）用户调研法：本课题对乡村内部所涉及的相关人群进行了用户调研分析，采用了问卷调研、用户旅程分析、用户画像描述等方式。

1.4.2 实践研究方式

（1）实地考察法：课题组选取了道郡村这一场地进行乡建实地考察研究，一是为论文的理论研究做借鉴和铺垫；二是为论文后期设计实践做基础。

（2）实验法：通过对各种空间形式的组合模拟，甄选适宜平疫转化理念在乡村公共空间的应用模块。

第2章 理论演绎

2.1 平疫转化引入乡村

2.1.1 平疫转化理念解析

平疫转化理念的产生于新冠肺炎疫情背景下，疫情的爆发使人类社会遭受了无情打击，给社会的生产、居民的生活带来了较大影响，其间所暴露的公共空间健康性的问题逐渐凸显。在调查传染性疾病防控背景下处于"封锁"状态的武汉时，可以发现居家隔离管理限制了居民的出行范围，这也导致居民参与人际交往和户外锻炼的频率降低，遂逐渐出现消极情绪。研究发现，隔离人员的精神健康明显下降，特别是自主隔离人员的抑郁、压力水平较高。另外重大的突发性公共卫生事件会导致儿童青少年情绪不稳定、注意力涣散、学习效率低、人格发展受到影响。公共空间提供了让人喘息、交往和锻炼的机会，有证据证实邻里环境对居民的身心健康有较为显著的正面影响。因此在疫情防控期间，以及长期常态化的阶段中，乡村公共空间除去满足传统意义上的景观资源之外，还应负起健康传导的重任。

2.1.2 疫后村落居民的行为需求变化

（1）从近自然性到防控疗愈性

蓝绿色空间原本是乡村公共空间中具有生态、游憩和景观功能的主要空间载体，而景观是乡村绿色空间最重要的组成部分，是乡村公共空间设计的核心，不仅具有改善环境、缓解热岛效应、降低噪声污染及改善空气质量等的生态价值，还具有提供休闲娱乐空间、日常交流空间及环境美化的社会效益。然而，回顾新冠肺炎疫情传播初期，正值春节人口大量流动之时，致使疫情传播速度加剧，各地对高风险感染者主要采取医学隔离观察措施，而疑似病例或轻症病例暂时采用居家隔离措施，因此居家隔离管理成为乡村防控的重中之重，乡村蓝绿空间除去满足传统意义上的绿量指标之外，还担负起疗愈的重任，如梅花（Prunus Mume）释放的乙酸苯甲酯与α-蒎烯、β-蒎烯、3-蒈烯等的香气成分会对人的记忆力、想象力和注意力有一定程度的促进作用，迷迭香（Rosmarinus Officinalis）、柠檬草（Cymbopogon Citratus）的香味具有理气解郁的功效，柠檬草是一种常用于汤类、肉类食品的调味香草，据实验证明柠檬草挥发的β-月桂烯、橙花醛、香叶醛、香叶醇等香气成分可以对抗机体的失望行为，具有显著的抗抑郁及杀菌功效，同时该植物在医药应用上，具有健胃、利尿、防止贫血及滋润皮肤的作用。

（2）从亲密性到稳定性

保持社交距离（图2-1）是疫情防控的关键，乡村目前的公共性服务建筑布局过于集中，导致早晚锻炼时段出现潮汐型高密度人流聚集、停车空间不足以及非机动车占用交通干道导致局部交通节点人流拥堵、疫情隔离措施导致的公共空间可容纳人数下降，对于在后疫情时代的村民来说，社交距离是一个怎么逃也逃不开的话题。如何在安全与人际交往之间平衡，这是一个艰难的选择。新冠病毒通过接触传染，因此保持良好卫生习惯，避免不必要接触，保持人与人之间的距离或者隔离，成为最重要的管控手段。

2.2 健康乡村公共空间的转化维度

2.2.1 乡村公共空间概述

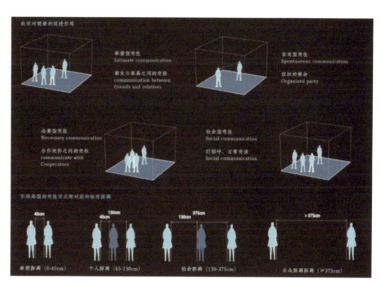

图2-1 人群社交距离

从建筑学领域的角度去看，公共空间是指与私密空间相对立的，服务于任何人，且没有时间限制的场所。因此"公共空间"根据其"公共性"的属性被定义为：与私有空间相对，对所有公民开放，与社会公共生活紧密联系的，并由城市中的实体要素所建构的空间场所。

公共空间在中国广大的乡村地区以多样的形式存在，比如传统乡村公共空间中的入口空间、村口大树、小桥等节点空间，宗教空间；戏台、祠堂、庙宇等公共表演空间，组织村里政治活动和红白喜事的广场空间，都可以成为村民们经常聚集在一起交流的地方。这些场所都具有可自由出入、进行各种社会交往活动和人际活动的开放性特点，也具有村民进行各项日常行为、行为交流固定性、可达性高及多元性特点，还兼顾愉悦身心、提供公共服务、促进社会整合等多重功能，体现了村民的生活情感和社会认同，是乡村村民生活空间的主要载体。

综上所述，乡村公共空间是指：在乡村地域下，对所有村民开放并能够自由进出，并通过村民之间的交往而开展公共活动的空间（室内与室外）载体，与村民的生活息息相关的公共空间场所的总称。具体可细分为入口微空间、公服类空间、游憩类空间、公设类空间以及内部微空间，不同的空间具有自明特性及针对性的转化方式。

空间类型、特性与转换方式的对应关系 表2-1

空间类型	空间特性	转化方式
入口微空间	临近较低等级道路交叉口，对村落内部开放，周边功能以居住为主	功能弹性化
公服类空间	靠近村外主次干道，有开放且具有活力的商业空间，空间形式多样	功能弹性化
游憩类空间	蓝绿空间，与环境关系密切	功能和尺度弹性化
公设类空间	位于村内道路交叉口，公共交通集散中心或公共设施服务处，具有强开放性	功能弹性化
内部微空间	位于村落内部畸零空间，使用人群较为单一，具有向心性和休憩功能	功能和尺度弹性化

2.2.2 健康与乡村公共空间的潜在关系

健康中国项目是自上而下也是自下而上的过程，"共建共享、全民健康"是战略的主题，基层的乡村健康更是健康中国战略工作的重点。健康不仅限于卫生服务和无疾病，也指一种完满的生理、心理及社会健康状态，其中包括社会、经济、环境、生活方式等诸多健康因素（图2-2）。公共空间则是村民生活、居住的地方。作为特定的生活场所，其暗含社区感与归属感。但是城市化及全球化的迅猛发展加强了网络生活的参与度，却削弱了公共空间的重要性。伴随着这种现象出现的还有非健康的消极趋势，如一些慢性代谢性疾病、精神疾病、呼吸暂停综合征等，甚至出现反社会及社会隔离行为，它们均与公共空间的缺失有关。

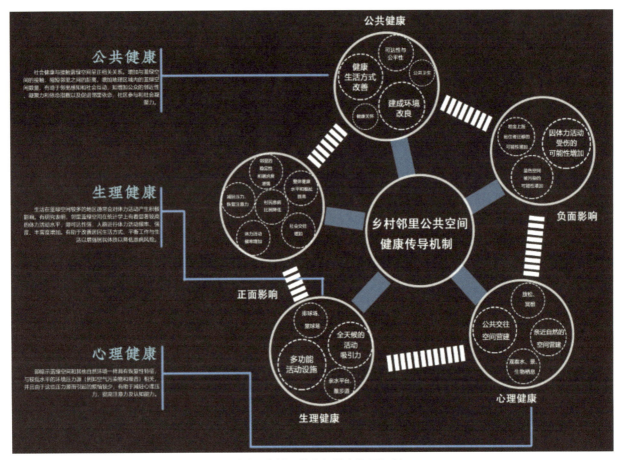

图2-2 乡村公共空间健康传导机制

尽管传染病流行与物质环境之间的关系已为人所知，但人们对于如何开发并规划环境，使得健康增益最大化，同时对生活环境的负面影响最小化的确切理解，仍然出奇的模糊。乡村公共空间在解决这一问题上发挥了重要的作用：它一方面创造了有利于通过体力运动消耗能量的环境；另一方面创造更高品质的情绪能量。这些都为公共、生理及心理健康的传导提供了介入点。在新冠疫情暴发并进入常态化防控的当下，有必要重新从平疫转化的视角，反思乡村公共空间场所营造的策略，以"平疫结合"为原则，设计各类公共空间场所的应急规划设计方案，包括生活场所、快递广场、生活设施、社区临时观察点等各个方面。

2.2.3 乡村公共空间营造的适配场景

基于各类乡村公共空间的特点，根据调查所掌握的平时及疫情的公共空间使用状态，可构建如图2-3、图2-4所示的平时及应急防控下乡村公共空间的适配场景。"平时"状态下，乡村公共空间承载的功能更加多元、灵活而丰富；而在"疫时"防控状态下，则有更多的不同主体流线，大规模集散人流，以及相对集中的事件需要相应的空间作为承载，如快递、存储、集中监测等。

（1）"平时"使用场景

村民以共建共享的方式在公共空间进行健康活动，充分调动了居民的参与积极性和主观能动性，不仅促进了

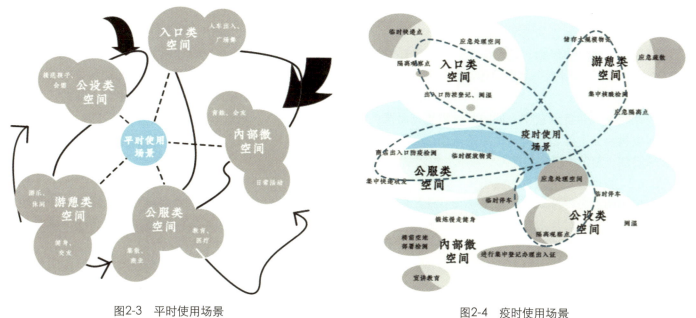

图2-3 平时使用场景　　　　　　　　　　图2-4 疫时使用场景

乡村公共空间的营造，成为村内交往的核心空间、自然教育的载体，承载了行人会面、集散、广场舞、散步、休闲健身、儿童游学等"平时"功能，而且使公共空间成为乡村活力源泉与社会治理支点，在交往、教育、经济和文化等方面发挥着重要作用。

(2) "疫时"使用场景

"疫时"乡村公共空间营造，一方面可以通过视觉、嗅觉等感官缓解居民心理压力，增强各项身体免疫力，成为社区居民压力释放的窗口；另一方面还能够缓解在突发公共卫生事件时期应急处理空间紧张的局面，不仅能够满足城市居民对于隔离观察点的要求，还能为居民提供大规模物资储存空间，成为"疫时"供给的缓冲点。

2.3 本章小结

"未来村"的公共空间不再是微不足道的，它必将整合在安全响应系统之下，成为人与自然和谐共存的载体。通过入口微空间、公服类空间、游憩类空间、公设类空间以及内部微空间5个层面的公共场所进行系统思考。通过平疫转化营造，使其在常规时期，促进村民交流的社会交往，发挥科普教育作用，也能弥补在快节奏、高科技的生活下人类对大自然的向往。在发生突发传染病事件时，成为完整的防灾防疫圈和应急防护链，为相关部门制定防疫期间乡村物资有效供应争取更充足的反应时间。为了应对未来各类不可预见的传染性疾病，平疫转化理念的引入有助于乡村"平时"与"疫时"公共空间的有机融合及可持续健康途径的探索。

第3章 疫情常态化管控下乡村公共空间营造研究

3.1 营造目标

乡村的疫情防控与城市同样重要，乡村控制好了，城市才能真正控制好。在疫情防控期间，以及长期常态化的阶段中，乡村的公共空间都发挥着重要的作用。2020上半年疫情告急期间，大量疫情防控场所都位于乡村的各处公共空间，特别是在入口处微空间搭设帐篷从而完成登记—查证—测温一条龙的工作；在一级应急响应期间，乡村入口及广场还承担了临时观察点、集中取放快递、集中露天购菜等功能；在乡村进行封闭式管理期间，公共场所取代了郊野公园，成为村民散步和游憩的唯一去处；在村庄进行大面积"应检尽检"核酸排查期间，露天场所成为集中核酸检测点；而在疫情减缓，日常生活逐步恢复正常之后，街头露天的场所成为村民交往的首选，通风良好、流线不交叉的小微场地也受到更多居民的青睐。

疫情防控已进入常态化，平疫结合的人群需求是后疫情时代乡村公共空间环境更新必须面对的问题。疫情时公共空间是人们接触最频繁的地域，对空间隔离性需求也较高。本文的目标在于借鉴弹性化设计原理，构建出基于平疫转化的乡村公共空间营造策略，助力乡村疫情防控和公共设施建设，以达到乡村社会—生理—心理一体化健康的境地，从而打牢乡村振兴的基石。

3.2 营造理念及原则

3.2.1 基于人本视角选取公共空间转化点

乡村公共空间的规划、设计与改造是城市规划学科的传统研究领域，学科主要的研究对象为乡村户外实体空间（建成环境），但针对公共空间转化点选择必须从"人本视角"而非"空间视角"出发。城市设计学家崔迪卜·班纳吉（Tridib Banerjee）提出，一个成功的空间是人们乐于使用的高质量空间。公共空间环境与人的感知和行为活动密切相关，并且承载了人们的精神需求。而营造也是包括了共建、共营、共享的系统设计过程，并且需要额外注重以村民为主体。乡村是村民的乐园，任何设计都不能脱离人本视角，任何设计转化点的选择都应以解决乡村实际问题、满足村民真实需求、激发乡村内生动力为初心。

3.2.2 以健康传导过程为指引

乡村内的部分建成环境或自然环境并非影响居民健康水平的直接因素，而是以间接传导、长期潜在的方式，通过生活、出行、就医等影响居民健康。因此，明确乡村公共空间健康风险因素与村民健康结局间的传导关系可以帮助我们更合理地选择转化点，理解风险因素对村民健康的影响。

确定明确可衡量的标准是拟议框架的关键部分。从人本视角出发，以健康传导过程为指引选择覆盖所有与村民日常生活相关的环境（物质环境与社会环境），考虑所有健康结局（传染病、慢性病、急性病、突发伤害）的传导过程，将乡村公共空间与健康影响复杂且多元的关系归纳于公共健康、生理健康、心理健康；同时该分类方式的优点在于各维度间相关性较低、维度内各指标相关性较高，便于精准识别乡建在平疫转化适宜性方面存在的问题，最大限度地根植平疫结合原则，以避免发生不同地域间语境不适用的情况。

3.2.3 以平疫结合为原则

疫情滤镜放大了乡村对"健康"的诉求，随着乡村更新改造成为城乡规划层面实践领域的重点之一，将公共健康的研究成果转换为可以在空间上予以落实的、操作性较高的实施策略也不能脱离平疫结合原则。因其营造理念运用平战结合，非疫情时期为村民提供常见慢性病以及传染病等医疗服务，同时收纳传染病人和普通病人，当疫情来临之时，立刻转换角色，重新划分区域：隔离区、限制区及生活区，分级运转。这类公共空间是乡村应对疫情的主要手段和中坚力量。因此，以平疫转化为导向，按照组织乡村、建设乡村、经营乡村的步骤，进行多元而有活力的场所营造和微更新，是乡村公共空间品质优化的理念基础和基本原则。

3.3 营造重点

空心村，空的是人，然后才是空间的逐渐荒芜。人与空间，是一个互动的过程。人就像一种引擎，若能通过人的活动需求调查，激发这种引擎的内生动力助推乡村振兴，围绕不同情景下乡村公共空间的使用进行弹性响应，这才是我们需要的乡村振兴发展模式。即通过多角度、多主体、乡建系统化服务等一系列协作方法，展开"需求调查—多场景分析—弹性响应"，是疫情常态化管控下乡村公共空间场所营造的三个重点。

3.3.1 需求调查

因地制宜是乡村营造的重点限制。需求调查既要从乡村之外，也要从乡村之内两方面、多视角地进行精细化勘察。而且，乡村是一个完整的社区，也是最接近自然的人类聚落，其中包含了生产、生活、生态各方面的问题，这类问题也需要纳入需求调查，让乡村健康地得到振兴。

3.3.2 多场景分析

疫情常态化防控背景下，需要以"平疫结合"为原则，进行村庄内公共场所空间的再造。"平"时应考虑具备改造周转使用和临时加建的能力，以快速在"疫"时通过改造和临时加建进行拓展，满足乡村对公共服务设施特殊时期的活动内容、活动流线以及活动容量。因此有必要对不同应急响应级别下乡村公共空间可能承担的功能进行多情景分析，基于已有的经验和调查信息数据，制定各类公共空间场所的应急规划设计方案。

3.3.3 弹性化设计

通过功能弹性化和尺度弹性化设计达到场地在不同级别管理模式下的弹性化利用。不同乡村公共空间的属性和现状特征不尽相同，因此，需要在前两点的基础上，结合空间场所的具体特征，进行更有针对性的弹性化设计。对于内部微空间，需着力挖掘其与周边功能、环境和其他公共空间的联系，增强其可达性，进而优化空间品质；对于人流量较大、使用已较为频繁的入口微空间及公服类空间，可采用流线优化、布局调整、功能合理分配等设计策略，重在提高场所的效率和性能；对于以景观休憩为主要功能的游憩类空间及公设类空间，则更强调其休闲景观品质的优化，提升其空间的标识性。

3.4 营造管理及控制

3.4.1 四级情景响应

根据国家规定4个级别的应急响应政策,由Ⅰ到Ⅳ级别分别代表特别重大、重大、较大和一般情景。在未来相当长的疫情常态化防控时期,多数乡村将处于三级应急响应状态,并随时做好升级的准备。对此,乡村公共空间的实施管理也需要分情景进行预案制定。其中,尤其需要关注将在二级乃至一级响应状态下,承担主要功能和主要人车流量的公共空间,如出入口、集散广场、蓝绿空间等,并根据不同的管控范围界定、防疫功能落实、微功能补充,制定详细的使用预案,形成整体规划策略。

3.4.2 完善管理体系

乡村地区的公共空间建设较为滞后,若意将平疫转化成果转化为长久的实际建设,还需要完善乡村公共服务管理体系,通过法律法规设置作为刚性的管控依据,结合公共空间的主体,通过事件运作、引导公众高效率地响应多情景管理,有序推进乡村公共空间平疫转化更新实施。

3.4.3 公共空间设计及使用指引

乡村公共空间的设计本身并不存在高难度,但是需要进行全过程的咨询式设计。一方面,根据不同的情景类型、服务人群和功能使用场景,结合周边城市具体功能,对乡村公共空间的规模、形态、建筑、景观乃至配饰、标识无障碍等专项都进行有针对性的指导和控制。另一方面,影响到乡村公共空间健康效益发挥的,除了详细设计内容之外,更大层面取决于建设完成后如何使用和运营维护公共空间。对此,需要邀请社工介入组织、设计乡村的全过程,与村民共同完成环境治理、空间利用等项目,出台使用指引手册等方式,保障乡村公共空间在设计落地实施之后健康效益的持续。

3.5 案例研究

3.5.1 "平—疫"结合乡村防疫卫生院设计(图3-1、图3-2)

东南大学建筑学院产品研发小组为针对疫情防控问题提出相应对策,尤其是在医疗资源相对紧缺的农村地区,建立"平—疫"结合可周转自保障型卫生院,能够有效发挥"战备防线"的职能,为筛查、医学追踪、预检分诊和转诊工作提供有力保障,把疫情对人民群众的影响降到最低。为乡村卫生院采用了单元化、模块化的设计方法,针对各个乡村规模和实际需求进行单元模块组合设计,灵活应对疫情防控和后期使用。

"疫"时,农村卫生院建筑产品重点实现分类统计、预检筛选、轻症患者隔离治疗和重症患者转运功能,助力农村地区完成疫情防控工作。主要分为医疗空间单元、隔离病房空间单元、后勤保障空间单元、可移动影像检测医疗模块、光伏系统模块、平时污水处理模块和污染污水处理模块等;在"平"时,经全面消毒处理可改建为村民活动中心,分为村民服务大厅空间单元、村民文化活动空间单元、村委办公空间单元、光伏系统模块和平时污水处理模块。通过"平—疫"结合的建设模式和使用模式,避免一次性使用后拆除和重复投资的情况,节约资源和建设成本,防控疫情的同时推动乡村管理模式的提升,促进乡村振兴事业的发展。

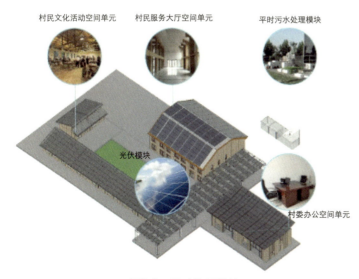

图3-1 平时使用模块
(来源:《新冠防疫时期东南建筑学者的思考(三)》)

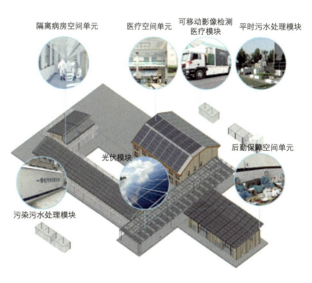

图3-2 疫时使用模块
(来源:《新冠防疫时期东南建筑学者的思考(三)》)

3.5.2 平疫结合的菜场改造（图3-3、图3-4）

东南大学团队"紫金奖·建筑及环境设计大赛"银奖获奖作品——生活与生鲜，围绕疫情期间"买菜难"引发了思考，并就老旧小区菜场健康转型，展开实地调研，了解进香河集贸市场的居民生活现状，以及周边店铺的业态和效益，并同南京各类菜场进行对比。同时也走访卖菜人、买菜人以及周边社区居民，最终提出以"弹性单元微介入"的方式，使得菜场可以建立一个弹性系统，既可以弹性应对疫时防控需求，也可以通过平时设施提升改善邻里空间品质。

图3-3 平疫结合情景
（来源：第七届"紫金奖·建筑及环境设计大赛"）

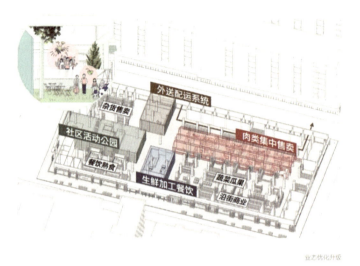

图3-4 优化分区、业态、流线
（来源：第七届"紫金奖·建筑及环境设计大赛"）

方案针对买菜人、卖菜人、居民、社区的健康问题，提出了应时而变的菜场弹性改造策略。作品从弹性空间出发，可以实现从日常活泼多变的邻里空间，到疫情传染期高组织性的单向流线空间，再到疫情暴发期杜绝干扰的集中分配空间的无缝切换。设计给出了平疫转化的具体方式，同时着眼细节，引申出具体到单元的拆解变化方式，考虑全面，有切实落地的可能。

3.6 本章小结

公共空间承载了乡村市民最为日常的活动和需求。在新冠疫情暴发并进入常态化防控的当下，有必要重新从平疫转化的视角，反思乡村公共空间场所营造的策略，基于人本视角，以健康传导过程为指引，以"平疫结合"为原则，进行公共空间营造。侧重"需求调查—多场景分析—弹性响应"机制，合理制定各类公共空间的应急预案，结合四级情景响应、完善管理体系、公共空间设计及使用指引，完善各区域可达性配比，持续性地制定应急空间改造计划。此外，在案例研究中发现部分公共空间设计理念比较先进，其在设计之初便已考虑平时与疫时的转换使用，具有落地性，可为设计实践提供理论依据。

第4章 海口市美兰区道郡村公共空间营造

4.1 调查与分析

4.1.1 琼北乡村现状调查

海南省政府正在全面推进乡村振兴。琼北乡村振兴工作开展是海南省最多的。琼北共有39个乡村居民点入选全国需要保护村庄名单，占海南列入总数的83%，其中入选比例最高的海口和澄迈共占28个村庄。琼北乡村具有独特的"村落群"和文化，大部分都在火山群世界地质公园、海口南部生态廊道、自然保护区和湿地等生态保护红线内。其有自己的发展特点，也有相互关联，相对于其他地区更有研究价值。

本次课题研究地点为琼北道郡村。通过现场调查和数据整理收集，可以发现我国乡村的疫情防控工作仍困难重重。许多有特色的乡村景观正在消失,许多不适当的建设正在进行中,这些行为大多数是不可逆转的。如果引导不当,将会造成很大的伤害。

4.1.2 海口市道郡村调查报告

道郡村属于具有传统特色的原生态村落。这样的乡村景观具有独特的特色。由于地处偏远,发展缓慢,破坏较少。主要问题是经济落后、空心化、老龄化严重。此外,村民疫情防控意识仍较薄弱,部分村民仍有聚集现象。

从历史文脉来看,该村底蕴深厚。村内有许多名人故居,现存房屋上还保存着精美的砖雕、石雕。此外,该村还从种植水稻的文化中产生了"祭祀"的信仰活动,并由此衍生出许多有关的祭祀空间。

从建筑形制来看,聚落坐北朝南,多开廊横屋,呈"外闭内畅,合聚而居""顺应自然,简朴纯真""拒外纳内,隐忍闲适"的态势。主要有海南最高级别武官——清代吴元猷将军故居(海口市重点文物保护单位)。故居沿袭传统风格,拥有三间大厅和两个封闭的开放式庭院,面积约5000平方米,至今已有150年的历史。还有一个封闭的庭院式布政司故居。全村的传统建筑大多始建于明清时期,建筑结构以火山石和木材为主,大多数传统建筑已被户主维修改造。

从自然风景来看,该村前山后水,三面环坡,面临大塘,大塘外是大片稻田,田间有小河,村中有参天古树、古井、绿树成荫、空气清新。

4.1.3 思考:从平疫转化入手

现阶段需要解决突发公共卫生事件暴露出的乡村卫生防御功能、应急管控机制先天缺失的两个问题。产生这些困难的根本原因是空间功能的单一化以及当地村民和游客获得感、幸福感和安全感的缺失。因此,在设计道郡村公共空间时,需要建立一个由居民所具有的生产、生活的客观条件以及需求感知等因素共同作用而产生的个体对自身生命、健康存在与发展状况的中性心理体验设计体系。流程包括选点、推演、实施或修复、容错、修正、开放设计等全过程,这样可以建立合理的反馈,真正做到"以人为本"。

4.2 设计实践

设计实践不是选择全村,而是根据历史文化,重点选择古民居区域作为主要设计范围(图4-1)。总面积23299.5平方米,内有两座名人故居——吴元猷故居和布政司故居。普通房屋141间,不可移动建筑、废弃建筑、新建建筑及使用中建筑分布情况如图所示。该区域还拥有丰富的自然美景,包括水体、斜坡、池塘、古树、古树和植被等。

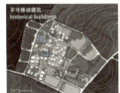
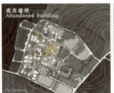

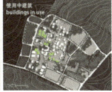
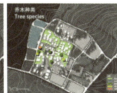
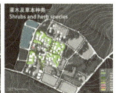

图4-1 道郡村建筑景观分布图

4.2.1 研究思路

提出以乡村空间为独立性防御单元的危机应对体系以及具体的应对方案。

(1)疫前预防布局

疫前合理利用村内人文与自然要素,构建具有防御能力的乡村物质空间体系(如生态空间、生产空间等)和非物质空间体系(如文化系统、信息系统等),保证乡村在公共卫生事件应对过程中能够稳定、正常地发挥其基本功能,如维持危机时期基本生活需求的农业生产行为,必要时还应该能够实现基本功能的正效溢出机制。营造积极向上的危机应对氛围,以稳定的基础服务体系来提升乡村五种空间公共空间的疫前防御机能。

(2)疫中统筹管控

立足乡村公共空间的实际情况,结合宏观层面的指导建议,建立适合乡村的突发公共卫生事件的"触发—激活"模式,以及对应的疫中空间转化策略,为居民提供舒适的临时办公场所,加强社区环境韧性。

(3)疫后健康恢复

乡村居民的恢复行为具有高频率、耗时久和范围广的特征。建立覆盖全年龄段的心理干预和情绪调控空间,注意具有不同行动能力和行为能力的人群，为其提供适用的公共空间，对休憩环境的影响要素进行重构。运用弹性、健康的设计理念去改善现有乡村公共空间环境，可以为疫后健康恢复环境改造提供一种新的研究视野。

4.2.2 方案概念

乡村在疫情冲击下无法完全依赖外界援助，自身具备对灾害的预警和协调能力，其空间环境与社会结构具有良好的灾前准备、灾中适应及灾后恢复功能。对传染病灾害而言，疫情暴发时，乡村公共空间应满足居民生活的主要需求，如初诊、购物（饮食、生活物品）等；平时则需要有增强防疫能力的功能，如医疗、锻炼等。

项目历史文化底蕴深厚，多为前古民居。这些资源非常脆弱，所以景观设计作为重点，建筑作为次要重点，通过局部修复来保护其完整性，将保留下来的部分建筑改造为"平时"使用的农具展馆，让学生更好地了解当地农具。

同时，在疫时设计上尽量保护村里最珍贵的建筑遗产，进行优化设计，充分考虑到村民和游客的安全，弹性设计村落入口微空间、公服类空间、游憩类空间、公设类空间以及内部微空间，更好地连接景观节点，增加村庄风光的变化程度。它还为村庄带来了商业空间，加强多元社群组织，改善了基础设施，以村民为导向，最终构建社区共同体。

4.3 疫情常态化管控下道郡村需求及痛点

4.3.1 道郡村公共空间的类别与各方参与者的角色分析

根据前文的理论推演出来的五种空间细化至道郡村，即村落入口微空间（道郡村多功能入口广场），公服类空间（道路、商业空间），游憩类空间（近自然、亲水空间），公设类空间（健身、休憩场地）以及内部微空间（畸零角落）。

各方参与者的角色涉及政府、村民以及建筑师三方面。政府方面的政策与资金支持是项目开展的源动力。其次，对于公共空间的建设，现在政府都会建议村落营建一个娱乐活动广场或乡村图书馆，这也为项目在疫时转换为大型集散中心提供了落地性。道郡村公共空间是关系到当地村民切身利益的项目，在方案的交流和协商上都应该进行有效控制，在营建完成后，村民也应对公共空间转换点的使用情况进行反馈，为后续空间再造总结经验。最后就是设计师的协调作用，设计师在乡村项目中应区别于传统项目，更多地扮演协调及把控角色，以乡村的思路去解决问题（图4-2）。

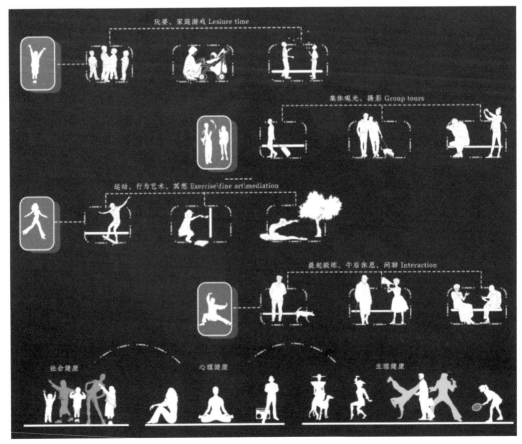

图4-2 参与者及其需求分析

4.3.2 道郡村公共空间营造的项目诉求

(1) 对健康空间的需求

道郡村原有居民大量外迁，导致原有村民分散地分布在场地各处，各户之间略有距离，没有形成高使用频率且有效的公共空间，少量使用的公共空间健康效益并不明显，村民之间的交往也逐年减少，乡村呈现萧条及凋敝的氛围。为此，我们希望将这片区域废旧且对未被使用的大量房屋进行重新规划和设计，通过大型公共空间的介入来提升乡村活力，以弥补公共空间"疫时"转化困难、"平时"场地缺乏的困境。

(2) 对当地经济的担忧

传统的乡村都是以种植农作物为当地的主要经济手段，而通过废旧房屋搬迁后，可以考虑一种新型的、趣味性的农作物种植方式，将农作物种植过程引申为观赏点。同时，由于当地具有独特的建筑材料，可以建立科普主题的废墟观赏园区，当地良好的自然环境资源也为游客的选择提供了指向性。这些方式都是乡村创收的手段。

(3) 对村落风貌的诉求

通过我们的现场调研，发现场地内的吴元猷和布政司故居不管是从建筑形式还是建筑材料和构造选择，都具有鲜明的当地特征，所以设计试图将这种方式保留下来，作为对原有风貌的一种尊重，最大化地创造出原有的村庄特色，减少村民在空间交往交流中的隔离感与陌生感。

4.4 对策——道郡村转化点公共空间设计

4.4.1 对公共空间的形态设计

(1) 适宜的街巷尺度

本设计除了考虑到设置三种尺度的街巷空间：车行道、人行道和景观步道之外，还设置了带有喷淋系统的彩虹廊道，通过多彩的色彩为整个道路系统带来活力。廊道金属管材表面采用了两种隔热材料，隔热效果更好，保障行人安全。同时，管道上还有喷淋系统。道郡村一年四季气温都比较高，所以"平时"这个系统可以给人们降温，尤其是在夏天。特别是在走廊的地下设计了一个水箱。当地表温度达到预设温度时，它会自动开启，电动水泵将水输送到彩虹走廊，然后地下水通过管道喷口和过滤器向内部喷洒水雾。此外，"疫时"还可作消毒喷雾系统使用。

(2) 丰富的街巷界面

街巷的界面是最能反映这个乡村特征的重要方面之一，传统的乡村街巷空间也是随着乡村的发展自然发展过来的，是按照建筑的自然生成所形成的连续界面。所以在街巷侧界面的考虑上，首先我们将街巷按照自然叶片的样式进行设计，形成自然的曲线形；其次通过废墟菜园在原有废弃建筑的基础上简单加固，再搭配植物，打造景观节点，有助于居民及游客体验户外教学课程。

(3) 点状空间的设置

根据对乡民的走访和公共空间的前期调研，我们发现整个村落缺少蓝色空间。河流干涸且被步道分割成两个部分，因此设计通过下沉式圆形步道，不仅将其作为点状交通，更希望将其作为整个村落"平时"的集会场所和"疫时"的应急场所，此外通过巨型构筑物的遮挡，使其在天气条件不好的情况下也可以使用。

4.4.2 对公共空间的建构设计

(1) 对当地材料的最大化利用

乡村营造区别于城市营建，成本和造假限制了其发挥空间，所以要尽量选择经济食用的乡土材料。根据实地调研发现，当地黑石砖、灰瓦、菠萝蜜树、老椰子树、海棠树以及灰格地板资源较为丰富，设计试图在整个空间及景观布置中运用这些材料，一方面节省了成本和造假，另一方面将当地材料运用到新建建筑中，保留原有建筑的特征，充分体现在地性原则（图4-3）。

(2) 乡村空间的适时转型

传统乡村面临着从传统农耕生产转向工业化信息化社会背景下的产

图4-3 当地本土材料

业转型问题，乡村空间也应该向着工业化和信息化方向转化。如何将适应时代的构筑物整合到改造的传统空间当中？如何把现代的构筑物设计在传统的乡村格局中？这些问题都需要设计合理地介入到空间当中。

4.4.3 对公共空间的景观设计

(1) 当地自然作物的植入

经过我们前期的调研发现，道郡村有着丰富的稻田资源，所以设计希望将这个具有强烈地方特征的景观植被引入此次设计。由于地理条件的限制，设计方案根据地块的大小，将平坦且面积较大的地块种植农作物，安置在公共空间周边。

(2) 可食景观的多样设计

为了保留村民的耕作传统，设计将可食地景与智能化种植系统结合在一起，打造一个球形智能空间，表面采用透明材料，室内使用滴灌系统、智能恒温系统和湿度系统，水可以通过地面直接倒入透水路面。"平时"供学生和游客获取知识，孩子们可以从房间里的触觉、嗅觉、视觉、味觉等感官系统中学习概念，增强他们对植物的认识，每株植物旁边的二维码让学生更好地了解植物的生长习性。"疫时"可以作为蔬菜补给和应急隔离点。

(3) 生态系统的正向循环

为了保持村庄的可持续发展，设计考虑了三类植物系统，分别是农田植物系统、山地森林植物系统和花田植物系统。农田植物系统由村民的农作物和可食地景组成，两者构成农田植物系统。农田水稻种植区可以为昆虫提供良好的生长环境。同时，农田植物系统还可以提供更好的地表径流环境和良好的观赏性。

山地森林植物系统由山地和林地组成。山地森林植物系统是一个人类干预最少的生态系统，它保持着原始的自然风貌。它是一个优良的动植物生长地，也是主要过滤二氧化碳等有害气体的系统，能够为村庄提供源源不断的新鲜空气。

花田植物系统主要由人造花田组成，结合周围的树林，构建一个花田植物系统，有利于户外教学。

4.5 本章小结

平疫转化介入下的乡村公共空间营造是一个由内而外的自发营建。在乡村进行公共空间设计与城市中的公共空间设计不同，乡村需要考虑许多因素，如经济、人力和村民的需求，需要各方的共同协调。对道郡村以平疫转化为导向进行研究，从琼北村落到项目区域的调研，系统梳理了项目的空间类型、参与者与诉求，并以此提出设计对策，以期让任何学术背景的后来者都可以快速加入调研项目中来。

第5章 结语

本文所述调研项目设计具有如下特点：

(1) 调研内容和调研目的源自国外已有经验的相关学科理论和研究调查，贴合乡村实际情况设计的转化空间使得平疫导向有了更明晰的目标。

(2) 解析了平疫转化理念以及乡村公共空间的含义和分类，通过转化维度、潜在关系、适配场景三种空间联系使得实际空间体验具有具体的传导指向。

(3) 调研项目的评分内容脱胎于邻里可持续规划建设工具书《塑造邻里——为了地方健康与全球可持续性》，具有一定的先进性，在某种程度上可作为改善现有健康设计问题的方向参考。

本次调研中还发现了现有和未来的乡村公共空间应对重大突发疫情时的平疫转化方式有待更加细致的分析。希望本次调研的成果能够从健康传导设计的角度发现系列问题，提升乡村公共空间的抗"疫"能力。

参考文献

[1] 马楷轩，张燚德，侯田雅，等. 新型冠状病毒肺炎疫情期间隔离人员生理心理状况调查[J]. 中国临床医学，2020，27 (1)：36-40.

[2] Coutts C. Green Infrastructure and Public Health in the Florida Communities Trust, Public Land Acquisition Program[M]// Department of Urban and Regional Planning Faculty Publications，2011.

[3] 李少闻，王悦，杨媛媛，等. 新型冠状病毒肺炎流行期间居家隔离儿童青少年焦虑性情绪障碍的影响因素分析[J]. 中国儿童保健杂志，2020，28 (4)：407-410.

[4] 房木生. 乡村社区空间的再造设计[M]. 北京：中国建筑工业出版社，2019.

[5] 休·巴顿，马库斯·格兰特，理查德·吉斯. 塑造邻里——为了地方健康与全球可持续性[M]. 唐燕，梁思思，郭磊贤，译. 北京：中国建筑工业出版社，2017.

[6] 丁姿，吕晓荷，栾和新，李煜. 后疫情时代的社区治理与居民安全感[J]. 建筑创作，2020（4）：203-209.

[7] 李煜. 健康建筑学：从卫生防疫到健康促进[J]. 建筑创作，2020（4）：10-19.

[8] 王欣宜，汤宇卿. 面对突发公共卫生事件的平疫空间转换适宜性评价指标体系研究[J]. 城乡规划，2020（4）：21-27，36.

[9] 王磊，孙君，李昌平. 逆城市化背景下的系统乡建——河南信阳郝堂村建设实践[J]. 建筑学报，2013（12）：16-21.

[10] 谢丹. 琼北乡村聚落空间形态解析[D]. 海口：海南大学，2015.

[11] 梁思思. 平疫转化导向社区小微公共空间场所营造研究[J]. 建筑创作，2020（4）：97-103.

[12] 刘灵，江立敏，后疫情期基础教育校园设计思考——打造校园内部安全岛[J]. 建筑实践，2020，（5）：36-41.

[13] 梁思思，费晨仪，姜洋. 从"场地设计"到"场所营造"：城市准公共空间优化策略实证探讨[J]. 北京规划建设，2021（1）：57-63.

[14] 贺慧，张彤，李婷婷. "平战"结合的社区可食景观营造——基于传染性疾病防控的思考[J]. 中国园林，2021，37（5）：56-61.

[15] 滕伟. 平疫结合需求下的综合医院建筑改造设计研究[D]. 北京：北京建筑大学，2021.

海口市道郡村公共空间优化设计
Public Reconstruction Design of Daojun Village, Haikou City

一、设计指引

1. 设计策略　平疫转化，满足多功能需求

· 平时设计策略　　　　　　　　　　　　· 疫时设计策略

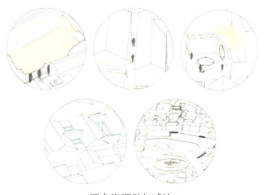

现有资源做加减法

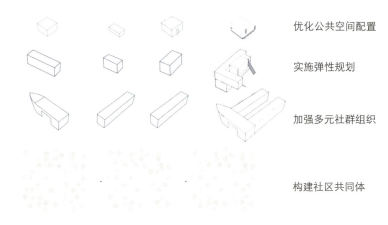

优化公共空间配置

实施弹性规划

加强多元社群组织

构建社区共同体

2. 设计指引　功能和尺度弹性化

功能弹性化

尺度弹性化

3. 空间需求

二、整体规划

图例示意图

三、空间深化

1. 落叶飞檐　贯穿空间，增强可达性

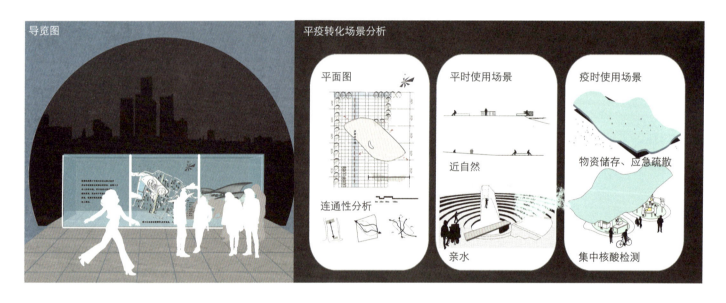

局部效果图

2. 蔬菜星球　多重利用，构成新空间

3. 可食地景　再利用空间，重构旧建筑

4. 彩虹廊道　叠级空间，增加新功能

彩虹走廊通过五颜六色的色彩给整个道路系统带来了活力。金属管表面使用两种隔热材料，以更好地隔热，确保行人的安全。

廊道内外结构

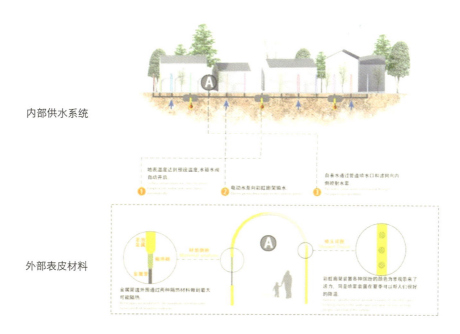

内部供水系统

外部表皮材料

5. 生态系统　促进可持续发展

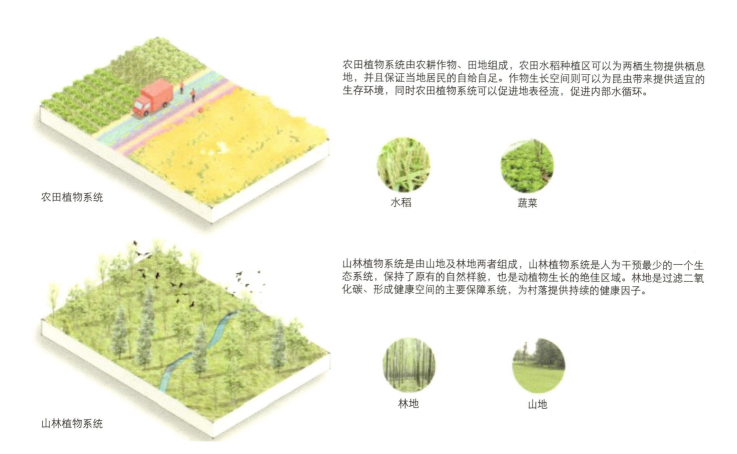

农田植物系统

农田植物系统由农耕作物、田地组成，农田水稻种植区可以为两栖生物提供栖息地，并且保证当地居民的自给自足。作物生长空间则可以为昆虫带来提供适宜的生存环境，同时农田植物系统可以促进地表径流，促进内部水循环。

水稻　　蔬菜

山林植物系统是由山地及林地两者组成，山林植物系统是人为干预最少的一个生态系统，保持了原有的自然样貌，也是动植物生长的绝佳区域。林地是过滤二氧化碳、形成健康空间的主要保障系统，为村落提供持续的健康因子。

林地　　山地

山林植物系统

6. 入口空间　微更新

祭祀空间　　健身、锻炼　　亲近水景

辅助空间　　古树保护　　运动

7. 设施设计　趣从中来

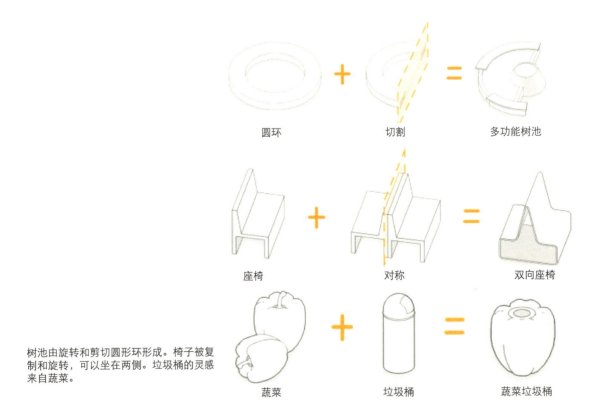

圆环 + 切割 = 多功能树池

座椅 + 对称 = 双向座椅

蔬菜 + 垃圾桶 = 蔬菜垃圾桶

树池由旋转和剪切圆形环形成。椅子被复制和旋转，可以坐在两侧。垃圾桶的灵感来自蔬菜。

道郡村传统风貌建筑保护与更新设计研究

Research on the Protection and Renewal Design of the Traditional Style Building in Daojun Village

海南大学
朱懿
Hainan University
Zhu Yi

姓　　名：朱懿 硕士研究生二年级
导　　师：谭晓东 教授
学　　校：海南大学
专　　业：艺术设计
学　　号：19135108210030
备　　注：1. 论文　2. 设计

道郡村传统风貌建筑保护与更新设计研究
Research on the Protection and Renewal Design of the Traditional Style Building in Daojun Village

摘要：中国传统村落已有几千年的历史，分布广泛，数量繁多，传统村落风貌建筑是乡土文化的体现，同时受到不同地域的影响。随着城镇化进程的加快，我国传统风貌建筑及文化面临逐渐消失的风险，海口市道郡村传统风貌建筑具有典型的琼北民居特色，具有历史文化价值，由于未及时保护修复，目前正面临荒置的处境。

本文首先梳理了国内外传统风貌建筑保护与更新设计的相关文献与案例，进而对道郡村相关规划和现状展开研究；其次，通过对道郡村传统风貌建筑进行实地调研，分析总结道郡村传统风貌建筑的类型、地域和文化特征。结合相关的规划及村民改造意向提出对应策略，总结道郡村传统风貌建筑在保护方面现存的问题，提出当代使用需求的保护与更新设计方法。

关键词：道郡村；传统风貌建筑；保护；更新设计

Abstract: Chinese traditional villages have a history of several thousand years, which are widely distributed and numerous. The traditional village style and feature architecture is the embodiment of local culture and influenced by different regions. With the acceleration of the urbanization process, China's traditional style buildings and culture are facing the risk of disappearing gradually. The traditional style buildings in Dao Jun village of Haikou city have typical characteristics of Qiongbei folk houses, and have historical and cultural value. Because they have not been protected and restored in time, is now facing a barren landscape.

This paper first sorts out the relevant literature and cases of the protection and renewal design of traditional style buildings at home and abroad, and then studies the relevant planning and current situation of Daojun village, this paper analyzes and summarizes the types, regions and cultural characteristics of the traditional style buildings in Daojun village. Based on the related planning and the villagers'rebuilding intention, this paper puts forward the corresponding strategies, summarizes the existing problems in the protection of the traditional style building in Daojun village, and puts forward the protection and renewal design method of the contemporary use demand.

Keywords: Daojun Village, Traditional Style Building, Protection, Renewal Design

第1章 绪论

1.1 研究背景

1.1.1 社会背景

近年来，随着城镇化进程加快，大量传统风貌建筑消亡，历史遗迹遭到破坏。因此，保护与更新传统风貌建筑迫在眉睫。国家实施乡村振兴战略给传统村落建设提供了契机，我们需要重新唤醒乡村发展的活力，实现乡村的可持续发展。乡村建设应该各具特色，坚持因地制宜，尊重村民意愿，突出地域和农村特色，保护传统风貌建筑。

1.1.2 文化背景

传统风貌建筑的保护虽然受到国家的重视，但因客观条件限制，没有取得应有的效果。海南省海口市的道郡村传统风貌建筑建于明代，是历史文化的重要组成部分，同时也是不可再生的建筑文化资源。由于近年来人为、自然等因素影响，该村落原有的文化风俗面临日渐式微的困境，村民流失和乡村生活缺乏活力，导致传统村落"空心化"问题日益严峻。随着现代生活方式和生活品质的提高，大量的传统村落和民居无法满足当代人的需求，落后的基础设施和生活环境使得村落文化活力迅速衰退，成为当前传统村落衰落的主要原因。因此，亟须我们寻找一条适合传统风貌建筑保护与更新的出路。

1.2 研究目的及意义

1.2.1 研究目的

在乡村振兴背景下，一方面，国家加大资金进行传统村落的保护和基础设施改造；另一方面，以发展旅游为目的的古村镇"拆旧建新"和"开发性拆除"等问题层出不穷，传统建筑风貌的保护与更新尤为重要。由于传统建筑社会关注度较低，传统风貌建筑被放任荒置，风貌衰败，传统建筑已不能满足现代生活居住需求。因此，亟须对村落传统风貌建筑进行保护与更新设计，既要维持建筑风貌，又要在此基础上更新使用功能，满足现代化生活需求。本课题主要研究目的如下：（1）从村落整体风貌保护层面，针对道郡村建筑现存的问题和不足，探讨与提出解决的方法和措施；（2）从建筑层面，在坚持原真性保护理念下对道郡村传统风貌建筑的外观及功能布局进行研究；（3）从营造技艺层面，通过对道郡村传统建筑空间、街道景观、周边环境等进行更新设计，体现其建筑文化内涵。

1.2.2 研究意义

项目选取海口市道郡村传统村落建筑，基于对传统风貌建筑调研和现状测绘的基础上，提出传统风貌建筑可持续发展的建议，探讨在新时期、新时代，既能维持村落传统建筑风貌，同时又满足现代生活的需求。本课题主要研究意义为以下三个方面：（1）系统梳理国内外传统建筑保护与更新的理论及研究成果，为后续对传统风貌建筑保护与更新策略提供基础资料，具有理论指导意义；（2）有利于延续道郡村传统建筑风貌，促进地域文化持续发展，使人们了解道郡村传统建筑的历史、建筑价值，加深对于传统建筑保护意识；（3）目前海南省针对传统风貌建筑的研究成果较少，本研究希望能充分发掘传统风貌建筑研究学术价值，为补充和完善海南省传统风貌建筑研究做出贡献。

1.3 研究对象及相关概念

1.3.1 研究对象

本课题研究针对海南省海口市江东新区道郡村传统风貌建筑改造、景观空间重塑、建筑文化延续、建筑与周边环境协调性等问题，提出传统风貌建筑保护与更新设计方案。通过对建筑修缮和风貌更新，实现传统建筑的多元化利用，在保护与更新方面找到结合点，缓和村落保护与更新之间的矛盾。因此，本次课题以道郡村为研究实践对象，对道郡村传统建筑的保护与建筑周边环境的改善提供方案（图1-1）。

1.3.2 传统风貌建筑

传统风貌建筑是历史文化名城、名镇、名村的保护内容之一，是一种可以反映城市或村落的历史文化、民俗文化以及时代和区域特色的建筑物，是城市、街区或村落传统风貌的重要组成部分。就国外而言，西方对文化遗产积累了大量研究，从19世纪60年代至今，随着对旧有建筑研究的不断深入，其价值定义仍在不断更新补充，现在的旧有建筑已按历史价值等级分为多个类型，但都可将其统称为历史风貌建筑；就国内而言，在我国2018年颁布的《历史文化名城保护规划规范》中将历史风貌建筑分为四类：文物保护单位、历史建筑、传统风貌建筑、其他建筑物。其中对传统风貌建筑的定义为除文物保护单位、历史建筑外，具有一定建成历史、对整体风貌特征形成具有价值和意义的建筑物。由于国内对传统风貌建筑的定义较为宽泛，所以本文重点强调的是道郡村中旧有的传统风貌建筑，包括文物建筑和历史建筑等具有传统风貌特色的建筑群体。

1.3.3 保护与更新

1976年在内罗毕通过的《关于历史地区的保护及其当代作用的建议》，对"保护"的定义为：对历史或传统地区及其环境的鉴定、保护、修复、修缮、维修和复原。在建筑领域，"更新"是指对城市中某些经济衰落、房屋建筑年久残旧、市政设施落后、居住质量较差的地区，进行产业模式和人口分布的适当调整，以达到生态环境质量、社会经济效益以及居民生活质量的改善和提高。本文所指的保护与更新，是指不破坏原始风貌，使传统建筑在更新后既能满足新时代的技术规范和生产生活的使用需求，也能够继续延续原有的历史风貌。本文主要是对道郡村传统风貌建筑进行保护与更新设计研究，延续构筑物及周边环境的原始风貌，塑造符合现代村民居住的场所，传承历史文化与脉络。

1.4 国内外研究综述

通过近几年相关检索可以看出，学术界乃至社会各界对传统风貌建筑的关注度不断增加。我国学者对传统村

图1-1 道郡村整体布局

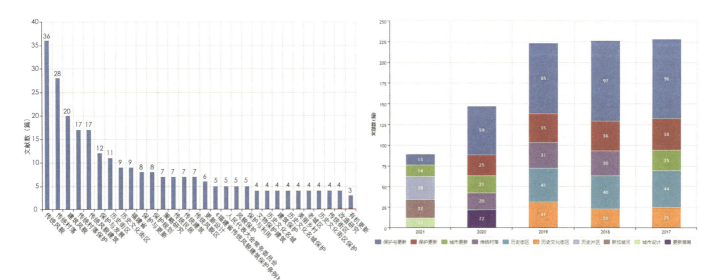

图1-2 传统风貌建筑相关论文数量

图1-3 传统风貌建筑相关论文数量

落的研究文献数量也在逐年增加（图1-2、图1-3）。

传统风貌建筑是我国建筑中不可或缺的部分，对其研究不仅能了解传统建筑的发展，亦能思考传统建筑未来的走向。海南省目前有64个村落被评为中国传统村落，具有丰富的资源。根据中国传统村落名录所显示的数据统计，海南省传统村落分布在海口市、三亚市、琼海市、文昌市、东方市、定安县、澄迈县、琼中县、昌江黎族自治县、乐东黎族自治县等地区（图1-4）。

从图1-4中可以看出，海口市和澄迈县的中国传统村落数量相差不大，分别在第四批和第三批中国传统村落达到海南省数量的最高值，海南中部、西南部各市县比较零散。据海口市文物局资料，海口市各级文物保护单位有123处。其中，道郡村内吴元猷故居、吴氏宗祠均在名录内，从这一方面可看出，道郡村传统风貌建筑具有极大的研究价值。

据中国传统村落名录统计，海口市一共13个村落被评为中国传统村落。其中，道郡村入选第四批中国传统村落名录，通过中国知网检索，还尚未有专家学者对其进行深入研究。

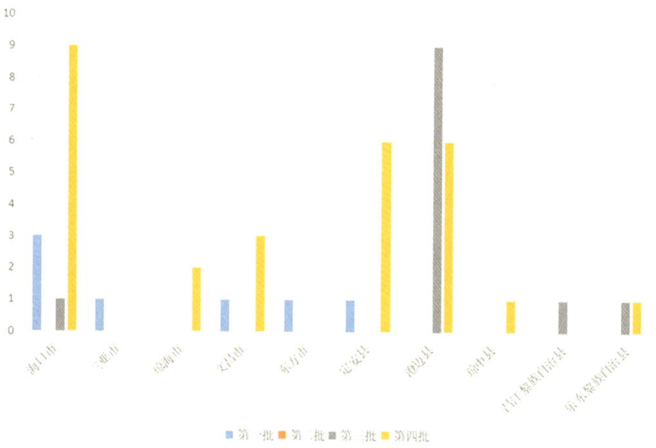

图1-4 海南省传统村落地区数量分布

1.4.1 国内研究现状

由于我国20世纪80年代城市发展加剧了对传统建筑的破坏，传统建筑在逐年减少，因此政府开始重视对传统建筑的保护问题，同时也出台了相关保护的法律规章制度，20世纪90年代开始对我国传统建筑保护与更新等进行深入研究（表1-1）。

国内传统建筑相关规章制度　　表1-1

时间	名称	主要内容
2005年	《国务院关于加强文化遗产保护的通知》	充分认识保护文化遗产的重要性和紧迫性
2008年	《历史文化名城民村保护条款》	历史文化街区、民镇、民村核心保护范围内的历史建筑，应当保持原有的高度、体量、外观形象等
2015年	《中华人民共和国城乡规划法》	旧城区的改造，应当保护历史文化遗产和传统风貌，合理确定拆迁和建设规模，有计划地对危房集中、基础设施落后等地段进行改造
2017年	《中国文物古迹保护准则》	文物古迹的利用必须以文物古迹安全为前提，以合理利用为原则，文物古迹的保护是对其价值、价值载体及其环境等体现文物古迹价值的各个要素的完整保护

我国传统风貌建筑保护在国家文物保护机构的领导下，逐步完成对其修缮和保护，同时由于客观条件限制，缺乏保护力度和保护措施，处于被动的局面。此后，在专家的呼吁下，我们开始探索建筑保护，制定保护的措施和政策，立足于对村落环境及传统建筑进行更新。国内涌现了众多传统风貌建筑保护与更新的文献资料，大多着力提高人居环境，进一步完善基础设施，历史风貌得到保护和延续，文化遗产得到有效保护和开发利用，笔者对建筑保护与更新的相关文献做出如下整理（表1-2）。

国内传统建筑保护与更新相关文献　　表1-2

理论来源	作者	主要内容
《历史文化名镇名村保护中的建筑分类策略研究》	张弓，霍晓卫，张杰	应注重对历史村镇中单体价值不高，但对整体聚落风貌影响重大的"一般传统风貌建筑"的保护
《东莞南社村传统风貌建筑更新活化研究》	刘子迪	提出传统风貌建筑在历史文化名村中占比大，其风貌的整治对整个村落风貌更新效果起到重要影响
《历史文化街区中传统风貌建筑的更新设计研究》	陶醉	提出对进贤仓街区内传统风貌建筑更新设计研究，为其他同类型的传统风貌建筑更新提供参考，填补了我国对此类建筑研究的空缺

1.4.2 国外研究现状

西方对于传统建筑的重视，大约从文艺复兴时期开始算起。文艺复兴发源于意大利，当时所建造的建筑以古罗马时期的作为参考。也正因如此，人们开始慢慢形成保护古建筑的意识，并对具有艺术价值的建筑物实行保护。从文艺复兴时期一直到19世纪，此阶段出现了多种建筑形式的复兴，如意大利的文艺复兴、法国的古典主义，以及后来的哥特复兴、新古典主义等，都是向历史学习的过程。人们意识到传统建筑具有不可再生的历史文化价值，因而19世纪末颁布了对历史建筑保护的相关法律条文，成立了相关的保护机构，自愿形成了民间保护团体等。同时对历史建筑保护方法、策略、措施以及再利用等方面展开了实践和研究（表1-3）。

国内传统建筑保护与更新相关文献　　　　　　　　　　　　　　　　　　　　　　　　　　表1-3

时间	地点	名称	主要内容
1904年	马德里	《马德里会议建议》	活古迹应被修复到可被持续使用的状态，因为建筑功能是美的基础之一
1964年	威尼斯	《威尼斯宪章》	为社会公用之目的使用古迹永远有利于古迹的保护。缺失部分的修补必须与整体保持和谐，但同时须区别于原作，不改变其艺术或历史见证
1976年	内罗毕	《内罗毕建议》	每一历史地区及其周边环境应从整体上视为一个相互联系的统一体，其协调及特性取决于人类活动、建筑物、空间结构及周边环境
1987年	华盛顿	《保护历史城镇与城区宪章》	所要保存的特性包括历史城镇和地区的特征以及表明这种特征的一切物质和精神的组成部分，特别是用规模、大小、风格、建筑、材料、色彩以及装饰说明的建筑物的风貌等

综上所述，国外相较于国内传统建筑更新改造的探索更早，发展状况也好于国内，传统村落建筑理论体系也较为成熟，大多国外的建筑师都会对传统建筑的更新改造、地域的场所精神有着自己独到的理解。国内学者在传统建筑更新改造研究方面，会在前人的研究基础上进行总结、创新，中国传统风貌建筑的更新改造，具有自己的文化特色与文脉传统。虽然国内外在传统建筑更新改造的过程中会涉及保护和修缮，但真正将保护与更新进行结合，并做出系统研究的理论较少。近年以来，开始跨学科进行研究，将研究延伸到建筑营造、装饰及保护与更新等方面。但与国外研究的内容和侧重点有所不同。发达国家对于传统风貌建筑理论以补充与创新为主，研究体系较为完善成熟，其理论思路和实践成果值得我国传统风貌建筑设计研究借鉴。

1.5　研究内容与方法

1.5.1　研究内容

本文研究内容分为以下六个方面：（1）收集道郡村传统建筑相关史料和实例进行分析与总结；（2）对道郡村传统建筑现状进行全面的调研、测绘，完成本课题所需的设计图纸；（3）将道郡村传统建筑现状与原状进行比较分析；（4）分析道郡村传统建筑空间与周边景观关系；（5）针对道郡村传统建筑现存的问题，提出保护与更新的方法；（6）完成道郡村传统建筑保护与更新的设计方案。通过对道郡村传统建筑平面、立面分析，将景观、街道、建筑空间等进行更新设计，研究成果以论文和方案设计的方式呈现。

1.5.2　研究方法

本课题研究主要采用文献查阅法、实地调研法、案例分析法、归纳总结法、实践设计法等多种方式综合运用。

（1）文献查阅法。在研究本课题过程中，通过互联网、书籍、史料、论文、老照片等文献资料的查阅与收集，对道郡村传统建筑进行深入的了解分析，整理出道郡村传统建筑的历史资料和相关文献资料，充分吸收建筑保护与更新的理论，提出合适的研究构架。

（2）实地调研法。本课题采用实地调研，该项目位于海南省海口市美兰区灵山镇区域，笔者通过走访道郡村当地村民、相关工作人员和游客等进行调查与研究，多次实地调研、现场测绘，结合相关历史资料对道郡村传统建筑不同时期的发展变化进行探究，了解他们对于旧建筑的感受和记忆，并拍摄大量实景照片。

（3）案例分析法。通过分析国内外传统建筑保护与更新的近似案例，研究其保护原则和更新原则，为本研究提供借鉴与参考。

（4）归纳总结法。梳理总结国内外优秀的传统建筑保护与更新设计理论。并将其进行归纳与总结，取其精华，去其糟粕，以此提出自己的创新策略。

（5）实践设计法。以海口市美兰区灵山镇道郡村作为实践案例，经过前期调研和现场测绘，将实践数据进行归纳与总结，从而提出设计方案。

第2章 道郡村传统风貌建筑分类及现存问题

2.1 传统风貌建筑类型

2.1.1 民居建筑

"民居"的概念主要是村民为了满足生活和精神的需求自发创造的居住建筑和人居环境。其中不包括宫殿、寺庙、陵墓等大型建筑。因此,本文所写的传统民居建筑是指有墙体围合,外有回廊或院墙围护,形制封闭,建筑的内部是有房屋组群组合的,各房屋之间的组合方式可相连也可不连,根据不同地域而呈现不同的布局。就道郡村而言,传统民居建筑多为一进式、二进式、多进式,建筑单体和围墙围住庭院组成院落,院落承载村民的家庭生活功能,在布局上追求实用性,体现村落传统的整体协调性。

居住建筑　　　　　　　　　　　　　　　　　　　　　　　　　　　表2-1

名称	历史文化价值	使用价值	旅游价值	图片说明
传统民居	(1)历史悠久:多为中华人民共和国成立前建造的民居,部分建筑距今已有上百年历史; (2)文物价值:道郡村部分民居建筑形制、结构体系、细部材料和工艺等保存良好,具有较高的研究价值; (3)风貌完整:保留清末民初时期村落风貌,传统民居成片保存,真实再现历史感	虽然现状略显衰败,但村内多数传统民居只需采取保护修缮措施,即可恢复其历史价值	村落中传统民居、建筑构件等都具有科学研究、文化体验、旅游观光等旅游开发前景,可作为海口市历史文化旅游线路上的典型景点	

2.1.2 公共建筑

当下的传统村落公共建筑,是为了满足现代乡村生产、生活、文化、学习展示、休闲等本土村民公共活动,以及外来人员旅游活动,如游、购、娱、吃、住、行等需求的建筑。由此可以看出,现代乡村公共建筑除了要承载一定的公共性活动外,还应该与乡村文化、景观、乡村本土材料、乡村建筑建造传统等地域性特色紧密联系,同时将现代建造元素的引入,如现代建筑设计理论、设计手法以及现代审美观等。使得当代乡村公共建筑与传统样式存在一定的差异。因此,本文所讨论的公共建筑是包括神庙、宗祠、文化广场等。神庙是道郡村人民心中最重要的祭祀建筑之一,是村民最神圣的精神寄托。通过将乡村传统特质,如乡村文化、传统记忆、乡村传统建造技艺、传统乡村材料等与现代建筑设计理论、适宜的现代技术、现代材料等相结合,实现村落内公共建筑多层面发展。

公共建筑　　　　　　　　　　　　　　　　　　　　　　　　　　　表2-2

名称	历史文化价值	使用价值	旅游价值	图片说明
神庙	承载着村民的民间信仰,部分建筑仍能真实反映海南琼北地区的神庙建筑特征,新建宗祠均依照传统建筑形制营造	神庙承担着村民的祭祀活动,现状结合周边布置建设场地、戏台等村庄公共活动空间	作为文化传承和民间信仰的重要传播点,是文化旅游的重要景点	
宗祠	传承家族文化、宗教礼法和传统,真实反映海口琼北地区的宗祠建筑特征	已不再作为学堂,将其改造为文博馆,赋予新的使用功能	作为吴氏家族的重要传承和文化展示点	
文化广场	传承非物质文化的场所,真实反映海口琼山区祭祀的构筑物特征	每年军坡或公期大林村村民都集中在文化广场进行祭祀活动	作为老村落非物质文化传承和展示的重要节点	

2.2 传统风貌建筑特征

2.2.1 院落布局

琼北传统民居的布局非常严谨，有着严格的形制要求，其布局发展是在基本构成要素上下连接由"间"形成"行"，"行"又发展为"多行"，"行"与"行"之间设置巷道，它是完整独立的院落连接的建筑群，与外部环境有一定的独立性，形制严谨，发展形式相对固定，这样的布局用地比较紧凑且较整体，有利于土地利用。通常采用"路门—院落—正屋—横屋"的传统民居平面布局形式，建筑采用硬山顶瓦屋面，墙体火山石，保留院落空间的生活功能和辅助功能，并进行庭院美化绿化。传统民居多为一进和多进式院落，建筑单体和围墙围住庭院，组成院落，院落承载村民的家庭生活功能，在布局上追求实用性，院落立面形制遵循中心对称的方式方法；民居在营造上因形就势，一般院落进深和面宽各有不同，道郡村内大部分院落保持坐北朝南的格局，少数由于街巷空间以及后期改造而无法依照坐北朝南的布局，但院落空间尺度基本符合宜人比例，体现整体的协调性。村落内传统院落大多具有近百年的历史，在这期间一个家族的人口不断分支繁衍，其院落也因多次分家被逐渐划分为多个小块，其间还穿插各自改造、部分重建、随意扩建、私搭乱建等行为，造成大多院落空间遭到不同程度的破坏。

院落布局形式　　　　　　　　　　　　　　　　　　　　　　　　　　　表2-3

名称	定义	特点	图片说明
路门	路门一般少对正屋，而是开在横屋一侧，路门上建有屋盖，一般称作门厅，有的设有阁楼，称为门楼，进深有的达3米以上，阁楼上可放杂物或遮阳	路门的灰空间对应的正是现代建筑中的门廊，既丰富了空间层次，又提供了实际的使用功能	
庭院	一进式是琼北传统民居中不可或缺的一部分，其面积一般都不大，而宽度往往根据正屋的开间大小来定。大户人家的多进院落的庭院分为前院、中院和后院，并有小型花池等美化居住环境	庭院有很多种使用功能，例如：设置花坊种花、满铺"灰格"用于农作物晒场等，在农村用于晒场的居多。充分利用各种功能是琼北民居的特点，其使用的灵活性节省了很多空间	
正屋	正屋位于民居中的核心位置，整座房屋的中轴线上，多为一明两暗三开间的形式。正屋当中的明间称为褂厅，两侧的暗间则为次间	用于居住、卧室、生活起居等功能，右图为正屋褂厅	
横屋	辅助用房中主要功能空间是横屋，横屋分为开廊和窄廊两种形式。开廊是贯穿院落前后的一条长屋，其开门方向与正屋垂直。开廊的开间尺寸一般与院子的进深相当或略小，多带有檐廊，称剪廊	使用功能较之正屋显得灵活许多，可以用来设置为厨房、餐厅、卧室、客厅、农具的仓库和农产品储放仓库等，在使用制度上没有过多的限制，主要根据使用的屋主情况自行决定	

2.2.2 建筑结构

影响道郡村整体历史风貌特色的重要因素是村落传统风貌建筑的外立面，其主要的建筑元素包括屋顶、外墙及门窗等。想要保护好村落的传统风貌，就需要了解这些建筑结构的特点。

（1）屋顶。传统风貌建筑的屋顶均为坡屋顶，且屋顶形式都基本一致，其形式具有琼北特色，多是筒瓦正脊、双坡合瓦屋顶、青瓦盖瓦。道郡村传统风貌建筑屋面均存在一定的破损及漏雨现象，檐口瓦件松动、缺失、灰浆脱落、瓦口木因受潮糟朽，由于屋面漏雨，椽檩受潮、糟朽严重、局部有瓦片脱落。

（2）木构架。中国的古代建筑木构架体系一般分为穿斗式、抬梁式和井干式三大类。琼北当地的材料有限和工艺限制，于是兼有抬梁式与穿斗式的综合构架应运而生，同时拥有柱身的抬梁特性，亦拥有梁嵌入柱身的稳定性，柱头直接与檩条相连接。此外还在梁下增加枋和托木，形成三角支撑的结构，用于增强整体木质构架的稳定。在琼北当地院落的正屋采用可以创造开敞空间的抬梁式构架，优点在于抗震性能极强，其柔性连接对于震波具有水平向的抵消，这对经历过强烈地震的琼北地区是十分有利和具有适应性的木构架结构。

（3）墙体。道郡村建筑墙体多为青石砖墙，建筑内侧墙体保存尚好，表面积满灰尘，局部表面白灰脱落，后因使用功能转变而在墙体增加多处窗洞；建筑正面墙体白灰大部分脱落、酥碱。两侧墙面风化严重，墙体基础受潮发黑、长杂草；局部墙面有开裂和倾斜现象，对整体建筑结构存在安全隐患。

（4）窗。琼北地区传统风貌建筑窗户种类样式繁多，以通风遮阳为主要功能。推拉窗是能适应海南多台风天气的窗户形式，由两层木格栅重叠而成，其中外层为完整的格栅窗，内层分为左右两块格栅窗，大风来袭时，将两块格栅向中间推拉，两层格栅便能相互封闭镂空的部分以抵挡风雨；无风的时候将内侧格栅推拉，与外部格栅重合，则窗户开启，利于房间采光和通风，主要用于道郡村各院落的正屋，目前因年久失修，门窗均有破损情况。

2.2.3 建筑装饰

人道郡村传统风貌建筑常用的材料有：普通石材、火山岩、木材、砖石、青瓦、土坯、石灰等，利用火山岩特有的气孔状质感作为装饰，通过不同砌筑工艺和打磨手段，创造出不同风格的立面效果。工艺上有三种，第一种采用规整的矩形条石，直接砌筑和打磨，做出整齐的外墙效果；第二种是直接砌筑粗糙墙面，而后用黄泥、草木灰等材料抹平墙面；第三种是以砖石作为主要砌筑材料，配合当地木材、陶土瓦等。砌筑墙体在建筑保护与修缮中，大多采用火山石直接堆砌，对外墙立面进行施工，延续村落传统建筑风貌。

建筑装饰与材料分析　　　　　　表2-4

名称	特点	图片说明
火山岩	火山岩石材抗风化、耐气候、经久耐用、吸声降噪，古朴自然，避免眩光，有益于改善视觉环境；吸水防滑阻热，有益于改善体感环境，独特的"呼吸"功能可以调节空气湿度	
彩雕	正屋两侧卧房外墙部分设有窗洞，洞口较小，窗洞多数直接镂空，也有部分设有木棱条、窗花等装饰构件，图案大多具有吉祥如意等寓意	
黑石砖	具有保温、隔热性能好等多种优势。在琼北民居的建造后期，由于"黑石砖"取材十分方便，所以"黑石砖"逐渐取代了原先的青砖	
木材	作为建筑材料有其独特的优势：绿色环保、可再生、施工简易、工期短、冬暖夏凉、抗震性能优良	

名称	特点	图片说明
陶土瓦	用黏土和其他合成物制作成湿坯，干燥后通过高温烧制而成	
山墙	又称"风头墙"，是民居中的横向外墙。山墙的作用主要是与外部建筑隔开，并具有防火的功能	
木作	多用于门窗和室内装饰，此外梁架、柱头等结构构件也多有装饰，如瓜柱、梁头等。因为琼北地区气候炎热，通风的要求很高，木制透雕窗较多，大多从基本功能出发	

2.3 传统风貌建筑现存问题

传统村落作为村民的生活聚居单位和传统文化的载体，不仅以村落实体记述传统村落文化的发展，还以村落民俗、传统技能等丰富的非物质文化传续着村落居民的劳动智慧和精神文化。随着新时代社会的发展、城镇化水平的飞速发展，民族传统文化在与新时代的对抗中逐渐消失或异化，村落消失的速度更是惊人，随之出现以下问题：（1）传统建筑破损严重。村落历史建筑因年久失修导致破损严重，原村民大量迁出，建筑物处于长期荒置的状态，加之海南天气环境比较潮湿，早期建造房屋时材料没有很好的防腐处理，导致建筑木结构腐化或者自然侵蚀，屋顶倒塌。（2）基础服务设施缺乏。缺乏排污管网等硬件设施，建筑空间狭小，卫生间设置在室外，且破旧不堪。厨房、庭院等皆被各种杂物堆积，或是受到风化侵蚀的原因导致墙体出现腐化的问题，存在安全隐患，不适合人们正常居住生活。

第3章 道郡村传统风貌建筑保护与更新策略

3.1 保护与更新的必要性与可行性

3.1.1 必要性

当代人们的生活方式及需求在不断改变，传统的居住建筑存在破旧、潮湿阴暗、基础设施缺乏等一系列问题，逐渐变得无法满足现代生活需求。因此，许多村民倾向于拆除原建筑，进行重建，甚至会搬离原来的旧房，另购新房。近年来，很多传统村落因为拆旧建新造成了不可逆的破坏，而原住民大量迁出后建筑物也会长期荒置，使得很多传统村落都变成了"空心村"。

要保护好传统风貌建筑使其适应现代生活的需要，让传统建筑能够真正地被利用起来。因此，找到传统风貌建筑的保护与更新之间的平衡点是关键，保护传统村落的同时，必须还要把传统风貌建筑利用起来，以提高居民生活水平和环境。只有这样，才能调动起村民保护的积极性，真正地让村落能够可持续发展。因此，对道郡村传统风貌建筑进行保护与更新十分必要。

3.1.2 可行性

道郡村传统风貌建筑对村落整体风貌有着至关重要的影响，由于道郡村的特殊性，其传统风貌建筑保护与更新受到一定的限制，使得改造成本增加。因此，传统风貌建筑的更新要考虑经济收益以及政府政策支持。目前虽然已不能适应现代生活的需求，但是，由于其自身的空间具有较强的适应性，具有深厚的历史文化底蕴和丰富的资源，具有建村时间长、规模庞大等优点。作为一个有着悠久历史文化的村落，依然保留大部分传统文化活动，其浓厚的传统文化氛围正是旅游资源特色所在。因此，对传统风貌建筑重新进行改造，无论用作居住还是置入新的功能以适应旅游产业的发展，都具有可行性。

3.2 传统风貌建筑保护与更新原则

3.2.1 整体性原则

整体性原则指的是传统风貌建筑的保护应将传统村落风貌的所有特征要素都纳入保护范围，不仅指的是单条街巷或建筑群的保护，还有与之共同经历历史发展的周边环境，如围墙、牌坊、河道、植物、门楼、地铺、水体等。它们的共同存在完整地体现了传统风貌建筑的历史风貌，所以应将传统村落的空间景观、街巷格局、地形地貌等因素纳入规划保护范围，考虑从整体村落的角度对其进行保护与更新，使保护与更新后的传统风貌建筑与整体相符合。

3.2.2 原真性原则

原真性，原义为"真实性、可靠的、无可争议的可信度"，指的是用于判断文化遗产意义的信息源是否真实。经过对道郡村传统村落的考察调研，发现许多建筑原始风貌被破坏，如村民对建筑的随意改造，导致建筑与村落环境不统一。进而对传统建筑立面造成破坏，无人使用的建筑被逐渐荒废、残破不堪，这些因素都会破坏村落建筑的原真性。传统村落街巷的原始状态和历史印记，是其独特性和时代性的重要体现，因此，在传统风貌建筑的保护更新中，应尽可能地保持村落建筑空间的原始面貌，确保建筑风貌的发展演变与其原始风貌保持一致，使传统建筑原真性得以保存。既要建筑具有现代使用功能，还要留存老建筑独特而珍贵的原始风貌。

3.2.3 活态性原则

当前国内对于传统村落风貌的保护内容略显狭隘，保护内容多集中物质遗产，而对于非物质的保护相对匮乏。王澍老师这样说过：留存于博物馆中的东西并非是真正的传统，真正的传统应该是存在于一代代的传承人手中。所以，道郡村传统文化的价值应当体现在当地村民一代代传承的夯土营建工艺、民风民俗等。因此，要实现活态传承首先要保护好相应的"文化传承者"，保护好了当地的"文化传承者"就可以运用本土生活基础环境再次将传统村落的文化资源进行转型，提升村落竞争力。

3.2.4 延续性原则

由于经济的发展和现代生活的需求，人们的生活方式及需求也不断发生着改变与提升，要保护好道郡村内传统风貌建筑不单要保护建筑的形式，还要适应现代生活需求。传统风貌建筑由于老旧失修引发的破旧、潮湿、基础设施匮乏等一系列问题，村民为满足现代化生活需求已自发进行更新与调整。在此进程中，为满足现代生活需求，需要结合新的工艺技术与材料，加强基础设施的建设，提升村落整体环境与品质，这是在建筑保护与更新过程中所遵循的生活延续性原则。

3.3 传统风貌建筑保护与更新策略

3.3.1 街巷肌理延续

对传统风貌建筑进行保护与更新设计，首先需要明确所处的环境状况与场所内涵。街巷肌理呈现了建筑与其外部空间的关系，空间和实物构成了传统的街巷肌理，实物是指街巷周围的建筑单体、维护结构、建筑小品等，空间则是指实物布置后所剩余的部分，比如广场、空地、小巷等。传统的街巷肌理一般具有稳定的过渡关系、便捷的交通空间、亲民的活动场所、丰富的历史文脉，街巷肌理的延续可以传承历史文化，使居民对肌理的各种变化感同身受，加强街巷建筑的场所感与历史感，是传统风貌建筑保护与更新设计的重要环节。目前，我国带有浓郁场所精神与文化渊源的街巷空间肌理已经所剩不多，而街巷空间里的传统风貌建筑也多被孤立，进行保护与更新设计，延续街巷肌理的文脉则显得格外重要。在道郡村的方案设计中保留原街巷空间，按照公共空间、半公共空间、半私密空间、私密空间的空间层次进行划分，将原有的街巷肌理进行很好的保存，如居民生活的场景布置、村落肌理、建筑小品等，促进历史脉络的延续。

3.3.2 材料工艺创新

材料是一种能够赋予意义或记忆的载体。本土材料是构建传统风貌建筑的基础，也是村落风貌直观的呈现。传统风貌建筑中不缺乏本土材料，缺乏的是如何将此类旧的、带有文脉的材料传承下去。但这并不意味着我们要原封不动地一砖一瓦砌筑，因为我们要与传统保持一定的"共时性"，在当今时代赋予此类旧材料以新的生命力。因此，我们需要将材料进行新旧结合。（1）本土材料与现代工艺的结合。通过一些现代化的工艺，使本土材料的特性得到继承与发展，更新改造后的旧建筑文脉得以延续。（2）本土材料与现代材料的结合。传统风貌建筑本土材料与现代材料的相互融合，既可以弥补互相的不足，又能够发挥各自的优势，既可以延续文脉传统，又可以满足当今时代复杂多变的功能与环境，对当代传统风貌建筑保护与更新的设计有很大的借鉴意义。

3.3.3 空间意境塑造

空间意境的塑造属于文化的抽象表现形式。人们置身于塑造后的空间会对空间折射出的文化传统产生共鸣。国内建筑设计师对旧建筑的空间进行更新改造时，对空间进行规则或者抽象的划分，形成新的小空间甚至灰空间，更有部分建筑师不惜花费大量财力通过现代化的手法、技术将空间划分，本土性更新设计不应是简单的划定分割，而应该把握历史文脉，塑造意境空间。

3.3.4 建筑记忆延续

传统风貌建筑的各种要素及其周围环境作为一种集体记忆，能够使人们产生强烈的归属感与安全感。比如，我们现在仍然能够从北京的老胡同、四合院中感受到浓浓的"京味"。当人们穿梭在传统建筑更新改造后的空间，脑海中会浮现这里的种种回忆，会对这里的历史文脉感同身受，引起强烈的共鸣。制造"回忆"的方式有多种：主要有材料使用、文化生活实物还原、空间结构塑造、场景布置等。（1）通过材料的使用来营造"回忆"。材料主要有遗留下来的青砖、瓦、红砖、火山石等。其中，青砖的比例最大，多为明清时期遗留。部分青砖还刻有字样，规则中带有错落，构成了外墙独特的装饰图案，使得居民感受到满满的琼北"味道"，引起强烈共鸣。（2）通过场景布置来制造"回忆"。在建筑外墙设计时，有意将空间扩大，并且道路两旁的立面装饰运用青砖与火山石，这是海南传统民居立面的主要构成。通过场景布置来复刻道郡村传统风貌建筑的"回忆"，引起人们情感共鸣。（3）通过文化生活实物还原来制造"回忆"。海南老百姓大多喜欢聚在一起聊天喝茶，这已成为他们的生活习俗。在建筑周围的道路边布置棕榈或椰子树、休憩空间供人们使用，体现出海南本地人的慢生活品质。

第4章 道郡村传统风貌建筑保护与更新设计实践

4.1 项目概况

4.1.1 地理位置

道郡村属海口市美兰区灵山镇大林村委会管辖，位于大林村西南部，有"琼州江东第一村"的美称，位于海口市东北方向。南有美兰国际机场，北枕琼州海峡，东毗邻桂林洋经济开发区，西有江东新区，地理位置得天独厚，距海文高速公路3公里，距海口中心区约7公里，距美兰国际机场约7公里，距东寨港红树林保护区约10公里。对外交通联系和外来观光旅游较为便利。道郡村属热带气候，年平均温度23.8℃，最低温度2.8℃（1月），最高温度为38.9℃（7月），年日照2200小时。平均年降雨量为1700毫米，冬春干旱少雨，夏秋湿润多台风。雨季多集中在8~10月，有利于农、林和多种经营。由于受热带海洋气候影响，夏秋季炎热，多暴雨，台风次数频繁。

4.1.2 历史沿革

道郡村的祖先是唐代户部尚书吴贤秀，于公元805年从福建莆田迁琼，为吴氏渡琼始祖。海口地方志记载，道郡村是吴贤秀二十五世孙吴登生于明代，从文昌带家人迁至离先祖吴贤秀定居的旧市村不远的地方，定居本村落繁衍后代，创造了现在的道郡村。道郡村倚山坡而建，村后有块军坡地，为泰华仙妃军坡地，每年农历六月初十这里都举办军坡节，万众云集，拜神、舞龙、舞狮、闹军坡一直传承至今，后来"多军"换成谐音雅称"道郡"，"多军村"改为"道郡村"。全村的传统建筑大多始建于明清，但大多数已被户主改造新建。

4.1.3 人文特征

（1）物质文化

传统建筑：道郡村是一座有着1200年建村史的古村落，至今仍保留着较为完整的古村风貌。规划范围内现状总人口为1616人，其中道郡村现状人口为516人，共有86户。总体建筑群保存完整，基本上维持着明清时期的建筑风格，但是大部分民居建筑破损严重，无法正常使用。村落内建筑主要是以吴元猷故居为中心四周发散，形成外包围、内开发的院落式布局，传统建筑代表有吴元猷故居、布政司故居、传统民居等。

（2）精神文化

①民俗文化：道郡村内每年农历六月十日的军坡节以及"公期"是道郡村内具有代表性的祭神活动。公期没有固定的时间，一般在春节过后开始，各个村甚至是每条街、每条巷公期的时间都各不相同。

②宗祠文化：道郡村的吴氏宗祠有着丰富的宗祠文化底蕴，始建于明代，已有近700年历史。清光绪五年慈禧太后为表彰吴元猷将军的功绩，拨款重建，至今已有134年，1952年祠堂改为励群小学（大林小学前身），现存门前对联为"励磨启知识，群起争文明"，具有先进的现代文化内涵。

道郡村内还包括民间祭祀、琼剧、海南八音、传统武术等民俗文化活动。道郡村的人文特征主要呈现于村民的日常生活之中，村庄给人以安逸、悠闲和淳朴的乡村生活。

4.2 道郡村传统风貌建筑分析

4.2.1 建筑空间

由于受到历史变革的影响，建筑经历了多次改建，在空间上受到不同程度的破坏。从明清时期至今，建筑原有的院坝空间、后院空间、室内部分空间等改动和破坏严重，村落格局也随之变化。明清时期主要是以吴元猷故居为代表，建筑结构为砖石加木材结构，建筑的围墙由当地火山石和土坯夯实堆砌而成；清代至20世纪70年代之间，道郡村在原有传统建筑基础上增加居民建筑，沿用传统风貌建筑的形式以及材料，使用火山石堆砌为墙，屋顶采用歇山式造型，在院落布局上多为一进式院；20世纪80年代至今，道郡村内传统风貌建筑逐渐增多，大多为住宅建筑，沿用了明清时期的造型结构，形成统一的建筑风格（图4-1，分别为明清时期、清代至20世纪70年代、20世纪80年代至今）。但随着时代发展，村落内大部分风貌建筑出现破损的情况，导致无法正常使用。笔者调研发现道郡村建筑，主要分为质量建筑较好、建筑质量一般、建筑质量差三种类型（图4-2）。

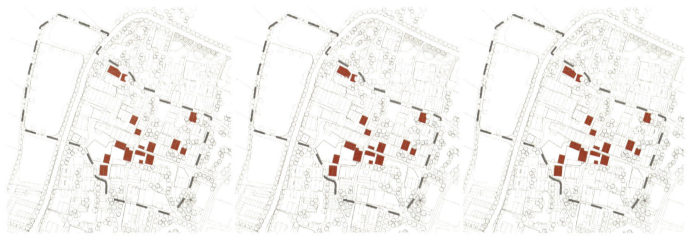

图4-1 道郡村建筑演变过程

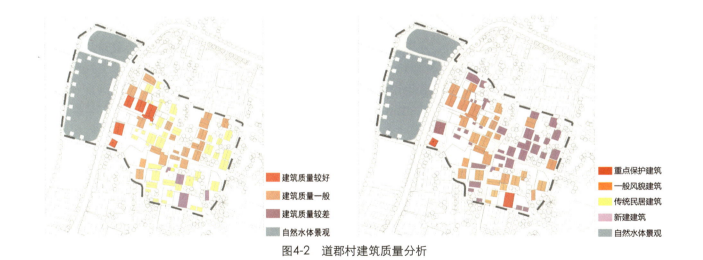

图4-2 道郡村建筑质量分析

4.2.2 建筑立面

通过考察，笔者总结道郡村传统建筑立面现状：第一，建筑立面存在拆建现象，如建筑大门已被拆除，山墙上的雕刻破损严重，门楣上的文字已被改变。第二，建筑立面的墙体均存在不同程度的风化与侵蚀现象，严重影响建筑的美观。原本古色古香的立面风貌被破坏，建筑立面色彩也由原先的火山石外加石灰披墙的本色变成风化侵蚀后杂糅在一起的颜色，对建筑风貌造成不同程度的影响。

4.2.3 周边环境

道郡村周围环境与传统建筑存在不协调的问题，如周边新建现代建筑、杂乱的环境、荒废裸露的土地等，都严重影响了道郡村传统建筑的外部环境氛围。因此，建筑怎样与周边街道环境相融合，是所需解决的问题。

4.2.4 公共设施

通过实地调研，总结出道郡村传统建筑设施现状：首先，道郡村传统建筑基本不具备现代居住的条件。如建筑室内无卫生间、照明系统等生活所需设施，新建建筑存在与传统建筑风格不相协调的问题。其次，道郡村内未设置排水、排污地下管网设施，如遇洪涝灾害，无法快速解决积水问题。

4.3 道郡村传统风貌建筑保护与更新方法

4.3.1 建筑保护与修缮

对于道郡村传统建筑的修缮，依据和参照《中华人民共和国文物保护法》《城市规划管理与法规》《中国文物古迹保护准则》等法律法规以及相关文史资料、现场勘察报告、建筑图纸等，根据建筑损坏状况采取不同方法进行修缮。

本次修缮设计范围包括建筑的平面、墙体、立面、地面、门窗等。将道郡村传统风貌建筑现状与原始状况进行比较分析，确保修缮后的建筑在材料、结构、传统工艺、平面布局、造型、艺术风格等方面与修建时期肌理相统一。

根据规划设计，修缮的主要建筑为吴元猷故居，现场勘测发现大部分外墙以及院落围墙砖石已被损毁，存在砖坯掉落和侵蚀的问题。在修缮过程中，对建筑风貌进行重塑，恢复历史建筑原有特征。在院落的设计中采用当地材料进行铺装，以热带植物进行景观配置，体现文化厚重感，还原道郡村建筑的历史风貌。

4.3.2 空间重组与优化

由于现代生活需求的变化，传统民居已经很难满足生活或发展的要求，因此其改造具有必要性。道郡村传统风貌建筑以住宅为主，若要继续延续其居住功能，首先需要按照现代生活的需求，对建筑内部空间进行重组及优化，让传统风貌建筑能够满足现代生活及发展的需求，以确保其可持续地发展下去。

空间的重组分别有水平方向上的重组和垂直方向上的重组，水平方向的重组是通过改变建筑内部的限定或围合的方式，调整建筑室内的平面布局，划分或合并出具有新功能的空间。垂直方向的重组即在原空间基础上，利用其高度的优势，或分割或拆除，充分利用原有空间并提高其利用率。本课题主要选取了吴元猷故居周围的建筑设计，保留历史建筑的前提下对空间进行重组和优化，空间水平方向上的重组可以将小空间转化为大空间，使空间更实用，以提高空间的利用率（图4-3）。

4.3.3 功能整合与置换

由于村落的发展需要引入旅游业需求的业态，因此在这些建筑中还需要进行功能的整合与置换，建筑功能的置换是根据使用者的需求或发展需要，在保留建筑本体的前提下，改变建筑原有功能，并对建筑空间进行改造的过程，是旧建筑再利用的有效手段。功能的置换是一个动态转变的过程，能够让建筑根据新环境进行变化，让旧建筑在保留其历史价值的同时，满足现代生活的需求。功能置换分为局部置换和整体的置换，局部置换指在建筑

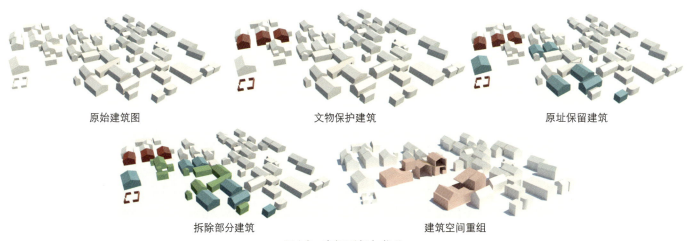

图4-3 空间重组与优化

整体保持原有使用功能的前提下,根据需求增添部分新的功能,取代原来该空间上的功能。整体置换指在保持建筑本体尤其是外立面的前提下,根据地区发展的需要,对建筑整体的功能进行更替,如把住宅改造成公共空间等方式(图4-4)。

对于道郡村的传统风貌建筑,在延续其居住功能时,需要的就是对建筑进行局部功能置换,如适当加入商业功能和文化展示等,而为了避免道郡古村过分商业化,商业的业态以能够与古村的环境相适应为主,大致可定位为民宿、艺术家工作室、手工坊、图书室及道郡文化展览馆四种类型。文化展示也分为两种,一种是沿水塘的古村历史文化展示,另一种则是利用村落内的传统风貌建筑作为小型的展示空间与图书室结合。所以,传统风貌建筑的居住功能、商业功能及展示功能是相融的关系,一栋建筑物内可能同时存在这三种功能。

4.4 道郡村传统风貌建筑保护与更新设计解析

4.4.1 总体规划设计

经过前期调研分析和设计策略,梳理村落整体建筑肌理,规整院落局部的基本布局。根据村落现有的资源和开发策略,风貌建筑空间更新设计主要分为:吴元猷故居、服务中心、道郡文化展览馆、图书室、手工坊、中心广场、古井景观等功能划分,将道郡村传统建筑改造为以当地民俗文化为主题的展览馆和图书室,为人们提供参观、学习、交流互动的场所。展览馆用于道郡村传统建筑历史、文物参观与文化交流、休憩场所等,让人们既能切身感受到道郡村传统风貌建筑的历史文化,又能体验到特色的民俗活动、教育活动等。图书室主要是根据道郡村的文化生活形态设计,用于村民的日常文化学习,展现出一种悠闲和淳朴的乡村文化生活(图4-5)。

4.4.2 交通流线设计

设计区域所有路线均在原有道路上扩展,入口设在风水塘主干道,道路宽7米,呈现一个完整的交通流线,通往乡道十分便捷。道路系统构建,分级明确,

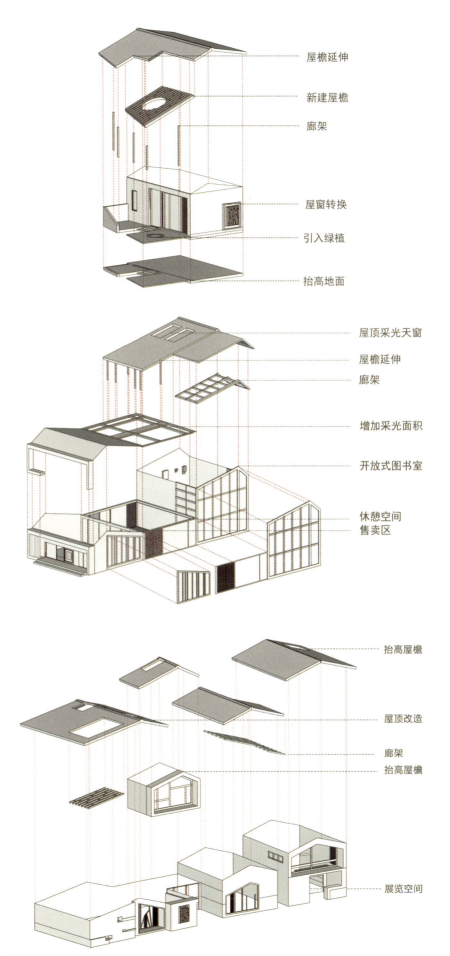

图4-4 建筑功能整合与置换

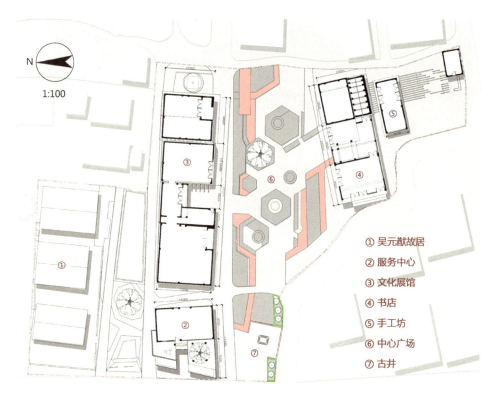

① 吴元猷故居
② 服务中心
③ 文化展馆
④ 书店
⑤ 手工坊
⑥ 中心广场
⑦ 古井

图4-5 选址区域总体规划

方便快捷，较好地处理了规划区域内的交通动线问题。整体可分为主干道、次干道、游步道三级道路。主干道宽7米，贯穿主要建筑空间，设有多条宽4米的次干道，通往不同的区域，其道路构建清晰，分区明确；游步道宽2.5米，设置在广场周边，给人们提供了一个休闲健身的空间，营造一个舒适的环境。道路系统在原基础上提升后，形成主次有序、功能分明的路网体系。村庄与主干道的联系加强，保证了入村道路通行性以及不同建筑之间的便捷性（图4-6）。

4.4.3 村落文化馆设计

将建筑更新为道郡文化展览馆体验场所，建筑外立面在建筑空间复原的基础上进行更新设计，将建筑高度增

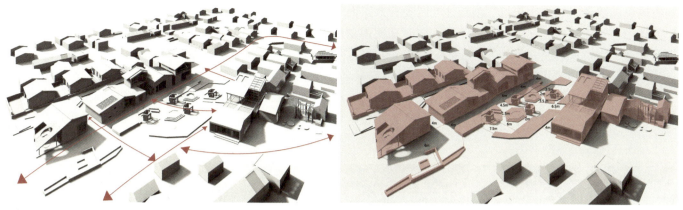

图4-6 交通流线分析

至9米,分为上下两层空间。一层主要是对外开放空间,增设道郡村历史文化陈列展示、休闲洽谈、沉浸体验等空间,二层主要是传统村落建筑模型展览、民俗陈列等。建筑立面使用大块玻璃和代表村落肌理的木格栅窗户作为主要呈现,解决原建筑低矮潮湿、通风和采光的问题。地面以传统青砖进行铺装。展览馆的墙体部分采用凹凸不平的火山石纹样,体现建筑独特的样貌。屋顶采用高低不平、错落有致的设计手法,既美观又满足休憩的使用功能。将道郡村传统建筑更新设计为兼具当地文化、休憩停留、文化交流互动功能的展览馆,通过文化墙、时间轴等方式向人们呈现出道郡村传统建筑的历史文化,塑造符合人们生活游览需求的文化空间(图4-7)。

图4-7 村落文化馆设计

4.4.4 记忆图书室设计

针对图书室的设计,整体分为三个功能:公共空间、半公共空间和私密空间。公共空间是指区别于传统图书馆功能单一而固定的特点,有意将藏书空间、借书空间、阅览空间作为开放空间供人们使用;半公共空间则是人们通过借阅图书可至室内观赏阅读;私密空间主要是作为工作室来使用。在造型的选择上,图书室在建筑外墙设计时,有意将内部空间扩大,改变原建筑中间双开门、两侧均为实墙的立面布局方式,采用立面长窗对入口处进行设计,融入村庄当地的栅格窗,将窗花简化作为肌理呈现,将建筑高度增高,塑造二层空间,极大地扩大了建筑的使用面积。在设计中将火山石结合木质结构,利用建筑的旧材料,向人们传达节俭使用资源和尊重传统与历史的信息。建筑以"本土记忆"创新性地展现在大家面前。运用各种本土技艺，将多种旧材料如土、瓦砖等运用到设计中，对建筑做出了最真实的表达。同时在使用功能上可以满足当地居民阅读和休憩的需求，是集阅、藏、借、管为一体的开敞性空间，功能朝着多层次、灵活性、综合型、高效性发展（图4-8）。

4.4.5 休闲广场设计

在休闲广场更新设计部分，笔者根据该区域的现状进行取舍设计。首先，保留整体建筑风貌，运用当地植物和建筑肌理塑造空间整体氛围。其次，将村落原始空地转化为公共休憩空间，让建筑的环境街道景观还原到原有

图4-8 记忆图书室设计

的空间尺度。最后，将广场地面更新设计为符合当地文化肌理的铺装，例如广场主要的青砖铺地，青砖是原村落使用频率较高的材料之一，通过其本身色彩、图案等来完成对整个广场的修饰，通过放射或端点的组合排列形式来强调空间的存在和特性，利用颜色和铺装方式的变化来指明广场的中心及地点位置。同时，广场铺地与使用功能相结合，如在设计中通过质感变化、图案和色彩的变化，标明盲道的走向、露天表演场地、儿童游乐场地等，界定空间的范围。同时将休憩座椅、绿植、雕塑进行结合设计，使街道景观更加具有历史文化内涵，为村民的户外活动提供场所，适应村民多种多样的活动需要（图4-9）。

图4-9 休闲广场分析

4.4.6 地面铺装设计

道郡村传统风貌建筑地面铺装设计以青砖、砾石为主,铺装的色彩选择与建筑颜色相统一的灰色为主。选材上,铺地防滑、耐磨、防水排水性能良好。以水泥方砖和青砖作为主要材料,在毗邻功能建筑处稍加强调,会对比衬托出一种意想不到的美感。如在街巷游步道选择天然材料的铺地,如运用砂子、卵石则富有田野情趣,对人往往更具亲和力,是铺地中步行小径的理想选材。在广场两侧道路上使用混凝土材料,可以创造出许多质感和色彩搭配,是一种价廉物美、使用方便的铺地材料,同时,铺装设计结合周边环境,如文化展馆处采用村落内图腾纹样运用到地面铺装上,改变铺设方式,增强当地文化记忆空间,休憩公共空间地面采用方正或斜向的简洁铺设方式等。通过材质和样式的变化起到对空间进行装饰分割、引导游览、美化环境的作用(图4-10)。

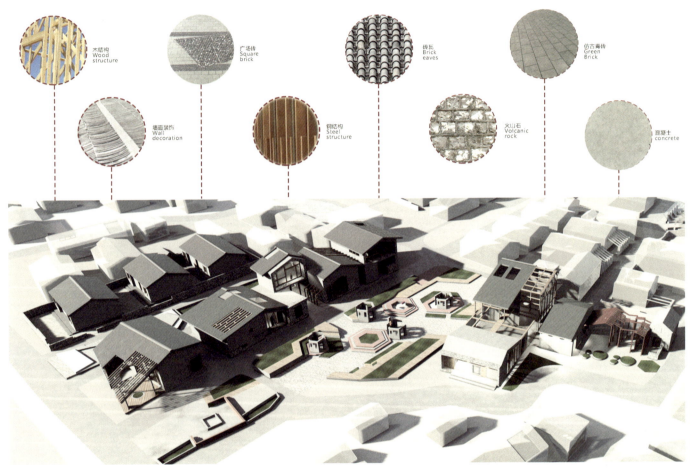

图4-10 地面铺装设计

4.4.7 景观小品设计

由于道郡村现有的基础设施与传统风貌建筑不相协调,缺乏展现历史文化的景观小品。因此,笔者将建筑环境、雕塑、灯具、导视牌等结合当地元素进行更新设计。此外,景观小品设计在满足功能的前提下考虑与道郡村传统风貌建筑相符合的造型、颜色等。景观小品设计,重点突出村落风格,加入现代设计元素。利用现代设计与传统村落建筑文化特征相互结合,同时考虑村内不同年龄人的需求,完善村内基础设施,如健身器材、篮球场、休憩廊架等。

4.4.8 植物配置设计

海南气候炎热、日照时间长、空气潮湿,在植物上选择热带本土植物为主。除了保留椰子树、三角梅外,部分空间可用盆栽进行点缀。设计区域内每个组团分别选用道郡村特有植物进行配置,包括椰树、槟榔树、榕树、海棠、苦楝、棕榈、铁树以及热带果树等当地树种。重要节点种植紫荆花、蒲葵、鸡蛋花、白玉兰等姿态优美的乔木、灌木或花卉。围墙边种植爬藤类植物,丰富立体景观面。在闲置地上种植荔枝、龙眼、洋蒲桃、菠萝蜜等热带果树,营造乡土气息。每个组团的景观具有独特性、可识别性。通过巧妙运用当地植物配置,充分提取当地自然文化资源,延续村庄传统建筑风貌(图4-11~图4-13)。

图4-11 图书室植物配置图

图4-12 文化馆植物配置图

图4-13 总立面图

第5章 结语

5.1 论文中心思想

课题所研究的道郡村传统风貌建筑是能体现明清至今的历史风貌、以历史建筑和居住功能为主的特色民居区域，对于研究琼北传统风貌建筑及人文历史都具有重要的参考价值。

本文首先梳理国内外传统风貌建筑保护与更新设计的相关文献与案例，通过总结案例，因地制宜得出点、线、面相结合的更新模式，从"传统村落——建筑群——单体建筑"层面逐级梳理，探讨适用于村落内大量存在的传统风貌建筑的保护与更新手法和策略；其次从村落层面探讨了传统风貌建筑保护与更新的依据，分别对保护与更新的必要性和可行性提出不同的要求；随后从建筑群层面入手，分别对群体建筑的功能、结构、立面方面进行现状分析，根据得到的研究策略对街巷空间、院落空间、立面造型、屋顶形式、建筑整体风貌等方面进行具体更新设计，并针对实际情况选取合适的建造技术，使建筑在延续传统风貌的同时满足当代人们的生活居住需求，提升建筑的舒适度要求。

5.2 研究存在的问题

本文紧扣保护与更新主题，参考国内外传统风貌建筑作为理论分析，但对案例分析较少，存在片面性、局限性；解析过程中需要与规划、建筑等领域配合完成，后期还需要多学科协同，构建更全面的理论体系。

希望通过本课题的设计研究，能为琼北乃至其他地区村落传统风貌建筑更新设计提供一些有价值的思路，为推进传统风貌建筑的保护与更新研究进程尽一分绵薄之力。

参考文献

[1] 蒋哲尧．琼北传统民居形制研究——以侯氏大宅为例[D]．武汉：华中科技大学，2012．
[2] 刘海芹．新农村建设中的民居建筑保护与更新[J]．建筑与文化，2016．
[3] 陈熙．青岛里院建筑的保护与再利用研究[D]．苏州：苏州大学，2017．
[4] 陈超．建水古城历史街区内传统建筑的保护与更新研究[D]．昆明：昆明理工大学．2017．
[5] 孙勇．皖西传统建筑地域性保护利用策略研究[D]．合肥：安徽建筑大学，2017．
[6] 舒志勇．浅谈磁器口古镇历史街区的保护与更新[J]．城市地理，2018．
[7] 夏欣．中国传统村落半山村乡土建筑环境保护更新设计研究[D]．杭州：浙江工业大学，2018．
[8] 刘珊，纪道明，成帅．青岛近代历史建筑的保护利用与更新[J]．工业建筑，2018．
[9] 朱文娴，张熹．浅谈同兴里古巷建筑景观的保护与更新[J]．大众文艺，2018（13）．91．
[10] 王星．宽窄巷子恺庐历史建筑空间保护与更新研究[D]．成都：四川师范大学，2019．
[11] 邹宇航．基于乡村地域特性的琼北地区村落更新策略研究与实践[D]．杭州：浙江大学，2020．
[12] 刘莉．武安万谷城村传统聚落与建筑空间形态特征研究[D]．邯郸：河北工程大学，2021．
[13] 黄歆，文化景观遗产区村落保护与更新研究——以花山岩画遗产区村落更新实践为例[D]．广州：华南理工大学，2019．

乡村振兴背景下海口市道郡村复合型购物小镇空间设计研究

Research on Spatial Design of Daojun Village Compound Type Shopping Town in Haikou City under the Background of Rural Revitalization

道郡村复合型购物小镇空间设计

Space Design of Daojun Village Compound Type Shopping Town

姓　　名：刘长昕　硕士研究生三年级
导　　师：南振宇
学　　校：延边大学美术学院
专　　业：艺术设计
学　　号：2019050640
备　　注：1. 论文　2. 设计

延边大学
刘长昕
Yanbian University
Liu Changxin

乡村振兴背景下海口市道郡村复合型购物小镇空间设计研究
Research on Spatial Design of Daojun Village Compound Type Shopping Town in Haikou City under the Background of Rural Revitalization

摘要： 随着乡村振兴战略的实施，海南自由贸易港如火如荼地建设，海南省自由贸易港也将在发展中强调海南的优势和特色，大力发展旅游业成了首要目标。此外，海南将在自贸港背景下大幅度优化目前的离岛免税政策，海南将成为旅游购物的重要目的地。乡村振兴战略，是要从根本上解决目前我国农业不发达、农村不兴旺、农村不富裕的"三农"问题，乡村拥有着得天独厚的自然优势和人文景观并区别于城市。

近年来，我国传统村落正面临着严峻的生存危机，同时缺乏可持续发展的能力，在各类规划设计中一味地强调修旧如旧。在发展过程中更是缺少复合的经济结构、发展模式、乡村面貌、乡村功能，同时存在人口流失、传统文化缺失、经济落后等一系列问题。特色化是小镇发展的前提，旅游化是特色小镇发展的有效路径，在本文中海口市道郡村以乡村振兴为背景结合特色化、旅游化等发展要素，增加复合型概念，合理规划，寻找道郡村保护和发展的新途径。

本文回顾了国内外购物小镇的发展规划，对国内外购物小镇做了总结概况，本文通过对相关资料的搜集和整理，并根据相关理论研究，归纳出适用于复合型购物小镇的一般性理论依据。通过实际设计规划过程中的探讨与研究，将理论依据结合实际设计，将理论向现实转变，实现了该课题的实践性和实际操作性。

本文的研究致力于为设计规划提供可操作性强的设计方法，使复合型购物小镇设计理论化、系统化，对后期的项目设计提供了帮助，从而设计出适合当地的复合型购物小镇空间。

关键词： 乡村振兴；复合型；购物小镇

Abstract: As the revitalization of the implementation of the strategy of free trade port in hainan rural construction in full swing, free trade port will also be in the developing of hainan province emphasizes the advantage and feature of hainan, vigorously develop tourism has become the primary goal, moreover hainan would be under the background of free trade port greatly optimize the offshore duty-free policy, hainan will become the important of tourism shopping destination. The rural revitalization strategy aims to fundamentally solve the problems of agriculture, rural areas and farmers in China, which are underdeveloped in agriculture, prosperity and prosperity in rural areas. Rural areas are endowed with unique natural advantages and cultural landscapes that are different from urban areas.

In recent years, traditional villages in China are facing severe survival crisis and lack the ability of sustainable development. Moreover, in all kinds of planning and design, they blindly emphasize the restoration of the old. In the process of development is the lack of complex, single economic structure, development mode, rural appearance, rural function. At the same time, there are a number of problems such as population loss, lack of traditional culture and economic backwardness. Characteristic is the premise of town development, and tourism is an effective path for the development of characteristic towns. In this paper, Haikou Daojun village combines characteristics, tourism and other development elements against the background of rural revitalization, adds compound concepts, and makes reasonable planning to find a new way to protect and develop Daojun village.

This paper reviews the development planning of shopping towns at home and abroad, summarizes the general situation of shopping towns at home and abroad, through the collection and sorting of relevant information, and according to the relevant theoretical research, summarizes the general theoretical basis for compound shopping towns; Through the discussion and research in the process of practical design and planning, the theoretical basis is combined with the practical design, and the theory is transformed into reality, so as to realize the practicality and practical operation of the subject.

The research of this paper is committed to providing operable design methods for design planning, so as to theorize and systematize the design of compound shopping towns. To provide help for the later project design, so as to design a space suitable for the local compound shopping town.

Keyword: Rural Revitalization, Compound, Shopping Town

第1章 绪论

1.1 研究背景

中央提出乡村振兴战略开始，未来30年，中国进入"乡村振兴"时代。中共中央、国务院公开发布《关于实施乡村振兴战略的意见》，对实施乡村振兴战略做出顶层设计，把振兴乡村作为实现中华民族伟大复兴的一个重大任务，中央明确了乡村振兴战略的目标，乡村是中国社会发展的根基，乡村富则中国富，乡村强则中国强，乡村美则中国美！没有乡村的振兴，就没有中华民族伟大复兴。乡土是我们民族的生命之源、文化之源，是中华民族的灵魂根基。我们的传统价值、伦理道德、民俗艺术都是中国农耕文明的产物。中国经济也正从城市逐步走向乡村。乡村振兴战略的实施预示着我国经济社会发展将要发生一系列转折：一是由发展城市转变为城乡融合发展，重点是发展乡村；二是由经济的脱实向虚转变为脱虚向实，重点是发展乡村实体经济；三是由单纯的第一、第二、第三产业割裂发展转变为第一、第二、第三产业融合发展，重点打造乡村产业融合体；四是由产业依赖转变为生产生态、生活生态、人文生态、环境生态并重，重点是打造产、镇、人、文、治兼备的乡村新生活载体。

在如此的乡村振兴背景下，寻找海南省海口市道郡村更好、更快的发展道路，提炼出当地独特的文化内涵，挖掘特有的自然景观优势，整合各方资源。通过新的产业模式实现该地区成为可持续发展的新乡村，利用产业模式带来的影响，提高原住民就业，带动原住民经济增长，实现乡村新风貌。为进一步优化乡村面貌进而在本篇论文中提出了复合型购物小镇这一概念，本篇论文将以复合型出发研究海南省海口市道郡村空间设计研究。

1.2 研究目的及意义

面对现如今乡村建设中所遇到的问题和挑战，本次选题立足于乡村建设现状，对乡村空间进行分析和总结，通过研究村落及乡镇形成过程、发展历史，探讨适用于海口市道郡村复合型购物小镇空间设计研究的可行性设计策略更新。

复合型购物小镇作为一种新型购物模式，不同于百货商场和购物综合体。它是基于挖掘整合乡村特色资源、乡村特有文化为核心，利用购物场景作为媒介向游客展现该地区不同于一般旅游小镇的游玩体验。

1.2.1 研究目的

（1）提供理论支撑

通过搜集查找相关资料，整理部分针对购物小镇的设计理论。目前，国内对于购物小镇的设计资料和理论较少，大多以城市购物综合体及奥特莱斯形式购物模式探究为主。通过对现有文献资料的收集和进一步集中化、系统化分析，同时展开一系列整理比对，从我国国情、我国乡村振兴政策、消费者购物者和游客需求等方向出发，借鉴国内外具有参考价值的设计理念及思路，为本篇论文提供相关设计建议和意见。希望通过设计规划、形态模式等方面的探究，为本文提供值得参考的内容。本文将从乡村振兴角度出发，通过对道郡村复合型购物小镇设计研究，为复合型购物小镇在乡村发展做出具有参考价值的理论支撑。

（2）提升村民生活质量促进经济发展

通过对海口市道郡村复合型购物小镇空间设计的研究，可以更好地发扬道郡村传统文化，传承道郡村传统文化。在设计中将传统形式与现代设计结合，通过海口市道郡村区位优势的乡村、乡村内现存历史文化的故居、乡村内保留完整的省级文物保护单位等内容作为本次设计的功能区，紧密融入购物小镇，在空间、界面、形态、照明、材料等方面进行传统与现代的碰撞，可以更好地展示乡村新面貌。通过设计更新，对村落濒危、破损的民居进行建筑与功能的优化升级，可以提升村落形象，带动文化旅游，进一步增强原著村民的生活质量，促进经济发展，增加就业机会。

1.2.2 研究意义

我国经济飞速发展，乡村发展也有了诸多针对性政策，核心思路从"农业+"向"乡村+"转变，"农业+"是产业概念，注重的只是产业的叠加及整合。"乡村+"则是地域发展概念，强调把乡村看作整体，注重乡村发展涉及的各个要素的整合共生。在实际发展过程中，乡村发展与振兴，不仅仅是产业的振兴，更多的是关注经济、民生、文化、环境等诸多方面的振兴，利用乡村+平台，组建多种类型的发展平台；利用乡村+品牌，打造新"乡村品牌"；利用乡村+产业，创建"特色小镇"；利用乡村+休闲，发展"乡村综合体"；利用乡村+旅游，开发"乡村文化旅游项目"（表1-1～表1-3）。

中国旅游业数据分析

表1-1

年份	国内旅游人数（亿人次）	入境旅游人数（亿人次）	国内旅游收入（亿元）	入境旅游收入（亿美元）	旅游总收入（万亿元）
2010年	21.03	13376	12580	458.14	1.57
2011年	26.41	13542	19305	454.64	2.25
2012年	29.57	13241	22706	500.28	2.59
2013年	32.62	12908	26276	516.64	2.95
2014年	36.11	12850	30312	1053.80	3.73
2015年	39.90	13382	34195	1139.50	4.13
2016年	44.35	13844	39390	1200.00	4.69
2017年	50.01	13948	45661	1234.17	5.40
2018年	55.39	14120	51278	1234.17	5.97
2019年	60.06	14531	57251	1313.00	6.63
合计	395.45	135742	338954	9104.34	39.91

海南省旅游基本情况

表1-2

	2010	2013	2014	2015	2016	2017	2018	2019
旅游总人数（万人次）	2587.34	3672.51	4789.08	5336.52	6023.60	6745.01	7627.39	8311.20
过夜旅客人数（万人次）	2587.34	3672.51	4060.18	4492.95	4977.22	5591.43	6329.66	6824.51
旅游收入（亿元）	257.63	428.56	506.53	572.49	672.10	811.99	950.16	1057.80
旅游景区数量（个）	57	80	82	62	52	54	54	55
床位总数（张）	124740	178515	204372	196856	208427	223444	268007	248495
开房率（%）	60.37	50.06	57.72	59.34	60.67	63.76	64.91	63.40

政策文件分析

表1-3

年份	文件主题
1982	《全国农村工作会议纪要》
1983	《当前农村经济政策的若干问题》
1984	《关于一九八四年农村工作的通知》
1985	《关于进一步活跃农村经济的十项政策》
1986	《关于一九八六年农村工作的部署》
2004	《关于促进农民增加收入若干政策的意见》
2005	《关于进一步加强农村工作提高农业综合生产能力若干政策的意见》
2006	《关于推进社会主义新农村建设的若干意见》
2007	《关于积极发展现代农业扎实推进社会主义新农村建设的若干意见》
2008	《关于切实加强农业基础建设进一步促进农业发展农民增收的若干意见》
2009	《关于2009年促进农业稳定发展农业持续增收的若干意见》
2010	《关于加大统筹城乡发展力度进一步夯实农业农村发展基础的若干意见》

续表

年份	文件主题
2011	《关于加快水利改革发展的决定》
2012	《关于加快推进农业科技创新持续增强农产品供给保障能力的若干意见》
2013	《关于加快发展现代农业,进一步增强农村发展活力的若干意见》
2014	《关于全面深化农村改革加快推进农业现代化的若干意见》
2015	《关于加大改革创新力度加快农业现代化建设的若干意见》
2016	《关于落实发展新理念加快农业现代化实现全面小康目标的若干意见》
2017	《中共中央、国务院关于深入推荐农业现代化实现全面小康目标的若干意见》
2018	《关于实施乡村振兴战略的意见》
2019	《关于坚持农业农村优先发展做好"三农"工作的若干意见》
2020	《关于抓好"三农"领域重点工作确保如期实现全面小康的意见》

首先,是历史意义:体现在可以充分地传承道郡村的历史文化,继承和发扬其地域精神。

其次,是现实意义:(1)研究乡村振兴背景下海口市道郡村向复合型购物小镇转型可以更好地给当地居住者带来乡村新面貌。(2)研究乡村振兴背景下海口市道郡村向复合型购物小镇转型,可以弥补古村落规划发展中的不足,对村落更优的持续发展起到积极的决定性作用。(3)研究乡村振兴背景下海口市道郡村向复合型购物小镇转型,可以增强各个区域的功能性,增大村落内可合理利用的空间。(4)研究乡村振兴背景下海口市道郡村向复合型购物小镇转型可以很好地进行对于村落内部遗址保护。

最后,是美学意义:通过合理规划布局,使建筑体系与自然相互融合,在不大量破坏自然环境的前提下,使设计本身具有一定的审美价值。

1.3 研究内容与方法

1.3.1 研究内容

本文通过查找资料、相关书籍、文献、国家实施的政策,以现场调研勘察的结果为理论基础研究,找出实际存在问题,结合国内外类似情况得到相关经验和理论,为本次规划设计提供新思路。因而制定出适合本文的研究方案,梳理思路并完善最终研究框架,从而使本篇论文结构逻辑合理,论文内容层次分明。

首先是对乡村振兴背景下复合型购物小镇的实际规划做出可行性研究,需要对海口市道郡村复合型购物小镇空间设计研究的概念做出界定,运用有关于本论文所需涉及的理论知识:可持续发展理论、生态环境学理论、商业建筑设计理论、购物中心设计理论、需求层次理论等,作为论文设计部分的有利理论指导,并且对国内外类似的乡村规划设计案例进行研究,为本次设计提供了丰富的经验。

其次,主要是对海口市道郡村中该方案设计区域的现状进行研究,主要概述内容为,村庄的自然环境分析、建筑布局的形态分析、场地界面分析、场地空间材料分析,以及对当地现有产业的了解,作为道郡村更新设计的研究的基石。找出道郡村复合型购物小镇设计研究的有利条件,归纳总结现状的不足,为之后的购物小镇设计提供指导性方向。

最后,通过前期的文献参考、理论研究、实地考察、现状分析等方面的总结归纳,对道郡村进行详细周密的设计规划,使海口市道郡村成为乡村振兴背景下可持续发展的特色小镇。

1.3.2 研究方法

本论文的研究方法主要采用文献研究法、案例研究法、实地调研法、比较分析法和归纳总结法进行科学研究,将理论与实践结合,为本文提供可参考的有力支撑,以确保本论文结构完整的同时具备一定的实践意义。

(1)文献研究法

通过借助图书馆、档案馆、互联网等文献检索渠道查阅大量国内外与乡村建设和购物小镇有关的书籍、期刊、硕博论文、文献,以及国家出台的相关文件和政策,提炼总结相关知识点,可以全面地、正确地了解所要研究的对象,使本文的论证过程做到有目的地进行,同时为后续的研究工作补充理论支撑依据。

(2)案例研究法

通过借助图书馆、档案馆、互联网等检索渠道对调研和检索到的国内外案例,调取详细的理论以及设计资料，以便提升本论文研究理论体系的完整性和系统性。

(3) 实地调研法

通过对海口市道郡村的实地考察、拍照、资料收集和问卷调查等方式获取直观的一手资料，一方面可以补充文献资料，完善理论基础；另一方面可以直观感受乡村优势和不足，用感性的思维弥补理论性认识的不足，增强对该设计的深层理解，为最终的设计呈现打下坚实的基础。

(4) 比较分析法

对相关案例进行总结归纳和分析，因地制宜地运用到乡村振兴背景下复合型购物小镇的设计研究中。

1.4 研究框架

根据上述的研究方法，本论文在具体的研究论证过程中采用如下框架组织结构：

本文总共分为4部分，第1章为绪论部分，简要阐述复合型购物小镇的设计背景、意义和目的，以及所面临的问题，并指出相应的研究方法，对本文的结构作简要概况。

第2章为相关理论的概述。可持续发展理论、生态环境学理论、商业建筑设计理论、购物中心设计理论、需求层次理论，为后期的课题研究形成理论依据。之后明确了道郡村复合型购物小镇的概念、功能和特点。

第3章为道郡村现状分析及国内外购物小镇研究现状和对比分析，通过对国内外的相关研究，为本课题最终的设计研究提供有力支持，同时可以充分发挥本次设计的创新点。

第4章为调查与分析，通过对海口市道郡村实地走访调研、向村民发放调查问卷、向消费人群发放调查问卷等形式，较为可观地总结分析出需求以及可增加的功能区，为本课题设计部分的形成起到重要启发。

第5章为设计与实践，紧密将理论与实践结合，从项目定位、项目选址、场地功能区划分、新增功能布局到空间构成等多方面进行设计实践，从而进一步印证理论研究的可能性。

最后为结语部分，对本文所论述内容做出总结。

第2章 相关理论基础及概述

2.1 概念界定

2.1.1 乡村振兴

本文中乡村振兴是指习近平同志2017年10月18日在党的十九大报告中提出的乡村振兴战略。十九大报告指出，农业、农村、农民问题是关系国计民生的根本性问题，必须始终把解决好"三农"问题作为全党工作的重中之重，实施乡村振兴战略。实施乡村振兴战略是建设现代化经济体系的重要基础；实施乡村振兴战略是建设美丽中国的关键举措；实施乡村振兴战略是传承中华优秀传统文化的有效途径；实施乡村振兴战略是健全现代社会治理格局的固本之策；实施乡村振兴战略是实现全体人民共同富裕的必然选择[1]。

2.1.2 复合型

复合型一词最早出现在1993年，经全国科学技术名词审定委员会审定为力学名词。自1993年至今一直被广泛应用，通常应用在地理学、机械工程、药学等。并在21世纪伊始首次提出了"复合型人才""复合型问题"，旨在说明复合型一词不单单只运用在科学技术方面，更多地向大家传达复合型一词的意义。通过对"复合型人才"与"复合型问题"的界定，我们不难看出其中的意义，其中"复合型人才"指的是知识复合、能力复合、思维复合等多方面。而复合型问题所说的是一句话中包括了两个或两个以上的问题。以上可以说明复合型的意义就在于通过对多种元素的组合最终实现综合能力的提升。那么本人在前人的研究成果之上进而提出复合型购物小镇这一概念，这一理论包括经济复合、文化复合和功能复合。通过在小镇内增加新的功能、新的空间，使之成为拥有功能相对丰富的特色小镇。

2.1.3 购物小镇

购物小镇是特色小镇的一种，选址多在较大城市的周边或近郊，距离市中心开车大约一小时左右。交通便捷，一般紧邻高速公路的出入口、城市主干道或城际铁路线等公共交通。一般来说，购物空间分为商业街、百货商店、仓储店、超级市场。通常来讲购物小镇体量规模同购物零售店相比较大，多数需要经过几次开发建设。本文中复合型购物小镇意指与旅游业结合，打造购物游概念，通过旅游吸引国内外的游客来此购物，更加扩大了其商圈的范围。

2.2 相关理论

2.2.1 商业建筑设计理论

(1) 商业建筑的基本概念及空间构成

商业建筑在广义上泛指为人们提供从事各类经营活动的建筑物。狭义上，从建筑学专业的角度来说，商业建筑是指供商品交换和商品流通的建筑，随着商品种类和交换的不断发展，商业建筑的类别也日益增多。商业建筑的分类有很多种，其中购物中心、步行商业街这类商业建筑，往往将餐饮类商业建筑及其他广义的功能建筑融合在一起，形成新的综合性商业建筑。这类建筑具有规模大、复合度高的特点，而本文所研究的复合型购物小镇就是此类商业建筑。商业建筑的总体布局设计，应具有合理的功能分区和明确的交通组织流线，并且满足消防安全、防火的要求。按照传统的空间划分方式，商业建筑一般分为三个部分：营业空间、仓储空间和辅助空间。随着经济的发展和人们生活水平的提高，传统的商业空间构成模式已经无法适应日益激烈的市场竞争，商业建筑由单一的购物模式逐渐向娱乐休闲等多功能转变，传统的空间构成也发生了显著的改变。由于商业建筑规模大小的不同和商业性质的不同，各功能空间的比例分配也有所改变。大型的商业建筑功能和商品种类都相对繁多，空间构成也相对复杂，由此辅助空间和仓储空间所占的比例较大；而小型商业建筑规模较小，功能较为单一，有时仅设部分散仓，不集中布置仓储空间，如专卖店、便利店等。还有一些多功能的大型综合购物中心集购物和储藏于一体，这类仓储式商业建筑的营业空间所占的比例相对更多，如沃尔玛、奥特莱斯等。

(2) 现代商业建筑空间组合及设计手法

本文所研究的复合型购物小镇属于现代商业建筑的一种，现代商业建筑的空间形态设计大多可以运用在复合型购物小镇设计中。现代商业建筑的公共空间一般包括门厅、交通厅、共享空间、庭院、步行街、广场及其他休息场地等，它们的空间组合方式主要有以下几种：①聚合，是以一个空间为主导，其他的空间在其周围聚集靠拢。②线性组合，采用一条路径将所有各类空间组织在一起，这条路径可以是直线式、蜿蜒的曲线式或折线式，也可以是明显的街道或不明显的一般地面通道。③辐射，以一个空间为中心，其他空间沿辐射线路向四周发散式地展开，可以与聚合或线性组合相结合。当辐射线较短时，表现为聚合模式；当辐射线较长时，沿发散路径形成线性组合。④环绕，在某一空间外部形成环路，商业空间布置在环路周围。⑤并列，较少的几个空间或空间组团均匀地布置在建筑中，没有明显的主次特征，也没有单个建筑被强化。⑥网络，当并列的空间较多又不采用线性组合的方式时，这样的空间组合就形成了网络式。

现代商业建筑的形式设计根据不同的对象，运用了众多的当代建筑思潮与流派，其中较为主要的有现代主义、新古典主义、新乡土派、后现代主义、高技派或表现高技效果的倾向、光亮式或表现光感质地的倾向、解构主义等。在复合型购物小镇中设计中运用不同的建筑思想，可以形成多种风格的建筑空间形式。在现代商业建筑空间的设计中，通常要注意室内与室外空间的衔接与组合，而复合型购物小镇基本由建筑主体、步行街、广场组成，因此商业建筑空间的设计手法完全可以应用在复合型购物小镇设计中。

商业建筑空间包括以下几点设计手法：

①开敞与流动，指若干的局部空间相互融会贯通，局部空间之间取消视线或行为限定，人在其中，使其感觉空间之间相处开放，视线开阔，购物时感觉到舒适自由的气氛。

②矛盾与复杂，在建筑空间中，空间组成要素的多元化和组织方式的多样化使其之间产生许多对比面，如规则与不规则的构成、材料与形式的不协调等。这种矛盾与复杂的设计手法在大型商业建筑中可以自由运用，但在小型商业建筑中，由于空间规模等限制，要谨慎应用。

③穿插与交错，在现代商业建筑空间中，楼梯、观光电梯、自动扶梯、空中步道、平台等相互穿插于交错，形成丰富有趣的空间感。

④聚集性中庭和共享空间，是现代商业建筑中广泛应用的空间形式，它将建筑空间的水平方向和垂直方向有机地融合在一起，强化了立体空间，赋予空间明亮感。

⑤庭院空间，指融入建筑中的没有屋盖的庭院，是重要的交通组织休闲空间，一般多采用绿化、水体、建筑小品等景观设计，配合休息座椅加以布置，营造出轻松休闲的购物环境。这种建筑空间形式多用于大型购物中心，当商业建筑的庭院空间覆有屋盖时，就变成了共享空间。

⑥创造吸引人的入口空间，在现代商业建筑中，入口设计都较为突出，在色彩、尺度、装饰与建筑内部空间的衔接等方面的设计都要吸引购物者的眼球。

⑦模仿城市街道与广场，指在商业建筑内部或室外形成类似城市街道与广场一般自由随意的商业休闲购物空间，如开敞式的步行街。

⑧巨大尺度，指以巨大的空间尺度创造出令人振奋的、与众不同的空间形态，这种设计手法能产生强大的空间感来吸引购物者。

⑨增加通俗幽默和趣味，指在商业建筑中，通过特殊的符号如通俗常见的民俗物件、生动可爱的卡通形象、夸张奇特的局部造型等，使商业空间产生幽默与趣味性。

⑩室内空间室外化，指在商业建筑空间内部采用特殊的设计手段，使室内空间产生室外的空间感觉，如采用玻璃顶和大面积的采光窗，或增加绿化、水体、室内小品等。

⑪融入自然，指将自然因素融入商业建筑空间中，这种设计手法有两种模式：一种是场地本身缺乏自然因素，通过设计将绿化、假山沙石、水体等自然材料融入建筑中；另一种是场地中或四周的环境包含自然因素，将建筑与之相结合，如相邻较大的水域，可以将水流引入建筑，设计穿插在建筑空间当中，使购物者感觉建筑和水域浑然一体，形成自然舒适的购物环境。

⑫融入城市，指将商业建筑空间与城市空间相结合，如在建筑空间中布置表演场地，或在空间内部保留、引入城市历史文脉等，也可加入立体的人行交通系统，如地铁、轻轨、地下通道等出入口或步行天桥。

2.2.2 购物中心设计理论

（1）购物中心的基本概念

购物中心是近年来新兴的商业零售建筑，是指由零售商店及其相应设施组成的商店群体，作为一个整体进行开发和管理，通常包括一个或多个大的核心商店，并有许多小的商店环绕其中，有庞大的停车场设施，顾客购物来去方便。购物中心占地面积大，一般在十几万平方米。其主要特征是容纳了众多各种类型的商店、快餐店、餐饮店、美容、娱乐、健身、休闲，功能齐全，是一种超巨型的商业零售模式。

Shopping Mall音译为"摩尔"，其定义是"大型零售业为主体，众多专业店为辅助业态和多功能商业服务设施形成的聚合体"，是在购物中心的基础上逐渐演变发展而来的，具体来说，Shopping Mall就是集购物、餐饮、住宿、休闲、娱乐和观光旅游为一体的大规模购物中心。这种商业建筑模式产生于美国20世纪初期，在七八十年代开始盛行于欧美等发达国家，在进入日本、东南亚等国家后，也受到了欢迎与追捧，近年来，Shopping Mall这种商业模式也开始席卷中国。

Shopping Mall一般具有两个特征：一是规模大，包括占地面积大、公用空间大、停车场大等，从严格意义上讲，大于1万平方米且业态复合度高的均可称作Mall；二是功能全，集购物、餐饮、休闲、娱乐、旅游甚至文化功能于一体，为购物者提供一站式的消费场所，进行全方位的服务，使消费者感觉舒适与惬意。

（2）购物中心的设计理念

第一，注重体验化的设计。随着经济的发展和人们生活水平的提高，购物者的需求已经开始从物质享受逐渐向精神享受转变，体验经济开始得到发展，在追求个人感觉的年代，体验化的设计开始注重消费者在购物时候的感觉，现代购物中心的设计要使消费者在购物时获得满足感和快乐感。

第二，注重地域文化的表现，是实现现代购物中心个性化和吸引消费者的重要手段。由于各地的历史文化和风土人情存在显著的差异，因此尊重和表现当地文化成为购物中心重要的设计理念。

第三，注重生态与自然是当代购物中心的重要发展趋势。现在购物中心设计要处理好人与自然、建筑之间的关系，使建筑与自然相结合，人们在购物时融入自然之中，在设计时，要注意节约资源，注重可持续发展和再生能源。例如，在建筑中引入水系和自然景观，将封闭的室内购物空间转向室外步行街，将更多的人工照明转向自然采光等。

第四，注重个性化的创造，追求空间立体化、层次化，成为购物中心吸引消费者的重要手段。突出设计主题是购物中心成功的先决条件，设计主题包括背景主题和空间主题，没有主题的建筑是没有灵魂的建筑，购物中心也是如此。

2.3 复合型购物小镇内涵

2.3.1 复合型购物小镇概述

海口市道郡村复合型购物小镇是以购物旅游相结合为主线，打造旅游购物的概念，通过旅游带动购物的同时也通过购物吸引更多的消费者来到道郡村感受该地区优秀的历史文化和乡村新面貌。复合型在道郡村的体现主要功能复合、景观复合、使用人群复合三个方面展开，功能复合是指道郡村内由原有单一村民生活功能空间和名人故居为基础，在购物小镇规划设计中增加购物空间、休闲娱乐空间、书吧、咖啡厅、展览馆、小吃街、公共空间等新功能；景观复合是指道郡村内原有自然景观通过整理规划并增加人为设置的公共空间内部的景观，同时将新与旧的景观合理规划、合理表现，形成道郡村的复合景观；通过复合功能及复合景观的增加，使用人群也呈现复合型，旅游、购物两大主题同时吸引消费者前来游玩和购物。

2.3.2 复合型购物小镇特点

首先，复合型购物小镇的特点之一便是可以满足不同人群的心理层次需求。根据马洛斯的需求层次理论，他将需求层次分为八个阶段，分别是：生理的需要、安全的需要、归属和爱的需要、尊重的需要、认知需求、审美需求、自我实现的需要以及超越需要。其中，在复合型购物小镇的设计中，我们分别满足了以上八个层次的需要。

其中，生理的需要指的是：食物、水分、空气、睡眠的需要等。它们在人的需要中最重要，最有力量。在整体的设计中，我们加入了餐饮、民宿等功能。并且同时满足第二阶段的安全需要层次；在功能的划分中加入了可以提供给人休息休闲的公共空间，可以满足人们对归属和爱的需要；同时我们设计的主体离不开购物和旅游两个元素，而人们便可以通过购物满足对自身尊重的需要，既尊重自己也形成了对他人的尊重；通过旅游满足第五个层次的需要，是认知需求，知识和理解、好奇心、探索、意义和可预测性的需求。我们更新了具有当地历史文化特色的吴元猷故居，使来到这里的人们可以快捷、简单地走进道郡村，走进道郡村的风土人情。最后，通过对景观的设计满足人们对审美需求。最后两个层次为：自我实现的需要与超越的需要。这两个层次便是本文的不足之处，希望通过日后的分析与研究可以更好地使此层次得到发展。

其次，复合型购物小镇满足中国的国情需要。习近平总书记在"十九大"报告中曾27余次提及"美"字，并将"美好"与"美丽"表述进当前发展阶段的主要社会矛盾与全党的奋斗目标中。这些足以说明人们对购物不仅仅是一种消费的需求，更多是对环境功能配套设施的需求。本论文将中国海南省海口市道郡村设计成为复合型购物小镇，可以充分满足人们对"美"的需求，同时也充分满足道郡村人民对"美好"生活的向往。

最后，在设计中本人并非采用修旧如旧的设计理念，希望通过设计达到对文化的保留、对发展的奠基，最终达到使历史文化与现代文明的同向同行，产生积极协同的效应。

第3章 国内外购物小镇现状分析

3.1 国内购物小镇发展概况

以奥特莱斯为例，2002年我国建造第一个奥特莱斯——北京燕莎奥特莱斯，随之取得了巨大的成功，之后不到十年的时间里，奥特莱斯如雨后春笋般在国内迅速蔓延并蓬勃发展，至今为止，奥特莱斯已经遍布国内大中型城市，如上海、昆明、成都、重庆、天津等城市，大小共200多家。

我国目前的奥特莱斯商业建筑还处于模仿、探索的发展阶段，尚不成熟，有许多中小型城市的"山寨版"奥特莱斯并不成功，属于失败的案例。根据多年来国际上奥特莱斯的成功案例研究分析，国内奥特莱斯建筑形态大致分为四种：花园式、城堡式、仓储式、百货式。欧洲以城堡式居多，美国以花园式为主，日本和中国的店铺往往兼具欧美风范，以下将这四种奥特莱斯的建筑形态做详细的对比分析。花园式的奥特莱斯，又称庄园式，建筑风格主要源自美国，带有浓郁的美洲田园文化，大多选址在风景区附近，拥有便捷的交通和清新的空气。花园式的建筑布局特点是建筑大多为2~3层的美式洋楼，里面分别设置独立的品牌店铺，人行步道穿插其中构成商业步行街，并拥有餐饮、娱乐、休闲等功能，停车场布置在建筑周围。花园式的优势在于创造一个轻松悠闲的都市假日，将娱乐与购物融合在一起，每个品牌的展示和售卖都相对独立，劣势在于对资金的要求较高，消费者在购物时受天气因素的影响较大。国内的典型代表如上海青浦奥特莱斯品牌直销广场、上海南汇区的狐狸城等。城堡式的奥特莱斯，建筑风格主要源自欧洲，带有强烈的欧洲贵族城堡文化。城堡式的建筑布局特点是整个建筑像一座大城堡，在城堡内设有品牌专厅，并兼有休憩、餐饮等功能型配套设施。城堡式的优势在于购物环境敞亮，消费者购物时不受天气的影响，劣势在于对资金要求较高，投资回报期较长。国内的典型代表如上海枫泾的FOXTOWN。

3.2 国内购物小镇实例——以上海青浦奥特莱斯购物广场为例

上海青浦奥特莱斯购物广场属于花园式代表，南方的奥特莱斯购物广场多采用骑楼式的花园式购物街布局模

图3-1 上海青浦奥特莱斯
（来源：网络）

式。2004年百联集团在上海青浦投资建造了第一个规模较完整的奥特莱斯直销广场，即"花园式"布局的典型代表。青浦奥特莱斯作为国内第二代奥特莱斯，开始重视消费者的购物体验，在建筑形态上完全不同于仓库式的建筑模式，它摒弃了购物环境比较压抑的方盒子形态，用景观型的商业建筑群和开放的步行街取而代之，从而受到购物者的青睐（图3-1）。

从平面上看，青浦奥特莱斯购物广场整体为欧美风格，功能明确，流线清晰。广场南部是一线品牌服饰区，设车行主入口，非机动车停车设于东侧绿化带边，广场中部是休闲运动品牌和二线品牌折扣直销区，服饰区西侧设人行次入口作为消防、疏散及人流穿越所用，广场北部是餐饮娱乐区，设有车行次入口，为一些专程前来就餐的消费者使用。为满足大量的人流和车流集散要求，所有出入口都设有宽阔的广场，并配以适当绿化。沿商铺的周边设有一条7米宽的消防车通道，其他均为人行步道。人行步道将商铺、绿化景观、滨河景观及中央跌水广场连贯起来，形成了方向明确的步道系统。广场的三个区域相对独立，并通过一些景观或通道进行间隔。建筑整体进深较大，通道宽敞，视觉开阔，人群流线呈"井"字形布局，局部进行多层设计，呈现出较好的层次性和整体可视性，但局部商铺的均好性有所欠缺。建筑布局以商业街形式组成，商铺运用集中布置在总体的景观设计上，采用了环状的连续空间形式，购物广场设有大面积的集中绿地，用水系将广场中部的服饰品牌区分成两块，水系从上逐级而下，用青石板桥和曲廊铺砌水面，使沿河两岸形成自然的视觉景观。富有地中海风情的绿色植物、玻璃坡顶的咖啡亭以及欧式小镇般的商铺建筑，构成了一幅使人流连忘返的生态风景线。

3.3 国外购物小镇发展概况

奥特莱斯最早出现在美国，从20世纪70年代开始出现规模化的发展趋势，尤其是进入20世纪90年代以来，奥特莱斯在美国进入快速发展阶段，并渐渐发展成为大型或超大型购物中心。近几年里，奥特莱斯飞速发展，遍布了全球发达国家和一些发展中国家。奥特莱斯按商业模式分类又可以分为三类：折扣卖场型，典型的如早期意大利的奥特莱斯；旅游观光型，如美国的拉斯维加斯奥特莱斯；购物中心型，如日本的海洋城等，购物中心型又分为奥特莱斯店和奥特莱斯购物广场，目前国内奥特莱斯购物广场居多。奥特莱斯按空间分类又分为：都市型，这类奥特莱斯主要分布在都会型城市周边；亚中心城市群型，如意大利的米兰、佛罗伦萨、威尼斯、拿波里的奥特莱斯。

3.4 国外购物小镇实例——以伍德伯里奥特莱斯购物广场为例

以奥特莱斯为例，20世纪70年代，奥特莱斯在美国出现，到90年代之后，奥特莱斯便迅速发展起来。美国的奥特莱斯购物中心大致分为两种形式：一种是仓储式，所有品牌店都在同一个屋檐下，有室内的步道连接；另一种是开放的花园式，整个购物广场的面积从几万到几十万不等，一般均位于城市的近郊，靠近高速公路附近，车程在1小时左右。美国的伍德伯里奥特莱斯购物中心是目前世界上最大的奥特莱斯购物中心，它位于纽约州上州，距离纽约闹市约100公里，车程约1小时，它建于一个群山环绕的低凹山谷，这里人烟稀少，远离闹市的喧嚣和嘈杂。

购物中心的建筑风格是美国小镇式的成片低矮建筑群，开放式的步行街道，众多独立店铺分布在露天街道两

图3-2 伍德伯里奥特莱斯
(来源：网络)

边，单个店铺的面积较小，有统一规划的道路和停车场，并包含美食广场。整个购物中心布局复杂，好像迷宫一般。由于面积很大，购物中心被划分成5个不同颜色的区域，包括紫色的"葡萄园"、红色的"苹果园"、蓝色的"蓝鸟园"、绿色的"常青园"，以及金黄色的"万寿菊园"。不同颜色的购物区均分别设有交通导向标识，还有编号配合辅助区域划分，让购物者容易辨识方向。不同颜色的购物区均有相应颜色的停车场，在购物指南的彩色地图上，各个店铺的名称、门牌号码、颜色都是对号入座的。除了两个集中的信息服务中心外，还有集中的餐饮区、咖啡店及室外食品摊，以及儿童车和儿童游乐区。每个区域均布置有洗手间，室外到处有长椅，游客感到疲惫后可以尽情地在长椅上休息，如在公园一般（图3-2）。

第4章 设计与实践

4.1 项目概述

道郡古村规划设计总面积23299.5平方米，其中吴元猷故居为海南省级文物保护单位，普通民居141个，建筑结构形式大多以砖石、木材为主。

4.1.1 区位概述

海南省海口市道郡村位于海口市滨海东部生态休闲旅游发展区内，距文海高速公路3公里，距海口市区约7公里，距海口美兰国际机场约7公里。距海口只有15分钟车程。道郡村北接东海岸国家旅游发展区，西邻滨江生活区，东临科教产业园，村三边有山坡环抱，绿树成荫，村后有千年参天古树，风光秀丽，道郡村祖先重视教育，村中历代名人辈出（图4-1）。

4.1.2 历史沿革概述

全村现有80多户、500多人，外出人口近1000人，都是汉族，且单一吴姓，村民的祖先是唐代户部尚书吴贤秀。于公元805年从福建莆田迁琼，为吴氏渡琼始祖。其中，吴元猷故居是咸丰初年吴元猷本人所建，规模宏大，面积约5000平方米，迄今有150多年的历史。故居背靠高坡、面临大塘，大塘前是一片宽阔的田园，风景秀美，是一块风水宝地。故居坐东向西，主要由七间红墙朱门的大屋组合成"丁"字形格局。中央为纵列三进正室及后楼，左右两列各有两间大屋、一间小楼，一字横列。"丁"字形格局别出心裁，也别具一格（图4-2）。

4.1.3 气候环境概述

道郡村属热带气候，年平均温度23.8℃，一月极端最低温度2.8℃，七月极端最高温度为38.9℃，年日照可达2200小时。平均年降雨量为1700毫米，冬春干旱少雨，夏秋湿润、多台风。雨季多集中在8~10月，利于农、林和多种经营。

4.1.4 植被分布概述

通过对海口市道郡村实地考察，本人发现道郡村内生态环境、自然风貌较好。拥有大面积的农田、稻田，稻田内部夹杂水系。道郡村中拥有古树若干，植被覆盖面积大，植物类型繁杂，大多为热带植物，多种果树、灌

图4-1 区位分析

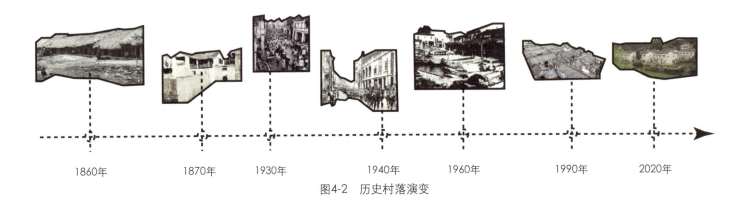

图4-2 历史村落演变

木、乔木等植物遍布道郡村,但植物的配置无规律,大都为自然形成并没有形成有序的系统。

4.2 现状调研

4.2.1 道郡村村落现状

道郡村作为传统村落,始建时间可追溯至唐代,道郡古村三面环山,另一面则面朝风水塘,环境十分优美,同时也是一块风水宝地。而海南岛大部分的传统村落也在建构规划中将水、林、田等自然要素作为村落形态的核心控制要素。道郡村随着时间的推移直至清代,开始以吴元猷故居为核心,作为组织村落形态的核心元素,周边民居从故居东、西、北三侧展开,并沿等高线分布。

4.2.2 道郡村经济现状

截止到2015年底,村内经济主要以农业及建筑业为主,村民人均收入约1万元。而从产业分布情况来看,第一产业主要为农产品种植业以及畜牧业,其中包括水稻种植、花卉种植、畜牧养殖等。第二产业主要为外出打工从事的建筑业。

4.2.3 建筑现状

道郡村内大部分建筑年份比较久远,部分内部建筑已有不同程度的损坏,甚至一部分无人居住的建筑已经大面积坍塌,但院落的格局与空间形态仍然可以辨别,随着岁月的侵蚀,部分建筑的风貌已失去本来的面貌,同时也影响着村落的整体形象,进行修缮显得越发重要。

村内建筑特征明显统一,老建筑基本呈现灰色瓦片屋顶,墙体构筑也主要以火山石等自然石材为主,地域特征十分明显。村内建筑布局呈典型的琼北传统民居形式,前后房屋和两侧横屋或围墙围合成为院落,院落按轴线

图4-3 道郡村现状
(来源：项目资料)

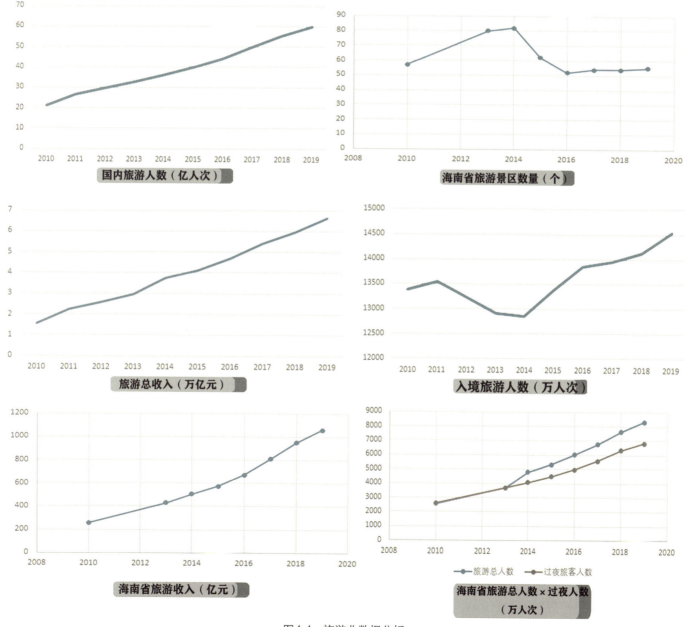

图4-4 旅游业数据分析

对齐，由于历史久远，目前许多院落空间遭到破坏，院落内部不连通，老建筑周边私自加建，院墙破损。道郡村目前"空心化"问题严重，近年新建建筑也未按传统风貌建设，村落传统风貌特色正在加速消失。由此根据村落中建筑风貌现状，可分为保存较好、小面积坍塌、大面积坍塌、非传统建筑四类。

4.2.4 交通现状

道郡村四周乡道环绕，并与省道相连，村落外部交通较为便利。但是村落内部道路系统十分复杂，多数道路依托于建筑的布局产生，非铺装路面多，路况差，随着建筑本体发生空置、破损等情况，导致村内产生大量断头道路，由于天气因素，大量植物肆意生长在道路两侧，使原本不宽敞的老路变得十分拥挤，雨水天气也会形成积水。村内交通可达性差。村内路面硬化率较低，虽有部分路面为石材铺装路面，但已出现残破现象，整体质量较差。

4.2.5 旅游现状分析

道郡村目前旅游产业并不发达，旅游资源相对较为匮乏，周边村镇虽也在同步大力发展旅游业，但仍然不能对道郡村起到带动作用，道郡村内现有一处海南省文物保护单位吴元猷故居，同时也是村内唯一一处吸引游客的游览点。吴元猷故居整体结构呈"丁"字形结构，院落为多进式，原本建筑整体面积比较大，但多年未修缮，保存并不完整。

4.3 道郡村存在问题

(1) 缺少支柱性产业，无法带动村民就业。
(2) 道郡村"空心化"问题日益加深。
(3) 道郡村内交通动线复杂，路面存在不同程度破损。
(4) 道郡村内老建筑多数破损严重，新建筑密集。
(5) 建筑室内外缺少联通空间，布局不合理。
(6) 村落整体空间利用率低、空间组织不清晰。
(7) 道郡村内功能单一，缺少公共空间、村民集会场所。
(8) 旅游资源匮乏，缺少餐饮、住宿等消费场所。

4.4 道郡村复合型购物小镇空间设计研究策略

4.4.1 提出问题

(1) 如何完善旅游服务设施，开发以购物旅游和文化旅游为主的多类型旅游产品体系，实现村庄的可持续发展，达到乡村振兴的目标。
(2) 如何对吴元猷故居进行修缮及更新设计，从而吸引游客，促进道郡村旅游业的发展。
(3) 如何改善落后基础设施，解决大量放弃农耕外出的年轻人口流失的问题。
(4) 如何在乡村振兴背景下，对原有村落空间进行选择更新。

4.4.2 思路与原则

(1) 具备前瞻性——以创新为内驱动，激发乡村活力。
(2) 富有创新性——着力打造特色小镇模式示范区域。
(3) 突出特色性——突出当地人文历史背景，突出原真行。
(4) 提高参与性——营造人性化开放场所，促进村民与游客的交流。
(5) 保持生态性——尊重景观肌理，合理利用现有资源。

4.4.3 总体设计策略

(1) 以复合型购物小镇为整体，重塑村内产业链，摒弃乡村改造一味地修旧如旧，回应新乡村的新模式，打造道郡村特色小镇。
(2) 尊重场地生态性，尊重场地整体性，同时加强基础建设、旅游配套设施建设。

4.4.4 设计策略总结

遵循相关政策及上位规划，充分利用资源。根据国家相关政策，以及对桂林洋风情小镇规划、东海岸控制性详细规划等上位及相关规划要求，结合现状，进行特色旅游开发，融入复合型购物小镇概念，将村内部分区域设计规划为以购物、历史文化旅游为主的新功能区。结合村庄发展需求，引导更新村庄整体面貌，从而带动就业，改善人居，提升村民幸福指数。

4.4.5 设计策略具体方案

（1）优化功能区，提出复合型概念

参考国内优秀特色小镇设计规划并根据道郡村现状分析所得出的结论，结合复合型购物小镇主题，增加游客集散接待区、大型停车场、民宿、购物商店、公共空间、餐饮空间等一系列配套设施。将原村内空间及功能做出进一步利于村民的新乡村，根据复合型内涵推动村落向旅游业发展的目标。

（2）优化村内交通，促进游览

道郡村内部交通存在一定程度的问题，复合型购物小镇规划设计选取村内部分空间，应打破原有交通网，淘汰部分道路，通过新设置的公共空间作为游客集散接待区和停车场的主要出入口，从而改变原有村内交通动线，增加点与点的连通性和可达性，增强游客游览小镇时的趣味性。

（3）老建筑更新，注入新语言

以吴元猷故居为例，吴元猷故居作为村内最重要的历史文化景点，年久失修，很多房屋出现破损，功能丧失，院落也失去了原有结构，原本的特点会随着时间的推移逐渐消失。新乡村新面貌在吴元猷故居设计中，要以保护为主的同时兼顾新材料、新科技的植入。吴元猷故居内现有三幢单体建筑，在不破坏场地原有建筑的前提下，通过设置新材料的框架装置于场地之上，将原本分离的空间合为整体，改变原有单进单出的人行动线，增加了实际院落使用面积，延展了灰空间的使用。将原有三幢独立建筑也设计为博物馆中的展品之一，在每个单体建筑中保留了老记忆并增加新的功能，更新内部功能区主要分为序厅（道郡村历史展馆）、全息数字影放映厅、吴元猷个人展厅三个部分。

（4）整体组合，呈现新乡村

通过对整体设计语言进行严格把控，将更新后的吴元猷故居与新增加的莫比乌斯广场、购物小镇民宿区以及购物街区进行功能组合，使道郡村购物小镇区域整体呈出现新与旧的碰撞、传统与科技的交织、乡土材料与新材料的组合。有传承，也有创新，通过整体的组合，每一个点都呈现重要的一环，环环相扣，从而呈现道郡村新面貌。

第5章 结论

通过对海南省海口市道郡村的复合型购物小镇空间设计研究，结合中国普遍的同类村落改造和更新策略，本文主要围绕在传统村落增加功能空间，提升配套设施，推动以文化旅游、购物为主的特色小镇发展。

在整体设计中并不是修旧如旧，而是推陈出新，寻求新时代下的乡村新面貌，设计规划具有前瞻性、创新性、特色性、参与性、生态性的乡村空间。结合村庄发展需求，引导更新村庄整体面貌，从而带动就业，改善人居，提升村民幸福指数。笔者认为，合理利用乡村资源，结合当地情况，找出乡村闪光点，多种经营模式并存，才可以形成乡村的可持续发展。

参考文献

[1] 中共中央国务院印发《乡村振兴战略规划（2018—2022年）》2018年第29号国务院公报．中国政府网．中国政府网．中央人民政府门户网站．

[2] 顾馥保．商业建筑设计[M]．北京：中国建筑工业出版社，2002．

[3] 曾坚，陈岚，陈志宏．现代商业建筑的规划与设计[M]．天津：天津大学出版社，2002．

[4] 王晓，闫春林．现代商业建筑设计[M]．北京：中国建筑工业出版社，2005．

[5] 张庭伟等．现代购物中心——选址·规划·设计[M]．北京：中国建筑工业出版社，2007．

[6] 陈志华．外国建筑史[M]．北京：中国建筑工业出版社，2004．

[7] 赵晓光．民用建筑场地设计[M]．北京：中国建筑工业出版社，2004．

[8] 洪麦恩，唐颖．现代商业空间艺术设计[M]．北京：中国建筑工业出版社，2005．

[9] 周洁．商业建筑设计[M]．北京：机械工业出版社，2012．

[10]（日）芦原义信．外部空间设计[M]．尹培桐，译．北京：中国建筑工业出版社，1985．

[11]（美）威尔泊·施拉姆，威廉·波特．传播学概论（第二版）[M]．北京：北京大学出版社，2007．

[12] (美) 阿摩斯·拉普卜特. 建成环境的意义—非言语表达方式[M]. 黄兰谷等, 译. 北京: 中国建筑工业出版社, 2003.

[13] (美) 凯文·林奇. 城市印象[M]. 方益萍, 何晓军, 译. 北京: 华夏出版社, 2001.

[14] (美) 索尔索. 认知心理学[M]. 黄希庭等, 译. 北京: 教育科学出版社, 1990.

[15] 任冬丽. 郊区购物中心设计初探[D]. 重庆: 重庆大学, 2005.

[16] 姬向华. 消费社会下的综合性商业建筑研究[D]. 郑州: 郑州大学, 2004.

[17] 韩明清. 中国区域型购物中心设计实践研究[D]. 合肥: 合肥工业大学, 2006.

[18] 梁晓玉. 购物小镇规划调研及心得[J]. 建设科技, 2016.

道郡村复合型购物小镇空间设计
Space Design of Daojun Village Compound Type Shopping Town

一、前期分析

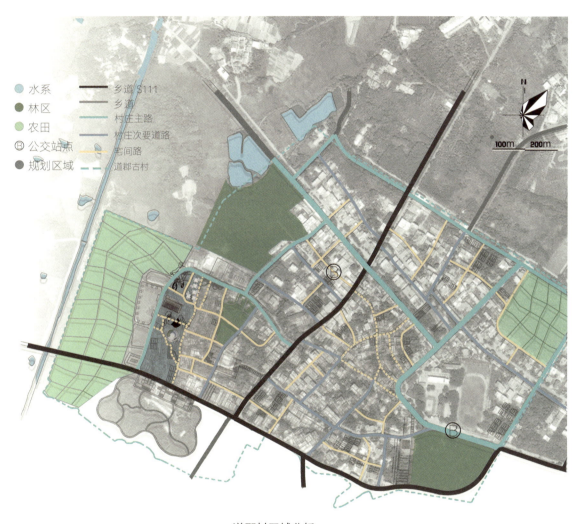

道郡村区域分析

区位分析

复合型购物小镇竖向分析

二、新建筑设计

吴元猷故居数字博物馆

吴元猷故居数字博物馆立面效果

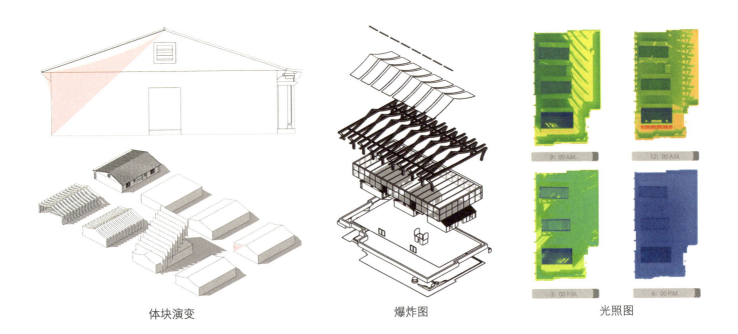

体块演变　　　　　爆炸图　　　　　光照图

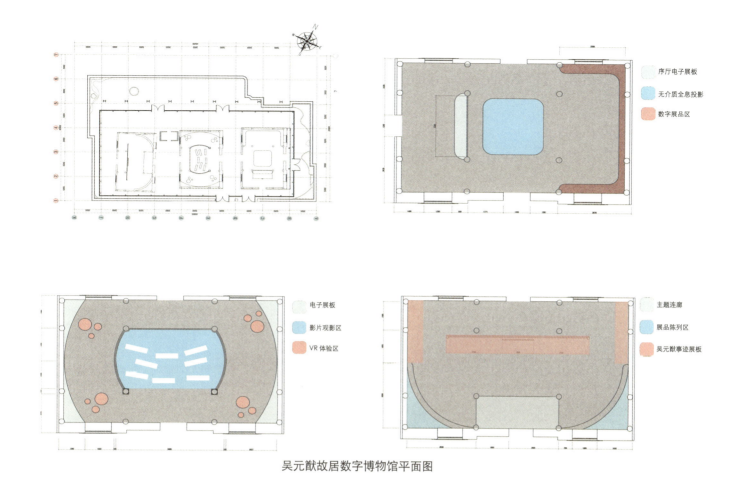

吴元猷故居数字博物馆平面图

吴元猷故居动线分析

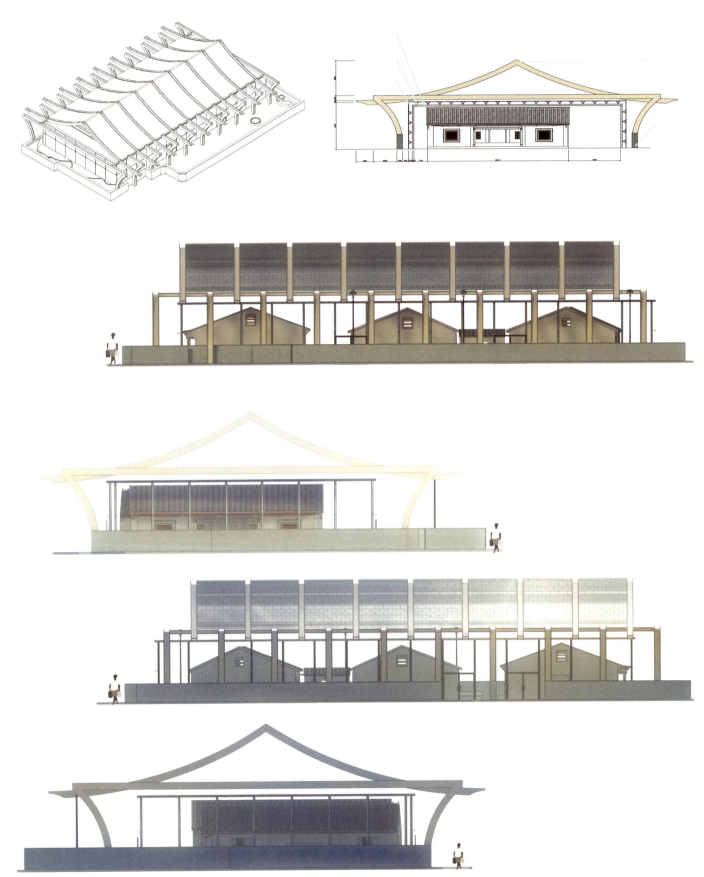

吴元猷故居轴测图、建筑立面图

公共空间——莫比乌斯广场

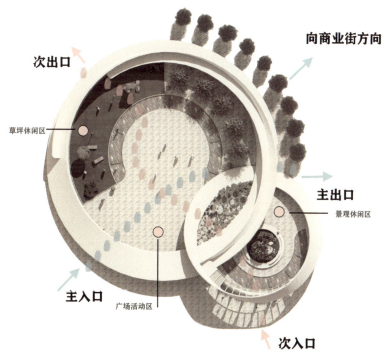

莫比乌斯广场平面图

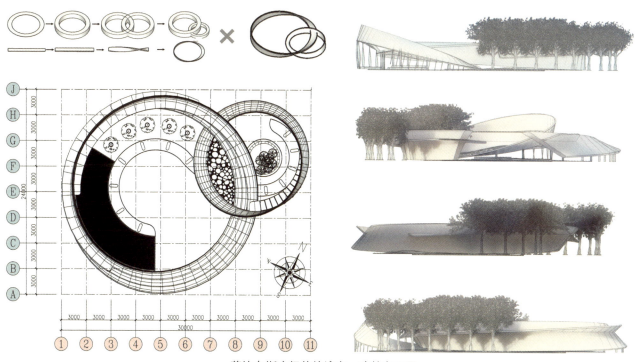

莫比乌斯广场体块演变、建筑立面图

民宿群

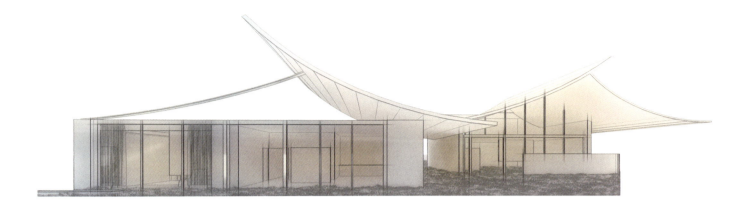

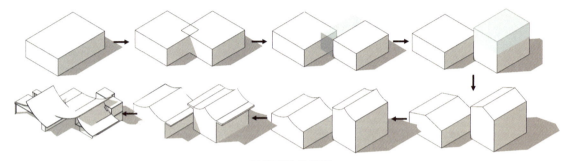

民宿群体块演变

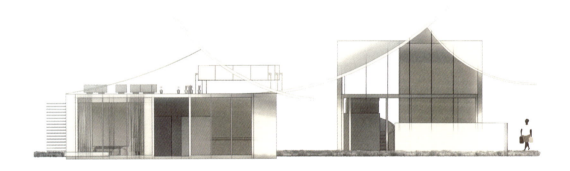

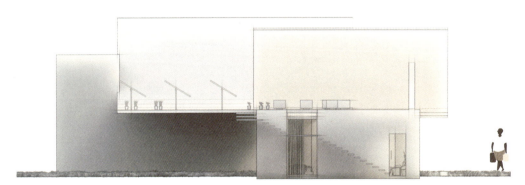

建筑立面图

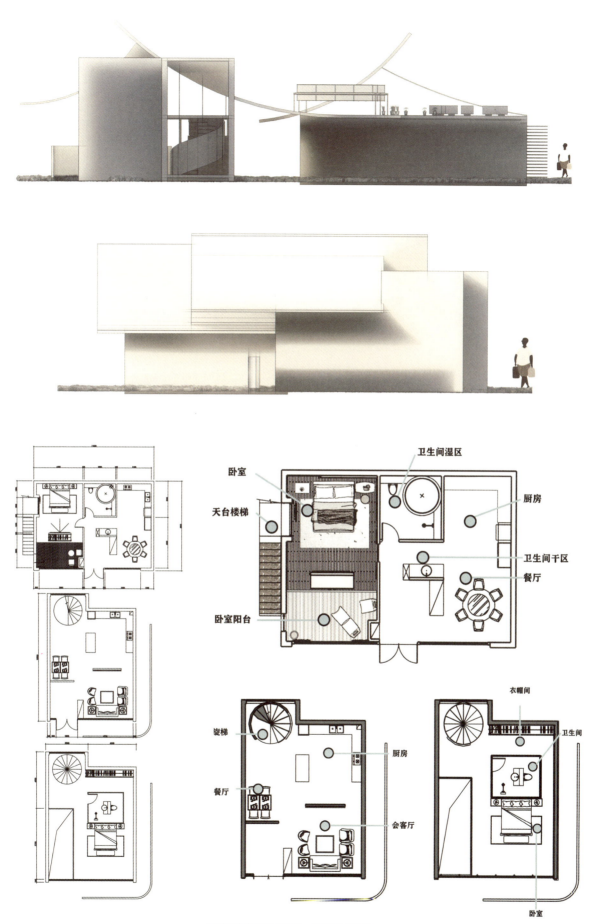

民宿群建筑立面图、平面布置图

三、效果展示

旅游介入下的传统村落景观更新与活化设计研究
Study on the Landscape Renewal and Activation Design of Traditional Villages under Tourism Intervention
道郡古村景观更新与活化设计
Landscape Renewal and Activation Design of Daojun Ancient Village

湖南师范大学
刘秋吟
Hunan Normal University
Liu Qiuyin

姓　　名：刘秋吟 硕士研究生二年级
导　　师：刘伟 教授
学　　校：湖南师范大学美术学院
专　　业：艺术设计
学　　号：201970172754
备　　注：1．论文　2．设计

旅游介入下的传统村落景观更新与活化设计研究
Study on the Landscape Renewal and Activation Design of Traditional Villages under Tourism Intervention

摘要：传统村落是我国农耕文明的重要载体，具有较高的历史、科学、文化、艺术、经济价值，而传统村落景观作为人类文化与自然环境高度融合的景观综合，是传统村落的重要组成部分。进入21世纪以来，乡村旅游已成为传统村落遗产保护、环境品质提升、产业复兴的有效活化途径。然而在旅游介入下，传统村落景观遭受不同程度的破坏，面临保护与活化不协调的困境。因此，探索如何在传统村落景观更新与活化过程中有机融合乡村旅游产业，成为当下响应乡村振兴的重要内容。

本文基于传统村落景观的原真性保护、乡土文化传承、空间活化和旅游可持续发展等现实要求，结合乡村旅游与传统村落景观相关理论，分析总结出旅游介入下传统村落景观更新与活化的设计原则，并以海口市道郡古村作为实践研究对象，探索并完善当前旅游介入下的传统村落景观更新与活化设计策略。乡村旅游为传统村落发展带来机遇，传统村落景观也需在更新与活化过程中把握各个要素之间的和谐共生、相互平衡的关系及可持续发展的要求。

关键词：乡村旅游；传统村落；景观更新；空间活化

Abstract: Traditional villages are an important carrier of China's agricultural civilization, with high historical, scientific, cultural, artistic and economic value. The traditional village landscape, as a high integration of human culture and natural environment, is an important part of traditional villages. Since entering the 21st century, rural tourism has become an effective activation way for traditional village heritage protection, environmental quality improvement and industrial revitalization. However, under the intervention of tourism, the traditional village landscape has been damaged to varying degrees and faced with the dilemma of uncoordinated protection and activation. Therefore, exploring how to organically integrate the rural tourism industry in the process of the renewal and activation of the traditional village landscape has become an important content in response to rural revitalization at present.

Based on the authenticity protection of traditional village landscape, local culture inheritance, space activation and tourism sustainable development, combined with the rural tourism and traditional village landscape theory, analysis and summarizes the tourism intervention of traditional village landscape renewal and activation design principle, and in haikou county ancient village as practical research object, explore and improve the traditional village landscape renewal and activation design strategy. Rural tourism brings opportunities for the development of traditional villages, and the traditional village landscape also needs to grasp the harmonious symbiosis, balanced relationship and the requirements of sustainable development between various elements in the process of renewal and activation.

Keywords: Rural Tourism, Traditional Villages, Landscape Renewal, Space Activation

第1章 绪论

1.1 研究背景

1.1.1 美丽乡村建设的发展历程

当前我国正处于快速城镇化的进程阶段，国家重视乡村地区的经济发展，并出台了一系列政策和乡村建设发展方针，引导和鼓励社会资本投向农村建设，大力发展乡村旅游和现代农业。自党的十八大报告提出建设"美丽中国"的目标之后，我国的乡村环境发生了巨大改变，乡村环境的不断改善与提高刺激了乡村旅游业的发展。"十九大"提出了实施"乡村振兴"战略，乡村发展问题被提到了一个新高度。乡村具有生产、生活和生态等多种功能，它与城镇共生，共同构成人类活动的重要空间。

1.1.2 乡村旅游为传统村落发展带来机遇

我国传统村落拥有丰富多彩的遗产，景观财富与旅游资源充足，继而有着发展旅游的良好基础。同时，城镇化的迅猛发展以及城市生活环境的日益下降使得城市居民憧憬乡间田园风光。21世纪以来，传统村落正逐渐发展成为一个具有吸引力的文化旅游目的地，在新的旅游空间格局中占有重要地位。乡村旅游已成为乡村振兴中的重要引擎，其发展对于促进传统村落景观遗产保护、生态复兴、地方经济发展以及人居环境改善有着积极的作用。

1.1.3 传统村落面临保护与活化不协调的困境

我国传统村落是传承中华民族传统农耕文明的根基和重要载体，但近年来，在"乡村城镇化、农业现代化、乡村旅游开发"等多重挑战与冲击下，一方面大量传统村落正面临消亡趋势，继而在国家保护政策下，其传统村落景观更多是静态的展览式保护，村落空心化的现象仍普遍存在；另一方面，快速发展的乡村旅游业也使得传统村落不断受到"建设性、开发性、旅游性"的破坏。乡村旅游在传统村落景观保护与发展过程中的影响具有双面性，大部分传统村落在旅游开发中实现了较高的经济效益，但因对于传统村落文化内涵认识不足、开发手段盲目跟风以及保护观念淡薄等原因，造成了部分传统村落景观秩序失衡、村落自身的地域文化及其传统空间环境遭受不同程度的破坏。传统村落面临保护与活化不协调的困境，如何在旅游介入下探索传统村落景观更新与活化的设计方法，对于传统村落文化的延续和可持续发展具有重要意义。

1.2 研究目的及意义

1.2.1 研究目的

面对城市化对传统村落景观破坏的日益严重以及乡村产业发展的乏力，传统村落景观的保护与发展已成为热议的课题。以传统村落景观作为核心对象的乡村旅游，其在村落历史文脉传承、产业升级、人居环境提升等方面具有积极促进作用，为传统乡村景观的更新活化提供了新的思考方向。

本文通过对旅游介入下传统村落景观更新活化理论基础、空间活化的内涵进行综合分析，继而梳理出旅游发展视角下传统村落景观更新活化的原则，并选择相关典型案例进行调研与分析总结，尝试探索出旅游介入下传统村落景观更新活化的设计策略，最后通过实践项目的研究剖析，进一步检验与完善策略方法，为当前旅游介入下传统村落景观的更新活化及其设计实践提供一定的策略方法与思路借鉴，继而达到传统村落景观保护、历史文化传承、空间更新活化和旅游可持续发展的目标。

1.2.2 研究意义

（1）理论意义：以旅游为视角探索传统村落景观空间更新活化策略，对当下传统村落景观的更新与活化理论提供补充与完善。我国关于传统村落景观更新活化的研究视角较窄，且不具备普适性，此外，对于传统村落景观空间活化策略的总结不够系统。因此，本文通过分析传统村落景观内部空间要素与特征，将其基础理论、原则方法与空间活化研究相结合，探索旅游介入下传统村落景观更新活化策略，继而丰富传统村落景观更新活化研究理论，拓宽其研究视角。

（2）实践意义：传统村落在我国发展历史悠久，蕴含丰富的地域文化和人文风情。但在旅游介入下，大部分传统村落的更新与活化方式都面临诸多困境，如景观破坏、缺乏特色、产业发展局限等问题，因此对于如何合理地开发与利用村落景观资源，是当下研究的关键之一。论文尝试探索出传统村落景观更新与活化的设计策略，并以实践论证完善，为面向旅游发展的传统村落景观更新与活化设计提供参考与借鉴。本论文研究的目的有两个：一是通过对公共健康视角在新时代的内涵和意义做出的研究总结，提出了针对大学校园空间环境建设可能的思考方向，为实践项目作铺垫；二是通过对实践项目的设计和总结，以期为未来大学校园空间的设计提供思路和策略。

1.3 国内外研究现状

1.3.1 国外研究现状

乡村旅游在国外兴起的时间早，因此在实践经验方面比我国要成熟许多。早在19世纪，因城市化迅速发展而带来种种不良影响，欧洲、美国和加拿大部分地区把乡村旅游作为现代人逃避城市污染与快节奏生活方式的有效手段，目前西班牙、日本、德国等发达国家的乡村旅游建设已具备先进的理念和规范化的管理体系。西方学者对乡村旅游的概念定义各有见解。以 Bernard Lane 为代表的观点认为人们希望感受乡村的自然风光，与繁华的城市生活暂时隔绝，入住当地居民家也有利于更好地体验乡村的生活和乐趣。在《乡村与城市》中，Raymond Williams 认为城市代表未来人类的生活，而乡村呈现的是过去人类生活的景象。

国外乡村旅游的建设重点为村落传统景观空间的保护，村落内部的传统景观空间包括传统民居被用作商业建筑、服务建筑、民宿，或将部分传统建筑保护修缮用以游览展示，诸如此类的传统村落景观更新活化方式对于激活传统村落游览观光、振兴乡村地区经济具有积极作用。在实践方面，相关传统村落旅游发展案例简要整理如下（表1-1）。

国外研究现状　　　　　　　　　　　　　　　　　　　　　　　　　　　　　　　　　　　　　　表1-1

改造年份	地点	项目名称	设计者
—	日本	日本岐阜县白川乡合掌村	—
2017	泰国	AHSA农场民宿	Creative Crews Ltd.
2018	英国	牛津郡Soho农庄	Soho House＆Co室内设计团队与伦敦建筑事务所Michaelis Boyd

1.3.2 国内研究现状

（1）传统村落乡村旅游发展

国内对于传统村落旅游发展的相关研究起步相对较晚，研究初步阶段约为20世纪80年代，其研究主要是关于传统村落保护与旅游发展的关系及其保护与发展的路径等，景观资源保护、开发利用、可持续发展、旅游扶贫等是国内对传统村落进行研究的重点，相关论文整理如下（表1-2）。

国内传统村落旅游发展主要论文研究　　　　　　　　　　　　　　　　　　　　　　　　　　　　表1-2

研究视角	类型	作者	论文	主要内容与观点
旅游开发	论文	李耀	《旅游视角下传统村落"原乡"特征的保护及利用研究》	"原乡"特征涵盖了景、人、服务等要素，其保护与利用是基于完整旅游功能的实现，并通过旅游核心吸引物及旅游服务共同形成原乡旅游形象
景观规划	论文	罗京瑾	《旅游介入下乡村景观变迁与营造研究——以武汉地区为例》	以乡村现代旅游业为切入点，提出乡村景观营造，既要注重经济发展，也要考虑乡村人居环境的改善，并提高现有村民生活水平
旅游产品	论文	谢翠玲、陈秋华	《基于游客体验的文化旅游产品开发研究——以九鹏溪水上茶乡为例》	以五感为导向提出乡村旅游产品的植入
乡土文化空间营造	论文	丁琎	《旅游型传统村落乡土文化空间营造途径研究——以皖南传统村落为例》	探讨乡土文化如何转换为旅游文化产品，并建立"功能再生、活体保护、文化自觉"的乡土文化传承与保护的文化空间营造途径和策略
公共空间	论文	周庆华、郑新风	《旅游背景下的乡村公共空间营造策略研究——以岳西县水畈村为例》	通过乡村资源利用、空间基本要素营造以及空间体验营造，探索旅游背景下的乡村公共空间设计原则与营造策略

（2）传统村落景观空间更新活化

传统村落景观空间更新活化的方法研究主要是关于采用何种方式实现传统村落景观的保护与发展，以及其空间的更新活化，相关论文整理如下（表1-3）。

国内传统村落景观更新活化主要论文研究 表1-3

研究视角	类型	作者	论文	主要内容与观点
社区营造	论文	黄璐	《社区营造视角下的梅州客家古村落保护与更新策略研究》	运用社区营造理论，从还原与诠释、动力与制度、更新与经营三方面入手构建梅州客家古村落的营造策略
艺术介入	论文	赵阳	《共生观念下艺术介入传统村落更新策略研究》	提出艺术的介入形式应遵循传统文化与外来文化共生、艺术与村落肌理共生的实践方法，促使艺术介入有效推动传统村落发展
场所精神	期刊	黄婧	《基于场所精神浅析传统村落中历史建筑空间的重解与活化》	基于场所精神理论，将情境、归属、文化三要素与建筑遗产、场所认知相对应，介入进行传统村落保护与再利用研究
有机更新	期刊	林鹏、张恒、韩网	《有机更新理论视角下的传统村落空间营造策略研究》	引入有机更新的概念与规划思想，提出从深入挖掘乡村地域特色、延续乡村空间文脉肌理、激发村民自组织能力三大传统村落空间营造策略

国内对于传统村落景观空间更新活化的实践近年来保持上升的状态，主要聚焦于传统村落公共空间营造、废弃村落建筑的活化再生以及乡村生态景观的修复与复兴，如周前传统村落、山东凤凰措——空心村再生实践等。

1.4 研究内容与方法

1.4.1 研究内容

本文主要通过对传统村落景观空间及空间活化的分析与整理，以传统村落景观空间活化相关理论为基础，并结合相关典型案例，提出本案的更新活化设计手法与策略。本研究由以下几部分组成：

第1章，阐述了研究背景、研究目的和意义、国内外研究综述以及研究内容和方法。

第2章，对乡村旅游、传统村落景观以及空间活化进行了概念阐述，分析了旅游介入下传统村落景观空间活化的相关理论，为探索进一步的设计策略奠定了基础。

第3章，分析总结了旅游介入下传统村落景观空间更新活化的原则，并选取相关案例进行分析，从中总结出相关的借鉴方式。

第4章，对海口市道郡古村进行设计实践，从多角度分析实践项目的调研现状，并运用前文总结的理论对其景观空间进行更新与活化设计，从中得出相关的设计策略与手法，为以后相关设计提供借鉴。

第5章，总结全文并说明本研究的深入性。

1.4.2 研究方法

（1）文献研究法

通过收集与本论文研究相关的理论数据，对研究中存在的与旅游介入下传统村落景观更新活化相关的理论进行文献查询，确定研究范围，厘清理论依据。从文献中找出可利用与学习的研究理论与方式，扩大论文理论与实践研究在思维上的深度，使研究成果更加全面。

（2）实地调查法

从实际项目的基础概况出发，通过摄影、手绘、实地勘测等手段获取相应的图像资料，深入挖掘场地内部或周边可利用的自然与人文资料，为方案设计以及之后的研究奠定基础。

（3）案例分析法

充分研究国内外相关案例，并针对其中一些极具代表性的案例进行多方面的分析，并从不同的案例中提取共性，继而结合场地现状，将其升级总结为可借鉴的设计策略方法。

（4）归纳总结法

结合理论和实际案例分析，对调研结果和数据进行分析归纳，总结出传统村落景观空间更新活化设计的策略要点和方法，在此基础上进行实践应用，尝试得出具有一定可行性与指导意义的设计策略。

（5）跨学科研究法

运用多学科理论、方法和成果从整体上对传统村落景观空间的更新活化进行分析与探讨，从不同的专业角度分析问题，实现对问题的整合性研究。

第2章 旅游介入下的传统村落景观更新与活化基础研究

2.1 乡村旅游研究概述

2.1.1 乡村旅游的概念

乡村旅游是以具有乡村性的自然资源与人文历史资源为旅游吸引物,通常以外来游客为目标人群,在传统农村休闲游与农业体验游的基础上,满足游客观光游览、风情民俗、休闲度假、体验乡土文化等需求的新兴旅游活动。乡村旅游是旅游业向乡村传统农业扩展的一种摸索。随着乡村旅游业的发展,乡村旅游建设不仅仅要满足于村民的需求,还应考虑对外来游客的接纳与包容。

2.1.2 乡村旅游的特点

中国作为农业大国,农村人口依然占人口总数的近70%,即使我国乡村旅游起步较晚,但已引起人们的广泛重视和极大兴趣。相较于传统旅游,乡村旅游有以下特点:

(1) 乡土性

乡村旅游不同于一般的大众旅游,其以乡村自然环境作为载体而体现乡土性的特点,乡村景观历经长年累月演变而形成,体现了人与自然的和谐相处。外来游客希冀于感受田园风光,体验乡村特色生活,并沉浸于乡村性之中。乡村旅游为游客回归自然、感受乡土风情提供了优越条件。

(2) 季节性

乡村的农业生产活动以及民俗节日顺应季节进行,其直接影响了旅游活动的种类和游客的数量。

(3) 文化性

乡村旅游本质上是一种以乡村历史人文为依托而进行的活动。乡村内蕴含着丰富的传统农耕文化、民俗文化、民间艺术等,且带有浓郁的地方特色。游客通过对当地历史人文的了解以及对传统民俗的体验继而获得精神层面的享受,其中产生的文化交流与精神体验对于游客来说最为关键。因此,乡村旅游的本质属性即文化性,同时也是乡村旅游可持续发展的不竭动力。

(4) 参与体验性

游客通过在乡村特色产业中进行民俗体验、果蔬采摘以及各类乡村休闲活动,继而在享受舒适、健康乡村生活的基础上获得内心的满足感与愉悦感,也在一定程度上促进了乡民与游客间的交流融合。当下的乡村旅游在建设过程中越发重视乡村空间的体验性与丰富性。

(5) 绿色环保性

乡村较多依靠自然资源生活和发展,受到的生产污染较少,体现了其绿色生态性,这也是乡村旅游具有独特吸引力的重要原因。

2.1.3 乡村旅游的发展类型

随着乡村旅游的发展,游客与乡村本体都已不再满足于传统乡村旅游中以观光为主要目的的经营模式,继而逐渐发展出结合多种类型融合的旅游模式。乡村丰富的旅游资源也促成了乡村旅游活动类型的多样性。本文将旅游资源作为分类标准,对乡村旅游的发展类型进行了分类(表2-1)。

国外研究现状 表2-1

类型	活动形式
自然观光型	依托乡村自然生态环境与田园风光,利用其资源优势形成特色旅游,其形式多样,包括爬山、骑马、划船、漂流等旅游活动
休闲体验型	根据特定的乡村环境体验乡村生活生产,包括休闲农庄、渔场、果蔬采摘以及教育农园等
民俗文化型	民俗文化型旅游依托当地民俗文化以及独具特色的民俗风情活动,以此吸引游客,依据产品性质可分为观览型、参与型、休闲型等
度假康养型	具备舒适的气候条件、优美的自然风光、独特的休闲活动以及出色的医疗功能,包括温泉康养、徒步旅行等
遗产游览型	乡村拥有丰富的生态景观遗产、传统建筑遗产以及历史人文遗产资源,是村落乡土性与地域文化的体现,包括遗产回廊、村落传统民房展示、村落博物馆、传统村落等

2.2 传统村落景观研究概述

2.2.1 传统村落的概念

传统村落是从古村落中分化出的一种独具地域特色与整体景观风貌的村落形式，一般形成较早、历史悠久，且具有不可复制性。其价值不仅体现在建筑、布局、选址等多个方面，还包括生产生活方式、传统习俗、宗教信仰等内容，以物质与精神的双重形态存在于村落之中。此外，传统村落是一种具有突出历史价值和文化内涵的村落，且不同于一般的乡村聚落，其具有村落特有的文脉和内部稳定的结构。而传统村落景观是人类活动与自然景观长期互动所形成的相互适应的景观环境，其自身具有较强的"可识别性"。我国传统村落分布范围广泛，且空间形态独特，因地域环境不同所致的传统村落整体风貌也会呈现多样化的风格特点。

2.2.2 传统村落景观内部空间主要特征

传统村落景观是人为活动与自然基底融合的综合体，其空间形态是在特定的自然条件以及历史人文发展过程中逐渐形成的。作为与人类聚居活动有关的景观空间，其构成要素可分为自然景观与人文景观两大类；其中人文景观可进一步分为物质景观与非物质景观。传统村落景观内部空间中各个构成要素的形态与关系可以相互融合，在特定环境背景下，传统村落景观空间呈现出明显特征，其形态也能得到具体的展现。

（1）形态多样，功能混合

不同区域环境、不同地形地貌以及不同民俗风情的传统村落景观空间形态各不相同。传统村落的形成过程大多遵循"自下而上"的营建规则，村民在特定自然环境下根据自身的生产生活需要，由民居建筑开始建设，随着村落规模的不断扩大以及发展需求，最终形成形态各异、规模不一的村落景观空间，因此，传统村落景观形态与景观空间本身具备自发性以及多样性的特征。此外，功能混合性则是传统村落内部空间的另一个重要特征，村落同一空间同时具备很多种功能，例如村落中的街巷、广场等公共空间，除了作为基本交通功能的载体，也是村民间进行交流与日常节庆活动的重要场所。

（2）层次分明，主次有序

传统村落景观的形成演变是一个由点及面的过程，从物质景观空间构成层面上看，院落空间、街巷空间与节点广场空间共同构成了传统村落景观的基本空间形态，各要素之间相互联系与构建。传统村落在特定的自然环境下形成了层次分明的景观结构，其构成要素在景观空间中也各有所职。民居建筑是村落中重要的文化遗产，也是识别村落景观的重要元素，其院落空间形状各异，通常根据不同的民居规模以及功能性质，空间的封闭与开敞程度也各不相同。街巷空间是整个村落形态骨架的重要支撑基础，依据功能与宽窄程度可区分为主次巷。此外，村落中的节点空间如广场，古树、古井旁的附属空地，以及风水塘、果林等，这些空间为人们提供部分生产生活场所，进一步丰富了传统村落的空间类型，起到节点衔接以及调节生态的作用。

2.3 旅游介入下传统村落景观空间更新与活化理论基础

2.3.1 整体性保护理论

1999年10月，在墨西哥召开的国际古迹遗址理事会通过了《关于乡土建筑遗产的宪章》，宪章指出："乡土性几乎不可能通过单体建筑来表现，最好是各个地区经由维持和保存有典型特征的建筑群和村落来保护乡土性。"乡土聚落的外部空间与乡土遗产联系紧密，此观点也是整体性保护理论的核心思想。乡土聚落的外部空间具有灵活多样性和可塑性，其保护性设计可以作为保护遗产真实性与完整性的重要手段，对历史景观的保护发挥积极作用。因此，外部空间与遗产本身的联系体现了其空间上的整体性。此外，传统村落景观遗产在历史发展中形态与功能在不断地延续与更新，从时间角度体现了其完整性。对于传统村落空间的整体性保护及其活化利用应从空间横向层面与时间纵向两个层面一并考虑，深刻理解乡土遗产本体内外空间的整体性。

2.3.2 有机更新理论

有机更新是指将事物当作具有生命力的有机整体，在其生存和发展过程中为适应自身以及环境的需要而进行的新陈代谢作用，其最早应用于城市的更新与发展中。吴良镛老先生将"有机更新"这一理念运用到我国旧城居住区改造中，认为有机更新过程应注重平衡当下与未来之间的发展关系，依据改造要求，在采用合适的规模与尺度的前提下，不断提升规划设计的质量，使每一片的发展达到相对意义上的完整。"北京菊儿胡同改建"为这一理念的实践案例，其探讨了适应旧城肌理的城市更新设计。有机更新理念具有一定的普适性，可将其运用于传统村落的更新与发展中。

传统村落景观是各要素共同构成的有机整体，部分与部分、部分与整体之间相互联系、和谐共处。因此，对其活化时要注重村落景观的整体性与有机性,遵从村落景观的内在运作秩序,同时也要考虑村落内部空间的整体呼应与功能的有机协作关系,从而进行可持续的更新与发展。传统村落有机更新的过程具有动态性与可持续性,在保护其原有文化底蕴的同时还应注入适应现代生活的功能与动力。此外,有机更新并非"一蹴而就"的彻底改造,旅游介入下传统村落应结合自身"有机"特点,并兼顾保护与发展的重要性,以此达到村落景观活化的目的。

2.3.3 共生理论

"共生"源于生物学领域,指不同物种间相互组成关系或群落交互作用的方式,一般指两个不同但又相互影响的物种间所存在的各种不同类型的关系,包括寄生、共栖、互惠共生和客居等。我国"天人合一""和而不同"等思想也与之相似,即指通过个体之间和谐共处达到共同发展的目的。黑川纪章最早将共生理论引入建筑、城市设计和规划领域,其思想包括新陈代谢、蜕变、变生,并提出"共生城市"的概念。"共生"思想适应时代要求和社会发展,其致力于追求一种对资源消耗最少,对自然环境破坏程度最低的生产生活方式。

在传统村落景观的更新活化中,应考虑到村落景观环境与空间使用群体的相互依存关系,以及主要使用群体与其他群体之间的共同互利关系,通过营造"共生空间"来实现乡村旅游与村落景观的和谐发展。在"共生"理念的指导下,传统村落景观更新活化应基于历史空间与现代功能相适应、文化场所与多元体验相结合、村民与游客共享而进行"共生"式空间营建。

2.3.4 旅游行为心理学理论

旅游行为心理学是研究旅游活动中人的心理活动以及行为规律的一门学科,其基本目的是阐述人产生旅游行为的原因以及影响人在旅游中的决策因素等。旅游行为心理学认为人们旅游行为的产生源自于心理对旅游的种种"需求",人们由于内心对某些生理或心理因素的缺失或向往从而产生对应的行为,是个体对生理要求与社会要求的反映。依据马斯洛的需求层次理论,人们有不同层次的需求(图2-1)。其需求程度的大小也决定了旅游行为的实现程度。基于人们对于传统村落旅游的现实需求,城市居民对具有文化特色的传统村落持有向往态度,其文化底蕴与秀美风光能够满足游客的心理需求。因此,在传统村落景观空间更新活化过程中,应多角度考虑游客的行为需求,使其更新活化策略更具有针对性和适应性。

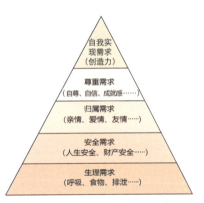

图2-1 马斯洛需要层次理论

2.4 旅游介入下传统村落景观空间活化内涵解析

2.4.1 活化理念的内涵

"活化"原本为生物化学反应中的专有名词,即通过添加催化剂或创造一定的外界条件,促使分子或原子的能量增强,从而发生有效碰撞,产生化学反应的过程。20世纪90年代,我国台湾学者将"活化"概念引入国内的遗产研究领域,学术界中通常把"活化"翻译为"Revitalize",意为"使某物复兴、复活",活化也被当作物质及非物质文化遗产再利用的一种指导理念和方式。陈信安认为台湾传统街屋最适用的活化更新模式为"社区总体营造",并从各个视角来对其进行阐述;洪锦芳等人在安平古迹的再利用规划中结合了活化理念,继而进行了全面深刻的分析和总结。总体而言,"活化"理念包含了再生的思想内涵,是目前传统村落处于"失活"状态下使其存续"传统"特质、激发历史空间活力的可持续利用手段。

2.4.2 活化理念的应用

活化理念致力于运用综合性的发展策略将多方面的价值整合,继而实现历史文化在现代生活情景中的活态传承以及可持续发展。将其概念运用于村落景观,意为在传统村落既有景观空间的基础上,通过诸如政策扶持、业态植入、规划设计、新村民介入等外界条件,使各景观要素与"人"产生反应,从而使得村落各项机能恢复活力。

旅游介入下的传统村落景观空间活化面向现代社会的经济发展,通过乡村旅游来实现其空间价值,从而使得传统村落的历史文化延续于当下并面向未来。此外,传统村落的空间活化不仅要重视物质载体,还应注重以及加强人文精神的活化,继而实现物质和非物质文化遗产的融合,使其原空间从"衰败"状态转变为文化活态遗传、资源可持续的"活体"状态。由于传统村落景观的特殊性与复杂性,其活化手法需要不断地推敲检验,使其修正优化。

2.5 本章小结

本章对旅游介入下传统村落景观更新与活化进行了理论基础研究,阐述了乡村旅游与传统村落的概念与特征，总结了旅游介入下村落景观空间更新与活化的理论基础。在此基础上对空间活化的内涵与应用现状进行分析，得出传统村落景观空间活化应用要点，为接下来的旅游介入下传统村落景观更新与活化设计研究提供理论基础。

第3章 旅游介入下的传统村落景观更新与活化设计研究概述

3.1 旅游介入下传统村落景观更新与活化设计原则

3.1.1 遗产空间原真性保护原则

传统村落拥有丰富的自然人文遗产资源，其中遗产空间主要为制定保护规划的、划定核心保护区的空间或者保护文物，而原真性保护则以"原样"保护为核心，按照空间最初生成时的状态形象作为改造要遵循的保护准则，对其遗产空间进行原真性保护，是传统村落景观更新与活化的必要条件。遗产空间的原真性保护包含了两个层面：一方面为物质文化遗产空间的原真性保护，即对于保护区内的历史遗存建筑物、节点设施以及自然景观要给予充分的保护与修复，如村落内部遗存的故居、古树、古井、风水林等；另一方面为非物质文化遗产承载空间的原真性保护，即强调体验者自身体验的真实性以及文化传递的原真性，继而让体验者感受最为真实的村落传统文化。

3.1.2 景观特征延续性原则

传统村落景观特征的形成是村落多要素的共同反映，无论是村落的外在景观风貌还是其隐性的文化内涵，都是其中的重要组成部分。传统村落的景观特征在旅游介入下的更新与活化设计中起着重要作用。因此，在对传统村落景观进行更新活化的过程中，需注重其景观风貌与历史文化内涵的延续性，使传统村落顺应时代的发展，在历史的发展变化中保持其持续的生命力。传统村落景观特征的延续包含两个方面：

（1）景观风貌的延续性

传统村落景观风貌包含了山、水、林、田、建筑、空间环境等可视内容，是历史事件与空间场景的叠加，且传统村落的景观风貌是存在持续动态变化的，因此传统村落展示了一个具有层次性与丰富性的长期发展的景观。在对其进行旅游开发时，应在注重村落空间格局完整性，维持村落、建筑及周边环境的内在关系基础上，人为地增添某些与历史有关的景观因素，使村民和游客能够从已有的景观风貌中感知村落过去的历史。

（2）文化内涵的延续性

传统村落景观的文化内涵包括民俗节日、传统文化、工艺技术等，以及物质形态所形成的社会学语义，如风水观念、宗族制度等，这些文化内涵都需要历史文化空间的承载。村落景观文化内涵的延续性是传统村落良性新陈代谢的基本条件，继而在对传统村落景观进行更新活化时，需保持和延续其传统的文化语境，为具有文化内涵的乡村旅游发展铺平道路。

3.1.3 空间有机整体性原则

传统村落景观具有有机整体性，体现在其内外部空间与功能的整体协调性，以及有连续的景观界面、有层次的空间秩序。在对传统村落景观进行更新活化的同时，要将其视为一个有机的整体，针对村落的环境特点，在尊重其原有历史遗迹的基础上，平衡传统村落空间环境与旅游开发之间的关系，如传统村落内部景观和周围环境之间的关系模式，以及街巷、建筑、节点与开放景观空间的衔接与转换。同时，需深挖村落中各区域自身彰显的特色并使其统一。此外，连续不断的景象界面、层次分明的空间秩序体现了传统村落景观形象的整体协调性，其前提是内外景观空间各要素之间的有机联系。因此，在改造传统村落的同时，可通过增加新的建筑或景观节点，有目的地打造丰富的、连续的旅游空间体验。

3.1.4 旅游功能导向性原则

传统村落景观是过去的生产、生活、生态等自然人文活动在村落空间上的实践结果，其具有一定的特殊性，因此，传统村落原始的空间结构以及生活生产功能，与目前居民生活需求和旅游开发功能要求存在一定的矛盾性。在乡村旅游背景下，传统村落旅游开发的目的在于发挥其乡土特色进而发展综合性旅游产业，因而传统村落景观需结合旅游功能进行更新活化，实现空间与功能的适应性匹配。传统村落景观的旅游开发应在充分挖掘自身资源特色的基础上，有条件地注入旅游体验功能，其更新活化的功能、内容与传统村落的自然人文环境相适应，而不是全盘迎合游客的消费需求，以及不加选择地对传统空间进行旅游功能置换。

3.1.5 因地制宜建筑更新原则

传统建筑是识别村落景观的重要元素，在乡村旅游开发背景下，因地制宜的建筑更新有利于传统村落景观的更新活化，其更新原则包含三个方面：

（1）建筑特色的多样性原则

不同地形气候、文化习俗影响下的传统村落景观形态各不相同，且传统村落不同区域的景观也存在着多样性特征。在对村落原有建筑进行更新活化过程中，均需保留其多样性，并基于当地的文化语境，挑选出符合地域文化与地域特色的材料、装饰等要素进行表达。

（2）游客与居民需求相结合原则

村落建筑更新需考虑当地居民的生产与生活习惯，在满足游客功能需求的同时，充分发挥原住民的参与活力，并将两者的需求相结合融入建筑更新设计，继而体现传统村落的时代性与乡土性。

（3）建筑适应性更新原则

在乡村旅游建设背景下，传统村落建筑的更新再利用，连接着建筑遗产与乡村文脉、记忆、新需求等的关系。对其传统建筑进行更新，一方面要遵循"天人合一"的思想，选择适宜的活化手段，延续传统建设手法；另一方面，应在尊重历史与自然的基础上探索最大化适应原有空间环境的适宜、适度的更新设计，达到历史文化与未来价值的有机统一。

3.2 相关案例与分析评价

3.2.1 福建上坪古村

上坪古村位于福建省三明市建宁县溪源乡，为福建省历史文化名村，全国传统村落。村庄现状空间肌理完整，山水格局保存良好，且大部分建筑为明清时期的传统民居。上坪古村虽具有良好的历史文化以及生态景观资源，但由于地理位置偏远以及缺乏基础设施建设等原因，村落现状情况凋敝，人口流失严重，且面临传统技艺失传的危机。

上坪古村的种种问题严重限制了村庄旅游及相关产业的发展，进而不利于村庄经济的复苏。针对村落"失活"困境，设计团队将重点放在如何解决上坪村现状与未来产业——旅游为主、新农业为辅之间的矛盾。在村落的更新活化与空间设计上，此项目延续了村落原有的空间肌理与景观风貌，重点对部分废弃农业生产性建筑空间以及景观节点进行更新活化设计。项目覆盖3个节点区域：水口区域、杨家学堂区域和大夫第区域，将区域内的猪圈、杂物间等闲置农业生产设施在保留原有建筑材质与形制的基础上改造为酒吧、书吧等，以及在入口处增设公共服务设施供游客休憩与观景（图3-1～图3-3）。设计团队通过新功能植入、空间改造、相关文创产品开发、艺术介入等手段，建立历史保护与当代需求、本地传承与外部介入的纽带，从而实现村落在形态及功能上的适应性转变，为村落注入活力。

图3-1　圈里酒吧外观
（来源：谷德设计网）

图3-2　书吧外观
（来源：谷德设计网）

图3-3　廊亭
（来源：谷德设计网）

3.2.2 广东韶关周前传统村落

周前古村坐落于广东省韶关市始兴县城南镇，是清末民初的周所古墟，也是广东省第五批中国传统村落。村中现存清凉寺遗址、清凉寺塔、古戏台、古榕树、当铺等历史遗产，并与当地的自然环境共同组成了独特的客家景观，拥有丰富的旅游资源，其村规习俗也体现出了深厚的客家文化。但改造前村落部分建筑年久失修，且区域经济落后。

在对周前古村进行更新活化过程中，设计团队结合客家文化对村落进行保护性开发，保留场地原有布局肌理，总体设计基于古村落的船型布局，并结合古墟进行"前庭后园"的活化设计（图3-4），同时梳理村庄脉络，

图3-4 周前古村平面图
（来源：谷德设计网）

图3-5 古墟商业街
（来源：谷德设计网）

图3-6 古树公园
（来源：谷德设计网）

优化街巷空间，并引入水系环贯全村，为当地村民与游客提供了一个留住乡愁、蕴含文化、浸染烟火气的空间载体。除了空间秩序的恢复，设计团队也对村落各个节点进行了更新活化，打造传统村落特质景观空间，如入口广场、古墟古榕广场、古墟商业街、茶楼、古树公园等（图3-5、图3-6），以点带面地进行传统村落景观空间的活化设计，建立有参与性、文化性以及生活性的特色性空间。如今古墟恢复了以往的活力，古村的卵石巷道、鳞次栉比的商铺以及葱郁古树等景观也与时代建立起新的联系。周前古村在旅游开发过程中注意对周围环境与传统文化的保护，实现了传统村落的可持续发展，也善于挖掘文化自信，继而调动全村发展的积极性，保留传统文化的核心，实现当地文化的发展和传承。

3.3 本章小结

本章主要分析了传统村落景观更新与活化设计的五大原则，即遗产空间原真性保护原则、景观特征延续性原则、空间有机整体性原则、旅游功能导向性原则以及因地制宜建筑更新原则，并通过案例分析与评价，为后文的实践研究提供理论依据。

第4章 道郡古村景观更新与活化设计实践

4.1 项目概况

4.1.1 项目背景

2021年，中央一号文件《中共中央国务院关于全面推进乡村振兴加快农业农村现代化的意见》发布。文件指出，民族要复兴，乡村必振兴。振兴乡村国家战略要求建筑与环境设计专业作为技术与艺术共同衍生的相伴学科走进乡村，通过设计为振兴乡村助力。本设计课题旨在充分挖掘道郡古村的潜在资源，结合村庄特色的同时融入区域产业和江东组团的发展，确定村落发展目标为海口市"美丽乡村"建设示范亮点以及国家历史文化名村。此外，为保护传统村落人文景观与格局，保持风貌的完整性，强调在发展中传承历史文脉、在传承文脉中谋取新发展，完善基础设施和旅游服务设施，开发以观光旅游和文化旅游为主的多类型旅游产品体系，继而实现村庄的可持续发展，达到振兴新乡村的目标。

4.1.2 区位分析（图4-1）

（1）宏观区位概况

道郡古村位于海南省海口市，属海口市美兰区灵山镇大林村委会的道郡南及道郡北经济社。全村现有80多户、500多人，外出人口近1000人。2016年，道郡古村被评为中国传统村落，道郡古村临近白驹大道，距海口仅15分钟车程，且位于"滨海东部生态休闲度假旅游发展区"，周边辐射范围包括众多学校与景区，地理位置较优越。道郡古村自然景观丰富，三面被山坡环抱，绿树成荫，风光秀丽。本次村落规划设计总面积为23299.5平方米（图4-2）。

（2）气候条件

海口市地处琼州海峡南岸，属热带海洋气候，夏季高温多雨，秋季多台风暴雨，年平均温度为24℃，有明显的热带景观风情。海口3月份平均温度已升至20℃以上；4月～10月平均气温均在25℃以上，且极端高温均不超过39℃；12月～次年2月的平均温度为18℃左右，极端天气所致的最低气温可降至5℃左右，继而导致对热带作物造成伤害。此外，每年4月～10月是热带风暴、台风活跃的季节，以8月～9月为最多，9月为降雨高峰期，月平均降雨量近250毫米。

图4-1 道郡古村区位图

图4-2 道郡古村鸟瞰（来源：项目资料）

（3）历史文化沿革

道郡古村历史人文资源丰富，村民的祖先为唐代户部尚书吴贤秀，其于公元805年从福建莆田迁琼，带族人落户于琼山张吴图都化村（今灵山大林村，后称旧市村），本村始祖为吴贤秀25世孙吴登生。村落经过建筑修建与建制的更新，形成了现在道郡古村丰富的历史人文内涵（图4-3）。村落居民为单一吴姓汉族，且村中历代人才辈出，如受皇封的有清嘉庆年间进士吴天授、清光绪年间布政司吴必育、中共烈士吴开佑以及中共十六大代表吴素秋，最为著名的是清道光年间正一品建威将军吴元猷，其故居已列为海口市重点文物保护单位。

图4-3 历史文化沿革

（4）民俗文化

道郡古村所属区域海口市美兰区拥有丰富的民俗文化，其中军坡节为当地世代相传的乡情民俗，每年农历六月初十村落定期举办军坡节，届时人马浩荡，村民齐聚一堂。除此之外，传统食俗如老爸茶、非遗项目如琼剧以及传统民间信仰如冼夫人崇拜等多种特色民俗文化也为道郡古村提供了众多人文旅游资源（图4-4）。

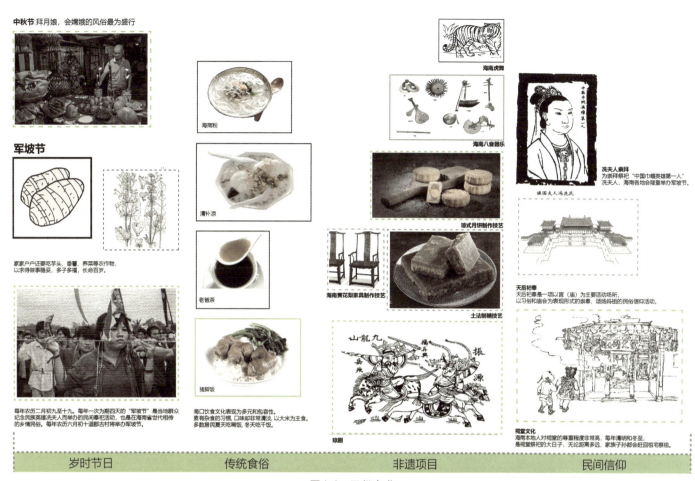

| 岁时节日 | 传统食俗 | 非遗项目 | 民间信仰 |

图4-4 民俗文化

(5) 周边资源

道郡古村周边自然生态资源丰富，以农田、林地居多，主要为田园风光。新建民居群位于古村后，且周边分布多处基础设施与活动场所，包括文化广场、农家乐、戏台、篮球场等公共场所，古村内外发展差异大。

4.2 基地调研现状

4.2.1 建筑分布现状

基地建筑多为明清时期所建，但大多数传统建筑已被户主维修改造。其中名人故居2处（吴元猷故居与布政司故居）；普通民居141处，均为砖石材料单层建筑结构形式。吴元猷故居为咸丰初年其本人所建，规模宏大，面积约5000平方米，迄今有150多年的历史。故居坐东向西，主要由七间红墙朱门的大屋组合成别具一格的"丁"字形格局。风貌保存较好的建筑多分布于故居周边，破损建筑多分布于村落东北部，村中古井、游客服务中心以及牲棚等建筑设施呈散点分布（图4-5）。

图4-5 建筑分布现状

4.2.2 道路分布现状

道郡古村道路系统较为模糊，内部交通线路混乱，多断头路。村落外部通车主路宽为4米左右，内部主路为2.5～3米左右。村内主要道路沿村口进入后，以两处故居为中心向内延伸，其公共性较强；因村落东部地势抬高，破损建筑多分布于此，且植被覆盖较多，继而道路较为隐蔽，公共性较弱（图4-6）。

图4-6 道路分布现状

4.2.3 植被水文现状

村落现已无人居住，植被较为丰富，但杂乱无序，多分布于基地东部以及北部，村口处存有大量灌木，主要为叶子花、朱瑾、鸡蛋花等，东部及北部以灌木和乔木为主，乔木主要为紫檀、对叶榕、椰子树以及黄桃树、波罗蜜等热带经济作物。位于村落前的风水塘现为干涸野地，杂草丛生，垂钓平台已丧失其功能，景观缺乏秩序性（图4-7）。

图4-7 植被水文分布现状

4.2.4 村落空间类型现状

村落空间形态共分为四种类型，即院落空间、街巷空间、开敞空间、亲水空间。吴元猷故居与布政司故居呈院落式空间，分别为三进院式与围合院式，其次为保存较好的民居，多为一进院式与二进院式；街巷空间较为窄小，分布于村落内部；开敞空间多为植被繁密区，建筑破损居多且随意散布；亲水空间位于两处水塘沿岸。

4.2.5 人群分析与行为模式现状

道郡古村为空心村，现无人居住，原村民居住于村后的新建民居，仅重要节日回村庄祭祖，故人群分析基于村落原村民的构成与行为。当地旅游产业为依托于吴元猷故居与布政司故居的历史文化游览，少数游客来此体验田园风光。道郡古村人群行为模式较单一，功能场所缺失，且以故居历史文化为核心的旅游产业发展不成熟，其潜在自然与人文资源尚未开发（图4-8、图4-9）。

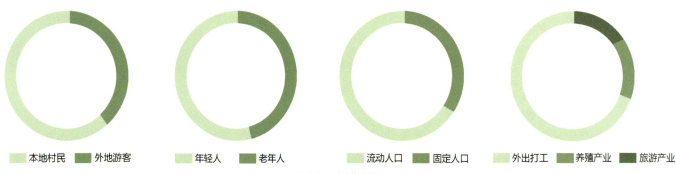

图4-8 人群分析

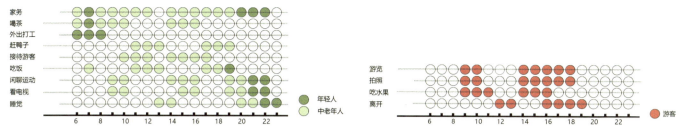

图4-9 行为模式现状

4.2.6 SWOT分析

(1) 现状优势

①道郡古村为琼北历史文化名村，以吴元猷为主的历史文化资源丰富，具有极高的保护价值与特殊性。
②村落景观空间格局与部分建筑风貌保存较为完整，自然景观资源丰富。
③基地旅游开发程度不大，可塑性较强。

(2) 现状劣势

①村落空心化严重，传统生活形式瓦解，历史文化传播受阻。
②部分建筑年久失修，质量堪忧。
③基础设施不完善，功能场所单一，经济逐渐衰落。
④村落植被杂乱，道路系统层次不清晰，景观活力缺失。

(3) 现状机遇

①国家建设美丽乡村等政策的支持。
②依托滨海东部旅游带的区位优势发展休闲文旅。
③民众对于民俗历史文化类旅游产品市场需求大，且未来传统村落的空间、文化、经济和生态面临转型与再生。

(4) 现状挑战与问题

①如何在村落景观设计中演绎当地历史人文？
②如何平衡村落乡土景观更新与保留的关系，合理置入功能，回应新时代下的传统村落空间需求？
③如何挖掘各类资源，开发历史民俗文化旅游，串联游客与乡民，从而激活村落？

4.3 总体设计理念

4.3.1 设计思路

村落在新与旧之间存在诸多隙间，体现为区域差异化，村落内部空间空心化与新建地扩张化对比明显，内部空间缺乏活力；场所缺失，供游客停驻的精神文化体验场所以及供村民日常活动的公共场所缺乏，旅游基础设施不完善；秩序感缺乏，道路系统与植被层次混乱，建筑风貌老旧无秩序。基于道郡古村的现存问题，利用该地区独特的自然风光与人文底蕴对村落景观进行更新活化设计，在尊重历史遗迹的同时，强化景观轴线，并通过合理的业态植入与空间改造塑造满足不同功能的向心性景观节点空间，体现村落景观的多样统一性，继而修复现有的新旧空间关系，通过乡村旅游使得村落在延续场所记忆与乡土意象的同时，各项机能活力得到恢复。

4.3.2 总体设计策略

(1) 植入业态，活化废弃空间，对可利用的闲置空间进行空间介入与功能置换，吸引城市人群与新村民，促进原村民再就业，形成次级繁荣圈。
(2) 强化公共性，实现村落功能从家居文化到公共文化的转变。
(3) 规整道路系统以及植被景观层次，建立景观轴线。

4.3.3 设计策略总结

(1) 乡土性景观风貌的修复与延续

进行传统村落景观更新活化设计前，需对村落的整体环境进行全面勘察评估，明确当地的气候条件、现存景观风貌条件以及非物质文化条件，并在保证整体空间格局完整性的基础上对村落景观空间进行梳理与整合，提高空间使用效率，满足乡村旅游需求，实现从上至下、从整体到局部的逐级优化。在整体空间格局的保护之下，乡村景观风貌形态的修复与延续也是传统村落景观更新活化的前提条件与重点内容。针对道郡古村的建筑、水系、林地等内容的现存风貌，有针对性地进行保护与修复，在旅游开发过程中建立正确的传统村落保护观念，继而实现传统村落的可持续发展。

根据道郡古村的现存景观风貌，在整体景观空间的梳理与整合过程中延续了海南村落稻田—水塘—村—林的传统分布格局，并对村落内部的古井附属空间、古榕附属空间、风水塘、街巷以及庭院空间等区域进行了不同程度的保护与优化。首先，在建筑风貌的修复上，重点修复了吴元猷故居以及布政司故居两处文物保护单位，在满足现代展示功能的基础上对其建筑进行原貌修复；其次，对位于村落入口及中部的三组保存风貌不一的民居建筑进行修复与改造，置入不同功能，使其在延续传统建筑风貌的基础上适应现代旅游功能与时代发展需求。

（2）景观功能的转化与重构

传统村落景观是乡村生活、农业生产与自然融合下的产物，是人们以生产和生活为目的对自然干预的结果，因此在农耕社会以农业生产为主导的传统村落中，其景观功能便紧紧围绕村民的生活与生产两大主题。在社会经济的快速发展下，道郡古村由于地理位置、用地等硬性条件的限制以及基础设施的不完善，低效的农业与种植业已经不能支撑村落的产业经济发展，大部分村民搬迁新处，乡村正处于产业更新的瓶颈。乡村旅游的井喷式发展为道郡古村提供了经济发展的契机，在此背景下，部分原本为乡村生产生活服务的景观功能需转化为旅游服务功能。基于对道郡古村各景观要素的梳理，其更新活化需在总体规划上形成一套多元且丰富的乡村旅游功能体系，建构功能片区及其步行路径，实现其景观功能的转化与重构。

道郡古村现为空心村，村落中的部分景观要素如民居建筑、公共空间、风水塘等未被利用。在维持村落特定的景观空间格局前提下，需整合传统村落环境的内外空间，合理策划不同功能片区及其更新活化内容，并结合当地的交通出行构建出串联不同功能片区的步行路径，组织空间的游览体验过程，从而打造传统村落特质景观空间。道郡古村围绕展示、体验、休闲三大主题，总体分为文化展示区、艺术创作区、民俗居住区、生态休闲区四大功能区，将村口区域打造为历史文化展示基地，村落中部植入农居SOHO与乡村图书馆，介入新村民群体，并对其北部原有建筑进行更新改造，打造特色民宿，而对于村落保存较好的生态景观进行保留优化，塑造多元化的公共空间。此外，在构建村落功能片区的基础上建立景观轴线，串联各个节点空间，以点带面地进行传统村落景观空间的更新活化设计，建立有参与性、文化性以及生活性的特色景观空间。

（3）空间节点的设置及其空间序列的组织

传统村落景观中有许多空间节点，包括广场空地、池塘沿岸、街巷转角处、古井及周边环境或建筑灰空间等，这些景观节点具有不同的空间内容及衔接方式。而传统村落景观也存在历史文脉肌理断层、秩序结构混乱的现象，因此，在对传统村落景观进行更新活化的过程中需要在空间矛盾中找寻平衡点与秩序感，通过节点空间的塑造以及序列的组织，解决村落矛盾空间在功能、意境、空间界面上的冲突与问题。在道郡古村的空间序列组织和空间氛围的营造过程中，将其自然资源中的特色元素与人工设计相结合，使之产生一定的联系。

（4）旅游体验群众参与性的提升

乡村旅游作为以乡村景观为对象的旅游业态，其旅游的参与体验需求强度远高于其他类型，当前的乡村旅游已经日趋成熟，其群众参与体验性逐渐成为乡村旅游竞争力提升的重要举措。在乡村旅游的大背景下，传统村落景观也需要通过强化旅游参与体验性来实现其更新活化，通常为组织多元活动以及设置多元游线，以此针对不同人群形成相对应的体验产品。

在道郡古村的整体景观功能规划中，强化了其民俗体验功能，围绕当地的传统节日、地方习俗和非物质文化，将村落中部原有的废弃游客中心与周围的几栋民居建筑改造为农居SOHO，包含手工艺体验如琼式月饼制作、艺术创作等体验功能。基于中国传统节日背景，深度挖掘道郡古村地方节日活动内容，在公共空间的设置上满足当地传统民俗庆典活动举办的空间需求，如中秋节、军坡节以及琼剧表演。此外，休闲娱乐活动的组织也是加强旅游参与体验性的重要内容，道郡古村的休闲娱乐活动依托于风水塘和热带作物种植区，设置了垂钓、戏水、果园采摘等活动。村落活动体验的关键在于人们能真实感受到传统村落中浓厚的生活气息与历史文化内涵。

4.4 本章小结

本章主要在旅游介入背景下对道郡古村进行了景观更新活化设计研究，系统分析了道郡古村的区位条件以及微观调研现状，从中梳理了项目中景观空间的现存优劣与机遇挑战，并以此为基础提出总体设计理念和设计策略，以期为同类型的传统村落景观更新活化设计提供借鉴和参考。

第5章 结论

传统村落景观空间的更新活化设计以及研究对村落的可持续稳定发展有着十分重要的意义。本文以旅游介入下的传统村落景观更新活化为研究对象，明确了在此背景下传统村落景观空间的活化内涵，分析了其更新活化的原则，并通过实践案例探索与总结了旅游介入下传统村落景观的更新活化策略。传统村落需在乡土性景观风貌修复与延续的基础上实现其景观功能的转化与重构，合理设置空间节点、组织空间序列，并提升旅游体验，从而能够更好地实现村落人与自然的和谐发展，为后续旅游介入下村落空间更新活化设计提供有效参考。

一方面，我国传统村落数量众多、类型丰富，其景观空间形态特征各不相同；另一方面，乡村旅游涉及的学科面较广阔，因此旅游介入下传统村落景观的更新活化设计实际上面临更为复杂的挑战，还需进一步的探索与研究。

参考文献

[1] 杨明月．乡村旅游背景下传统村落保护更新设计研究[D]．长春：长春工程学院，2020．
[2] 刘敏，韦庚男．传统村落保护与活化设计研究——以昆明市海晏村为例[J]．城市建筑，2020，17（32）：42-46．
[3] 孙学浩，张晓燕．乡村旅游背景下的传统村落景观适应性设计研究[J]．设计，2020，33（9）：158-160．
[4] 刘涛．旅游背景下的乡村公共空间营造策略研究[D]．安徽：安徽建筑大学，2020．
[5] 何力．传统村落景观空间的活化设计研究[J]．工程建设与设计，2020（6）：22-23．
[6] 李苏豫，韩洁，王绍森，王量量．乡村复兴背景下传统建筑的适应性活化再利用——以丁屋岭实践基地为例[J]．城市建筑，2019，16（28）：76-79．
[7] 彭浪．旅游视野下的乡村景观保护与更新研究[D]．重庆：重庆大学，2019．
[8] 靳楚枫．乡村旅游背景下传统村落的更新与再设计[D]．郑州：河南大学，2019．
[9] 杨泽钰．基于乡村旅游背景下的传统村落空间活化策略研究[D]．保定：河北农业大学，2019．
[10] 肖银银．黄山市木梨硔古村落景观规划与重构设计研究[D]．咸阳：西北农林科技大学，2019．
[11] 张禹．传统村落空间适应性更新研究[J]．南方农业，2019，13（5）：103-104．
[12] 何崴，陈龙，李强，赵卓然．上坪古村复兴计划，三明，中国[J]．世界建筑，2019（1）：80-85．
[13] 梁健．以旅游为导向的传统村落空间活化设计策略初探[D]．广州：华南理工大学，2018．
[14] 李晓峰．乡土建筑保护与更新模式的分析与反思[J]．建筑学报，2005（7）：8-10．
[15] 王云才，刘滨谊．论中国乡村景观及乡村景观规划[J]．中国园林，2003（1）：56-59．

道郡古村景观更新与活化设计
Landscape Renewal and Activation Design of Daojun Ancient Village

一、总体规划设计

1. 策略生成

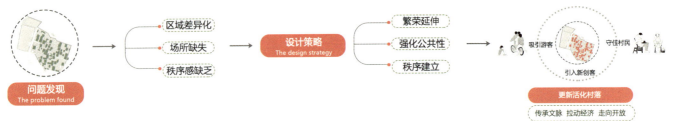

策略生成

2. 设计生成

| 原建筑尺度与网格 | 拆除部分完全废弃建筑以及围墙,得到大块村口空间与多个开放空间 | 三个主要广场与绿地,分布于村落前景、中景以及后景 | 依据人群分布与功能需求设置场所功能 | 形成展示、居住、创作三个主要功能组团 | 依据功能设置主要景观轴线 | 轴线旁主要建筑景观更新 | 形成多个多样统一的半围合空间 |

设计生成

3. 平面图

总平面图

4. 功能分区

文化展示区
以故居历史文化为主要功能的文化组团于村落入口向内延伸，面向田园风光，建筑风貌较好，公共性强，包含故居游览、民俗展示、游客接待、集会等功能。

生态休闲区
以休闲体验为主要功能的生态景观组团位于村落水景处与植被繁密区，呈"L"形包裹村落前景，依托水塘、古树营造乡野之境其包含垂钓戏水、游园、品茶等功能，与村落后景民宿区共同营造古村漫游氛围。

民宿居住区
以民宿居住为主要功能的生活组团位于村落内部，私密性较强，包含民宿起居、冥想、漫步等功能。

艺术创作区
以艺术民俗创作作为主要功能的农居，SOHO 组团依托于当地的民俗文化及艺术衍生，为村民、游客以及新创客提供相对私密且集中的公共场所，包含乡村书局、艺术家工作室、文创展销、民俗体验等功能。

功能分区

5. 交通流线

村落停车场位于村口西边，村落内部主要为人行道以及自行车道，消防车道为村落丁字路，疏通基地原有断头路，串联节点，增强交通可通达性。游客主要于西南侧入村，村民于东侧进入，功能节点的路线串联实现了两个群体行为的动态混合。

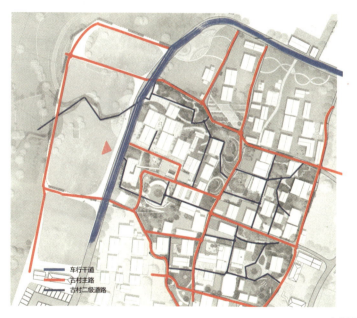 

交通流线

6. 景观结构

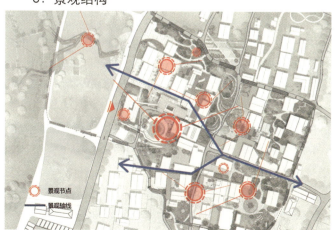

由生态水景、古井入口广场、吴元献故居、农居SOHO、平民书局、古榕广场六个主要景观节点串联村落，沿景观轴线分布，搭建游客与当地文脉、乡民与乡愁、游客与乡民、新功能与旧场地间的新对话。

景观结构

7. 剖面图

剖面1

剖面2

二、景观节点表达

1. 古井入口广场区域

古井入口广场鸟瞰

村口处为建筑风貌保存较好的传统民居，有一进式与二进式，但部分院落已破损严重。拆除区域内四栋破房和部分旧墙，以古井为精神符号生成古井入口广场，并重塑建筑风貌，于两处故居间集散人流的同时强化了空间的交往功能。结合原有的水塘和交通节点设立服务功能，试图恢复"村口"的公共性。建筑改造面积为784.5平方米，生态水景区域供村落短时排水以及通风降温，水间栈道可直接通达对岸田园，具有垂钓、戏水、观景的功能。

村口空间作为村落前景，有标志和分隔功能。将其再次整合，塑造半围合的广场空间，赋予其功能，继而恢复"村口"的公共性，把村口空间重塑作为乡村文化生活重建的一部分，延续场所记忆。疏通道路，实现各个景观节点的可达性。

广场北侧原本为一破损建筑，将其重建为一栋多功能镂空建筑，作为村口空间的"新建筑"以及连接景观轴线的重要节点。可达性较高的灰空间在遮阳避雨的基础上为游客和村民提供多元化的活动场所，可看戏、集会或观景。

连廊可达接待中心与民俗展示馆，强化空间的公共交往功能。

(1) 建筑演变

拆
拆除破损建筑以及部分围墙，规整道路，开放场地。

置
依据场地置入方盒子，赋予其功能，中心盒子为多功能枢纽。

变
重建屋顶及门窗系统，改善建筑内部采光，强化坡屋顶形式。

破
为使建筑空间更为宜人，采用艺术化手法，将部分屋顶以及墙面开放出来。

合
通过上下连廊连接建筑，增强场地向心性与可达性。

引
将营造的景观引入场地。

村口建筑演变

(2) 建筑平面图

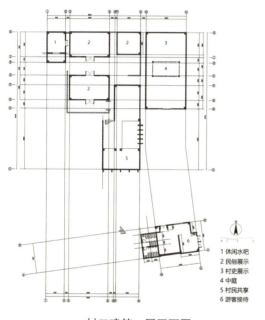 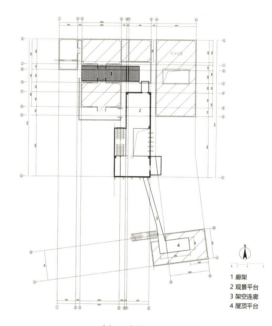

1 休闲水吧
2 民俗展示
3 村史展示
4 中庭
5 村民共享
6 游客接待

村口建筑一层平面图

1 廊架
2 观景平台
3 架空连廊
4 屋顶平台

村口建筑二层平面图

(3) 建筑立面图

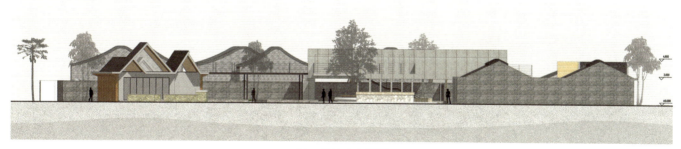

村口建筑南立面图

村口建筑西立面图

（4）效果图

效果图1

效果图2

效果图3

效果图4

2. 农居SOHO区域

农居SOHO鸟瞰

此处为11栋保存较好的传统民居建筑，房屋零散，院落部分较残破，将其改造整合为农居SOHO。建筑改造面积为780平方米。

农居SOHO主要服务于新创客群体，由从事文创研发、艺术创作、特色办公为主的城市创客以及从事传统工艺为主的村民创客组成，继而形成智慧办公区域，引入常住人口，孵化村落文化产物。

将当地的手工业体验、展示以及衍生的艺术创作内容植入农居SOHO，使其成为融合展示、体验与休憩的新型公共文化空间。其中，半围合院落内可成为村民和访客闲聊，以及新创客露天会议的外部空间场所，四个多功能盒子所连接的折叠门可在天气适合时完全打开，室内外的活动相互流动、交织，柔化场所边界。

(1) 建筑演变

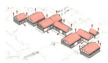

拆
拆除破损建筑以及部分围墙，打破其纯粹的内向型院落。

抬
将屋顶抬高600米，开放门窗系统，改善建筑内部采光，营造舒适空间尺度。

合
通过连廊使零散建筑拥有同一院落，使其关系更加紧密，重新定义建筑空间关系，围合的建筑空间成为促使事件发生的容器。

变
结合建筑形态，嵌入可通行的多功能盒子，抬高访客视角，让人群和老建筑间产生新的关系，增强空间趣味性。

破
为使建筑空间更为宜人，采用艺术化手法，放大村落建筑拱门元素，将部分屋顶以及墙面开放出来。

引
将营造的景观空间纳入半开放院落。

农居SOHO建筑演变

(2) 建筑平面图

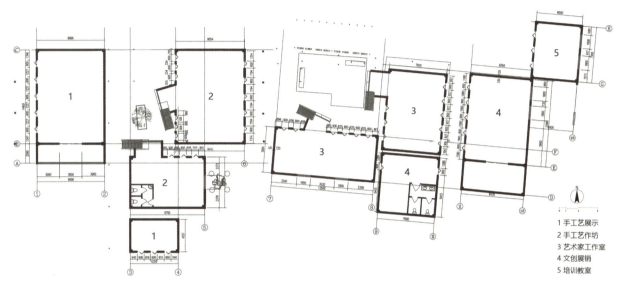

1 手工艺展示
2 手工艺作坊
3 艺术家工作室
4 文创展销
5 培训教室

农居SOHO平面图

(3) 建筑立面图

农居SOHO西立面图

农居SOHO北立面图

(4)效果图

效果图1

效果图2

效果图3

效果图4

3．平民书局区域

平民书局鸟瞰

此处建筑破损严重，为一个二进式的院落，且位于村落景观节点中心交汇处，将其重建为乡村书局，以一种新的姿态演绎村落精神文明，建筑改造面积为226平方米。

平民书局作为村落的信息中心与精神文化窗口，服务于访客以及村民，具有信息阅览、公共学习等功能。村落的古榕树具有图腾崇拜性质，通常作为村民驻足交流或祭祀的空间，此处将其精神性引入乡村书局。此外，建筑就地取材，新旧搭配，二层墙面采用深浅不一的火山石，搭配混凝土、玻璃等现代材料，演绎现代乡村之美。

平民书局一层空间为书籍选购区，通透的流动空间面向村中巷道，二层为阅读沉思空间，相对私密，景观视野良好，书局空间为村落嵌入未来记忆。

（1）建筑演变

拆除
拆除破损建筑以及围墙，增强公共性。

边界
明确场地边界。

体量
依据周围建筑密度与路网构造一个传统体块，回应周围建筑环境。

置入方盒子
依据建筑形态置入多功能盒子，开放更多公共功能，使其成为促发事件的容器。

视野
优化建筑形态与门窗系统，运用大量玻璃材质增强空间的透明性与开放性，并划分空间功能。

景观
增加停留空间，将营造的景观空间与人流引入场地。

平民书局建筑演变

（2）平面图

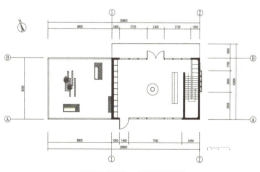

平民书局一层平面图

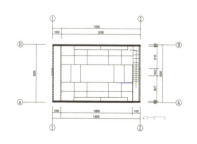

平民书局二层平面图

（3）立面图

平民书局北立面图

平民书局东立面图

（4）效果图

效果图1

效果图2

效果图3

三、更新改造后主要空间类型

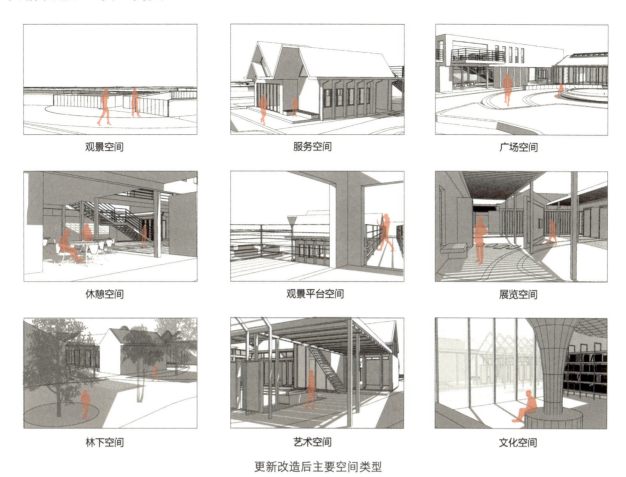

更新改造后主要空间类型

四、植物配置

在植物搭配上沿用乡土植物，并选择部分经济作物，根据不同乡村属性的植物种类形成不同形式的组团搭配，打造不同层次的空间感，同时根据植物的遮挡强弱，形成不同透明度的视线。村口区域沿用了原有植物，如朱槿、朱蕉、鸡蛋花、叶子花等灌木，以及凤凰木、椰子树等乔木；村落北部植被较繁密，主要选用大野芋、椰子树、紫檀等乔木以及波罗蜜、柚子树、苦皮藤等经济作物，形成良好景观的同时可开展果蔬采摘；而村落内部以及东部区域主要沿用叶子花、三角梅等灌木以及对叶榕、紫檀、凤凰木等乔木。

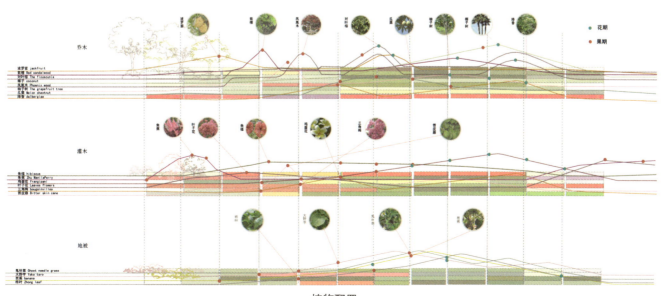

植物配置

乡村振兴背景下的道郡古居改造设计探究
Research on the Reconstruction Design of Daojun Ancient Residence under the Background of Rural Revitalization

海南省海口市道郡村古居室内设计
Interior Design of Ancient Residence in Daojun Village, Haikou City, Hainan Province

泉州信息工程学院
叶雨昕
Quanzhou Institute of Information Engineering
Ye Yuxin

姓　名：叶雨昕　本科四年级
导　师：段邦毅　教授
　　　　刘传影　副教授
　　　　黄志杰　老师
学　校：泉州信息工程学院
　　　　创意设计学院
专　业：环境设计
学　号：1806160137
备　注：1. 论文　2. 设计

乡村振兴背景下的道郡古居改造设计探究
Research on the Reconstruction Design of Daojun Ancient Residence under the Background of Rural Revitalization

摘要：乡村是中华民族传统文明的发源地，在经济社会发展中一直占有重要地位。党的十九大报告中强调要"实施乡村振兴战略"。在乡村振兴战略背景下，古居的改造设计作为富有前景的旅游资源受到前所未有的重视，对名人故居的有效保护和合理利用是改造的重中之重。本文通过四校四导师实验教学课题，展开对名人故居及其他普通民居的设计探究。对吴元猷故居和布政司故居及其他普通民居进行相关的室内设计。

关键词：乡村振兴；古居改造；旅游；室内

Abstract: Countryside is the birthplace of Chinese traditional civilization and has always played an important role in economic and social development. The report of the 19th CPC National Congress stressed the need to "implement the strategy of Rural Revitalization". In the context of Rural Revitalization Strategy, the transformation design of ancient houses, as a promising tourism resource, has received unprecedented attention. The effective protection and rational utilization of celebrities' former houses is the top priority of the transformation. Through the experimental teaching project of four schools and four tutors, this paper explores the design of celebrity's former residence and other ordinary folk houses. Carry out relevant interior design for Wu Yuanyou's former residence, the former residence of the chief secretary and other ordinary houses.

Keywords: Rural Revitalization, Transformation of Ancient Dwellings, Travel, Indoor

第1章 引言

1.1 设计背景

2021年，中央一号文件《中共中央国务院关于全面推进乡村振兴加快农业农村现代化的意见》发布，这是21世纪以来第18个指导"三农"工作的中央一号文件。文件指出，民族要复兴，乡村必振兴。党的"十九大"报告强调："农业农村农民问题是关系国计民生的根本性问题，必须始终把解决好'三农'问题作为全党工作重中之重。"以习近平同志为核心的党中央提出"实施乡村振兴战略"这一部署，有其深刻的历史背景和现实依据，是从党和国家事业发展全局做出的一项重大战略决策。[1]在此背景下，乡村的旅游业的发展受到了国家的高度重视。

乡村与城市具有差异性，乡村体系包括自然、建筑、经济等环境。此外，乡村体系还具备生态环境、人文环境等功能，能与发达城市共同为人们提供活动空间。但因乡村地理位置较偏僻，经济社会发展与本城市居民经济发展水平之间差距较大[2]。目前我国还有许多乡村基础设施不够完善，村庄的空间利用率低下，建筑功能缺失，土地闲置且建筑理念较为落后，许多现代化科学技术及保护传统建筑文化理念还未应用到乡村建筑中，致使乡村与现代化发展逐渐脱轨。由此，对于乡村古居的改造、建设美丽乡村的行动变得迫在眉睫。

1.2 设计意义

一个村庄的名人故居是这个村庄的历史标志和载体，是村庄的"活"名片。历史名人故居传达的历史，是村庄的特色标签，对村庄的历史文脉的传承起到了重要的作用。对于村庄的居民来说，故居是他们引以为傲的存在和精神的归属，具有时代历史意义。对于参观者来说，从心中感受孕育名人成长的故居，也能在参观过程中潜移默化地被其名人的精神品质所影响，这正体现了历史名人故居的教育意义。

在古居修缮与改造的过程中，探究解决古居的保护问题，并注重历史名人故居与现代化社会发展的相融性，通过修缮与改造名人故居引入现代科学技术带动周边环境发生变化，思考如何建设文化浓郁且符合现代化审美的特色村庄是本次课题的意义所在。

1.3 探究方法

（1）实地调研法

对道郡村村落中的室内外空间进行实地调研。在调研结束后对取得的数据信息做整理和归纳，发现问题，确定探究的主题。

（2）案例分析法

借助互联网渠道搜索国内外对村庄古居或名人故居改造的案例，做详细的分析和梳理，提取案例中一些好的策略，结合实际，思考这些策略对本次设计方案的可行性。

（3）设计实践法

分析在调研中所获得的数据信息和资料并结合时代背景，提出设计思路与方案。

（4）文献阅读法

借助图书馆、互联网等渠道，更全面地、正确地了解和掌握相关的问题和事物的全貌，保障方案的可行性。

第2章 古居改造的相关概况

2.1 古居改造设计的缘起

2.1.1 时代发展下的必然性

名人故居是村庄文化产业与旅游项目的潜在资源，对于村庄的可持续发展有着重要的促进作用。在生态农业观光旅游和主题文化体验旅游兴起的发展下，乡村名人故居旅游充分发挥当地自然生态和人文资源以及特色农副产业优势，促进农村地区经济、文化、生态环境的持续、健康、协调发展[3]。

2.1.2 历史传承的重要性

历史名人故居是展示和传承中国传统文化的重要载体，随着社会产业结构的调整、乡村形态的变化，未经改造与再开发的历史风貌建筑逐渐失去了原有的功能与活力。但其作为村庄记忆的载体和历史事件的见证，仍然具有历史文化保护与现实教育实践的重要意义。

2.2 古居改造的相关策略

2.2.1 历史风貌建筑绿色改造方法与策略研究

"基于现实、尊重历史、优先利用、控制破坏"的设计策略。通过综合分析、模拟优化等手段，最终形成低成本的生态节能设计方法。在尊重历史、保护建筑文化真实性和历史性的前提下，历史风貌建筑绿色改造的关键在于建筑功能的活化和建筑技术指标的提升。根据我国现行法律法规及行业准则的相关规定，对有历史价值的部分予以保留。遵守"修旧如故"的原则，即不做大幅修建，不改变建筑外立面及内部结构，仅进行加固、修复处理，同时对屋顶进行复原[4]。

2.2.2 "旅游链"策略

故居的开发与保护是相辅相成的关系，实现对故居的有效开发是对故居的良性保护。因此，在云南省已经形成的良好的旅游产业范围内，将梁金山故居作为云南省旅游产业链中的"红色旅游点"融入进去，从旅游市场的价值开发中获取对故居保护的资金以及进行爱国主义教育的基地进行对外宣传和推广。在对梁金山故居与云南省保山市、更小范围的梁金山故居所在地蒲缥镇的旅游客源分析中，笔者认为梁金山故居的旅游客源主要来自保山市及周围100公里以内各县及云南各州县，也有顺着滇缅公路体验滇西抗战的游客，可将故居的客源策划放大到"大理—昆明—保山—腾冲"这一旅游链的热线中[5]。

2.2.3 博物馆+智慧建设

在"互联网+"背景下，博物馆要加强智慧建设，充分利用高新科技和各类应用，推进建设文物大数据平台，建立文物信息资源库和陈列展览专题信息资源库，提供文物信息资源深度开发利用服务；树立品牌意识，提升博物馆文化辐射力，使博物馆事业更全面、更长远地发展[6]。

第3章 古居发展和改造现状

3.1 国内古居改造现状及案例

3.1.1 国内古居改造现状

在国内，早些年大多数的名人故居在开发利用的过程中，都处于在自然中逐渐被损毁的待开发状态。近几年来，古居修缮与改造的工作随着保护观念的增强而不断发展，设计师们更加重视建筑历史的传承与保留、建筑风格与周围环境及村庄的融合，注重空间之间的过渡与转换，形成灰空间，在室内外切换时自然流畅，且富有节奏感。

3.1.2 案例分析

以国内的王景纪念馆为例，纪念馆以一层体量沿着长方形场地展开，屋顶设开放平台，提供开阔的视野以及室外活动场地。建筑根据周边房屋的走向，划分为四个空间区块，打破体量的同时也填补了村庄缺失的肌理。四个区块和周边环境围合出建筑出入口以及庭院空间。对周围破损坍塌的传统民居修缮并重新利用，作为纪念馆配套功能空间。设计的重点在于通过室内空间重塑人文和纪念性，提升村庄的荣誉感。建筑通过"舞台情景剧"的方式，将王景跌宕起伏的一生沿时间轴展开，和延续村庄肌理的四个室内空间区块叠加，四个区块空间连贯流畅，以17个节点故事用当地石雕画面展示各个不同时期真人大小的王景人像及活动。以石雕方式呈现展览内容，熟悉直观的方式让村民和游客对展览内容一目了然。

3.2 国外古居改造现状及案例

3.2.1 国外古居改造现状

在国外，西方的故居大多不建设与其名人相关的纪念馆，而是通过故居展示方式的多样化对名人的个人成就和其影响力进行展示，突出名人的主要功绩。

3.2.2 案例分析

以国外的尼克松故居为例，尼克松故居重点突出其在中美建交史上所起的重要作用。按照故居—博物馆—墓地旅游路线组织，对尼克松的一生进行展示。通过突出塑像的位置与塑像不同的姿态及造型，照片及图片的位置、醒目程度，文件的摆放，以及所送物品的内容突出建立中美关系是其政治生涯中最荣耀的部分。

3.3 古居发展和改造中所面临的挑战

3.3.1 旅游经济下的"赔本买卖"

青岛市文物局博物馆处处长刘红燕说："名人故居本身所带来的直接经济效益不高，加以我国用于发展名人故居旅游的资金短缺，才导致它们在城市旅游中渐渐消失。"

3.3.2 宣传力度不够

村庄中大量的名人故居不为人所知，纸质媒体、网络媒体和旅游部门对大量名人故居的宣传力度不够，名人故居的影响力较低，造成其可达性较差、游览参观人数少等问题。

3.3.3 因开发而被破坏

由于开发与管理部门的观念错误，名人故居的建筑本体与原始环境被破坏，在原址上随意复建、加建了大量的仿古建筑，使得名人故居的原真性与完整性被大肆破坏。

第4章 海南省海口市道郡村古居室内设计

4.1 项目概况

4.1.1 项目设计内容

道郡村古居室内设计的主要内容包括：项目范围内的名人故居的修缮与改造、建筑内的院落空间、建筑功能的重构。项目范围为道郡古村内的吴元猷故居、布政司故居和周围一些破败的民居。

4.1.2 区位概况

（1）地理区位（图4-1）

海口，是海南自由贸易港核心城市。地处海南岛北部，东邻文昌，西接澄迈，南毗定安，北濒琼州海峡，现辖秀英区、龙华区、琼山区、美兰区。市域面积约3126平方公里，是海南省政治、经济、科技、文化中心和最大的交通枢纽，是国家"经略南海"大陆通往南海的桥头堡，是"21世纪海上丝绸之路"6个"战略支点城市"之一，还被联合国国际湿地公约组织评定为全球首批"国际湿地城市"。

（2）自然环境

海口市地形略呈长心形，地势平缓。地处低纬度热带北缘，属于热带季风气候。夏季高温多阵雨，冬季干燥少雨。全年日照时间长，辐射能量大，年平均日照时数2000小时以上。年平均气温24.3℃，年平均降水量2067毫米，常年风向以东南风和东北风为主。海口自产水资源总量为19.07亿立方米。植物资源丰富，拥有林地9.58万公顷，约占土地面积的42%。

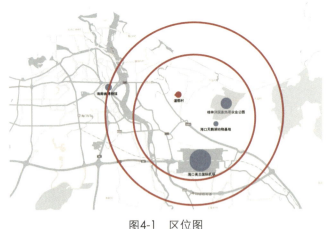

图4-1 区位图

（3）社会发展

"海口"一名最早出现于宋代，已有900多年的历史。名称沿革有宋代的海口浦，元代的海口港，明代的海口都、海口所、海口所城，清代的琼州口等。海口历史上是个港口小镇，商贸活动形成较早，但规模小。中华人民共和国成立前，商业、手工业在全岛有一定的地位，但近代工业无几，商品生产落后，经济基础薄弱。中华人民共和国成立后，逐步走上了计划经济的轨道，市内经济恢复发展。

4.1.3 海口市道郡村概况

道郡村属海口市美兰区灵山镇大林村委会的道郡南及道郡北经济社，距海口只有15分钟车程。全村现有80多户、500多人，外出人口近1000人，都是汉族，且单一吴姓，村民的祖先是唐代户部尚书吴贤秀。他于公元805年从福建莆田迁琼，为吴氏渡琼始祖。村中的始祖是吴贤秀25世孙吴友端的孙子吴登生。村中有海南历史最高级别武官——清代皇封正一品建威将军吴元猷的故居（故居已列为海口市重点文物保护）。

道郡村倚山坡而建，村后地有块军坡地，每年农历六月初十这里都举办军坡节，人马浩荡，聚集很多军马，因此该村被唤作"多军"村，后来"多军"换成谐音雅称"道郡"，"多军村"改为"道郡村"。

4.2 现状调研

4.2.1 村庄古居格局

道郡村古居一直受到传统民居空间格局的影响，延续着中国传统的"合院式"，注重围合感，强调轴线与主次。当地的院落多为一进、二进、三进式。建筑单体和围墙围住庭院或天井组成院落。

吴元猷故居就是传统的三进式院落。故居呈"丁"字形格局展开，寓意人丁兴旺。第二进、第三进左右及后方有配套的厢房、书房、账房、伙房和马房等，整个故居约有30间房。

布政司前庭有广场，整体呈中心对称格局。

4.2.2 村庄现状（图4-2）

村庄传统建筑大多始建于明清，后期建设的多数建筑风貌也基本维持一致，整个村落风貌较为统一。植物覆盖率高，但由于历史久远，加上自然的损害以及建筑保护不得当，人员管理不到位，目前村庄内的许多院落空间遭到破坏，风水塘被闲置，部分道路被阻塞，自然植物肆意野蛮生长，名人故居遭白蚁侵蚀，部分墙体和屋子内部倒塌严重，房屋瓦片掉落，建筑功能缺失，随意搭建等现象随处可见。

4.2.3 景观环境

道郡村地势平缓，周围绿植环绕，村内种植种类多，分为三大类：草本、灌木、乔木。村内地质情况良好，多为火山岩，地下层多为沉积岩，地质承载力良好。此外还有两处风水塘。自然资源良好，但这些资源并没能得到很好的利用。

4.2.4 现状劣势

（1）名人故居旅游资源无人管理；

（2）展览方式陈旧单调；

（3）故居周边配套设施不够完善；

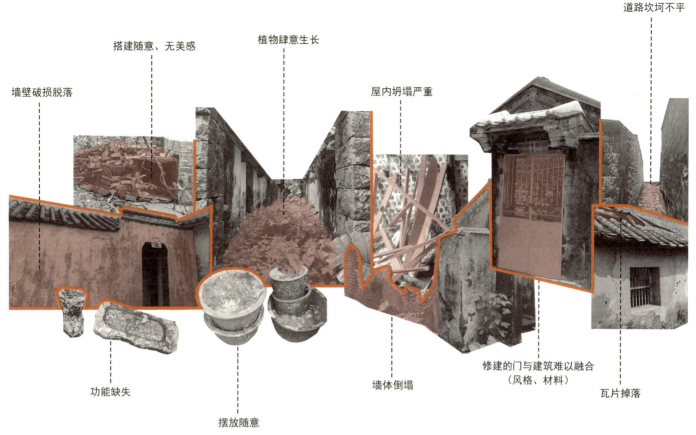

图4-2 分析图

(4) 建筑久远破旧且场地之间缺少连贯性;
(5) 旅游景点规模都比较小,可游览时间短。

4.2.5 现状优势

(1) 历史底蕴深厚,有一定的游客基础;
(2) 建筑地形平缓,修缮改造时较为方便;
(3) 重要的建筑结构及特色保存较为完整。

4.3 总体设计理念

4.3.1 提出问题

(1) 如何打造具有当地特色的建筑?
(2) 如何呼应新时代的旅游方式?

4.3.2 思路与原则

(1) 保留与重建相结合,确保建筑保留下原有的历史痕迹又能迎合新时代的发展;
(2) 引进科学技术,改变老旧的展陈方式;
(3) 以人为本,可持续发展。

4.3.3 总体设计策略

(1) 保证名人故居原有的建筑风貌;
(2) 回应新时代的旅游模式;
(3) 打造村庄特色,形成完整的旅游模式。

4.3.4 设计策略总结

(1) 吴元猷故居的修缮与改造

①区别于传统的展陈方式,引进AR技术,模拟吴元猷将军驰骋沙场的场面,给予游客沉浸式体验,感受村庄的历史底蕴。

②保留承重柱，以修缮为主、改造为辅的方式来进行故居的设计。

③在屋内采光不足的情况下，在屋顶左右各开一扇天窗增加采光。

④将景观植入院落空间，在室内外切换时形成灰空间，实现空间之间的过渡与转换。

(2) 布政司故居的修缮与改造

保留屋内原有的屋架结构，运用钢结构加固和扩建新的布政司故居，采用防腐木等材料防止白蚁的侵蚀，产生新旧材料的碰撞。

(3) 多处民居的改造

①以名人故居为主打，通过民居的多种建筑功能体系，如民宿、餐厅、户外茶室等建筑功能来服务于名人故居，丰富和完善名人故居的旅游体系，顺应新时代旅游业的发展，带动乡村的旅游经济。

②通过一些小景观把建筑与周围环境联系起来，使自然与人文相融合。

③以服务游客为主，增加配套服务设施，提供多处可供游客休憩的地方，使游客在旅游过程中能拥有很好的体验。

第5章　结语

5.1　不足

本设计为海南省海口市道郡村古居室内设计，文章主要对村庄的现状问题和古居修缮改造设计进行分析总结，落脚点主要放在名人故居的修缮与改造上，对于AR技术在故居的运用方面涉及较少。由于本人所掌握的知识与能力有限，还有许多细节之处需要完善和深入，设计也存在一定的局限性。

5.2　展望

随着"乡村振兴"战略的提出，农村城市化程度的发展和国民旅游的热潮不断提升，乡村古居及名人故居的改造已成为一个不可改变的趋势。名人故居具有重要的历史信息与教育意义，是历史馈赠给我们的宝贵财富，我们应该格外珍视与保护。对于普通民居的改造，需要因地制宜，不能为了改造而改造，应注重生态环境的保护，并完善相关配套设施。关注古居改造的设计是对乡村在新时代中发展的认识与思考。打造地域特色，让乡村向城市化的生活方式靠近，需要社会各个领域为之共同努力。

参考文献

[1] 周跃辉，实施乡村振兴战略的背景和方针[J]．刊授党校，2018．

[2] 洪志良，乡村振兴战略下对乡村建筑改造设计的研究[J]．建筑实践．2021（7）．

[3] 全利，新乡村名人故居区域改造——张澜故居景观设计思考[J]．艺术与设计（理论），2007：74-76．

[4] 郭娟利，苗展堂，何捷，张威．历史风貌建筑的生态节能更新与再利用策略研究——以天津段祺瑞故居为例[J]．动感（生态城市与绿色建筑），2016（4）．

[5] 范颖，邓维兵，张钰筠．旅游开发背景下名人故居的保护与改造策略——以云南省保山市梁金山故居为例[J]．四川建筑，2008（4）．

[6] 任非，龙为羽，伟人纪念馆如何面对新的机遇和挑战——以邓小平故居陈列馆为例[C]．地方性博物馆变革与发展学术研讨会论文集，2018．

海南省海口市道郡村古居室内设计
Interior Design of Ancient Residence in Daojun Village, Haikou City, Hainan Province

《古厝今拾——基于城市生活与传统建筑矛盾的空间形式探索》

道郡古居改造设计方案

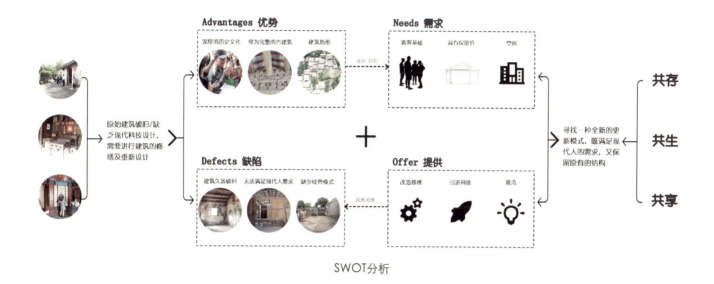

SWOT分析

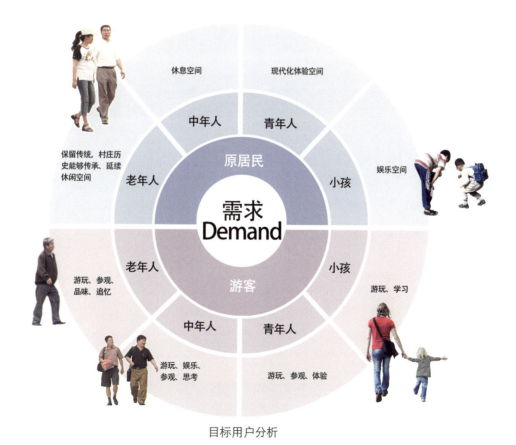

目标用户分析

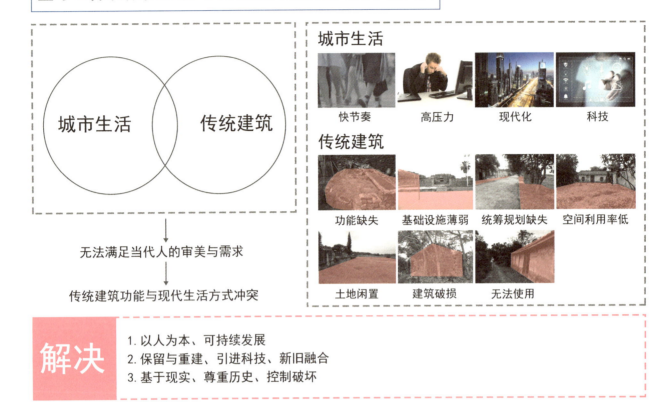

设计构想

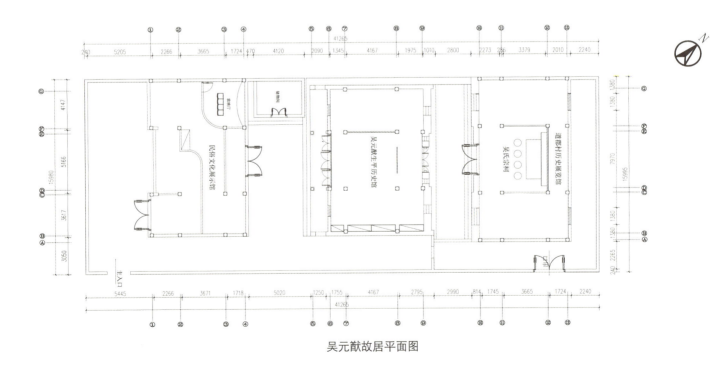

吴元猷故居平面图

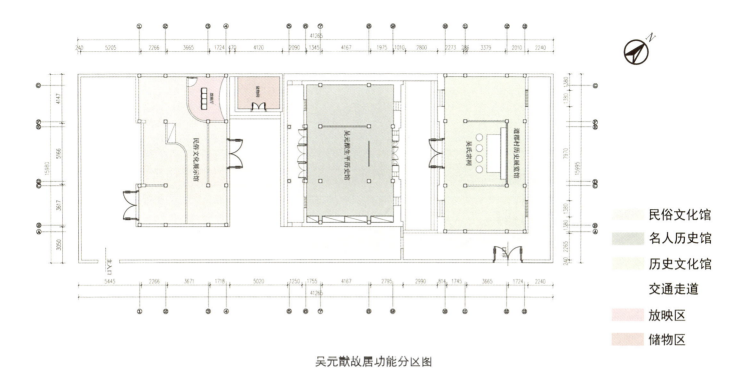

吴元猷故居功能分区图

布政司故居平面布置图　　布政司故居功能分区图

吴元猷展馆爆炸分析图

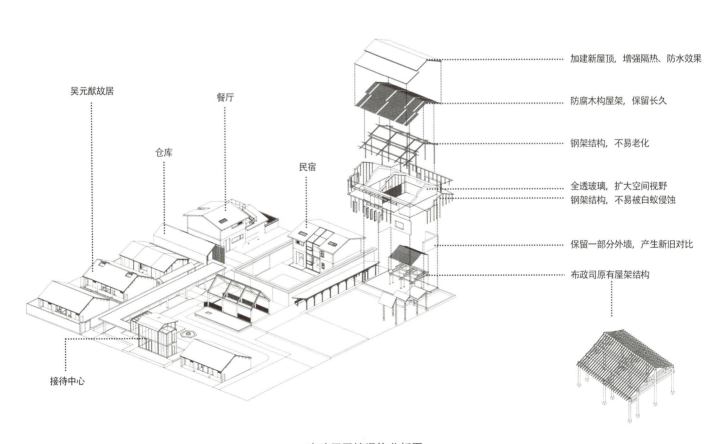

布政司展馆爆炸分析图

吴元猷展馆效果图1

吴元猷展馆效果图2

吴元猷展馆效果图3

布政司展馆效果图

餐厅效果图

佳作奖名单

四川美术学院　黄林涛
道郡古村公共空间研学景观的设计研究
Research and Design of Public Space Research Landscape in Daojun Ancient Village
墟里好学——道郡古村传统村落的保护与发展设计
Learning in the Market—Design for the Protection and Development of Traditional Villages in Daojun Ancient Villages

四川美术学院　蒋贞瑶
乡村旅游背景下民俗文化植入道郡古村公共环境的设计研究
The Design and Research of Folk Culture Implantation into the Public Environment of Ancient Village in Daojun under the Background of Rural Tourism
戏语村言——海口市道郡村的保护发展设计
The Country Speaks the Language of Drama—Protection and Development Design of Daojun Village in Haikou City

清华大学美术学院　吕雨轩
自发性建造行为视角下的乡村公共空间设计研究
Research on Rural Public Space Design from the Perspective of Spontaneous Construction Behavior

中央美术学院　陈殷锐
乡村旅游背景下的传统村落空间营造设计研究
Research on Traditional Village Space Construction Design under Rural Tourism Background
海口道郡村村落景观空间更新设计
Haikou DaoJun County Village Landscape Space Renewal Design

广西艺术学院　薛瑞
针灸式策略下老建筑微更新设计研究
——以道郡村改造设计为例
Research on the Design of Micro-Renewal of Old Buildings
—Under the Acupuncture Strategy
道郡村改造设计
Daojun Village Reconstruction Design

湖北工业大学建筑学院　雷姗姗
乡村振兴背景下的琼北古村落的保护与再生研究
Research on the Protection and Regeneration of the Ancient Village of Qiongbei under the Background of Rural Revitalization
以海口道郡村为例
Take Haikou City Daojun Village as an Example

吉林艺术学院　回毅
传统复合型村落的活化与再生研究
Study on Activation and Regeneration of Traditional Compound Villages

海南省海口市道郡古村改造设计
Reconstruction Design of Ancient Village in Daojun, Haikou city, Hainan Province

吉林艺术学院　徐莹
传统村落民居的现代适应性研究
Study on the Modern Adaptability of Traditional Village Houses
以海南省海口市道郡村为例
Taking Daojun Village, Haikou City, Hainan Province as an Example

西安美术学院　刘浩然
以插件式设计为策略的历史性建筑保护与更新设计研究
Research on Protection and Renewal Design of Historic Buildings Based on Plug-in Design
道郡古村建筑环境空间设计
Architectural Environment Space Design of Daojun Ancient Village

北京林业大学　刘雅静
乡村旅游视角下传统村落民宿设计研究
Research on the Design of Traditional Village B & B from the Perspective of Rural Tourism
道郡村民宿设计
B & B Design in Daojun Village

齐齐哈尔大学　孙文俊
乡村振兴视角下海南省传统村落室内设计与功能改造——以海南省道郡村为例
Interior Design and Functional Transformation of Traditional Villages in Hainan Province from the Perspective of Rural Revitalization—A Case Study of Daojun Village in Hainan Province
道郡村传统村落室内设计与功能改造
Interior Design and Functional Transformation of Traditional Village in Daojun Village

青岛理工大学　陈晓艺
琼北地区传统乡村聚落空间再生与优化设计研究
Research on Spatial Regeneration and Optimization Design of Traditional Rural Settlements in Qiongbei Area
乡村振兴背景下海南省海口市道郡村综合环境设计
Comprehensive Environmental Design of Daojun Village in Haikou city, Hainan Province under the Background of Rural Revitalization

山东建筑大学　范斌斌
日常生活下海南省美兰市道郡古村公共空间更新设计
Public Space Renewal Design of Ancient Village in Meilan city, Hainan Province

山东建筑大学　赵明
空间叙事视角下乡村公共空间改造
Reconstruction of Rural Public Space from the Perspective of Spatial Narration
海南省海口市道郡村改造设计
Reconstruction Design of Daojun Village in Haikou City, Hainan Province

湖南师范大学　王阳
新地域主义视角下的道郡村吴元猷故居保护与更新设计
The Protection and Renewal Design of Wu Yuanyou's Former Residence in Daojun Village from the Perspective of Neo-regionalism

广西艺术学院　韦礼礼
基于纪念性展示空间的传承与应用设计研究
Research on Inheritance and Application Design of Commemorative Exhibition Space

山东师范大学　张鹤
传统村落在地性保护与更新设计研究
Study on the Design of the Protection and Renewal of the Traditional Village in the Region
海南省道郡村在地性保护与更新设计
On-site Protection and Renewal Design of Daojun Village in Hainan Province

武汉理工大学　张铸
海口市道郡古村乡土文化景观叙事研究
A Narrative Research on the Local Cultural Landscape of Daojun Village in Haikou City
道郡村村落综合景观设计
Comprehensive Landscape Design of Daojun Village